U0174337

玻璃结构的相图模型

张勤远　姜中宏　著

科 学 出 版 社
北　京

内 容 简 介

本书从玻璃态的结构假说、玻璃态物质的玻璃化转变过程中的热力学和动力学变化规律、玻璃态形成的物理机制和理论预测等玻璃态物质研究的焦点和难点出发，简明研讨和阐述玻璃态物质的基础问题并提出玻璃结构的相图模型。

全书分为两篇共9章。第一篇专注于玻璃的结构，阐述玻璃态物质基础和玻璃结构相图模型的提出与应用。基于玻璃结构的相图模型，定量预测与计算氧化物和非氧化物玻璃的结构及性质，阐明玻璃成分、结构、性质之间的关系。第二篇致力于讨论玻璃形成的判据及玻璃形成的基础问题，主要阐述玻璃形成区预测与计算方法以及一些典型体系玻璃形成区的预测与计算。

本书强调概念和原理，力求表述简明。全书自成体系，可作为材料、物理、化学等相关领域的教学和科研参考。

图书在版编目（CIP）数据

玻璃结构的相图模型/张勤远，姜中宏著. —北京：科学出版社，2020.5

ISBN 978-7-03-064930-0

Ⅰ. ①玻… Ⅱ. ①张… ②姜… Ⅲ. ①玻璃结构—相图—模型
Ⅳ. ①TU382

中国版本图书馆CIP数据核字(2020)第068186号

责任编辑：牛宇锋 罗 娟 / 责任校对：王萌萌
责任印制：吴兆东 / 封面设计：蓝正设计

科学出版社 出版
北京东黄城根北街16号
邮政编码：100717
http://www.sciencep.com

北京中科印刷有限公司印刷

科学出版社发行 各地新华书店经销

*

2020年5月第 一 版 开本：720×1000 B5
2025年1月第三次印刷 印张：27 插页：2
字数：525 000

定价：228.00元

玻璃态物质的本质是什么？（What is the nature of glassy state?）

——*Science* 125 个最具挑战性的科学前沿问题

玻璃态的本质和玻璃化转变可能是固态理论最深奥和最有趣的未解之谜。（The deepest and most interesting unsolved problem in solid state theory is probably the theory of the nature of glass and the glass transition.）

——P. W. Anderson (美国，1977 年诺贝尔物理学奖获得者)

前　言

玻璃自发明制作以来就一直广泛使用，目前仍然是人类生活中无处不在的最有价值的材料之一。假如没有玻璃，我们辉煌的现代文明将不可能存在。然而，由于玻璃态物质是一种与固体、液体不同的亚稳态物质，处于复杂的多体相互作用体系，玻璃态物质的本质一直是凝聚态物理中最富挑战的谜题之一。*Science* 在创刊 125 周年之际将“玻璃态物质的本质是什么？”列为 125 个最具挑战性的科学前沿问题之一。美国著名物理学家、诺贝尔物理学奖获得者 Anderson 教授曾经感慨:“玻璃态的本质和玻璃化转变可能是固态理论最深奥和最有趣的未解之谜。”本书将围绕玻璃态的结构假说、玻璃化转变过程中的热力学和动力学变化规律，玻璃态形成的物理机制和理论预测等玻璃态物质研究的焦点和难点，简明研讨和阐述玻璃态物质的基础问题并提出玻璃结构的相图模型。

本书共两篇，重点强调基本原理和概念，力求表述简单明了，尽量避免繁复的推导。

第一篇专注于玻璃的结构，阐述玻璃态物质基础和玻璃结构相图模型的提出与应用；回顾和总结玻璃科学的发展历程，厘清玻璃结构研究中存在的争议，进而归纳玻璃态物质的基本规律和本质属性。此外，还将结合相图结构模型，定量预测与计算一些氧化物及非氧化物玻璃的结构和性质，阐述玻璃成分、工艺、结构、性质之间的关系。最后对本篇进行总结，阐述玻璃结构相图的局限性，并展望玻璃科学和技术的发展。

第二篇致力于探讨玻璃形成的一些观点和判据以及玻璃形成的基础问题，重点阐述玻璃形成区预测与计算方法以及一些典型体系玻璃形成区的预测与计算。最后对玻璃科学基础问题进行总结和展望，为玻璃态物质的后续研究提供借鉴。

非常荣幸与业界同仁分享我们的所学、所思和所为。期望本书的出版能够激发更多非同凡响的思维和研究方式，以及更多探讨玻璃态本质的研究兴趣。书中许多观点尚属一己之见，有些表述也不尽准确和完备，有待继续验证和完善。敬请读者不吝赐教。

作者由衷地感谢许多业界同仁及师长的关怀、鼓励和支持。特别感谢王伟超博士在本书完稿过程中付出的大量辛勤工作。感谢团队张炜杰、杨新雷、黄淑菁、肖永宝、刘金麟、姬瑶等同学在本书完稿过程中的付出。

感谢国家自然科学基金对相关研究工作的资助。

再次向为本书出版付出辛勤努力的所有人表示诚挚的谢意。

作 者

2020年4月

目　　录

第二篇 玻璃的形成：玻璃形成的预测与计算

缩 略 语 表

ADF-STEM (annular dark-field - scanning transmission electron microscope)	环状暗场扫描透射电子显微镜
ADL (aerodynamic levitation)	气动悬浮
ASTM (American Society for Testing Materials)	美国材料与试验协会
BO (bridge oxygen)	桥氧（或写为 Ø）
CCD (charge-coupled device)	电荷耦合器件
CCM (chain crossing model)	链状交联模型
CCRN (compensated continuous random network)	补偿的连续无规网络
CN (coordination number)	配位数
CRN (continuous random network)	连续无规网络
CVD (chemical vapor deposition)	化学气相沉积
DFT (density functional theory)	密度泛函理论
DIN (Deutsches Institut für Normung)	德国标准化学会
DRPHS (dense random packing of hard spheres)	硬球无规密堆积
DSC (differential scanning calorimetry)	差示扫描量热法
DTA (differential thermal analysis)	差热分析
ECP (efficient cluster packing)	密堆积团簇
ED (electron diffraction)	电子衍射
ESR (electron spin resonance)	电子自旋共振
EXAFS (extended X-ray absorption fine structure)	扩展 X 射线吸收精细结构
fcc(face centered cubic)	面心立方
FWHM (full width at half maximum)	半高宽
FTIR (Fourier transform infrared spectrum)	傅里叶变换红外光谱
GFA (glass forming ability)	玻璃形成能力
GFR (glass forming region)	玻璃形成区
hcp(hexagonal close packed)	密排六方
HRTEM (high resolution transmission electron microscope)	高分辨透射电子显微镜

ICSD (inorganic crystal structure database)	无机非金属晶体结构数据库
ISO (International Standards Organization)	国际标准化组织
KCM (kinetic constrained model)	动力学约束模型
KMG (Krogh-Moe-Griscom)	克洛-莫-格里斯科姆
LPE (lone pair electrons)	孤对电子
MAS-NMR (magic angle spinning - nuclear magnetic resonance)	魔角旋转核磁共振
MC (Monte Carlo)	蒙特卡罗
MCT (mode-coupling theory)	模态耦合理论
MD (molecular dynamics)	分子动力学
MOCVD (metal-organic chemical vapor deposition)	金属有机化学气相沉积
MRN (modified random network)	改进的无规网络
NBED (nanobeam electron diffraction)	纳米束电子衍射
NBO (non-bridge oxygen)	非桥氧
ND (neutron diffraction)	中子衍射
NMR(nuclear magnetic resonance)	核磁共振
RCM (random coil model)	无规线团模型
RCP (random-close packed)	无规密堆积
RDF (radial distribution function)	径向分布函数
RMC (reverse Monte Carlo)	反向蒙特卡罗
RPM (random pair model)	随机对模型
RFOT (random first order transition)	随机一级转变
SAED (selected area electron diffraction)	选区电子衍射
SAXS/WAXS (small angle/wide angle X-ray scattering)	小角/广角 X 射线散射
STM (scanning tunnel microscope)	扫描隧道显微镜
TEM (transmission electron microscope)	透射电子显微镜
TO (terminal oxygen)	终端氧(属于非桥氧)
3T (time - temperature - transition)	时间-温度-转变
XAS (X-ray absorption spectroscopy)	X 射线吸收光谱
XANES (X-ray absorption near edge structure)	X 射线吸收近边结构
XPS (X-ray photoelectron spectroscopy)	X 射线光电子能谱
XRD (X-ray diffraction)	X 射线衍射

第一篇
玻璃的结构：玻璃结构的相图模型

第1章 本篇绪论

- 玻璃的发现和应用历史悠久，玻璃科学与技术研究却起步较晚。
- 玻璃态是物质从液态向固态转变过程中分子不规则排列的一种特殊状态。玻璃态物质是一类与固体、液体不同的亚稳态物质。
- 玻璃态的范围可以从接近于熔体结构一直过渡到玻璃内存在晶胚以及结晶前的各种有序结构，其结构转变呈模糊数学方式。
- 玻璃科学与技术研究的目标之一是将玻璃的组成、结构和性质联系起来，研究三者之间的内在联系，以期达到科学计算和预测效果，对玻璃科学与技术研究起到指导作用。

1.1 内容概览

本章简要介绍玻璃科学与技术的发展历程以及研究现状。第 2 章概述玻璃态物质的玻璃化转变、玻璃态形成和玻璃态结构等玻璃态本质问题研究的前沿进展。第 3 章介绍玻璃结构研究概况，包括经典玻璃结构模型、一些典型的玻璃结构及基于现代测试方法发展起来的新玻璃结构模型。第 4 章主要阐述玻璃结构相图模型的原理和特征，并利用玻璃结构的相图模型对一些二元和三元氧化物玻璃(硅酸盐、硼酸盐、硼硅酸盐、锗酸盐、碲酸盐等)及非氧化物玻璃(氟化物玻璃、硫系玻璃等)体系的成分-结构-性质进行预测与计算。第 5 章总结本篇的主要内容，展望玻璃态物质研究的发展方向。

1.2 概　　述

玻璃的发现和应用历史悠久，玻璃科学与技术研究却起步较晚。黑曜石和琥珀等天然玻璃早在地球上出现生命之前已存在。人造氧化物玻璃大约在 6000 年前被发明，现在已经广泛应用于各高科技领域。事实上，玻璃对当今现代文明的发展是如此重要，最近有人提出“人类现在生活在玻璃时代”[1]。目前，随着科学技术的快速发展以及高技术等领域的巨大需求，在光、电、声、磁、力等诸多应用领域对玻璃态物质提出了更多更高的要求，推动玻璃科学研究和应用技术快速发展[2-5]。玻璃的种类目前已从最初稀少的简单无机硅酸盐玻璃发展到当今成分复杂的众多氧化物玻璃(硅酸盐、硼酸盐、磷酸盐、氟磷酸盐、碲酸盐、氟碲酸盐、锗酸盐、氟锗酸盐、锑酸盐、铋酸盐、硝酸盐、硫酸盐等)、非氧化物玻璃(卤化物、硫族化合物、氮化物等)、半导体玻璃、金属玻璃乃至有机玻璃等，其种类繁多，应用也不仅局限于最初的装饰、日用、建筑、化学、医疗等，而是更广泛地扩展到电子信息、交通能源、国防军工等领域[6]。玻璃的制备工艺也从原来简单、单一的窑炉熔炼方法发展到现今众多的新方法，如多层坩埚熔炼、高频炉熔炼、化学气相沉积(CVD)、金属有机化学气相沉积(MOCVD)、溶胶-凝胶(sol-gel)法、双辊急冷法、溅射法、高压法、气动悬浮(ADL)技术等[7-9]。在玻璃的研究方法上，很长一段时间里人们通常仅靠经验来制备和研究玻璃。近代以来，许多实验技术方法快速发展，如拉曼(Raman)光谱、傅里叶变换红外光谱(FTIR)、穆斯堡尔(Mössbauer)谱、核磁共振(NMR)、电子自旋共振(ESR)、扩展X射线吸收精细结构(EXAFS)、电子/中子衍射(ED/ND)、小角/广角X射线散射(SAXS/WAXS)以及化学位移等；计算机模拟方法的快速发展，如分子动力学(MD)法、蒙特卡罗(MC)法、第一性原理(包括从头计算(ab initio calculation)和密度泛函理论(DFT))等，极大地改变了玻璃科学与技术的研究方法和手段，加深了人们对玻璃态结构、玻璃态形成、玻璃化转变等玻璃态物质本质问题的理解[10,11]。原位实验技术可以表征固体和液体在高温和高压下的结构、性能及其影响，玻璃熔体在高温和高压下的结构及扩散研究极大地促进了非晶态(玻璃态)物理学的迅速发展。另外，一些新的理论，如动力学约束模型(KCM)、模态耦合理论(MCT)、随机一级转变(RFOT)理论等，也对更好地理解玻璃态物质的本质起到重要的推动作用。利用这些现代科学技术和理论方法，可以对玻璃态结构中的原子和离子基团相互作用与转化的关系、玻璃态中的相变及缺陷形貌等进行分析，从而将玻璃态的研究从宏观向微观、从定性到半定量或定量的分析解释和预测进行更深层次的推进，进而有助于人们加深对玻璃态的组成、结构、性能、应用以及它们之间关系的理解。

曾经很长一段时间里，研究人员一直试图将玻璃定义为液体或者固体。然而，这种二元思维并没有真正反映出玻璃态的复杂性。玻璃态物质兼具液体和固体的特性；同时，也具有其他物质所不可兼具的一些特性，如各向同性、亚稳性、无固定熔点以及性质变化的连续性和可逆性等[12]。因此，玻璃态物质是一类与固体、液体不同的亚稳态物质，处于复杂的多体相互作用体系[13]。在典型的观测时间尺度下，玻璃显然是固体，它具有机械刚性和弹性，可以被划伤甚至断裂，就像固体一样。然而，与固体不同的是，玻璃表现出黏性流动，并不断向过冷的液体状态弛豫，这种黏性流动行为更接近液体状态。弛豫是指一个宏观平衡系统由于周围环境的变化或受到外界的作用而变为非平衡状态，再从非平衡状态过渡到新的平衡态的过程。弛豫过程实质上是系统中粒子互相作用、缓慢重排释放能量的过程。事实上，玻璃的结构类似于其相应的过冷液体，大多数玻璃是由熔体冷却而成的，这也是经常将玻璃定义为“过冷液体”的原因。然而，由于玻璃的非平衡和非遍历(冻结)特性，它们也具有玻璃态特有的性质。玻璃的性能不仅取决于它的组成以及当前的温度和压力，而且取决于玻璃所经历的整个热历史和压力历史。此外，与固体和液体不同，玻璃属于热力学亚稳状态。已有研究表明，玻璃态本身不能表示为过冷液态的任何线性组合。由于玻璃态的独特性，有人将其称为除气态、液态和固态之外的物质“第四种状态”。不过，关于这一点目前仍存在争议。实际上，由于玻璃态的复杂性，仅就其定义就引起了科学家的纷争，并且直到目前仍然没有统一的答案。最初，Tammann(塔曼)将玻璃态定义为固体非晶态物质(过冷的凝固熔体)[14]。按照《辞海》的定义，玻璃由熔体过冷所得，并因黏度逐渐增大而具有固体机械性质的无定形物体。按照《硅酸盐词典》的定义，玻璃是由熔融物而得的非晶态固体。在《玻璃工艺学》中，将玻璃定义为一种熔融、冷却、固化的非结晶无机物(在特定条件下也可能成为晶态)，是过冷的液体。广义上定义玻璃为结构上完全表现为长程无序，性能上具有玻璃化转变特性的非晶态固体[4]。美国材料与试验协会(ASTM)将玻璃定义为一种从熔融状态下冷却而未结晶的无机物质，德国规范也采用了这一定义[14,15]。然而，从最近的一些评论[16-18]中可以看出，玻璃的定义还在不断发展和更新，关于玻璃态物质本质的争论仍在继续。正如美国著名物理学家、诺贝尔物理学奖获得者Anderson(安德森)教授曾经所感慨：“玻璃态的本质和玻璃化转变可能是固态理论中最深奥和最有趣的未解之谜”[19]。*Science* 创刊 125 周年之际，公布了 125 个最具挑战性的科学问题。“玻璃态物质的本质是什么？”被列为其中十个重要的物理问题之一[20]。

玻璃结构是玻璃科学最基础的问题之一[12,21]。玻璃通常是一种过冷液体，玻璃态属于热力学亚稳状态。长期以来，有关玻璃结构有两种不同的代表性观点。一种是由 Zachariasen(查哈里阿森)[22]和 Warren(瓦伦)[23]提出的无规网络学说，这一学说认为玻璃具有类似液体一样的无规网络结构。另一种是由 Lebedev(列别捷夫)、Evstropyev(叶甫斯特洛皮耶夫)和 Porai-Koshitz(波拉伊柯希茨)提出的晶子学说，他们认为玻璃由很多微晶子组成，微晶子之间是无序结构[14]。围绕玻璃结构属于有序还是无序，或者哪一种结构在数量上占多数，这两个学派的争论已经超过半个世纪。那么，玻璃态是否存在一个统一的结构模式呢？其实，人们一直试图将玻璃结构统一到某一种模型中，长期以来人们对玻璃结构的分歧是对有序无序度的看法不一致，作者将这类问题称为玻璃结构状态的争论。这种结构状态的讨论与玻璃性质的关系不大，更不能定量地预测玻璃的结构与性质的关系。虽然两种学说都有大量的支持者，但从玻璃的定义出发讨论玻璃结构不难得出玻璃态并不是单一结构的结论，用一个统一的结构模式来概括玻璃的结构是不科学的。此外，多年来研究者为了描述玻璃和提高对玻璃特性的理解，以各自的实验为依据提出许多其他不同的玻璃结构模型、假说和理论，如微不均结构学说[24]、构子学说[25]、基团学说[26,27]、积聚理论[24]、核前群理论[24]、微子理论[28]、中程有序理论[29]、拓扑结构理论[30]、一维取向有序模型[31]等。尽管各派学说互相独立，但他们都承认玻璃是由一种电性中和的四面体或三角体顶点相互连接这一基本观点。各派学说争论的焦点，实质上是从早期的有序区结构还是无规则结构，到目前的以有序区为主还是以无序区为主。他们对玻璃结构中有序区或无序区比例的看法也有很大的分歧，有的认为有序区为 10%，有的认为30%，有的认为高达 99%[32]。产生这种争论的根本原因是将玻璃结构看成固定不变的，这显然违反了玻璃是一种热力学亚稳态这一基本前提。作者认为将玻璃看成一种稳定结构的观点是不正确的，事实上与上述结论相反，玻璃处于热力学不平衡状态的亚稳态。在统计力学和热力学中，熵是判断状态有序无序程度最好的标志。玻璃结构是由熵的变化来决定的，因此其有序无序程度的比例也是可变的。在一种玻璃熔体中，熵只随温度变化，因此一种玻璃可以有不同的结构。温度和成分的改变使熵改变，从而使玻璃结构发生改变。当其温度不同时，处于热力学平衡状态的结构也不尽相同。因此，从熵的观点来看玻璃结构状态，总体来说可以概括为以下四点[24]。

(1) 目前的各种玻璃结构学说只代表某一条件下的平衡结构状态(即特定条件下熵所决定的状态)，这些状态不能概括所有的玻璃结构。

(2) 玻璃的结构状态受熵所支配。在常压的凝聚态中，熵随温度和成分而改变。在同一体系中，熵随温度而变，温度越高，无序度越大。

(3) 温度高的熔体(淬火样品)有更大的无序度。只有接近液相温度时类似晶体结构的有序排列才逐渐增加，因而同一玻璃中随着温度的改变，可以有从比较无序到更为有序的不同结构状态。

(4) 目前普遍采用的玻璃的熵与温度曲线并不完全符合“玻璃处在热力学亚稳态，有放出能量析晶的倾向”这一定义。实验表明，在玻璃化转变温度(T_g)以上，某些玻璃的熵值是降低的。另外，玻璃态的范围可以从接近熔体结构一直过渡到玻璃内存在晶胚以及结晶前的各种有序结构，这些无序有序比例不同的结构都属于玻璃态结构范畴。从一种结构态到另一种结构态其结构的有序无序程度呈模糊数学方式转变，很显然这些玻璃结构不能统一到一种模型中去，玻璃态的有序无序与它的热历史有关。

关于玻璃结构的纷争往往忽视了玻璃态是一种热力学亚稳态，随着其热历史的不同玻璃态受不同构型熵支配，因而可以存在多种多样的结构单元，并伴随热历史的不同，向平衡趋近，从一种结构状态转变到另一种结构状态[33]。Bernal(伯尔纳)液体结构模型理论认为，某些化合物晶体与液体的结构非常接近，只是原子的位置稍有偏移及键的扭动而引起无序结构。从统计学的角度看，适用于晶体的某些特性也可在过冷液体的玻璃中反映出来。对多成分玻璃如何确定其相应结构，仍然有待研究。根据相图原理，当熔融体反应完全时，其结构应转变成该成分相图中最邻近的同成分熔融化合物(一致熔融化合物)，如果将玻璃看成化学反应处于组成均匀而热力学状态不平衡的过冷液体，就可以从相图的角度去解释玻璃结构。因此，在理解和分析以往玻璃结构理论的基础上，结合二元和三元玻璃体系的相图、红外光谱、拉曼光谱和核磁共振谱测试结果，作者提出了一种新的玻璃结构模型，即玻璃结构的相图模型[12,16,21]。该模型认为，玻璃是由相图中最邻近的一致熔融化合物混合的产物，玻璃的结构也是由按比例混合的各化合物离子团所构成的，一致熔融化合物可以存在于晶体和玻璃中。当玻璃成分均匀后，各化合物的量大体上可由杠杆原理推算。在二元体系中，玻璃含有相图中与玻璃组分最邻近的两种一致熔融化合物的结构，玻璃中这两种化合物结构的比例由杠杆原理确定。在三元玻璃体系中，玻璃的结构是由与玻璃组分最邻近的三个一致熔融化合物的结构所确定的。利用玻璃结构的相图模型，可以预测计算硅酸盐玻璃、硼酸盐玻璃、硼硅酸盐玻璃、锗酸盐玻璃、碲酸盐玻璃、氟化物玻璃、硫系玻璃以及其他玻璃体系的结构[14,34,35]。其中，对二元硼酸盐玻璃的计算结果和 Bray(布雷)等[36]采用核磁共振测试的结果相一致，同时可以解释 Krogh-Moe(克洛-莫)理论[27]所不能解释的问题。

玻璃的形成是玻璃科学的另一个基础问题[14,37]。玻璃处于亚稳状态，从热力学相平衡的角度分析，任何物质都不可能生成玻璃态。但从动力学的观点看，只要冷却足够快，使熔体黏度增大到足以防止晶体析出，那么被冷却的物质都可以形成玻璃态。因此，玻璃形成归根结底是一个动力学问题。最早对玻璃形成动力学进行研究的是 Tammann，他认为玻璃形成是由于过冷液体最大晶核形成速率时的温度低于晶体最大生长速率时的温度[14]。Turnbull(滕布尔)等[38]和 Renninger 等[39](通讯作者 Uhlmann(乌尔曼))发展了 Tammann 的动力学理论。Turnbull 等强调，需要关注的并非物质从熔体冷却下来能不能形成玻璃的问题，而是为了使冷却后的固体不出现可被观察到的晶体而需要什么样的冷却速率。Uhlmann 把一定量的结晶体积比作为衡量晶体和非晶体的标准，并将冶金学中马氏体相变动力学所用的 3T 图(温度-时间-转变)引入玻璃形成动力学，并提出玻璃中能测出的最小晶体体积与熔体体积之比(V_c/V)约为 10^{-6}。根据 3T 图，可以粗略计算物质形成玻璃的临界冷却速率。这些动力学理论虽然可以估计一些已知参数的物质形成玻璃所需的临界冷却速率，使玻璃形成能力(GFA)的预测建立在定量的基础上，但是仍存在不足之处。首先，由于玻璃的形成与否不是逻辑是非关系，而是属于模糊数学范畴，Uhlmann 和 Turnbull 的判据都有一极限值，是属于逻辑型判据，即在此临界值以下为玻璃，反之则为非玻璃。但实际上玻璃态中的结晶体积是渐变的，并无明确的非此即彼的界限。其次，玻璃没有固定的熔点，因而不可能有熔点的热力学参数。玻璃与晶体一个明显的区别是没有固定的熔点，因此难以通过 Uhlmann 的公式普遍地预测玻璃的形成能力。一般最常见的玻璃都是多元组分，其析晶过程往往只是某些化合物先析出，使液相成分改变，而 Uhlmann 的公式并未解决这类问题。这两个方面明显有悖于玻璃形成行为，至于 Uhlmann 认为 V_c/V 是能够测定的结晶的极限，也与实际不符。实验上，利用 X 射线测定粒度为 40～100Å 的玻璃粉和晶体的混合物时，当晶体与玻璃的体积比大于 1%时，才出现晶体个别特征峰。因此，Uhlmann 的方法只能用来估计特殊的一致熔融化合物的玻璃形成能力，而不能作为推广到实际玻璃形成计算的绝对标准。总体来说，玻璃形成动力学理论从严格的理论推导到实际应用尚有很大距离，因而大都用一些近似或假设来解决。为了解决这些问题，舍去 V_c/V 作为玻璃与晶体的绝对界限而给其一模糊区间，以玻璃形成模糊百分率的形式反映形成玻璃的程度，使之与实际相一致，则更为合适。为此，把一些不易获得并且对结果影响较小的参数作为常数，以便用最少最易得的参数来进行动力学计算。

玻璃态物质的发现和应用及其相关研究经历了漫长的历史并且取得了丰硕的成果，然而有关玻璃态物质的本质和基本规律仍存在诸多问题值得人们继续深入思考，对于玻璃结构、玻璃化转变、玻璃形成等玻璃基本科学问题的探索将会一直进行，一些新玻璃、新工艺、新技术、新方法和新理论的出现也会随着研究的不断深入而涌现。相信每一次进步和突破，都将对玻璃科学和技术各个领域做出重要贡献，并给人类的生活和生产实践带来深远影响。

1.3 本篇主旨

本篇将围绕玻璃的结构阐述玻璃态物质基础问题和玻璃结构的相图模型，包括玻璃态定义、玻璃态物质的玻璃化转变、玻璃态结构、熔体结构特征、玻璃结构特征、经典玻璃结构模型、一些典型的玻璃结构以及基于现代测试方法发展起来的新玻璃结构模型。本篇还将回顾和总结玻璃科学的发展历程，厘清玻璃结构研究中存在的争议，进而归纳出玻璃态物质的基本规律和本质属性。此外，本篇还将结合玻璃结构的相图模型，定量预测与计算一些二元和三元氧化物及非氧化物玻璃的结构及性质，阐述玻璃成分、结构、性质之间的关系。本篇主要探讨以下核心内容。

1) 玻璃态和玻璃态物质的本质

自然界中许多物质都处于玻璃态，玻璃是玻璃态物质的典型代表。最初 Tammann 将玻璃定义为过冷的凝固熔体，而目前的研究表明玻璃不仅可以通过熔体过冷获得，还可以通过各种其他方法，如化学气相沉积、溶胶-凝胶法制备。玻璃态物质最显著的特征是存在玻璃化转变过程，这一过程伴随明显的热力学和动力学变化。在这种情况下，过冷液体经过遍历性和无序竞争而产生玻璃态物质。玻璃态物质是一种与固体、液体不同的亚稳态物质且处于复杂的多体相互作用体系，玻璃态物质的本质一直是凝聚态物理中最富挑战的未解谜题之一。

2) 玻璃的结构

玻璃结构是否存在统一的模式？玻璃一般从熔体冷却而来，玻璃的结构“遗传”了熔体的结构。玻璃态物质的结构可以从接近熔体结构一直过渡到玻璃内存在晶胚以及结晶前的各种有序结构，其结构转变呈模糊数学方式。在同一种玻璃熔体中，熵只随温度变化，因此一种玻璃可以有不同的结构。温度和成分的改变使熵改变，从而使玻璃结构改变。当其温度不同时，处于热力学平衡状态的结构也不尽相同。玻璃科学与技术研究的目标之一是将玻璃的组成、结构和性质联系起来，研究三者之间的内在联系，以期达到科学计算和预测效果，对玻璃科学与技术研究起到指导作用。玻璃结构的相图模型将玻璃的组成、结构和性质关联起来，对于研究三者之间的内在联系以及寻找一些特殊性质的玻璃具有指导意义。

参考文献

[1] Morse D L, Evenson J W. Welcome to the glass age. International Journal of Applied Glass Science, 2016, 7(4): 409-412.

[2] Shelby J E. Introduction to Glass Science and Technology. Cambridge: Royal Society of Chemistry, 2007.

[3] 干福熹. 现代玻璃科学技术. 上海: 上海科学技术出版社, 1988.

[4] 赵彦钊, 殷海荣. 玻璃工艺学. 北京: 化学工业出版社, 2006.

[5] 姜中宏, 刘粤惠, 戴世勋. 新型光功能玻璃. 北京: 化学工业出版社, 2008.

[6] 作花济夫, 境野照雄, 高桥克明. 玻璃手册. 蒋国栋，等译. 北京: 中国建筑工业出版社, 1985.

[7] 姜中宏. 玻璃科学的现状与展望. 材料科学与工程, 1991, 9(4): 1-8.

[8] Grande T, Holloway J R, McMillan P F, et al. Nitride glasses obtained by high-pressure synthesis. Nature, 1994, 369(6475): 43-45.

[9] Yoshimoto K, Ezura Y, Ueda M, et al. 2.7 μm mid-infrared emission in highly erbium-doped lanthanum gallate glasses prepared via an aerodynamic levitation technique. Advanced Optical Materials, 2018, 6(8): 1701283.

[10] Week R A. The structure of glass: Past, present, and prescient. Journal of Non-Crystalline Solids, 1985, 73(1-3): 103-112.

[11] Dislich H. Sol-gel 1984-2004. Journal of Non-Crystalline Solids, 1985, 73: 599-612.

[12] 张勤远, 王伟超, 姜中宏. 玻璃态物质的本质. 科学通报, 2016, 61(13): 1407-1413.

[13] 舒尔兹 H. 玻璃的本质结构和性质. 黄照柏, 译. 北京: 中国建筑工业出版社, 1984.

[14] Jiang Z H, Zhang Q Y. The structure of glass: A phase equilibrium diagram approach. Progress in Materials Science, 2014, 61: 144-215.

[15] 冯端, 师昌绪, 刘治国. 材料科学导论. 北京: 化学工业出版社, 2002.
[16] Zanotto E D, Mauro J C. The glassy state of matter: Its definition and ultimate fate. Journal of Non-Crystalline Solids, 2017, 471: 490-495.
[17] Popov A I. What is glass? Journal of Non-Crystalline Solids, 2018, 502: 249-250.
[18] Zanotto E D, Mauro J C. Response to comment on "The glassy state of matter: Its definition and ultimate fate". Journal of Non-Crystalline Solids, 2018, 502: 251-252.
[19] Anderson P W. Through the glass lightly. Science, 1995, 267(5204): 1615-1616.
[20] Kennedy D, Norman C. What don't we know? Science, 2005, 309(5731): 75.
[21] 姜中宏, 胡丽丽. 玻璃的相图结构模型. 中国科学, 1996, 26(5): 395-404.
[22] Zachariasen W H. The atomic arrangement in glass. Journal of the American Chemical Society, 1932, 54(10): 3841-3851.
[23] Warren B E. Summary of work on atomic arrangement in glass. Journal of the American Ceramic Society, 1938, 24(8): 256-261.
[24] 姜中宏, 胡新元, 赵祥书. 试论玻璃结构——用熵的观点讨论结构状态. 硅酸盐学报, 1982, 10(4): 491-499.
[25] Huggins M L. The structure of glasses. Journal of the American Ceramic Society, 1955, 38(5): 172-175.
[26] Svanson S E, Forslind E, Krogh-Moe J. NMR study of boron coordination in potassium borate glasses. The Journal of Physical Chemistry, 1966, 66(1): 174-175.
[27] Krogh-Moe J. Structural interpretation of melting point depression in the sodium borate glasses. Physics and Chemistry of Glasses, 1962, 3(4): 101-110.
[28] Tilton L W. Noncrystal ionic model for silica glass. Journal of Research of the National Bureau of Standards, 1957, 59(2): 139-154.
[29] Greaves G N, Sen S. Inorganic glasses, glass-forming liquids and amorphizing solids. Advances in Physics, 2007, 56(1): 1-166.
[30] Phillips J C, Thorpe M F. Constraint theory vector percolation and glass formation. Solid State Communications, 1985, 53(8): 699-702.
[31] 诸培南, 吴勉学. 玻璃结构的新概念——一维取向有序模型的实验证据. 玻璃与搪瓷, 1988, 16(5): 1-6.
[32] Evstropyev K S, Porai-Koshitzs E A. Discussion on the modern state of the crystallite hypothesis of glass structure. Journal of Non-Crystalline Solids, 1972, 11(2): 170-172.
[33] 姜中宏, 唐永兴. 相图原理研究 Na_2O-B_2O_3-SiO_2; BaO-B_2O_3-SiO_2; Na_2O-K_2O-SiO_2; CaO-MgO-SiO_2系统玻璃性质(比重、折射率). 硅酸盐通报, 1990, 9(6): 36-40.
[34] Zhang Q Y, Zhang W J, Wang W C, et al. Calculation of physical properties of glass via the phase diagram approach. Journal of Non-Crystalline Solids, 2017, 457: 36-43.
[35] Tan L L, Mauro J C, Peng J, et al. Quantitative prediction of the structure and properties of Li_2O-Ta_2O_5-SiO_2 glasses via phase diagram approach. Journal of the American Ceramic Society, 2019, 102: 185-194.
[36] Bray P J, Keefe J G. Nuclear magnetic resonance investigations of the structure of alkali boate glasses. Physics and Chemistry of Glasses, 1963, 4(2): 37-46.

[37] 姜中宏, 丁勇. 用模糊数学观点讨论玻璃形成动力学. 硅酸盐学报, 1991, 19(3): 193-201.
[38] Turnbull D, Cohen M H. Modern Aspects of Vitreous State. London: Butterworths, 1980.
[39] Renninger A L, Uhlmann D R. Small angle X-ray scattering from glassy SiO_2. Journal of Non-Crystalline Solids, 1974, 16: 325-327.

第2章　玻璃态本质

■ 玻璃态物质具有其他任何物质所不兼具的一些特性，如各向同性、亚稳性、无固定熔点，以及性质变化的连续性和可逆性等。

■ 玻璃化转变是玻璃态物质与其他物质不同的特征现象。

■ 弛豫和老化是玻璃态的本质特征。

■ 从热力学看，玻璃处于亚稳态，因此任何物质都不可能生成玻璃态。但从动力学看，只要冷却足够快，使熔体黏度增大到足以防止析晶，则任何物质都能形成玻璃态。

■ 玻璃是一种处于熔融液态和结晶态之间的热力学亚稳态的过冷液体，应该有各种各样的玻璃结构对应于冷却过程的热历史。玻璃结构是理解玻璃态物质本质的重点和突破口之一。

2.1　基本特征

玻璃态是物质从液态向固态转变过程中分子不规则排列的一种特殊状态，它是一种和气态、液态、固态相并列的重要常规物质状态。玻璃态物质具有其他任何物质所不兼具的一些特性，如各向同性、亚稳性、无固定熔点，以及性质变化的连续性和可逆性等。玻璃态物质是一种复杂的多体相互作用体系，一直是凝聚态物理中最富挑战的未解谜题之一。目前面临的挑战主要包括以下方面[1]。

(1) 玻璃态物质的玻璃化转变过程中的热力学和动力学问题。

(2) 玻璃态形成的关键因素和物理机制问题。

(3) 玻璃态结构的理论模型和实验结果的自洽性问题。

本章将从玻璃态定义、玻璃态物质的玻璃化转变、玻璃态形成、玻璃态结构等玻璃态物质研究的难点和最新研究进展开展讨论，以期增加对玻璃态物质本质的新认识，为玻璃态物质的后续研究提供借鉴。

在自然界中，物质通常以气态、液态和固态三种不同的聚集状态存在(另外，物质还有等离子态、玻色-爱因斯坦凝聚态等)，以这三种状态存在的物质分别称为气体、液体和固体。气体有两种形式，包括普通气体和等离子化气体(即等离子体)。液体又有两种形式，即普通液体和液晶。固体按照原子(或分子)排列的特征分为晶体和非晶体[2]。这里需要区分“态”和“体”这两个不同的概念，

“态”是指物质在物理上的独特形式，也称相，如固态(相)、液态(相)、气态(相)。而“体”则是指物质存在的状态或形状，如固体、液体、气体。晶态是晶体的微观结构状态，非晶态是以不同方法获得的以结构无序为主要特征的固体物质状态。玻璃态是非晶态的一种，它是玻璃的微观结构状态。

从分子动力学的观点来看，气态、液态和固态这三种聚集状态是根据相应物质(原子、分子)的最小单位相互作用的程度来定性区分的。由于聚合度的不同，它们的流动性和可压缩性及其他物理性质也有很大差别。

一般来说，气体的特征是分子的空间密度较低，粒子可以在远大于自身体积的空间内相对独立地运动。气体自由运动的平均时间间隔比两个或两个以上原子或分子的强相互作用(碰撞、束缚态)时间间隔大得多。一般来说，气体的自由体积等于系统所占的体积。然而，在更复杂的模型中，必须考虑分子的体积、形状和相互作用。此外，气体是可以压缩的，随着气体体积的减小，压力会增大。

液体是一种流体，呈现黏性流动。液体不会保持它的形状，而是在重力作用下流动。液体的密度比气体大得多，粒子之间连接更为紧密，自由体积也大大减小。因此，液体的结构单元不可能发生独立的转变。液体和熔体中的分子运动具有协同性，粒子间的相互作用在很大程度上决定了体系的性质。此外，液体的压缩系数比气体小得多，简单液体实际上是不可压缩的。液体中结构单元的运动可以认为是围绕瞬时平均位置的振荡，振荡的瞬时中心在平均停留时间后发生变化，两个随后占据的振荡中心之间的平均距离与分子的大小相当。因此，液体的每一次置换都需要一种或多或少不同的粒子重组和相邻粒子的适当配置，如液体“空穴”理论中空缺的形成。虽然这种分子在液体中的运动只能看作一种近似，但它既解释了局部有序的可能性，也解释了作为黏性流动和液体形态变化先决条件的粒子的高迁移率。液体像气体一样，在经典意义上是无定形(amorphous)的，即没有自己的形状(源自希腊语 morphe：形状，amorph：没有形状)[3]。无定形一词的这一经典含义不同于现代解释。现今，无定形物质被理解为没有长程有序的物质，长程有序是晶体的一个特征属性。

固体是一种凝聚态，在这种状态下，原子结构在热力学上是稳定的。经典分子物理学中的固体最初是从晶体开始研究的，晶体的结构可以理解为空间中某种基本单元的周期性重复。除已经在液体中发现的局部有序外，晶体中的长程有序可能导致其性能的各向异性，至少在理想晶体中原子的运动是围绕在与时间无关的平均位置振荡的。晶体缺乏流动能力并具有固定形状与这种运动相关。固体可以是晶态的，也可以是非晶态的。晶体和玻璃这两种物质在宏观上都呈现固体的特征，两者的根本区别在于其内部微观结构的不同。当粒子紧密、有规则地排列成周期结构时，可构成镜面、反转等晶体学对称，形成具有自范性、各向异性、长程有序短程有序的晶体，即晶体中的原子在空间呈有规则的周期性重复排列。

与排列有序的晶体相反，非晶态物质是粒子排列不存在周期性的物质，包括玻璃、胶体、颗粒体、液体等。非晶体系是典型的复杂多体相互作用体系，它的基本特征是不存在空间排列的长程有序性，其原子是无规则排列的。非晶态物质在自然界中无处不在，其分布广泛，形态众多，是凝聚态物质的主体。同时，它的组成单元尺寸跨度很大，从原子分子尺度的液体和玻璃、微纳米的胶体到毫米以上的颗粒物质凝聚体系，都是非晶态物质。在凝聚态物质中，具有原子周期结构的晶态物质是特例，而非晶态物质是常态。非晶态物质家族非常丰富、种类繁多。人们日常见到的材料，如玻璃、塑料、松香、石蜡、沥青、琥珀、橡胶等都是非晶态物质。生物体等软物质、液体、胶体、颗粒物质也是广义的非晶态物质，甚至行星星体，包括地球，实际上也可以看作大的结构单元组成的非晶体[4]。此外，非晶态物质的结构、特征和性能都与时间有关，因为它们是能量高于晶态的亚稳态，所以弛豫无处不在。弛豫是指一个宏观平衡系统由于周围环境的变化或受到外界的作用而变为非平衡状态，这个系统再从非平衡状态过渡到新的平衡态的过程。弛豫实质上是系统中的粒子互相作用，缓慢重排释放能量的过程，因此说弛豫和老化是非晶态的本质特征。非晶态物质的结构与性能都随时间变化，因此研究其稳定性非常重要，但非晶形成体系的弛豫时间涵盖 12～14 个数量级(时间上 10^{-14}～10^{6} s)，广泛的时间窗口对实验探测造成了巨大的困难。非晶态物质是复杂的粒子无序堆积形成的凝聚态物质，是复杂多体作用体系。结构上看，非晶态物质宏观上各向同性且均匀，但微观角度又具有纳米和微米尺度的结构不均匀性和动力学不均匀性。非晶系统往往是多组元和多种类型结合键并存，例如，玻璃往往是混合键形成的，如极性共价键。需要指出的是，非晶态和晶态之间可以互相转化，因此一种物质以非晶态还是晶态出现还需视外部条件和加工制备方法而定。

气体和液体的性质是标量特性，而晶体结构的周期性决定了晶体的各向异性和性质的矢量特性。液体和固体属于凝聚态。在凝聚态中，分子间的力原则上是不能忽略的。当然，这种分类只能作为物质不同状态之间的一个粗略划分。然而，这种分类也有其局限性。已有的研究结果表明，某些气体混合物可能经历分解过程，这是粒子相互作用的结果。液体可以连续地进入气相，反之亦然。完美的绝对规则的晶体在自然界并不存在，而且在一定条件下，晶体也能显示出一定的流动能力，特别是所谓的塑料晶体。除了拓扑无序，在晶体中的定向性紊乱可以产生类似于在玻璃中观察到的行为。尽管存在这些限制，但在开始对玻璃进行科学分析时首先讨论的问题是玻璃属于上面提到的哪一种状态。实验表明，一方面玻璃有一个几乎无限的黏度、一个确定的形状和固体的力学性质；另一方面，也可以在玻璃中发现液体的典型特性：无定形结构，即没有长程有序和各向异性的性质(个别玻璃具有各向异性)。玻璃态物质的内在排列是无规则的，缺少晶体的长程有序和各向异性，而它的径向分布函数(RDF)、长程无序、短程有序的特点与液体十分相似，在较短的径向分布区域内有一定的有序性，并且玻璃较液体的短程有序区域稍大一些。晶体的径向分布曲线呈现很窄的分布范围，表明其结构具有有序性和周期性，而气体的径向分布曲线是完全无序的。

通常，人们习惯采用玻璃态(vitreous state 或 glassy state)、非晶态(non-crystalline state)、无定形态(amorphous state)等来描述玻璃的结构状态。“玻璃态”一词来源于拉丁语“vitrum”，vitreous 是指玻璃的状态，是“glassy”的同义词。非晶态缺乏晶体所具有的长程原子和分子周期规律。玻璃网络不像晶体那样具有周期性和对称性，然而它不是完全随机的。玻璃态、非晶态和无定形态这三者的差别可以表现在有序度或能量等方面，但从结构状态来看，它们描述的都是与晶态对立存在的同一类概念，因而这些概念在很多情况下是同义的，例如，可以把玻璃态称为非晶态或无定形态。由于习惯或某些其他(有时是人为的)原因，人们往往更倾向于使用“玻璃态”这个术语。Jha(贾)[5]将玻璃态定义为明显缺乏三维周期结构的凝聚态，将玻璃定义为在玻璃化转变温度以下具有弹性的凝聚态物质。Berthier(贝铁尔)和 Biroli(比奥里)[6]认为，当一种材料的典型弛豫时间尺度达到比实验或数值模拟的典型持续时间长得多的数量级时，即可称其为玻璃态物质。在这个定义下，大量的材料系统可以认为是玻璃，如无序的超导体、胶体、泡沫、蛋白质等。这个定义太过宽泛，因此有人提出了一些不同的观点。例如，Roy(罗伊)[7]认为任何成分的固体都可能以几种晶体或几种非晶体的形式存在，每一种都有不同的结构和性能。因此将所有非晶固体集中在一个名词之下，即“玻璃态”，这一术语使用范围的扩大会造成相当大的混淆。也有许多研究者对一些非熔融方法制备的非晶态产物的结构仍习惯使用“无定形态”这个术语。最近，Mauro(莫罗)等[8]对“玻璃态”和“无定形态”做了严格的区别：无定形态具有非晶结构，与母液不同，加热时不发生玻璃化转变；玻璃和无定形固体都是非晶材料，但玻璃具有玻璃化转变，而无定形固体则没有；无定形固体不能通过从液态淬火得到，因为这将导致玻璃化转变，从而形成玻璃；无定形固体可以通过其他方式产生，如高能铣削晶体、高能辐射晶体材料或溅射冷基体，当加热时它们会结晶而不会弛豫到过冷的液体状态。

总体来说，玻璃态物质具有以下 5 个典型特性。

(1) 亚稳性。玻璃态物质一般是由熔融体过冷得到的。在冷却过程中黏度急剧增大，质点来不及形成晶体的有规则排列，没有释放出结晶潜热(凝固热)。因此，玻璃态物质比相应的结晶态物质含有更高的能量。它不处于能量最低的稳定状态，而是属于亚稳状态(热力学因素)。尽管玻璃处于较高能量状态，但由于常温下玻璃黏度很大，转变成晶体的速率极小，因而实际上不能自发地转变为晶体(动力学因素)。只有在一定的外界条件下，即必须克服物质由玻璃态转变为晶态的势垒，才能使玻璃析晶。因此，虽然从热力学的观点看玻璃态是不稳定的，但从动力学的观点看它又是稳定的。因为玻璃态虽然具有从自发放热转变为内能较低的晶态的倾向，但在常温下，转变为晶态的概率极小。因此，玻璃处于亚稳状态。

(2) 各向同性。玻璃态物质的质点排列是无规则、统计均匀的，因此当玻璃中不存在内应力时，其物理化学性质(如硬度、折射率、弹性模量、热膨胀系数、热导率、电导性等)在任何方向都是相同的。但当玻璃中存在应力时，玻璃的结构均匀性遭到破坏，玻璃就会显示各向异性，如出现明显的光程差等，即只有异常的玻璃(微多相结构、定向结构、淬火状态)才有各向异性现象(如光学性质、磁性等)。

(3) 无固定熔点。玻璃态物质由固体转变为液体是在一定温度区域(软化温度范围)内进行的，它与结晶态物质不同，没有固定的熔点。玻璃在加热时不像晶体那样熔化，而是逐渐软化，由脆性进入可塑性、高黏态，最后变成可滴液态。当物质由熔体向固体转化时，如果是结晶过程，在系统中必有新相生成，并且在结晶温度点许多性质发生突变。如果是玻璃化过程，随着温度逐渐降低，熔体的黏度逐渐增大，最后形成固态玻璃，此凝固过程是在较宽的温度范围内完成的，始终没有新相(新的晶体)生成。该温度范围取决于玻璃的化学组成，一般在几十到几百摄氏度内波动，因此玻璃没有固定的熔点，只有一个软化温度范围。在此温度范围内，玻璃由黏性体经黏塑性体、黏弹性体逐渐转变成为弹性体，这种性质的渐变过程是玻璃具有良好加工性能的基础。

(4) 过程和性质变化的可逆性。玻璃态物质的熔融和固化是可逆的，即由固体向熔体或相反过程可以多次进行，其物理化学性质会恢复到原来的性质(如果不伴随新相生成，即不发生结晶或分相)。玻璃态物质熔融和固化的过程及性质变化的这种可逆性说明玻璃熔体和固态玻璃是真溶液，因为可逆性是真溶液的主要标志。

(5) 性质变化的连续性(或可变性)。玻璃态物质从熔融态到固态的性质变化过程是连续的。同时，在玻璃形成的范围内，其化学成分可以连续变化，因此玻璃的一些物理性质必然随其组分的变化而发生连续和逐渐的变化。

Popov(波波夫)[9]从结构、力学和热力学三个基本特征的角度对物质进行了分类，见表 2-1。首先，从结构的角度来看，所有的物质可以分为两类：晶体和非晶体。从力学的角度，非晶态物质可以分为非晶态固体和流体(包括液体和气体)，前者的动力学黏度大于 $10^{13.6}$ Pa · s，后者的小于该值。临界点(即黏度为 $10^{13.6}$ Pa · s)对应系统弛豫 24h 的黏度，因此如果在 24h 内没有观察到残余变形，则认为该物质是固体。从热力学的角度，稳定(或平衡)系统必须有最小的自由能。系统的任何变化都会导致能量增加，从而使其转变到非平衡态。晶体、液体和气体可能处于平衡状态，非晶态固体是非平衡系统。因此，非晶态固体有两个特征：①原子排列中缺乏长程有序；②系统处于非平衡态。除了玻璃，还有一些非晶态固体(如非晶态硅)，它们没有玻璃化转变区，但是将温度提高到某个临界温度(T_{cr})，可以使它们从固态非晶态快速结晶。换句话说，这些材料在低于临界值的温度下是稳定的，但在 $T=T_{cr}$ 时发生不可逆相变。

表 2-1　物质的分类[9]

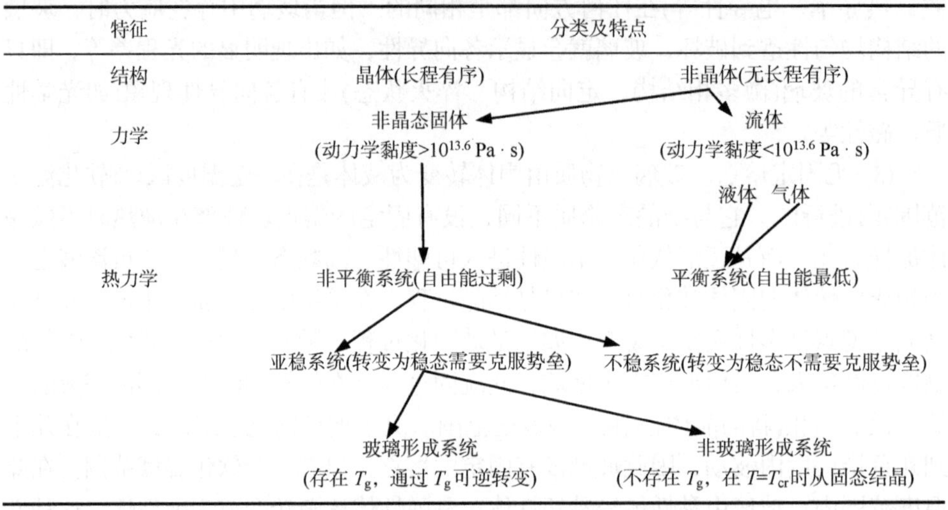

特征	分类及特点	
结构	晶体(长程有序)	非晶体(无长程有序)
力学	非晶态固体 (动力学黏度>$10^{13.6}$ Pa · s)	流体 (动力学黏度<$10^{13.6}$ Pa · s)
		液体　气体
热力学	非平衡系统(自由能过剩)	平衡系统(自由能最低)
	亚稳系统(转变为稳态需要克服势垒)	不稳系统(转变为稳态不需要克服势垒)
	玻璃形成系统 (存在 T_g，通过 T_g 可逆转变)	非玻璃形成系统 (不存在 T_g，在 $T=T_{cr}$ 时从固态结晶)

物质的结构状态可以影响其能量状态，例如，玻璃态是亚稳态，而晶态是稳定态，因此许多人都试图证明玻璃态属于独立的聚集状态。Parks(帕克斯)和 Huffman(霍夫曼)[10,11]、Bergler(伯杰)[12]以及随后其他的研究者提出将“玻璃态”定义为除气态、液态和固态之外物质的第四种聚集状态。然而，他们并未证明玻璃态在某一温度范围内处于能量的稳定态，因而一直未能得到公认。特别是随着时间的推移，人们逐渐认识到，尽管玻璃态可能并不是 20 世纪 20 年代玻璃研究者所宣称的第四种物质状态，但它却是物质能够存在的最有趣的物理状态之一。需要指出的是，关于其他具有不同寻常结构和性能的系统(如液晶、弹性体、凝胶等)，也有人提出了类似的建议，并且介绍了物质的第四、第五和其他状态，但是未得到普遍接受。有时物质的部分或全部电离状态，即等离子态，也被称为物质的第四种聚集状态[3]。

玻璃是一种典型的玻璃态物质。在过去的两个世纪里，人们提出了许多关于玻璃的定义。传统上，玻璃这个词与熔化的无机产物联系在一起，这些无机产物被冷却到一种没有结晶的坚硬状态，这个定义在玻璃技术中频繁使用，如德国标准化学会(DIN)、国际标准化组织(ISO)和美国材料与试验协会(ASTM)标准。在过去的一个世纪里，人们发现了许多传统的氧化物玻璃，以及一些相对新颖的无机玻璃，如硫族化合物、氟化物、氯化物、溴化物、氮化物等玻璃(在 SciGlass 数据库中注册了大约 40 万种成分)，以及越来越多的玻璃态有机物、聚合物和金属合金等，玻璃甚至可以由混合金属-有机骨架材料制成。此外，值得一提的是宇宙中的大多数水可能也是玻璃态的。早在 1927 年，Simon(西蒙)就提出了玻璃的定义：玻璃是一种坚硬的材料，它是通过将过冷的液体在较窄的温度范围内凝固而得到的[8]。1933 年，Tammann 指出“玻璃是过冷固化的熔体”[8]。Morey(莫里)[13]进一步指出，玻璃是处于这样一种状态的无机物质，这种状态是该物质液态的继续，并与它的液态相似，但由于冷却过程中黏度的可逆变化，它的黏度已高到在满足实际用途的需要上如同刚体一样。Winter(温特)[14]在著作中曾给予玻璃这样一个定义：玻璃是一种在熔点以下黏度达到 10^{14}Pa · s 的固态物质。1972 年，Uhlmann[15]提出将单位体积晶体含量小于 10^{-6} 的无机材料定义为玻璃。Doremus(多利莫斯)[16]给出了玻璃的典型定义：一种由正常的液体状态冷却而成的材料，在任何温度下，其性能没有表现出不连续的变化，但由于其黏度的逐渐增加而或多或少地变得坚硬。1975 年，Cooper(库珀)和 Gupta(古普塔)[17]提出了一个玻璃定量的定义：玻璃是一种各向同性材料，弛豫时间 10^3s 和 $\chi\approx1$，其中 χ 定义为一个归一化的相关性范围，稀薄气体是零，而普通液体或玻璃接近于 1。1976 年，Wong(王)和 Angell(安吉尔)[18]报道了美国国家科学研究委员会提出的定义：“玻璃是一种 X 射线非晶材料，具有玻璃化转变特性。固体非晶相随着温度(加热)的变化，其衍生的热力学性质，如热容和热膨胀系数，或多或少发生突变，从晶体状变为液体状”。另外，也有将玻璃定义为“通过快速冷却避免结晶的熔体而获得的非晶固体”或“呈现玻璃化转变现象的非晶固体”[8]。作花济夫[19]也认为，只有具有玻璃化转变温度的非晶态材料才能够称为玻璃。也就是说，若某种材料显示玻璃所具有的各种特征性质(即存在热膨胀系数和比热容的突变温度，也就是玻璃化转变温度)，那么无论其组成如何，都可以称为玻璃。此外，还有来自艺术家视角的一些独特见解，玻璃具有看似矛盾的特性：短暂与永恒，透明与不透明，装饰与功能，流体与脆性，固体与液体[8]。从科学的角度来看，玻璃可以看作一种特殊的物质状态，在人类的时间尺度上表现出固体的性质，但其非晶结构、流动和结晶行为使其更接近非平衡的冻结液体。2002 年，Rao(饶)[20]将玻璃定义为：通过过冷液体得到的固体，即 X 射线非晶态。Varshneya(瓦申娅)等[21,22]定义为：玻璃是一种具有非晶结构的固体，加热后不断转化为液体，这一表述避免了随后定义玻璃化转变含义的需要。2013 年，Gutzow(古佐)和 Schmelzer(施梅尔策)[3]将玻璃的定义总结为：玻璃是一种热力学非平衡、动力学稳定的非晶态固体，在假想温度 T_f 下，其分子无序状态和相应的过冷熔体状态的热力学性质被冻结。目前，一个普遍的玻璃定义是：玻璃是非晶态固体，具有玻璃化转变。这种定义存在的问题是，仍然需要定义玻璃化转变现象的含义。最近，Zanotto(扎诺托)和 Mauro[8,23]对玻璃的定义提出了两种不同形式的改进，第一种是针对普通大众和年轻学生的直观描述：玻璃是一种非平衡、非晶态物质，其在很短的时间尺度上呈现固态，但是持续不断地朝着液态弛豫；第二种是给那些理解玻璃化转变的人：玻璃是一种具有玻璃化转变的非平衡、非晶态的凝固态物质，它的结构类似于母体过冷液态并自发地向过冷态弛豫，在无限的时间里，它的最终命运是结晶。图 2-1 给出了晶体、非晶态固体和玻璃在人类时间尺度的存在状态以及在无限时间尺度的最终状态。从图 2-1 可以看出，晶体材料(固体)即使在无限长的时间尺度上也会保持其内部结构和外部构型(图 2-1(a)和(d))。在非常低的温度($T<0.2T_m$)且仅在重力而没有外部压力的情况下，由于空位和位移的局域重排，晶体仍可能经历一些个别原子扩散和小的调整(类似于玻璃和过冷液体中的 β-弛豫)，但这种材料保留了原来的原子结构和外部形状，可能稍微有些变形。这种行为与样品中许多原子的协同原子运动有很大的不同，后者导致玻璃和过冷液体的结构弛豫和黏性流动。晶体材料的原子结构已经形成了热力学稳定的结构，而其他物质的结构则处于较高的能量状态。在发生塑性变形或蠕变之前，晶体必须承受临界屈服应力。临界屈服应力随温度的降低而增大，且始终大于重力。因此，晶体材料是真正的固体，在重力作用下，在低温下不会发生塑性变形。此外，即使在足够低的温度下，非晶态固体也可以在足够长的时间内通过原子扩散重新结晶，但它不会表现出黏性流动(图 2-1(b)和(e))。另一方面，玻璃不会停止弛豫和流动，直到它们润湿基材，即达到由液/固、液/气界面能所决定的平衡润湿角为止。在连续加热或无限长时间处于任意 $T>0$ 时，所有玻璃最终结晶(在(f)之前或(g)之后完全弛豫)，如图 2-1(c)、(f)和(g)所

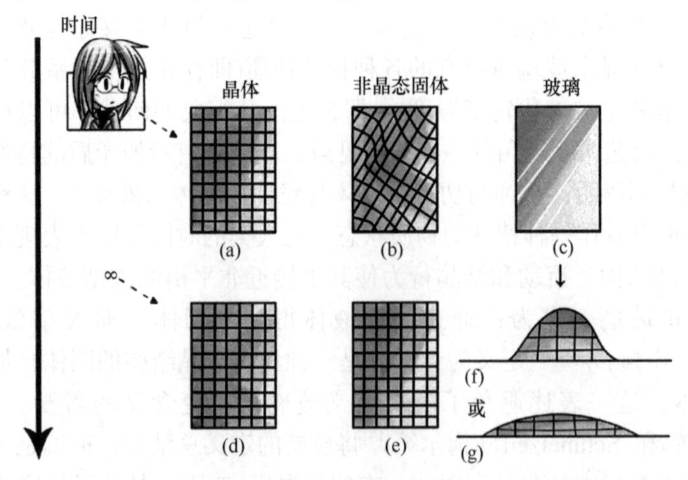

图 2-1　晶体、非晶态固体和玻璃在人类时间尺度的存在状态以及无限时间尺度的最终状态[8]

示。因此，尽管上述讨论中存在一些不确定性，但有一些观点是明确的：玻璃的原子结构与它们的母体过冷液体非常相似。在任何温度下，玻璃在重力作用下都会自发地弛豫、流动和变形。最后，在无穷长的时间内，在 $T>0$ 处它们会结晶。在动态旋节线温度以上，过冷液体弛豫后结晶时间较长，而在动态旋节线温度以下时，过冷液体在完全弛豫前结晶。因此，它们的最终命运是转变成晶体材料，即凝固。

在其他一些玻璃科学和技术相关的网站、词典、专著及百科全书中，玻璃有不同的定义。例如，Merriam-Webster(韦氏大词典)上定义玻璃为“由熔体冷却至刚性且不结晶而形成的各种非晶材料”。Dictionary.com(大辞典网站)称玻璃是“由熔化产生的一种硬的，易碎的，非晶的或多或少透明的物质”。《牛津生活字典》将玻璃描述为“一种坚硬易碎的物质，通常是透明或半透明的，通过熔化和迅速冷却而制成”。维基百科中称“玻璃这一术语通常是在更广泛的意义上定义的，包括每一种在原子尺度上具有非晶(无定形)结构并在加热到液态时表现出玻璃化转变的固体”。《辞海》中将玻璃称为“由熔体过冷所得，并因黏度逐渐增大而具有固体机械性质的无定形物体”。《硅酸盐词典》中玻璃的定义是“由熔融物而得的非晶态固体”。《玻璃科学与技术》中指出“玻璃可以被定义为一种完全缺乏长程的周期性的原子结构，并表现出玻璃转化行为区域的无定形固体”。《玻璃工艺学》对玻璃的定义描述为“玻璃是一种具有无规则结构的非晶态固体，其原子不像晶体那样在空间作长程有序的排列，而近似于液体那样具有短程有序。玻璃像固体保持一定的外形，而不像液体那样能在本身的重力作用下流动”。此外，《玻璃工艺学》[24]将玻璃的定义归纳为两种，第一种是传统的理解：玻璃是熔融、冷却、固化的非结晶的无机物(在特定条件下也可能成为晶态)，是过冷的液体。第二种是将玻璃的定义进行了扩充，分为狭义玻璃和广义玻璃。狭义玻璃仅指无机玻璃，广义的玻璃包括单质玻璃、无机玻璃、有机玻璃。在广义上定义玻璃为“结构上完全表现为长程无序，性能上具有玻璃化转变特性的非晶态固体”，即无论是有机、无机、金属，还是何种制备技术，只要具备上述特性均可称为玻璃。

以上关于玻璃态和玻璃的定义之间存在的差别，是人们的命名习惯不同，对玻璃的概念理解不同，特别是玻璃科学和技术的发展阶段不同造成的。目前，大多数的玻璃定义是根据玻璃的宏观特性和制备方法而做出的，由于在实际制备中玻璃的物理和化学性质的多样性、玻璃化转变过程中的不平衡性、各种非传统熔融方法的出现等因素，很难从宏观角度对所有玻璃给出一个统一、确切的概念，以致目前尚无一致公认的玻璃定义。例如，由于多年来的一些发展，以及考虑到玻璃并不一定是通过熔融和淬火液体得到的，即其他途径也可以得到玻璃，如各种真空蒸镀、火焰喷射、溶胶-凝胶技术等，可以在较低的温度下制备玻璃，不需要经过高温熔融过程。如果将玻璃局限为“熔融物”、“过冷液体”、“无机物”，则显得过于狭隘。除了无机玻璃，玻璃的范围也扩展到有机玻璃、金属玻璃等。此外，并不是所有的玻璃都是各向同性的(如玻璃光纤和离子交换玻璃)。另一个需要注意的问题是，即使组成相同，一旦发生晶化，也不能称为玻璃，因此玻璃是表现状态的词，不能采用过于狭义的定义。因此，对于任何物质，无论其组成、形状或者制备方法如何，只要它具备玻璃态的一些特征，如非晶态物质，存在玻璃化转变，在比玻璃化转变更高的温度下黏度在 $10^{11}\sim10^{12}$ Pa · s 连续地随温度升高而变小，即可判断其为玻璃。

非晶态物质结构复杂，目前也没有足够科学准确的模型对其进行表征，这势必阻碍了对它的进一步探索。玻璃作为一种材料，其性能归根结底是由它的微观状态决定的，其中包括组成材料的各元素原子的电子状态和分布，因此了解玻璃物理化学行为的先决条件是了解它们的原子尺度结构。在晶体中，周期性结构使每个原胞的外部环境都一致，只有原胞中局域环境不同。而在非晶态物质中，几乎每个原子周围局域环境都不一样，特别是含有杂质、晶体复合物、自由体积缺陷的局部。这种局域特性对非晶态物质的结构、力学性能、光学性能、电学性能等都有很大影响。另外，具有严格周期性格位排列的晶体，电子运动是公有化的，其 Bloch(布洛赫)波函数扩展在整个晶体中，对理想晶体来说无论是格波还是 Bloch 波都可以在整个晶体中传播，这种态称为扩展态。但如果存在随机的无序杂质，晶格的周期性被破坏，此时电子波函数不再扩展在整个晶体中，而是局限在杂质周围，在空间中按指数形式衰减，这种态称为局域态。对非晶态来说，局域态是非常重要的特性，可以说局域态表征了非晶态，局域态的存在势必对非晶态的物理性能产生重大影响。原子和纳米尺度局域特性对非晶研究也必不可少，但是目前还缺少能准确揭示出玻璃态物质精细结构全部信息的研究方法，因此从微观状态研究玻璃态还有一定的困难[4]。

2.2 玻璃态物质的玻璃化转变

玻璃态物质的玻璃化转变是玻璃态物质与其他物质不同的特征现象，也是凝聚态物理研究领域中的重点和难点之一[4,25-28]。从前文对玻璃定义的讨论中可以得出一个普遍的结论，即任何表现出玻璃化转变行为的材料都是玻璃。那么，什么是玻璃化转变呢？通常，熔体凝固存在两条不同的路径，包括正常冷却和淬冷。图 2-2 给出了这两种不同路径下物质的体积/焓随温度以及比热容随温度变化的示意图[29,30]，具体如下。

(1) 在正常冷却情况下，随着熔体温度冷却至熔点以下，其内部的分子将有充足的时间重排为紧密排列的周期性结构，从而在凝固温度点附近形核并长大成晶态物质(图 2-2(a)中的 i 路径)。晶体成核必须克服热力学势垒，这很大程度上取决于其化学成分和温度。

(2) 当冷却足够快或难以成核时，熔体内分子来不及重新排列或重排能力弱，也就来不及发生成核和长大过程，熔体的温度已低于该压力下的凝固点而仍不凝固，即使到了熔点以下熔体也仍然保持高温时的状态，即熔体凝固通过另一条途径(图 2-2(a)中的 ii 路径)进入“过冷”状态，这种现象称为“过冷现象”，此时的液体称为“过冷液体”。当温度继续下降时，熔体分子体积继续下降，在大概 2/3 熔点温度处，将发生“玻璃化转变”行为，此时的玻璃保存着熔体的大部分结构。在玻璃化转变过程中，熔体并不是通过成核和长大进入晶态来释放能量，而是通过第二条路径达到玻璃态。玻璃态的能量高于晶态，这是由于其内在排列并不是最低能量状态，熔体在熔点过后还保持原有状态，达到过冷态，再到玻璃化转变温度(T_g)时发生向玻璃态的转变。玻璃化转变行为也可以认为是过冷液体发生弛豫，粒子间相互作用的过程。

玻璃化转变过程具有如下特征。

1) 热力学参量的变化

在熔体冷却成玻璃的过程中，不同于形成晶体时一阶热力学参量呈现突变，在玻璃化转变中，体积和焓等一阶热力学参量表现出连续变化的特点(图 2-2(a))，但体系的二阶热力学参量(如比热容和热膨胀系数)会发生突变而形成比热容台阶(图 2-2(b))。在熔体冷却时，体积沿 *abc* 或 *abd* 路径逐渐减小。*b* 点和 *d* 点对应的温度为相应晶体的熔点 T_m，可以定义为固体和液体具有相同的蒸气压或具有相同的吉布斯自由能的温度。在这个温度下，无限小的晶体与液体处于热力学平衡状态。然而，对于可观察到的结晶水平，需要一定数量的液体过冷到 T_m 以下的温度。当且仅当液体中存在足够多的核，且晶体生长速率足够大时，才会结晶。*d* 点的位置由液态转变为晶体状态的热力学驱动力和液体的原子传递到晶体-液体界面的速度决定。体积收缩通常伴随着结晶。当进一步冷却时，形成的晶体沿着晶体线收缩到 *e* 点。如果结晶没有发生在 T_m 以下(主要是因为冷却速率较高)，则液体沿 *bcf* 线进入过冷液体状态，即 *abc* 线的外推，在体积-温度(*V-T*)曲线中没有观察到不连续的变化，只有体积不断缩小，即液体的结构沿着 *bcf* 线重新排列成较小的体积。随着冷却的继续，分子的流动性越来越小，系统黏度迅速增加。在足够低的温度下，分子群不能快速地重新排列以达到该温度的体积特性。然后，状态线从 *bcf* 开始平稳地偏离，很快就变成近乎直线(通常与 *de* 线大致平行)，在 *g* 点(快速冷却时)结束，或者在 *h* 点(缓慢冷却时)结束。在曲线的近直线、低温部分，材料本质上表现为固体，这就是玻璃态。从过冷液体线的开始到形成表面刚性状态的光滑曲线这一范围称为玻璃化转变区，即玻璃化转变范围。因此，必须强调的是，向玻璃态的转变并不发生在某一特定温度，而是一个温度范围。在上部区域，玻璃的黏度约为 10^8Pa · s 或更低，而在玻璃态，黏度超过约 10^{15}Pa · s 或更大，从而表现出固体的外观。图 2-2(a)中形成玻璃时的两条过冷液体线之间的距离取决于冷却速率。较慢的冷却可以使结构重新排列，使其在 *bcf* 上停留更长时间，因此在 *h* 处较慢冷却的玻璃比在 *g* 处较快冷却的玻璃体积更小，密度更高，假想温度更低。这也表明，相应的晶体体积将小于最慢冷却玻璃的体积。然而，快冷玻璃的体积也不总是比慢冷玻璃大，这取决于过冷液体区域 *V-T* 曲线的形状。

比热容台阶的存在是确认玻璃态最有力的证据之一，但玻璃化转变并不是二级相变，因为没有观测到对应有序参量的变化。在平衡状态下，热力学稳定的熔体只存在于熔点或液相线温度(T_m)以上，不会发生结晶。过冷液体存在于液相线温度 T_m与玻璃化转变温度 T_g之间，它们是亚稳态的。玻璃存在于玻璃化转变温度 T_g 以下。与一阶热力学参量形成显著对比的是，体系的二阶热力学参量会发生突变而形成比热容台阶。和其他物质不同，玻璃态物质由液体转变为固体并不是在一个特定的温度点进行，而是对应一个温度区间，即转变温度范围。在此温度范围内，玻璃由黏性体经黏塑性体、黏弹性体，最终逐渐转变成弹性体。

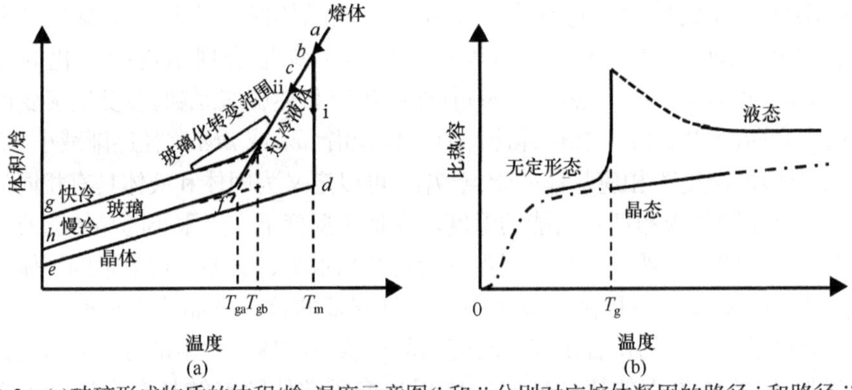

图 2-2 (a)玻璃形成物质的体积/焓-温度示意图(i 和 ii 分别对应熔体凝固的路径 i 和路径 ii，T_m 和 T_g分别为熔点和玻璃化转变温度，曲线 *abch* 和 *abcg* 分别对应慢冷和快冷，其对应玻璃化转变温度为 T_{ga} 和 T_{gb})；(b)熔体的比热容随温度变化的示意图[29,30]

过冷液体可以认为是玻璃的“母相”，玻璃可看作“冻结”的过冷液体，玻璃化转变行为也可以认为是过冷液体发生弛豫、粒子间相互作用的过程。在液态时，原子除做简谐振动之外，还可以做大于原子尺度的平移运动。在非晶固态，原子被束缚在确定的平衡位置附近，并围绕平衡位置振动。因此，玻璃化转变过程实际上就是这两种微观结构的转变，可以说在此过程中发生了液体大范围原子尺度的平移运动被“冻结”[8]。“冻结”一词是指非常缓慢的运动或静止的一种暂时、短暂的状态，这种暂时冻结状态也称为“非遍历性”(non-ergodic)，这意味着弛豫的时间尺度要比观测时间长得多，即 Deborah(德博拉)数 $\gg 1$。玻璃的弛豫等诸多性质都是由过冷液体“遗传”的。同时，过冷液体的热性质和强度等又介于玻璃与液体之间，对过冷液体的进一步研究对于玻璃本质的理解十分重要。

将过冷液体、非晶态固体和一般液体进行比较来看，非晶态固体从外观上有一定形状，不具备或具备很低的拉伸形变，强度较高，比热容和热膨胀系数与普通固体相同，黏度很高；普通液体无一定的形状，也无拉伸形变，比热容和热膨胀同液体一致，黏度低；而过冷液体介于两者之间，具有高的拉伸形变和低强度，比热容和热膨胀与普通液体一致，黏度介于玻璃与普通液体之间。这些物理性质说明，过冷液体是一种介于非晶态固体和液体之间的状态[8]。

与过冷液体相关的另一个重要概念是液体稳定性极限或动态旋节线温度 T_{KS}。图 2-3 给出了过冷液体的结构弛豫时间示意图[8]。动态旋节线温度定义为平均弛豫时间 τ_R 的温度，平均弛豫时间是指在过冷液体中形成第一个临界晶核所需的平均时间。初次成核一旦发生，过冷液体立即变得不稳定，晶体立即生长。经过一段时间(这取决于材料和温度)，它将完全结晶。在 T_{KS} 以上，过冷液体的平均弛豫时间小于晶体平均成核时间，而在 $T<T_{KS}$ 时，过冷液体的平均成核时间大于晶体平均弛豫时间。在路径 a 中，过冷液体(虚线 a)的平均弛豫时间曲线在 T_{KS} 处与晶体成核时间曲线(实线 c)相交，而在路径 b(实线 b)中从未相交。这两种路径在理论上都是可能的，但这仍然是玻璃科学中的一个开放问题。

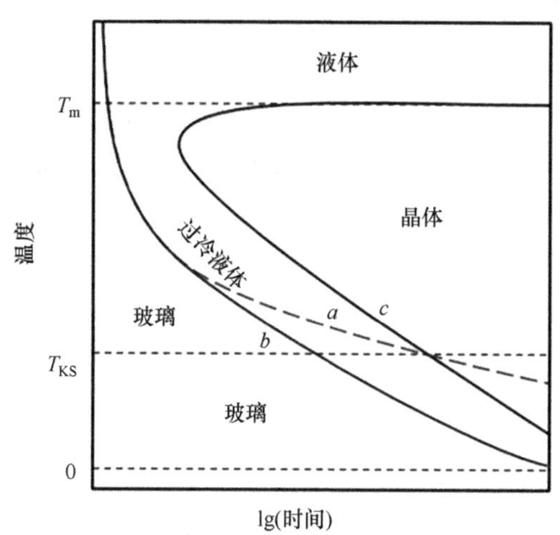

图 2-3　过冷液体的结构弛豫时间示意图[8]

a 和 b 代表两种不同的路径，c 表示晶体成核时间曲线

2) 动力学变化

为了更好地表征玻璃化转变过程中过冷液体的基本性质，引入了“黏度”的概念。所有液体都有黏度，但过冷液体因为其结构的不断压缩，黏度比一般液体更大。当过冷液体趋向于玻璃化转变温度时，黏度随温度发生连续剧烈变化(瞬间增加十几个数量级)，但是其结构却没有明显变化，这种巨大的动力学性能变

化的本质一直是玻璃化转变研究的中心难题。此外，现在对 T_g 也有一个定义，即玻璃黏度达到 10^{11} Pa · s 所对应的温度。如果没有如此高的黏度，熔体的弛豫将非常迅速，极快达到平衡态，也就无法形成玻璃。因此，在玻璃化转变过程的描述中，对其动力学、热力学的研究缺一不可。当过冷液体趋向于玻璃化转变温度时，黏度随温度发生连续剧烈的变化。图 2-4 给出了不同过冷液体黏度-温度变化曲线，插图表示利用玻璃化转变点的过冷液体对固体的比热容比值表征热力学脆性[31]。Angell 据此将过冷液体分为强、弱两类，并进一步提出了玻璃态“脆性”概念，用于表征过冷液体随温度变化的敏感程度，类似于玻璃生产中的“料性”[32]。脆性的大小实际上反映了黏度变化偏离 Arrhenius(阿伦尼乌斯)方程的程度，越“脆”表明偏离的程度越大，即表现出非 Arrhenius 关系。玻璃化转变的动力学实质是复杂的弛豫过程，包含原子振动、笼的振动、β-弛豫(二次弛豫)，最终共同产生了 α-弛豫(基本弛豫)。关于强过冷液体的弛豫行为，一些实验结果也有所涉及，如表面弛豫、结构各向异性弛豫、体积弛豫以及焓弛豫[33]。过冷液体表现出的非指数弛豫过程很可能源于内部的微观不均匀性。传统的玻璃化转变理论主要以 α-弛豫为基础，近年来的研究发现慢 β-弛豫行为是玻璃化转变更微观的诱导和基础[34]。此外，除了 α-弛豫和 β-弛豫，一些特殊的弛豫过程如“过剩翅”等也引起了广泛关注，各种理论模型层出不穷，如唯象特征、自由体积模型、热力学统计模型、固体模型理论、能量势垒理论以及模态耦合理论等[4,35,36]。所有这些理论模型都有其合理性且都对玻璃态物质本质的理解有所帮助，但都仍存在一定的局限性。例如，自由体积理论认为玻璃内的自由体积在热胀冷缩时是被分子运动和链段运动所冻结的，只有占有体积可以进行热胀冷缩，这也可以更好地帮助人们理解玻璃与过冷液体之间的关系。自由体积模型能够很好地解释玻璃化转变温度附近的黏度和热容随温度的变化关系，但是参数单一且在实验室难以测量，因而不能完整描述玻璃化转变的特征并且不能解释清楚过冷液体的不均匀性、弛豫和微观机理。模态耦合理论在提出之初准确描述了玻璃化转变温度以上高温熔体的弛豫，但是在预测熔体结构将在交叉区温度处被冻结这一点上却与实验结果不符。尽管后来通过引入多个变量来进行改进，但依然存在其他诸多问题。此外，对于过冷液体在如此短的时间内黏度剧增而结构却变化不大这一动力学变化的本质也缺乏更加深入的研究，而实验上测试远低于玻璃化转变温度下的弛豫时间仍然是一个难点[37]。玻璃化转变的核心问题在于对玻璃弛豫现象的理解，如何透过这些不同的实验现象深入剖析其内在本质并厘清它们之间的联系和区别是未来需要面对的一个巨大挑战。值得一提的是，Gutzow 和 Schmelzer[3]认为理解玻璃态复杂的热力学特性并不是发展出越来越多的新模型，而是通过不可逆过程的热力学形式更好地理解现有的热力学基础，这对于发展对玻璃科学的新认识具有重要意义。

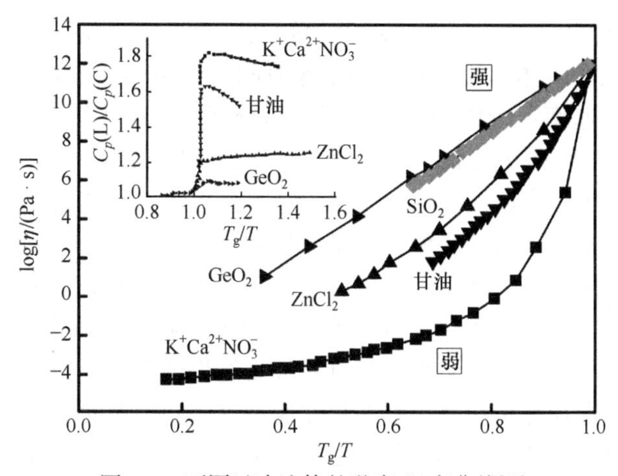

图 2-4　不同过冷液体的黏度-温度曲线[31]

插图表示利用玻璃化转变点的过冷液体与固体的比热容比值(C_p(L)/C_p(C))表征热力学脆性

3) 玻璃化转变是可逆的、连续的过程

玻璃没有固定的熔点，玻璃化转变温度也不是一个固定的温度，而是一个范围，与其热历史有关。玻璃与晶体的一个明显区别是没有固定的熔点，因而不可能有熔点处的动力学参数。相同成分的液态在不同冷却速率下，其玻璃化转变温度也不同，冷却越慢，分子重排的概率越大，玻璃体内残存的能量越低，冷却结束时它所处的温度也会越低，所以一般来说冷却越快，玻璃化转变温度越高，此时玻璃内部残存的能量也越高。对熔制的玻璃进行退火正是利用了这一原理，延长保温时间，使玻璃进一步释放能量，残余应力更低，玻璃性质更为稳定。然而，玻璃化转变温度随冷却速率的变化是微弱的，冷却速率进行量级的变化，玻璃化转变温度往往只会变化 3～5K，这说明玻璃化转变温度可看作玻璃的一个特性。在玻璃化转变温度范围内，微观组织发生了决定性的变化，下限温度越低，这一变化所需的时间越长。因此，在此范围内产生的玻璃的性能取决于加热/冷却速率和温度。这是 T_g 随热历史变化的主要原因。事实上，由于冷却速率、玻璃厚度和冷却过程中导热系数等因素的影响，玻璃的不同部分可能具有不同的转变温度，故同一块玻璃中可能存在几种不同的结构状态。同样，如果玻璃在不同温度下进行多次热处理后以适当的速率冷却，则可获得不同的结构状态，因此可以得到各种无序程度的玻璃结构。

2.3　玻璃态形成

玻璃制备最常用的方法是将熔体迅速冷却到结构重排偏离平衡的温度。这种方法可以抑制熔体的结晶从而得到刚性玻璃材料，其达到热平衡所需的弛豫时间比观察时间或实验时间长得多。玻璃化转变温度相当于黏度为 10^{12}Pa · s 的温度，对大多数无机熔体来说，其结构弛豫时间约为 100s。玻璃化转变温度 T_g 取决于熔体的冷却速率：较快的冷却速率得到较高的玻璃化转变温度 T_{gb}，反之亦然(图 2-2(a))。在 T_m 和 T_g 之间，熔体处于“过冷”状态。

玻璃态区别于固态或液态的一个显著特征是玻璃态在热力学上处于亚稳态。从系统稳定性的角度来看，一般规律是任何系统都趋向于自由能最小或平衡态，然而玻璃在非平衡状态下却存在了成百上千年。因此，有必要考虑非平衡态的稳定性问题。非平衡态材料的稳定性一般分为两种：亚稳态和非稳态[9]。在亚稳态下，系统在达到平衡态之前必须经过具有较高能量的中间非稳态。换言之，在亚稳态和稳态之间存在能量势垒，但在从非稳态过渡到稳态时不存在障碍。这种情况可用简单的机械模拟来说明，如图 2-5 所示。以平面上的立体图形为例，给出了稳态、亚稳态和非稳态图解。横放的长方体对应稳态(图 2-5(a))，因为重心在最小高度。竖放的长方体对应于亚稳态(图 2-5(b))，在这种情况下，需要越过能量势垒才能将其转变到稳态。非稳态(图 2-5(c))可以表示为圆锥体结构，在这种情况下没有能量势垒[9]。

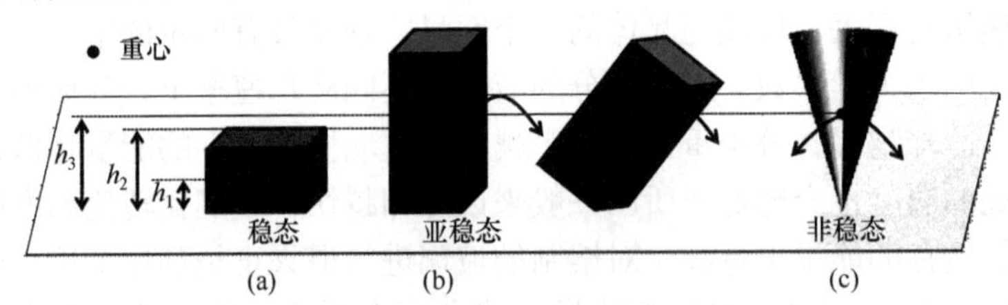

图 2-5　稳态、亚稳态、非稳态示意图解[9]

h_1、h_2、h_3 表示不同状态时的重心高度

因为固体之间的所有转变都与原子位置的变化有关，所以这些转变可以用自由能与构型关系图来说明，如图 2-6 所示。C 点对应稳定(平衡)晶态的最低能级。M 点(包括 M_1、M_2、M_3 点)表示亚稳态，对应亚稳态的局部极小值，这些不同的点对应于材料的形成过程中不同条件下或不同的处理过程产生的不同亚稳态。能级差($\Delta E_1=E_{M_2}-E_C$)对应于亚稳态过剩的能量，这种能量是在相变过程中释放的(如结晶热)。然而，该相变发生必须克服势垒($\Delta E_2=E_A-E_{M_2}$，即析晶激活能)。在热激发的情况下，亚稳态的稳定性取决于 ΔE_2 和 kT 之间的比值。非稳态对应于自由能与构型关系图上的 N 点(包括 N_1 和 N_2 点)。需要指出的是，非稳态可能在稳态附近 N_1 点，也可能在亚稳态附近 N_2 点。

对玻璃态形成的研究有助于理解玻璃态物质的本质。从热力学相平衡的观点看，玻璃处于亚稳态，因此任何物质都不可能形成玻璃态。但从动力学观点来看，只要冷却足够快且熔体黏度大到足以防止晶体析出，则任何被冷却的物质都能形成玻璃态。Zachariasen[38]从 Goldschmidt(戈尔德施密特)晶体化学的观点出发提出了无规网络学说，认为所有的玻璃形成体都是在熔点温度具有较高黏度的离子/共价键化合物。Dietzel(笛采尔)[39]认为，玻璃只能由高场强的氧化物形成，为玻璃的形成提供了另一种指导原则。此后，Rawson(拉瓦森)[40,41]基于 Sun(孙)的单键能理论指出可以将单键能和熔点之比作为判断玻璃形成体的标准。Winter[42]和 Stanworth(史坦沃斯)[43-46]等从元素的原子构造出发，认为玻璃形成体主要包括在熔点时具有高黏度的氧化物、卤素和硫族化合物。干福熹[47]指出，只有当离子键和金属键向共价键过渡时，通过强烈的极化作用，化学键具有方向性和饱和性趋势，在能量上有利于形成一种低配位数或一种非等轴式的构造时，才有可能形成玻璃(附表 A 和 B 分别给出了离子配位数-半径关系和各元素原子的电负性、化合价及原子(离子)半径的配位关系)。Renninger 等[48](通讯作者 Uhlmann)提出了玻璃形成的 3T 图(温度-时间-转变曲线)理论，但是却很难测试或者得到 Uhlmann 方程参数。由于玻璃形成是热力学和动力学共同作用的结果，本书提出了利用黏度-冷却速率法来预测玻璃形成能力。玻璃形成能力正比于冷却速率和黏度。前者主要由制备工艺决定，而后者则与物质的化学键、内部结构连接形式和低共熔点等材料的本质属性密切相关。值得注意的是，体系的玻璃形成区(GFR)最有可能位于低共熔点区域，并且几乎所有的玻璃体系都遵循这个规则。

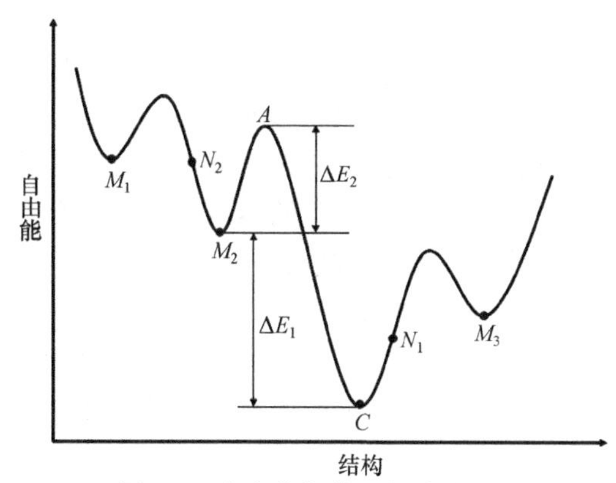

图 2-6　自由能与构型的关系图[9]

A 点表示对应不稳定(非平衡)晶态的最高能级，*C* 点表示对应稳定(平衡)晶态的最低能级，*M* 点(包括 M_1、M_2、M_3 点)表示亚稳态，*N* 点(包括 N_1 和 N_2 点)表示非稳态，能级差 $\Delta E_1 = E_{M_2} - E_C$ 对应于亚稳态过剩的能量，能级差 $\Delta E_2 = E_A - E_{M_2}$，即析晶激活能，对应于相变发生必须克服的势垒

Tammann 是最早研究玻璃形成动力学的学者之一[8]。结晶是和熔化相反的过程，正常情况下，将熔体冷却到熔融温度就会出现结晶。但是，玻璃没有固定的熔点而只是逐渐软化，因此冷却时的情况比较特殊。Tammann 发现结晶的两个过程起主要作用，即晶核形成速率及晶体生长速率。他认为玻璃形成的原因在于过冷液体中晶核形成速率最大的温度低于晶体生长速率最大的温度。此后，

Renninger 等[48](通讯作者 Uhlmann)和 Turnbull 等[49]提出了玻璃形成的动力学理论。Uhlmann 等把晶体体积比 V_c/V 作为定义晶体还是非晶体的关键指标，认为玻璃的可测量晶体体积小于每单位 10^{-6}。通过引入 3T 图来说明玻璃的形成能力。在均匀成核和稳定生长的条件下[48,49]：

$$\frac{V_c}{V} \approx \frac{\pi}{3} I_s u^3 t^4 \tag{2.1}$$

$$I_s = \frac{N_0 k_B T}{3\pi a_0^3 \eta} \exp\left(\frac{-0.0205B}{T_r^3 \Delta T_r^2}\right) \tag{2.2}$$

$$u = \frac{f_s k_B T}{3\pi a_0^3 \eta}\left[1 - \exp\left(\frac{\Delta H_s \Delta T_r}{RT_s}\right)\right] \tag{2.3}$$

式中，I_s 表示晶核形成速率；u 表示晶体生长速率；a_0 表示分子直径；k_B 表示玻尔兹曼常量；ΔH_s 表示结晶热；η 表示黏度；R 表示气体常数；$T_r=T/T_s$，$\Delta T_r=\Delta T/T_s$，$\Delta T=T_s-T$，T_s 表示结晶温度，ΔT 表示过冷温度，T 是特定温度；N_0 是单位体积的分子密度；f_s 是晶体表面分配的有效分子或原子的有效晶格分数。当结晶焓 $\Delta H_s/T_s<2R$ 时，$f_s=1$；当 $\Delta H_s/T_s>4R$ 时，$f_s=0.2\Delta T_r$。B 表示成核能垒系数，能垒为 $\Delta G^*=BkT^*$，$T^*=0.8T_m$。

利用上述动力学理论，可以计算给定参数的物质形成玻璃所需的临界冷却速率。因此，通过定量计算可以预测玻璃的形成能力。然而，仍需考虑以下问题。

(1) Uhlmann 推导的公式属于熔体的结晶动力学而不是玻璃形成动力学。玻璃和晶体的一个明显区别是前者没有固定的熔点，因此不存在物质的固定熔点等热力学参数。对于成分复杂的多组分玻璃，不能得到式(2.1)～式(2.3)中所需参数 N_0、a_0、f_s、ΔH_s、T_s 和 B，因此 Uhlmann 公式仅适用于玻璃和晶体成分相同的一致熔融化合物，仅为玻璃形成的特例，不具有普遍性。最常见的玻璃都是多元组分，其析晶过程往往只是某些化合物先析出，从而使液相成分改变，而 Uhlmann 公式中并未解决这类问题。

(2) 玻璃形成属于模糊数学范畴，不属于逻辑上的“是与非”关系。Uhlmann 的 3T 图严格来说只能用于计算熔体结晶速率。此外，Turnbull 和 Uhlmann 的玻璃形成准则存在临界值，低于某个临界值才能形成玻璃。然而，这一临界值 $V_c/V=10^{-6}$ 是人为定义的，这与实际情况不同，因为他们的判据都有一极限值，是属于逻辑型判据。在此临界值以下为玻璃，反之则为非玻璃。然而，在实际情况下，玻璃中的晶体体积是逐渐变化的，并没有一个清晰的界限。人们也是根据这一实际情况，将玻璃的形成习惯看作一个模糊方式的概念，如透明、半透明、不能形成玻璃等。因此，不存在绝对的标准来判断 $V_c/V>10^{-6}$ 即形成晶体。

以上两点明显地有悖于玻璃形成行为，并且 Uhlmann 认为 $V_c/V=10^{-6}$ 能够测定结晶的极限，也与实际不符。作者利用 X 射线测定粒度为 40～100Å 的玻璃粉与晶体的混合物，当晶体与玻璃的体积比大于 1%时，才出现晶体个别特征峰。因此，Uhlmann 的方法不能作为推广到实际玻璃形成计算的绝对标准。

为了解决这些问题，作者根据玻璃形成的特性，舍去使用玻璃-晶体的界限 $V_c/V=10^{-6}$ 这一绝对界限，而是给其一个模糊区间，以玻璃形成模糊百分率的形式来反映玻璃形成程度，使之与实际情况一致。为此把一些不易获得的且对结果影响较小的参数作为常数，以便用最少最易得的参数来进行动力学计算。在一定温度范围内，玻璃的析晶速率与黏度成反比。由于测定玻璃黏度与温度关系并不困难，如果能从公式中反映相应的规律，则将给玻璃形成动力学理论的应用带来很大方便。

首先可以对动力学理论中的参数进行简化。Uhlmann 提出的玻璃形成动力学计算可归结为寻找特定结晶比例 V_c/V 时 3T 图的鼻峰值，也就是最小 t 的问题。根据式(2.1)～式(2.3)，需要计算 t 的参数有结晶熵 ΔS_m、有效晶格分数 f_s、分子直径 a_0、黏度 η 和成核能垒系数 B。当一个给定参数 P(表 2-2)从最小值(P_1)变化到最大值(P_2)，而其他参数固定时，t 的变化由下式表示：

$$\frac{\Delta t}{t}=\frac{t\big|_{P=P}-t\big|_{P=P_0}}{t/\left(P-P_0\right)} \tag{2.4}$$

式中，P_0 通常等于或接近于 P_1 和 P_2 的中点。表 2-2 给出了 T_r 为 0.5～0.83 范围内参数对计算结果 t 的影响。其他参数对 t 的影响比黏度低 6～8 个数量级，即对计算结果影响不大。因此，P_0 可以作为一个基数，由此可得

$$t=\left(\frac{3}{\pi}\right)^{1/4}\frac{\left(V_c/V\right)^{1/4}}{I_s^{1/4}u^{3/4}} \tag{2.5}$$

$$I_s=2.3427\times10^{28}\frac{T}{\eta}\exp\left(\frac{-1.23}{T_r^3\Delta T_r^2}\right) \tag{2.6}$$

$$u=1.1713\times10^{-2}\frac{T}{\eta}\left[1-\exp\left(-3\Delta T_r\right)\right] \tag{2.7}$$

表 2-2　式(2.1)～式(2.3)中参数对 t 的影响

P	P_1～P_2	P_0	T_r	$\Delta t/t$
ΔS_m /(J/(mol · K))	$0.5R$～$6R$	$3R$	0.5～0.83	−0.37～2.67
f_s	0.033～1.10	0.5	0.5～0.83	−0.40～7.60
a_0/Å	1.25～5.0	2.5	—	−0.79～3.75
B	50～70	60	0.5～0.83	0.96～23.2
η/P[a]	10^{-3}～10^{12}	10^5	0.5～0.83	10^6～10^8
N_0/cm^{-3}	2.5×10^{21}～2.5×10^{23}	2.5×10^{22}	—	−0.44～0.78

a. 10P=1Pa · s。

简言之，只要知道黏度随温度的变化，就可以由式(2.5)～式(2.7)近似计算3T图及估算临界冷却速率。由以上这些推导结果得出，黏度是玻璃形成动力学计算的决定性因素。如果黏度数据具备，进一步推导玻璃形成能力并不困难。对于缺乏数据的新玻璃，也可通过本书提到的简化公式，以期用最少的实验数据得到较正确的推测结果。

考虑到用是非逻辑作为玻璃形成判据明显不合理，本书引入模糊数学的观点。模糊数学是一种处理不确定问题的学科，它以隶属函数或模糊关系函数为桥梁，将不确定性问题转化为确定性问题的处理方法。即将模糊性加以定量化，定量后的模糊性可以用传统的数学方法进行分析。元素 x_i 对模糊子集 A 的隶属程度称为隶属度 $f(x_i)$。隶属函数 $f(x)$表示无穷个元素 x 对模糊子集 A 的隶属度。一般的模糊统计方法(将统计的各相对频数视为各点的隶属度，再据此求出隶属函数)或典型的统计函数(如正态型、升半型、降半型等)都可以确定隶属函数。隶属函数的值域为闭区间[0,1]。

如果用结晶量来推断玻璃的形成程度，则升半正态型函数可以作为隶属函数或模糊关系[50-52]：

$$f(x)=\begin{cases}0 & (x\geqslant 0)\\ 1-\exp(-kx^2) & (x<0)\end{cases} \tag{2.8}$$

式中，x 表示结晶量。由于用某一特定体积结晶率作为玻璃形成判据明显不合理，本书给结晶率与玻璃形成程度以一模糊关系，即对应一定的结晶率，给其一玻璃形成程度模糊值。这里将玻璃形成程度定为[0,1]区间的连续小数，根据式(2.8)得出在一定结晶率下玻璃形成的模糊范围为

$$f_{\mathrm{v}}=\begin{cases}0 & \left(\lg\left(V_{\mathrm{c}}/V\right)\geqslant 0\right)\\ 1-\exp\left(-k_{\mathrm{v}}\lg\left(V_{\mathrm{c}}/V\right)^2\right) & \left(\lg\left(V_{\mathrm{c}}/V\right)<0\right)\end{cases} \tag{2.9}$$

当 $\lg(V_c/V)=-4$，$f_v=0.6$ 时，$k_v=5.7268\times10^2$。当结晶比率 V_c/V 以数量级变化时，玻璃形成程度 f_v 的变化如表 2-3 所示。简而言之，考虑到“是与非”的逻辑对玻璃的形成显然是不合理的，作者引入模糊数学的观点来说明玻璃形成的分类应该是一种模糊分类，而不是一种逻辑分类。玻璃形成的程度应定义为区间[0,1]上的连续十进制的函数。

表 2-3　结晶程度 V_c/V 与玻璃形成程度 f_v 的模糊关系

V_c/V	10^{-1}	10^{-2}	10^{-3}	10^{-4}	10^{-5}	10^{-6}	10^{-7}	10^{-8}
f_v	0.056	0.20	0.40	0.60	0.76	0.87	0.94	0.97

如前所述，玻璃与晶体的关系不应是逻辑式的而是一种模糊数学转变关系[52,53]。这种关系可以用 0 到 1 之间的参数来描述，而不是一种逻辑准则。从这个角度来看，物质结晶前玻璃化转变可分为以下六个阶段。

(1) 熔体冷却并开始出现玻璃结构——接近熔体状态的玻璃。

(2) 出现晶胚的波动阶段——含局部涨落的玻璃。

(3) 出现临界晶核——含聚集态的玻璃。

(4) 原子核的数目和大小增加——含晶胞的玻璃。

(5) 晶核生长——含晶核的玻璃。

(6) 晶体的数量和体积增大但不足以被检测出来——含不可测晶体量的玻璃。

玻璃呈现的各种结构(即玻璃结构)对应不同的阶段。

表 2-4 给出了玻璃结晶的简化过程，即无序-有序转变，由此表明玻璃结构是模糊过渡的结果，而不是逻辑转变的结果。

表 2-4　玻璃的结构转变

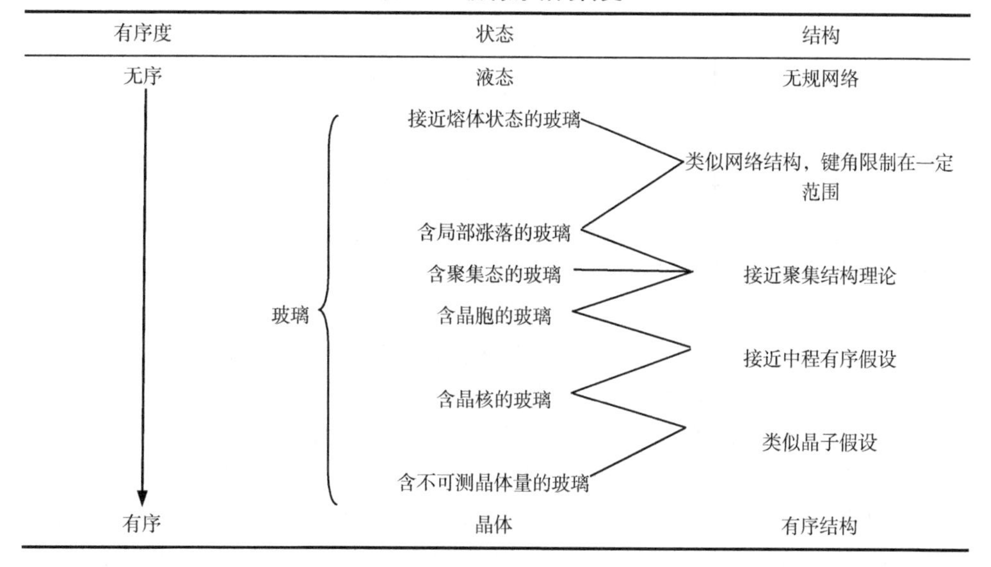

有序度	状态		结构
无序		液态	无规网络
↓	玻璃	接近熔体状态的玻璃	
			类似网络结构，键角限制在一定范围
		含局部涨落的玻璃	
		含聚集态的玻璃	接近聚集结构理论
		含晶胞的玻璃	
			接近中程有序假设
		含晶核的玻璃	
			类似晶子假设
		含不可测晶体量的玻璃	
有序		晶体	有序结构

熔体结晶的吉布斯自由能变化也可以很好地说明这一过程。因为固体的能量小于液体的能量，所以当熔体冷却到其熔点以下温度时，物质发生凝固[54]。液体和固体之间的单位体积自由能差 ΔG_{v} 是凝固的驱动力。然而，伴随固体的形成，也会形成一个固液界面。表面自由能 σ_{sl} 与这个界面有关，固体体积越大，表面自由能越大。因此，自由能 ΔG 的变化如图 2-7 所示，表达式为

$$\Delta G = \frac{4}{3}\pi r^3 \Delta G_{\mathrm{v}} + 4\pi r^2 \sigma_{\mathrm{sl}} \tag{2.10}$$

式中，$4\pi r^3/3$ 是半径为 r 的球形晶胚的体积；$4\pi r^2$ 是球形晶胚的表面积；σ_{sl} 是表面自由能；ΔG_v 是晶体和熔体间单位体积自由能的变化值，由于相变是热力学过程，ΔG_v 是一个负数。晶体与熔体之间单位体积自由能的变化如下：

$$\Delta G = \frac{\Delta H \cdot \Delta T}{T_m} \tag{2.11}$$

式中，ΔH 是熔化热；ΔT 是过冷度；T_m 是熔点，单位为 K。

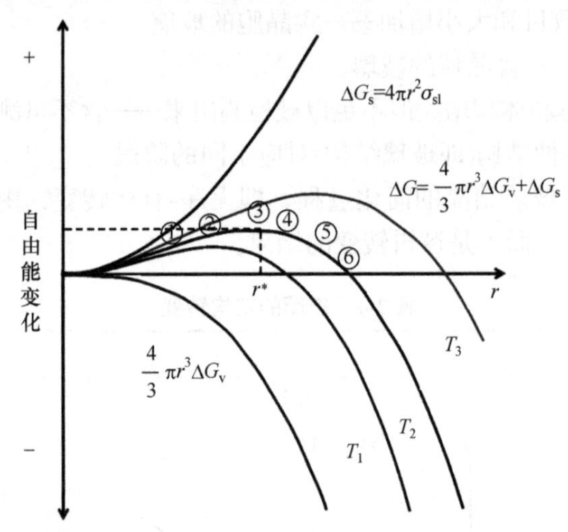

图 2-7　固液体系的总自由能随固体尺寸和过冷温度变化的变化($T_3>T_2>T_1$)

①～⑥表示熔体冷却的不同阶段。当颗粒半径小于临界半径 r^*时，形成晶胚；当颗粒半径大于临界半径 r^*时，形成晶核

在图 2-7 中，最上方的抛物线代表总表面能($4\pi r^2\sigma_{sl}$)的变化，最下方的曲线代表体积自由能($4/3\pi r^3\Delta G_v$)的变化，中间的曲线则表示在不同过冷温度($T_3>T_2>T_1$)下，ΔG 随颗粒半径的变化规律。固液体系的吉布斯自由能随固体颗粒尺寸的变化而变化，颗粒半径小于临界半径的是晶胚，半径大于临界半径的是晶核。临界半径 r^*的尺寸由公式 $r^*=2\sigma_{sl}T_m/(\Delta H\cdot\Delta T)$给出。临界晶核对应的临界自由能 ΔG^*则为 $\Delta G^*=4\pi\sigma_{sl}(r^*)^2/3$。在固液相处于热力学平衡的温度(如熔点)时，固相和液相的自由能相等($\Delta G_v=0$)，所以自由能的总变化是正的。当固体体积很小、半径小于成核的临界半径时，进一步的长大会使总自由能增加。临界半径是在固体颗粒稳定并开始生长之前，由液体中原子聚集形成的晶体的最小尺寸。固体颗粒不仅没有生长，反而有重新熔化的倾向，从而使自由能减小；因此，材料的主体保持液态，只有一小部分成为晶体。在熔点处，晶胚在热力学上是不稳定的。若图 2-7 中的①～⑥阶段经快速冷却形成玻璃，则其相对应的玻璃具有以下特征。

(1) 在阶段①中，将熔体冷却形成玻璃。在这种情况下，网络的键角较大，类似于 Zachariasen 提出的无规网络模型。

(2) 当熔体进入阶段②时，出现晶胚。这一阶段冷却形成的玻璃可能含有一些单胞的团聚，键角变小，但有时出现波动。这些特征与玻璃凝聚理论和核前群理论描述的相似。

(3) 阶段③是晶胚形成和生长的时期。自由能变化曲线表明，当晶胚半径达到临界半径时，形成晶核，晶核保持稳定，但数量和尺寸进一步增加。

(4) 在阶段④晶核进一步增加和生长，接近于中程有序结构。

(5) 阶段⑤中，晶核数量略有增加，部分晶核生长成微晶，但这些微晶仍然无法探测出来，与晶子学说的描述有相似之处。同时，与无规网络学说不同，作者认为玻璃中无规网络和微晶子共存，网络的键角大大减小。

(6) 到了阶段⑥，晶体的数量和体积增大，但还不足以被检测出来。

玻璃态是一种处于热力学不平衡的亚稳态，当其处于不同温度时，处在热力学亚稳态的结构也不尽相同。在统计力学和热力学中，熵是判断状态有序、无序最好的标志，在热力学中熵可以写成

$$S = C \ln p \tag{2.12}$$

式中，C 是常数；p 是状态的概率，该值随着无序度增大而增大，从而引起 S 增大。但这一公式只适用于宏观统计，还不能直接用于说明玻璃结构，因为玻璃结构的有序、无序结构属于微观结构的有序、无序问题，因此必须引入玻尔兹曼常量 k_B 作为联系宏观热力学与微观结构的参数，同时用微观结构状态数 Ω(又称混乱度)代替概率 p:

$$S = k_B \ln \Omega \tag{2.13}$$

对于标准压力下($dP=0$)无相转变的同种玻璃(即相同成分)，玻璃液的熵变化只与温度有关：

$$S = f(T)_{n,P,V} \tag{2.14}$$

式中，S 是温度 T 的函数；n 是玻璃成分；P 是外界压力；V 是玻璃体积。在凝聚态中，体积改变可以忽略不计。这一公式清楚地表明同一玻璃随着温度升高，无序度增大，温度降低，无序度减小。为了验证这一想法，作者对 $Na_2O \cdot 2SiO_2$、$BaO \cdot P_2O_5$、$SrO \cdot 2SiO_2$ 玻璃分别在其液相温度以上 10～20℃以及更高温度下保持一定时间，然后淬火急冷，通过 X 射线粉末衍射图谱对比熵的差值，同时也引用一些数据加以证明，来研究同一组成的玻璃在不同温度时结构的变化。结果表明，在高于熔点 10℃淬火样品的 XRD 图谱仍然可以看到变模糊的谱线，说明与晶体相比其有序度排列已大为减少，温度升高其淬火样品的谱线已经完全模糊不清，说明无序程度更高。然而，这一结论与 Валенков(瓦莱诺

克)等的结果不一致[53]。他们从晶子学说出发，认为在长期保持高温的情况下，玻璃中确实存在与晶体相似的结构。其实，未经热处理的玻璃是存在一种熔体结构的过冷状态，在热力学上是不稳定的，这一结构状态处在液相线以上的某一点，当高于 T_g 温度热处理保温时，根据式(2.14)可知它从原来状态向保温状态转变，也就是有穿过液相线而达到保温状态的转变，因此玻璃向有序的结晶排列转变。只要在 T_g 和液相线温度间热处理，时间越长，温度越高，则其有序排列也越多，X 射线衍射图谱精细结构越明显。这正好说明结构是随温度而改变的，晶子结构其实是受到液相线温度的影响。

玻璃和固体在焓和体积等一阶热力学参量上更接近，但是其结构和其他性质却与液体更接近。表明在玻璃化转变中，玻璃“冻结”了熔体的部分自由度，从而导致其热焓和体积下降。这也有助于人们更好地理解玻璃化转变中的热力学变化。由于熔体的熵大于晶体的熵，熔体的熵随着温度降低而降低，理论上熔体的熵会在一个非 0K 的温度处等于其晶体的熵。这说明熔体不能无限过冷到 0K，因为如果这样，结构无序的熔体将变为负熵，这就是“熵危机”，最早由 Kauzmann(考兹曼)[25]提出，所以理论温度 T_0(液体熵与晶体熵相等的点)也称为极限冷却温度，写为 T_k。以上理论说明在 T_k 温度上某点液体一定要发生玻璃化转变，T_k 是熔体转变为玻璃的最低温度，也是极限过冷温度，被认为是理想非晶的转变温度。“熵危机”违反了热力学第三定律，因此熔体不可能无限过冷。看似自相矛盾的热力学现象揭示出高温熔体的快速冷却必然导致体系内部结构的变化，而这一变化又必然通过玻璃化转变产生一种新的状态，即玻璃态，从而避免熵危机。但是，如何证实是否存在等熵温度点目前仍是摆在人们面前的一个科学难题。

2.4 玻璃态结构

2.4.1 熔体结构特征

玻璃态结构是理解玻璃态物质本质的重点和难点之一。近几十年来，硅酸盐玻璃和硅酸盐熔体成为玻璃学家、矿物学家、地球化学家和火成岩岩石学家共同关注的焦点。硅酸盐玻璃化学组成、温度和压力对熔体结构的影响成为许多研究工作的主题。硅酸盐玻璃和熔体具有独特的物理和化学性质，随温度、压力和化学成分的变化而变化。硅酸盐玻璃和熔体的分子或原子尺度结构及熔体的动力学信息是了解其基本性质所必需的。由于硅酸盐熔体没有长程的结构周期性或对称性，这项工作非常具有挑战性，即使现今像 SiO_2 这样简单的玻璃网络结构仍然存在争议。同时，关于玻璃态结构随温度或压力或两者变化的信息也非常有限。硅酸盐玻璃和熔体保持短程有序的特征并遵循基本的晶体化学规则。硅酸盐玻璃和熔体中的短程有序通常表现为多面体单元，如四面体。X 射线、中子散射、光谱学和理论计算成为玻璃短程有序结构研究的有效工具。通过光谱、衍射测量以及块体性质测定等可以得到玻璃和熔体的局部原子环境信息，以此建立玻璃和熔体结构的模型。中子衍射所提供的关于玻璃态和熔体的信息与其他原位高压实验技术所获得的信息是互补的，这些技术包括 X 射线衍射、拉曼光谱、非弹性 X 射线散射(也称为 X 射线拉曼光谱)和 X 射线吸收光谱(XAS)，后者涉及 X 射线吸收近边结构(XANES)和扩展 X 射线吸收精细结构(EXAFS)[55]。定性上讲，分子体积、熵、阳离子配分、黏度等结构与性质之间已经建立了联系，但在定量上仍有挑战[56-58]。人们可以从直接研究熔体的结构来进一步弄清玻璃的结构，因为玻璃是从熔体凝固而成的。熔体是一种液体，它与晶体的区别在于其中的结构单元具有较大的活动性，以致破坏了结构的长程有序[59]。

虽然经过大量的实验研究，但目前对熔体(或液体，本章中两者概念相同)的结构还知之甚少。已提出的几种结构模型包括交联液体(Bernal 型)、松散液体(Frenkel 型)和定向液体(Stewart 型)模型，具体如下。

(1) Bernal(伯尔纳)[60]提出的交联液体模型中液体的结构和晶体结构十分接近，只是在液体中各原子的位置稍有偏移而形成无序结构。因此，适用于晶体的各种规律也可在液体上运用，只需从统计学观点出发。这一模型指出，各结构单元之间的结合力还是比较强的，因此在熔点附近，液体具有较高的黏度，冷却时易于凝固成玻璃体。该模型主张略偏离正常配位数的粒子浓度非常小是液体无序性的原因，较小粒子的配位数由 6 变为 7，或由 6 变为 5，使全部键合呈现混乱。Bernal 通过粒子的配位数和无序性的函数描述液体，这种无序性既不含结晶区域又不含大小足以容纳其他粒子的空穴，没有典型的缺陷位，因此粒子的交联程度较高，这导致其在熔点时具有较高的黏度，从而容易冻结成玻璃状的无定形固体。方石英熔体可以认为是最接近 Bernal 模型的一种液体。

(2) Frenkel(弗伦克尔)[61]提出的松散液体模型中液体在原子范畴已有大量的结合键断裂，这些键可以自发闭合同时在附近又出现断裂，在任一瞬间都有许多空穴存在。由于整个液体体积是含有空穴和断口的空隙系统，容易形成间隙，因此流动性高。正因为如此，这种模型也称为“有缝模型”或“间隙模型”。形成这种液体的晶体不能过热，相应熔体不能过冷，这种液体自然不会形成玻璃。这种模型是与 Bernal 模型相反的另一种极端情况。NaCl 熔体可以看作这种模型的范例，熔体中含强键的单元可以越过较弱的断裂键互相连接起来。因为强弱键易于更换，所以液体黏度比较低而阻碍了玻璃的形成。

(3) Stewart(斯提瓦特)[62]提出的液体模型中出现了定向排列的群聚离子，该模型主张分子可以成群聚集，临时显现一定程度的有序性，但群聚与完全有序的结晶区域或晶子不同。为了将这种非晶态的分子团和规则排列的结晶区域区分开，Stewart 将其称为“群聚区”。当一种晶体不熔化成透明的各向同性液体，而是形成由两相组成的混合物时，其中一相是取向排列的，因而不是各向同性而是在系统中引起双折射。当温度升高时，有序区域尺寸缩小，液体在光学上不透明，不再显示双折射，该模型与液晶的行为有某种相似性。此外，如果这种排列不同于晶体，可以用机械力使之有序排列而不析晶，玻璃熔体中一般不出现这种情况。一个典型例外是用磷酸盐制成的玻璃纤维中会出现链状结构，这种熔体具有较高的黏度，有形成玻璃的倾向。

这三种熔体结构模型的特征如表 2-5 所示[63]。一般硅酸盐、硼酸盐等熔体结构属于交联型，这类液体黏度高，一经冷却易形成玻璃，制成的玻璃化学稳定性好且硬度、强度大。人们从聚合物的角度对硅酸盐熔体结构进一步研究，提出了聚合物熔体理论。这一理论认为硅酸盐熔体中共存多种阴离子团，如$[SiO_4]^{4-}$、$[Si_2O_7]^{6-}$、$[Si_3O_{10}]^{8-}$等。此外，还有三维晶格碎片$[SiO_2]_n$，这些二聚物、三聚物等高聚体统称为聚合物。聚合物的生成可分为三个阶段：①反应初期主要是石英颗粒的分化；②中期是缩聚伴随变形；③后期在足够时间和足够高温时达到平衡。

表 2-5　熔体结构的三种模型[63]

名称	Bernal 型交联液体	Frenkel 型松散液体	Stewart 型定向液体
结构	大分子(高交联密度)	小分子、离子	链状分子
例子	硅酸盐、硼酸盐	甘油、NaCl	有机高分子、P_2O_5、B_2O_3

熔体是各种不同类型不同大小的聚合物的混合物，聚合物在熔体中的分布由硅氧比或二氧化硅的摩尔分数决定。因为熔体冷却转变为玻璃的过程是一个连续过程，结构上没有突变，所以玻璃中也是多种聚合物同时存在，但玻璃中聚合物的分布不同于熔体，在温度下降时发生缩聚，使低聚物减少、高聚物增加。

将以上三种模型综合成一个三元系统示意图，并运用到玻璃熔体的结构研究方面(图 2-8[59])，各种玻璃熔体都可在图中表示出来。箭头表示 B_2O_3 或 SiO_2 玻璃熔体中引入碱金属氧化物时，熔体结构的转变情况。如前所述，Bernal 型交联液体模型理论认为，某些化合物液体与晶体的结构非常接近，只是原子的位置稍有偏移且存在键的扭动而引起的无序结构。从统计学的角度看，适用于晶体的某些特性也可在过冷液体的玻璃中反映出来。对多成分玻璃如何确定其相应结构，仍然有待研究。根据相图原理，当熔融体反应完全时，其结构应转变成该成分相图中最邻近的同成分熔融化合物(一致熔融化合物)，如果将玻璃看成化学反应处于组成均匀而热力学状态不平衡的过冷液体，就可以从相图的角度去解释玻璃结构。因此，在对以往玻璃结构理论的理解和分析基础上，结合二元和三元玻璃系统的相图、红外光谱、拉曼光谱和核磁共振谱测试结果，本书中提出一种新的玻璃结构模型，即玻璃结构的相图模型，这将在第 4 章详细介绍。

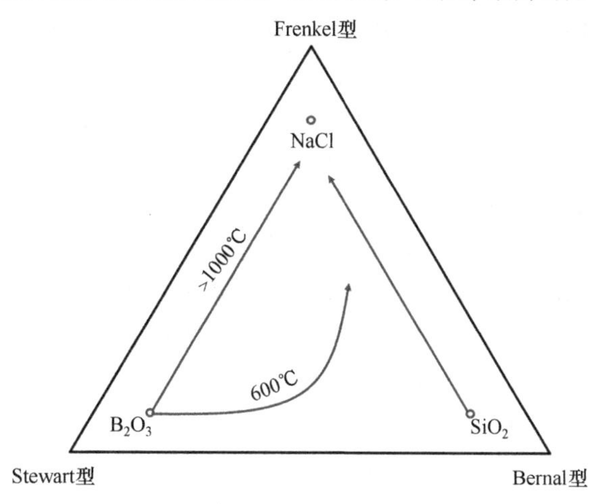

图 2-8　按照不同的液体结构类型的熔体分配图[59]
箭头表示引入金属氧化物时熔体结构转变情况

将实验方法与数值模拟相结合，可以对熔体和玻璃的结构进行分析[64]。得益于同步加速器和中子源等现代测试方法的快速发展，熔体和玻璃的结构可以由衍射(散射)和光谱法确定。中子和广角 X 射线散射为研究原子间距离、键角和配位数提供了可能。值得一提的是，作为中子衍射的姐妹技术，高能 X 射线衍射结合结构探针以及同步辐射可以最大限度地获取玻璃和熔体的结构信息，目前它们在玻璃研究中的发展方向包括高压研究、高温和低温实验与无容器悬浮技术相结合，以及玻璃相变周围的时间分辨结构测量[65]。化学选择性光谱法则对化学键的局域几何形状、位置对称性和性质都很敏感，如核磁共振、XAS 和穆斯堡尔谱等。近年来，玻璃和熔体在高压下的结构研究也越来越多。在过去的几十年里，人们已经发现了玻璃中的压力诱导现象，但是，迄今为止，玻璃和熔体在高压下的变化机理仍不十分清楚。另外，尽管这一领域取得了很大的进步，但是目前许多研究仅依赖于实验结果。如何采用计算机模拟准确预测玻璃体系中压力和性能之间的关系是一个亟待解决的问题。因此，计算机数值模拟(从头计算和经典分子动力学(MD)及反向蒙特卡罗(RMC)模拟)也用来深入了解玻璃可能的原子水平结构，这些方法的优点在于提供了在实验方法无法达到的温度和压力下研究熔体结构及原子迁移的途径。此外，RMC 模拟可以从与实验定量一致的数据中提取三维原子模型来改善理论结果的分析。

描述熔体结构的常用参数是 NBO/T，即非桥氧(NBO)与四面体配位阳离子个数的比值。NBO 是只与一个四面体单元成键的氧，它提供和网络修饰阳离子相连的弱键。因此，较高的 NBO/T 意味着组成中具有更多网络修饰体。纯石英理论上 NBO/T 为 0，然而实际的熔体中该值为 0.6～0.9。NBO/T 的概念已经成为描述常压下熔体结构的一个有用工具，在常压下玻璃和熔体的结构与它们的化学成分密切相关。除了非桥氧，还有桥氧(BO)，又称键合氧，是连接两个四面体单元的氧。图 2-9 给出了$[SiO_4]$四面体以及硼硅酸盐玻璃局部结构的示意图[66]。硅酸盐玻璃或熔体可以近似理解为一个四面体网络，由非桥氧和网络修饰体阳离子(如 Na^+和 Mg^{2+})键合，使硅酸盐网络解聚。然而，在三价四面体阳离子存在的情况下(如 Al^{3+}和 B^{3+})，阳离子是电荷补偿体且有助于增加网络的连通性。这种连通性是由 Q^n 单元(n 表示每个四面体单元的桥氧数)的相对丰度来定义的，它对硅酸盐熔体的黏度和其他熔体性能有很大的影响。硅酸盐玻璃和熔体结构描述的主要局限性是缺乏周期性结构和无序效应。图 2-9(b)显示了玻璃的无序结构是如何形成的。硅酸盐四面体是自由旋转的，在中程结构尺度上造成信息的丢失。数值模拟提供了描述多组分玻璃结构的可能性。它证实了最近的实验观察，与二氧化硅和其他网络玻璃如长石组成的玻璃相比，大多数玻璃和熔体的结构并不是在普遍教科书中描述的简单的连续无规网络。

图 2-9(c)为硼硅酸盐玻璃的模拟结构，说明了阳离子的不均匀分布。

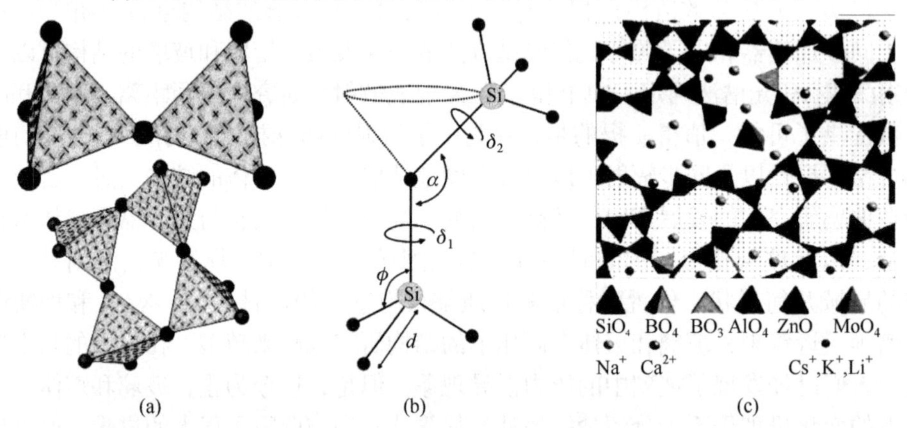

图 2-9　(a)$[SiO_4]$四面体的示意图；(b)通过四面体间的角 α 和两个扭转角 δ_1 和 δ_2 产生结构无序；(c)硼硅酸盐玻璃局部结构的示意图[66]

$[SiO_4]$四面体是硅酸盐玻璃的基本结构单元。四面体有明确的几何形状，通过它们的顶角彼此连接，类似于石英中四面体之间的连接。除相邻的四面体外，四面体结构中包含四面体环和其他相互连接的单元，这些单元的确切结构还不太清楚。网络修饰体(如碱金属氧化物)的加入可在结构中产生非桥氧和 Q 单元，Q^n 在硅酸盐玻璃中的分布受熔体平衡控制[67]：

$$2Q^n \longleftrightarrow Q^{n-1} + Q^{n+1} \quad (n = 3,2,1)$$

反应的程度取决于网络修饰体的类型、温度和压力，这对熔体整体的有序/无序(熵、自由能)以及不同类型的网络阳离子(如 Si、Al)之间的混合或排序非常重要。网络修饰体阳离子与硅酸盐网络相互作用的方式仍鲜为人知，然而，许多阳离子周围的局域结构环境现在已经比较清楚。玻璃和熔体中阳离子位点的特殊几何形状、网络修饰体与中间体阳离子和玻璃网络之间的关系，以及这种阳离子的非均匀分布构成了特殊的结构组织。阳离子位置的几何形状通常很明确，但玻璃中的阳离子配位数通常低于相应晶体中的配位数。一些阳离子，如 Ni^{2+}、Zn^{2+} 和 Fe^{3+}，在与聚合物网络相连的四面体中形成类似的网络；其他阳离子，如 Ca^{2+}和 Sr^{2+}，作为网络修饰体是六配位或更高配位。图 2-10 给出了 K_2O-TiO_2-$2SiO_2$ 玻璃中五配位 Ti 的部分 Ti—O 径向分布函数和中子散射数据的反向蒙特卡罗模拟[67]。玻璃结构一个不寻常的特点是经常出现五配位。例如，在硅酸盐玻璃中，Ti^{5+}和 Ti^{4+}共存，其相对比例取决于玻璃组成。五配位目前被认为是许多阳离子的配位方式，包括在高压熔体淬火玻璃中的 Mg^{2+}、Ni^{2+}、Fe^{2+}及网络阳离子(Al^{3+}和 Si^{4+})。同一阳离子可能位于两个或更多不同的位置。例如，低场强阳离子(即 K^+)的存在会降低共存阳离子的平均配位数，它们可以更有效地竞争氧配体，在某些情况下明显影响熔体组分的部分摩尔体积。在常压和高压下的玻璃中，五配位 Al 也有类似的效果。阳离子的中程组织是一种非均质分布，其结构有序度由阳离子间距决定。这些信息可以通过中子散射和同位素取代直接获得，至少存在 9～10Å 半径范围的富含阳离子的区域，其基础是多面体的共边或共角。这些富含阳离子的区域如图 2-10(b)所示。

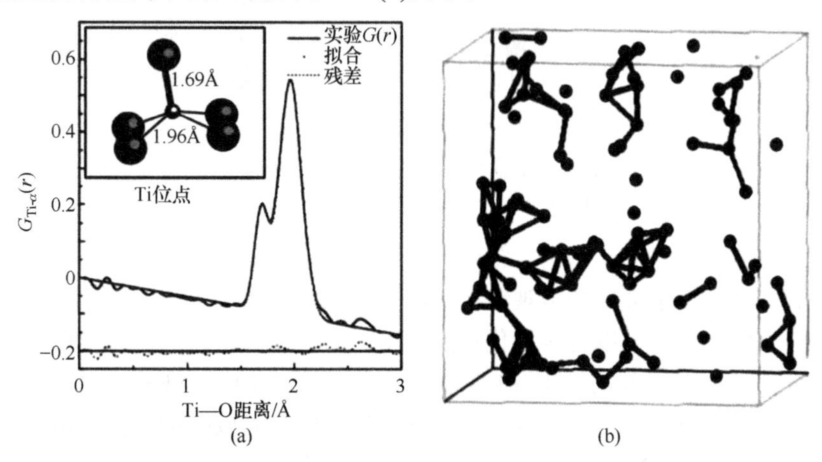

图 2-10　(a)K_2O-TiO_2-$2SiO_2$ 玻璃中五配位 Ti 的部分 Ti—O 径向分布函数，插图用短的、非键合的 Ti—O 键表示位点的几何形状；(b)中子散射数据的反向蒙特卡罗模拟[67]

硅酸盐熔体不是硅酸盐聚合物种类和阳离子的静态混合物，而是具有动态的、快速交换的化学环境，结构单元间的键断裂和离子交换发生在与黏性流动和化学扩散相当的时间尺度上。特别地，Adam-Gibbs(亚当-吉布斯)弛豫理论允许在黏性流动的时间尺度和熔体的构型熵之间建立定量联系。硅酸盐熔体是一种黏弹性液体，与化学、机械或热应力引起的应变耗散有关，具有有限的弛豫时间。弛豫时间随温度的降低而增加，直至玻璃态。氧扩散机理示意如图 2-11 所示 [68]。当[SiO_4]四面体 A 的非桥氧(可能与其他三个桥氧连接)与四面体 B 碰撞时开始产生扩散机制，所有的氧均为桥氧。在这种情况下，B 转变为一个中间的五配位物质(步骤 1)。当 Si 离解时发生扩散，最初与 B 成键的氧此时与相邻的四面体相连(步骤 2)。高配位物质的增加与液体中扩散率的增加是一致的，这意味着黏度降低，因为扩散率和黏度是成反比的。这些原子尺度的机制是重要的输运性质的来源，如扩散率或黏度。

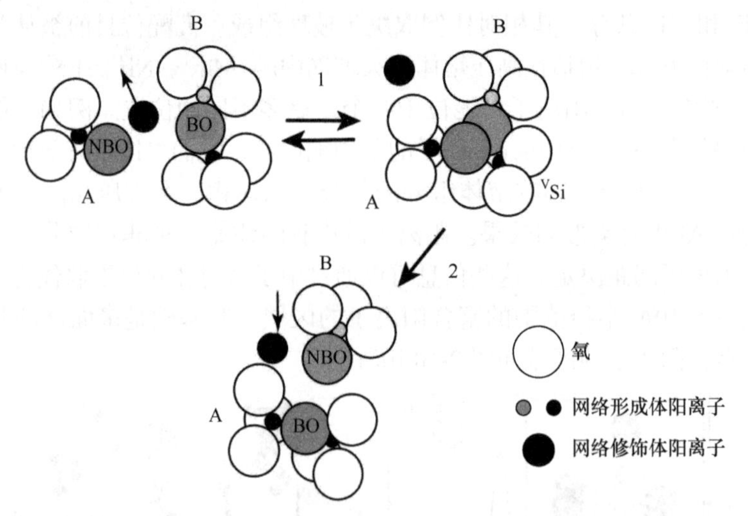

图 2-11　硅酸盐熔体中的氧扩散机理示意图[68]

NBO 为非桥氧，BO 为桥氧，^{V}Si 为五配位硅

此外，氧环境对玻璃结构非常敏感，近年来通过研究玻璃中阴离子周围的局部结构进一步揭示了玻璃的微观结构。例如，采用二维“三量子魔角自旋”核磁共振(3Q MAS-NMR)可以直接量化在网络组成以及非桥氧周围的修饰体阳离子的有序程度[69]。此外，利用氧 K 边 X 射线吸收近边结构(XANES)可以在其他方法无法直接测量网络阳离子配位的情况下观测玻璃中的局域结构，如碱锗玻璃中的 Ge[70]。在这里，氧 XANES 的电子过程受到阳离子环境的强烈影响，因此氧 K 边 XANES 对与氧结合的阳离子的配位结构和环境的变化非常敏感。

当玻璃被加热到玻璃化转变温度时，二阶热力学性质的数值会突然增加 [67]。例如，常压下热容的增加通常是 10%～50%[32]。玻璃化转变标志着从不平衡的亚稳态非晶态固体转变为过冷液体。因为略低于 T_g 时的热容通常接近每摩尔原子气体常数三倍的经典振动极限，在更高温度下“额外的”热容被认为是通过动态键断裂和无序增加来改变熔体结构额外能量的结果。当温度从玻璃化转变温度上升到熔点时，这种构型对热力学性质的贡献通常很大。例如，在平衡熔点处，透辉石($CaMgSi_2O_6$)与其相应的熔体之间焓和熵的差异大约是透辉石晶体与玻璃在玻璃化转变温度时的两倍。熔体结构随温度发生显著变化，因此，从玻璃结构的研究外推到高温熔体的模型非常关键。简单的碱硅酸盐熔体，如 $Na_2Si_2O_5$，可能只包含 Q^3 单元。然而，拉曼光谱[57]和 ^{29}Si 核磁共振[67]谱的结果表明，玻璃网络实际上比这更无序，更适合用 $2Q^3=Q^2+Q^4$ 反应来描述。在不同冷却速率的玻璃中，该反应在较高温度下向右移动，对构型热容有重要贡献。原位高温拉曼研究证实了这种类型的变化，并大大扩展了所探索的温度和组成范围。原位中子衍射也表明了碱金属硅酸盐熔体网络的温度诱导变化，部分反映了中程尺度下排列顺序的变化。

因为计算相平衡需要自由能参数，所以了解熔体热力学是非常必要的。然而，通过观察可知，熔体结构随着温度的升高而发生变化，液相的热容和热膨胀率普遍比玻璃高得多，必须考虑这些因素才能建立精确的熔体结构模型[66]。铝硅酸盐熔体通常表现出反常的热容，这表明硅铝顺序的变化起到一定的作用。在铝硅酸盐玻璃中，^{29}Si 和 ^{17}O 核磁共振表明，至少在玻璃化转变温度时的熔体中会引起相当大的有序。最近，通过研究不同冷却速率和假想温度下制备的玻璃的 ^{17}O 核磁共振谱，证实了由统计力学模型所预测的随温度升高熔体的无序程度增加，如图 2-12 所示[64]。图 2-12(a)的方框内显示了不同桥氧种类的峰。在高软化温度时 Al—O—Al 和 Si—O—Si 峰强度略高，表明网络无序程度更大。温度效应对 $NaAlSiO_4$ 熔体网络无序的二维示意图，显示了有序(仅含硅铝键)和无序(硅铝之间的随机键合)的极端情况。在 $NaAlSiO_4$ 这样的熔体中，随着温度升高，熔体的随机混合可能使其在玻璃化转变温度下的构型热容增加一半，但这无法解释在更高温度下热容增加。此外，温度升高会导致阳离子发生重要的结构变化，如格点的热膨胀、局部无序和运动速率增加。随着温度升高，碱金属离子的运动能力增强，一些阳离子在熔体和过冷液体中发生配位变化。在这种情况下，玻璃不再认为是硅酸盐熔体的冻结图像。原位高温研究发现玻璃与高温熔体中过渡金属和其他阳离子的配位数发生了变化，例如，XAS 对各种玻璃和熔体中 Ni 离子的研究表明，在较高的温度下，Ni 配位数下降[71]。相比之下，原位核磁共振显示熔体中 Na、Mg、Al 的平均配位数和阳离子-氧的距离随温度升高而升高。

另外，压力诱导对玻璃和熔体的结构转变研究具有重要意义，特别是对于高致密玻璃和岩浆研究[72]。压力会引起结构上的改变，特别是阳离子的配位数随压力的增大而增大。对于高温高压熔体，现场测量非常重要，但是相当困难。

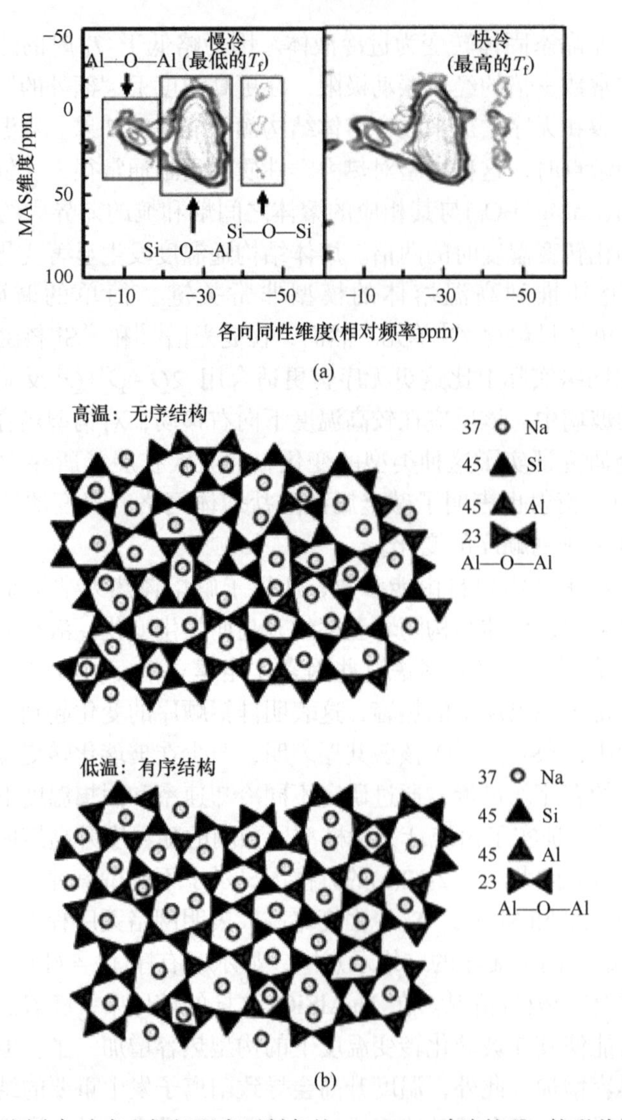

图 2-12　(a)在不同冷却速率和假想温度下制备的 $NaAlSiO_4$ 玻璃的 ^{17}O 核磁共振谱(ppm 表示 10^{-6})；(b)温度效应对 $NaAlSiO_4$ 熔体网络无序度影响的二维示意图[64](见书后彩图)

实际上，有关压力对玻璃结构、弛豫和结构不均匀性的研究已经经历了很长的历史。1975 年，Waff(沃夫)[73]提出压力诱导的阳离子配位变化可能发生在熔体中。例如，钠钙长石转变为辉石、石榴石结构时，Al 的配位由四配位变为六配位。同时，他认为类似的转变可能发生在熔体中，并对熔体密度和黏度有重要影响。这一预测激发了许多人去寻找这种协调变化的实验证据。然而，最初的研究没有发现证据，这是因为一方面所研究的压力不够高，另一方面玻璃组成中的非桥氧较少，导致配位变化不容易发生。对于大多数的无机玻璃，原位实验数据不易获得。然而，在 20 世纪 80 年代末和 90 年代初，利用核磁共振谱学发现了铝和硅压力诱导配位变化的明确证据[74]。近年来的研究发现，熔体通过收缩四面体间键角和缩短键长等机制来适应初始压缩[75]。当压力进一步增加时，阳离子的配位开始发生变化，并在一个非常宽的压力范围内逐渐进行。这些结构变化的研究主要是为了揭示熔体结构和性质之间的关系，特别是结构变化如何控制黏度和密度等物理性质。利用高压 XAS 对锗酸盐类似物的测量可以对某些结构的改变进行量化。图 2-13 给出了 $x SiO_2$-$(1-x)GeO_2$ 玻璃中的压力组成图[76]。SiO_2-GeO_2 玻璃四面体骨架的 Ge 配位变化取决于成分，Ge 配位随着 SiO_2 含量的增加在更高的压力和更大的压力范围内发生变化。虚线之间为四配位 Ge(T)和六配位 Ge(O_c)混合的中间区域。此外，“多晶型”是硅酸盐玻璃在高压熔融另一个广泛讨论的话题。例如，SiO_2 玻璃在 8GPa 和 28GPa 时分别出现多晶态转变，8GPa 发生类似于 α 到 β 方石英的晶体转变。高压和高温熔体淬火玻璃的光谱研究对熔体结构变化的机理提供了深入的见解，尽管它们最多只能记录玻璃化转变温度下的结构，在减压过程中可能会发生一些尚不完全清楚的结构变化。实验观察到的结构变化通常与测量到的密度增加密切相关，为结构约束的熔体性能模型提供了良好预测。此外，利用非原位差热扫描量热法分析无机玻璃的热性能和力学性能引起了人们的关注。一般情况下，玻璃形成液的压力诱导研究需要在几吉帕到几十吉帕(GPa)下进行，这限制了测试样品的尺寸要相对较小，且均匀性较差，结果导致玻璃的性质与快速冷却和高压密切相关。另外，玻璃光纤的制备过程通常

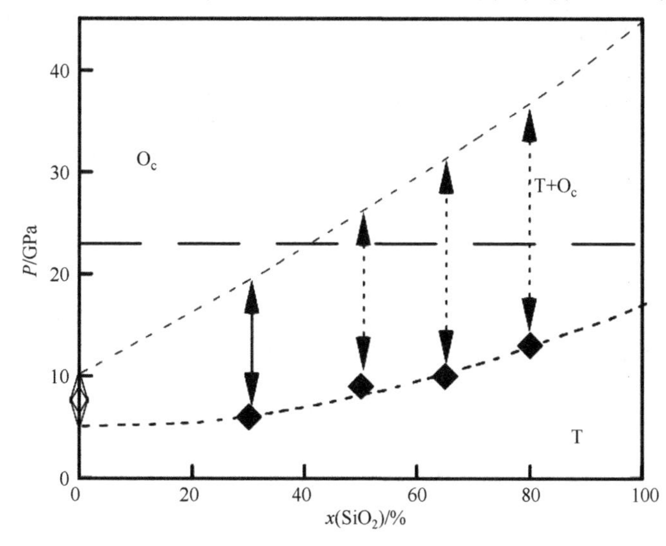

图 2-13　$x SiO_2$-$(1-x)GeO_2$ 玻璃中的压力组成图[76]

T 表示四面体，O_c 表示八面体，虚线之间为四配位 Ge(T)和六配位 Ge(O_c)混合的中间区域

也涉及高拉力和剪切应力，导致光纤结构呈现各向异性。非常高的冷却速率也导致其相对较高的假想温度 T_f。对于这种各向异性结构起源的研究，可以加深对玻璃光纤力学性能、化学性能、热机械性能和玻璃本质关系的理解[77]。

2.4.2 相图活度分析

由以上分析可知，熔体的结构与其诸多性质密切相关。熔体的结构也可通过其他不同的途径进行分析，如从相图和活度进行分析。

单一化合物的熔体温度高于熔点的温度，而两组分或多组分熔体温度则在高于液相线的温度才是热力学稳定的。图 2-14 给出了碱硅酸盐 Na_2O-SiO_2 部分相图[78,79]。由图可知，相图中除 SiO_2 外还存在二硅酸钠($Na_2O \cdot 2SiO_2$)和偏硅酸钠($Na_2O \cdot SiO_2$)两个晶相，后者的熔点为 1089℃，远高于前者的 874℃。Dietzel[80]认为熔点较高的化合物在熔体中的稳定性也较高，因此作为熔体的结构单元偏硅酸钠也应占优势。

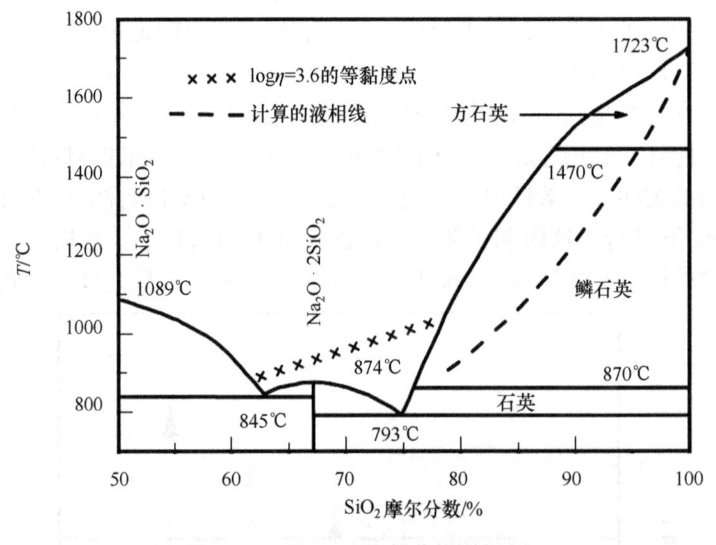

图 2-14　Na_2O-SiO_2 部分相图[78,79]

在玻璃相图研究中，一个常见的现象是当在物质 A 中加入另一物质 B 时，会使得 A 的熔点降低。以摩尔分数 x_A 表示混合物中 A 的含量，在理想溶液的条件下与液相线温度 T_l 的关系可以用下式表示：

$$\ln x_A = \frac{W_s}{R}\left(\frac{1}{T_s} - \frac{1}{T_l}\right) \tag{2.15}$$

$$x_A = \frac{n_A}{n_A + n_B} \tag{2.16}$$

式中，n_A 和 n_B 分别为混合物中 A 和 B 的物质的量；R 为气体常数；T_s 为纯物质 A 的熔点；W_s 为其熔化热，并假定熔化热不随温度而改变。由式(2.15)可求解出液相线温度 T_l：

$$T_l = \frac{1}{\dfrac{1}{T_s} - \dfrac{R\ln x_A}{W_s}} \tag{2.17}$$

当组分 B 增多，即 x_A 减小时，T_l 也继续降低，W_s 值越小时变化越明显。

可以将式(2.15)运用于 Na_2O-SiO_2 系统。在高 SiO_2 侧，所需的熔化热约为 $6R$ J/mol，用此值计算出的熔点在图 2-14 中用虚线表示。可以看到除紧靠纯组分 SiO_2 时液相线的计算值与实测值比较一致外，其他部分偏差很大。理论与实际不符的原因一方面是在推导过程中做了简化，另一方面是以其理想的混合状态为前提。简化的一项是假设熔化热 W_s 不随温度改变，这一项可通过计算比热容将温度的影响考虑进去，但所得结果改进不大，因此只能从偏离理想的混合状态去分析。如果还用式(2.15)进行分析，为了从实际混合状态出发，将式中的摩尔分数用活度 a 代替：

$$a \equiv \gamma x \tag{2.18}$$

式中，γ 为偏差，也称为活度系数。在理想状态下，$\gamma=1$。当 $\gamma>1$ 时，不同组分(A-B)之间的作用较纯组分(A-A)的作用小。γ 值增大到一定程度会导致两个液相分离，因此 $\gamma>1$ 的倾向表示分相的趋势，而 $\gamma<1$ 则表示两组分有结合成一种化合物的趋势。

假设系统为理想状态，并将浓度用活度代替，即由式(2.15)和式(2.18)可以推导出

$$\ln a = \frac{W_s}{R}\left(\frac{1}{T_s} - \frac{1}{T_l}\right) \tag{2.19}$$

对不同液相温度可算出各个 a 值，由 a 值及有关的 x 值按式(2.18)得出 γ 值，列于表 2-6[59]。可以看出，在 Na_2O-SiO_2 系统的高 SiO_2 侧具有分相的趋势。

表 2-6　Na_2O-SiO_2 系统的活度系数 $\gamma(SiO_2)$[59]

温度/℃	摩尔分数 $x(SiO_2)$	活度 $a(SiO_2)$	活度系数 $\gamma(SiO_2)$
1723	1.00	1.00	1.00
1627	0.94	0.985	1.05
1527	0.91	0.965	1.06
1427	0.88	0.943	1.07
1327	0.85	0.920	1.08
1227	0.83	0.893	1.08

续表

温度/℃	摩尔分数 $x(SiO_2)$	活度 $a(SiO_2)$	活度系数 $\gamma(SiO_2)$
1127	0.805	0.864	1.07
1027	0.785	0.832	1.06
927	0.770	0.795	1.03

从 A-B 相图可以计算出在各种液相线 T_1 析出组分时的偏混合熵 ΔS：

$$\Delta S = W_s\left(\frac{1}{T_s} - \frac{1}{T_1}\right) \tag{2.20}$$

需要指出的是，SiO_2 的熔化熵很小，约为 4J/(mol·K)，因此玻璃熔化时结构的改变不大。加入少量的碱金属氧化物(R_2O)后，熔化熵仍然很小。当 R_2O 进入结构中所形成的两个断点氧及阳离子都成对地紧靠在一起时，熔体结构出现的变化也最小。利用活度可以计算体系的混合自由焓 ΔG_M：

$$\Delta G_M = RT\left(x_1 \ln a_1 + x_2 \ln a_2\right) \tag{2.21}$$

式中，气体常数 R=8.317J/(mol·K)；T 为热力学温度。在理想混合状态下式(2.21)可进一步推导为

$$\Delta G_M^{理想} = RT\left(x_1 \ln a_1 + x_2 \ln a_2\right) \tag{2.22}$$

两者之差 ΔG_M^E 为

$$\Delta G_M^E = \Delta G_M - \Delta G_M^{理想} \tag{2.23}$$

热力学中计算自由焓 ΔG 的公式为

$$\Delta G = \Delta H - T\Delta S \tag{2.24}$$

式中，ΔH 为焓。用式(2.21)进行计算时需知道所有组分的活度，大多数情况下通过实验只能得出一种组分的活度或活度系数。如果组分 1 的活度已知，可按 Gibbs-Duhem(吉布斯-杜安)公式及 Duhem-Margules(杜安-玛马居尔)公式计算组分 2 的数值：

$$\ln \gamma_2 = -\int_0^{x_1} \frac{x_1}{x_2} \mathrm{d} \ln \gamma_1 \tag{2.25}$$

理论上确定溶液中一种组分活度最简单的方法是先测定蒸气压，然后按 $a=P_A/P_{A,0}$ 求出活度，即活度为溶液上 A 的分压 P_A 与纯物质 A 在同一温度下的蒸气压 $P_{A,0}$ 的比值。

Charles(查尔斯)[81]利用 R_2O-SiO_2 系统中蒸发速度从相图中计算出了低 R_2O 含量时不同温度下 SiO_2 的活度系数(表 2-6)。图 2-15 给出了 Na_2O-SiO_2 系统的活度系数和二元碱金属硅酸盐熔体的混合自由焓[81]。由于 K_2O-SiO_2 系统 ΔG 的负

值达到最大，因而混合倾向也最大，Li_2O-SiO_2系统则相反。

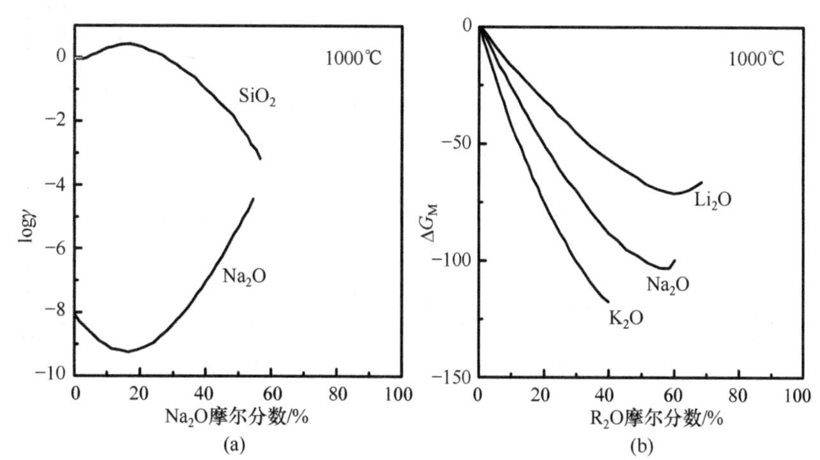

图 2-15　(a)Na_2O-SiO_2熔体中 Na_2O 和 SiO_2 的活度系数 γ 的对数；(b)R_2O-SiO_2熔体的混合自由焓 ΔG_M[81]

利用电动势 E 也可以计算活度：

$$E = E^0 - \frac{RT}{nF}\ln a \tag{2.26}$$

式中，E^0 为纯氧化物的电动势；n 为所测离子的化合价；F 为法拉第常数(F=96487C/mol)。Ravaine(拉瓦涅)用该方法研究了 Na_2O-SiO_2 和 K_2O-SiO_2 系统的熔体[59]。Kapoor(卡普尔)和 Frohberg(弗罗倍尔)[82]研究了 PbO-B_2O_3 系统的熔体。后者采用 Pb/PbO+B_2O_3/ZrO_2+CaO/O_2，Pt 电极，其中加入 CaO 作为 ZrO_2 的稳定剂，用来测定氧的活度，氧的活度可直接转换成 PbO 的活度。该方法的优点在于其测试浓度范围较大，计算方便。图 2-16 给出了 PbO-B_2O_3 熔体中 PbO 和 B_2O_3 在 1000℃时的活度和 ΔG_M 值[82]。图中 ΔG_M^E 为负值，表明 PbO 和 B_2O_3 之间发生了作用。研究者提出了几种可能性，如$[BO_3] \rightleftharpoons [BO_4]$的配位变换、链状结构的形式等，但未得出定量的结果。最后认为，熔体的结构随着组成变化在不断地改变，主要是网络按 $\rangle B—O—B\langle + O^{2-} \rightleftharpoons (\rangle B—O^-)$ 方式断裂，但至今仍未能将这一反应用定量的方式表示。

以上都将 R_2O-SiO_2 或 $R'O$-SiO_2 体系作为二元体系看待。不过要考虑熔体中真实存在的不是这些氧化物，而是阳离子和阴离子。这样，组分数改变时摩尔分数也随之改变，计算时不须考虑存在的所有组分，这也可能是从相图中读出的摩尔分数与计算得出的活度之间出现差别的原因。如果从熔体的理想行为出发，因为有其他组分，所以出现了偏差。此时可以改变实验组分种类数，直到计算的活度系数与实验一致，这是从相图推导出关于熔体中存在的组分。

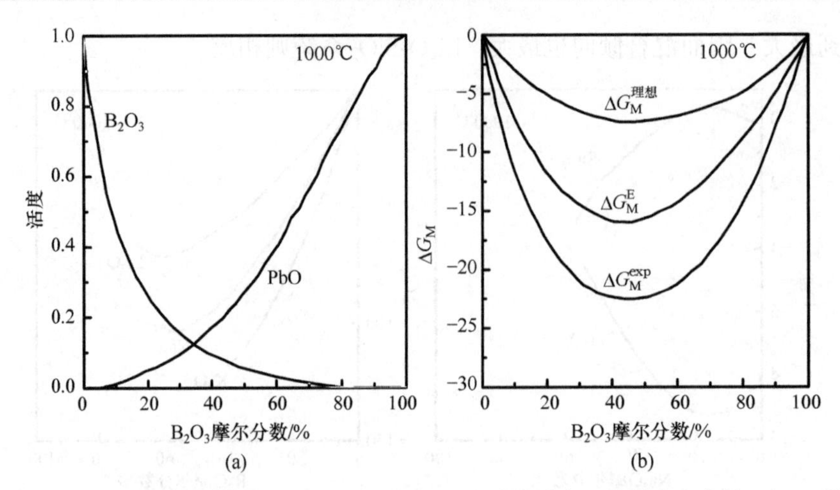

图 2-16　$PbO-B_2O_3$熔体中 PbO 和B_2O_3在 1000℃时的活度(a)及混合自由焓 ΔG_M(b)[82]

Temkin(特姆金)对活度进行了推导，假设 n 个组分的摩尔分数分别为 x_i(i 从 1 到 n)，则组分 i 的活度 a_i 为[59]

$$a_i = \frac{x_i}{x_1 + x_2 + x_3 + \cdots + x_n} \tag{2.27}$$

根据 $a_{KiAi}=a_{Ki}\times a_{Ai}$，可将活度按阳离子 K 及阴离子 A 分别计算：

$$a_{Ki} = \frac{x_{Ki}}{x_{K1} + x_{K2} + x_{K3} + \cdots + x_{Kn}} \tag{2.28}$$

$$a_{Ai} = \frac{x_{Ki}}{x_{A1} + x_{A2} + x_{A3} + \cdots + x_{An}} \tag{2.29}$$

若只有一种阳离子，则 a_K=1，只需计算阴离子的 a_{Ai}。据此，Knapp(纳普)和 van Vorst(弗罗斯特)[83]分析了 $Na_2O\cdot SiO_2$-$Na_2O\cdot 2SiO_2$(Na_2SiO_3-$Na_2Si_2O_5$)部分系统。在 Na_2SiO_3处 x=1(相当于纯组分 Na_2SiO_3)，而 x=0 则相当于纯 $Na_2Si_2O_5$。两处的斜率 dT/dx=0，表示两种化合物在熔体中解离。在最简单的情况下，可以认为出现了 SiO_3^{2-}和 $Si_2O_5^{2-}$，即

$$a\left(SiO_3^{2-}\right) = \frac{x\left(SiO_3^{2-}\right)}{x\left(SiO_3^{2-}\right) + x\left(Si_2O_5^{2-}\right)} \tag{2.30}$$

Richardson(理查森)和 Webb(韦伯)用类似利用电动势数据的方法计算了 PbO-SiO_2系统中 PbO 在不同温度下的活度[59]。Flood(福路德)和 Knapp[84]从纯 PbO 开始，假定引入的 SiO_2全部化合成正硅酸盐。如果熔体中的 PbO 和 Pb_2SiO_4均为 n 摩尔(mol)，将其同时换算成相应的摩尔分数 x，可得出

$$a(PbO) = \frac{n(PbO)}{n(PbO) + n(Pb_2SiO_4)} = \frac{x(PbO) - 2x(SiO_2)}{x(PbO) - x(SiO_2)} \tag{2.31}$$

式中，$n(PbO)$可从摩尔分数 $x(PbO)$减去形成正硅酸盐所占的分数得出，而形成正硅酸盐的每摩尔 SiO_2需 2mol PbO，因此 $n(PbO)=x(PbO)-2x(SiO_2)$。如果熔体是由离子构成的，就含有$[SiO_4]^{4-}$。当 SiO_2摩尔分数在 20%以下时，计算得到的各种数值还是比较一致的。SiO_2含量再增高，由于形成了其他离子，便出现了偏差。SiO_2含量增大后，除简单的$[SiO_4]^{4-}$以外，又出现了高聚合的离子。引入 PbO 时若只考虑其中所含的 O^{2-}，则可用下式表示离子形成的情况：

$$6SiO_2 + 12O^{2-} \longrightarrow 6[SiO_4]^{4-} \tag{2.32}$$

$$6SiO_2 + 6O^{2-} \longrightarrow 2[(SiO_3)_3]^{6-} \tag{2.33}$$

$$6SiO_2 + 3O^{2-} \longrightarrow [(Si_2O_5)_3]^{6-} \tag{2.34}$$

熔体中存在的 O^{2-}越少，或者熔体的碱度越小，离子的聚合程度便越大，O^{2-}的浓度是熔体碱度的一个尺度。当熔体的组成与某种化合物的组成相对应时，相应的阴离子达到极大值。例如，$2PbO \cdot SiO_2$ 的组成中 $x(SiO_2)=33.3\%$时，离解出$[SiO_4]^{4-}$；$PbO \cdot SiO_2$ 的组成中 $x(SiO_2)=50\%$时，离解出$[(SiO_3)_3]^{6-}$；$PbO \cdot 2SiO_2$ 的组成中 $x(SiO_2)=66.7\%$时，离解出$[(Si_2O_5)_3]^{6-}$。此外，从气体溶解度也可以确定活度[85]。

熔体中有可能同时存在不同大小的阴离子，它们在熔体中是如何分布的呢？Lacy(拉西)[86]从几何学观点出发并考虑了分立的阴离子(如不同大小的环)，其结果表明它们在熔体中是按统计分布的。在这种熔体中，桥氧 O^0、断点氧 O^-及游离氧 O^{2-}同时存在，并按式(2.35)保持相互之间的平衡：

$$2O^- \rightleftharpoons O^0 + O^{2-} \tag{2.35}$$

Toop(图普)和 Samis(撒密斯)给出了式(2.35)的平衡常数 k[59]：

$$k = \frac{x(O^0)x(O^{2-})}{x(O^-)^2} \tag{2.36}$$

式中，$x(\cdot)$表示的是各离子的摩尔分数，这样即可代入热力学方程进行计算。

Masson(马森)利用有机物分子的聚合原理将此方法做了改进，他从下式出发[59]：

$$2[SiO_4]^{4-} \rightleftharpoons [Si_2O_7]^{6-} + O^{2-} \tag{2.37}$$

对于 $PbO \cdot SiO_2$ 系统可改写成

$$2Pb_2SiO_4 \rightleftharpoons Pb_3Si_2O_7 + PbO \tag{2.38}$$

按照式(2.37)形成的二硅酸钠阴离子还可继续反应，如

$$[SiO_4]^{4-}+[Si_2O_7]^{6-}\rightleftharpoons[Si_3O_{10}]^{8-}+O^{2-} \tag{2.39}$$

或写成通式：

$$[Si_mO_{3m+1}]^{2(m+1)-}+[Si_nO_{3n+1}]^{2(n+1)-}\rightleftharpoons\left[Si_{m+n}O_{3(m+n)+1}\right]^{2(m+n+1)-}+O^{2-} \tag{2.40}$$

从式(2.38)可得出平衡常数：

$$k_{11}=\frac{a(Pb_3Si_2O_7)\times a(PbO)}{\left[a(Pb_2SiO_4)\right]^2} \tag{2.41}$$

假定链长相接近的阴离子活度系数之间的比值不变，结合式(2.29)和式(2.40)可得出

$$k_{1n}\cdot\frac{x\left[\left(Si_mO_{3m+1}\right)^{2(m+1)-}\right]}{x\left(O^{2-}\right)}=\frac{x\left[\left(Si_{m+n}O_{3(m+n)+1}\right)^{2(m+n+1)-}\right]}{x\left[\left(Si_nO_{3n+1}\right)^{2(n+1)-}\right]} \tag{2.42}$$

从而导出网络改性氧化物的活度 $a(R'O)$与摩尔分数之间的关系式：

$$\frac{1}{1-x(R'O)}=\frac{1}{x(SiO_2)}=2+\frac{1}{1-a(R'O)}-\frac{1}{1+a(R'O)\left(\frac{1}{k_{11}}-1\right)} \tag{2.43}$$

式(2.43)只在假设结构中都是直链时成立，用于支链时，可将其修订如下：

$$\frac{1}{1-x(R'O)}=\frac{1}{x(SiO_2)}=2+\frac{1}{1-a(R'O)}-\frac{3}{1+a(R'O)\left(\frac{3}{k_{11}}-1\right)} \tag{2.44}$$

2.4.3　玻璃的序

图 2-17 给出了气体、液体、玻璃和晶体 X 射线衍射强度与衍射角(2θ)的关系。当衍射角很小时气体的衍射很强，随着衍射角增大其衍射强度逐渐下降。对于液体，衍射角较小时，衍射较强但强度低于气体，衍射峰宽且分散。对于晶体，无论在小角度还是大角度，其衍射都会出现窄且强的衍射峰。与晶体相比，玻璃的衍射图具有宽广而弥散的衍射峰，与相应晶体强烈尖锐的衍射峰有明显的不同，但两者峰值所处的位置基本相同。从衍射图谱的形状来看，玻璃的衍射强度曲线与液体的更为相似[58]。玻璃态物质具有短程有序而不具有晶态物质的长程有序，因此不能为空间群所复原。玻璃不具有格子构造，因而也就不能自发地形成规则多面体的外形。玻璃与晶体在宏观上的这个差别是其结构不同的典型例证之一。

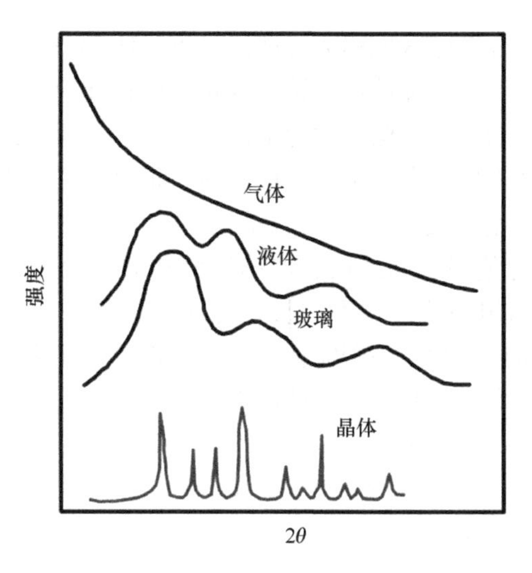

图 2-17　不同物质的 X 射线衍射图[58]

从透射电镜的衍射图也可看到玻璃和晶体的不同，如图 2-18 所示。由于晶体具有长程有序的原子排列或平移对称性，其衍射图样由斑点(单晶)或锐环(多晶)组成。玻璃(非晶体)缺乏长程有序或平移对称性，其不存在原子排列的长程顺序，长程顺序的缺乏导致衍射图样上的锐反射消失而出现扩散晕。

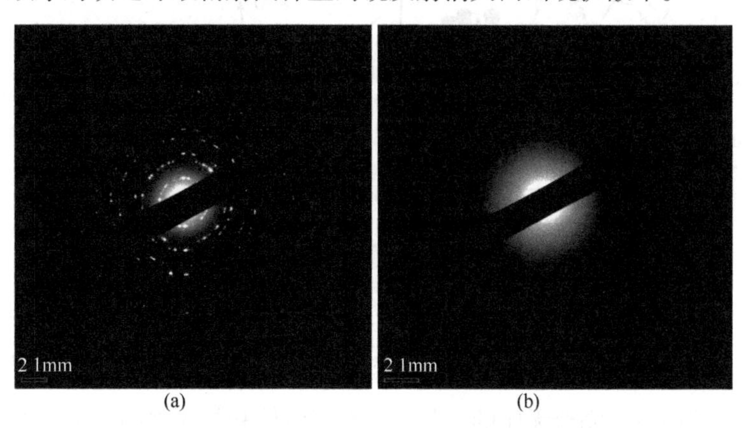

图 2-18　晶体(a)和玻璃(b)的衍射图

图 2-19 给出了气体、液体、玻璃和晶体的径向分布函数及结构示意图[87]。径向分布函数包含关于每种原子类型结构顺序的详细信息。气体的径向分布函数表现为直线型，而晶体的径向分布函数则呈现窄而尖的特征峰。玻璃和液体的径向分布函数相似，但在较小的径向区域内波动较大，而在较大的区域内趋向于表现为直线型。气体物质的空间分布是完全无序的，晶体的径向分布曲线则表现出很窄的分布范围。玻璃和液体相似，在较短的径向分布区域内有一定的有序性，

并且玻璃较液体的短程有序区域稍大一些。最近，Hu(胡)等[88]采用分子动力学模拟的方法，发现局域五次对称性这一结构参量可以描述金属玻璃的变形特征以及在玻璃化转变过程中的局域结构和动力学演化行为。然而，因为研究玻璃态物质结构的实验方法和理论概念大多来自晶体，所以很难准确无误地描述并获得其内部复杂的三维排布信息。尽管有关玻璃结构的有序、无序争论持续了近一个世纪，但是这些学说对预测玻璃结构、玻璃组成和玻璃性质之间的关系却收效甚微，在短程有序如何组织成玻璃态的长程无序结构这个问题的解答上也不够清楚。因此，未来迫切需要构建一套完整的玻璃态理论框架来阐明玻璃化转变、玻璃形成的热力学和动力学机制，明确玻璃态物质的微观结构特征。

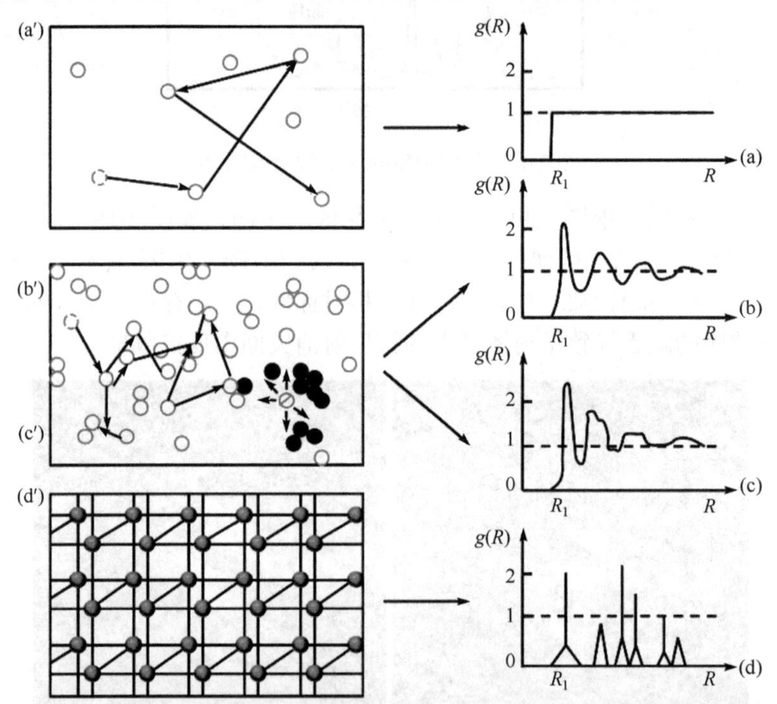

图 2-19　气体(a′)、液体(b′)、玻璃(c′)、晶体(d′)的结构示意图以及对应的径向分布曲线(a)～(d)[87]

玻璃的结构不是完全无序的，其具有介于液体和晶体之间一定程度上的顺序(有序)。为此，人们提出了“玻璃的序”的概念[89-93]。Elliott(埃利奥特)[94]将玻璃的序分为短程序(尺寸范围<0.5nm)、中程序(尺寸范围为 0.5～2nm)和长程序(尺寸范围>2nm)。许多实验和模拟结果表明玻璃中存在各种各样的序，因此名义上无序的玻璃结构仍然具有最近邻原子的短程序。不同冷却速率条件下形成的玻璃结构不同，因此玻璃结构包括玻璃态的整体排列方式。玻璃具有多种不同的状态，严格意义上不能简单地用晶子学说或无规网络学说来描述玻璃的结构。晶体结构是由一个以平移周期重复的结构单元组成的，相比之下玻璃的自由度更大，结构更复杂。图 2-20 给出了不同物质状态的有序距离示意图[95]。从气体到晶体，其有序距离不断增加。理想气体处于完全无序状态，这意味着分子间的相互作用可以忽略。相对而言，理想晶体描述了具有重复单元的晶体结构的概念，代表完全有序状态。然而事实上，所有真正的晶体都有缺陷，即缺陷晶体。也就是说，只有无限维的理想单晶才具有理想的长程有序。任何实际的晶体都是违反长程有序的。另外，非晶态固体中没有长程有序并不意味着原子排列的完全无序。在非晶态固体中，原子排列有短程有序和中程有序，原子的排列顺序可达数十埃或数百埃。从某种意义上讲，玻璃看起来更像液体而不是晶体。事实上，玻璃可以认为是一种冻结的液体，其黏度变得如此之高，以至于原子的运动已经减慢到特征弛豫时间远超过了观察周期的程度。冻结发生在玻璃化转变时，玻璃化转变发生在玻璃态和液态的边界处。液体到玻璃，玻璃到晶体的这两个转变对应玻璃状态的不稳定性。

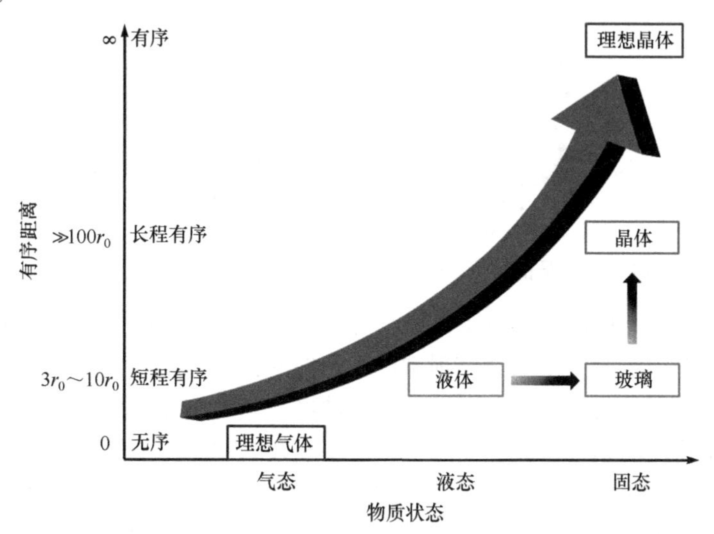

图 2-20　不同物质状态的有序距离示意图[95]

r_0表示原子间距离

虽然玻璃具有和晶体类似的短程序，但玻璃的短程序在原子的间距和键角上有些畸变。然而，从拓扑上来说，玻璃的短程序和晶体的短程序是相同的[96]。液体在凝固过程中，无论形成晶态还是玻璃态，都能保持其短程拓扑序，即液体、玻璃和晶体的短程拓扑序等价。最近发现，有些共价键玻璃可以具有长程的拓扑序，无规网络结构中隐藏着拓扑序和化学序。图 2-21 利用跳伞运动员的队形说明了无序网络系统中的拓扑结构[96]。跳伞运动员按照一些特定的规律手脚相连形成图中的形状，任何一个人改变手臂伸缩的长度都会破坏掉初始的完美结构而形成无序，但他们之间的拓扑联系依然存在(只要手的连接没有断开)。类似的情况可能在玻璃体系中也同样存在，表面上的长程周期平移对称性的破坏可能并不会改变其背后隐含的拓扑有序结构，而局部的化学有序就像跳伞运动员的手一样决定了结构的特性。

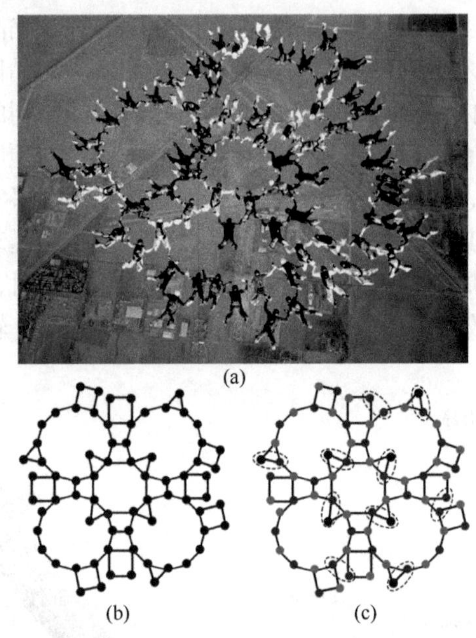

图 2-21 跳伞运动员的队形(a)类似于无序网络系统中的拓扑结构((b)和(c))[96]

玻璃的短程序可以通过原子尺度高分辨率透射电子显微镜(HRTEM)观察到，并可以利用电子衍射、X 射线衍射和中子衍射的径向分布函数以及理论仿真进行定量研究和分析。大量模拟和实验证实，玻璃的短程有序尺度范围在 1nm。短程序是非晶态物质的结构单元。实际上，很多复杂的物质体系都是由有序的结构单元通过自组装堆砌而成的。最近，计算机模拟发现可以用 145 种不同的多面体(短程序)模拟出各种物质，包括晶体、非晶、液晶等，这些多面体是很多物质共同的结构单元[97]。纳米束电子衍射(NBED)是一种直径小于 1nm 的相干电子束，它使人们能够从纳米尺度的区域获得二维衍射图样，从而检测出局部原子结构。图 2-22 给出了在金属玻璃中使用最新的球差校正透射电子显微镜从原子簇中获取纳米束电子衍射模式的原理图[91]，右上插图显示了计算出的波束的半高宽(FWHM)约为 0.36nm 的电子纳米探针的三维轮廓结构，右下角的插图展示了电子衍射图样与纳米束尺寸相关的例子。电荷耦合器件(CCD)相机记录了金属玻璃在纳米探针扫描过程中的衍射图样。散射强度曲线中出现了多个峰值，反映了簇内原子的规则性排列。因此，在亚纳米区域的纳米束电子衍射图样中完好的电子衍射斑点提供了金属玻璃中局部原子有序的直接证据。这为确定无序材料的局部原子结构提供了重要的方法，为探索玻璃形成和性能的原子机理开辟了新的途径。

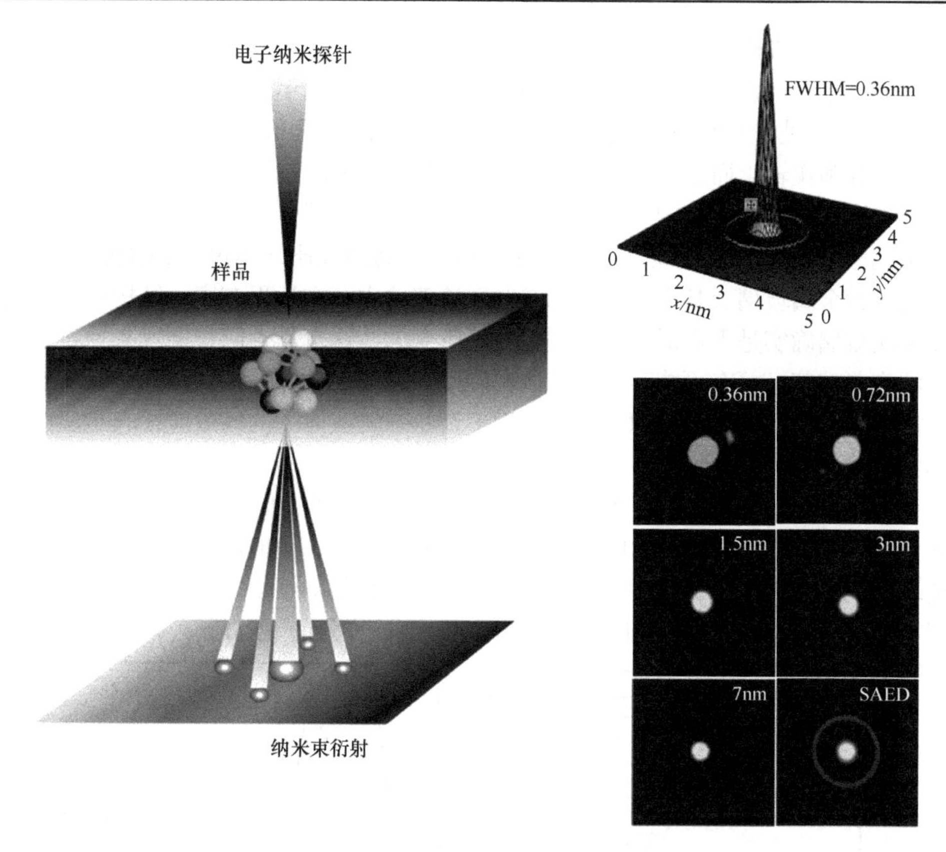

图 2-22　纳米束电子衍射实验原理和金属玻璃的选区电子衍射(SAED)图样[91](见书后彩图)
右上角插图为计算得到光束尺寸 FWHM 约为 0.36nm 的电子纳米探针的三维形貌，右下角的插图展示了电子衍射图样的纳米级尺寸依赖性的例子

近年来，人们发现玻璃中也存在一定程度的中程序。在衍射实验中，玻璃体系中程有序(延伸至 20Å)以第一个尖峰为特征，这使得理解玻璃的结构成为一个相当大的挑战。这些特征对应于材料中较大的实空间距离，理解它们的来源是解开中程序的关键。Martin(马汀)等[93]运用晶体工程学的原理，系统地改变了金属卤化物玻璃在纳米尺度上的非晶态结构。他们将非晶样品的衍射图样与具有相同成分的晶体结构的衍射图样进行比较，结果发现两者之间具有很大的相似之处，并且玻璃的特征可以映射到晶体的特征上。尽管晶体结构不能给出玻璃中长程顺序的信息，但是晶体结构是理解和操纵中等尺度秩序的有用工具。这为理解玻璃内部的中程有序方面以及合理设计开发新材料提供了一种可能的途径。需要说明的是，还有很多关于玻璃中程序的观点和模型，这些观点都有各自的实验证据，但是这些模型并不都能互相印证。因为这些模型都只能描述非晶的某些结构特征。玻璃中程序也没有完全解决玻璃长程无序结构如何堆砌、排列的问题。短程

有序结构如何堆砌成玻璃长程无序结构仍是一个难题。

玻璃是否可以具有长程序，即完美的玻璃状态？近年来这一问题也引起了广泛关注[98]。玻璃中团簇的键长和键角相对于其晶体等价物可能发生变形、缩短、拉伸和扭转，而原子的拓扑关系和连通性是守恒的。因此，玻璃中的短程序和中程序团簇在拓扑结构上通常相当于晶体的纳米级部分，而不具有严格的晶体原子间距和键角。玻璃缺乏晶体所具有的长程周期规律，不过 Zeng(曾)等[99]在研究一种金属玻璃及其多晶致密化时发现该玻璃中存在长程有序，结构检测证实该金属玻璃确实是无定形、各向同性、无应变的，这也是人们长期以来一直在寻找的完美玻璃，并有可能存在于其他玻璃中。玻璃的长程序是由液态淬火后的密度波动决定的，密度波动源于任何处于平衡状态的液体中的熵效应，它是温度的热力学响应[100]。

玻璃的有序度也与热历史密切相关。将玻璃样品如 $Na_2O \cdot 2SiO_2$、$SrO \cdot P_2O_5$ 和 $BaO \cdot P_2O_5$ 在高于熔融温度 10～20℃的条件下保持一定时间后快速冷却，同种玻璃在不同温度下的结构变化可以通过 XRD、密度和红外光谱等手段表征，如图 2-23 所示[53,101]。当温度比熔点高 10℃时，急冷样品的 XRD 衍射峰很宽，这说

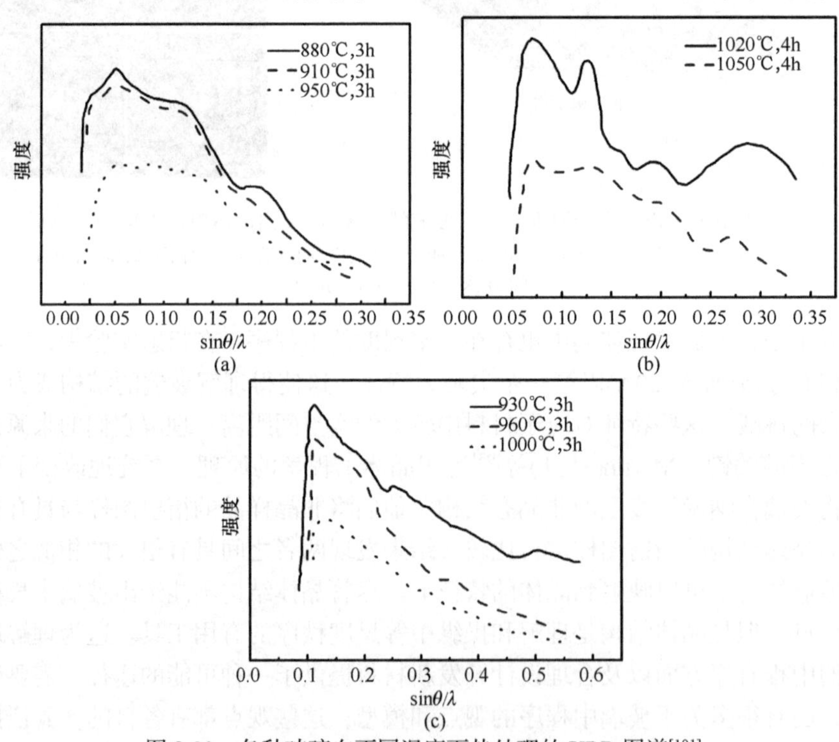

图 2-23 各种玻璃在不同温度下热处理的 XRD 图谱[101]

(a)$Na_2O \cdot 2SiO_2$；(b)$SrO \cdot P_2O_5$；(c)$BaO \cdot P_2O_5$

明有序程度大幅下降。继续升温，衍射峰变宽，表明无序程度进一步增大，玻璃的结构随温度变化而变化。

此外，玻璃的有序或无序程度对体积也有显著影响。基于统计热力学，Gutzow 提出了以下方程[101]：

$$\Delta S = R\left[\ln\frac{\rho_{cr}}{\rho_{gr}}+\left(\frac{\rho_{cr}}{\rho_{gr}}-1\right)\ln\left(\frac{\rho_{cr}}{\rho_{cr}-\rho_{gr}}\right)\right] \tag{2.45}$$

式中，ΔS 是晶体和玻璃的熵差；R 是气体常数；ρ_{cr} 和 ρ_{gr} 分别是晶体和玻璃的密度。根据以上公式，表 2-7 记录了几种急冷样品在不同温度条件下的 ΔS 数据，可以发现温度越高，熵差越大。

表 2-7 不同温度下几种急冷样品的 ΔS[101]

玻璃	低温/℃	密度 ρ_1/(g/cm³)	高温/℃	密度 ρ_2/(g/cm³)	ΔS/(J/(mol·K))
$Na_2O\cdot 2SiO_2$	880	2.42	910	2.37	0.203
			1150	2.28	0.388
			1300	2.14	0.566
$SrO\cdot P_2O_5$	—	3.21	990	3.15	0.188
			1020	3.06	0.39
$BaO\cdot P_2O_5$	—	3.67	920	3.56	0.268
			960	3.45	0.481
			1000	3.46	0.453
			1100	3.41	0.545

此外，红外光谱、热力学数据和熵差的变化说明玻璃结构会随温度变化，随着温度升高，玻璃的无序程度增大。相同成分玻璃的结构随熵值变化而变化，而熵值由温度决定(式 (2.14))。那么，要得到熵值高的玻璃，就要在高温下获得无序的排列。根据不同结构理论，相同成分玻璃的熵值排列如下[53,101]：

$$S_{无规网络学说} > S_{有序、无序学说} > S_{晶子、微晶子、构子学说} > S_{核前群理论} > S_{晶核理论}$$

结晶理论强调的是低温条件下玻璃熔体和晶体结构的相似性，这与玻璃中存在“有序结构”的观点是相悖的。相反，通过 X 射线衍射、红外光谱和其他测试手段，可以发现某些玻璃在高温条件下具有更加无序的结构。而 Warren 的很多实验证明玻璃结构并不是完全无序的，以石英玻璃为例，其键角可以从 120°变化到 180°，其中 142°居多。

总体来说，描述玻璃结构的理论只能描述特定条件下的一种平衡态结构，因此不能用于解释所有的结构。凝固状态下，玻璃结构由大气压力下的熵值决定，而熵值因温度和成分而异。实验证明，同种玻璃，温度越高，无序程度越大。只有当温度接近液态温度时，与晶体相似的有序排列才会逐渐出现。因此，随着温度变化，玻璃结构可以从无序转化为有序。

2.5 总　　结

玻璃态物质是一类与固体、液体不同的亚稳态物质，处于复杂的多体相互作用体系。从热力学相平衡的观点看，玻璃处于亚稳态，因此任何物质都不可能生成玻璃态。但从动力学观点来看，只要冷却速率足够快且熔体黏度大到足以防止晶体析出，则任何被冷却的物质都可能形成玻璃态。玻璃态物质的发现和应用及其相关研究已经经历了漫长的历史并且取得了丰硕的成果，然而，有关玻璃态物质的本质和基本规律仍存在诸多问题值得人们继续深入思考[4,27,102,103]。美国著名物理学家、诺贝尔奖获得者 Anderson 教授曾经感慨：“玻璃态的本质和玻璃化转变可能是固态理论中最深奥和最有趣的未解之谜”[104]。*Science* 创刊 125 周年之际，公布了 125 个最具挑战性的科学问题。“玻璃态物质的本质是什么？”被列为其中 10 个重要的物理问题之一[105]。目前，关于玻璃态物质本质的研究还在不断深入和细化，如何将这些分支形成一套完整系统的理论是一个值得思考的课题。随着时间的推移和先进实验方法以及计算机技术等新的表征及分析手段不断涌现，人们对“玻璃态物质本质”这一悬而未决的问题的理解也将会更加深入。面对这一挑战与机遇并存的科学难题，需要科研人员投入大量的时间和精力持之以恒地去探索和发现，相信每一次的进步和突破，都将对科学技术各领域产生重要贡献，并给人类的生活和生产实践带来深远影响。

参 考 文 献

[1] 张勤远, 王伟超, 姜中宏. 玻璃态物质的本质. 科学通报, 2016, 13: 1407-1413.
[2] 邱关明, 黄良钊. 玻璃形成学. 北京: 兵器工业出版社, 1987.
[3] Gutzow I S, Schmelzer J W P. The Vitreous State: Thermodynamics, Structure, Rheology and Crystallization. 2nd ed. New York: Springer, 2013.
[4] 汪卫华. 非晶态物质的本质和特性. 物理学进展, 2013, 33: 177-351.
[5] Jha A. Inorganic Glasses for Photonics: Fundamentals, Engineering, and Applications. Chichester: John Wiley & Sons, 2016.
[6] Berthier L, Biroli G. Theoretical perspective on the glass transition and amorphous materials. Reviews of Modern Physics, 2011, 83(2): 587-645.
[7] Roy R. Vlassification of non-crystalline solids. Journal of Non-Crystalline Solids, 1970, 3: 33-40.
[8] Zanotto E D, Mauro J C. The glassy state of matter: Its definition and ultimate fate. Journal of Non-Crystalline Solids, 2017, 471: 490-495.
[9] Popov A. Disordered Semiconductors: Physics and Applications. Singapore: Pan Stanford, 2011.

[10] Parks G S. Thermal data on organic compounds I. The heat capacities and free energies of methyl, ethyl and normal-butyl alcohols. Journal of the American Chemical Society, 1925, 47(2): 338-345.

[11] Parks G S, Huffman H M. Studies on glass I. The Journal of Physical Chemistry, 1927, 31(12): 1842-1855.

[12] Bergler E. Contributions to the theory of glass formation and the glassy state. Journal of the American Ceramic Society, 1932, 15(12): 647-678.

[13] Morey G W. The constitution of glass. Journal of the American Ceramic Society, 1934, 17(1-12): 315-328.

[14] Winter A. Glass formation. Journal of the American Ceramic Society, 1957, 40(2): 54-58.

[15] Uhlmann D R. A kinetic treatment of glass formation. Journal of Non-Crystalline Solids, 1972, 7: 337-348.

[16] Doremus R H. Glass Science. New York: Wiley-Interscience, 1973.

[17] Cooper A R, Gupta P K. An operational definition of the glassy state. Journal of the American Ceramic Society, 1975, 58(7-8): 350-351.

[18] Wong J, Angell C A. Glass: Structure by Spectroscopy. New York: M. Dekker, 1976.

[19] 作花济夫. 玻璃非晶态科学. 北京: 中国建筑工业出版社, 1983.

[20] Rao K J. Structural Chemistry of Glasses. New York: Elsevier, 2002.

[21] Varshneya A K, Mauro J C. Comment on misconceived ASTM definition of “glass” by A. C. Wright. Glass Technology: European Journal of Glass Science and Technology Part A, 2010, 51(1): 28-30.

[22] Varshneya A K. Fundamentals of Inorganic Glasses. New York: Academic Press, 1994.

[23] Zanotto E D, Mauro J C. Response to comment on “The glassy state of matter: Its definition and ultimate fate”. Journal of Non-Crystalline Solids, 2018, 502: 251-252.

[24] 赵彦钊, 殷海荣. 玻璃工艺学. 北京: 化学工业出版社, 2006.

[25] Kauzmann W. The nature of the glassy state and the behavior of liquids at low temperatures. Chemical Reviews, 1948, 43(2): 219-256.

[26] Gibbs J H, DiMarzio E A. Nature of the glass transition and the glassy state. The Journal of Chemical Physics, 1958, 28(3): 373-383.

[27] Forrest J A, Dalnoki-Veress K. When does a glass transition temperature not signify a glass transition? ACS Macro Letters, 2014, 3: 310-314.

[28] Ediger M D, Harrowell P. Perspective: Supercooled liquids and glasses. The Journal of Chemical Physics, 2012, 137(8): 080901.

[29] Debenedetti P G, Stillinger F H. Supercooled liquids and the glass transition. Nature, 2001, 410: 259-267.

[30] Chen H S, Turnbull D. Evidence of a glass-liquid transition in a gold-germanium-silicon alloy. The Journal of Chemical Physics, 1968, 48: 2560-2571.

[31] 胡丽娜, 边秀房. 液体的脆性: 一把深入了解玻璃态物质的钥匙. 科学通报, 2003, 48: 2393-2401.

[32] Angell C A, Ngai K L, McKenna G B, et al. Relaxation in glass forming liquids and amorphous

solids. Journal of Applied Physics, 2000, 88: 3113-3157.
[33] Yue Y Z. Anomalous enthalpy relaxation in vitreous silica. Frontiers in Materials, 2015, 2: 1-11.
[34] Hu L N, Zhang C Z, Yue Y Z, et al. A new threshold of uncovering the nature of glass transition: the slow β relaxation in glassy states. Chinese Science Bulletin, 2010, 55: 457-472.
[35] Dyre J C. Colloquium: The glass transition and elastic models of glass-forming liquids. Reviews of Modern Physics, 2006, 78: 953-972.
[36] Lubchenko V. Theory of the structural glass transition: A pedagogical review. Advances in Physics, 2015, 64: 283-443.
[37] Welch R C, Smith J R, Potuzak M, et al. Dynamics of glass relaxation at room temperature. Physical Review Letters, 2013, 110(26): 265901.
[38] Zachariasen W H. The atomic arrangement in glass. Journal of the American Chemical Society, 1932, 54(10): 3841-3851.
[39] Dietzel A H. On the so-called mixed alkali effect. Physics and Chemistry of Glasses, 1983, 24(6): 172-180.
[40] Rawson H. Inorganic Glass-forming Systems. London: Academic Press, 1967.
[41] Rawson H. Properties and Applications of Glass. New York: Elsevier, 1980.
[42] Winter A. The glass formers and the periodic system of elements. Verres Refract, 1955, 9: 147-156.
[43] Stanworth J E. The structure of glass. Journal of the Society of Glass Technology, 1946, 30: 54-64.
[44] Stanworth J E. On the structure of glass. Journal of the Society of Glass Technology, 1948, 32: 154-172.
[45] Stanworth J E. The ionic structure of glass. Journal of the Society of Glass Technology, 1948, 32: 366-372.
[46] Stanworth J E. Tellurite glasses. Nature, 1952, 169: 581-582.
[47] 干福熹. 关于无机玻璃态物质结构和性质的若干问题. 硅酸盐学报, 1979, 7(2): 150-163.
[48] Renninger A L, Uhlmann D R. Small angle X-ray scattering from glassy SiO_2. Journal of Non-Crystalline Solids, 1974, 16: 325-327.
[49] Turnbull D, Cohen H M. Modern Aspects of Vitreous State. London: Butlerworths, 1988.
[50] 姜中宏, 胡丽丽. 玻璃的相图结构模型. 中国科学, 1996, 26(5): 395-404.
[51] 姜中宏. 关于玻璃形成区及失透性能的一些问题. 硅酸盐学报, 1981, 9(3): 323-339.
[52] 姜中宏, 丁勇. 用模糊数学观点讨论玻璃形成动力学. 硅酸盐学报, 1991, 19(3): 193-201.
[53] Jiang Z H, Zhang Q Y. The structure of glass: A phase equilibrium diagram approach. Progress in Materials Science, 2014, 61: 144-215.
[54] Askeland D R, Phulé P P. The Science and Engineering of Materials. 4th ed. Pacific Grove: Thomson Learning, 2004.
[55] Salmon P S, Zeidler A. Networks under pressure: The development of in situ high-pressure neutron diffraction for glassy and liquid materials. Journal of Physics: Condensed Matter, 2015, 27(13): 133201.
[56] Stebbins J F, McMillan P F, Dingwell D B. Structure, Dynamics, and Properties of Silicate Melts.

Washington: Mineralogical Society of America, 1995.
[57] Mysen B O, Richet P. Silicate Glasses and Melts. New York: Elsevier, 2018.
[58] Vogel W. Glass Chemistry. Berlin: Springer, 1992.
[59] 舒尔兹 H. 玻璃的本质结构和性质. 黄照柏，译. 北京: 中国建筑工业出版社, 1984.
[60] Bernal J D. A geometrical approach to the structure of liquids. Nature, 1959, 183(4655): 141-147.
[61] Frenkel J. Kinetic Theory of Liquids. Oxford: The Clarendon Press, 1946.
[62] Stewart S M. Physical concepts of ionic and other aqueous solutions. American Journal of Physics, 1944, 12(6): 321-323.
[63] 林萍. 关于玻璃结构的理论探索. 福建建材, 1997, 1: 24-25.
[64] Henderson G S, Calas G, Stebbins J F. The structure of silicate glasses and melts. Elements, 2006, 2(5): 269-273.
[65] Benmore C J. A review of high-energy X-ray diffraction from glasses and liquids. ISRN Materials Science, 2012, 19: 852905.
[66] Calas G, Henderson G S, Stebbins J F. Glasses and melts: Linking geochemistry and materials science. Elements, 2006, 2(5): 265-268.
[67] Cormier L, Calas G, Gaskell P H. Cationic environment in silicate glasses studied by neutron diffraction with isotopic substitution. Chemical Geology, 2001, 174(1-3): 349-363.
[68] Stebbins J F. Glass structure, melt structure, and dynamics: Some concepts for petrology. American Mineralogist, 2016, 101(4): 753-768.
[69] Lee S K, Stebbins J F. Al—O—Al and Si—O—Si sites in framework aluminosilicate glasses with Si/Al=1: Quantification of framework disorder. Journal of Non-Crystalline Solids, 2000, 270(1-3): 260-264.
[70] Wang H M, Henderson G S. Investigation of coordination number in silicate and germanate glasses using O K-edge X-ray absorption spectroscopy. Chemical Geology, 2004, 213(1-3): 17-30.
[71] Farges F, Brown G E, Jr., Petit P E, et al. Transition elements in water-bearing silicate glasses/melts. Part I. A high-resolution and anharmonic analysis of Ni coordination environments in crystals, glasses, and melts. Geochimica et Cosmochimica Acta, 2001, 65(10): 1665-1678.
[72] Mare E R. Silicate melt under pressure: Coordination changes and trace element partitioning. Canberra: The Australian National University, 2017.
[73] Waff H S. Pressure-induced coordination changes in magmatic liquids. Geophysical Research Letters, 1975, 2(5): 193-196.
[74] Stebbins J F, McMillan P. Five-and six-coordinated Si in $K_2Si_4O_9$ glass quenched from 1.9 GPa and 1200 ℃. American Mineralogist, 1989, 74: 965-968.
[75] Wang Y, Sakamaki T, Skinner L B, et al. Atomistic insight into viscosity and density of silicate melts under pressure. Nature Communications, 2014, 5: 3241.
[76] Majérus O, Cormier L, Itié J P, et al. Pressure-induced Ge coordination change and polyamorphism in SiO_2-GeO_2 glasses. Journal of Non-Crystalline Solids, 2004, 345: 34-38.
[77] Yang X, Scannell G, Jain C, et al. Permanent structural anisotropy in a hybrid fiber optical

waveguide. Applied Physics Letters, 2017, 111(20): 201901.
[78] Kracek F C. The system sodium oxide-silica. The Journal of Physical Chemistry, 1930, 34: 1583-1598.
[79] Kracek F C. Phase equilibrium in the system Na_2SiO_3-Li_2SiO_3-SiO_2. Journal of the American Chemical Society, 1939, 61: 2863-2877.
[80] Dietzel A. Correlation between phase diagrams, reaction paths and structure of melts. Glastechnische Berichte, 1967, 40: 378-381.
[81] Charles R J. Activities in Li_2O-, Na_2O, and K_2O-SiO_2 solutions. Journal of the American Ceramic Society, 1967, 50(12): 631-641.
[82] Kapoor M L, Frohberg M G. Thermodynamic properties of the system PbO-B_2O_3. Canadian Metallurgical Quarterly, 1973, 12(2): 137-146.
[83] Knapp W J, van Vorst W D. Activities and structure of some melts in the system Na_2SiO_3-$Na_2Si_2O_5$. Journal of the American Ceramic Society, 1959, 42(11): 559-562.
[84] Flood H, Knapp W J. Acid-base equilibria in the system PbO-SiO_2. Journal of the American Ceramic Society, 1963, 46(2): 61-65.
[85] Holmquist S. Solidum oxide activities in molten sodium sulphate and sodium silicates. Physics and Chemistry of Glasses, 1968, 9: 32-34.
[86] Lacy E D. A statistical model of polymerisation/depolymerisation relationship in silicate melts and glasses. Physics and Chemistry of Glasses, 1965, 6(5): 171-180.
[87] 冯端, 师昌绪, 刘治国. 材料科学导论. 北京: 化学工业出版社, 2002.
[88] Hu Y C, Li F X, Li M Z, et al. Five-fold symmetry as indicator of dynamic arrest in metallic glass-forming liquids. Nature Communications, 2015, 6: 8310.
[89] Cheng Y Q, Ma E. Atomic-level structure and structure-property relationship in metallic glasses. Progress in Materials Science, 2011, 56(4): 379-473.
[90] Miracle D B. A structural model for metallic glasses. Nature Materials, 2004, 3(10): 697-702.
[91] Hirata A, Guan P, Fujita T, et al. Direct observation of local atomic order in a metallic glass. Nature Materials, 2011, 10(1): 28-33.
[92] Yavari A R. Metallic glasses: The changing faces of disorder. Nature Materials, 2007, 6(3): 181-182.
[93] Martin J D, Goettler S J, Fossé N, et al. Designing intermediate-range order in amorphous materials. Nature, 2002, 419(6905): 381-384.
[94] Elliott S R. Medium-range structural order in covalent amorphous solids. Nature, 1991, 354(6353): 445-452.
[95] Le Bourhis E. Glass: Mechanics and Technology. New York: John Wiley & Sons, 2014.
[96] Salmon P S, Martin R A, Mason P E, et al. Topological versus chemical ordering in network glasses at intermediate and extended length scales. Nature, 2005, 435(7038): 75-78.
[97] Damasceno P F, Engel M, Glotzer S C. Predictive self-assembly of polyhedra into complex structures. Science, 2012, 337(6093): 453-457.
[98] Biroli G. Disordered solids: In search of the perfect glass. Nature Physics, 2014, 10(8): 555-556.
[99] Zeng Q, Sheng H, Ding Y, et al. Long-range topological order in metallic glass. Science, 2011, 332(6036): 1404-1406.

[100] Greaves G N, Sen S. Inorganic glasses, glass-forming liquids and amorphizing solids. Advances in Physics, 2007, 56(1): 1-166.
[101] 姜中宏, 胡新元, 赵祥书. 试论玻璃结构: 用熵的观点讨论结构状态. 硅酸盐学报, 1982, 10(4): 491-499.
[102] Chang K. The nature of glass remains anything but clear. New York Times. http://www.nytimes.com/2008/07/29/science/29glass.html[2008-7-29].
[103] Ngai K L. Why the glass transition problem remains unsolved? Journal of Non-Crystalline Solids, 2007, 353(8-10): 709-718.
[104] Anderson P W. Through the glass lightly. Science, 1995, 267: 1615-1616.
[105] Kennedy D, Norman C. What don't we know? Science, 2005, 309: 75.

第3章　玻璃结构研究概况

- 1932年Zachariasen绘制了A_2O_3玻璃网络的二维示意图，视$[SiO_4]$四面体为诸如熔石英玻璃的最小结构单元，$[SiO_4]$四面体不像在结晶化合物中那样互相对称均匀地连接成空间网络，而是互相不规则地连接在一起。
- 1921年Lebedev在进行熔石英玻璃退火实验时，发现玻璃的折射率随温度上升而增大，但在520℃急剧下降。Lebedev提出可用晶子学说解释这种现象，即玻璃中存在许多微晶子，这些微晶子在520℃时发生多晶转变，玻璃的结构可以看成微晶子的聚集。
- 玻璃结构从晶子学说、无规网络学说到近代玻璃结构学说，就玻璃结构中的有序无序、均匀不均匀等问题经历了初期的定性研究探讨到目前的半定量研究探讨。
- 玻璃是由短程有序长程无序的骨架构成的，根据玻璃组成，可以由三维空间网络、二维层环、一维链状甚至无序金属离子岛状结构构成。玻璃网络的有序和无序、连续和不连续、均匀和不均匀是构成玻璃结构矛盾的两方面，同时存在于玻璃统一体中。

3.1　经典玻璃结构模型

3.1.1　无规网络学说

1932年，Zachariasen基于Goldschmidt的结晶化学理论提出了玻璃的无规网络学说[1]。Zachariasen的出发点是：同一组分的玻璃和晶体之间的能量差别小，因而可认为玻璃中的键状态或结构单元应和晶体中的类似。例如，硅酸盐中$[SiO_4]$四面体在晶体中是有序排列的，在玻璃中则形成无序的网络。Zachariasen绘制的氧化物A_2O_3玻璃网络的二维示意图如图3-1所示[1]。这一学说视$[SiO_4]$四面体为诸如熔石英玻璃的最小结构单元，但是，$[SiO_4]$四面体不像在结晶化合物中那样互相对称均匀地连接成空间网络，而是互相不规则地连接在一起。配位数小的结构基团构成无限伸展的无序空间网络，这就是玻璃熔体冷却过程中黏度增加很快的原因。Zachariasen这一关于玻璃结构的里程碑式的成果对后世影响深远[2]。1961年，Greene(格林)[3]在提到这篇论文时写道，“如今对玻璃的理解，很大程度上依赖于一篇只有 12 页的论文，其作者便是 Zachariasen”。

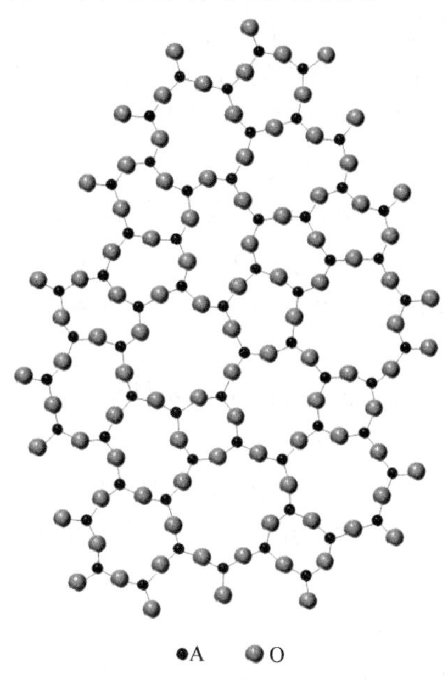

图 3-1　氧化物 A_2O_3 的无规网络学说结构模型示意图[1]

Zachariasen 的无规网络学说从结晶化学的连接特点总结出以下四条规则，作为氧化物形成玻璃的必备条件[1]。

(1) 一个氧离子与不超过两个阳离子 A 相连。

(2) 阳离子 A 周围的氧离子数尽量少，即阳离子配位数尽量小。

(3) 氧多面体彼此共角连接，而不是共边或共面。

(4) 在三维网络中，每一氧多面体必须至少有三个角共享。

据此，Zachariasen 认为 A_2O_3、AO_2、A_2O_5 氧化物可能形成玻璃，如 B_2O_3、SiO_2、GeO_2、P_2O_5、As_2O_5、As_2O_3、Sb_2O_3、V_2O_5、Sb_2O_5、Cd_2O_5 和 Ta_2O_5。而 A_2O、AO、AO_3 和 A_2O_7 型氧化物不满足，即不能形成玻璃。

针对单个氧化物，Zachariasen 将这些规则做了修改，即单一氧化物玻璃形成的条件可能如下[1]。

(1) 含有较高比例的阳离子，且阳离子被氧四面体或氧三角体所包围。

(2) 四面体或三角体之间只共享一个角。

(3) 氧离子只连着两个这样的阳离子，而不与其他任何阳离子形成键。

这样，形成玻璃的阳离子有 B^{3+}、Si^{4+}、P^{3+}、P^{5+}、As^{3+}和 Ge^{4+}，也可能有 V^{5+}、Sb^{6+}、Cd^{5+}、Ta^{6+}及 Al^{3+}(Al^{3+}可以非等价取代 Si^{4+})。他同时还特别强调 Al_2O_3 不能单独形成玻璃。

在此，需要指出的是：

(1) Zachariasen 并不是第一个提出玻璃由定向性化学键连接的无序原子阵列组成的。早在 1927 年，Rosenhain(罗森汉)[4]就已经提出通过定向性化学键连接的无序原子排列的概念，但这一论文很少被人提及。

(2) Zachariasen 在 1932 年的论文中并没有使用“无规网络”(random network)这一术语。1933 年 Warren 在他关于石英玻璃的第一篇论文中提出了“无规网络假说”(random network hypothesis)这一术语。

(3) Zachariasen 使用网络(network)表示整个结构，而用框架(framework)这个词表示目前常用的网络。

(4) 作为一名晶体学家，Zachariasen 主要是从离子键的角度考虑，而不是从定向性化学键(共价键)的角度考虑。

(5) Zachariasen 提出在改性玻璃中网络修饰阳离子是统计随机分布的，即二元玻璃和多元玻璃在统计上是均匀的。然而，现今的研究表明这一观点是不正确的。

在 Zachariasen 的论文发表大约一年后，Warren 等[5,6]测试了石英玻璃的 XRD，他对实验结果的解释与 Zachariasen 提出的学说相一致。Warren 使用“无规网络”这个术语来描述与 Zachariasen 学说一致的石英玻璃结构。在 X 射线衍射研究中，最重要的进展是傅里叶方法的出现，特别是 1936 年 Warren 等[7]获得了玻璃态 SiO_2 和 B_2O_3 的径向分布函数。在对 Na_2O-SiO_2 系统的玻璃进行 X 射线研究时，Warren 和他的同事 Biscoe(比斯科)[8]支持 Zachariasen 的建议，即网络修饰阳离子的分布在统计学上是随机的，硅酸盐玻璃在统计学上是均匀的。如果在熔制过程中把体积较大的阳离子引入结构简单(网络连接程度较低)的玻璃(如硅酸盐玻璃)中，就会破坏 SiO_2 与 Na_2O 或 CaO 的网络连接。O^{2-}、S^{2-}、F^-等阴离子与体积较大的阳离子一同进入玻璃熔体，阴离子会占据四面体顶点位置，从而破坏网络结构，同时体积较大的阳离子会进入网络破坏所形成的孔洞中。后来，Warren 和他的同事[9,10]对其他二元玻璃的研究结果也与 Zachariasen 的观点一致。

Warren 的实验支持了 Zachariasen 无规网络学说，从而使无规网络学说成为人们认识玻璃结构的一个飞跃性进步。在西方，无规网络学说迅速取代了结晶理论。例如，1933 年 Randall(兰德尔)和 Rooksby(鲁克斯比)[11]承认在他们早期的论文中可能过分强调了微晶这个词。他们开始强调任何关于玻璃形成的理论都必须解释某些非常明确的 X 射线衍射效应：与晶体物质的锐利衍射峰形成对比，所有的玻璃都有较宽的 X 射线衍射峰。另外，Zachariasen 的无规网络学说在提出之后立即引起科学家的巨大纷争[3,12]。其实在 20 世纪 20 年代和 30 年代初，关于玻璃的结构、玻璃的转变及其原因和 X 射线衍射的解释等问题一直都存在争议。一些玻璃学家，如 Morey[13]，很快就认识到 Zachariasen 模型的重要性，并接受它作为正确表述玻璃结构的概念。不过，也有许多玻璃科学家提出了不同的观点[14]。例如，Hägg(哈格)[15]认为，假设熔体包含非常大或不规则的原子群以至于它们很难形成晶格，这种熔体就会表现出过冷的趋势并形成玻璃。同时他认为 Zachariasen 的理论只适用于氧多面体可以形成三维网络的情况，而不能解释玻璃的一般状态甚至不能解释氧化物玻璃的一般状态。同时，他还反对 Zachariasen 从晶体结构的角度描述玻璃的形成趋势，而不是从液体结构的角度，因为玻璃毕竟是由液体冷却形成的。Zachariasen[16]对此做出回应，指出："从我的论文中可以明显看出，我没有从熔体的条件来解释玻璃的结构，而是将其与晶体状态相关联。在我看来，用同样未知的液体结构来提出玻璃结构的理论，并不会取得真正的进展"。从这句话可以看到 Zachariasen 的思维方式，这不仅是因为他熟悉晶体状态，而且他也看到了试图用一个谜解释另一个谜是徒劳的。不过，后来 Krogh-Moe[17,18]通过实验发现，在硼酸盐玻璃中存在与硼酸盐晶体中一样的较大基团，即"超结构单元"，并且预测碱硼酸盐玻璃中的超结构单元随着网络改性体的含量变化而变化。Griscom(格里斯科姆)[19]随后使用了这一预测，并模拟了每个超结构单元数量与玻璃组成之间的依赖关系。之后，Bray[20]提出了一种硼酸盐玻璃的结构理论，即超结构单元连接在一起形成一个无规网络而不是简单的硼酸盐结构单元。

随着研究的不断深入，Zachariasen 的无规网络学说也得到进一步发展。图 3-2 给出了四面体氧化物共顶连接形成的二维无规网络模型[21]。Zachariasen 最初提出的无规网络结构模型体现了完全连通与结构无序，如图 3-2(a)所示。相反，网络修饰阳离子，如碱金属离子和碱土金属离子，会破坏氧化物网络的连通性，生成只与一个网络形成阳离子相连的非桥氧。改性玻璃的结构可以描绘成部分解聚网络和离子填充的改性氧化物的组合，修饰体离子在解聚后的网络结构中形成通道，据此 Greaves(戈瑞夫)提出了改进的无规网络模型(MRN)，如图 3-2(b)所示。当在改性的硅酸盐玻璃组成中引入网络中间体，如 Al 时，玻璃中主要形成负电荷的$(AlO_{4/2})^-$单元，其电荷由修饰阳离子进行补偿，并且非桥氧的浓度按比例减小。当组成物中的 Al_2O_3 被等物质的量之比的碱金属或碱土金属氧化物完全取代时，应该形成一个补偿的连续无规网络(CCRN)，如图 3-2(c)所示。

能否或如何在电子显微镜下直接探测玻璃的原子结构并验证 Zachariasen 的理论模型？尽管熔石英玻璃已被广泛研究，对石英玻璃的原子尺度结构还不十分清楚。此外，由于探索所有可能的键、环分布以及相邻键、环之间的相互关系等都很困难，目前的实验和理论还没有达到人们想要的一致性。事实上，目前尚无法获得关于键、环的令人信服的直接实验信息。尽管目前衍射法广泛应用于确定晶体的结构和表面，然而衍射对于分析玻璃这种没有长程序和周期性的非晶态材料

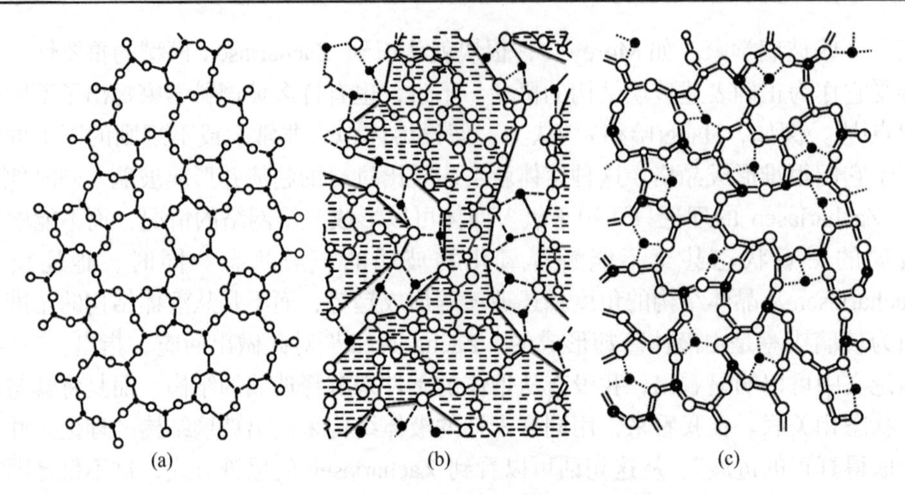

图 3-2　共顶四面体氧化物的无规网络模型[21]

(a)SiO_2 玻璃结构的连续无规网络模型，Si 原子(空心圆)连接着 O 原子(实心圆)；(b)改进的硅酸盐玻璃无规网络模型，小空心圆表示 Si 原子，大空心圆代表 O 原子，实心圆代表碱性修饰体或碱性阳离子，桥氧位于网络之间，非桥氧原子在修饰体通道上；(c)硅酸铝补偿的无规网络模型，大空心圆代表所有的桥氧，小空心圆代表 Si 原子，实心圆代表 Al 原子

其价值是有限的。显微成像技术通常生成的图像是三维结构的二维投影，在这些二维投影中材料的无序使得直接的原子尺度成像几乎不可能[22]。同时，由于很难将扫描探针技术应用于三维非晶材料，研究者通过降低非晶态材料的维数从而使其具有直接的原子分辨率、结构和化学特性，这种二维等效系统使得直接观测玻璃结构成为可能。特别是在像差校正方面取得最新进展之后，理论上透射电子显微镜(TEM)和扫描隧道显微镜(STM)具有足够高的分辨率来解决无序系统中的原子间距问题。2012 年，Heyde(海德)等[23-25]利用低温 STM，首次直接观察到了二氧化硅薄膜晶体-玻璃界面的原子结构，如图 3-3 所示。高分辨率的 STM 显示了一个二维多边形网络(图 3-3(a))，可以观察到所有的突起都呈三角形排列，它们代表三个氧原子和一个硅原子组成的 SiO_3 三角体(对应三维结构中的 SiO_4 四面体)(图 3-3(b))。仔细观察这个图像就会发现，图像的左半部分是由一个规则、周期性的原子排列组成的，而右边 1/3 的图像缺乏周期性和对称性，因此它是玻璃态的。这一突破性的成果使人们第一次能够独立于任何模型观察玻璃结构，直接证实了 Zachariasen 在 1932 年提出的无规网络学说。紧接着，Muller(穆勒)等通过二维二氧化硅玻璃的原子分辨率环状暗场扫描透射电子显微镜(ADF-STEM)图像，也观察到了二氧化硅玻璃的连续无规网络结构[22]。他们还进一步利用像差校正透射电镜实现了对二维二氧化硅玻璃中的原子重排，这表明可以通过透射电子显微镜在原子分辨率的水平研究二维玻璃的结构[26]。

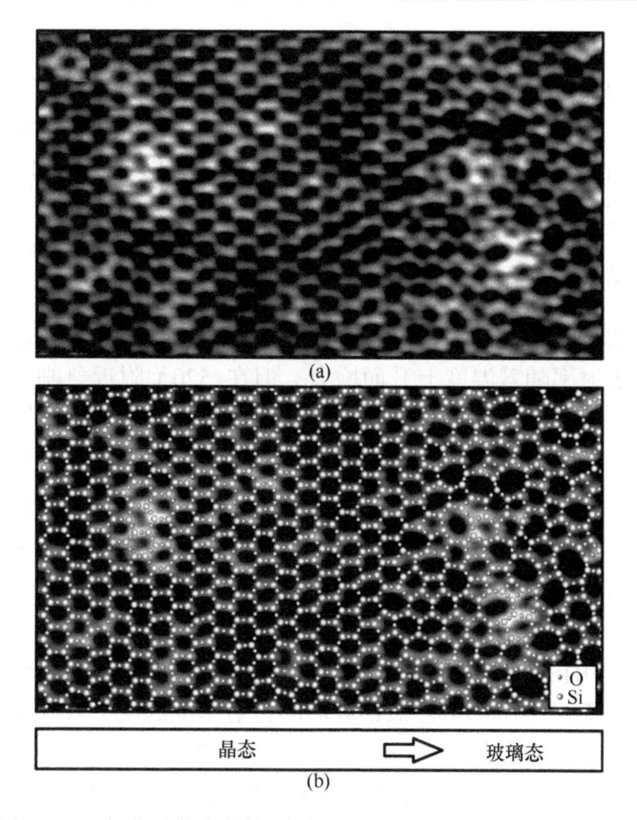

图 3-3　二氧化硅薄膜晶体-玻璃界面的原子结构[24](见书后彩图)

(a) 二氧化硅薄膜晶体-玻璃界面的原子分辨率 STM 图像；(b) 硅薄膜中的晶体-玻璃界面 STM 图像与最上层的原子模型叠加(Si：大球，O：小球)；下方的条形图表示晶体和玻璃体区域，箭头显示界面分析的方向

无规网络学说作为玻璃和非晶态材料结构的基础已经得到广泛的接受和应用，从而使人们对玻璃材料结构的理解取得了显著进步[3,27,28]。Zachariasen 对玻璃结构的洞察是深刻的，他的学说至今仍对玻璃科学具有重要的指导意义。由于 Warren 对 Zachariasen 网络学说的巨大贡献，该学说也称为 Zachariasen-Warren 无规网络学说。这一学说使玻璃研究取得了突破性的进步，迄今仍是主流的玻璃结构学说。该学说关于玻璃结构的基本概念可以对大多数玻璃(特别是传统玻璃)性质做出解释，并且在一定限度内预先确定玻璃性质。在传统玻璃中，玻璃的网络连接结构会随着较大体积阳离子的数目增加而遭到破坏，导致结构单元的移动能力增强。特别是当玻璃中加入网络修饰体时，可降低玻璃熔体的黏度，熔融温度降低，电导率增大。网络外体在整个网络中统计地分布，所以性质变化是连续的。也就是说，玻璃性质与玻璃成分的关系曲线多半是连续曲线。然而，Zachariasen-Warren 无规网络学说并不能适用于所有玻璃体系。在一些玻璃体系中，会出现性质-组成关系不连续的现象，表明这些玻璃体系的性质在短程有序

(<0.5nm)范围内发生突变(如折点、极大值、极小值、拐点)。某种聚集作用和密度起伏现象，也可以使组分A在组分B中统计地分布。在急冷条件下，许多非传统熔融体系和蒸汽体系都能形成玻璃，但它们的玻璃结构并不满足Zachariasen-Warren学说和无规网络学说。正是这些新现象的发现，促使无规网络学说进一步发展，推动新的结构概念提出。

3.1.2　晶子学说

1921年，Lebedev在列宁格勒国际光学研究所进行石英玻璃退火实验时，发现石英玻璃的折射率随着温度上升而增大，但在520℃附近急剧下降。为了解释这一现象，他在相同条件下将经退火的玻璃A和经急冷的玻璃B同时进行退火，发现在500℃以下两种玻璃的折射率没有很大的变化，但当温度升高到520℃时却出现了显著差别，如图3-4所示。Lebedev提出可以利用晶子学说(crystallite theory)解释这种现象，即石英玻璃中存在许多微晶子，这些微晶子在520℃时发生多晶转变。根据Lebedev的观点，石英玻璃的结构可以看成微晶子的聚集，如图3-5所示[29]。从图中可以看到，局部有序区域(晶子)被无序区域包围。类似地，硅酸盐玻璃由内部的硅酸盐晶子以及无规则分布的硅氧四面体组合而成。Tudorovskaya(图多洛夫卡娅)把硅酸钠玻璃的折射率随温度上升发生不连续变化的现象解释为玻璃中石英发生 $\alpha\rightarrow\beta$ 转变[30]。然而，Tool(图勒)和Eichlin(伊可琳)[31]发现在不含任何二氧化硅的玻璃中也在100～800℃的狭窄温度区域内发生了这种转变，因此不可能与石英的 $\alpha\rightleftharpoons\beta$ 相变有关。Nemilov(涅米罗夫)[32]指出这些性质

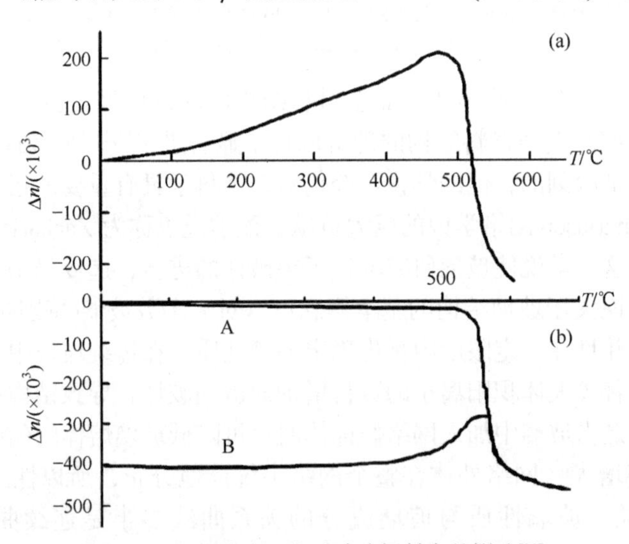

图3-4　石英玻璃退火对玻璃折射率的影响[30]

(a) 玻璃折射率随温度的变化；(b) 在不同温度下保持后急冷测得的折射率变化曲线；A为经退火的玻璃，B为经急冷的玻璃

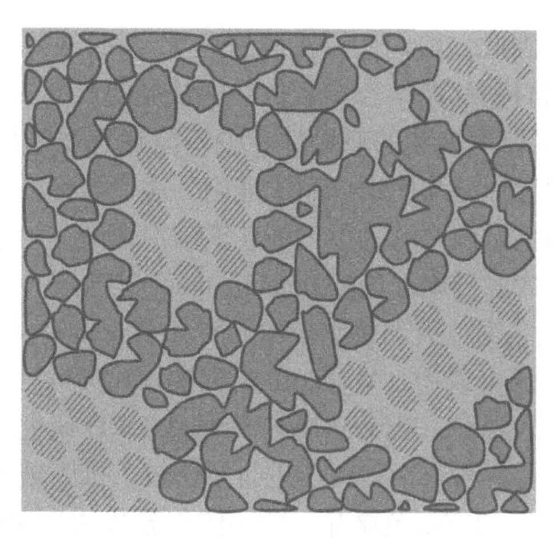

图 3-5　玻璃晶子学说结构模型示意图[29]

的变化实际上是由玻璃化转变和软化过程造成的。然而，Lebedev 研究的六种玻璃的转变温度都接近石英的 $\alpha \rightleftharpoons \beta$ 相转变温度。最后，Lebedev 放弃了玻璃中细小石英晶体的想法，提出了两相之间的多态性(玻璃)转变：即高温 β 相(即过冷液体)和低温 α 相的转变[14]。

在此，也需要指出如下问题。

(1) 严格意义上，Lebedev 并不是第一个提出晶子学说的人；晶子学说可以追溯到 1835 年，Frankenheim 推测玻璃是由尺寸不同的非常小的结晶区域(称为晶子(crystallite))构成的[14]。

(2) Lebedev 在 20 世纪 20 年代的任何论文中从未使用过晶子(crystallite)这个术语。

(3) Lebedev 只在短短 3 年的时间里，坚持认为在他的六个硅酸盐光学玻璃中存在细小的石英晶体。

(4) 在 1924 年，Lebedev 提出了玻璃化转变理论。

支持晶子学说的学者 Randall(兰达尔)和 Rocksby(鲁斯比)认为玻璃中存在大量微晶，这很好地解释了玻璃的 X 射线衍射峰较宽的现象，甚至认为玻璃中含有 80%～90%(体积分数)微晶。此外，玻璃组成与结构的关系以及玻璃的分相现象也可以作为晶子学说的依据。Botvinkin(波特文金)提出玻璃熔体冷却过程中的离子聚合过程会形成两种分子和两种不同结构的复合体，尽管他的观点违背当时的玻璃结晶理论，却符合现在关于玻璃结构的学说。1936 年，Valenkov(瓦兰科夫)和 Porai-Koshich(波莱科希希)引入了 Urnes(乌尔内斯)的现代结晶理论，他们同意 Warren 关于“脱玻”或结晶行为确实是区分无规网络学说和晶子学说的关键。Valenkov 和 Porai-Koshich 的理论起源于 Stewart 的群聚基团(cybotactic groupings)，他们将 Stewart 的液态群聚基团与 Randall、Rooksby 和 Cooper 的玻璃态结晶联系起来。因此，他们假设在假想温度 T_f 时液体中的群聚基团在淬火到玻璃时被冻结。同时估计玻璃态二氧化硅中微晶的尺寸为 10～12Å。Valenkov 和 Porai-Koshich 强调玻璃结构的有序性，但不能在有序结构的大小范围方面达成一致。不过，他们选择继续使用“晶子理论”这个名称，而实际上这是介于早期晶子学说和无规网络学说之间的第三种玻璃结构理论。为了避免混淆，更合适的名称应该是玻璃结构的群聚理论(cybotactic theory)[14]。

1925 年，英国化学家、玻璃科学技术先驱 Turner(特纳)[33]组织了第一届国际玻璃结构专题研讨会。会议中，Wyckoff(威克夫)和 Morey[34]提出玻璃可能含有大量胶体尺寸的晶体的观点，Randall 等[35,36]通过 XRD 研究了大量玻璃，并将其衍射图样与相应晶体材料粉末衍射图样进行了比较，推断玻璃态二氧化硅的结构是基于平均尺寸为 15Å 的方石英微晶，微晶体积分数约为 80%。Lebedev 认为石英由细晶转变为方石英微晶是由于 α 石英粉末衍射谱增宽后的第一个峰与玻璃态二氧化硅的第一个衍射峰不一致。对含有网络修饰体的玻璃来说，晶子学说和无规网络学说仍然存在一个重要的区别，因为早期的晶体和群聚理论都预测它们一定是纳米异质的，这与 1925 年研讨会上的讨论一致，而 Zachariasen 和 Warren 的无规网络学说假设了统计上的同质结构。到 20 世纪 50 年代初，晶子或群聚学说和无规网络学说已经逐渐接近。晶子学说和短程有序学说的发展，使人们对玻璃的空间有序问题有了统一的看法，反映出化学键的存在[14]。

晶子学说和无规网络学说的辩论一直延续到 20 世纪 70 年代。在某种程度上，早期的晶子学说和无规网络学说的支持者之间的分歧源于对 XRD 和 X 射线小角散射(SAXS)技术的不完整理解，但术语保持不变而加剧了这一事实，而微晶的概念随着时间的推移而演变，例如，俄语单词“kristallit”相关的意思不容易被翻译成英语。1956 年在巴黎举行的第四届国际玻璃大会期间，Kreidl(克雷德尔)首次将苏联代表和西方代表聚集在一起，讨论这两种理论的相对优点。1971 年，列宁格勒理工学院的晶子学说支持者组织了一次关于玻璃结构晶子学说的现代地位的讨论，会议报告说大多数发言者同意 Lebedev 的观点。然而，与会者之间仍有分歧，每一方都提出旧的论点，实际上没有新的想法，因此，措辞谨慎的会议决议尽力安抚仍然坚持晶子学说和那些支持 Porai-Koshits 玻璃纳米异质结构概念的人。值得注意的是，Evstropyev[37]是晶子假说最坚定的支持者之一。然而有趣的是，并不是 Lebedev 不愿根据新的实验数据修改关于玻璃结构的晶子学说观点，而是他的许多支持者拒绝与时俱进。在这个讨论会之后，以前的支持者没有再发表更多的论文来捍卫早期的晶子理论[14]。

随着时间的推移，人们认识到原来的晶子模型不再适用并将其改进为纳入各种非晶簇和填充模型，如立方紧密填充多面体结构、五边形十二面体结构、团簇模型和应变混合团簇假说[38]。这种非晶簇模型似乎与某些金属玻璃的结构有关，但在应用于氧化物玻璃时存在不足。近年来，这种玻璃结构假说普遍被某种类型的无规网络学说所取代。然而，值得注意的是，玻璃结构和晶体结构的比较对于解释实验数据仍然具有很高的价值，因为许多玻璃的中短程结构可以被证明与合成等效的晶体相类似。因此，晶子学说仍然有其存在的意义。

3.2 新玻璃结构模型

3.2.1 二元硼酸盐玻璃体系的 Krogh-Moe 结构模型

如前所述，1932 年玻璃结构的晶子学说受到 Zachariasen 无规网络学说的挑战。然而，Hägg 对 Zachariasen 的一些观点提出了异议，他把重点放在假设的“玻璃基团”之间的对应关系上，并同时给出了这些“基团”的例子，包括在硼酸盐和硅酸盐晶体化合物中发现的环、链和其他基团。但是，Hägg 并没有对液体和玻璃中的“基团”做出具体的区分。Krogh-Moe 通过红外光谱等对硼酸盐玻璃进行研究，提出了晶体中可识别的结构群与假定存在于玻璃中的结构群之间的一般规律，即硼酸盐玻璃网状结构由晶体硼酸盐化合物的结构基团(如硼氧、二硼酸盐、偏硼酸盐等)组成[20,39]。

Krogh-Moe 通过 X 射线衍射、红外光谱和核磁共振对硼酸盐玻璃和硼酸盐晶体的结构进行了详细研究[39,40]，提出硼酸盐玻璃的结构由$[BO_4]$和$[BO_3]$结构单元组成。红外光谱和核磁共振结果表明，玻璃中$[BO_4]$和$[BO_3]$结构单元的谱带位置与成分相同的晶体相似，但其在玻璃中的分散程度较高。该结果表明硼酸盐玻璃具有与同成分硼酸盐晶体相似的结构。

Krogh-Moe 和 Konijnendijk 研究了碱金属硼酸盐熔体的结构，并试图给出硼酸钠玻璃熔点下降的结构解释[39-41]。Krogh-Moe 等进一步研究了 B_2O_3、$Na_2O \cdot 2B_2O_3$、$Na_2O \cdot 4B_2O_3$ 以及三硼酸盐、五硼酸盐玻璃和同成分晶体的红外光谱，如图 3-6 所示。从图中可以观察到二元硼酸盐玻璃中的$[BO_3]$和$[BO_4]$结构[41]。Krogh-Moe 注意到，晶体中的大多数硼酸盐结构也可以存在于玻璃中，并且大多数硼酸盐晶体的红外吸收带，如 B_2O_3、$Na_2O \cdot 2B_2O_3$ 和 $Na_2O \cdot 4B_2O_3$ 同时存在于相应的晶体和玻璃中。然而，$Na_2O \cdot 3B_2O_5$ 和 $Na_2O \cdot 5B_2O_3$ 的红外吸收谱带只能在晶体中检测到，而不能在相同成分的玻璃中检测到。Krogh-Moe 没有直接给出 $Na_2O \cdot 3B_2O_3$ 和 $Na_2O \cdot 5B_2O_3$ 仅存在于晶体中的原因，只是推断三硼酸盐和五硼酸盐基团总是成对出现的。然而，在他的实验中加入了摩尔分数超过10%的添加剂却忽略了其混合焓 ΔH_m。Ostvold(奥斯特沃德)和 Kleppa(克莱帕)[42]指出，当存在摩尔分数超过 2%的添加剂时，混合焓 ΔH_m 较大，是不可忽略的。

Krogh-Moe 在分析 Na_2O-B_2O_3 二元硼酸盐玻璃熔点降低的基础上，预测了硼

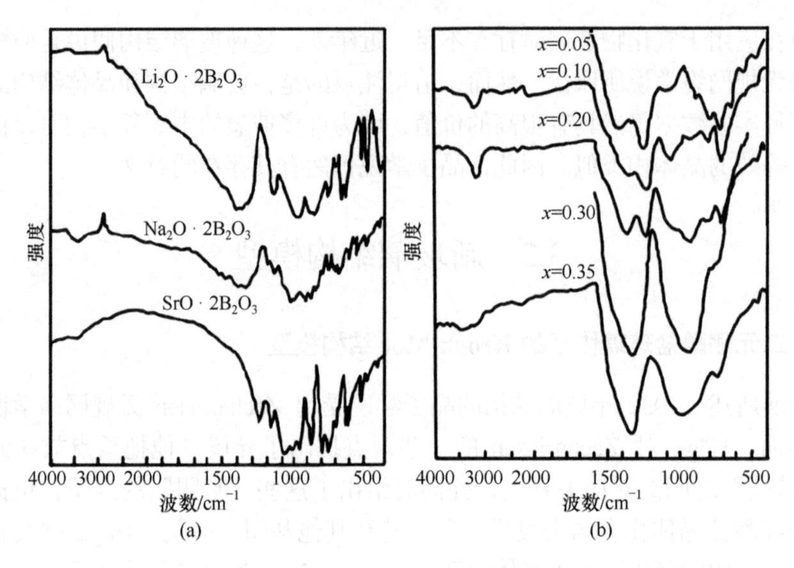

图 3-6　多晶硼酸盐(a)和 xNa_2O-$(1-x)B_2O_3$ 玻璃体系(b)的红外谱图[41]

酸钠玻璃中超结构单元的分布是网络修饰体氧化物摩尔分数 x_M 的函数，直至二硼酸盐组成 x_M=1/3[39]。

(1) 当 $0.05 \leqslant x_M \leqslant 0.20$ 时，玻璃中的结构为硼氧基团+四硼酸盐(+二硼酸盐)基团。

(2) 当 $0.20 < x_M \leqslant 0.26$ 时，玻璃中的结构为(硼氧基团+)四硼酸盐+二硼酸盐基团。

(3) 当 $0.30 \leqslant x_M \leqslant 0.33$ 时，玻璃中的结构为四硼酸盐+二硼酸盐基团。

所有这些超结构单元都符合 Zachariasen 学说的标准，如果将四硼酸盐基团考虑为由三硼酸和五硼酸基团的组成，则它们的连通性为 4 或 3。对于前两个组成区域，括号内的基团是四硼酸盐基团 10%的游离产物，不是三硼酸盐加五硼酸盐，而是变成了硼氧基团和二硼酸盐基团。该平衡反应如下所示[39]：

$$3B_8O_{10}\text{Ø}_6^{2-} \rightleftharpoons 3\left(B_5O_6\text{Ø}_4^- + B_3O_3\text{Ø}_4^-\right) \rightleftharpoons 4B_3O_3\text{Ø}_3 + 3B_4O_5\text{Ø}_4^{2-} \quad (3.1)$$

式中，Ø 为桥氧。

Krogh-Moe 关于存在四硼酸盐和二硼酸盐基团的论点是基于熔体中相应的晶相不会在很大程度上(10%)分离这样一个事实。此外，他在后来的一篇论文中[43]得出结论，四硼酸钠熔体几乎没有分解，因此熔体中不含有单独的五硼酸盐和三硼酸盐基团，而是含有四硼酸盐基团。也就是说，一个三硼酸盐基团必然总是出现在与一个五硼酸盐基团相关的熔体中，这大概是某种形式的结合能导致的。因此，上述分布依赖于一个假设，即结晶四硼酸钠的网络结构仅基于四硼酸盐基团，结晶二硼酸钠的网络结构仅基于二硼酸盐基团。然而，Krogh-Moe[44]后来发现 α-$Na_2O\cdot 2B_2O_3$ 晶体的结构不涉及二硼酸盐基团，而是由二-五硼酸盐和二-三硼酸盐基团(NBO)构成的层组成。另外，有证据表明，在硼酸钠玻璃接近二硼酸盐组成时存在二硼酸盐基团。例如，Hibben(黑本)[45]注意到四硼酸钠和二硼酸钠玻璃的拉曼光谱具有相似性，并得出它们的结构一定存在相关性的结论。同样，Krogh-Moe 通过对比晶体 $Li_2O\cdot 2B_2O_3$ 和 $Na_2O\cdot 2B_2O_3$ 的红外光谱，讨论了二硼酸盐基团在玻璃体 $Li_2O\cdot 2B_2O_3$ 和 $Na_2O\cdot 2B_2O_3$ 结构中的作用。与二硼酸盐基团相比，二-五硼酸盐基团和二硼酸盐基团连通性的增强也表明后者更可能发生在玻璃体系统中。这一明显矛盾可能的解决方案涉及 β-$Na_2O\cdot 2B_2O_3$ 和 γ-$Na_2O\cdot 2B_2O_3$ 高温多型异构体的结构。可以想象，一个(或两者)结构的多晶型物包括二硼酸盐基团和连接 α-$Na_2O\cdot 2B_2O_3$ 的转变是重建的，正如连接 α-$Na_2O\cdot 2B_2O_3$ 和 β-$Na_2O\cdot 2B_2O_3$ 之间的转变。γ-$Na_2O\cdot 2B_2O_3$ 在熔点以下是热力学稳定的，因此这一阶段是熔点降低的原因。实际上，在 x_M 较低的情况下，$[BO_4]$ 单元总是包含在超结构单元中，这表明方程(3.1)应该用超结构单元来重写。因此，在引入碱金属氧化物时，硼氧基团可以转化为三硼酸盐，如下所示[46]：

$$1/2\,R_2O+B_3O_3\varnothing_3 \longrightarrow R^+ + B_3O_3\varnothing_4^- \tag{3.2}$$

$B\varnothing_3$ 三角体可以使硼酸盐玻璃中的自由度增加，其平衡反应如下[46]：

$$B_3O_3\varnothing_3+B_3O_3\varnothing_4^- \rightleftharpoons B_5O_6\varnothing_4^- + B\varnothing_3 \tag{3.3}$$

这就引入了五硼酸基团，它可以与三硼酸基团结合形成四硼酸基团。另外，五硼酸基团可以由三硼酸基团结合两个独立的 $B\varnothing_3$ 三角体形成[46]：

$$B_3O_3\varnothing_4^- + 2B\varnothing_3 \rightleftharpoons B_5O_6\varnothing_4^- \tag{3.4}$$

然后四硼酸结合能会为方程(3.3)和方程(3.4)提供一个向右的驱动力。当存在较大的超结构单元时，独立的 $B\varnothing_3$ 三角体辅助网络堆积，从而增加了玻璃的网络密度。式(3.2)中三硼酸盐基团在进一步加入碱金属氧化物后，可以反应形成二-三硼酸盐基团[46]：

$$1/2\,R_2O + B_3O_3\varnothing_4^- \longrightarrow R^+ + B_3O_3\varnothing_5^{2-} \tag{3.5}$$

然而，如上所述，二-三硼酸盐基团连通性的增强表明，在玻璃态时二硼酸盐基团更容易形成，如直接通过反应[46]：

$$B_3O_3\varnothing_5^{2-} + B\varnothing_3 \rightleftharpoons B_4O_5\varnothing_4^{2-} \tag{3.6}$$

这些反应所需的 $B\varnothing_3$ 单元可能会作为各种反应/平衡的结果出现在熔体中，如方程(3.3)所示[46]。

3.2.2 Bray 的硼酸盐玻璃核磁共振谱

Bray 研究了硼酸盐玻璃体系中氧化硼的结构，并通过 ^{17}O 宽谱核磁共振计算了硼酸盐玻璃体系中的$[BO_4]/[BO_3]$物质的量比[47-53]。同时，他发现用这种方法也可以得到对称非桥氧(N_{3S})和不对称非桥氧(N_{3A})的数目。这一发现不仅支持了 Krogh-Moe 的模型，而且为硼酸盐玻璃的结构研究提供了更多的定量信息。表 3-1 总结了不同 Na_2O/B_2O_3 物质的量比的 Na_2O-B_2O_3 二元玻璃体系的结构基团[52]。

表 3-1　硼硅酸钠玻璃中的结构基团[52]

结构基团	化学式	说明	N_4	N_{3A}	N_{3S}
二硼酸盐	$Na_2O \cdot 2B_2O_3$	两个四配位硼和两个三配位硼，均为桥氧	1/2	0	1/2
偏硼酸盐	$1/2(Na_2O \cdot B_2O_3)$	一个四配位硼和一个非桥氧	0	1	0
疏松的$[BO_4]$	$1/2(Na_2O \cdot B_2O_3)$	一个四配位硼	1	0	0
焦硼酸盐	$1/2(2Na_2O \cdot B_2O_3)$	一个三配位硼和两个非桥氧	0	1	0
正硼酸盐	$1/2(3Na_2O \cdot B_2O_3)$	一个三配位硼和三个非桥氧	0	0	1
硅硼钠石	$1/2(Na_2O \cdot B_2O_3 \cdot 8SiO_2)$	一个四配位硼和四个硅氧四面体	1	0	0

注：N_4、N_{3A} 和 N_{3S} 分别是四配位、非对称三配位和对称三配位硼的摩尔分数。

Bray 利用核磁共振测量了原子核及其相邻原子的相对电子密度。根据核磁共振谱中吸收带的位置、形状和精细结构，他发现原子间的相互作用主要是短程的。这些短程的相互作用有利于研究近程结构。Bray 在玻璃结构领域的主要贡献在于根据核磁共振测得的电四极矩来获得高灵敏度、高精度的晶体结构信息。他利用 ^{11}B 核四极矩效应，从核磁共振谱中确定了$[BO_4]$和$[BO_3]$的位置。运用这种方法可以很容易地区分$[BO_4]$和$[BO_3]$，因为$[BO_4]$的结合常数约为 100kHz 且在 ^{11}B 核磁共振谱中的线宽相当窄，而$[BO_3]$的线宽很宽，结合常数为 2.6～2.8 MHz。根据大量的二元硼酸盐晶体和玻璃的 ^{11}B 核磁共振测量结果，他还发现$[BO_3]$是硼酸的唯一结构基团。随着碱金属氧化物含量的增加，$[BO_3]$的量减少，$[BO_4]$的量增加。玻璃中$[BO_4]$的摩尔分数可以由以下方程计算得到：

$$N_4 = \frac{x([BO_4])}{x([BO_4]) + x([BO_3])} \tag{3.7}$$

图 3-7 给出了 N_4 与 $R(R=x(Na_2O)/x(B_2O_3))$的关系。Bray 的测试结果否定了以往关于硼反常发生在 B_2O_3 摩尔分数为 16%的观点。Bray 认为硼原子的配位数对所谓的“硼反常”没有影响。

Bray 着重利用硼酸盐玻璃的核磁共振结果来计算$[BO_3]$和$[BO_4]$的含量，他也研究了 Na_2O-B_2O_3-SiO_2 三元玻璃体系中$[BO_4]$的含量。$[BO_3]$和$[BO_4]$在硼酸盐玻璃中的含量可以计算，$[BO_3]$中的对称和非对称的 B—O 键数目也可以用 Bray 提出的经验公式确定。N_{3S} 和 N_{3A} 的值由式(3.8)和式(3.9)给出：

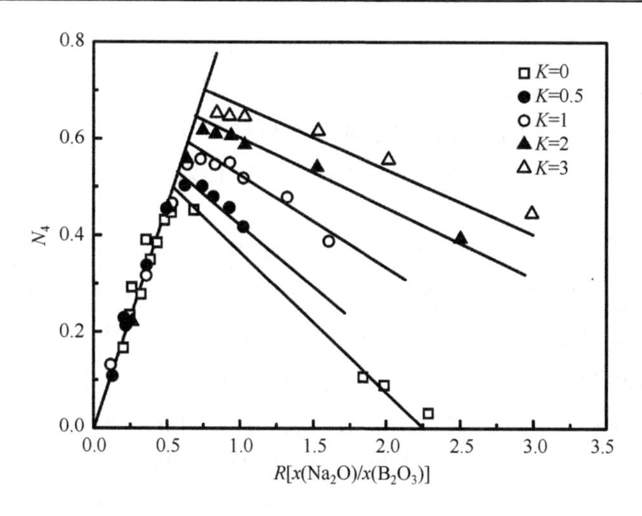

图 3-7　N_4与 R 的关系(K=$x(SiO_2)/x(B_2O_3)$，R=$x(Na_2O)/x(B_2O_3)$)

$$N_{3S}=\frac{x([BO_4])S}{x([BO_4])+x([BO_3])} \tag{3.8}$$

$$N_{3A}=\frac{x([BO_4])A}{x([BO_4])+x([BO_3])} \tag{3.9}$$

式中，N_{3S} 和 N_{3A} 分别是对称非桥氧和不对称非桥氧的数目。值得指出的是，Bray 首次对硼酸盐玻璃结构进行了定量计算，是 Krogh-Moe 结构模型的重要突破。

3.2.3　计算机模拟玻璃结构

研究玻璃结构的实验方法可以分为两大类：直接法和间接法。间接探测如振动光谱，其测量的物理量如振动态密度本身并不是结构参数，但通常是通过目前对非晶态材料还没有完全理解的理论来与基础结构相联系的。然而，通过与已知结构体系如晶体的比较，可以获得许多有价值的信息。另外，直接技术可以立即产生结构量，如实空间相关函数 $T(r)$，它由空间变量 r 与径向分布函数相关联，而不需要中间假设。在直接探针中，衍射技术是最重要的，因为它们提供了比扩展 X 射线吸收精细结构(EXAFS)光谱更大范围的结构顺序信息，EXAFS 光谱由于缺乏小波矢量上的可解释数据，只能在很短的、定义明确的原子间距离内提供信息。然而，晶体的衍射研究与相应的非晶态材料的研究之间有重要区别。对于晶体，其结构可以根据单位单元和平移对称性来确定，而平移对称性导致衍射图样中出现特征鲜明的布拉格峰。用相对较少的参数来指定单元内的原子位置，并且给定一个简单的单晶样品和其在倒易空间内的衍射数据，完全有可能确定其结构。对于非晶态材料则不同，周期性的缺乏，加之其在宏观尺度上通常是各向同性的，意味着从衍射实验中获得的最大值是一维相关函数，从这个函数中无法得到唯一的三维结构。正因如此，建模和计算机模拟在非晶态固体的结构研究中起着非常重要的作用，同时选择模型时不仅要考虑衍射数据，还要考虑其他技术的结果[54]。

在过去的几十年中，人们对利用计算机建模技术研究玻璃和液体的结构及性质产生了越来越大的兴趣。计算机建模技术假定，在具有周期性边界条件的情况下，块体材料可以由少量原子(几百到几千个原子)近似。为什么要用计算机来计算玻璃的结构和性能呢？首先，在研究玻璃结构时，计算可以补充实验数据。这是因为尽管实验研究可以证实人们提出的玻璃结构理论，但是利用玻璃模型和计算机模拟技术可以预测和深入理解玻璃的结构及其物理机制。例如，有关玻璃结构的直接信息可以由核磁共振、红外光谱、拉曼光谱、扩展 X 射线吸收精细结构、中子衍射、X 射线衍射等技术提供，但是玻璃结构的间接信息则需要由各种原子模型来提供。玻璃的衍射实验只能给出一个一维的径向相关函数，非衍射实验通常只能给出某些局部几何形状的信息，而计算机模型给出了三维空间中所有结构单元位置的最大信息量，并且在解释数据时不使用任何预先确定的玻璃结构概念，不会产生偏见或歧义，直接给出玻璃的结构。其次，可以改变模型参数或组成，研究其对模型结构、模型性质或各种计算机实验结果的影响。这类研究的成功在很大程度上取决于从模拟中可以学到什么和不可以学到什么，而模拟所需的时间尺度只运行在几千个晶格振动上。最后，计算机的广泛应用及其计算速度的迅速增长也促进了研究人员利用计算机模拟对玻璃结构研究的应用[55]。

事实上，早期人们主要采用手工搭建的球棍模型来演示玻璃的三维结构，具有代表性的是 1966 年由 Evans(埃文斯)和 Bell(贝尔)等[56,57]构建的石英玻璃的球棍模型。随着时间的推移和科学技术水平的提高，计算机生成的模型现在已经逐渐取代了手工构建的模型，如经典分子动力学、第一性原理、蒙特卡罗法等，这些计算机模拟方法能够获得更大的模型，更好地预测各种结构参数的分布并且具有足够的统计精度，从而使玻璃态和液态的结构和动力学的直接可视化成为可能。此外，量子力学，如分子轨道理论和态密度理论也被证明在玻璃模型中极其重要。目前的计算机模拟常用于构建玻璃的结构以及计算玻璃的热学、机械和动力学等性质。例如，分子动力学技术可以预测玻璃的各种性质，包括弹性系数、扩散系数、表面作用、离子传输机理、混合碱效应、集体运动、动力学不均匀性和玻璃结构等。一般玻璃是由熔体快速冷却得到的，当结构(特别是黏滞)弛豫需要很长时间时，玻璃就表现为固体，这个过程正是分子动力学模拟的思想。Woodcock(伍德库克)等[58]较早利用分子动力学对石英玻璃进行了研究，发现模拟的石英玻璃的径向分布与实验测试的石英玻璃的径向分布非常相似。对硼酸盐、硅酸盐和硼硅酸盐玻璃结构的分子动力学模拟研究表明，玻璃网络从准二维向三维拓扑结构发生了显著的转变[59]。在金属玻璃中，Hu(胡)等[60]利用分子动力学模拟研究了几种玻璃的结构演变，并且提出了局域五次对称性表征玻璃液在玻璃化转变过程中潜在的结构变化。然而，分子动力学模拟法很难模拟玻璃化转变区域长时间尺度的变化情况，因此不能直接解释热历史对实验现象的影响。此外，这种模拟方法很难计算较大数目的原子，这导致其无法对玻璃掺杂和分相过程进行有效分析。为了克服分子动力学的这些缺点，人们提出了蒙特卡罗法，这一方法在硫系玻璃的表征中表现出极大的优越性，包括计算玻璃块体和表面结构、刚性渗透行为以及初期塑性。因此，今后这种方法在计算其他复杂玻璃组成的结构和性能上有可能具有广阔的应用前景。值得一提的是，近年来随着材料基因组计划的提出和迅速发展，计算材料科学得到格外重视，促进人们利用计算机模拟、设计、预测、优化玻璃的组成、结构和性能，通过结合现有的各种玻璃理论模型和已有文献中的海量数据，利用人工智能(包括机器学习、神经网络等)等计算机编程技术，可以有针对性地预测不同的玻璃结构和性能，从而更好地处理这类复杂问题[61-64]。

玻璃结构的实验知识虽然在过去几十年里取得了巨大进步，但这仍然是不够的。一方面，现有的技术大多局限于描述最近邻或次近邻(精确度不断下降)的玻璃结构。另一方面，目前还缺乏能够唯一且明确描述玻璃结构的通用描述符号 [65]。尽管人们现在普遍采用径向分布函数来描述玻璃的局域结构，然而，径向分布函数是原子空间分布的一维投影，因此不能充分地体现玻璃的三维结构信息。此外，分子动力学模拟玻璃结构所得到的大量信息与实验结果基本相符，但模型的结构与所用的作用势有关。虽然量子力学可以计算多体势，但要得到解析解用于模拟则很困难。

3.3　典型玻璃结构

3.3.1　氧化物玻璃结构

1. 熔石英玻璃结构

熔石英玻璃是硅酸盐玻璃中最简单的一个种类，也是迄今为止最重要的玻璃之一。目前，已经利用多种光谱、衍射、散射和分子模拟技术对熔石英玻璃的结构进行了详细的研究。根据大量的实验结果，目前一般倾向于用无规网络学说的模型来描述熔石英玻璃的结构，认为熔石英玻璃结构主要是无序而均匀的，而其有序范围只有 0.7～0.8nm[66]。硅氧四面体[SiO_4]是熔石英玻璃和结晶态石英的基本结构单元。每个氧原子由两个硅原子共享，硅原子占据连接四面体的中心。硅氧四面体之间是以顶角相连，形成一种向三维空间网络发展的架状结构。这种结构的无序性是通过连接相邻四面体的 Si—O—Si 键角的可变性得到的。通过相邻四面体围绕连接四面体的氧原子所占据的点旋转，以及围绕连接氧原子与硅原子之一的线旋转，引入了额外的无序。因为 Si—O—Si 键角和旋转是由分布范围来描述的，而不是确定的值，所以不存在长周期。Si—O 键是极性共价键，据估计共价性与离子性各约占 50%，因此，Si 原子周围 4 个氧的四面体分布必须满足共价键的方向性和离子键所要求的阴阳离子的大小比。Si—O 键强相当大(约为 106kcal/mol①)，整个硅氧四面体正负电荷重心重合，不带极性。所有这些都决定了熔石英玻璃黏度及机械强度高、热膨胀系数小、耐热、介电性能和化学稳定性好等一系列优良性能。因此，一般硅酸盐玻璃体系 SiO_2 含量越大，玻璃的上述各种性质就越好。

熔石英玻璃样品无明显的小角度衍射，这说明结构是连续的，不像硅胶含有独立的颗粒，因为后者有明显的小角度衍射。X 射线衍射(结合一些新型实验技术和分析数据的手段)测定的熔石英玻璃中 Si—O—Si 键角的分布如图 3-8 所示 [30]。

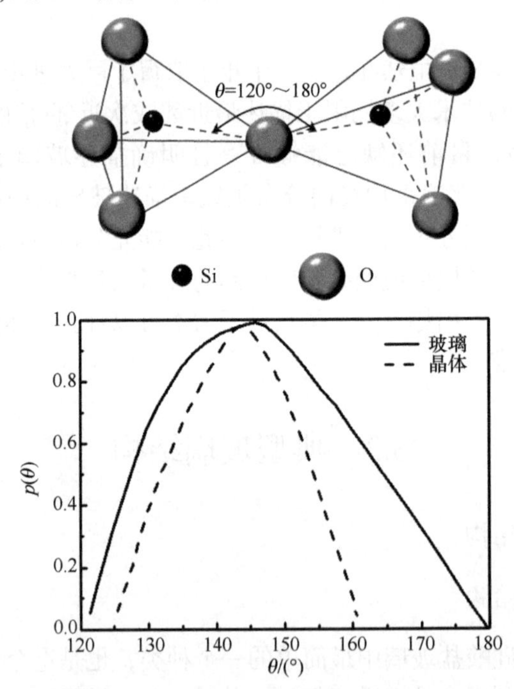

图 3-8　硅氧四面体以及石英晶体和熔石英玻璃的结构与键角分布[30]

① $1kcal=4.1868\times10^3J$。

熔石英玻璃和石英晶体具有相同的结构单元，而排列方式不同。例如，熔石英玻璃的键角分布更广，为 120°～180°，中心点落在约 145°角上，键角的分布范围要比结晶态的方石英宽，然而，Si—O 和 O—O 的距离在玻璃中与相应的晶体中一样。熔石英玻璃结构的无序性，主要是 Si—Si 距离(即 Si—O—Si 键角)的可变性造成的。X 射线衍射分析证明，硅氧四面体[SiO_4]之间的旋转角度完全是无序分布的。这充分说明在熔石英玻璃中，硅氧四面体之间不可能以边相连或以面相连。根据 X 射线衍射分析，证明熔石英玻璃和方石英具有类似的结构，结构比较开放，内部存在许多孔隙(估计孔隙直径平均为 0.24nm)。

图 3-9 给出了熔石英玻璃的二维结构示意图[67]。衍射研究表明，该结构中 Si—O 距离最短为 0.162nm，O—O 距离最短为 0.265nm。这些距离与硅氧四面体[SiO_4]中石英晶体和硅酸盐矿物中发现的距离一致。这些距离呈现出非常小的变化，说明在由基本四面体[SiO_4]结构单元表示的短范围内高度有序。结构中的另一个距离是在连接四面体中心的硅原子之间，但是由于 Si—O—Si 键角的分布，在 0.312nm 的距离附近显示出相当大范围的值。原子对距离的分布更广泛，如硅和第二个氧的距离(约 0.415nm)，以及氧和第二个氧的距离(约 0.51nm)。这些原子间距离的分布可以用 Si—O—Si 键角的分布来解释。这种分布的最大值出现在 144°，角度范围从 120°到 180°。其分布相对较窄，大部分角度都在 144°±14.4°之内。由于实验数据的限制，Si—O—Si 角的精确分布可能会有一些分歧，但这种一般性的描述似乎足以对熔石英玻璃结构有一个基本的了解。熔石英玻璃的结构具有高应力键和缺陷区域，如以 Si—Si 键为代表的氧空位，以及以 Si—O—O—Si 键为代表的过氧缺陷。杂质位置也会产生额外的缺陷，尤其是与氢键结合的氢，如 SiOH 和 SiH 有关的杂质位置。

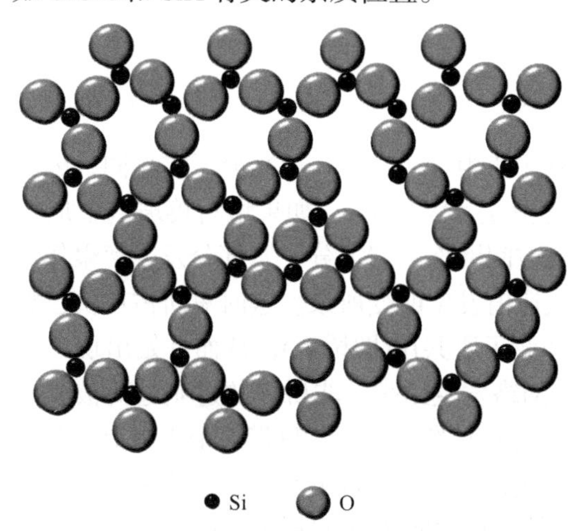

图 3-9　熔石英玻璃的二维结构示意图[67]

熔石英玻璃的结构是所有玻璃结构中最简单的，但许多细节还没有完全了解。无规网络模型将石英玻璃的近程结构描述为一个[SiO_4]，将远程结构描述为一个无规网络，这几乎没有受到挑战。而在中程结构方面，人们却有不同的观点。许多实验数据表明，在中程范围(0.5～2nm)，[SiO_4]不是随机连接，而是呈现出一定的有序。为了描述熔石英玻璃的中程有序，研究人员提出了各种模型，包括 Bell 和 Dean 的大型团簇模型[56]、Konnert(康纳特)和 Karle(卡乐)的类鳞石英模型[68]、Phillips(菲利普斯)的拓扑模型[69]、准晶格平面概念[70]等。这些模型解释了一些相互矛盾的数据，但并不是所有的。根据实验散射数据得到的径向分布函数分析，已有几种模型将熔石英玻璃结构近似归纳为石英、方解石或类鳞石英结构。最近，Cheng[71]通过 X 射线衍射数据和不同的玻璃状石英及 β-方石英晶体的形成过程，提出了一个描述熔石英玻璃中程序结构的新模型，即纳米薄片模型。在这个模型中，熔石英玻璃的中程结构是由位于结构中间的 O 原子键合的两层[SiO_4]形成的。该结构的厚度为 0.8nm，层间距接近 0.4nm。其长度或宽度可达 2nm。这些纳米薄片可能形成形状近似八面体的团簇。这些团簇主要通过桥氧和范德瓦耳斯力相互连接，并与邻近的其他结构相连接。不过，Wright(莱特)[72]对该模型提出了不同的意见，他认为纳米薄片模型的预测与实验结果之间存在严重的差异。此外，只关注衍射数据的一个特定方面而不是完整的数据是不科学的，要使结构模型有效，必须能够在原子间距离和散射矢量大小的全范围内预测实空间和倒易空间中可验证的实验结果。同样重要的是，必须将整个结构与实验进行比较，而不仅仅是某一方面。要获得明确的直接实验证据，证明玻璃中存在或完全不存在类晶有序，是极其困难的。尽管如此，有序区域的体积分数和尺寸分布以及它们对整个玻璃结构的影响程度，仍然是玻璃科学中悬而未决的重大问题[73]。

2. 硅酸盐玻璃结构

熔石英玻璃硅氧比值为 1∶2，与 SiO_2 分子式相同，因此可以把它近似地看成由硅氧网络形成的独立“大分子”。如果熔石英玻璃中加入碱金属氧化物，就使得原有的具有三维空间网络的“大分子”部分发生解聚作用，主要是碱金属氧化物提供氧，使硅氧比值发生改变所致。这时氧所占比例已相对增大，玻璃中的每个氧无法被两个硅原子所共用(即桥氧)，从而开始出现一个与硅原子键合的氧(即非桥氧)，使硅氧网络发生断裂。非桥氧的过剩电荷被碱金属离子中和。碱金属离子处于非桥氧附近的网络空穴中，只带一个正电荷，与氧结合力较弱，故在玻璃结构中活动性较大，在一定条件下它能从一个网络空穴转移到另一个网络空穴。一般而言，玻璃的析晶和玻璃的电导等大都来源于碱金属离子的活动性[66]。图 3-10 是碱硅酸盐玻璃结构示意图[74]。非桥氧的出现使[SiO_4]失去原有的完整性和对称性。结果使玻璃结构减弱、疏松，并导致一系列物理、化学性能变坏，表现在玻璃黏度变小，热膨胀系数上升，力学强度、化学稳定性和透紫外性能下降等。碱含量越大，玻璃性能变“坏”越严重。实践证明，二元碱硅酸盐玻璃由于性能不好，一般没有实用价值。当在碱硅二元玻璃中加入碱土金属氧化物时，情况则大为改观。例如，钠硅玻璃中加入 CaO 时，玻璃的结构和性质发生明显变化，主要表现在结构加强，一系列物理化学性能变好，从而成为各种实用钠钙硅玻璃的基础。钙的这种约束作用来源于它本身的特性及其在结构中的地位，Ca^{2+}的半径(0.99Å)与 Na^+(0.95Å)近似，但 Ca^{2+}的电荷比 Na^+大一倍，场强比 Na^+大得多，因此 Ca^{2+}具有强化玻璃结构和限制 Na^+活动的作用。在硅酸盐玻璃中，如果含有两种或两种以上碱金属或碱土金属且它们的大小和电荷不同，即使当 SiO_2 摩尔分数小于 50%时，也能形成玻璃，而且玻璃的某些性能随金属离子数的增大而变好。在这种情况下，[SiO_4]形成线性链或孤立环，这意味着玻璃结构中只有一个角可以共享，此时碱硅酸盐玻璃的结构包含孤立的四面体对或孤立的单个四面体和较长的链的混合物。在这些非三维连接的结构中，金属离子之间由范德瓦耳斯力连接，从而“逆转”了它们的作用，因此这类玻璃被称为逆性玻璃。

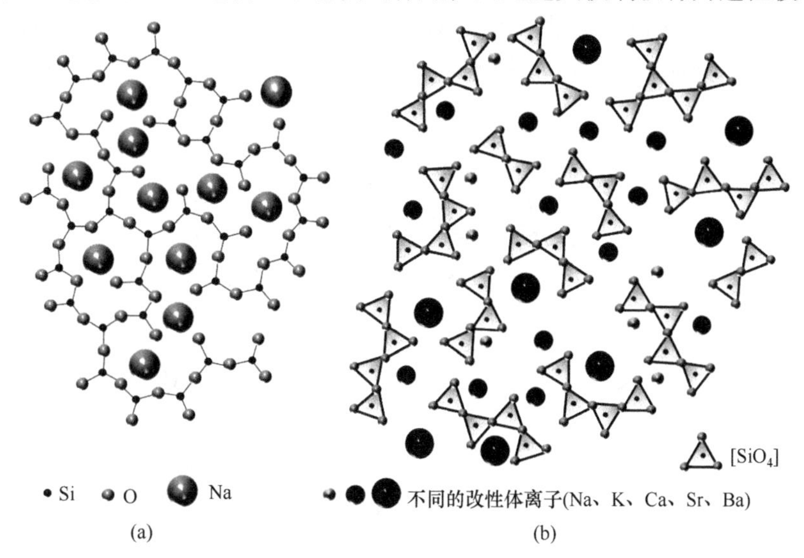

图 3-10　碱硅酸盐玻璃结构示意图[74]

(a) 桥氧较多时的三维空间网络结构；(b) 桥氧较少时的层状或链状结构(逆性玻璃)

在碱金属和碱土铝硅酸盐玻璃中，Al^{3+}并不总是起形成体的作用，因此玻璃的结构取决于 Al_2O_3 与碱金属或碱土金属氧化物的比值[29,67]。一般认为，只要碱金属和/或碱土金属氧化物的总浓度等于或超过 Al_2O_3 的总浓度，这些玻璃中的 Al^{3+}大部分将出现在[AlO_4]中，这些四面体直接取代[SiO_4]进入网络。由此可见，

Al_2O_3 本身并不容易形成玻璃，但它可以很容易地取代玻璃网络中的 SiO_2。以这种方式起作用的氧化物被认为是玻璃形成体和改性体氧化物之间的中间体，因此称为网络中间体。当 Al_2O_3 和碱金属氧化物(R_2O)的物质的量比小于 1($x(Al_2O_3)/x(R_2O)<1$)时，Al^{3+}作为具有四面体配位的网络形成体进入玻璃结构。带有 4 个桥氧的[AlO_4]具有过量的负电荷，因此必须在每个这样的四面体附近存在一个阳离子，以保持局部电荷中性。可以把[AlO_4]想象成一个大的阴离子，有效的负电荷分布在整个阴离子上。阳离子可以位于该阴离子附近的任何地方，通过一个带+2 电荷的碱土离子进行电荷补偿，这需要两个[AlO_4]占据附近的位置，这样一个阳离子就可以同时对两个四面体进行电荷补偿。Al_2O_3 对每个[AlO_4]只能提供 1.5 个氧，因此碱金属或碱土金属氧化物提供的氧需要满足每个四面体 2 个氧的要求才能完全连接四面体，即 Q^4 单元。由于 R_2O 和 $R'O$ 组分提供的氧在[AlO_4]的形成过程中被消耗掉，因此不能形成 NBO。由此可知，每增加一个 Al^{3+}就可以从结构中去除一个 NBO。当 $x(Al_2O_3)/x(R_2O)=1$ 时，修饰体氧化物的总浓度完全等于 Al_2O_3 的浓度，那么结构应该是一个由 Q^4 单元完全连接的网络，其中任何特定的 Q^4 单元中的阳离子都可以是 Si^{4+}或 Al^{3+}，而不存在 NBO。继续增加 Al_2O_3 含量，当 $x(Al_2O_3)/x(R_2O)>1$ 时，Al^{3+}作为八面体配位的修饰离子进入玻璃网络，此时大概有 3 个氧是非桥氧，3 个是桥氧，这种结构如图 3-11 所示。

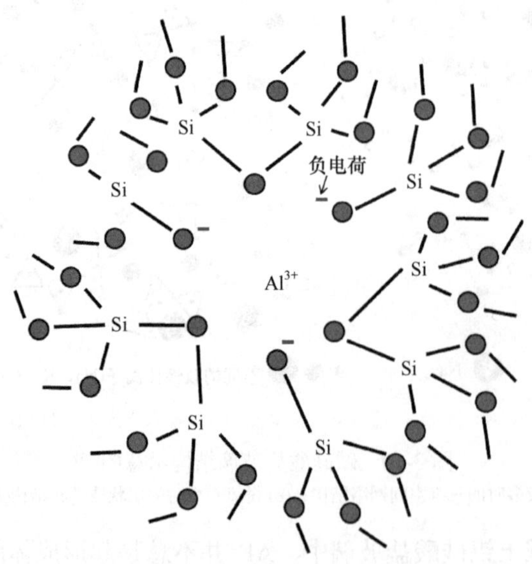

图 3-11　铝硅酸盐玻璃的结构示意图[74]

圆圈代表氧原子，实线代表化学键

需要注意的是，这种碱-碱土铝硅酸盐玻璃的简单模型不能推广到 Al_2O_3 含量超过总改性体氧化物的玻璃组成，因为在这种玻璃组成中没有充足的阳离子对其进行电荷补偿。针对这类玻璃，要么在八面体配位中存在过剩的 Al^{3+}，每个八面体中有三个 BO 和三个 NBO，要么形成铝氧和硅氧四面体的三聚体，其中氧原子以共角方式连接三个四面体[29]。例如，Lacy(莱西)[75]提出了铝硅酸盐玻璃中的三聚体结构模型，如图 3-12 所示。当 Al_2O_3 和碱金属氧化物(R_2O)的物质的量比大于 1($x(Al_2O_3)/x(R_2O)>1$)时，由于堆积困难，[AlO_6]基团很难形成。一个氧被三个四面体(一个[AlO_4]和两个[SiO_4]，或两个[AlO_4]和一个[SiO_4])共享从而形成三聚体。如果三聚体包含一个[AlO_4]和两个[SiO_4]，那么整个单元将是电中性的。但是，如果该单元包含两个[AlO_4]和一个[SiO_4]，则该单元的净电荷为−1，并且需要一个修饰阳离子来保持电荷中性。从原理上讲，三聚体相当于一个 Al^{3+} 作为修饰离子，并与三个非桥氧结合(图 3-12(c))。因此，最基本的问题是一个 Al^{3+} 是被一个桥氧包围，还是被两个或三个桥氧包围。然而，这两种模型都没有得到实验研究的有力支持，实验研究既没有发现三配位氧的存在，也没有发现大量八配位铝的存在，除非氧化铝与改性体氧化物的比例远远超过 1。

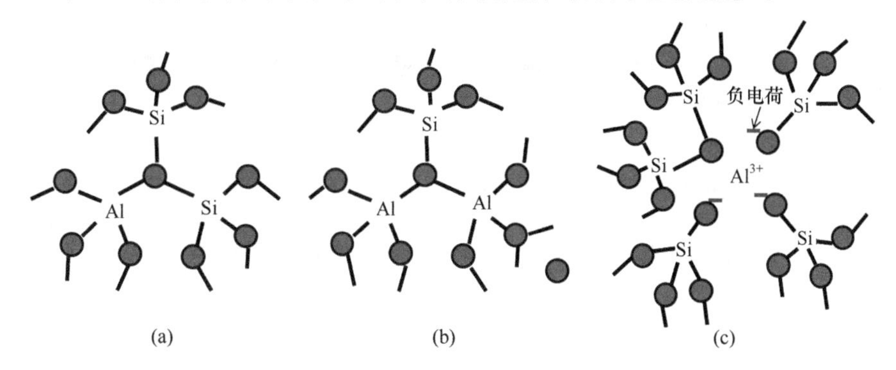

图 3-12　Lacy 提出的铝硅酸盐玻璃中的三聚体结构模型[29]

圆圈代表氧原子，实线代表化学键；(a) 一个[AlO_4]和两个[SiO_4]；(b) 两个[AlO_4]和一个[SiO_4]；(c) 一个 Al^{3+} 与三个非桥氧结合(相当于(a))

3. 氧化硼玻璃结构

B_2O_3 具有优异的玻璃形成能力，是许多玻璃体系的重要组成部分。B_2O_3 的结晶活化能极高，同时它在 1200℃时的黏度比相同温度下 SiO_2 熔体的黏度小约 11 个数量级[46]。和其他单组分玻璃相比，B_2O_3 不同寻常的化学结构和属性主要是由于 $BØ_3$ 三角体和 $B_3O_3Ø_3$ 硼氧基团的存在。需要注意的是，这里用 Ø 代表相邻(超)结构单元之间共享的桥氧，O 代表超结构单元内部的桥氧以及作为(超)结构单元一部分的带负电荷的非桥氧，Ø 相当于一个氧原子的一半。这种表示方法的优点是 Ø 的数量暗示了结构单元的连通性(即连接到外部网络)，它可以让涉及(超)结构单元的各种反应保持平衡。B_2O_3 玻璃中的基本结构单元如图 3-13 所示。蓝色小球代表四配位的硼原子，青色小球代表三配位的硼原子，红色大球代表桥氧，粉色大球代表非桥氧。$B^{(n)}$表示硼酸盐中的结构单元，n=0～4 为桥氧数。硼的价电子层有三个电子，因此只能与氧形成三个共价键，导致平面的 $BØ_3$ 三角体结构单元的硼有三个 sp^2 杂化轨道[76]。

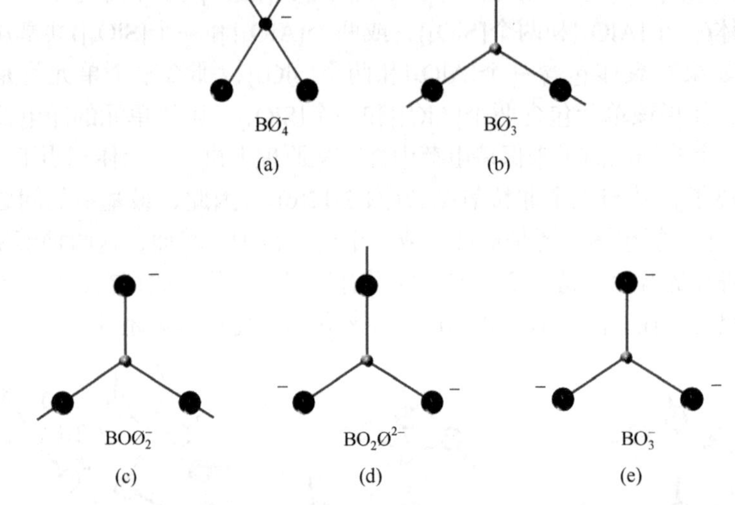

图 3-13　B_2O_3 玻璃中的五种主要的基本结构单元 $B^{(n)}$(n=0～4)[46](见书后彩图)

蓝色：四面体硼；青色：三角体硼；红色：桥氧；粉色：非桥氧；Ø 代表相邻(超)结构单元之间共享的桥氧，O 代表超结构单元内部的桥氧以及作为(超)结构单元一部分的带负电荷的非桥氧，Ø 相当于一个氧原子的一半；(a)～(e)分别表示 $B^{(4)}$～$B^{(0)}$

B_2O_3 玻璃的形成是由于熔体中存在比基本结构单元更大的、稳定的组群或团聚体，这一概念的提出可以追溯到 Tool 和 Hill[77]及 Hägg[15]。随后，Krogh-Moe[78]采纳了他们的想法，并假设超结构单元在硼酸盐玻璃网络中具有重要作用。Krogh-Moe 指出，单个硼酸盐网络的键角和超结构单元通常不能进行有效的原子填充，因此许多含有超结构单元的硼酸盐晶体以两个独立的形式存在。迄今为止所发表的所有 B_2O_3 玻璃的无规网络团簇模型的问题在于，它们的构建都是按照先入为主的观念建立起来的，即结构由单个网络组成，而不是由两个或更多互不连通的相互渗透的网络片段组成。B_2O_3 玻璃的结构可以设想为由局部独立的互相穿插的随机子网络组成，这些子网络偶尔在整个玻璃的随机点相互连接。$BØ_3$ 三角体和 $B_3O_3Ø_3$ 硼氧基团的平面，加上后者的尺寸相对较大，与前者相比，意味着实现高效的堆积，有相邻的趋势但不连通。网络片段近似平面且大致相互平行，导致局域成为层状，在单一网络中形成扁平的网络笼子。该扁平的网络笼子的各层及/或各相对面由范德瓦耳斯力分开。B_2O_3 玻璃层状结构的概念是由 Borrelli(博雷里)和 Su(苏)[79]基于红外光谱提出的，他们认为 B_2O_3 的熔点(软化点)比 SiO_2 的熔点(软化点)低得多，可以用层间连接非常弱来解释。

图 3-14 给出了 B_2O_3 玻璃中经常出现的硼酸盐超结构单元[80]。超结构单元是基本硼酸盐结构单元的刚性组合，没有内部自由度，以可变的键或键扭转角的形式存在，并且以基本结构单元(六原子环)的三元环为基础，其中除二硼酸盐基团外都是严格的平面结构。早在 1953 年，Goubeau(古博)和 Keller(科勒)[81]就提出 B_2O_3 玻璃中含有硼氧基团，但几十年来一直存在争议，就像超结构单元在改性的硼酸盐玻璃结构中的作用一样。Krogh-Moe[17]认为，超结构单元在相应的硼酸盐玻璃网络中也发挥着重要作用，特别是在锂硼酸盐和二硼酸钠玻璃中。据此，他提出了一种基于二硼酸盐基团的结构。他还通过对熔点降低的分析，预测了硼酸钠玻璃中超结构单元的分布，直到二硼酸盐形成(x_M=1/3，x_M 表示网络改性体的比例)。随后 Griscom[19]利用该预测建立了超结构单元模型，这促使 Bray[20]提出硼酸盐玻璃的结构模型，在这个模型中，超结构单元而非基本结构单元连接在一起形成一个无规网络。现在普遍接受的是，B_2O_3 玻璃网络由随机的 $BØ_3$ 三角体和 $B_3O_3Ø_3$ 硼氧基团组成，中子衍射和核磁共振数据表明 70%～80%的硼原子属于硼氧基团。B_2O_3 玻璃中最常见的超结构单元是三配位的硼氧基团(图 3-14(a))和四配位的五硼酸盐、三硼酸盐及二硼酸盐基团(图 3-14(b)～(f))。

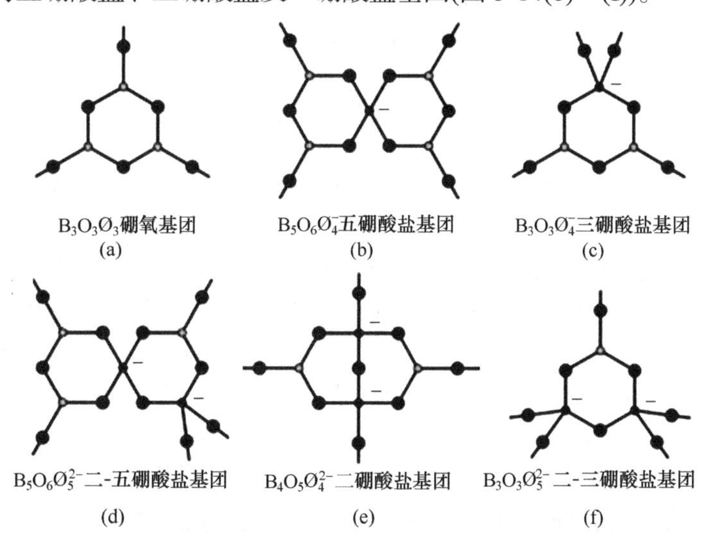

图 3-14　B_2O_3 玻璃中的超结构单元[80](见书后彩图)

红色：氧；青色：三角体硼；蓝色：四面体硼

Griscom 利用 Krogh-Moe 的预测建立了超结构单元模型，该模型也称为 Krogh-Moe-Griscom(KMG)模型，用图 3-15 所示的关系曲线加以说明。图中的虚线表示理想化的模型，它忽略了玻璃形成中分解的 10%的化合物。在 x_M=1/3 以上，二硼酸盐的贡献在 x_M=1/2 时线性外推为 0。实线代表了一个更现实的模型，它包含了 10%的分解以及组分的急剧变化。此外，在 x_M=2/3 处，二硼酸盐的贡献线性外推到 0，以更好地表示核磁共振的数据。KMG 模型存在两个问题。第一个是纯 B_2O_3 玻璃的硼酸网络假设完全由二硼酸盐基团组成(每个 B_2O_3 单元的 2/3 是二硼酸盐基团)，而核磁共振和中子衍射数据显示存在大约相同数量的二硼酸盐基团和独立 $BØ_3$ 三角体。在这方面，Osipov(奥斯普夫)提出了与这些数据一致的另一种形式的方程[46]：

$$B_8O_{10}Ø_6^{2-} \rightleftharpoons B_4O_5Ø_4^{2-} + B_3O_3Ø_3 + BØ_3 \tag{3.10}$$

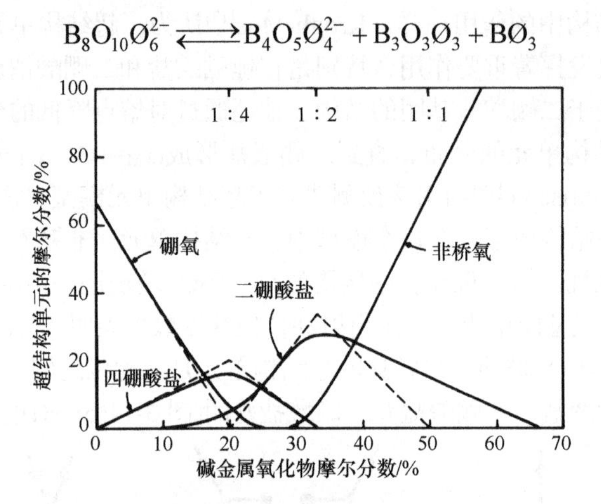

图 3-15　Na_2O-B_2O_3 玻璃中的超结构单元和玻璃组成的关系曲线[46]
虚线和实线分别代表理论和实验结果

KMG 模型的第二个问题是它存在互相矛盾的地方，如图 3-16 所示[46]。如果用非桥氧原子代替二硼酸盐基团中的 $B^{(4)}$，还需要包括 $B^{(3)}$以保持正确的化学计量。理想模型的结构单元分数如图 3-16 中的虚线所示，而实线则表示对理想模型的修正，该修正版中，在 x_M=0.67 处，二硼酸盐基团的数量线性外推到零，而不是在 x_M=0.5 处，即 x_M的值与更实际的模型相同。两种模型的结构单元比例见表 3-2 。有趣的是，对于 x_M>0.33，第一个变化导致形成由二硼酸基团和 $B^{(2)}$单元组成的结构，而第二个变化意味着二硼酸基团和 $B^{(1)}$单元的结合，尽管后者中的一些可以分解成等量的 $B^{(2)}$和 $B^{(0)}$单元。在 x_M=0.75 处将二硼酸盐含量外推到 0 需要二硼酸盐基团和分离的 BO_3^{3-}阴离子($B^{(0)}$单元)的混合物。本例中 x_4 的值与 Gupta 模型的值相同(表 3-2)。从图 3-15 可以看出，B_2O_3 玻璃化学结构的主要贡献确实来自 B_2O_3、$Na_2O \cdot 2B_2O_3$ 和 $Na_2O \cdot 4B_2O_3$，与 Krogh-Moe 的预测一致。这一结果是预料之中的，因为 Krogh-Moe 的模型也是基于热力学熔点降低。因此，应将 Krogh-Moe 的结论用于化学基团，而不是特定的超结构单元。在图 3-15 中，在 x_M较低的情况下，$Na_2O \cdot 5B_2O_3$也有少量的贡献，表明在与三硼酸盐基团结合形成四硼酸盐基团时，五硼酸盐基团略多于四硼酸盐基团，并且在三硼酸盐组成周围存在大量 $Na_2O \cdot 5B_2O_3$ 基团(x_M=0.25)，这些额外的贡献取代了 Krogh-Moe 模型中分解的 10%的化合物。二硼酸盐的贡献从 $x_M \approx 0.2$ 开始，一直延伸到 $x_M \approx 0.6$。除了来自二硼酸盐化学基团(二硼酸盐基团)，非桥氧($B^{(2)}$单元)是通过环形偏硼酸盐阴离子($Na_2O \cdot B_2O_3$ 化学基团)引入的。从 $x_M \approx 0.25$ 开始，由首先出现在 $x_M \approx 0.4$ 处的焦硼酸盐阴离子($B^{(1)}$单元)组成[46]。

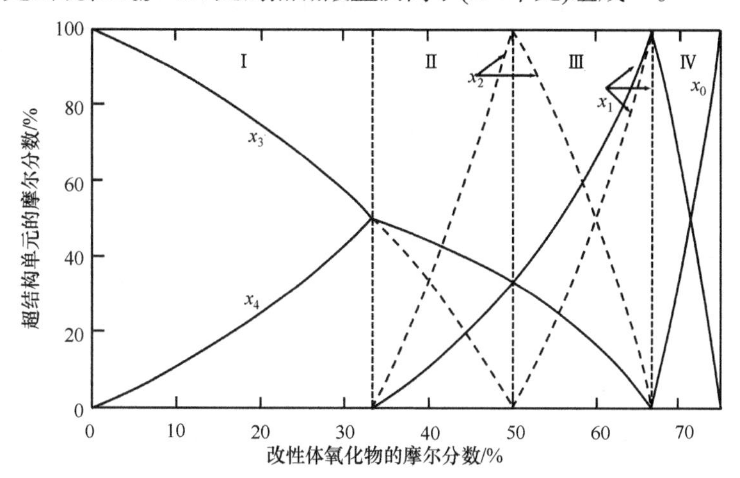

图 3-16　理想的 KMG 模型中的结构单元比例 x_i(虚线)(i 表示结构单元中硼原子配位数)和 x_M=2/3 时二硼酸盐的贡献外推到零的修正版(实线)[46]

表 3-2 给出了各种 B_2O_3 玻璃模型中结构单元的比例[80]。碱硼酸盐玻璃和碱土硼酸盐玻璃的结构模型主要有两种类型：①预测玻璃中四配位硼结构单元比例 x_4 随组分变化；②将玻璃网络想象成硼酸盐结构和/或超结构单元的无规网络。此外，这些模型还包括所有五种主要硼酸盐结构单元的比例含量和玻璃组成的关系。预测 x_4 的模型是基于[BØ4]四面体的离域负电荷，意味着相邻[BØ4]四面体不易形成。即 $B^{(4)}$—Ø—$B^{(4)}$桥联不太可能发生，只涉及 $B^{(3)}$—Ø—$B^{(3)}$和 $B^{(3)}$—Ø—$B^{(4)}$桥联，这分别是 Abe(亚伯)和 Beekenkamp(贝肯卡普)模型的基础。鉴于 Gupta 提出的随机对模型(RPM)中涉及的邻近的[BØ4]四面体对没有纳入超结构单元，因此需要注意的是所有这些模型都不包括温度的影响。因此，它们仅在温度为零时严格有效，并且为 x_4 提供了一个上限。在考虑各种预测结构单元比例 $x_i(0 \leqslant i \leqslant 4)$的模型时，根据现有的基本结构单元组合 $B^{(n)}$可以将组成范围划分为四个不同的区域。对于标准的 Abe、Beekenkamp 和 Gupta 模型，最重要的要求是 x_4 具有最大的可能值。与之相一致的是，假定上述过程具有以下优先级：区域Ⅰ：$B^{(3)} \rightarrow B^{(4)}$，区域Ⅱ：$B^{(3)} \rightarrow B^{(2)}$，区域Ⅲ：$B^{(2)} \rightarrow B^{(1)}$，区域Ⅳ：$B^{(1)} \rightarrow B^{(0)}$。在区域Ⅱ至区域Ⅳ中，不存在 $B^{(4)}$单元的最小值，以避免违反与相邻 $B^{(4)}$单元相关的模型标准。因

此，首先出现在Ⅱ区的非桥氧不仅来自 $B^{(3)}$的转换，而且来自一些 $B^{(4)}$单元转换为 $B^{(2)}$单元。区域Ⅱ的上限为偏硼酸盐组分(x_M=1/2)，此时硼酸盐网络由 $B^{(4)}$和 $B^{(2)}$单元组成。在区域Ⅲ中，将 $B^{(2)}$和 $B^{(4)}$单元的最小数量转换为 $B^{(1)}$单元。区域Ⅲ结束于由 $B^{(4)}$和 $B^{(1)}$单元组合而成的聚阴离子组成，以及由这些聚阴离子加上网络修饰阳离子组成的结构[80]。

表 3-2　各种硼玻璃模型中结构单元的比例[80]

模型	比例	区域Ⅰ	区域Ⅱ	区域Ⅲ	区域Ⅳ
	x_4	$x_M/(1-x_M)$	1/5	1/5	$(3-4x_M)/6(1-x_M)$
	x_3	$(1-2x_M)/(1-x_M)$	$(1-2x_M)/(1-x_M)$	—	—
Abe 模型	x_2	—	$(6x_M-1)/5(1-x_M)$	$(9x_M-14)/5(1-x_M)$	—
	x_1	—	—	$(2x_M-1)/5(1-x_M)$	$2(3-4x_M)/3(1-x_M)$
	x_0	—	—	—	$(14x_M-9)/6(1-x_M)$
	x_4	$x_M/(1-x_M)$	$(3-4x_M)/6(1-x_M)$	$(3-4x_M)/6(1-x_M)$	$(3-4x_M)/6(1-x_M)$
	x_3	$(1-2x_M)/(1-x_M)$	$(1-2x_M)/(1-x_M)$	—	—
Beekenkamp 模型	x_2	—	$(10x_M-3)/6(1-x_M)$	$(9-14x_M)/6(1-x_M)$	—
	x_1	—	—	$(2x_M-1)/6(1-x_M)$	$2(3-4x_M)/3(1-x_M)$
	x_0	—	—	—	$(14x_M-9)/6(1-x_M)$
	x_4	$x_M/(1-x_M)$	$(3-4x_M)/5(1-x_M)$	$(3-4x_M)/5(1-x_M)$	$(3-4x_M)/5(1-x_M)$
	x_3	$(1-2x_M)/(1-x_M)$	$(1-2x_M)/(1-x_M)$	—	—
Gupta 模型	x_2	—	$3(3x_M-1)/5(1-x_M)$	$(7-11x_M)/5(1-x_M)$	—
	x_1	—	—	$(2x_M-1)/(1-x_M)$	$(3-4x_M)/5(1-x_M)$
	x_0	—	—	—	$(11x_M-7)/5(1-x_M)$
	x_4	$x_M/(1-x_M)$	$(1-2x_M)/(1-x_M)$	—	—
	x_3	$(1-2x_M)/(1-x_M)$	$(1-2x_M)/(1-x_M)$	—	—
Krogh-Moe-Griscom 模型(1/2)*	x_2	—	$(3x_M-1)/(1-x_M)$	$(2-3x_M)/3(1-x_M)$	—
	x_1	—	—	$(2-3x_M)/3(1-x_M)$	$(3-4x_M)/5(1-x_M)$
	x_0	—	—	—	$(3x_M-2)/(1-x_M)$
	x_4	$x_M/(1-x_M)$	$(2-3x_M)/3(1-x_M)$	$(2-3x_M)/3(1-x_M)$	—
	x_3	$(1-2x_M)/(1-x_M)$	$(2-3x_M)/3(1-x_M)$	$(2-3x_M)/3(1-x_M)$	—
Krogh-Moe-Griscom 模型(2/3)*	x_2	—	—	—	—
	x_1	—	$(3x_M-1)/3(1-x_M)$	$(3x_M-1)/3(1-x_M)$	$(3-4x_M)/5(1-x_M)$
	x_0	—	—	—	$(3x_M-2)/(1-x_M)$
	x_4	$x_M/(1-x_M)$	$(3-4x_M)/5(1-x_M)$	$(3-4x_M)/5(1-x_M)$	$(3-4x_M)/5(1-x_M)$
	x_3	$(1-2x_M)/(1-x_M)$	$(3-4x_M)/5(1-x_M)$	$(3-4x_M)/5(1-x_M)$	$(3-4x_M)/5(1-x_M)$
Krogh-Moe-Griscom 模型(3/4)*	x_2	—	—	—	—
	x_1	—	—	—	—
	x_0	—	$(3x_M-1)/5(1-x_M)$	$(3x_M-1)/5(1-x_M)$	$(3x_M-1)/5(1-x_M)$

*括号中的值为 x_M的上限。

很早之前就有人提出 B_2O_3 玻璃中存在硼氧基团，但几十年来一直存在争议，正如超结构单元在硼酸盐玻璃中的作用一样。然而，目前普遍认为 B_2O_3 玻璃网络由[BØ$_3$]三角体和 $B_3O_3Ø_3$ 硼氧基团构成，其中 $B_3O_3Ø_3$ 单元的大小是[BØ$_3$]单元的两倍，如图 3-17 所示[80]。同时，中子散射和核磁共振数据表明 70%～80%的硼原子在硼氧基团中。

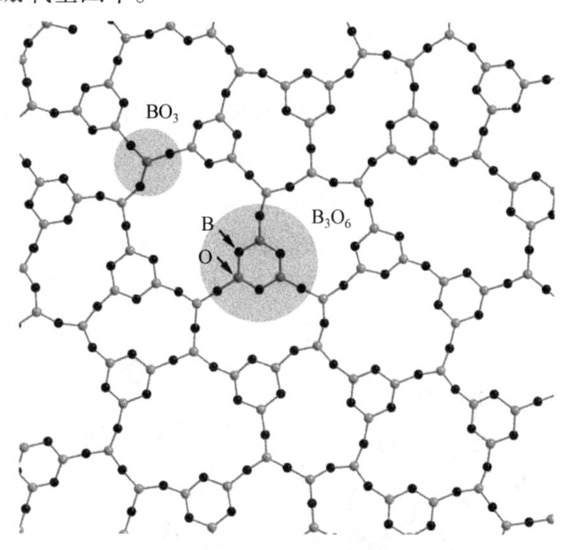

图 3-17 B_2O_3 玻璃的二维结构示意图[80]

4. 硼酸盐玻璃结构

在钠硼体系玻璃中，随着少量 Na_2O 的引入，玻璃中的桥氧数逐渐增大，热膨胀系数逐渐下降。当 Na_2O 含量达到 15%～16%时，桥氧数又开始减少，热膨胀系数重新上升。一般认为在这一成分范围中 Na_2O 提供的氧不是用于生成[BO_4]，而是以非桥氧的形式出现在三角体中，它使得结构减弱，导致一系列性能变“坏”。单纯含有 B_2O_3 和 SiO_2 成分的熔体，由于它们的结构不同(前者是层状结构，后者是架状结构)，因此难以形成均匀一致的熔体，是不可混溶的。从高温冷却过程中，将各自富集成一个体系，形成互不溶解的两层玻璃，即发生分相。当加入 Na_2O 后，硼的结构发生变化，通过 Na_2O 提供的游离氧，由硼氧三角体[BO_3]转变为硼氧四面体[BO_4]，使硼的结构从层状结构向架状结构转变，为 B_2O_3 和 SiO_2 形成均匀一致的玻璃创造了条件。如前所述，在钠硅酸盐玻璃中加入氧化硼时，往往在性质曲线中产生极大值或极小值，这种现象称为“硼反常”。这种在钠硼玻璃中的硼反常性是由于硼加入量超过一定限度时，它不是以硼氧四面体而是以硼氧三角体出现在玻璃结构中，因此结构和性质发生了逆转现象。“硼反常现象”是玻璃中硼氧三角体[BO_3]和硼氧四面体[BO_4]之间的量变引起玻璃性质突变的结果。

1938 年，Biscoe 和 Warren[9]研究 Na_2O-B_2O_3 玻璃时发现 Na_2O 的加入导致[BØ$_3$]三角体转变为[BØ$_4$]四面体，同时设想改性体阳离子 Na^+处于硼酸网络毗邻[BØ$_4$]四面体的空隙，如图 3-18 所示。他们根据硼原子配位数的变化，提出了一种对“硼反常”的结构解释。^{11}B 核磁共振谱技术的出现，使玻璃中四配位硼原子(即以[BØ$_4$]四面体存在)的比例 x_4 的测量更加精确。1958 年，Silver(西尔弗)和 Bray[82]使用核磁共振谱首次证实硼配位数的变化。随后，Bray 和 O'Keefe(奥吉弗)[83]确定了 x_4 对所有五种碱硼酸盐玻璃体系的组成依赖性。当网络修饰氧化物的摩尔分数 x_M 增加时，x_4 先增加，然后达到最大值，最后减小。x_M 的变化对于所有五个碱硼酸盐系统都非常类似。到了 1960 年，人们已经确定了硼酸盐结构的两个特征。

(1) 网络改性体加入 B_2O_3 玻璃中导致[BØ$_3$]三角体转变为[BØ$_4$]四面体，而不是形成非桥氧，非桥氧只在更高比例的网络改性体加入时出现。

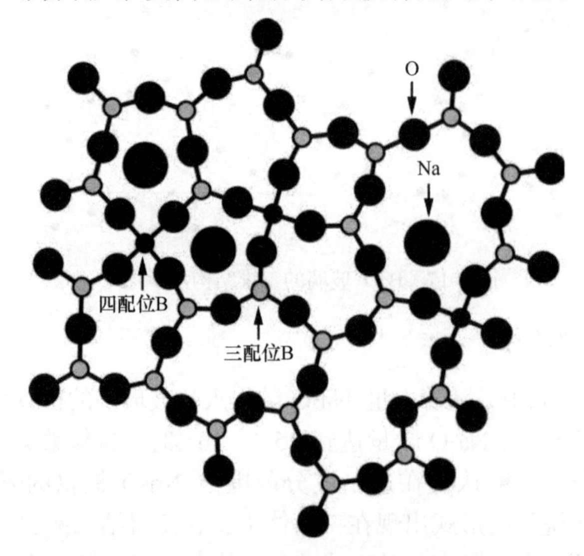

图 3-18　Na_2O-B_2O_3 玻璃的二维结构示意图[80]

(2) 在二硼酸盐形成 $R_2O \cdot 2B_2O_3$ 之前，硼酸盐玻璃和晶态的结构以超结构单元为主。硼酸盐结构的这两个方面是它们在晶体和玻璃状态下异常行为的主要原因。

5. 磷酸盐玻璃结构

磷酸盐玻璃通常比硅酸盐玻璃有更大的带隙，因此它具有更好的紫外透射性能。掺稀土磷酸盐玻璃具有低热光系数和高激发发射截面的特点，是高功率激光系统的重要基质材料。磷酸盐玻璃的玻璃化转变温度相对较低，为 600～

700℃，易于加工，热膨胀系数高，与金属热膨胀系数匹配良好，因而磷酸盐玻璃也常用于玻璃封接。此外，磷酸盐熔体对较重的阳离子和阴离子具有较高的溶解度。

磷酸盐玻璃体系研究历史较长，应用范围广，其结构与性能得到广泛而详细的研究。在已知的磷氧化合物中，P_2O_5 能够形成玻璃。和晶态 P_2O_5 一样，磷氧玻璃的基本结构单元是磷氧四面体[PO_4]，但每一磷氧四面体中有一个带双键的氧，这一点与 B_2O_3 和 SiO_2 不同。磷氧四面体都是以桥氧连接，带双键的磷氧四面体是磷酸盐玻璃结构中的不对称中心，它是磷酸盐玻璃黏度小、化学稳定性差和热膨胀系数大的主要原因。有人认为磷氧(P_2O_5)玻璃的结构和晶态 P_2O_5 相同，都是由分子 P_4O_{10} 组成的。P_4O_{10} 分子之间由范德瓦耳斯力连接，P_2O_5 熔体的黏滞流动活化能与 B_2O_3 熔体很接近。因为 B_2O_3 是层状结构，所以有人认为 P_2O_5 玻璃也是层状结构，层之间由范德瓦耳斯力维系。当 P_2O_5 熔体中加入 Na_2O 时，玻璃结构将从层状变为链状，链之间由 Na—O 离子键结合在一起。X 射线衍射结果证明，二元碱磷酸盐玻璃和二元碱硅酸盐玻璃有两个共同点[66]：①结构单元都是四面体；②加入修饰体氧化物都导致非桥氧增加。但是，在 $R'O-P_2O_5$ 碱土磷酸盐玻璃中，情况却不同。当 R′O 含量为 0%～50%(分子百分比)时，随着 R′O 含量的增加，玻璃的软化温度上升，热膨胀系数下降。因此，有人认为在 P_2O_5 玻璃中加入 R′O 不是使磷氧网络断裂，而是使结构趋于强固。在 $R_2O-P_2O_5$(或 $R'O-P_2O_5$)系统的玻璃形成范围中都是单一均匀的液相，并不存在稳定的不混溶性，因为 P^{5+} 具有很大的阳离子场强，R^+ 和 R'^{2+} 在夺氧能力方面远低于 P^{5+}，积聚作用小，因此不容易发生不混溶性。然而，在某些磷酸盐系统中还是可以观察到亚微观分相，例如，在 $MgO-P_2O_5$ 玻璃中可以观察到液滴状结构。X 射线结构分析证明，正磷酸铝($Al_2O_3 \cdot P_2O_5$)和正磷酸硼($B_2O_3 \cdot P_2O_5$)中的[$AlPO_4$]、[BPO_4]结构和石英的[SiO_4]结构非常类似，因此在一定范围内引入 Al_2O_3、B_2O_3 将使磷酸盐玻璃的一系列性能得到改善，如化学稳定性上升，热膨胀系数下降等。这是由于玻璃中形成[$AlPO_4$]和[BPO_4]基团，使得磷酸盐原有的层状或链状结构转变成架状结构。正磷酸铝和正磷酸硼都不能形成玻璃，只有 $AlPO_4-BPO_4-SiO_2$ 系统才能制成玻璃。

如前所述，磷酸盐玻璃的基本结构单元是[PO_4]四面体，每个四面体都有一个较短的 P═O 双键和三个较长的 P—O 键。P 外层电子($3s^23p^3$)形成 sp^3 杂化轨道从而形成[PO_4]四面体[84]。这些四面体通过共价键连接氧形成各种磷酸阴离子。磷酸盐玻璃网络结构相互连接的程度通常用聚合度表示，该值取决于引入阳离子的种类，如网络外体种类。[PO_4]四面体中存在一个 P═O 双键连接使得电子离域化，其他三个氧原子可作为桥氧。磷酸基团通常用 $Q^{i=0\sim3}$ 表示，i 表示每个[PO_4]四面体中的桥氧数，如图 3-19 所示[84]。磷酸盐玻璃的结构为 Q^3/Q^2 单元交联形成网络，端部连接[PO_4]四面体。当每个[PO_4]四面体都能与外体的一个正电荷结合时，磷酸盐玻璃中将存在链结构。随着外体正电荷数增加，Q^2 链不断解聚，直到结构中只有 Q^1 和 Q^0 基团。这类玻璃结构以离子键连接为主，因此称为逆性玻璃。用于描述这类玻璃的结构模型仍在发展。磷酸盐玻璃的网状结构可以按氧磷摩尔分数比(氧磷比，O/P)分类，氧磷比通过连接相邻的[PO_4]四面体之间的氧来确定四面体连接的数量。

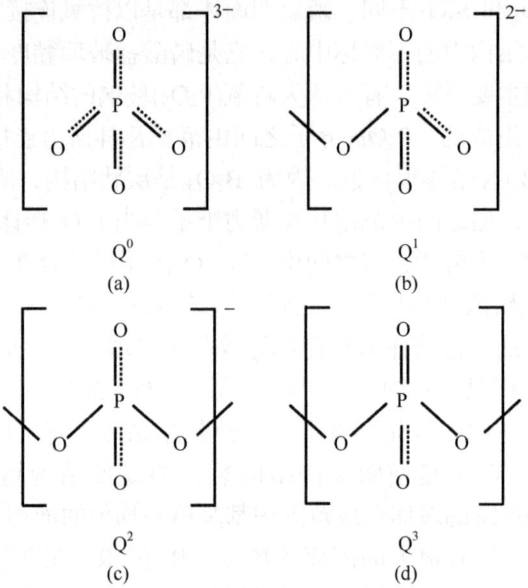

Q^0 (a)　　Q^1 (b)

Q^2 (c)　　Q^3 (d)

图 3-19　PO_4四面体的 Q^i 基团[84]

i 代表与 P 连接的桥氧个数，Q^0：正磷酸盐，Q^1：焦磷酸盐，Q^2：偏磷酸盐，Q^3：中性磷酸盐

Zachariasen 发现无定形 P_2O_5 是一种典型的无规网络形成体。事实上，近期对无定形 P_2O_5 的衍射研究结果与 Zachariasen 提出的 Q^3 四面体构成的开放畸变网络结构一致。Zachriasen 提出玻璃形成能力取决于体系中无规三维网状结构的数量。然而，Hägg 以偏磷酸盐组分的玻璃化转变为例反驳该观点，偏磷酸盐体系中大量存在的一维“分子”团(由 Q^2 四面体构成)也可阻碍析晶。van Wazer(范瓦泽尔)[85]等根据 Hägg 等提出的分子基团假说通过色谱研究进一步完善了磷酸盐玻璃的结构理论。这两种对玻璃结构的描述并不矛盾，两者都预测了相同成分的玻璃和晶体的局部键合的相似性，即偏磷酸盐玻璃和晶体都具有基于 Q^2 四面体的结构。更重要的是，这两种模型还说明需要在不同的尺度上描述玻璃结构。只有将短程序信息(通常由离子的邻近配位环境决定)和长程序信息(包括多面体如何连成更大的结构，是否有序或者无序)相结合才能够建立合理的玻璃结构理论。磷酸盐玻璃具有多种结构，从 Q^3 四面体交联网络到 Q^2 四面体的类聚合物偏磷酸

盐链，再到基于焦磷酸(Q^1)和正磷酸盐(Q^0)阴离子的逆性玻璃，其结构取决于玻璃成分的氧磷比[84]。

P_2O_5 玻璃结构的基本结构单元 Q^3 四面体有三个共价的桥氧键连接相邻的四面体，一个短键连接一个末端氧(P—TO)。这些四面体连接在一起形成一个三维网络。在 P_2O_5 玻璃中加入修饰体氧化物，桥氧将变成非桥氧。磷酸盐网络在碱金属氧化物 R_2O 的加入下解聚的结果可以用下式来描述[84]：

$$2Q^n + R_2O \longrightarrow 2Q^{n-1} \tag{3.11}$$

对于二元磷酸盐玻璃 xR_2O(或 $R'O$)-$(1-x)P_2O_5$(其中 R_2O 为碱金属氧化物，$R'O$ 为碱土金属氧化物)，Q^i 四面体的浓度通常可以通过玻璃组成进行简单预测。在过磷酸盐区域($0 \leqslant x \leqslant 0.5$)，$Q^2$ 和 Q^3 四面体的比例可由下式估算[84]：

$$f\left(Q^2\right) = \frac{x}{1-x} \tag{3.12}$$

$$f\left(Q^3\right) = \frac{1-2x}{1-x} \tag{3.13}$$

偏磷酸盐玻璃(x=0.5)的网络完全基于 Q^2 四面体，形成链和环。链和环是由各种金属阳离子和非桥氧之间的离子键连接起来的，由于在获得精确的化学计量比方面的差异，这些组成通常被更准确地描述为长链聚磷酸盐。偏磷酸盐一词是为$(PO_3^-)_n$环形阴离子保留的，但是惯例是用 x≈0.5 来标记偏磷酸玻璃，这里遵循这一惯例。聚磷酸盐玻璃(x>0.5)具有由 Q^1 四面体终止的 Q^2 链的网络结构，每个 Q^1 四面体有一个桥氧和三个非桥氧。随着氧磷比的增加平均链长变得越来越短。当氧磷比=3.5 时(即聚磷酸盐化学计量比 x=0.67)，玻璃的网络结构以磷酸二聚体为主，两个 Q^1 四面体由一个普通的桥氧连接。氧磷比大于 3.5 的玻璃中含有独立的 Q^0(正磷酸盐单元)四面体。在介于偏磷酸盐(x=0.5)和焦磷酸盐(x=0.67)的玻璃中，Q^1 和 Q^2 四面体的比例为[84]

$$f\left(Q^1\right) = \frac{2x-1}{1-x} \tag{3.14}$$

$$f\left(Q^2\right) = \frac{2-3x}{1-x} \tag{3.15}$$

在介于焦磷酸盐(x=0.67)和正磷酸盐(x=0.75)的玻璃中，Q^0 和 Q^1 四面体的比例为[84]

$$f\left(Q^0\right) = \frac{3x-2}{1-x} \tag{3.16}$$

$$f\left(Q^1\right) = \frac{3-4x}{1-x} \tag{3.17}$$

目前对偏磷酸盐和聚磷酸盐玻璃的结构及性能进行了大量研究，$xR_2O(R'O)$-$(1-x)P_2O_5$ 二元体系中玻璃的形成在传统熔体处理中通常限制在 $x<0.6$(摩尔分数)。快速淬火技术已经得到了 x 高达 0.7(氧磷比为 3.67)的 Li 基磷酸盐玻璃，其结构基于 Q^1 和 Q^0 四面体。由多种低配位(配位数≤6)的金属氧化物，如 SnO、ZnO、CdO、PbO 和 Fe_2O_3 等，组成的焦磷酸盐玻璃可以通过传统的熔融法制备。后一种玻璃类似于硅酸盐的逆性玻璃($x(O)/x(Si)>3$)，此类玻璃没有玻璃形成多面体组成的连续无规网络。这种玻璃结构由孤立的四面体和小分子片段组成，它们通过半径更大价态更小的阳离子与非桥氧连接在一起。对于二元玻璃($0\leqslant x\leqslant 0.75$)，桥氧和终端氧摩尔分数之比取决于下式[84]：

$$x(\mathrm{BO})/x(\mathrm{TO})=0.5(3-4x) \tag{3.18}$$

以上这些结构单元的比例可以利用固态 ^{31}P 魔角旋转核磁共振(MAS-NMR)、X 射线光电子能谱(XPS)、色谱等探针对磷酸盐玻璃网络结构进行定量描述。

Prabakar(普拉巴卡尔)等[86]报道了 $20Na_2O\cdot 80P_2O_5$ 玻璃中 Na 核与 Q^3-P 核的相关性，表明 P═O 键可能参与碱金属离子的配位环境，如图 3-20 所示。当二价或三价离子被引入过磷酸盐网络时，根据电中性原则，在它们的最邻近配位中至少存在两个 Q^2 四面体。因此，只要每个修饰体离子的非桥氧数目(M_{TO})大于金属离子的配位数(CN_{Me})，$R^+(R'^{2+})$多面体可以保持隔离，但通过 Q^2-$R^+(R'^{2+})$-Q^2 桥梁的“重组”仍将发生在 I 区(图 3-20(a))。在 I 区域，有足够的非桥氧和每个金属离子配位，因此这些离子可以形成孤立的配位多面体存在于磷酸盐网络中。当每个修饰体离子的非桥氧数目(M_{TO})小于金属离子的配位数(CN_{Me})时，$R^+(R'^{2+})$多面体再次开始共享角和边，从而导致性质趋势的变化。即在 II 区域(图 3-20(b))，没

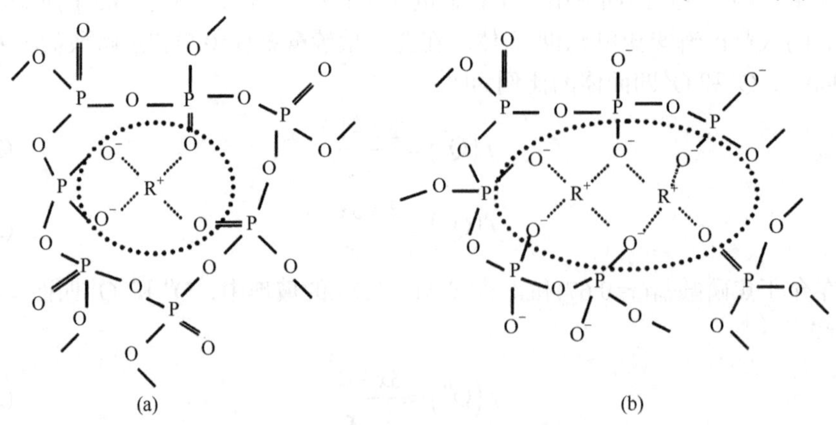

图 3-20　当 $M_{TO}>CN_{Me}$(a)和 $M_{TO}<CN_{Me}$(b)时过磷酸盐玻璃中碱金属键合示意图[84]

M_{TO}表示修饰体离子的非桥氧数目，CN_{Me}金属离子的配位数

有足够的单个非桥氧来满足每个金属离子配位，因此这些离子必须共享可用的桥氧。因此，在区域Ⅱ金属离子配位多面体中，角和边共享，并充当相邻 Q^2 多面体之间的桥梁。从区域Ⅰ到区域Ⅱ的变化取决于 $R^+(R'^{2+})$的配位数[86]。

6. 碲酸盐玻璃结构

基于二氧化碲(TeO_2)的碲酸盐玻璃由于其不同于其他典型氧化物玻璃(如硅酸盐或磷酸盐等)的物理和化学性质而受到广泛关注。特别是碲酸盐玻璃具有折射率高、声子能量低、红外透过率高、介电常数高、三阶非线性系数高、熔点低、稀土离子溶解度高、热光系数大等特点。碲酸盐玻璃由于其优异的性能，在可擦除光记录介质、光开关器件、激光基质、二次谐波产生和拉曼放大等方面具有广阔的应用前景[87]。

碲酸盐晶体中存在六种结构单元，如图 3-21 所示[88]。在碲酸盐玻璃中，这些结构单元可概括为三个基本的结构单元，即[TeO_4]双三角锥(图 3-21(a),(b))、[TeO_3]三角锥(图 3-21(c)～(e))和[TeO_{3+1}]变形的三角锥(图 3-21(f))。每个结构单元都有一对孤对电子(LPE)，这些结构单元通过共顶连接形成三维网络结构。[TeO_4]单元有四个氧原子，它们与中心碲原子共价键合形成一个双三角锥，其中一个赤道氧位置未被占据。在双锥体结构中，两个赤道氧和两个顶点氧为桥氧，而第三个赤道位点为 LPE。[TeO_3]三角锥结构中有两个 BO 位点和一个非桥氧位点，后者是 Te═O 双键。[TeO_{3+1}]多面体实际上是[TeO_3]三角锥的畸变，因为存在过量的氧。在碲酸盐玻璃结构中，根据静电等效性，LPE 位点就像一个氧离子(O^{2-})，因此它可能通过去中心化交换来提供平衡位置，从而实现网络的连续性。当带电荷大于 1 的阳离子被纳入结构中时，这种情况尤其可能发生。碲酸盐玻璃的结构允许硅酸盐、硼酸盐、锗酸盐和磷酸盐的引入，这意味着玻璃网络能够为稀土离子形成多种电偶极环境。因此，可以在这种混合玻璃结构中设计荧光线型和辐射与非辐射速率。当碲酸盐玻璃的网状结构被 P_2O_5、WO_3、B_2O_3、Bi_2O_3 或 BaO 改性时，其结构、光学、热学和光谱性质均随组分的变化而变化[89]。

TeO_2-WO_3 二元系统玻璃基本单元主要是由[TeO_4]结构单元构成的连续网络和由[WO_6]八面体构成的团簇。Sekiya(关谷)等[90]对 TeO_2-WO_3 二元系统玻璃的拉曼光谱和结构进行了详细的分析。图 3-22 为强度归一化的 TeO_2-WO_3 二元系统玻璃的拉曼光谱[90]。随 WO_3 含量的增加，930cm^{-1} 附近拉曼峰的振动强度逐渐增强；700～900cm^{-1} 波段范围内的拉曼强度也逐渐增强；而 660cm^{-1} 附近拉曼峰的振动强度逐渐减弱。930cm^{-1} 附近的拉曼峰是由[WO_6]八面体振动引起的；而 660cm^{-1} 附近的拉曼峰为[TeO_4]双三角锥体振动引起的。这些拉曼振动强度的变化是由于随着 WO_3 含量的增加，Te—O—Te 链不断减少，W—O—W 和 W—O—Te 链不断增加，从而导致[TeO_4]结构单元向[$TeO_{3+\delta}$]甚至向[TeO_3]结构单元转

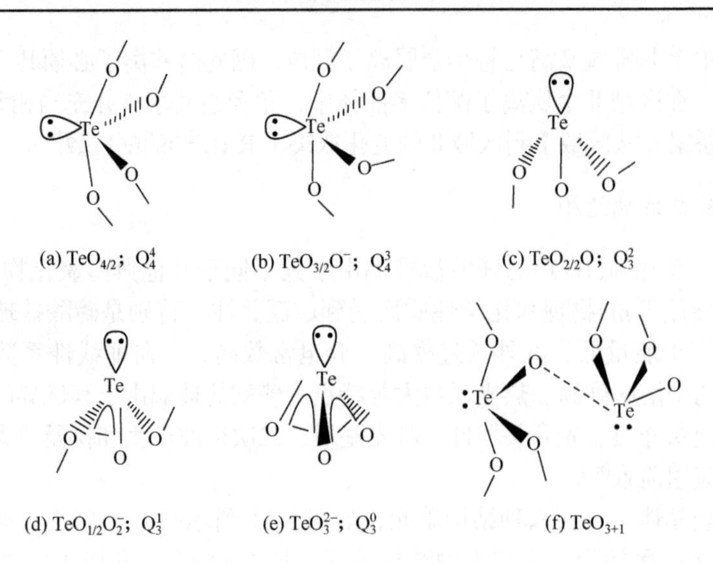

图 3-21　碲酸盐晶体的六种结构单元[88]

(a),(b)为$[TeO_4]$双三角锥；(c)～(e)为$[TeO_3]$三角锥；(f)为$[TeO_{3+1}]$变形的三角锥

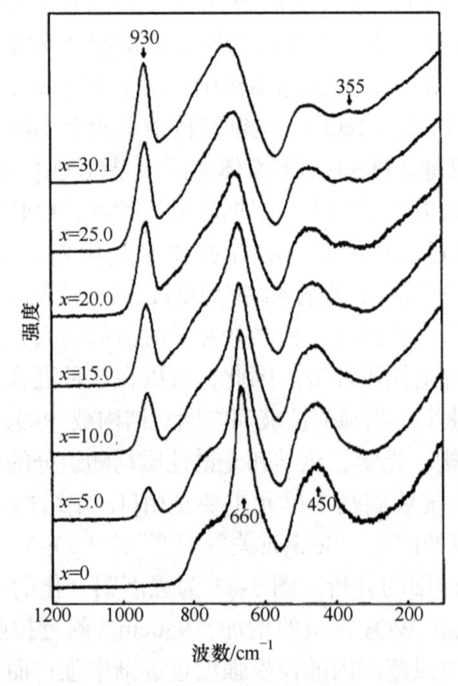

图 3-22　摩尔组成为 xWO_3-(100–x)TeO_2 的碲酸盐玻璃归一化拉曼光谱[90]

变。Sekiya 等[91]为了进一步确认来自 TeO_2 的拉曼振动峰的来源，详细研究了含有二价或三价阳离子的碲酸盐二元系统玻璃的拉曼光谱。通过对拉曼光谱进行高

斯分峰，他们观察到了与前面类似的 TeO_2 特有的拉曼振动峰，即中频区 450cm^{-1} 附近的拉曼振动峰来源于通过碲氧多面体共顶连接形成的 Te—O—Te 链的对称伸缩和弯曲振动，它通常可以作为网络连续程度的度量；高频区 610cm^{-1} 附近的拉曼振动峰是由于[TeO_4]中 Te—O—Te 链的振动，660cm^{-1} 附近的拉曼振动峰是由于 Te—O—Te 链的不对称性振动，730cm^{-1} 附近的拉曼振动峰不仅来自[TeO_4]双三角锥体构成的连续网络的振动，还来自[$TeO_{3+\delta}$]和[TeO_3]结构单元中 Te═O 的伸缩振动，780cm^{-1} 附近的拉曼振动峰主要来自[$TeO_{3+\delta}$]和[TeO_3]结构单元中 Te═O 的伸缩振动。上面这五个振动峰是碲酸盐玻璃的特征拉曼振动峰。多个振动峰的出现，使得碲酸盐玻璃具有比熔石英玻璃更宽的拉曼增益谱带。在不同的三元碲酸盐玻璃系统中，都可以观察到五个碲酸盐特征拉曼振动峰。当玻璃中含有大量的[TeO_4]结构单元时，其热稳定性较差，通常很难形成玻璃。例如，主要由[TeO_4]双三角锥结构单元构成的纯 TeO_2 很难利用传统的熔制工艺形成玻璃。反之，当玻璃中含有大量的非对称性的[TeO_3]结构单元和变形的[WO_6]八面体结构单元时，由于需要大量的能量来调整非对称性和变形，因而它们具有高的热稳定性[90]。

到目前为止，文献中关于碲酸盐玻璃结构的假设，以及对红外光谱和拉曼光谱的识别，主要是基于对成分相似的晶体或其他玻璃的类比等。在很大程度上，这是由于缺乏与具有特定结构特征的玻璃性能相关的碲酸盐玻璃模型。Sokolov(索科洛夫)等[92]建立了二元钨酸碲酸盐玻璃的结构模型，如图 3-23 所示。该模型的基本概念如下。

(1) 钨碲酸盐玻璃是由四种结构单元组成的连续网状结构。

①四配位 Te 原子，TeO_4(由 Te—O—Te 或 Te—O—W 键形成 4 个键，如图 3-23(a)所示)。

②三配位 Te 原子，O═TeO_2(由 Te—O—Te 或 Te—O—W 键形成的双键，如图 3-23(b)所示)。

③单个六配位的 W 原子，O═WO_5(4 个键由 W—O—W 或 W—O—Te 键组成，1 个键由三配位的 O 原子组成，如图 3-23(c)所示)。

④成对的六配位 W 原子，2 个[O═WO_5](6 个键由 W—O—W 或 W—O—Te 键组成，2 个键由三配位 O 原子组成，如图 3-23(d)所示)。

(2) 在钨碲酸盐玻璃网络中，阳离子通过桥氧原子或三配位氧原子相互连接，在玻璃网络中形成以下几种类型的键：Te_I—O—Te_I，Te_I—O—Te_{II}，Te_{II}—O—Te_{II}，Te_I—O—W，$—O\left\langle\begin{smallmatrix}Te_I\\W\end{smallmatrix}\right.$，$Te_{II}$—O—W，$—O\left\langle\begin{smallmatrix}Te_{II}\\W\end{smallmatrix}\right.$，W—O—W，$—O\left\langle\begin{smallmatrix}W\\W\end{smallmatrix}\right.$。

基于此，Shaltout(沙卢特)认为在 WO_3-TeO_2 玻璃中，当 WO_3 摩尔分数高于 27.5%时，玻璃中主要存在[WO_4]结构单元。而当 WO_3 摩尔分数低于 27.5%时，

$[WO_4]$转变为$[WO_6]$单元。钨碲酸盐玻璃的网状结构主要由三种类型的结构单元组成，即两种类型的碲酸盐单元($[TeO_4]$双三角锥和 $O{=}TeO_2$ 三角锥)和一种类型的钨酸盐单元($O{=}WO_5$ 八面体)。形成一个连续的 WO_3-TeO_2 玻璃网络不需要其他的钨酸盐单元，特别是$[WO_4]$或$[O_2W\langle^{O\cdot}_{O\cdot}]$四面体。$WO_3$-$TeO_2$ 玻璃网络模型和量子化学计算结果证明，该模型能较好地描述用拉曼光谱得到的实验数据。

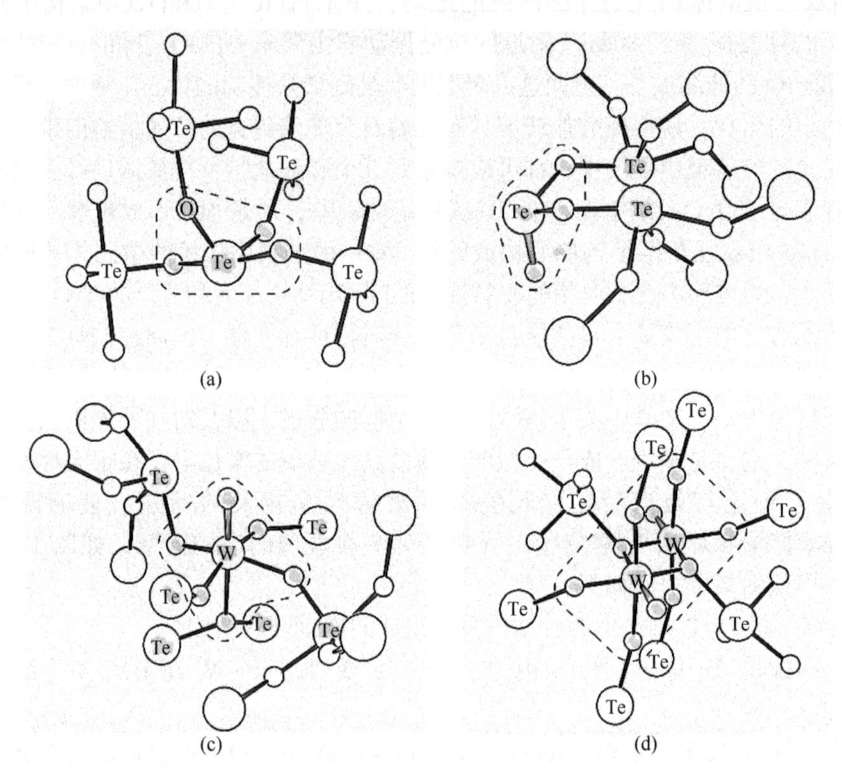

图 3-23　WO_3-TeO_2 玻璃的结构模型[92]

(a) 四配位 Te 原子(虚线内是 TeO_4 结构单元)；(b) 三配位 Te 原子(虚线内是 $O{=}TeO_2$ 结构单元)；(c) 单个六配位的 W 原子(虚线内是 $O{=}WO_5$ 结构单元)；(d) 成对的六配位 W 原子(虚线内是 $O{=}WO_5$ 结构单元)；大圆、小圆和中圆分别代表 Te 原子、O 原子和 W 原子

需要指出的是，钨碲酸盐玻璃的 W—O 配位问题一直存在争议。Mirgorodsky (米尔戈罗德斯基)等[93]根据从头计算模拟结果认为，在钨碲酸盐玻璃中，W—O 配位数是 4 而不是 6，这与 Sokolov 的结构模型不同。Khanna(康纳)等[94]利用高能 X 射线、反蒙特卡罗模拟以及 XANES 对 WO_3-TeO_2 玻璃的结构进行了详细分析。结果表明，随着 WO_3 摩尔分数的增加，玻璃中的 Te—O 配位数呈下降趋势，而 W—O 配位主要为四面体配位。研究结果与 Mirgorodsky 等的从头计算结果一致，该计算排除了这些玻璃中存在$[WO_6]$单元，并证实了 WO_3-TeO_2 玻璃中约 $928cm^{-1}$ 处的

拉曼带是由[WO_4]单元中 W^{6+}═O 末端键的振动引起的。

Sakida 等[95]通过测试碲铝和碲镓二元玻璃的 ^{125}Te、^{27}Al 和 ^{71}Ga 核磁共振谱，定量分析了玻璃中阳离子的结构单元。结果表明，随着第二组分氧化铝或氧化镓的含量增加，玻璃中[TeO_4]双三角锥，[AlO_6]、[GaO_6]八面体以及[TeO_3]三角锥，[AlO_4]、[AlO_5]和[GaO_4]多面体的比例也不断增加。基于 Te、Al、Ga 原子周围的局域结构，他们提出了碲镓和碲铝玻璃的结构模型。图 3-24 给出了 Al_2O_3 和 Ga_2O_3 摩尔分数少于 14.3%时碲铝和碲镓玻璃的结构模型[95]。碲铝玻璃含有[$TeO_{4/2}$](TeO_4 双三角锥)、[$O_{3/2}Te—O^-$](TeO_4 双三角锥)、[$O_{1/2}Te(═O)—O^-$](TeO_3 三角锥)以及[AlO_n](n=4，5，6)多面体。所有的[$O_{3/2}Te—O^-$]都和[AlO_4]相连，所有的[AlO_5]和[AlO_6]多面体与[$O_{1/2}Te(═O)—O^-$]相连。一些[AlO_4]四面体通过

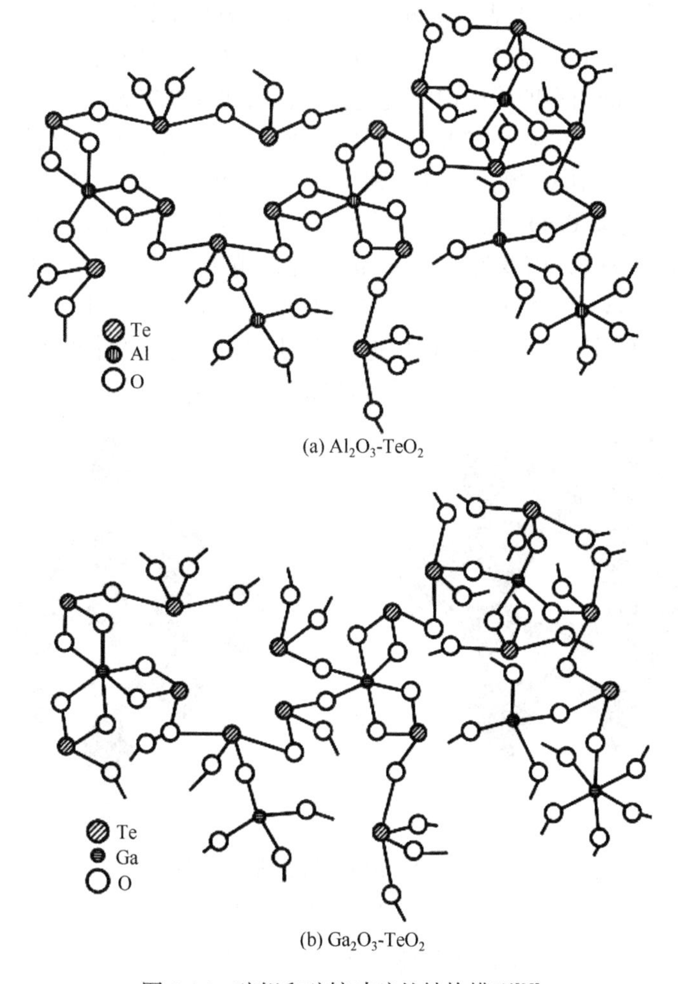

图 3-24 碲铝和碲镓玻璃的结构模型[95]

与[AlO_5]和[AlO_6]多面体共角和[$O_{1/2}Te(=O)—O^-$]连接。碲镓玻璃中含有[$TeO_{4/2}$]、[$O_{3/2}Te—O^-$]、[$O_{1/2}Te(=O)—O^-$]以及[GaO_n](n=4，5，6)多面体。[GaO_4]四面体和[GaO_6]八面体主要分别和[$O_{3/2}Te—O^-$]及[$O_{1/2}Te(=O)—O^-$]相连。一些[GaO_4]四面体通过和[GaO_6]八面体共角与[$O_{1/2}Te(=O)—O^-$]相连。因此，为了和[$O_{1/2}Te(=O)—O^-$]相连，[GaO_6]八面体的存在必不可少，因此在碲镓玻璃中主要形成[GaO_6]八面体。

7. 锗酸盐玻璃结构

研究锗酸盐玻璃的结构之前有必要先了解一下二氧化锗(GeO_2)晶体的结构。GeO_2晶体存在两种晶型，即六方晶系和四方晶系，如图 3-25 所示[96]。六方晶系GeO_2晶体具有类 α-石英结构，配位数为 4，密度为 4.228g/cm^3，稳定范围为 1033～1116℃，属于高温稳定型。与 α-石英的[SiO_4]四面体不同，[GeO_4]四面体由于 O—Ge—O 键角在四面体内的变化更大，扭曲程度更大，其范围为 106.3°～113.1°，Ge—O—Ge 键角为 130.1°。相比之下 α-石英的[SiO_4]四面体中 O—Si—O 键角相对统一，从 108.3°到 110.7°，Si—O—Si 键角为 144°。这些差异导致 α-石英和类 α-石英结构 GeO_2 高压下有不同的机制。四方晶系 GeO_2 晶体具有类金红石结构，配位数为 6，密度为 6.239g/cm^3，稳定范围为室温到 1033℃，属于低温晶型。高黏度 GeO_2 熔体冻结成无色透明玻璃，其密度为 3.64～3.66g/cm^3，这与 GeO_2 高温晶型的密度(4.228g/cm^3)接近，说明 GeO_2 玻璃的锗离子对氧离子是四配位。与石英玻璃相同，GeO_2 玻璃也可以形成[GeO_4]空间网络。

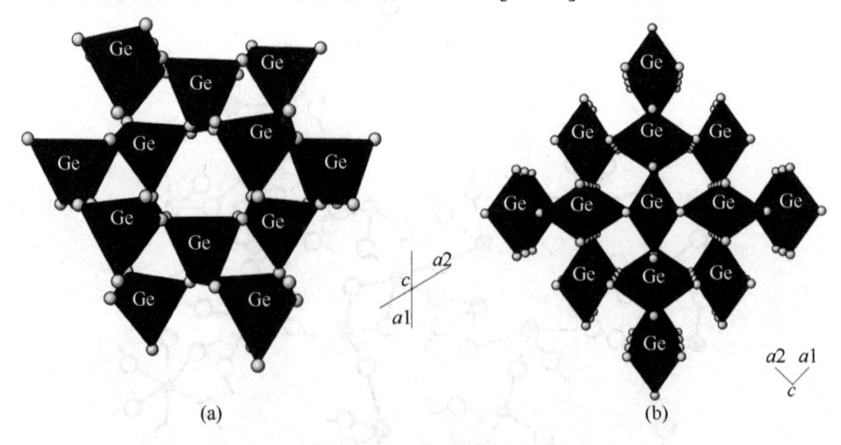

图 3-25 GeO_2晶体的结构[96](见书后彩图)

(a)类α-石英结构；(b)类金红石结构

许多研究者将 GeO_2 玻璃的衍射数据与基于 GeO_2 晶体的等效计算结果进行了比较，但得出的结果不尽相同[96]。Leadbetter(利百特)和 Wright[97]的结论是，玻璃的中程有序类似于类 α-石英 GeO_2 结构的准晶模型，其相关长度为 10.5Å，但在超过 4Å 时出现差异。Bondot(邦多)[98]获得了玻璃与类 α-石英 GeO_2 同质多形体之间一致的结构，并得出了玻璃包含六元环的结论。Konnert(康纳特)等[99]认为玻璃状 GeO_2 与玻璃状 SiO_2 一样，具有与鳞石英 SiO_2 同质多形体相同的短程顺序。因此，可以将玻璃态 GeO_2 结构描述为随机定向的、轻微扭曲的类鳞石英区域，其尺寸至少可达 20Å。然而，这些区域不同于晶体的有序结构，即没有微晶，但在玻璃和鳞石英中有类似的拓扑结构。另一项研究表明[100]，尽管类 α-石英和类 α-方石英 GeO_2 同质多形体存在相似之处，由于扭转角分布不同，衍射数据与类准晶的大部分区域是不一致的。

中子衍射和 X 射线衍射数据是推断结构信息的补充工具。值得一提的是，利用 X 射线更容易分辨 Ge—O 和 Ge—Ge 离子对，而利用中子更容易分辨 Ge—O 和 O—O 离子对[96]。X 射线衍射对 GeO_2 玻璃结构的研究表明 Ge 原子可能位于基本的四面体单元中，实空间分辨率较高的 X 射线衍射数据进一步证实了这一猜测，并确定了 Ge—O 和 Ge—Ge 距离分别为 1.74Å 和 3.18Å，四面体间键角为 133°[5,97,101]。在 GeO_2 玻璃中进行的中子衍射实验表明，在 1.72Å 和 2.85Å 处出现了两个强峰，这与 Ge—O 和 O—O 相关，与[GeO_4]四面体一致[102]。最初确定 Ge—Ge 峰为 3.45Å，而在高分辨率中子衍射研究中为 3.21Å。由于 Ge—O 与 O—O 离子对的重叠，使得 Ge—Ge 距离略高于 X 射线衍射确定的 Ge—Ge 距离 [102,103]。中子和 X 射线衍射研究表明 GeO_2 玻璃中的 O—Ge—O 平均四面体间角比二氧化硅玻璃更扭曲，GeO_2 的类 α-石英晶型中的键角分布可能与之相当(即 106.3°～113.1°)[100]。这是因为 Ge 的半径比 Si 大，使得 O 原子更接近 Ge 原子。从 Ge—O 和 Ge—Ge 距离估计，Ge 的平均四面体间键角为 130.1°，范围为 121°～147°。该平均值经高能 X 射线衍射证实为(133±8.3)°[104]。这种键角及其分布低于玻璃态 SiO_2。Ge—O—Ge 键角变小可能是由于相对于玻璃态 SiO_2，GeO_2 网络中三元环的数量增加，因为这种平面环的 Ge—O—Ge 键角为 130.5°[105,106]。这些研究中发现的主要原子间距离、配位数、标准偏差和四面体间键角的值见表 3-3[96]。因此，玻璃态 GeO_2 的结构可以看作一个连续的四面体角共享的无规网络，就像在二氧化硅中一样，但四面体的畸变更大，三元环的数目也更多。

表 3-3　不同衍射方法测试的 Ge—O—Ge 原子间距离、配位数、标准偏差和四面体间键角[96]

结构单元	原子间距离/Å	配位数	标准偏差/Å	测试方法
Ge—O	1.733±0.001	3.99±0.1	0.042±0.001	中子衍射
	1.744±0.05	4.0±0.2	0.11±0.01	中子衍射
	1.73±0.03	—	—	中子衍射+反常 X 射线散射
	1.74±0.01	3.7±0.2	—	中子衍射

续表

结构单元	原子间距离/Å	配位数	标准偏差/Å	测试方法
Ge—O	1.75	—	—	中子衍射+反常 X 射线散射
	1.73	—	—	高能 X 射线衍射
	1.739±0.005	3.9±0.1	—	同步 X 射线
	1.73	—	—	反常 X 射线散射
	1.74	—	—	X 射线衍射
O—O	2.822±0.002	6.0	0.100±0.002	中子衍射
	2.84±0.01	6.0±0.3	0.26±0.03	中子衍射
	2.83±0.05	—	—	中子衍射+反常 X 射线散射
	2.84±0.02	5.5±0.5	—	中子衍射
	2.82	—	—	中子衍射+反常 X 射线散射
	2.838	6.0	0.109	中子衍射
Ge—Ge	3.155±0.01	4.0±0.3	0.26±0.03	中子衍射
	3.16±0.03	—	—	中子衍射+反常 X 射线散射
	3.18±0.05	—	—	中子衍射
	3.18	—	—	中子衍射+反常 X 射线散射
	3.17	—	—	高能 X 射线衍射
	3.18	—	—	X 射线衍射
结构单元	键角	配位数	标准偏差/Å	测试方法
Ge—O—Ge	(132±5)°	—	—	中子衍射+反常 X 射线散射
	(133±8.3)°	—	—	高能 X 射线衍射
	(130.1)°	—	—	中子衍射+反常 X 射线散射
	(133)°	—	—	X 射线衍射

锗酸盐玻璃的性质随组分的变化存在锗反常现象，这是一部分锗原子从四面体$[GeO_4]$配位转变为八面体$[GeO_6]$配位所致。关于锗酸盐玻璃的结构及其与锗反常的关系已经有了很多研究，但是目前还没有一个清晰的认识。尚待解决的问题有两个：一是锗的配位是否较高，二是配位数是 5 还是 6。Hannon(汉农)等[107]报道了一系列锗酸盐玻璃的中子衍射数据，这些数据清楚地表明锗酸盐玻璃的Ge—O 配位数超过了 4。同时还提出，配位数的成分依赖关系可以用来确定较高的配位数是 5 还是 6。已有研究表明，纯锗玻璃具有$[GeO_4]$四面体单元之间的角

共享形成的无规网络结构。所有的锗原子都是四配位的，所有的氧原子都是桥接的(如它们连着两个锗)。随着改性体氧化物加入量的增加，在特定的组分下物理性质存在极大值或极小值，如密度和玻璃化转变温度(这种现象即为锗反常)，传统上认为它是由玻璃网络中[GeO_6]八面体数量的变化引起的。在锗酸盐玻璃中添加改性体氧化物会向网络中引入多余的氧，而本质上，正是由于需要容纳这些额外的氧，才导致结构的变化，而结构的变化是随着成分的变化而发生的，如图 3-26 所示[107]。过多的氧可以通过破坏氧桥以非桥氧的形式并入网络(图 3-26(b))，也可以通过锗原子从低配位转变为高配位而并入网络(图 3-26(c)显示了[GeO_4]单元到[GeO_6]单元的转换)。根据锗反常的传统描述，在改性体含量低时，以图 3-26(c)所示的[GeO_6]单元的形成为主，而在改性体含量高时，以图 3-26(b)所示的非桥氧的形成为主。

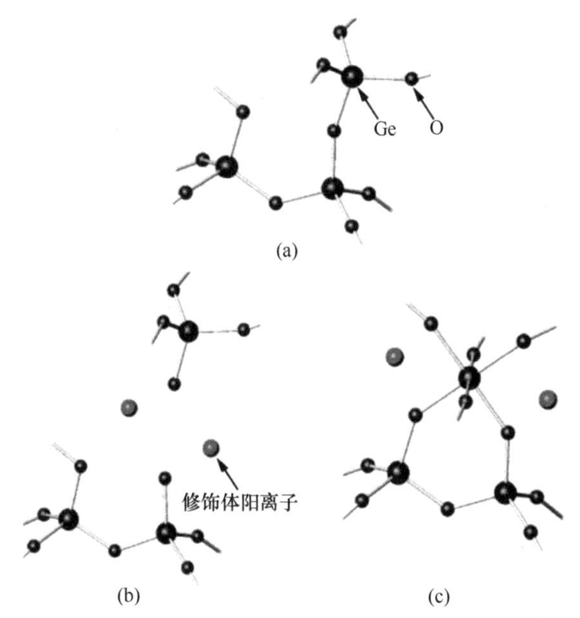

图 3-26　锗酸盐玻璃网络的一个片段(a)，以及加入修饰体阳离子后该网络片段的一个桥氧转化为两个非桥氧(b)，继续加入修饰体阳离子后该网络片段由[GeO_4]转化为[GeO_6]单元(c)[107]

GeO_2 玻璃与 TeO_2 玻璃结构的根本区别在于 GeO_2 玻璃中没有 LPE 位点。根据结构中存在的修饰体成分，GeO_2 玻璃可以具有[GeO_4]四面体和[GeO_6]八面体。[GeO_6]八面体单元不是普遍存在的，它依赖于阳离子的存在，阳离子也控制着 GeO_2 晶体形态中的对称基团。四面体和八面体单元的组合可能有利于提高稀土氧化物的溶解度和热稳定性。锗酸盐玻璃的拉曼光谱数据见表 3-4，从中可以看出主导玻璃结构的振动模式之间的差异[89]。在镓锗酸盐玻璃中，Ga^{3+}可以同时提供四配位四面体和六配位八面体位点，在这种情况下，离子可以同时作为网络形成体和修饰体，取决于其组成。Ga^{3+}还有望在双锥配位壳层中与氧形成五配位，相比之下，Na^{+}有望占据形成网状结构[GeO_4]、[GaO_4]和[GaO_5]附近的非桥氧位点。PbO 的作用可以用类似的原理进行解释，它扮演了一个网络中间体的角色，其过程如下所示[89]：

$$\mathrm{O-\underset{|}{\overset{|}{Ge}}-O-\underset{|}{\overset{|}{Ge}}-O+Na_2O\longrightarrow 2\left[O-\underset{|}{\overset{|}{Ge}}-O^{-}\cdots Na^{+}\right]} \tag{3.19}$$

$$\mathrm{2\left[O-\underset{|}{\overset{|}{Ge}}-O^{-}\cdots Na^{+}\right]+Ga_2O_3\longrightarrow O-\underset{|}{\overset{|}{Ge}}-O-\underset{|}{\overset{|}{Ga}}-\overset{Na^{+}}{O}-\underset{|}{\overset{|}{Ge}}-O-\underset{|}{\overset{|}{Ga}}-\overset{Na^{+}}{O}} \tag{3.20}$$

$$\mathrm{O-\underset{|}{\overset{|}{Ge}}-O-\underset{|}{\overset{|}{Ge}}-O+PbO\longrightarrow O-\underset{|}{\overset{|}{Ge}}-O-Pb-O-\underset{|}{\overset{|}{Ge}}-O-} \tag{3.21}$$

表 3-4　GeO_2 玻璃拉曼光谱中的振动模式[89]

GeO_2 玻璃的振动模式	拉曼峰/cm^{-1}	不同玻璃组成的拉曼峰位/cm^{-1}						
		S1-1	S1-2	S1-3	S1-4	S2-4	S3-2	S4-3
GeO_4 四面体中 O—Ge—O 的反对称伸缩振动	820	807	810	819	821	803	795	809
非桥氧 Ge—O—的反对称伸缩振动	760	751	739	752	758	781	734	746
桥氧 Ge—O—Ge 的振动	563	569	563	581	579	588	578	582
	506	510	504	527	545	523	529	538
桥氧 Ge—O—Pb 的振动	330	323	321	331	343	306	338	316

注：S1-1 为 $70GeO_2$-30PbO，S1-2 为 $65GeO_2$-30PbO-$5Na_2O$，S1-3 为 $60GeO_2$-30PbO-$10Na_2O$，S1-4 为 $55GeO_2$-30PbO-$15Na_2O$，S2-4 为 $50GeO_2$-40PbO-$10Na_2O$，S3-2 为 $60GeO_2$-30PbO-$6Na_2O$-$4Ga_2O_3$，S4-3 为 $56GeO_2$-22PbO-$9Na_2O$-$4Ga_2O_3$-$9PbF_2$。

3.3.2　非氧化物玻璃结构

1. 硫系化合物玻璃结构

硫系化合物玻璃是指以元素周期表第Ⅵ主族的硫、硒、碲三元素为主要成分的玻璃。除硫系单质或硫系元素本身间相结合的玻璃外，尚有硫系元素和类金属元素(如 As、Sb、Ge 等)相结合的玻璃。硫系玻璃大部分不含氧，因此又称为非氧化物玻璃。硫系化合物玻璃是重要的半导体材料、透红外材料、易熔封接材料等。它具有特殊的开关效应，近年来已用作光开关的光电导体。此外，硫系化合物玻璃具有高的非线性折射率，在一些非线性效应领域，如光子晶体光纤、微结构光纤、超连续光源等方面具有重要作用[66]。

在过去的几十年里，已经发展了一些模型来解释硫系化合物玻璃的结构，其中最常用的模型是用 Zachariasen 描述石英玻璃的方法，假设硫系化合物玻璃是三维的随机无规网络结构，例如，假设 $GeSe_2$ 玻璃是由$[GeSe_{4/2}]$四面体形成的三维连续无规网络。该模型与现有的大部分玻璃实验数据吻合较好，目前普遍认为该模型描述了硫系化合物玻璃的中程结构[108]。一般硒的晶体结构由八个硒原子构成一个分子，进而形成晶体。如果在硒晶体中加入少量锗和砷，则形成随机无规网络结构的玻璃，其结构如图 3-27 所示[66]。这种玻璃可作为光伏材料，在静电复印中有重要应用。

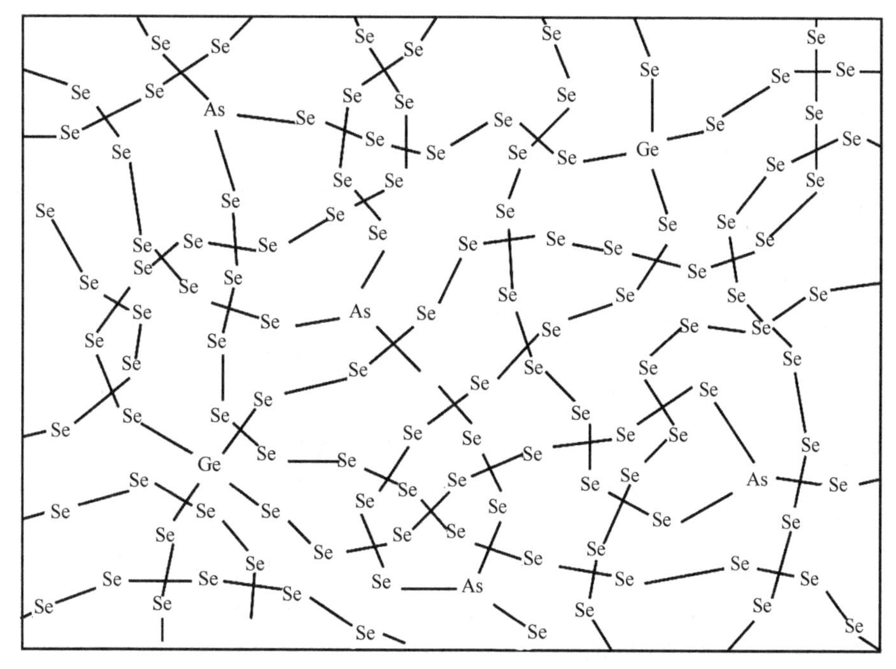

图 3-27　锗硒砷硫系化合物玻璃的结构示意图[66]

单质硫的分子式为 S_8，具有环状结构，每个硫原子以 sp^8 杂化态形成两个共价键且聚合成长链。当把加热到 230℃的熔融态硫迅速注入冷水中，便形成玻璃态的硫。硫系化合物能聚合形成链状或层状结构的玻璃态物质，主要是通过硫系元素的桥联作用来实现的。硫系化合物的聚合和形成链状结构的能力则是它形成玻璃态物质的基本条件。硫系化合物玻璃中最主要的是硫-砷体系，其代表为 As_2S_3 和 As_2Se_3。X 射线和红外吸收光谱等结构分析表明，As_2S_3 玻璃接近于线状有机聚合体，即表现为链状结构。当引入卤素如碘时，链状结构被破坏，就形成类似于图 3-28 的结构。一般认为，As_2S_3 及 As_2Se_3-As_2Te_3 玻璃也是链状结构。As-Te 系玻璃的基本结构单元为$[AsTe_{3/2}]$四方锥体。在 As_2Te_3 玻璃成分中如 As 比值增大将使熔体黏度增大，有利于过冷形成玻璃。反之，若 Te 比值增大，则黏度下降，熔体易于结晶[66]。

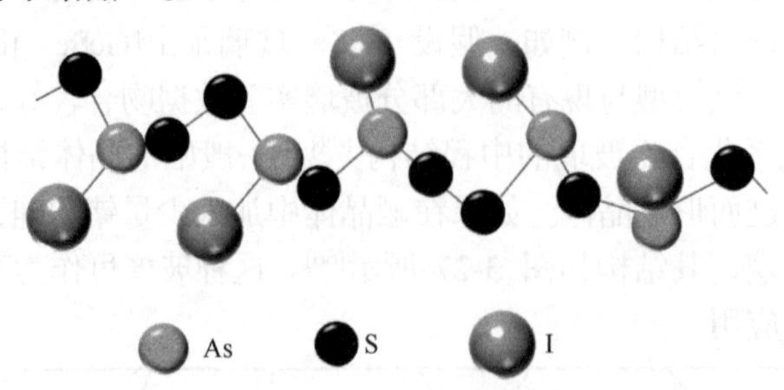

图 3-28　含卤素的 As_2S_3 玻璃的链状结构示意图[66]

Nemanich(内曼尼希)等[109]依据硫系玻璃拉曼光谱的强度和偏振的组成依赖关系研究，提出了另一个模型来描述硫系化合物玻璃的非均质结构特性，即硫系化合物玻璃中存在有序的大区域，并嵌入在一个有序的网络中。Bridenbaugh(布里登博)等[110]通过对玻璃态硫系化合物及其相应晶体在高温下的研究进行比较，认为硫系化合物玻璃的化学有序本质上是不连续的，他们认为在化学计量组成中存在两种部分聚合的结构区域。这些结构区域要么富含阳离子，要么富含硫。在他们的模型中，富硫区域是高温结晶相的木筏状碎片，并被 S—S 键横向包围。同时，Phillips[111]认为 Ge_xSe_{1-x} 玻璃至少由两种形态和化学计量上截然不同的大分子结构区域组成，而这些区域表面在决定玻璃形成趋势方面起着至关重要的作用。

目前，人们已经采用各种衍射和光谱分析方法来阐明硫系化合物玻璃的结构，包括 X 射线衍射、扩展 X 射线吸收精细结构光谱、中子散射、拉曼光谱、X 射线光电子能谱(XPS)、核磁共振等[108]。不过，这些技术基本上只能间接探测玻璃的结构信息，需要与计算机模拟(如蒙特卡罗)相结合解决复杂的玻璃结构。需要指出的是，来自不同实验技术的结构信息应该是自洽的，一个真实的结构模型应该解释所有的实验结果。以核磁共振在硫系玻璃中的应用为例，Rosenhahn(罗森哈恩)等[112]在高温下对熔融试样进行了研究，并开展了 ^{77}Se 核磁共振实验，研究结果表明 $AsSe_3$ 三角锥在玻璃网络中随机分布。图 3-29 给出了 Se、$AsSe_9$、$AsSe_3$、As_2Se_3 样品在富 Se 区(As_xSe_{1-x}，$0<x<0.4$)的 ^{77}Se 核磁共振谱，并与母晶相进行比较[113]。纯硒玻璃显示了与 Se—Se—Se 环境相关的 850ppm(10^{-6})的单峰，而化学计量的 As_2Se_3 显示了与 As—Se—As 环境相关的 380ppm 的单峰。相反，中间组分 $AsSe_3$ 显示了一个以 550ppm 为中心的宽峰值，这表明 Se—Se—As 环境占主导地位，但也表明另外两种环境同时存在。核磁共振是一种定量结构分析技术，可以用它证明链状交联模型(CCM)的有效性，该模型预测了 $AsSe_{3/2}$ 三角锥的均匀分布。另外，在富 As 区，核磁共振的结果表明玻璃结构在 $0<x<0.4$ 的范围也遵循链状交联模型，但随后失去网状结构，在

$0.4<x<0.6$ 范围内生成富 As 笼分子。AsSe 和 As_3Se_2 重构的核磁共振谱表明玻璃结构中 Se 原子在这些分子中分别占 20%和 40%。这些核磁共振数据和拉曼光谱也完全一致，并且拉曼光谱清楚地显示了 As_4Se_4 和 As_4Se_3 分子单元非常明显的特征[114,115]。此外，随着 As 含量的增加，拉曼光谱呈现出一个尖锐而强烈的峰，这是晶态砷的特征。这些结果都表明在 $x=0.4$ 时出现了剧烈的结构变化。事实上，玻璃网络在 $0<x<0.4$ 的范围从一维链结构发展到二维网络并基本遵循链状交联模型。然后，在 $0.4<x<0.6$ 的范围玻璃结构过渡到一个更低的维度，该低维结构由包含越来越多的分子夹杂物的零维锥体骨架组成。这种结构描述完全符合所有物理和力学性能的演化，这些性能在 $x=0.4$ 处表现出一个极值。关于硫系玻璃的其他结构模型将在 4.6.1 节进一步介绍。

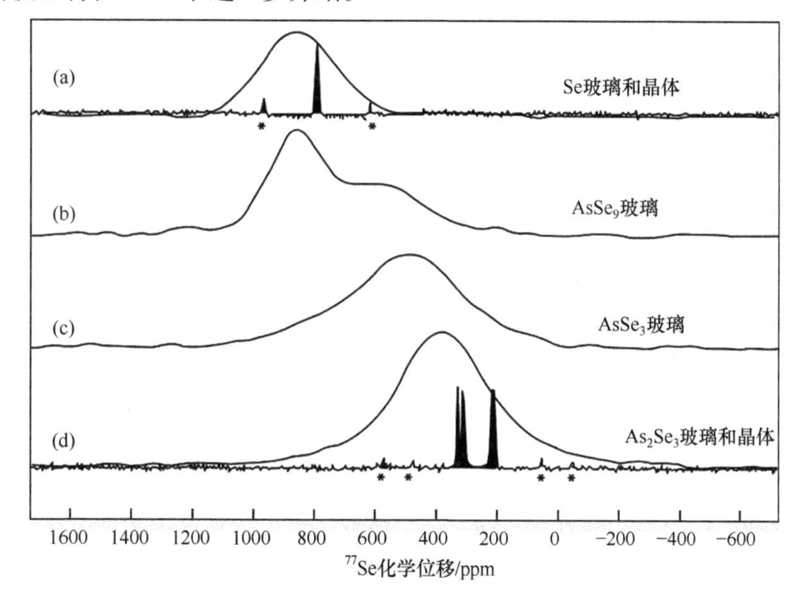

图 3-29 富 Se 玻璃的 ^{77}Se 核磁共振谱[113]

(a)Se 玻璃；(b)$AsSe_9$；(c)$AsSe_3$；(d)As_2Se_3；其中(a)和(d)同时给出了相应晶体的核磁共振谱进行对比

2. 卤化物玻璃结构

卤化物玻璃通常是由金属卤化物(主要是氟化物)组成的，氟或氯作为主要的阴离子元素。其结构特点是通过第Ⅶ族元素的桥联作用把结构单元连接成架状、层状或链状结构。氟化物玻璃具有超低折射和色散以及从近紫外到中红外的宽透过范围的特性，是重要的光学材料。氟化物玻璃也用作易熔封接材料。为了防止氟化物氧化和挥发，氟化物玻璃一般在密闭坩埚中进行熔制。氟化物析晶倾向强烈，熔融后必须快速降温。它的析晶倾向大，因此一般不易获得较大的玻璃[66]。

与硅酸盐玻璃相比，氟化物玻璃的结构建模较为复杂。了解氟化物玻璃结构的主要问题是缺乏固定的结构单元，因为氟原子与锆原子的平均配位不是一个整数。这意味着在氟锆酸盐玻璃中，并不是所有的 Zr^{4+}都具有相同的环境，即使在纯 ZrF_4 中也是如此。这一结果与氟锆酸盐的晶体形态一致，氟锆酸盐的配位数为 6、7 和 8。这些不同的配位多面体如何结合在一起形成非晶态材料，以及它们如何受到添加修饰体或其他玻璃形成体的影响，是理解重金属氟化物玻璃结构的关键[54]。人们很早已成功制成 BeF_2 玻璃。一般认为[BeF_4]四面体是它的结构单元，在玻璃中形成类似于 SiO_2结构的空间排列，它的短程有序和 α-方石英相似。BeF_2 玻璃是由[BeF_4]四面体连接成的三维空间架状结构，而其他卤化物(如 Cl、Br、I)则常形成层状或链状结构。BeF_2 玻璃也可以含有碱金属氟化物和 AlF_3，如 BeF_2-AlF_3-NaF 系统的某些组成的熔体急冷可形成玻璃。BeF_2-AlF_3-KF 系统形成玻璃的范围较大，而 BeF_2-AlF_3-LiF 系统则不易形成玻璃。BeF_2 和 $ZnCl_2$ 玻璃分别由角共享[BeF_4]和[$ZnCl_4$]四面体的三维无规网络和桥接卤素构成[21]。

研究人员对氟化物玻璃的结构进行了大量研究，包括 X 射线衍射、红外光谱、拉曼散射、核磁共振等方法[116]。X 射线衍射研究主导了氟化物玻璃结构的早期研究。在衍射实验中，大多数作者比较了不同晶型的 ZrF_4-BaF_2 玻璃的测量值，以研究最近邻结构、Zr 的氟配位、键长和键角[54]。研究 ZrF_4-BaF_2 二元结构的基本问题涉及 Zr 与 Ba 的氟配位以及氟多面体间存在的各种键，这些问题使重金属氟化物玻璃衍射测量的分析变得复杂。因为这通常涉及多个峰的重叠，使得计算准确的配位数变得困难。此外，许多研究者使用衍射数据作为几何结构、蒙特卡罗计算、分子动力学或其他计算机建模技术的关键测试数据。一般来说，对于 ZrF_4-BaF_2 二元体系中各组分的 Zr—F 键长，大多数研究结果都是一致的。Ba 环境的定义似乎不太明确，一些化合物呈现双峰，解释为两个键长。估计氟离子配位数 Zr 在 7～8.4，Ba 在 8～15。许多研究者提出了玻璃中类似晶体结构的近程结构。总体来说，大多数研究者都同意共角桥氟和一些共边桥氟占主导地位，浓度从 0%到 15%不等[54]。Phifer(费弗)等[117]对氟锆酸盐玻璃的结构模型进行了较早的研究。基于玻璃的 X 射线散射结构数据和物理性质以及模拟结果，他们提出了描述 ZrF_4-BaF_2 玻璃结构的理想化模型，即双多面体模块模型。该模型的基本结构单元为 ZrF_{13} 双多面体，如图 3-30(a)所示。通过单个桥氟和 Ba^{2+}改性体的相互作用，该单元更容易合并到一个扩展的三维结构中，如图 3-30(b)所示。在这个模型中，存在三种氟结构单元：①内部桥氟 F_{Bi}，连接 $Zr_1 \cdots Zr_2$ 对，完全属于模块；②桥氟 F_B，由两个模块分享，扮演着将基本单元扩展成非周期性的三维准晶的基础作用；③非桥氟 F_{NB}，完全属于模块。每一个 F_B 属于两个模块，因此假设一个模块有 6 个这类共享的氟。F_{NB} 有 5 个，3 个属于八配位的多面体，2 个属于七配位的多面体。这些氟与 Ba 离子是库仑相互作用，几个双多面体共包含 11～12 个 F。最近的 6～7 个是 F_{NB}，因此平均一个 Ba 被分配给一个双多面体。因此，这种连接机理与 $BaZr_2F_{10}$ 玻璃组成和 Zr_2F_{13} 基本结构单元一致。实验结果也表明每个 ZrF_n 多面体只有 3 个氟和三维非周期性网络结构相连，5 个氟是非桥氟并与 Ba^{2+}以离子键相互作用，例如，图 3-30(a)中已经将与非桥氟(F_{NB})相连的 Ba 圈出，并在旁边标注了数字 1、2、3 和 4，其中，1、2 和 3 中的 Ba 和 F_{NB}通过单键相连，4 中的 Ba 和 F_{NB}通过双键相连。图 3- 30(b)展示了 Zr_2F_{13}单元形成 $Zr_2F_{10}^{2-}$ 网络，其中 Ba^{2+}分散在网络中。

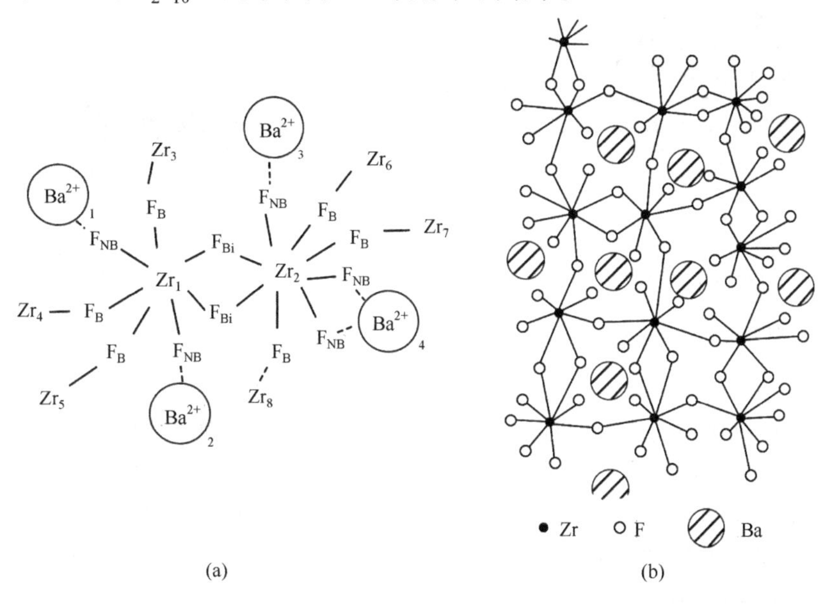

图 3-30　$BaZr_2F_{10}$ 玻璃的结构模型[117]

(a)Zr_2F_{13} 基本结构单元；(b)二维结构模型

此外，也有人提出用无规密堆积(RCP)网络模型来描述氟化物玻璃，如氟锆酸盐玻璃的结构，在该模型中阴离子呈无规密堆积而阳离子位于间隙位置[118]。这与氧化物玻璃共角四面体连接的连续随机无规网络结构(CRN)不同，无规网络理论适用于硅酸盐和氟硼酸盐等含有明确低连通性结构单元(配位数是 3 或 4)的玻璃，这些结构单元共享角而不是边或面，从而形成连续的三维网络。在 RCP 模型中，原子间作用势是球对称的，原子被视为具有适当硬度的球体。从概念上讲，这个模型表示纯离子的相互作用。该网络的主要特点是最近邻配位数的最大化，玻璃形成体阳离子的配位数是 6 或者更高[54]。对于重金属氟化物玻璃这样的离子体系，最近邻结构是由阴阳离子的半径比和离子间的相互吸引和排斥作用共同决定的。在这种情况下，玻璃的形成要么是不同多面体类型的随机密堆积，要么是不符合空间填充几何形状的扭曲多面体的低效填充。那么哪一种结构模型适合氯化物、溴化物和碘化物玻璃呢？从配位数的观点来看，ZnX_2(X=Cl，Br，

I)和 CdI_2基的玻璃应该属于 CRN 模型，而 $CdCl_2$，AgCl 和 AgBr 基的玻璃可以用 RCP 模型很好地描述，类似于氟化物玻璃。然而，不像氧化物玻璃，卤化物玻璃没有共价键和明确的四配位结构。同时，非氟卤化物玻璃也不像氟化物玻璃，它们没有离子键。因此，Kadono(角野)认为氯化物、溴化物和碘化物玻璃的模型应该处于 CRN 和 RCP 模型之间，如图 3-31 所示。

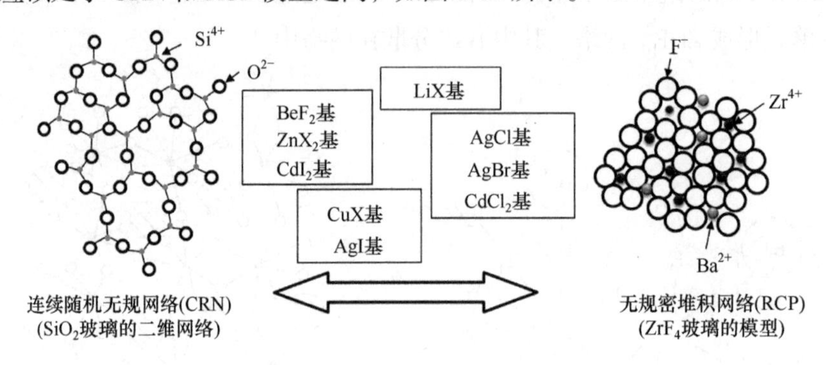

图 3-31　典型氧化物玻璃和氟化物玻璃的结构模型对比以及非氟卤化物玻璃结构和它们之间的关系[118]

在分析氟化物玻璃结构时，研究人员倾向于利用无规密堆积或无规网络概念进行解释，因为这些概念为讨论真正的玻璃结构提供了一个非常有用的工具。然而，多组分的引入增加了玻璃结构的复杂性，模糊了两个模型之间的区别。因此，有必要借助各种数值方法生成结构模型，并将其与现有的实验数据进行比较。在 ZrF_4-SnF_2-BaF_2、ZrF_4-SnF_2-GaF_3、InF_3-BiF_3-BaF_2 和 SnF_2-GaF_3 体系中，Ignatieva(伊格纳蒂耶娃)等[119]通过红外光谱和拉曼散射的方法研究了玻璃的结构。在玻璃中添加 SnF_2 后，氟锆酸盐玻璃的红外吸收谱带发生展宽并向低频位移，由氟锆酸盐([ZrF_8]、[ZrF_7])和氟锡酸盐([SnF_n])多面体振动谱带的叠加所致，因此推测[SnF_2]和[ZrF_4]是玻璃形成体。对 InF_3-BiF_3-BaF_2 玻璃的红外光谱和 BiF_3 晶体进行对比分析表明，[BiF_n]多面体与[InF_6]八面体共同参与了玻璃网络的形成，并存在于玻璃结构中。BiF_3 的引入改变了氟酸盐多面体的结合程度。[BiF_n]多面体嵌入玻璃网络的链中，从而减少了桥键中 In—F—In 的数目。在这里，形成的 In—F—Bi—F 键不那么强，这就解释了这种玻璃的红外透射范围很广的原因。在 SnF_2-GaF_3 体系中，还确定了两种玻璃成形结构单元的存在性，即包括[GaF_6]和[SnF_n]多面体。此外，玻璃在 39～50cm^{-1} 的低频拉曼的玻色峰表明，这些玻璃中程有序的区域与修饰体阳离子的大小有关。

3.3.3　金属玻璃结构

金属玻璃是由金属或合金高温熔融液体快速冷却得到的，其结构很大程度上类似于熔体的结构，其特征是短程有序而长程无序[120]。金属玻璃的结构一直是个谜。一方面，金属玻璃是一种非晶态材料，没有长程的结构顺序；另一方面，由于这些合金的高原子堆积密度和各组成元素之间的化学亲和力不同，预计它们的拓扑和化学中短程顺序将会很明显，金属玻璃独特的内部结构是其有趣特性的基础。目前，研究者已经提出多种金属玻璃的结构模型，包括微晶模型[121]、硬球无规密堆积(DRPHS)模型[122]、密堆积团簇模型[123]、立体化学模型[124]、准等同团簇模型[125]、聚四面体密堆积模型[126]等。

金属玻璃的微晶模型提出的基础是非晶与相似成分的晶体有着相近的结构参数，如对分布函数、结构因子、化学短程序、键角分布、共同近邻分析以及插入式算法[120]。微晶模型的基本观点是金属玻璃是由很小的微晶组成的，晶粒的大小在十几埃到几十埃之间，其短程有序和晶体的有序是相似的，长程无序是由微晶取向杂乱无规则导致的。微晶模型认为金属玻璃的结构可以分为两个区域：微晶区和晶界区，这两部分区域的结构不相同。相比于微晶模型，DRPHS 模型更加偏向于实验而非理论。利用计算机技术，可以模拟 DRPHS 模型结构，类似于用钢球模拟的 DRPHS 模型结构。连续无规网络模型主要适用于含有非金属/类金属元素的金属玻璃体系，其结构单元类似于氧化物玻璃的[SiO_4]四面体结构，结构单元连续无规则地排列到整个金属玻璃的结构中，原子间的键长和键角要求保持不变同时与晶态材料相似。密堆积团簇模型是以团簇作为结构的基本单元，而不同于前面所述的三个模型(以原子作为金属玻璃结构的基本单元)。以溶质原子为中心的基本团簇单元中溶剂原子包围着溶质原子，在最近邻的壳层上，配位数取决于溶质原子与溶剂的半径比值。准等同团簇模型的结构单元也是团簇，该模型的特点是，直观地从模型中获得了中程有序的信息，使得人们对金属玻璃的结构认识又向前迈了一步。

Bernal[127]、Scott(斯科特)[128]和 Finney(芬尼)[129]为解决金属液体结构的问题做了开创性的工作。如果金属中的原子近似为硬球体，那么问题就是如何在不引入结晶有序的情况下，用相同的硬球体尽可能密集地填充三维空间，这是 Bernal 关于 DRPHS 模型的最初设想。显然，在该模型中不应该存在一个足够大的洞(即空的空间)来容纳一个相同的球体而不调整它的近邻。鉴于此，Bernal 提出了边长相等的五种孔(即等边三角形面)可能是单原子液体的基本结构单元，如图 3-32 所示[120]。在五个多面体孔中，四面体的填充效率最高，因为四面体中的每个原子都与其他三个原子接触。其他多面体类型孔较大，填充效率较低。需要指出的是，三维空间平铺不能仅用正四面体来完成，因此必须涉及其他孔。例如，在紧密填充的 fcc/hcp 结构中，涉及四面体(图 3-32(a))和八面体(图 3- 32(b))，每个单元中四面体与半八面体的数量比为 1∶1，它们被完全有序地填充在整个三维空间。图 3-32(c)～(e)中的多面体与长程平移对称不相容，它们被认为存在于液体中。事实上，由于没有对液体孔洞的全局调节，而系统却在努力使四面体的数量最大化，即四面体及其他多面体的出现成为自然，因此液体结构是这五个基本单元的混合物，具有适度的扭曲，即边并不完全相等，而是近似相等。采用实验和计算机建模的方法分析 DRPHS 模型，例如，Bernal 在实验中发现 DRPHS 模型中存在 70%的四面体，20%的半八面体以及 10%扭曲的孔。在 DRPHS 模型中不再出现 fcc/hcp 中规则分布的八面体孔，相应的空间随机分布着不同类型的孔，并在一定程度上有所集中。正如 Bernal 和 Finney 所注意到的，DRPHS 中四面体的空间聚集导致了许多五边面[127,129]。Cargill(卡吉尔)[122]和 Polk(波尔克)[130]早期对二元金属玻璃结构的尝试基于 DRPHS 模型。Cargill 发现 Ni-P 的双体分布函数测试结果和 DRPHS 模型吻合较好，从而提出用 DRPHS 模型来表示过渡金属纳米金属玻璃的结构。Polk 注意到，将过渡金属和非金属都做相同的硬球处理，其密度将小于实验测量值。因此，他提出只有过渡金属原子具有 DRPHS 结构，而非金属原子则填充空穴。值得注意的是，虽然 DRPHS 模型与实验的匹配度相当好，包括分裂的第二峰，但子峰的相对强度不一致。Heimendahl(海门达尔)[131]和 Finney(芬尼)[132]对 DRPHS 模型进行了改进，从而更好地匹配了这一特征。然而，从单个球体开始，用相同的硬球体构建密度最大填充的努力必然会受挫，因为密度最大的局部单元四面体无法重复填充三维空间。因此，含有孔的密度较低的单元必须参与。因此，对金属玻璃来说，DRPHS 模型只捕获了部分事实，即密集而高效的堆积似乎是一个基本原则，但是金属原子并不是硬球体，而且堆积也不是随机的。

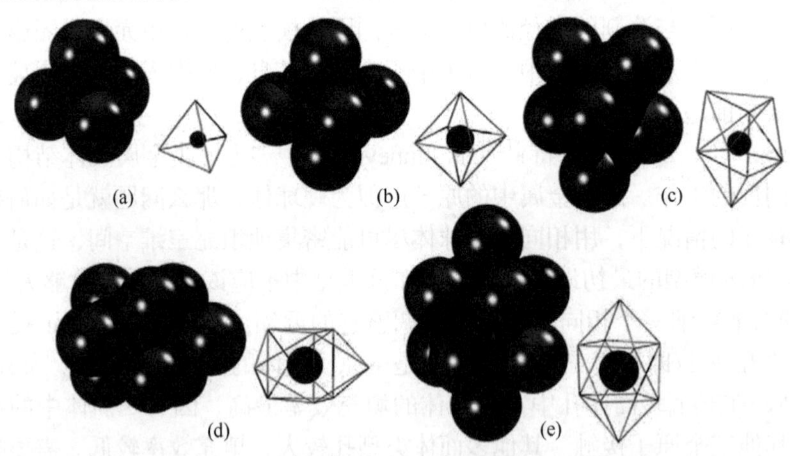

图 3-32　四面体(a)、八面体(b)、四方十二面体(c)、三棱柱顶三半八面体(d)和阿基米德反棱柱顶二半八面体(e)[120]

每个图的左图为孔周围的硬球填充，右图为中心的孔，其内部球的半径对应孔的大小在多面体填充模型中，原子尺寸比是决定配位数和簇类型的一个关键参数。事实上，许多研究人员已经认识到原子大小及其组成之间的差异在确定金属玻璃短程序中的重要性。如果金属玻璃是稀溶液并且溶质原子仅由溶剂包围，然后可以将溶质中心集群视为金属玻璃的基本构建单元，而这些集群通过在壳中共享溶剂原子高效堆积形成了中程序。这就是 Miracle(米勒克尔)提出的密堆积团簇(ECP)模型的思想[123]。ECP 模型强调了两个需要解决的基本问题，即如何通过选择中心溶质与周围溶剂的尺寸比来实现稳定的以溶液为中心的团簇以及这些团簇如何在中程范围内连接和排列。Miracle 和同事进行了系统的研究来回答这两个问题。简而言之，他们的模型假设金属玻璃中典型的短程序是以溶质为中心的团簇，在中心溶质周围有效地填充了溶剂。配位数由溶质与溶剂的粒度比决定。将溶质(中心)原子的总表面积除以各溶剂(壳)原子的有效占据面积，就可以求出有效填充的平均配位数值，配位数值随着溶质与溶剂粒度比的增加而不断增加。以溶液为中心的团簇通过共享壳层中的溶剂原子相互连接，为中程序的形成奠定基础。Miracle 认为溶质中心 α 通常形成 fcc 结构，在某些情况下是简单立方，延伸到不超过几个团簇直径，而团簇之间没有方向顺序，导致溶剂原子的随机堆积。fcc 晶格中还有两个不同尺寸的附加溶质位点：八面体位点 β 和四面体位点 β，如图 3-33 所示[120]。对于每个溶质(α，β，γ)，相对于溶剂的尺寸比决定了配位数和以溶质为中心的团簇的大小。当组分和相对尺寸都调整到合适的组合时，可以实现以溶质为中心的团簇与形成 fcc 阵列的溶质的有效填充。值得注意的是，这三个溶质位置的特征是尺寸，而不是元素类型。例如，铜和镍在这个模型中会被看作相同的溶质，因为它们的尺寸非常接近。

图 3-33　金属玻璃的密堆积团簇模型[120]

(a)溶质中心团簇的 fcc 中程序，α：溶质中心，β：四面体或八面体位点；(b)三维结构模型图

总体来说，金属玻璃的结构研究有两大挑战[120]。

(1) 如何通过实验和/或计算工具构造一个现实的三维无定形结构。

(2) 如何使用合适的结构参数有效地描述一个给定的无定形结构以及提取的关键结构特点相关的基础玻璃的形成和性质。

需要指出的是，与晶体不同，玻璃结构没有明确的形式，就组成原子的确切位置而言，每一个玻璃实际上都是不同的。因此，求解每一个金属玻璃的精确结构既不可行也没有必要。金属玻璃结构研究的目标是提取有关玻璃结构的统计信息，发现中短程顺序的关键特征，并确定构成玻璃形成和玻璃性能的结构基础的基本物理原理。目前人们对金属玻璃的结构认识可以解释一定的物理现象，但是又存在矛盾之处，因此还需要不断地探索[120]。

3.3.4 有机玻璃结构

有机玻璃是一种典型的热塑性聚合物材料，它由甲基丙烯酸甲酯本体聚合而成，工业上也称聚甲基丙烯酸甲酯，具有透明性好、质量轻、不易碎裂、耐老化以及具有良好的力学性能等优点，广泛应用于航空、建筑、生物医学等方面。有机玻璃属于链状高分子聚合物类别，通过链在空间中的缠绕和交联形成空间网络结构。因为它们是由聚合物链通过热塑性塑料或热固性塑料与共价键相互作用形成的，其空间网络结构因主链上的取代基较大且不对称，很难结晶，所以有机玻璃分子结构通常表现为无定形的非晶态。

有机玻璃的结构模型最主要的是无规线团模型(RCM)，由 Flory(弗洛里)[133]在 1949 年提出，该模型认为有机玻璃由有机链或交叉链组成，如图 3-34 所示[134]。有机玻璃中的碳链纠缠在一起，熔体的快速冷却阻止了晶体区域的重新定向。在热塑性塑料中，链之间只形成弱键。在热固性聚合物中，当有机链之间

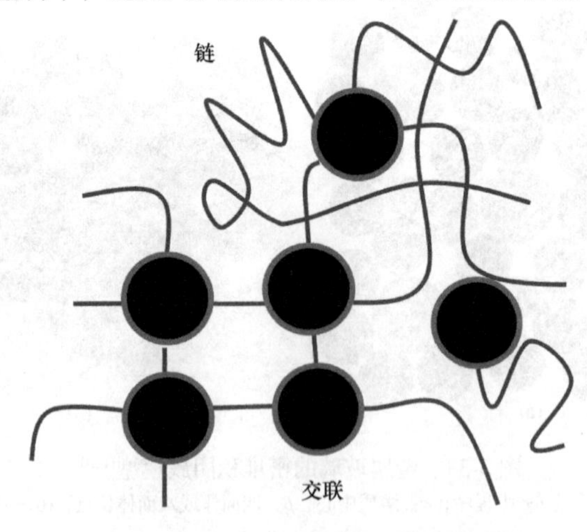

图 3-34　有机玻璃的无规线团结构模型[134]

形成共价键时，就会发生交联。最简单的聚合物聚乙烯是由 CH_2 分子链组成的。碳链的长度取决于聚合物的制备方法。此外，侧基功能可以添加到碳链。当从熔体中冷却时，聚合物通常会呈现出嵌在玻璃基质中非常小的晶体区域的混合物，晶体由定向链组成，因此许多这种材料实际上类似于低结晶度玻璃陶瓷。适当的热处理可以提高这些玻璃的结晶度。随着结晶度的增加，部分结晶材料的性能也呈现出与无机微晶玻璃相同的趋势。只有当淬火足够快时，链才不能重新排列，并得到玻璃相。这些链形成了一个具有强共价和/或弱键合特性的玻璃三维网络。例如，强交联导致更高的黏度。这些结构非常类似于玻璃态硫和硒，它们也由缠结链组成。有机玻璃中的链也可以交联，就像它们在硫系玻璃中一样，从而改变它们的性质。例如，增加交联度会增加熔体的黏度和玻璃化转变温度。一般来说，有机玻璃的性能与链基结构的无机玻璃非常相似，包括通过在成型过程中施加应力来生产具有定向性能材料的能力[67]。

有机玻璃形成物质的熔融过程中存在聚集和聚合过程。在聚合的物理化学过程中，人们可以区分线性聚合物和支链聚合物，这方面的例子如图 3-35 所示[135]。这里 *A* 是链的某个段，而 *A'* 表示链的一个末端群。此外，在两个或更多的聚合物链之间可能形成桥梁，这导致聚合物结构的加强。这方面的一个经典例子是橡胶的强化。橡胶的强化是由于链之间交联的形成。交联可能达到这样一种程度，使三聚体交联聚合物成为可能。线性链和支链这两种类型的链之间的中间位置作为玻璃结构的单元被聚集复合物占据。聚集复合物在过冷熔体中形成，并在低分子有机物如醇和葡萄糖的玻璃中可以检测到。在熔体过冷的过程中，这种液体或多或少会形成稳定的团聚体。不同结构单元之间的键是氢键。在某种程度上，这种附加聚合也必须考虑到有机聚合物链(活性链)。在这方面，值得注意的是 Botvinkin 提出的聚合理论[136]。线性聚合物链的构象统计主要是在 Flory-Huggins

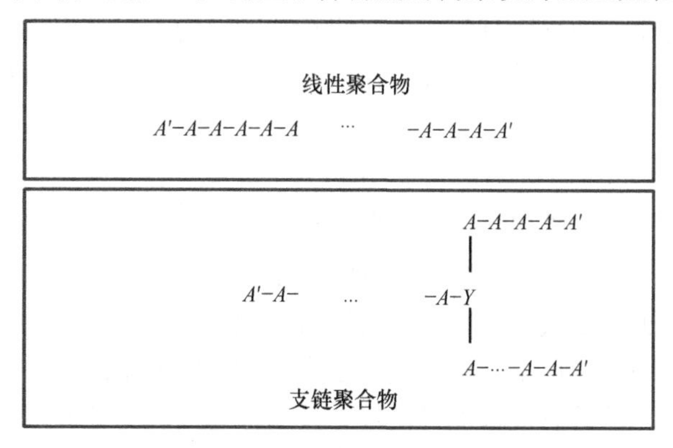

图 3-35　有机玻璃中两种可能存在的线性聚合物和支链聚合物[135]

A 是链的某个段，*A'* 是链的一个末端群

(弗洛里-胡根斯)晶格模型的框架下发展起来的[137]。除聚合物分子构象的性质外，分子围绕 C—C 键自由旋转的能力也很重要。对于柔韧性近乎完美的聚合物链，分子自身和分子之间形成的链折叠在很大程度上决定了体系的热力学性质和流变性。在有机聚合物玻璃形成体系中，链折叠对于推导成核和晶体生长的特定模型也具有特殊的意义。统计力学方法对聚合物的结构分析表明，柔性聚合物分子在溶液中最稳定的构型是一种特殊的螺旋状结构。基于上述模型考虑，可以解释聚合物中存在长链而导致的属性。在这方面的一个例子是超弹性，如在橡胶和其他弹性体中[135]。

在比较无机聚合物玻璃形成物与典型有机聚合物玻璃形成物时，必须指出两个显著的差异[135]。

(1) 在大多数情况下，无机链如—Se—Se—Se—、—Te—Te—Te—或—P—O—P—O—P—的刚度比有机聚合物高得多。

(2) 无机体系的平均聚合度较低，也称为低聚体系。

将有机高分子结构与无机玻璃进行比较，可以明显看出，在结构形成的基本机制方面存在类似的情况，特别是可能形成长链的可重复结构单元。对于无机玻璃，链通常是阴离子性质。尽管有机聚合物和无机聚合物的基本结构单元是相似的，但是在无机玻璃中，交联是由碱土和其他二价阳离子作为中间体。这种交联的存在与围绕 Si—O—Si 或 P—O—P 键的自由旋转能力的显著降低相联系，导致更强的非弹性结构。当然，这些差异是渐进的，并且可能会因外部约束的变化而减少。例如，即使对于典型的有机高聚物，在低温下，C—C 键的旋转也会显著降低，如在低温下橡胶可以作为固体而获得。

继续讨论有机玻璃和无机玻璃结构的异同，同样令人感兴趣的是，对于氢键稳定的玻璃，这种键在 T_g 以下的比例不会改变[135]。这个特殊的例子表明，T_g 以下不仅拓扑无变化，而且所有与化学反应有关的结构重组过程都处于冻结状态。无机玻璃熔体中阴离子链的稳定性存在较大的差异。也许这种链在磷酸盐玻璃中是最稳定的，因为即使在水溶液中，阴离子仍然是单个的单位，并且与阳离子分离。有机高分子的分子单独存在，在溶液中保持稳定。然而，也有溶液与解离物质相连接的情况，在这种情况下，溶液被认为是一种聚电解质。基本上，聚合物和非聚合物阴离子之间不可能强行区分开。例如，即使是阴离子 $[SO_4]^{2-}$，也可以通过聚合阴离子的形式存在，尽管它通常被划分为无机复合物。在缩聚和加聚的聚合反应过程中，形成了具有不同分子质量和不同缩聚或聚合程度的分子。由此可知，聚合度和链的有效长度是由尺寸分布决定的。从这些尺寸分布，可以计算多聚或聚合的平均程度。似乎有可能为了实现玻璃态，需要存在不同大小的分子作为必要的先决条件。正是基于这样一种观点，即由不同大小的单元形成规则的晶体结构是很难实现的。对一个给定熔体转变为玻璃态的可能性来说，链的长度显然也很重要。对于足够大的分子，可以预期会形成卷曲状或折叠状的结构，从而抑制结晶。一般来说，性质非常不同的空间因子对于获得玻璃态物质的可能性是非常重要的。例如，已知化合物的非线性异构体比各自的正常线性聚合物更容易过冷。这些空间因子一方面降低了分子的迁移率；另一方面，随着分子构型复杂性的增加，其在过冷熔体和玻璃态中的稳定性得到了促进，即自由能表达式中的熵增加了。对于某些无机聚合物体系，其结构与有机聚合物极其相似，这种情况的一个例子是带有结构单元 S 的塑性硫—S—S—S—S—S—。同样有趣的是高聚物的结晶过程，典型的有机聚合物容易过冷，这类物质的结晶机制要么是链的部分相互平行排列，要么是形成链折叠结构。在这两种情况下，同一分子同时参与规则和不规则非晶结构的形成。据此，Keller(凯勒)[138]提出了一种更现实的有机聚合物结晶链折叠机理。

3.4　总　　结

玻璃态物质的结构是科学界关注的玻璃态基础问题焦点之一。研究者先后提出了描述无机玻璃结构的晶子学说和无规网络学说，描述高分子玻璃的无规线团模型，以及描述金属玻璃的密堆积模型等。晶子学说揭示了玻璃的短程有序性、微不均匀性和不连续性，无规网络学说则强调了玻璃结构的连续性、统计均匀性和无序性。由于玻璃处于热力学亚稳态，在冷却过程中不同的热历史对应不同的玻璃结构。从这个观点来看，无论晶子学说还是无规网络学说都不能提供一个普适的玻璃结构模型。

在玻璃的论文及专著中，关于玻璃结构的论述，影响面最大的首推 Zachariasen-Warren 的无规网络学说和 Lebedev 的晶子学说。此外，还有介于两者之间的群聚理论和中程有序学说等。晶子学说正确地解释了玻璃中存在规则排列区域，即有一定的有序区域，这构成了该学说的合理部分，对玻璃的分相和晶化等本质的理解有重要价值。无规网络学说强调的玻璃结构的连续性、统计均匀性和无序性可以在玻璃的各向同性等基本特性上得到证实，因此在长时间内处于玻璃结构学说的主要地位。近年来，人们通过构建玻璃结构模型、计算机模拟仿真以及各种新的实验测试手段的出现极大地推动了对玻璃结构的认识和理解。玻璃结构从晶子学说、无规网络学说到近代玻璃结构学说，玻璃结构中的有序无序、均匀不均匀等问题经历了初期定性研究到目前半定量研究的过程。近代玻璃结构研究表明，玻璃由长程无序、短中程有序的骨架构成，根据玻璃组成的不同，骨架可能是三维空间网络，也可能是层环或链状，甚至是无序金属离子和岛屿状结构(逆性玻璃)。网络是微不均匀的，有可能存在两种或两种以上骨架。对于结构的短程有序部分，有的称为晶子、微晶、构子等。这些不均匀性随着热处理而增加，处于化学积聚-微散的平衡过程中，随着条件改变会破坏这一平衡，所以有序和无序、连续和不连续、均匀和不均匀是构成玻璃结构矛盾的两方面，同时存在于玻璃统一体中。在一定条件下，可能起主导作用，条件改变时则起支配作用。

参考文献

[1] Zachariasen W H. The atomic arrangement in glass. Journal of the American Chemical Society, 1932, 54(10): 3841-3851.

[2] Wright A C, Thorpe M F. Eighty years of random networks. Physica Status Solidi B, 2013, 250(5): 931-936.

[3] Greene C H. Glass. Scientific American, 1961, 204(1): 92-106.

[4] Rosenhain W. The structure and constitution of glass. Journal of the Society of Glass Technology, 1927, 11: 77-97.

[5] Warren B E. The diffraction of X-rays in glass. Physical Review, 1934, 45(10): 657-661.

[6] Warren B E, Loring A D. X-ray diffraction study of the structure of soda-silica glass. Journal of the American Ceramic Society, 1935, 18(1-12): 269-276.

[7] Warren B E, Krutter H, Morningstar O. Fourier analysis of X-ray patterns of vitreous SiO_2 and B_2O_3. Journal of the American Ceramic Society, 1936, 19(1-12): 202-206.

[8] Warren B E, Biscoe J. Fourier analysis of X-ray patterns of soda silica glass. Journal of the American Ceramic Society, 1938, 21: 259-265.

[9] Biscoe J, Warren B E. X-ray diffraction study of soda-boric oxide glass. Journal of the American Ceramic Society, 1938, 21(8): 287-293.

[10] Mozzi R L, Warren B E. The structure of vitreous boron oxide. Journal of Applied Crystallography, 1970, 3(4): 251-257.

[11] Randall J T, Rooksby H P. X-ray diffraction and the structure of glasses. Journal of the Society of Glass Technology, 1933, 17: 287-295.

[12] Wright A C, Vedishcheva N M, Shakhmatkin B A. Vitreous borate networks containing superstructural units: A challenge to the random network theory? Journal of Non-Crystalline Solids, 1995, 192: 92-97.

[13] Morey G W. The constitution of glass. Journal of the American Ceramic Society, 1934, 17(1-12): 315-328.

[14] Wright A C. The great crystallite versus random network controversy: A personal perspective. International Journal of Applied Glass Science, 2014, 5(1): 31-56.

[15] Hägg G. The vitreous state. The Journal of Chemical Physics, 1935, 3(1): 42-49.

[16] Zachariasen W H. The vitreous state. The Journal of Chemical Physics, 1935, 3(3): 162-163.

[17] Krogh-Moe J. On the structure of boron oxide and alkali borate glasses. Physics and Chemistry of Glasses, 1960, 1: 26-31.

[18] Krogh-Moe J. Interpretation of infrared spectra of boron oxide and alkali borate glasses. Physics

and Chemistry of Glasses, 1965, 2: 46.

[19] Griscom D L. Borate glass structure//Pye L D, Frechette V D. Borate Glasses: Structure, Properties, Applications. New York: Plenum NJK, 1978.

[20] Bray P J. Structural models for borate glasses. Journal of Non-Crystalline Solids, 1985, 75(1-3): 29-36.

[21] Greaves G N, Sen S. Inorganic glasses, glass-forming liquids and amorphizing solids. Advances in Physics, 2007, 56: 1-166.

[22] Huang P Y, Kurasch S, Srivastava A, et al. Direct imaging of a two-dimensional silica glass on graphene. Nano Letters, 2012, 12(2): 1081-1086.

[23] Lichtenstein L, Büchner C, Yang B, et al. The atomic structure of a metal-supported vitreous thin silica film. Angewandte Chemie International Edition, 2012, 51(2): 404-407.

[24] Lichtenstein L, Heyde M, Freund H J. Crystalline-vitreous interface in two dimensional silica. Physical Review Letters, 2012, 109(10): 106101.

[25] Heyde M, Shaikhutdinov S, Freund H J. Two-dimensional silica: Crystalline and vitreous. Chemical Physics Letters, 2012, 550: 1-7.

[26] Huang P Y, Kurasch S, Alden J S, et al. Imaging atomic rearrangements in two-dimensional silica glass: Watching silica's dance. Science, 2013, 342(6155): 224-227.

[27] Cooper A R, Jr. W. H. Zachariasen-the melody lingers on. Journal of Non-Crystalline Solids, 1982, 49(1-3): 1-17.

[28] Eckert H. Spying with spins on messy materials: 60 years of glass structure elucidation by NMR spectroscopy. International Journal of Applied Glass Science, 2018, 9(2): 167-187.

[29] Varshneya A K. Fundamentals of Inorganic Glasses. New York: Academic Press, 1994.

[30] Jiang Z H, Zhang Q Y. The structure of glass: A phase equilibrium diagram approach. Progress in Materials Science, 2014, 61: 144-215.

[31] Tool A Q, Eichlin C G. Certain effects produced by chilling glass. Journal of the Optical Society of America, 1924, 8(3): 419-449.

[32] Nemilov S V. Moritz Ludvig Frankenheim (1801-1869)-Author of the first scientific hypothesis of glass structure. Glass Physics and Chemistry, 1995, 21(2): 148-158.

[33] Turner W E S. The nature and constitution of glass. Journal of the Society of Glass Technology, 1925, 9: 147-166.

[34] Wyckoff R W G, Morey G W. X-ray diffraction measurements of some soda-lime-silica glasses. Journal of the Society of Glass Technology, 1925, 9: 265-267.

[35] Randall J T, Rooksby H P, Cooper B S. The diffraction of X-rays by vitreous solids and its bearing on their constitution. Nature, 1930, 125(3151): 458.

[36] Randall J T, Rooksby H P, Cooper B S. Structure of glasses: The evidence of X-ray diffraction. Journal of the Society of Glass Technology, 1930, 14: 219-229.

[37] Evstropyev K. Discussion on the modern state of the crystallite hypothesis of glass structure. Journal of Non-Crystalline Solids, 1972, 11: 170-172.

[38] Henderson G S. The structure of silicate melts: A glass perspective. The Canadian Mineralogist, 2005, 43(6): 1921-1958.

[39] Krogh-Moe J. Structural interpretation of melting point depression in the sodium borate glasses. Physics and Chemistry of Glasses, 1962, 3(4): 101-110.

[40] Svanson S E, Forslind E, Krogh-Moe J. Nuclear magnetic resonance study of boron coordination in potassium borate glasses. The Journal of Physical Chemistry, 1962, 66: 174-175.

[41] Konijnendijk W L. The structure of borosilicate glasses. Edinburgh: Technological University Edindboven, 1975.

[42] Ostvold T, Kleppa O J. Thermochemistry of liquid borates, II. Partial Enthalpies of solution of boric oxide in its liquid mixtures with lithium, sodium, and potassium oxide. Inorganic Chemistry, 1970, 9: 1395-1400.

[43] Krogh-Moe J. The crystal structure of silver tetraborate $Ag_2O{\cdot}4B_2O_3$. Acta Crystallographica, 1965, 18(1): 77-81.

[44] Krogh-Moe J. The crystal structure of sodium diborate $Na_2O{\cdot}2B_2O_3$. Acta Crystallographica, 1974, 30(3): 578-582.

[45] Hibben J H. The constitution of some boric oxide compounds. American Journal of Science A, 1938, 35: 113-125.

[46] Wright A C. Borate structures: crystalline and vitreous. Physics and Chemistry of Glasses, 2010, 51(1): 1-39.

[47] Bray P J. Nuclear magnetic resonance studies of the structure of glass//The 10th International Congress on Glass, Tokyo, 1974.

[48] Bray P J, Keefe J G. Nuclear magnetic resonance investigation of the structure of alkali borate glasses. Physics and Chemistry of Glasses, 1963, 4(2): 37-46.

[49] Yun Y H, Bray P J. Nuclear magnetic resonance studies of the glasses in the system sodium oxide-boron-silicon dioxide. Journal of Non-Crystalline Solids, 1978, 27(3): 363-380.

[50] Bray P J, Geissberger A E, Bucholtz F, et al. Glass structure. Journal of Non-Crystalline Solids, 1982, 52(1-3): 45-66.

[51] Jellison Jr G E, Panek L W, Bray P J, et al. Determinations of structure and bonding in vitreous B_2O_3 by means of B^{10}, B^{11}, and O^{17} NMR. The Journal of Chemical Physics, 1977, 66(2): 802-812.

[52] Dell W J, Bray P J, Xiao S Z. ^{11}B NMR studies and structural modeling of Na_2O-B_2O_3-SiO_2 glasses of high soda content. Journal of Non-Crystalline Solids, 1983, 58(1): 1-16.

[53] Bray P J, Liu M L. NMR study of structure and bonding in glasses// Walrafen G E, Revesz A G. Structure and Bonding in Noncrystalline Solids. New York: Plenum Press, 1986.

[54] Aggarwal I D, Lu G. Fluoride Glass Fiber Optics. New York: Academic Press, 2013.

[55] Soules T F. Computer simulation of glass structures. Journal of Non-Crystalline Solids, 1990, 123(1-3): 48-70.

[56] Bell R J, Dean P. Properties of vitreous silica: Analysis of random network models. Nature, 1966, 212(5068): 1354-1356.

[57] Evans D L, King S V. Random network model of vitreous silica. Nature, 1966, 212(5068): 1353-1354.

[58] Woodcock L V, Angell C A, Cheeseman P. Molecular dynamics studies of the vitreous state:

Simple ionic systems and silica. The Journal of Chemical Physics, 1976, 65(4): 1565-1577.
[59] Zhou S F, Guo Q B, Inoue H, et al. Topological engineering of glass for modulating chemical state of dopants. Advanced Materials, 2014, 26: 7966-7972.
[60] Hu Y C, Li F X, Bai H Y, et al. Five-fold symmetry as indicator of dynamic arrest in metallic glass-forming liquids. Nature Communications, 2015, 6: 8310.
[61] Nosengo N. Can artificial intelligence create the next wonder material? Nature News, 2016, 533(7601): 22-25.
[62] Gaafar M S, Abdeen M A M, Marzouk S Y. Structural investigation and simulation of acoustic properties of some tellurite glasses using artificial intelligence technique. Journal of Alloys and Compounds, 2011, 509(8): 3566-3575.
[63] Krishnan N M A, Mangalathu S, Smedskjaer M M, et al. Predicting the dissolution kinetics of silicate glasses using machine learning. Journal of Non-Crystalline Solids, 2018, 487: 37-45.
[64] Cassar D R, de Carvalho A C, Zanotto E D. Predicting glass transition temperatures using neural networks. Acta Materialia, 2018, 159: 249-256.
[65] Gedeon O. Molecular dynamics of vitreous silica: Variations in potentials and simulation regimes. Journal of Non-Crystalline Solids, 2015, 426: 103-109.
[66] 赵彦钊, 殷海荣. 玻璃工艺学. 北京: 化学工业出版社, 2006.
[67] Shelby J E. Introduction to Glass Science and Technology. Cambridge: Royal Society of Chemistry, 2007.
[68] Konnert J H, Karle J. Tridymite-like structure in silica glass. Nature Physical Science, 1972, 236(67): 92-94.
[69] Phillips J C. Structural model of two-level glass states. Physical Review B, 1981, 24(4): 1744-1750.
[70] Gaskell P H. The structure of simple glasses: Randomness or pattern: The debate goes on. Glass Physics and Chemistry, 1998, 24(3): 180-188.
[71] Cheng S. A nano-flake model for the medium range structure in vitreous silica. Physics and Chemistry of Glasses, 2017, 58(2): 33-40.
[72] Wright A C. The Cheng nanoflake model for the structure of vitreous silica: A critical appraisal. Physics and Chemistry of Glasses, 2017, 58(5): 226-228.
[73] Wright A C. Crystalline-like ordering in melt-quenched network glasses? Journal of Non-Crystalline Solids, 2014, 401: 4-26.
[74] Vogel W. Glass Chemistry. Berlin: Springer, 1992.
[75] Lacy E D. Aluminum in glasses and melts. Physics and Chemistry of Glasses, 1963, 4(6): 234-238.
[76] Wright A C. The structural chemistry of B_2O_3. Physics and Chemistry of Glasses, 2018, 59(2): 65-87.
[77] Tool A Q, Hill E E. On the constitution and density of glass. Journal of the Society of Glass Technology, 1925, 9: 185-206.
[78] Krogh-Moe J. New evidence on the boron coordination in alkali borate glasses. Physics and Chemistry of Glasses, 1962, 3(1): 1-6.

[79] Borelli N F, Su G J. Structure of sodium borate glasses. Physics and Chemistry of Glasses, 1963, 4: 206.

[80] Wright A C. My borate life: An enigmatic journey. International Journal of Applied Glass Science, 2015, 6(1): 45-63.

[81] Goubeau J, Keller H. Raman-spektren und struktur von boroxol-verbindungen. Zeitschrift für Anorganische und Allgemeine Chemie, 1953, 272(5-6): 303-312.

[82] Silver A H, Bray P J. Nuclear magnetic resonance absorption in glass. I. Nuclear quadrupole effects in boron oxide, soda-boric oxide, and borosilicate glasses. The Journal of Chemical Physics, 1958, 29: 984-990.

[83] Bray P J, O'Keefe J G. Nuclear magnetic resonance investigations of the structure of alkali borate glasses. Physics and Chemistry of Glasses, 1963, 4: 37-46.

[84] Brow R K. The structure of simple phosphate glasses. Journal of Non-Crystalline Solids, 2000, 263: 1-28.

[85] van Wazer J R. Phosphorus and Its Compounds. Vol. 1. New York: Interscience, 1958.

[86] Prabakar S, Wenslow R M, Mueller K T. Structural properties of sodium phosphate glasses from $^{23}Na \rightarrow ^{31}P$ cross-polarization NMR. Journal of Non-Crystalline Solids, 2000, 263: 82-93.

[87] Tagiara N S, Palles D, Simandiras E D, et al. Synthesis, thermal and structural properties of pure TeO_2 glass and zinc-tellurite glasses. Journal of Non-Crystalline Solids, 2017, 457: 116-125.

[88] 陈东丹. 掺稀土碲酸盐玻璃与光纤应用基础问题研究. 广州: 华南理工大学, 2010.

[89] Jha A, Richards B, Jose G, et al. Rare-earth ion doped TeO_2 and GeO_2 glasses as laser materials. Progress in Materials Science, 2012, 57(8): 1426-1491.

[90] Sekiya T, Mochida N, Ogawa S. Structural study of WO_3-TeO_2 glasses. Journal of Non-Crystalline Solids, 1994, 176(2-3): 105-115.

[91] Sekiya T, Mochida N, Soejima A. Raman spectra of binary tellurite glasses containing tri- or tetra-valent cations. Journal of Non-Crystalline Solids, 1995, 191(1-2): 115-123.

[92] Sokolov V O, Plotnichenko V G, Koltashev V V, et al. On the structure of tungstate-tellurite glasses. Journal of Non-Crystalline Solids, 2006, 352(52-54): 5618-5632.

[93] Mirgorodsky A, Colas M, Smirnov M, et al. Structural peculiarities and Raman spectra of TeO_2/WO_3-based glasses: A fresh look at the problem. Journal of Solid State Chemistry, 2012, 190: 45-51.

[94] Khanna A, Fábián M, Krishna P S R, et al. Structural analysis of WO_3-TeO_2 glasses by neutron, high energy X-ray diffraction, reverse Monte Carlo simulations and XANES. Journal of Non-Crystalline Solids, 2018, 495: 27-34.

[95] Sakida S, Hayakawa S, Yoko T. ^{125}Te, ^{27}Al, and ^{71}Ga NMR study of M_2O_3-TeO_2 (M= Al and Ga) glasses. Journal of the American Ceramic Society, 2001, 84(4): 836-842.

[96] Micoulaut M, Cormier L, Henderson G S. The structure of amorphous, crystalline and liquid GeO_2. Journal of Physics: Condensed Matter, 2006, 18(45): 753-784.

[97] Leadbetter A J, Wright A C. Diffraction studies of glass structure II. The structure of vitreous germania. Journal of Non-Crystalline Solids, 1972, 7(1): 37-52.

[98] Bondot P. Study of local order in vitreous germanium oxide. Physica Status Solidi A: Applied

Research, 1974, 22(2): 511-522.
[99] Konnert J H, Karle J, Ferguson G A. Crystalline ordering in silica and germania glasses. Science, 1973, 179(4069): 177-179.
[100] Desa J A E, Wright A C, Sinclair R. A neutron diffraction investigation of the structure of vitreous germania. Journal of Non-Crystalline Solids, 1988, 99(2-3): 276-288.
[101] Warren B E. X-ray determination of the structure of glass. Journal of the American Ceramic Society, 1934, 17(1-12): 249-254.
[102] Lorch E. Neutron diffraction by germania, silica and radiation-damaged silica glasses. Journal of Physics C: Solid State Physics, 1969, 2(2): 229-237.
[103] Ferguson G A, Hass M. Neutron diffraction investigation of vitreous germania. Journal of the American Ceramic Society, 1970, 53(2): 109-111.
[104] Neuefeind J, Liss K D. Bond angle distribution in amorphous germania and silica. Berichte der Bunsengesellschaft für physikalische Chemie, 1996, 100(8): 1341-1349.
[105] Galeener F L. Planar rings in glasses. Solid State Communications, 1982, 44(7): 1037-1040.
[106] Barrio R A, Galeener F L, Martinez E, et al. Regular ring dynamics in AX_2 tetrahedral glasses. Physical Review B, 1993, 48(21): 15672-15689.
[107] Hannon A C, Di Martino D, Santos L F, et al. Ge—O coordination in cesium germanate glasses. The Journal of Physical Chemistry B, 2007, 111(13): 3342-3354.
[108] Wang R P. Amorphous Chalcogenides: Advances and Applications. New York: Pan Stanford, 2014.
[109] Nemanich R J, Solin S A, Lucovsky G. First evidence for vibrational excitations of large atomic clusters in amorphous semiconductors. Solid State Communications, 1977, 21(3): 273-276.
[110] Bridenbaugh P M, Espinosa G P, Griffiths J E, et al. Microscopic origin of the companion A_1 Raman line in glassy Ge $(S, Se)_2$. Physical Review B, 1979, 20(10): 4140-4144.
[111] Phillips J C. Topology of covalent non-crystalline solids II: Mediumrange order in chalcogenide alloys and Si(Ge). Journal of Non-Crystalline Solids, 1981, 43(1): 37-77.
[112] Rosenhahn C, Hayes S E, Rosenhahn B, et al. Structural organization of arsenic selenide liquids: New results from liquid state NMR. Journal of Non-Crystalline Solids, 2001, 284(1-3): 1-8.
[113] Adam J L, Zhang X H. Chalcogenide Glasses: Preparation, Properties and Applications. Cambridge: Woodhead Publishing, 2014.
[114] Yang G, Bureau B, Rouxel T, et al. Correlation between structure and physical properties of chalcogenide glasses in the As_xSe_{1-x} system. Physical Review B, 2010, 82(19): 195206.
[115] Yang G, Gulbiten O, Gueguen Y, et al. Fragile-strong behavior in the As_xSe_{1-x} glass forming system in relation to structural dimensionality. Physical Review B, 2012, 85(14): 144107.
[116] Brekhovskikh M N, Moiseeva L V, Batygov S K, et al. Glasses on the basis of heavy metal fluorides. Inorganic Chemistry, 2015, 51(13): 1348-1361.
[117] Phifer C C, Angell C A, Laval J P, et al. A structural model for prototypical fluorozirconate glass. Journal of Non-Crystalline Solids, 1987, 94(3): 315-335.
[118] Kadono K. Nonoxide glass-forming systems-glass formation and structure, and optical properties of rare-earth ions in glass. Journal of the Ceramic Society of Japan, 2007, 115(5):

297-303.

[119] Ignatieva L N, Surovtsev N V, Plotnichenko V G, et al. The peculiarities of fluoride glass structure. Spectroscopic study. Journal of Non-Crystalline Solids, 2007, 353(13-15): 1238-1242.

[120] Cheng Y Q, Ma E. Atomic-level structure and structure-property relationship in metallic glasses. Progress in Materials Science, 2011, 56(4): 379-473.

[121] Wagner C N J. Structure of amorphous alloy films. Journal of Vacuum Science and Technology, 1969, 6(4): 650-657.

[122] Cargill III G S. Dense random packing of hard spheres as a structural model for noncrystalline metallic solids. Journal of Applied Physics, 1970, 41(5): 2248-2250.

[123] Miracle D B. A structural model for metallic glasses. Nature Materials, 2004, 3(10): 697-702.

[124] Gaskell P H. A new structural model for transition metal-metalloid glasses. Nature, 1978, 276(5687): 484-485.

[125] Sheng H W, Luo W K, Alamgir F M, et al. Atomic packing and short-to-medium-range order in metallic glasses. Nature, 2006, 439(7075): 419-425.

[126] Nelson D R, Spaepen F. Polytetrahedral order in condensed matter. Solid State Physics, 1989, 42: 1-90.

[127] Bernal J D. Geometry of the structure of monatomic liquids. Nature, 1960, 185(4706): 68-70.

[128] Scott G D. Packing of equal spheres. Nature, 1960, 188(4754): 908-909.

[129] Finney J L. Random packings and structure of simple liquids. 1. Geometry of random close packing. Proceedings of the Royal Society of London. A. Mathematical and Physical Sciences, 1970, 319(1539): 479-493.

[130] Polk D E. Structural model for amorphous metallic alloys. Scripta Metallurgica, 1970, 4(2): 117-122.

[131] Heimendahl L V. Metallic glasses as relaxed Bernal structures. Journal of Physics F: Metal Physics, 1975, 5(9): 141-145.

[132] Finney J L. Modeling structures of amorphous metals and alloys. Nature, 1977, 266(5600): 309-314.

[133] Flory P J. The configuration of real polymer chains. The Journal of Chemical Physics, 1949, 17(3): 303-310.

[134] Le Bourhis E. Glass: Mechanics and Technology. New York: John Wiley & Sons, 2014.

[135] Gutzow I S, Schmelzer J W P. The Vitreous State: Thermodynamics, Structure, Rheology and Crystallization. 2nd ed. New York: Springer, 2013.

[136] Botvinkin O H. Introduction into the Physical Chemistry of Silicates. Leningrad: State Press Lechkoi Promyschlennosti, 1938.

[137] Flory P J. Principles of Polymer Chemistry. New York: Cornell University Press, 1943.

[138] Keller A. A note on single crystals in polymers: Evidence for a folded chain configuration. Philosophical Magazine, 1957, 2(21): 1171-1175.

第4章　玻璃结构相图模型的原理和特征

- 玻璃是熔融过冷的产物，相图中只有同成分熔融化合物(一致熔融化合物)才能存在于玻璃中，因此玻璃的结构只与玻璃相图中切实存在的一致熔融化合物的结构相关。在强调玻璃的组成时，不应是加入熔制玻璃的组分，而是存在于玻璃的一致熔融化合物。因此，研究玻璃的结构或性质，如果仅以加入的化合物为计算依据只能算作经验公式。
- 本章提出玻璃结构的相图模型。在相图模型中，二元玻璃被认为是二元相图中两个最邻近的一致熔融化合物的混合物，三元玻璃是三元相图中三个最邻近的一致熔融化合物的混合物。玻璃的结构和性质可通过相图最邻近一致熔融化合物的结构及性质根据杠杆原理来计算和预测。
- 相图模型的特色是不需要采用经验的拟合公式，可以直接从玻璃组分计算出一致熔融化合物，并按照这些结构单元计算出不同结构单元的比例，进而得出玻璃的不同性质和玻璃体系特定性质能达到的区域。
- 玻璃结构的相图模型解决了玻璃研究从成分-结构-性质之间相割裂的定性或依据经验公式研究阶段到成分-结构-性质相互关联的可预测和可计算的定量研究阶段，为玻璃结构和物理性质的定量计算提供了成分-结构-性质相关联的理论基础，推动了玻璃科学定量化预测的研究。

4.1　玻璃的成分-结构-性质关联

根据玻璃组分计算各项物理性质，对研究特定物理性质的玻璃十分重要，可极大地减少实验的探索过程，节约生产与研发成本，也满足材料基因组计划的要求[1]。因此，探索如何建立合理的玻璃物理性质计算体系具有重要意义。

19 世纪末，Winkelman(温克尔曼)和 Schott(肖特)[2]通过总结硅酸盐玻璃性质随组分的变化规律，提出“直线公式”来计算玻璃的物理性质。这种公式给予不同的氧化物特定系数并根据玻璃的质量分数来计算。然而，“直线公式”具有很大的局限性，因为这种公式是根据实验结果总结出的经验公式，不同氧化物的特定系数没有具体的结构含义，只是为了符合实验结果而给出的。同时，“直线公式”是在总结硅酸盐玻璃基础上得出的，对于硼酸盐等其他玻璃体系并不适用。

之后，Gilard(吉拉尔)和 Dubrul(杜布鲁尔)[3]综合考虑硅酸盐玻璃性质和硼酸盐玻璃中“硼反常”效应，提出了“抛物线公式”，并给出了 15 种氧化物的计算性质。虽然这种方法相比于“直线公式”具有更广泛的适用范围，但是这一方法依然根据玻璃的质量分数来计算，缺少理论基础而且计算精度也很低。20 世纪 30 年代，随着 Zachariasen 的无规网络学说和 Lebedev 的晶子学说等玻璃结构学说理论的发展，科学家尝试把这些玻璃结构理论与玻璃物理性质计算方法相联系，提出用摩尔分数替代质量分数，并通过总结实验数据给出了不同氧化物特定性质的计算公式，其中较为完整、具有代表性的方法有 Huggins-孙观汉法[4]、乔姆金娜(демкина 或 Demkina)法[5]、阿本(Аппен 或 Appen)法[6]以及干福熹法[7-9]。近年来，研究人员提出了许多基于理论计算的预测玻璃性质的新方法，例如，Priven(普力文)[10]提出了一种计算玻璃及其熔体各种性能的新方法，该方法可计算包括黏度、密度、热容、焓、折射率、色散、热膨胀系数、表面张力、弹性模量、材料的温度依赖性等性质。该方法建立在玻璃熔体中结构基团间化学平衡的假设基础上。利用 SciGlass 信息系统数据库对约 10 万个玻璃及其熔体的性能进行计算，并与实验数据进行比较。对比结果表明，所提出的方法能够较好地预测材料的性能。同时，该方法不仅比其他已知方法具有更强的通用性，而且精度不低于现有方法。Fluegel(弗吕格尔)[11]提出了一种统计分析方法，使玻璃性能的建模具有较高的精度。统计分析可以对大量不同来源的原始数据联合建模来提高预测精度。由于消除了系统不同的实验条件和/或系统误差的影响，所建立的模型精度往往优于在一个实验室中进行的几次测量。此外，Phillips-Thorpe(菲利普斯-索普)拓扑束缚理论在玻璃性质的预测中也发挥了巨大的作用[12]。

1. Huggins-孙观汉法

Huggins-孙观汉所提出的计算方法认为玻璃体系加入某些氧化物后会引起特殊的结构变化，例如，四配位和三配位的氧化硼应使用不同的计算系数。此方法给出了包含 12 种氧化物的硅酸盐玻璃的折射率、密度、平均色散和热膨胀系数等性质的计算系数。然而，各种氧化物的计算系数随二氧化硅含量不同而分成四类。表 4-1 列出了计算折射率时碱金属氧化物的计算系数。从表中可以看出，随着 SiO_2 含量不断增加，对任意一种碱金属氧化物来说，其折射率计算系数逐渐增大。对于给定 SiO_2 含量的玻璃，碱金属氧化物的折射率计算系数按 Li_2O、Na_2O、K_2O、Rb_2O 的顺序逐渐减小。每一种玻璃组成都对应不同的折射率计算系数，因此这样的分类方法使用起来极其烦琐[4]。

表 4-1　不同 SiO_2 含量时碱金属氧化物的折射率计算系数[4]

碱金属氧化物	不同 SiO_2 质量分数			
	25%～34.5%	34.5%～40%	40%～43.5%	43.5%～50%
Li_2O	0.346	0.358	0.382	0.442
Na_2O	0.277	0.289	0.313	0.373
K_2O	0.253	0.265	0.289	0.349
Rb_2O	0.251	0.263	0.287	0.347

2. 乔姆金娜法

乔姆金娜[5]按以下公式计算玻璃性质：

$$p_c = \frac{\sum \frac{a_0}{s_0} \cdot p_0}{\sum \frac{a_0}{s_0}} \tag{4.1}$$

式中，p_c与 p_0分别为玻璃与氧化物的性质；a_0为氧化物的质量分数；s_0为氧化物结构系数。其中，系数 s_0 由 p_0 微分法求得，微分法是将原始玻璃的性质与添加微量氧化物后的性质加以比较，并假定加入微量氧化物后不改变玻璃的基本结构。图 4-1 给出了微分法的具体情况，横坐标表示玻璃的密度，纵坐标表示在玻璃中引入 1%(质量分数)的氧化物之后玻璃密度的增量[5]。以氧化纳为例，在密度为 $2.5 \times 10^3 kg/m^3$ 的玻璃中添加 1%(质量分数)的 Na_2O 时，它引起正的增量 $\Delta\rho$

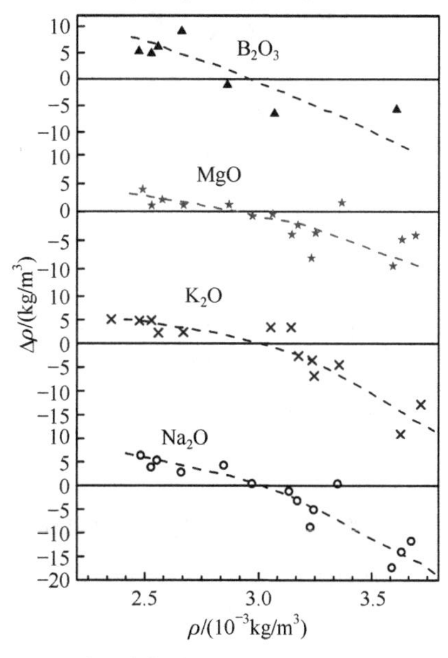

图 4-1　在玻璃中引入 1%(质量分数)氧化物时增量 $\Delta\rho$ 与玻璃密度绝对值的关系[5]

大约为+6kg/m^3，而加入到密度为 3.5×10^{3}kg/m^3 的玻璃中时，却引起负的增量−11kg/m^3，通过实验点做出的平滑曲线在 ρ_c=3×10^{3}kg/m^3 时与横坐标轴相交，即此处 $\Delta\rho$=0；这就是说，Na_2O 的密度为 3×10^{3}kg/m^3。类似地，对于折射率，可得到 Na_2O 的折射率为 1.59。s_0 在大多数情况下等于氧化物物质的量，有时等于硅酸盐物质的量。乔姆金娜认为，对于含有氧化硼的玻璃，其结构系数 s_0 和氧化物性质 p_0 是由玻璃中的配位数所决定的，而当硅酸盐玻璃中含有氧化铅时，s_0 和 p_0 则由玻璃中的硅酸铅状态决定。

同时，乔姆金娜通过总结实验数据，在之前的玻璃性质计算体系基础上，又补充了几种氧化物的计算系数。这些系数可用来计算硅酸盐玻璃的光学常数、密度及热膨胀系数等常用性质，使此计算体系在光学玻璃生产中得以广泛应用。图 4-2 给出了 Na_2O-SiO_2 二元玻璃的折射率(n_D)、平均色散(n_F-n_C)、热膨胀系数(α)、比容(v)与玻璃中 Na_2O 质量分数的关系性质的计算结果与实验结果，可以看出两者是较吻合的[5]。

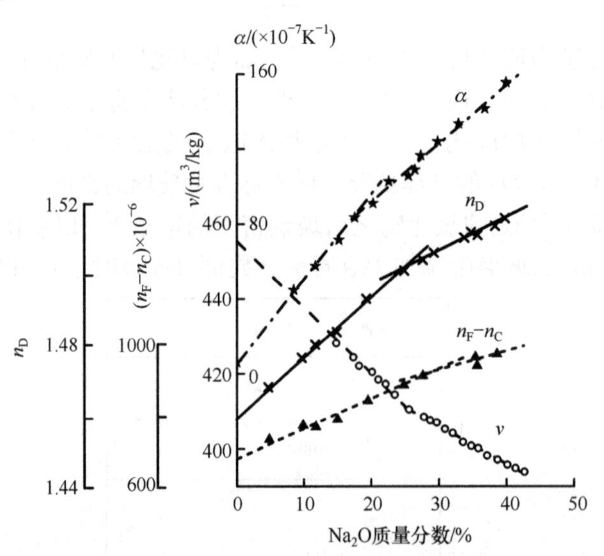

图 4-2　Na_2O-SiO_2 二元玻璃的折射率(n_D)、平均色散(n_F-n_C)、热膨胀系数(α)、比容(v)与玻璃中 Na_2O 质量分数的关系[5]

点代表实验值，直线代表计算值

3. 阿本法

20 世纪 50 年代，Appen(阿本)[6]提出以玻璃中氧化物分子比为基础，用微差法求得氧化物的部分性质，并用加和法计算玻璃的性质。阿本法的计算公式为

$$g=\sum_i g_i r_i \tag{4.2}$$

式中，g_i 为氧化物 i 的部分性质；r_i 为此氧化物的分子分数。阿本用以下方法得出氧化物部分性质 g_i：首先，在总结大量文献数据的基础上，按加和法计算玻璃中性质比较稳定的氧化物部分性质，同时系统性地在不同组分玻璃中添加某氧化物，并测定玻璃的性质变化，然后用微差法计算这些氧化物的部分性质。通过对大量实验数据的观察，阿本建立了氧化物部分性质与氧化物在玻璃中含量的关系，他发现有一些氧化物的部分性质并不是常数，而是随玻璃成分变化的。例如，阿本认为氧化硼的部分性质取决于它的配位数，而硼从三配位变成四配位由以下因素决定。

(1) 碱金属或碱土金属氧化物和氧化硼含量之比。

(2) 二氧化硅含量。

(3) 玻璃中氧化铝含量。

阿本提供了 18 种氧化物的部分性质数据，可以根据这些数据计算折射率和密度等 7 种物理性质。表 4-2 给出了利用阿本数据(氧化物部分性质)及加和公式计算玻璃物理性质的例子。

表 4-2　碱钙硅玻璃折射率计算

玻璃组成	质量分数/%	质量分数/相对分子质量	分子分数 r_i	n_i(20℃)	$\sum n_i \cdot r_i$
SiO_2	72.0	1.1988	0.7137	1.4728	1.0512
Al_2O_3	1.5	0.0147	0.0088	1.520	0.0134
CaO	10.0	0.1783	0.1062	1.730	0.1837
MgO	2.5	0.0620	0.0369	1.610	0.0594
Na_2O	14.0	0.2258	0.1344	1.590	0.2137
总计	100	1.6796	1	—	1.5214

4. 干福熹法

干福熹认为玻璃性质计算体系的准确性不在于计算公式是否复杂，而在于各氧化物部分性质的计算系数的选择是否合理[7-9]。建立合理的计算系统来研究玻璃的性质变化规律，首要的是确定表示玻璃中各组分比例的正确方式。在上述不同的计算方法中，多以氧化物质量分数为基础，有的也以分子分数、离子浓度、硅酸盐质量分数或容积分数等为基础。最简单合理的方法是以氧化物含量来表示玻璃的组成，但这并不代表承认玻璃是由单独的氧化物分子构成的。由现代玻璃结构观点可知，玻璃既不能看成离子的堆积，也不能看成由一些氧化物分子组成。原因在于玻璃存在极性共价键，可以把玻璃理解为分子和离子的过渡结构状态。而且当玻璃成分用氧化物含量表示时，氧化物的性质可以直接与相应单独氧化物晶体的性质进行比较。以氧化物质量分数来表示玻璃成分比氧化物含量在实际应用中更方便，但是会使分析玻璃性质变化规律变得困难，因为以氧化物质量分数来表示玻璃成分时会扰乱一些用氧化物含量表示时可以清晰分辨的规律。如图 4-3 所示，某一二元体系当用氧化物分子分数表示玻璃成分时，性质和成分的关系是线性的，可按加和法则计算玻璃性质。而用氧化物质量分数表示时，两组分的分子量比值($M_1:M_2$)不同所得到的曲线形状也不同。在不同玻璃体系中，硅氧四面体骨架连接程度可以由 SiO_2 分子分数反映，这在很大程度上影响玻璃的性质，而且氧化物分子分数可以换算成阳离子浓度，因此用氧化物分子分数表示玻璃成分相对而言是较合理且通用的。

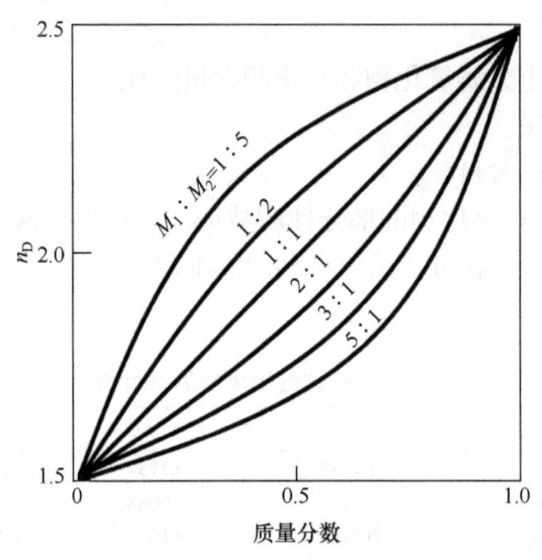

图 4-3　用质量分数表示玻璃时玻璃折射率变化曲线[8]

$M_1:M_2$ 表示两组分的分子量比值

除用上述微分法推导氧化物部分性质的计算系数外，还可以用替代法。所谓替代法就是如果二氧化硅被各氧化物逐步替代后玻璃部分性质随成分呈直线变化，则可用直线斜率计算代替后性质的增量 Δg，那么玻璃部分性质可由式(4.3)计算。当性质变化不呈线性时，按成分范围分级来求出不同范围的计算系数：

$$\overline{g_i}=g_{SiO_2}+\Delta g \tag{4.3}$$

干福熹等提出的玻璃性质计算体系以玻璃组成的分子分数(r_i)为基础，综合加和法则、微分法和替代法来计算玻璃性质 g：

$$g=\sum_i \overline{g_i} r_i \tag{4.4}$$

应用上述公式，求得 40 种氧化物在硅酸盐玻璃中的折射率、密度、热膨胀系数、色散等 7 种物理性质，并将结果与已知实测数据(折射率、密度和色散)进行比较，平均误差都比前述几种方法小。表 4-3 给出了一些商用光学玻璃的光学常数标准值和按干福熹法推导出的计算值以及它们之间的误差[1]。由表可见平均计算误差小，且位于商用光学玻璃在同样配方做重复熔炼时所引起的光学常数偏差范围之内。

20 世纪 70 年代，干福熹等研究了硼酸盐、磷酸盐、碲酸盐、锗酸盐等非硅酸盐玻璃体系的物理性质变化规律，确定了各玻璃生成体氧化物如 B_2O_3、P_2O_5、GeO_2 和 TeO_2 的结构状态与其部分性质变化规律，解决了前述几种方法不适用于非硅酸盐玻璃体系的问题。同时，结合硅酸盐玻璃性质的计算方法，初步建立了整个无机氧化物玻璃体系物理性质统一的计算体系。

表 4-3　一些商用光学玻璃光学常数标准值与计算值的误差[8]

牌号	标准折射率 n_D	标准色散(n_F–n_C)	干福熹法计算值及误差			
			n_D	Δn_D	n_F–n_C	$\Delta(n_F-n_C)$
K $\frac{498}{651}$	1.4982	7.65×10^{-3}	1.4980	-2×10^{-4}	754×10^{-5}	-11×10^{-5}
BK $\frac{530}{605}$	1.5302	8.77×10^{-3}	1.5298	-4×10^{-4}	878×10^{-5}	1×10^{-5}
ZK $\frac{581}{612}$	1.5891	9.62×10^{-3}	1.5841	-5×10^{-3}	960×10^{-5}	-2×10^{-5}
QF $\frac{526}{510}$	1.5262	1.032×10^{-2}	1.5258	-4×10^{-4}	1035×10^{-5}	3×10^{-5}
F $\frac{613}{369}$	1.6128	1.659×10^{-2}	1.6133	5×10^{-4}	1664×10^{-5}	5×10^{-5}
平均误差				-1.1×10^{-3}	—	-0.8×10^{-5}

5. Phillips-Thorpe 拓扑束缚理论

目前，关于玻璃性能的计算主要依靠经验半经验公式、分子模拟等方法，前者需要大量的实验数据积累，后者则受限于模型的假设和计算机的运算能力[13]。1985 年，Phillips 和 Thorpe[14]基于玻璃微观拓扑结构提出了 Phillips-Thorpe 拓扑束缚理论。该模型采用数学方法对 Zachariasen 的理论进行了研究，证明通过玻璃网络的拓扑结构可以预测硫系化合物玻璃形成的临界行为。该理论通过玻璃微观结构的束缚状态定量分析研究玻璃的拓扑结构对性能的影响，其核心是玻璃网络的结构束缚构成多面体的空间和角度的固定束缚状态。目前可以预测的性能包括玻璃化转变温度、液体脆性以及硬度，并已经应用在硫系化合物玻璃和氧化物玻璃中。拓扑束缚理论的建立为研究玻璃的结构与性能之间的关系提供了一种新的解决思路。2005 年，Naumis(娜奥米斯)[15]建立了位形熵和玻璃结构之间的关系，从而将宏观热学性质与微观结构联系起来。早期 Philips 的拓扑束缚理论在考虑束缚数时，没有考虑温度对束缚数的影响。Gupta 和 Mauro[16]将温度因素引入拓扑束缚理论中，提出了基于温度的拓扑束缚理论。该理论认为玻璃网络的束缚程度随温度的变化而变化，据此可分析和预测玻璃化转变温度及玻璃液态脆性的关系。图 4-4 给出了基于温度的拓扑束缚理论预测 Ge_xSe_{1-x} 系统的 T_g 以及实验值[16]。可以看到 Gupta 和 Mauro 的模拟结果和一些实验结果吻合很好，并且对成分引起的 T_g 突变也可以很好地预测。Smedskjaer(斯梅德斯克尔)等[17]建立了玻璃维氏硬度和微观结构的关系，进一步拓展了拓扑束缚理论的应用范围。Zeng 等[18]基于 Smedskjaer 的方法计算了 Na_2O-SiO_2-P_2O_5 玻璃体系的 T_g 和硬度，并对 Smedskjaer 的方法进行了改进，提出了基于温度的束缚临界数。Rodrigues 和 Hermansen 等[19,20]认为除考虑玻璃形成体对结构的束缚作用外，还应当考虑网络修饰体的作用，进而提出修饰体亚结构的概念。Rodrigues 和 Wondraczek(温德杰克)等[21,22]认为网络修饰体对玻璃结构的作用不仅与氧配位数有关，还与修饰体的局域结构有关，并计算得到了一系列修饰体的束缚数。

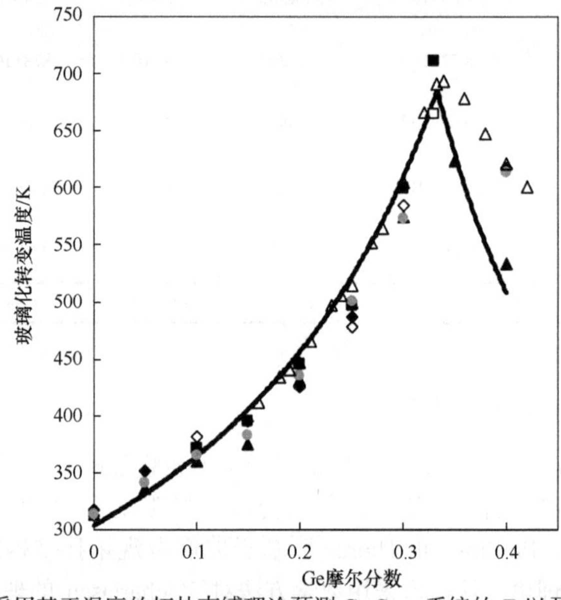

图 4-4　采用基于温度的拓扑束缚理论预测 Ge_xSe_{1-x} 系统的 T_g 以及实验值[16]

符号▲、□、◇、◆、■、●和△代表的数据源自文献[23]～[29]，实线代表根据模型拟合的曲线

目前，拓扑束缚理论已成功应用于多种体系玻璃性能计算，但围绕该理论的研究还比较少，尚处于起步阶段。拓扑束缚理论只关注拓扑结构及配位数，忽略了不同元素、键性导致的不同拓扑构型对玻璃的刚性贡献，用于计算不同体系玻璃时没有区分性，所以计算结果仍较模糊，这也是拓扑束缚理论经常受到质疑的地方。同时，在配位数和束缚之间的关系、柔性束缚和刚性束缚等方面，需要进行更深入的研究。对上述问题的解决，关系到拓扑束缚理论能否得到进一步发展，从而得到广泛推广和应用。

值得注意的是，玻璃是熔融过冷的产物，相图中只有一致熔融化合物(同成分熔融化合物)才能存在于玻璃中，而非一致熔融化合物(异成分熔融化合物)在熔融时会分解。作者认为，在强调玻璃的组成时，不应是加入熔制玻璃的组分，而应是存在于玻璃中的一致熔融化合物。因此，无论研究玻璃的结构还是性质，如果仅以加入的化合物为计算依据只能算作经验方法或经验公式。

4.2　玻璃结构相图模型的原则与方法

4.2.1　玻璃结构相图模型的原则

Krogh-Moe[30]提出用于晶体研究的 X 射线、红外和核磁共振技术同样可以用来研究相应同成分玻璃的结构。他发现硼酸盐晶体的大部分吸收带在相应的同成分玻璃中都能找到，但他不能解释某些在晶体中出现的基团不存在于相应玻璃的红外光谱中的现象。Bray[31]通过核磁共振计算[BO_3]和[BO_4]的含量来研究二元硼酸盐玻璃的配位结构，进一步发展了 Krogh-Moe 的硼酸盐玻璃基团结构模型。然而，为什么三硼酸盐($Na_2O \cdot 3B_2O_3$)和五硼酸盐($Na_2O \cdot 5B_2O_3$)基团只存在于晶体中，而在玻璃中检测不到呢？Bray 认为，这两种化合物可能总是成对出现的。然而，这一解释十分牵强，实际上并不能做到有理有据。

图 4-5 是 Morey 和 Merwin(默温)发表的 Na_2O-B_2O_3 玻璃体系的相图[32]。1968

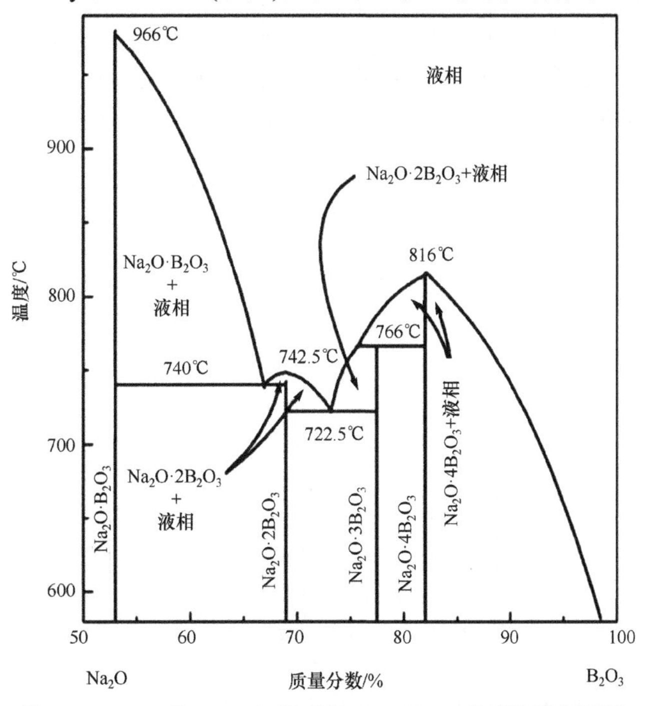

图 4-5　Morey 和 Merwin 发表的 Na_2O-B_2O_3 玻璃体系相图[32]

年，Milman(米尔曼)和 Bouaziz(博阿茨兹)发表了更为详细的 Na_2O-B_2O_3 二元玻璃新相图，如图 4-6 所示[33]。值得注意的是，在 Morey 和 Milman 等提供的相图中，$Na_2O \cdot 3B_2O_3$ 和 $Na_2O \cdot 5B_2O_3$ 都是非一致熔融化合物，而在相图的 $Na_2O \cdot B_2O_3$-B_2O_3 区，$Na_2O \cdot B_2O_3$、$Na_2O \cdot 2B_2O_3$、$Na_2O \cdot 4B_2O_3$ 和 B_2O_3 都是一致熔融化合物。

由相图原理可知，只存在于晶体中而不出现在玻璃中的化合物为非一致熔融化合物。如 Na_2O-B_2O_3 二元相图所示的 $Na_2O \cdot 3B_2O_3$ 和 $Na_2O \cdot 5B_2O_3$ 是非一致熔融化合物。$Na_2O \cdot 3B_2O_3$ 在 766℃分解为 $Na_2O \cdot 2B_2O_3$ 和 $Na_2O \cdot 4B_2O_3$。$Na_2O \cdot 5B_2O_3$ 在 785℃分解为 $Na_2O \cdot 4B_2O_3$ 和 B_2O_3。这些非一致熔融化合物不能在熔体中稳定存在，所以在过冷液体玻璃的图谱中也无法检测到。

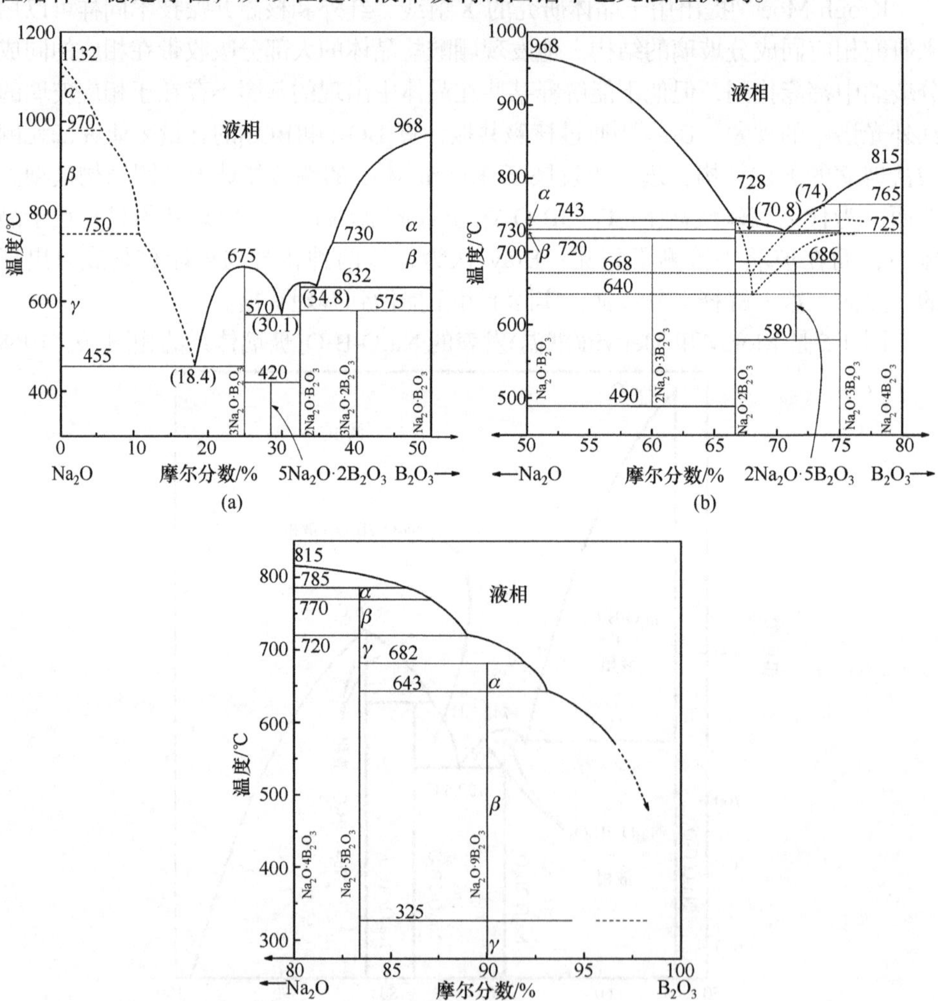

图 4-6　Milman 和 Bouaziz 发表的 Na_2O-B_2O_3 玻璃体系相图[33]

基于二元和三元玻璃体系的红外光谱、拉曼光谱和核磁共振谱及相图分析，作者提出了一种新的玻璃结构模型——玻璃结构的相图模型[33-46]。玻璃是熔融过冷的产物，只有一致熔融化合物才能存在于玻璃中。因此，一致熔融化合物晶体和玻璃的图谱是相同的，而非一致熔融化合物在熔融时会分解，因而其与晶体的图谱不同。在相图模型中，二元玻璃被认为是二元相图中两个最邻近的一致熔融化合物的混合物，三元玻璃是三元相图中三个最邻近的一致熔融化合物的混合物。玻璃的结构和性质可通过相图最邻近一致熔融化合物的结构和性质根据杠杆原理来计算和预测。

玻璃结构相图模型的基本原则如下：①相图中一致熔融化合物的过冷熔体在玻璃中可以稳定存在，玻璃是由一种一致熔融化合物的熔体或几种一致熔融化合物的混合熔体组成的；②玻璃的结构和物理性质由最邻近的一致熔融化合物决定；③基于 Bray 提供的 R_2O-B_2O_3 二元玻璃体系的实验数据，可以运用杠杆原理计算两种最邻近一致熔融化合物之间玻璃的组成和四配位硼[BO_4]的摩尔分数 N_4(其配位状态(玻璃结构中的桥氧、非桥氧，层状、环状或链状)也可以用杠杆原理及加和法则来预测)；④基于相图，结合玻璃的核磁共振谱及密度和折射率等物理性质数据，可以通过杠杆原理研究玻璃的组成、结构及其性质之间的关系。

有别于以往的研究工作，相图模型的特色是不需要采用经验的拟合公式，可以直接从玻璃组分计算出一致熔融化合物，并按照这些结构单元计算出不同结构单元的比例，进而得出玻璃的不同性质和玻璃体系特定性质能达到的区域。

玻璃结构相图模型也可用于研究玻璃熔体中不互溶取代问题。根据相图理论，两种化合物的熔体不存在不相溶区。因此，相图上的两种化合物形成的玻璃可以看作两种最邻近的一致熔融化合物以任意比例混合的熔体，并且玻璃的结构是最邻近的一致熔融化合物结构单元的混合。由于两种结构同时存在，玻璃的密度和折射率等性质往往与这两种最邻近的一致熔融化合物的性质略有偏差。

4.2.2　玻璃结构相图模型的方法

利用玻璃结构相图模型预测计算玻璃结构与物理性质的计算方法如下[33,43]。

1. 二元玻璃体系计算方法

二元相图主要分为如下三种类型，如图 4-7 所示：①A 与 B 之间没有任何化合物的二元相图；②A 与 B 之间具有一个一致熔融化合物的二元相图；③A 与 B 之间具有一个非一致熔融化合物的二元相图。

(1) 对于 A 与 B 之间没有任何化合物的二元相图，两种化合物在液态时能以任意比例互溶，形成单相溶液；固相完全不互溶，两种化合物各自从液相分别结晶；这是最简单的二元体系相图，如图 4-7(a)所示。玻璃组分为 D 的结构与物理

性质计算公式为

$$a_D = x_A a_A + x_B a_B \tag{4.5}$$

式中，x_A 和 x_B 表示组分为 D 的玻璃根据杠杆原理分解为化合物 A 和化合物 B 的摩尔分数；a_A、a_B 和 a_D 表示组分为 A、B 和 D 的玻璃的物理性质(密度、折射率、热膨胀系数等)。

(2) 一致熔融化合物是一种稳定的化合物，与正常的纯物质一样具有固定的熔点，加热这样的化合物到熔点，即熔化为液态时，所产生的液相与化合物的晶相组成相同[46]。含有这种化合物的典型相图如图 4-7(b)所示。整个相图可看成由两个最简单的相图组成。玻璃组分为 E 和 F 的物理性质计算公式为

$$a_E = x_A a_A + x_C a_C \tag{4.6}$$

$$a_F = x_B a_B + x'_C a_C \tag{4.7}$$

式中，x_A 和 x_C 分别表示组分为 E 的玻璃根据杠杆原理分解为化合物 A 和一致熔融化合物 C 的摩尔分数；x_B 和 x'_C 分别表示组分为 F 的玻璃根据杠杆原理分解为化合物 B 和一致熔融化合物 C 的摩尔分数；a_A、a_B、a_C、a_E 和 a_F 分别表示组分为 A、B、C、E 和 F 的玻璃的物理性质(密度、折射率、热膨胀系数等)。

(3) 非一致熔融化合物是一种不稳定的化合物，加热这种化合物到某一个温度便发生分解，分解产物是一种液相和另一种晶相，两者组成与原来化合物组成完全不同[47]。含有非一致熔融化合物的相图明显比前面两种相图复杂，如图 4-7(c)所示。非一致熔融化合物在玻璃中不存在，因此对这种情况不做计算。

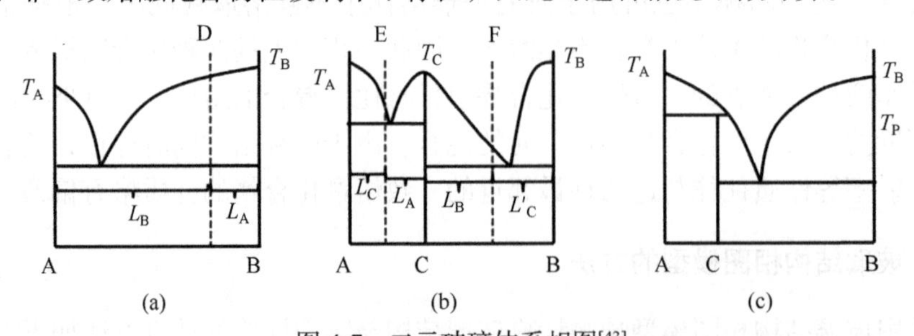

图 4-7　二元玻璃体系相图[43]

(a)具有一个低共熔点的二元相图；(b)具有一个一致熔融化合物的二元相图；
(c)具有一个非一致熔融化合物的二元相图

2. 三元玻璃体系计算方法

三元玻璃体系的结构与物理性质计算比二元体系复杂，需要先划分有效副三角形，再进行计算。其中划分副三角形是最为关键的一步，分为两种情形：已知完整相图的三元玻璃体系和无完整相图的三元体系。

(1) 对于已知完整相图的三元玻璃体系，其副三角形的具体划分步骤如

图 4-8(a)所示，具体说明如下[44]：①确定晶区。晶区是由降温线(带箭头的实线)包围起来的含有稳定化合物成分点(*A*、*B*、*C* 和 *S*)的闭合区域(Ⓐ、Ⓑ、Ⓒ和Ⓢ)，晶区命名由所包含稳定化合物决定。②连接包围无变量点的三个相邻晶区的稳定化合物成分点，无变量点是相图中自由度为 0 的点(E_1、E_2和 E_3为无变量点，如包围 E_1 的三个相邻晶区分别是Ⓐ、Ⓑ和Ⓢ，三个晶区的稳定化合物成分点分别是 *A*、*B* 和 *S*，连接即得到副三角形为△*ABS*)。

需要注意的是，在一个三元相图中，除多晶转变点和过渡点外，每个三元无变量点都有其自身对应的副三角形，且各副三角形之间不能重叠，例如，无变量点 E_1 有且仅有一个副三角形，为 △*ABS*。根据 Na_2O-CaO-SiO_2 三元体系的部分相图(图 4-8(b))，其有效副三角形的划分如图 4-8(c)所示。

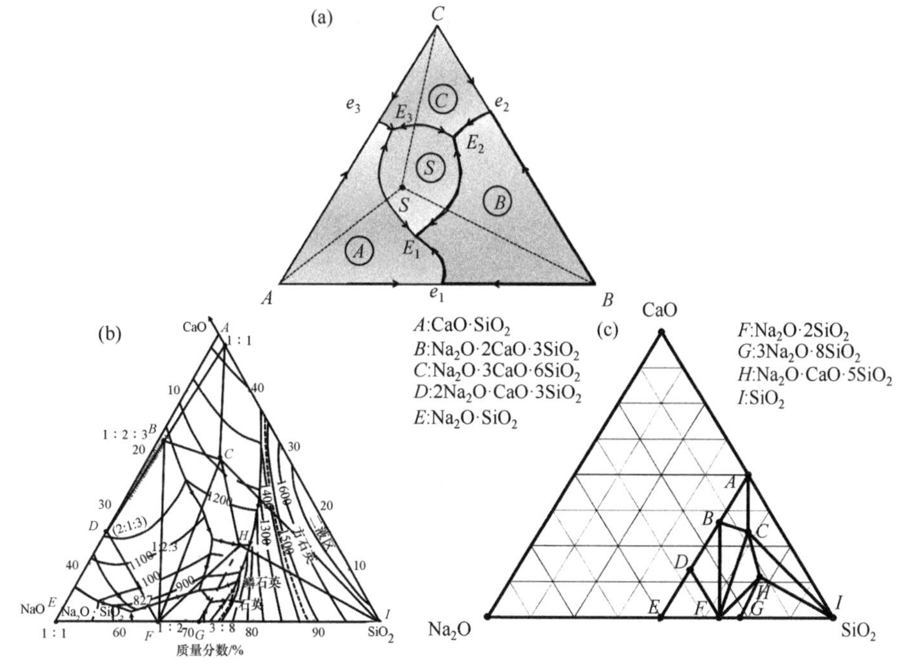

图 4-8 (a) 已知完整相图的三元玻璃体系有效副三角形的划分示意图[44](*A*、*B*、*C* 和 *S* 为稳定化合物成分点，Ⓐ、Ⓑ、Ⓒ和Ⓢ为晶区，E_1、E_2和 E_3为无变量点，e_1、e_2和 e_3为各二元体系的低共熔点，△*ABS*、△*ACS* 和△*BCS* 为有效副三角形，带箭头的实线为降温线)；(b)Na_2O-CaO-SiO_2三元体系的部分相图[33]；(c)Na_2O-CaO-SiO_2体系有效副三角形的划分[44]

(2) 对于无完整相图的三元体系，其有效副三角形的划分可直接连接相图中的稳定化合物得到。图 4-9(a)给出了此类情况的划分示意图，*W*、*X*、*Y* 和 *Z* 为相图中稳定化合物组分点，连接即得副三角形△*AWX*、△*WXZ*、△*BXZ*、△*BYZ*、△*CYZ* 和△*CWZ*。以 Na_2O-B_2O_3-MgO 体系为例，其副三角形的划分如图 4-9(b)所示。化合物通过三元体系中两两组分的二元相图或者晶体数据库查找，按以下原则取舍：非一致熔融化合物不作为划分副三角形的稳定化合物成分点，若不能确定三元化合物是否为一致熔融化合物则统一作为一致熔融化合物处理。这样取舍的原因是，实际上许多三元玻璃体系无完整相图，且大多化合物难以判断其是否为一致熔融化合物。如果将其暂时统一视为一致熔融化合物处理，则可划分出更多的副三角形，从而可以预测更多未知相图的玻璃体系。然而，值得注意的是这种取舍方法存在一定问题，即假如该化合物在实验上最终确定为非一致熔融化合物，则将其作为划分副三角形的组分点有可能会扩大化。尽管如此，这种处理方法仍有其存在的必要性。

完成划分副三角形后，相图中任意组分点 P 的玻璃结构是其所在副三角形中的三个稳定化合物结构的混合，其结构与物理性质可按下式计算：

$$a_P = x_X a_X + x_Y a_Y + x_Z a_Z \tag{4.8}$$

式中，x_X、x_Y 和 x_Z 为组分点 P 根据杠杆原理分解为副三角形中三个稳定化合物的摩尔分数；a_X、a_Y，a_Z 和 a_P 为三个稳定化合物组成玻璃和 P 组分玻璃的物理性质(如密度、折射率、热膨胀系数等)。

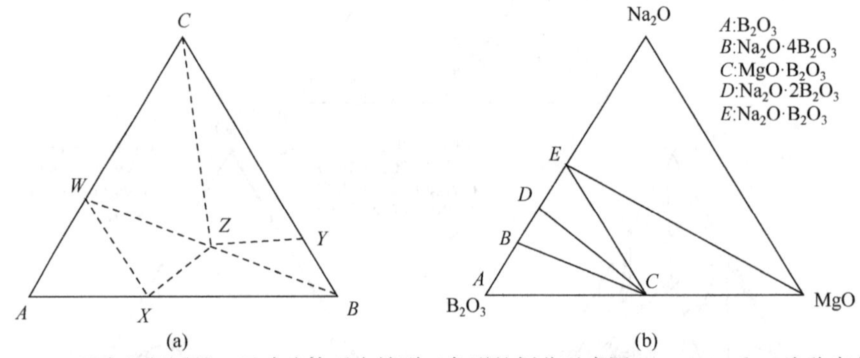

图 4-9 (a)无完整相图的三元玻璃体系有效副三角形的划分示意图(W、X、Y 和 Z 为稳定化合物成分点，△AWX、△WXZ、△BXZ、△BYZ、△CYZ 和△CWZ 为有效副三角形)；(b)Na_2O-B_2O_3-MgO 体系有效副三角形的划分

4.3 相图模型研究二元硼酸盐玻璃基团结构

硼酸盐玻璃是近几十年来玻璃结构研究的热点，也是应用现代技术研究最全面的玻璃体系。由于硼酸盐玻璃中存在两种结构单元[BO_4]和[BO_3]，根据这两种结构单元的比例，玻璃的结构和物理性质往往表现出极大值和极小值。20 世纪 60 年代初，Krogh-Moe 观察到，二元硼酸盐玻璃和同成分的硼酸盐晶体的红外光谱及核磁共振谱具有相同的特征带。他认为硼酸盐玻璃中存在一些特殊化学成分的基团[30,48]，并提出了硼酸盐玻璃结构的基团模型。这一玻璃结构模型得到了 Bray 等

的支持[49-55]。Bray 成功获得了硼酸盐玻璃由于电四极矩效应而使谱线变窄的核磁共振谱，用于研究碱金属硼酸盐玻璃 R_2O-B_2O_3(R=Li，Na，K，Rb，Cs)的结构和键合。Bray 的研究结果更准确地描述了基团的配位结构以及桥氧与非桥氧的关系。

Dell 等[55]总结了硼酸盐玻璃的结构基团。将硼原子看作硼酸盐结构单元的中心，碱金属和碱土金属二元硼酸盐结构单元如图 4-10 所示。Bray 解释了 Li_2O-B_2O_3 二元玻璃体系的结构变化，如图 4-11 所示，其中 N_4 表示四配位硼[BO_4]的摩尔分数，N_{3A} 是非对称配位[BO_3]的摩尔分数，而 N_{3S} 是对称配位[BO_3]的摩尔

(a) 硼氧环(a_3)，观察于玻璃态 B_2O_3 中[50]

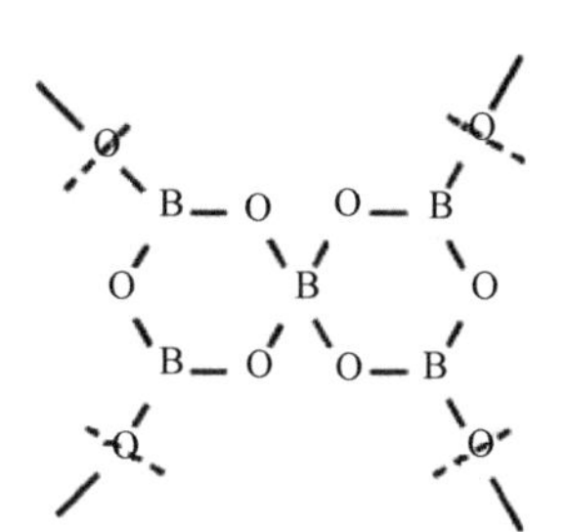

(b) 五硼酸盐基团(a_4c)，观察于化合物 α-$K_2O \cdot 5B_2O_3$ 和 β-$K_2O \cdot 5B_2O_3$ 中[50]

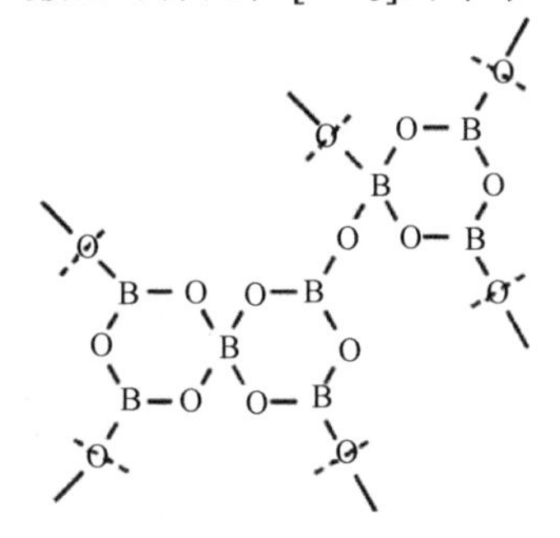

(c) 四硼酸盐基团(a_6c_2)，观察于化合物 $Na_2O \cdot 4B_2O_3$ 中[50]

(d) 三硼酸盐基团(a_2c)，观察于化合物 $Cs_2O \cdot 3B_2O_3$ 中[50]

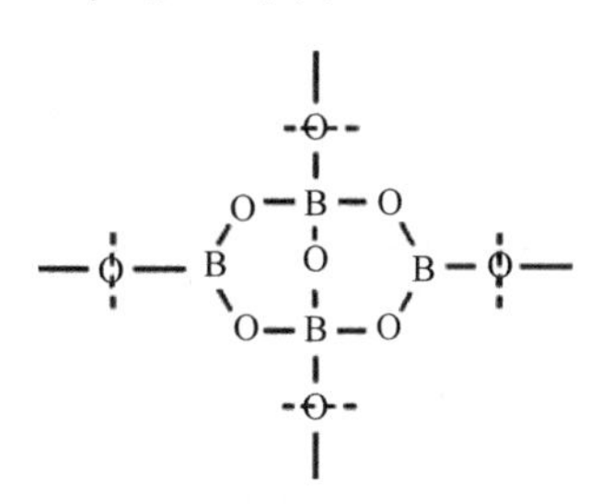

(e) 二硼酸盐基团(a_2c_3)，观察于化合物 $Li_2O \cdot 2B_2O_3$ 中[50]

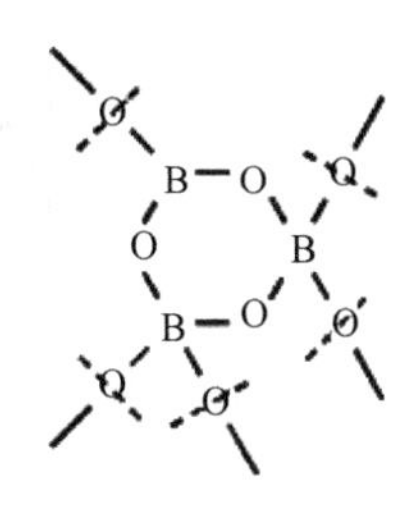

(f) 双三硼酸盐基团(ac_2)，观察于化合物 $K_2O \cdot 2B_2O_3$ 中[50]

(g) 双五硼酸盐基团(a_3c_2)，观察于化合物 $Na_2O \cdot 2B_2O_3$ 中[50]

(h) 带有一个非桥氧的三硼酸盐基团(abc)，观察于化合物 $Na_2O \cdot 2B_2O_3$ 中[50]

(i) 环状偏硼酸盐基团(b_3)，观察于化合物 $Li_2O \cdot B_2O_3$ 和 $K_2O \cdot B_2O_3$ 中[50]

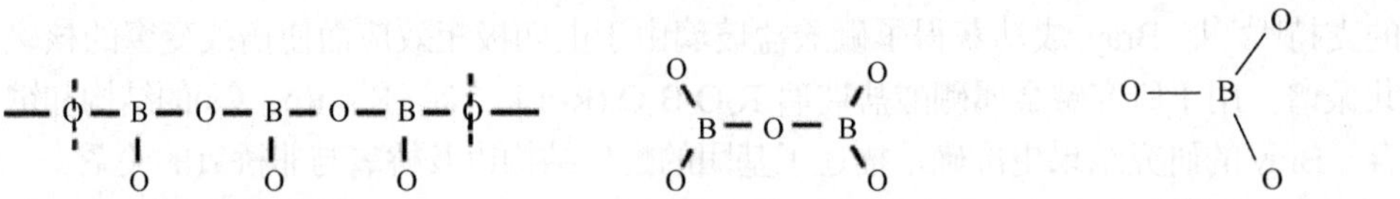

(j) 链状偏硼酸盐基团(b_∞)，观察于化合物 $Li_2O \cdot 2B_2O_3$ 和 $CaO \cdot B_2O_3$ 中[50]

(k) 焦硼酸盐基团(b_2'')，观察于化合物 $2MgO \cdot B_2O_3$ 和 $2CaO \cdot B_2O_3$ 中[50]

(l) 正硼酸盐基团(b''')，观察于化合物 $3MgO \cdot B_2O_3$ 和 $3CaO \cdot B_2O_3$ 中[50]

图 4-10　碱金属和碱土金属二元硼酸盐结构单元

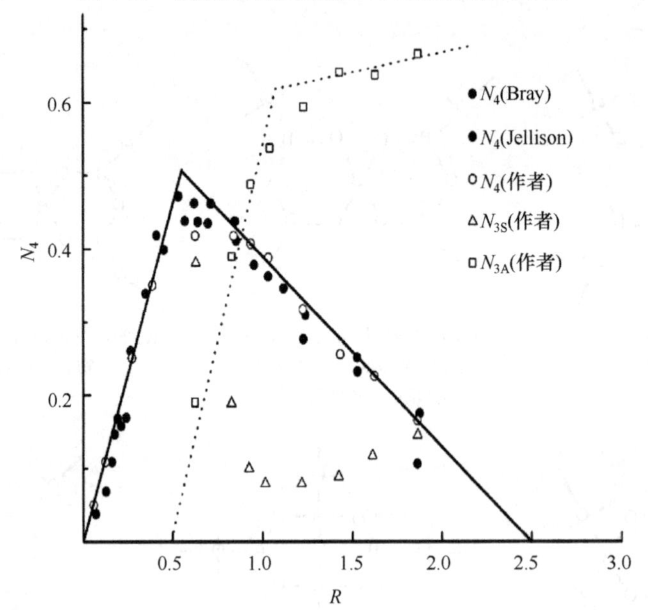

图 4-11　二元 Li_2O-B_2O_3 玻璃体系的结构变化($R=x(Li_2O)/x(B_2O_3)$)[37]

分数。其他二元碱性氧化物硼酸盐玻璃结构也有类似的变化。Konijnendijk(科奈恩德克)[50]详细研究了硼酸盐和硼硅酸盐玻璃的红外光谱和拉曼光谱，研究结果为 Krogh-Moe 的结论提供了有力的支持。

作者运用相图分析了 Krogh-Moe 提出的硼酸盐玻璃中的结构基团，观察到这些基团的化学成分与相图中化合物一致。在 Na_2O-B_2O_3 体系中，存在四种晶体结构，即 $Na_2O \cdot 2B_2O_3$、$Na_2O \cdot 3B_2O_3$、$Na_2O \cdot 4B_2O_3$ 和 $Na_2O \cdot 5B_2O_3$。其中 $Na_2O \cdot 3B_2O_3$ 和 $Na_2O \cdot 5B_2O_3$ 是非一致熔融化合物，在熔体中前者会分解为 $Na_2O \cdot 2B_2O_3$ 和 $Na_2O \cdot 4B_2O_3$，后者会分解为 $Na_2O \cdot 4B_2O_3$ 和 B_2O_3(图 4-5 和图 4-6)。因此，硼酸盐玻璃中不可能存在三硼酸盐和五硼酸盐结构基团。

玻璃结构的相图模型可用于解释和预测硼酸盐和硼硅酸盐玻璃的结构。玻璃结构的相图模型为玻璃结构研究提供了如下信息。

(1) 由相图可得到与玻璃组分最邻近的一致熔融化合物。

(2) 一致熔融化合物的基本数据。

(3) 可利用相图模型预测玻璃的结构、结构比值以及冷却过程中结构的变化。

(4) 可利用相图杠杆原理计算玻璃的结构和性质。

对于 R_2O-B_2O_3 二元玻璃体系的组分 P，N_4 可以由式(4.9)得到：

$$N_4=\sum_{i=1}^{2}A_iB_iN_{4i} \tag{4.9}$$

式中，A_i 代表玻璃组分 P 按杠杆原理分解出稳定化合物 i 的摩尔分数；B_i 代表稳定化合物 i 中硼的摩尔分数；N_{4i} 表示玻璃中四配位硼的摩尔分数，其组成与稳定化合物 i 相同。

玻璃结构的相图模型表明，在二元玻璃体系中，玻璃的结构是相图中最邻近的两种一致熔融化合物的结构混合，比例由杠杆原理确定。硼酸盐玻璃中存在 $[BO_4]$ 和 $[BO_3]$ 基本结构单元。如果玻璃成分只是某种特定的一致熔融化合物，如 B_2O_3，$R_2O\cdot4B_2O_3$ 或 $R_2O\cdot2B_2O_3$，那么玻璃的结构应该与这种化合物的晶体结构相同。

图 4-12 给出了 Li_2O-B_2O_3 的相图。作者运用玻璃结构的相图模型和杠杆原理计算了 Li_2O-B_2O_3 和 Na_2O-B_2O_3 玻璃中的 N_4，如图 4-13 所示。表 4-4 列出了 R_2O-B_2O_3 二元硼酸盐玻璃体系中一致熔融化合物的 N_4。由图 4-13 可知，在这些二元硼酸盐玻璃中，N_4 的计算结果与 Bray 的核磁共振测试结果相一致。

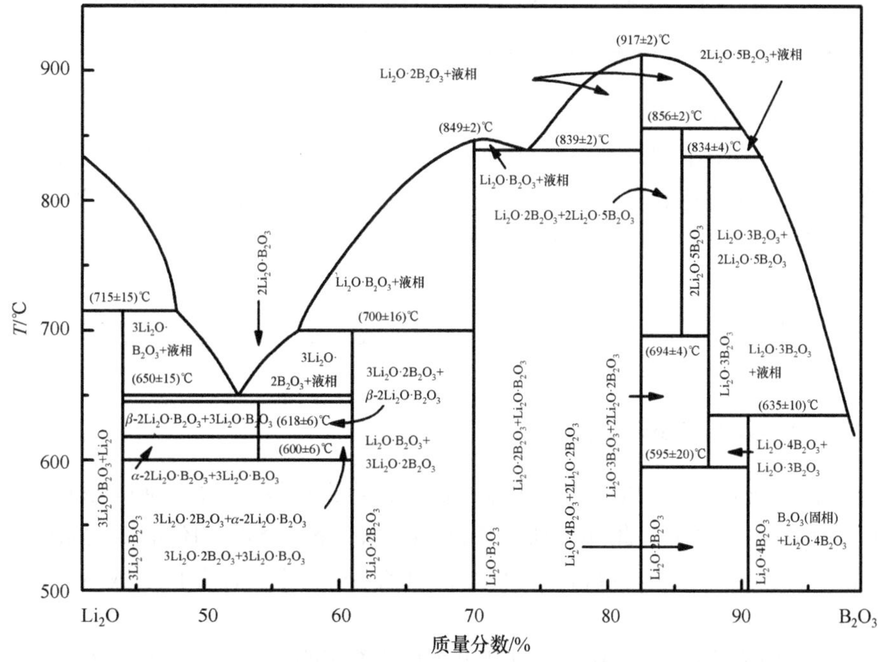

图 4-12　Sastry(萨斯特里)和 Hummel(胡默尔)提出的 Li_2O-B_2O_3 相图[56]

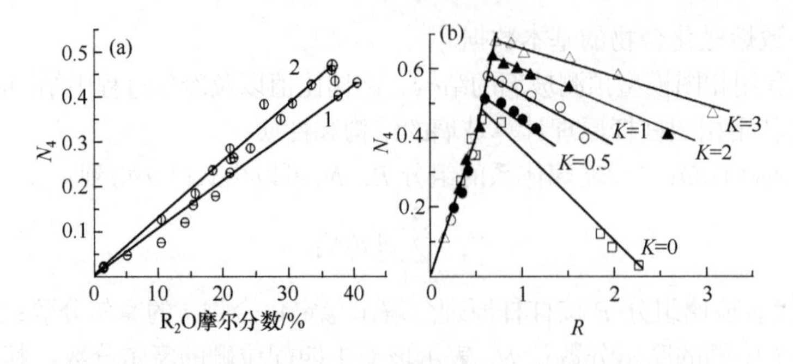

图 4-13　硼酸盐玻璃中 N_4 的计算与实测结果

(a) $Li_2O-B_2O_3$ 玻璃(1) 和 $Na_2O-B_2O_3$ 玻璃(2) (⊕为实验数据，⊖⦶ 为来自参考文献[55]的实验数据，根据 Bray 的核磁共振测量得出的 N_4 实验结果)；(b) $Na_2O-B_2O_3-SiO_2$ 玻璃($K=x(SiO_2)/x(B_2O_3)$，$R=x(Na_2O)/x(B_2O_3)$)

表 4-4　$R_2O-B_2O_3$ 体系的 N_4 值[33]

组成	B_2O_3	$Na_2O\cdot4B_2O_3$	$Na_2O\cdot2B_2O_3$	$Na_2O\cdot B_2O_3$	$2Na_2O\cdot B_2O_3$
N_4	0	0.25	0.45	0.38	0.10
组成	$3Na_2O\cdot B_2O_3$	$K_2O\cdot4B_2O_3$	$K_2O\cdot2B_2O_3$	$K_2O\cdot B_2O_3$	$3K_2O\cdot B_2O_3$
N_4	0	0.25	0.45	0.38	0
组成	B_2O_3	$Li_2O\cdot4B_2O_3$	$Li_2O\cdot2B_2O_3$	$Li_2O\cdot B_2O_3$	$3Li_2O\cdot B_2O_3$
N_4	0	0.25	0.45	0.38	0

在二元 $R_2O-B_2O_3$ 硼酸盐玻璃体系中，化合物 $R_2O\cdot2B_2O_3$ 处的 N_4 值应是最大的，但是实验中不均匀熔融会引起成分偏差，导致 N_4 值减小(由于熔融样品总体积较小，在实验中往往不完全混合，所以玻璃样品总是存在不均匀现象)。因此，实验中 $R_2O-B_2O_3$ 玻璃 N_4 的测量值总是略低于实际值。

4.4　相图模型研究三元硼酸盐玻璃基团结构

4.4.1　钠硼硅玻璃体系的结构

Bray 和 Yun(云)[52]曾致力于根据核磁共振数据计算 $Na_2O-B_2O_3-SiO_2$ 三元玻璃体系中[BO_4]的含量。此外，利用 Bray 提出的经验公式，还可以得到[BO_3]中对称和不对称 B—O 键的数目。对称非桥氧数 N_{3S} 和不对称非桥氧数 N_{3A} 分别由式(3.9)和式(3.10)给出。

作者的研究表明，运用相图模型也可以得到硼酸盐玻璃中[BO_4]的含量。同时，相图模型方法避免了实验中玻璃不均匀性产生的偏差。

根据相图模型，三元硼酸盐玻璃体系中组分 P 的 N_4 由式(4.10)得出：

$$N_4=\sum_{i=1}^{3}A_iB_iN_{4i} \tag{4.10}$$

式中，A_i 代表 P 点组成的玻璃根据杠杆原理分解为最邻近三角区中第 i 个稳定一致熔融化合物或准化合物的摩尔分数；B_i 代表第 i 个稳定一致熔融化合物或准化合物中硼的摩尔分数；N_{4i} 表示第 i 个稳定化合物或准化合物中四配位硼的分数。

如果给定一个相图，那么 N_4 可以通过稳定一致熔融化合物简单计算得到。玻璃体系中 N_4 的计算首先需确定玻璃体系的三角区。如果没有相图，那么必须计算玻璃组分附近的所有副三角形。为了减少计算量，作者提出以下准则。

(1) 在熔体中，不稳定的非一致熔融化合物已经分解，所以它们不会存在于玻璃中。因此，相图中的不稳定非一致熔融化合物不能视为基准物质。

(2) 若已知系统的具体相图，则只需把不稳定化合物的区域消除即可。

(3) 若未知系统的详细相图，但已知该系统中存在的稳定化合物，则对于最邻近的多边形，应选择玻璃分解得到的副三角形(副三角形的划分原则如 4.2 节所述)。例如，图 4-14 中的玻璃组分 P^*，位于由化合物 $Na_2O\cdot 2B_2O_3$(N · 2B)、$Na_2O\cdot 4B_2O_3$(N · 4B)、$Na_2O\cdot B_2O_3\cdot 2SiO_2$(N · B · 2S) 和 $Na_2O\cdot B_2O_3\cdot 6SiO_2$(N · B · 6S)形成的四边形中，其可能的副三角形为 $Na_2O\cdot 2B_2O_3$-$Na_2O\cdot 4B_2O_3$-$Na_2O\cdot B_2O_3\cdot 2SiO_2$(N · 2B-N · 4B-N · B · 2S) 和 $Na_2O\cdot 2B_2O_3$-$Na_2O\cdot 4B_2O_3$-$Na_2O\cdot B_2O_3\cdot 6SiO_2$ (N · 2B-N · 4B-N · B · 6S)。因为熔融温度与组分含量近似地呈反比例关系，所以熔融温度低的化合物连线的可能性较大。

(4) 若未知系统中存在的稳定化合物数量不齐全，则比较与该系统结晶化学条件相似的系统；若有齐全的相图资料，则可参照计算。例如，钾硼磷系统的相图不全，但钠硼磷系统相图较为齐全，可参照钠硼磷系统相图计算钾硼磷系统。在整个三元玻璃体系中，N_4 随组分变化的极大值或极小值组分的玻璃可作为基准物质。在硼酸盐三元玻璃中，与氧化硼相对距离较远的玻璃系列中，选择 N_4 的极大值(或极小值)和临界点作为基准物质。

根据上述准则大大减少了计算量。Na_2O-B_2O_3-SiO_2 玻璃体系副三角形划分的计算结果与实验结果的比较如图 4-14 和图 4-15 所示。图 4-16～图 4-18 则给出了 Na_2O-B_2O_3-SiO_2 玻璃体系的相图。

表 4-5 列出了 Na_2O-B_2O_3-SiO_2 体系中的一致熔融化合物玻璃组分和相应晶体的 N_4 值[34]。值得注意的是，$Na_2O\cdot B_2O_3\cdot 6SiO_2$(N · B · 6S)化合物并不存在于 Na_2O-B_2O_3-SiO_2 相图中。然而，这种化合物确实存在于自然界中(核磁共振测试

证实)，因此，N · B · 6S 是一种稳定的一致熔融化合物。在 N · B · 6S 化合物附近，N_4值对 R 值的任何变化都很敏感，在较高的温度下，B_2O_3的挥发性对 R 值的影响也很明显。即使使用精确化学分析方法，成分的偏差仍然接近 0.3%，故难以获得确切成分的玻璃。作者通过实验制备了 N · B · 6S 玻璃样品，样品 N · B · 6S

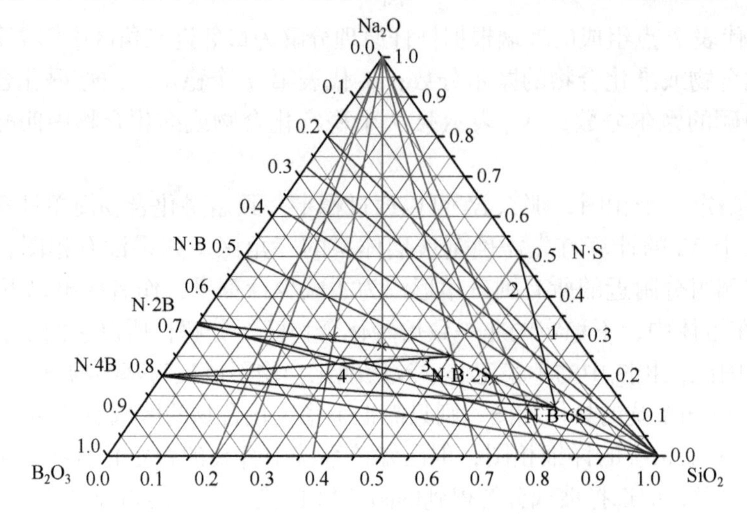

图 4-14　Na_2O-B_2O_3-SiO_2体系三角形的划分[33](见书后彩图)

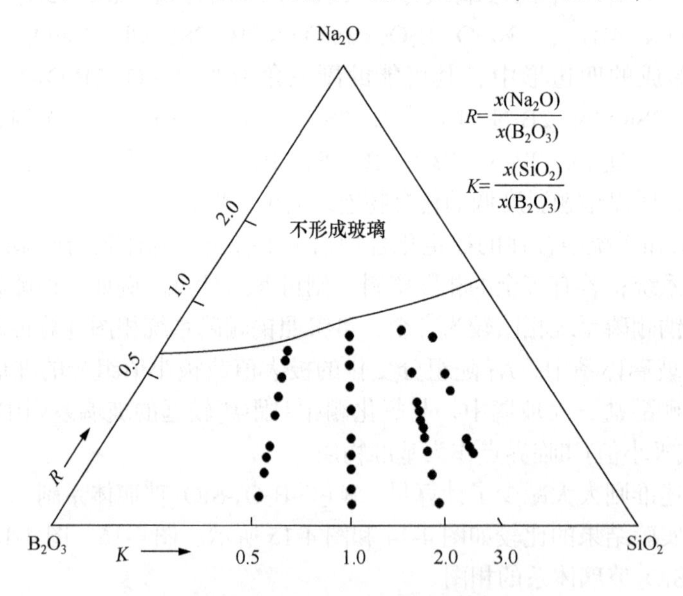

图 4-15　Na_2O-B_2O_3-SiO_2体系的玻璃[52]

黑点表示 36 种不同的名义玻璃组成，这些成分的玻璃分成四类，每类都有相同的 K 值，但 R 值不同

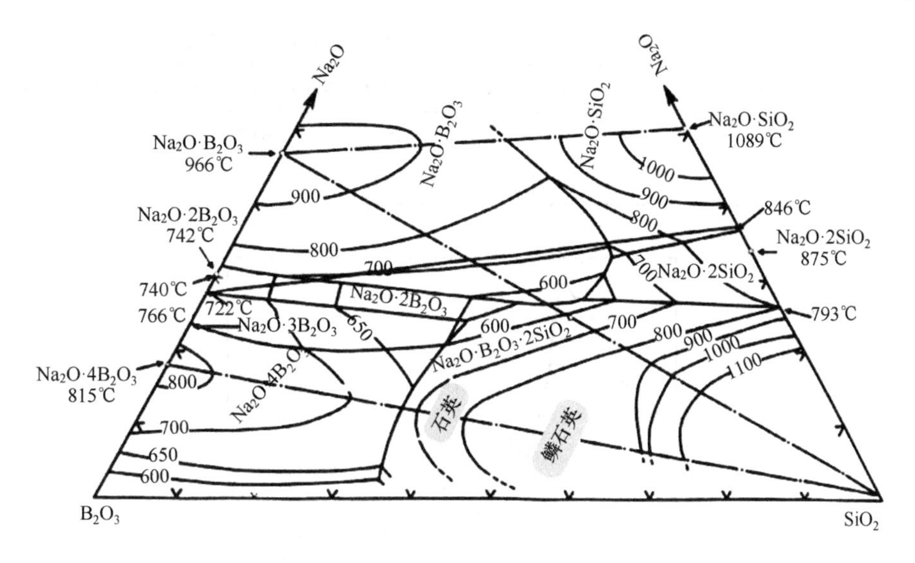

图 4-16　Na_2O-B_2O_3-SiO_2 三元相图[57]

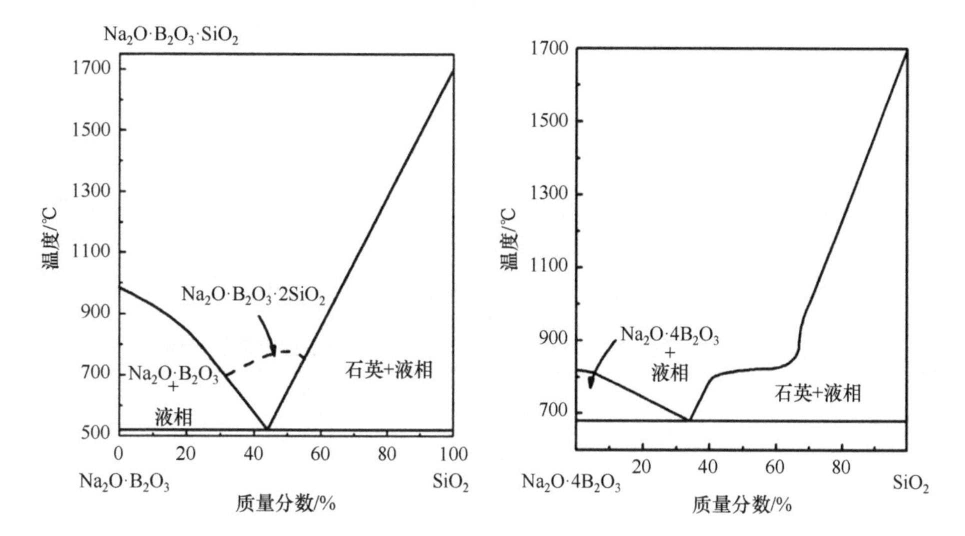

图 4-17　$Na_2O \cdot B_2O_3$-SiO_2 二元相图[57]

虚线表示 $Na_2O \cdot B_2O_3 \cdot 2SiO_2$ 存在的区域

图 4-18　$Na_2O \cdot 4B_2O_3$-SiO_2 二元相图[57]

在 1430℃下熔融 3.5h，B_2O_3 的挥发量占 B_2O_3 总量的 10%。图 4-19 为样品的拉曼光谱，794cm^{-1} 峰为[BO_4]的振动峰，770cm^{-1} 峰为[BO_4]的吸收峰。测得此样品的 N_4 值约为 1.0，而理论上该玻璃的 N_4 值约为 0.95。$Na_2O \cdot B_2O_3$ 这个组成的玻璃目前还没有能够得到，因此没有列出玻璃中相应的值。

表 4-5　Na_2O-B_2O_3-SiO_2 体系的玻璃一致熔融化合物组分和相应晶体的 N_4 值[34]

组成	B_2O_3	$Na_2O \cdot B_2O_3$	$Na_2O \cdot 2B_2O_3$	$Na_2O \cdot 4B_2O_3$	$Na_2O \cdot B_2O_3 \cdot 2SiO_2$	$Na_2O \cdot B_2O_3 \cdot 6SiO_2$
晶体	0	0	0.50	0.25	0.67	1.00
玻璃	0	—	0.45	0.25	0.66	0.95

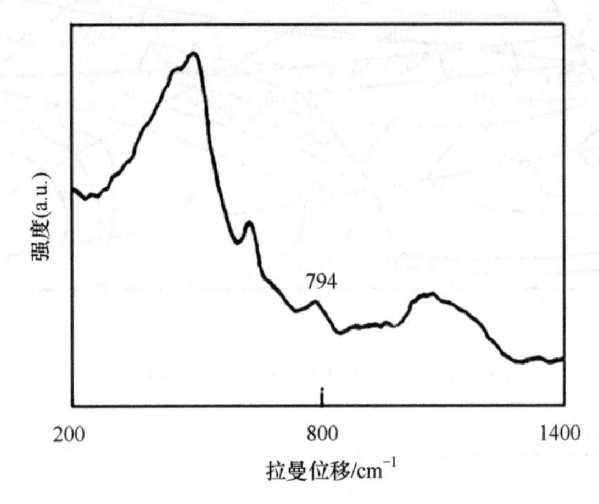

图 4-19　玻璃样品 N · B · 6S 的拉曼光谱[34]

1430℃下熔融 3.5h

在 Na_2O-B_2O_3-SiO_2 玻璃体系中，若 K 值(K=$x(SiO_2)/x(B_2O_3)$)保持不变，则 N_4 值随 R 值的变化而变化(R=$x(Na_2O)/x(B_2O_3)$)。作者用表 4-5 中的数据计算了 Na_2O-B_2O_3-SiO_2 玻璃形成区的 N_4 值，结果如表 4-6、图 4-20 及图 4-21 所示。

表 4-6　玻璃样品 N_4 的核磁共振实验值与相图模型计算值的比较

玻璃序号	K	R	N_4(作者计算)	文献中的值		参考文献
				N_4(实验值)	N_4(计算值)	
1	0	0.11	0.11	0.116	0.11	[52]
2	0	0.177	0.18	0.16	0.177	
3	0	0.205	0.21	0.225	0.205	
4	0	0.25	0.25	0.28	0.25	
5	0	0.333	0.33	0.38	0.333	
6	0	0.408	0.41	0.38	0.408	
7	0	0.50	0.50	0.43	0.50	
8	0	0.667	—	0.445	0.46	
9	0	1.85	—	0.097	0.16	
10	0	2.0	—	0.08	0.12	
11	0.5	0.1	0.10	0.11	0.11	

续表

玻璃序号	K	R	N_4(作者计算)	文献中的值		参考文献
				N_4(实验值)	N_4(计算值)	
12	0.5	0.2	0.20	0.21	0.20	
13	0.5	0.33	0.33	0.33	0.33	
14	0.5	0.5	0.50	0.45	0.50	
15	0.5	0.6	0.55	0.50	0.52	
16	0.5	0.7	0.53	0.49	0.50	
17	0.5	0.8	0.51	0.47	0.49	
18	0.5	0.9	0.46	0.45	0.45	
19	0.5	0.9	0.48	0.41	0.45	
20	1	0.11	0.11	0.12	0.11	
21	1	0.2	0.20	0.22	0.20	
22	1	0.33	0.34	0.33	0.35	
23	1	0.5	0.53	0.45	0.50	
24	1	0.6	0.57	0.54	0.52	
25	1	0.7	0.56	0.55	0.54	
26	1	0.8	0.57	0.54	0.53	
27	1	0.9	0.56	0.54	0.52	[52]
28	1	1.0	0.54	0.51	0.51	
29	1	1.3	0.51	0.47	0.47	
30	1	1.6	—	0.38	0.51	
31	2	0.2	0.20	0.2	0.20	
32	2	0.33	0.33	0.31	0.33	
33	2	0.5	0.49	0.45	0.50	
34	2	0.6	0.55	0.55	0.60	
35	2	0.7	0.61	0.61	0.62	
36	2	0.8	0.58	0.60	0.61	
37	2	0.9	0.61	0.60	0.60	
38	2	1.0	0.66	0.58	0.59	
39	2	1.5	0.59	0.53	0.55	
40	2	2.5	0.50	0.30	0.47	
41	3	0.8	0.68	0.65	0.68	
42	3	0.9	0.70	0.64	0.67	

续表

玻璃序号	K	R	N_4(作者计算)	文献中的值		参考文献
				N_4(实验值)	N_4(计算值)	
43	3	1.0	0.73	0.64	0.67	[52]
44	3	1.5	0.65	0.61	0.64	
45	3	2.0	0.61	0.55	0.61	
46	3	3.0	0.55	0.44	0.54	
47	6.46	1.57	1.0	0.85	0.88	[58]
48	4.91	0.96	0.96	0.83	0.80	
49	3.79	0.72	0.71	0.64	0.72	
50	3.10	0.45	0.45	0.43	0.45	
51	2.88	0.36	0.36	0.32	0.36	
52	2.76	0.28	0.28	0.24	0.28	
53	2.53	0.21	0.21	0.21	0.21	
54	2.29	0.08	0.08	0.08	0.08	
55	9.04	1.87	1.0	1.0	1.0	[59]
56	5.0	1.97	0.75	0.76	0.76	
57	1.62	1.62	0.52	0.53	0.50	
58	4.54	0.95	0.84	0.74	0.78	
59	2.23	1.03	0.67	0.65	0.61	
60	0.52	0.97	0.50	0.45	0.46	
61	7.63	0.46	0.46	0.48	0.46	
62	2.68	0.49	0.49	0.46	0.49	
63	0.82	0.50	0.50	0.48	0.50	
64	3.73	0.24	0.24	0.25	0.24	
65	2.07	0.25	0.25	0.26	0.25	
66	0.36	0.25	0.25	0.26	0.25	
67	0.56	0.17	0.17	0.17	0.17	
68	0.50	0.17	0.17	0.19	0.17	[60]
69	0.50	0.50	0.49	0.47	0.50	
70	0.50	0.81	0.52	0.55	0.49	
71	2.00	0.33	0.34	0.35	0.33	
72	2.08	0.77	0.59	0.64	0.62	
73	2.00	1.00	0.67	0.67	0.59	
74	2.01	1.62	0.53	0.64	0.54	
75	7.10	1.42	1.0	1.0	0.93	[61]
76	4.52	0.97	0.85	0.85	0.77	
77	3.14	0.72	0.67	0.72	0.69	
78	1.79	0.49	0.49	0.49	0.49	

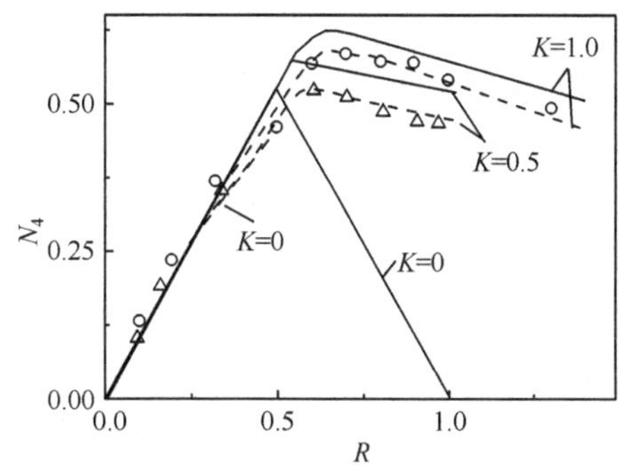

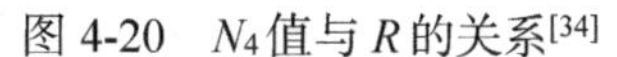
图 4-20　N_4值与 R 的关系[34]

实线和虚线分别是晶体和玻璃的计算值，散点为实验值

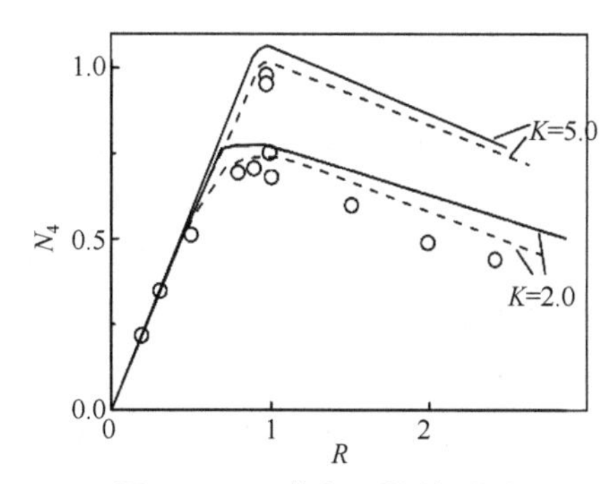

图 4-21　N_4值与 R 的关系[34]

实线和虚线分别是晶体和玻璃的计算值，散点为实验值

根据玻璃结构的相图模型，具有最大 N_4值的玻璃组分应位于 $Na_2O \cdot 2B_2O_3$ 和 $Na_2O \cdot B_2O_3 \cdot 2SiO_2$ 两组分点的连线以及 $Na_2O \cdot B_2O_3 \cdot 2SiO_2$ 和 $Na_2O \cdot B_2O_3 \cdot 6SiO_2$ 两成分点的连线上。当 R=1，K>6 时，N_4 值为 1.0。可以观察到，根据 Bray 和 Yun 提供的数据，N_4 的极大值位于这两个成分点的连线上。同样，玻璃结构的相图模型清楚地描述了转折点和 K 值的变化趋势，如图 4-15 和表 4-6 所示。

作者对 Na_2O-B_2O_3-SiO_2 玻璃体系的 N_4 分布与玻璃结构的关系进行了研究和讨论，结果如下。

(1) 在 $Na_2O \cdot B_2O_3 \cdot 6SiO_2$-$Na_2O \cdot SiO_2$-$SiO_2$(N · B · 6S-N · S-S)副三角形中(图 4-14 中 1 区)，硼离子均具有[BO_4]结构。由这三种熔融化合物混合而成的玻璃，其 N_4值在 0.95～1.0。

(2) 在 $Na_2O \cdot B_2O_3 \cdot 2SiO_2$-$Na_2O \cdot B_2O_3 \cdot 6SiO_2$-$Na_2O \cdot SiO_2$(N · B · 2S-N · B · 6S-N · S)副三角形中(图 4-14 中 2 区)，玻璃中的硼离子为 $Na_2O \cdot B_2O_3 \cdot 2SiO_2$ 和 $Na_2O \cdot B_2O_3 \cdot 6SiO_2$ 的混合。运用杠杆原理计算 N_4值在 0.66～1.0。

(3) 在 $Na_2O \cdot 2B_2O_3$-$Na_2O \cdot B_2O_3 \cdot 2SiO_2$-$Na_2O \cdot B_2O_3 \cdot 6SiO_2$(N · 2B-N · B · 2S-N · B · 6S)副三角形中(图 4-14 中 3 区)，玻璃中的硼离子是这三种硼酸盐熔体的混合。运用杠杆原理计算出 N_4值在 0.45～1.0。

(4) 在 $Na_2O \cdot B_2O_3 \cdot 2SiO_2$-$Na_2O \cdot B_2O_3 \cdot 6SiO_2$-$Na_2O \cdot 4B_2O_3$(N · B · 2S-N · B · 6S-N · 4B)副三角形中(图 4-14 中 4 区)，玻璃是这三种化合物的混合物。类似地，用杠杆原理计算出 N_4 的最小值为 0.25，其他副三角形使用杠杆原理得到了类似的结果。用玻璃结构的相图模型计算的 N_4结果与 Bray 的实测数据一致。

为了更直观地说明硼在 Na_2O-B_2O_3-SiO_2 玻璃形成区的配位作用，作者以表 4-5 一致熔融化合物组分玻璃为标准，计算了玻璃形成区的 N_4，分析结果如图 4-20 和图 4-21 所示。结果表明，玻璃的 N_4 值小于同成分晶体的数值，这是高温下部分[BO_4]遭破坏所致。玻璃是一种过冷液体，由于动力学因素，在冷却过程中依然保持熔体的状态。因此，玻璃处于热力学亚稳态，其[BO_4]成键程度低于晶体，特别在$[BO_4]$含量较高的时候。

图 4-22 是 Na_2O-B_2O_3-SiO_2 玻璃体系 N_4 计算值的分布[34]。可以观察到 R 值保持不变，N_4 值是 K 值的函数。相图上 $Na_2O \cdot B_2O_3$-B_2O_3 区域，SiO_2 的加入量不同，影响是不同的。在 B_2O_3-$Na_2O \cdot 4B_2O_3$ 区域，SiO_2 的加入主要起稀释作用，因此 K 值变化而 N_4 保持不变。在 $Na_2O \cdot 4B_2O_3$-$Na_2O \cdot 2B_2O_3$ 区域，SiO_2 的加入导致硼酸盐结构的减少和 $Na_2O \cdot B_2O_3 \cdot 2SiO_2$ 结构的形成。随着 SiO_2 含量增加，$Na_2O \cdot 2B_2O_3$ 结构消失，新化合物 $Na_2O \cdot B_2O_3 \cdot 6SiO_2$ 结构形成。SiO_2 含量继续增加，$Na_2O \cdot B_2O_3 \cdot 2SiO_2$ 结构随着 SiO_2 结构的形成而消失。在该区域，N_4 的值随 K 值的变化而变化，随 SiO_2 的加入而略有增加。在 $Na_2O \cdot 2B_2O_3$-$Na_2O \cdot B_2O_3$ 区域，SiO_2 的加入导致 $Na_2O \cdot SiO_2$ 结构的形成和硼酸盐结构的减少。随着 SiO_2 含量的不断增加，$Na_2O \cdot B_2O_3$ 消失，新的化合物 $Na_2O \cdot B_2O_3 \cdot 2SiO_2$ 形成。SiO_2 含量继续增加时，熔体中形成新的化合物 $Na_2O \cdot B_2O_3 \cdot 6SiO_2$ 和 SiO_2。在该区域，N_4 值随 SiO_2 含量的变化而显著变化，总体趋势是 N_4 值随 SiO_2 含量的增加而增加。

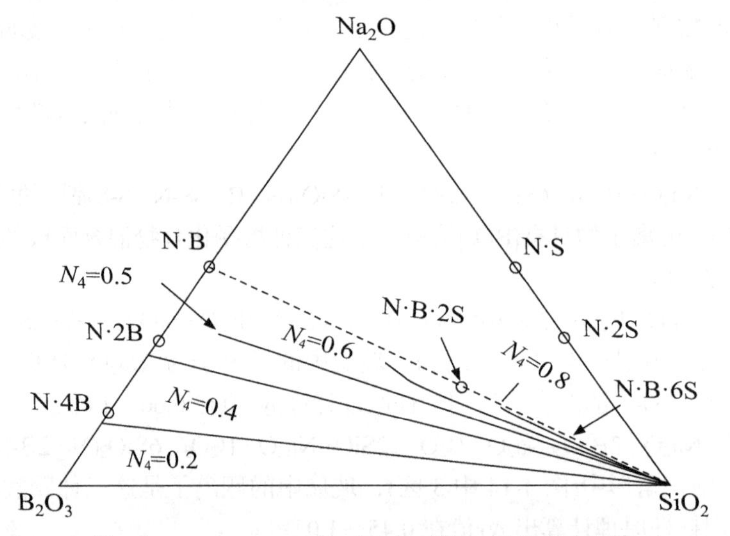

图 4-22　Na_2O-B_2O_3-SiO_2 玻璃体系的 N_4 计算值分布[34]

与二元硼酸盐玻璃一样，上述讨论都是基于相图原理，而玻璃是一种黏性液体，事实上玻璃熔制的过程通常会出现化学成分的不均匀，因此上述讨论的结果仅适用于完全均匀混合的玻璃样品。结果表明，一致熔融化合物成分的玻璃和任意成分的玻璃与单组分(即玻璃形成体)相似，并呈现出与二元玻璃相似的结构。这些玻璃或多或少地独立于其他结构基团存在，这在一定程度上导致玻璃的 N_4 值低于晶体。三元玻璃是相图中三种最邻近的一致熔融化合物的混合物。当温度降低到液相线时，某些熔体的有序度会更高。同样，根据三种最邻近一致熔融化合物可以得到三元玻璃的结构，其具体结构和性质可以由杠杆法则计算。

4.4.2　硼锂硅、硼镉锗和硼锂碲玻璃体系的结构

运用相图模型可以研究相图已知的三元玻璃体系的结构。对于相图未知的玻璃体系仍然可以使用相图模型计算，只需进行简单的假设即可。4.2.2 节已给出无完整三元相图的体系有效副三角形的划分和计算原则，本节将给出具体的计算实例。

玻璃结构随成分的变化是一个渐进的过程，符合相图的杠杆原理。如图 4-23 所示[35]，图中 *A*、*B* 和 *C* 是三个给定的稳定化合物，并进行了一些简单的假设。在 *AC* 连线上，两个化合物 *A* 和 *C* 通过杠杆原理计算的值是恒定的。可以选择 *AC* 线上靠近 *C* 点附近假设一点 *D* 作为基点(不是稳定化合物，而是看作稳定化合物)，故 *D* 点可以大致反映 *C* 的结构。因此，*AC* 线上的所有值可以近似地全部用 *AD* 线得到，近似结果可更好地反映实际情况。同样，*BC* 线上的所有值可以全部用 *BD*′(*D* 和 *D*′为同一点)线近似得到，△*ABC* 的值也可以用△*ABD* 或△*ABD*′近似得到。根据相图模型原理，△*ABD*′区域玻璃结构大致与△*ABC* 区域的相符，因为 *D*′点大致反映 *C* 点的结构。

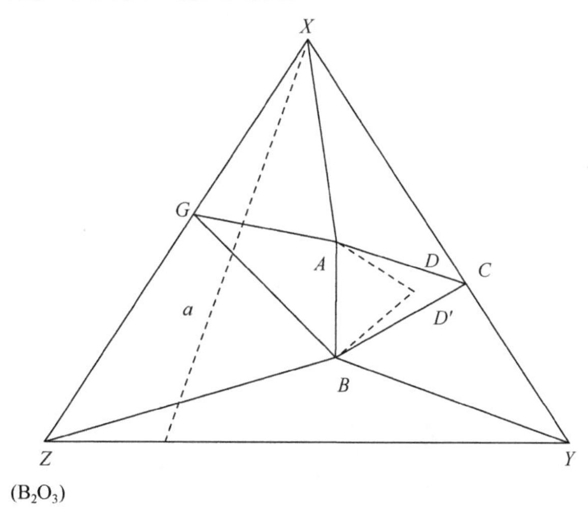

图 4-23　简化假设的相图模型示意图[35]

根据玻璃体系的相图，玻璃内部的结构基团随玻璃成分的变化而变化。如图 4-23 所示，玻璃体系 *a* 穿过了四相区：△*ZBY*、△*ZBG*、△*ABG* 和△*AGX*。随着组分 *X* 含量的增加，*A*、*G*、*X* 结构基团逐渐增多，而 *Y*、*Z*、*B* 结构基团逐渐减少甚至消失。因此，玻璃体系 *a* 的结构参数 N_4 随组分 *X* 的变化呈现出一定规律的变化。N_4 的增加或减少取决于结构基团 *Z*、*B*、*A*、*G* 结构基团中 N_4 值。因此，在上述的三元玻璃体系中，N_4 极大值的组分附近必然存在一个稳定的化合物。通过修正的相图模型，可以计算出 N_4 值，尽管计算范围很宽。

在硼锂硅、硼镉锗和硼锂碲三元玻璃体系中，将一致熔融化合物作为相图模

型计算的基准，计算出的 N_4 值如表 4-7 所示，相图中副三角形的划分如图 4-24 所示。图 4-25 和图 4-26 给出了 Li_2O-B_2O_3-SiO_2、CdO-B_2O_3-GeO_2 和 Li_2O-B_2O_3-TeO_2 玻璃体系中 N_4 值与 R 的关系，并与实验值进行比较。可以看出，相图模型计算的结果和实验值很接近，用相图模型得到的数据准确性也与文献中所描述的计算结果相一致。

表 4-7 Li_2O-B_2O_3-SiO_2、CdO-B_2O_3-GeO_2 和 Li_2O-B_2O_3-TeO_2 玻璃体系中一致熔融化合物的 N_4 值[35]

组分	B_2O_3	$Li_2O\cdot 4B_2O_3$	$Li_2O\cdot 2B_2O_3$	$Li_2O\cdot B_2O_3$	$3Li_2O\cdot B_2O_3$
N_4	0	0.25	0.45	0.38	0
组分	$CdO\cdot 2B_2O_3$	$2CdO\cdot 2B_2O_3$	$3CdO\cdot 2B_2O_3$	$B_2O_3\cdot 2TeO_2$	
N_4	0.24	0.14	0	0.35	
组分	$4Li_2O\cdot B_2O_3\cdot 8SiO_2$	$3CdO\cdot B_2O_3\cdot 3GeO_2$	$7CdO\cdot B_2O_3\cdot 3GeO_2$		
N_4	0.62	0.31	0.08		
组分	$1.3Li_2O\cdot B_2O_3\cdot 2TeO_2$	$4.5Li_2O\cdot B_2O_3\cdot 2TeO_2$			
N_4	0.54	0.02			

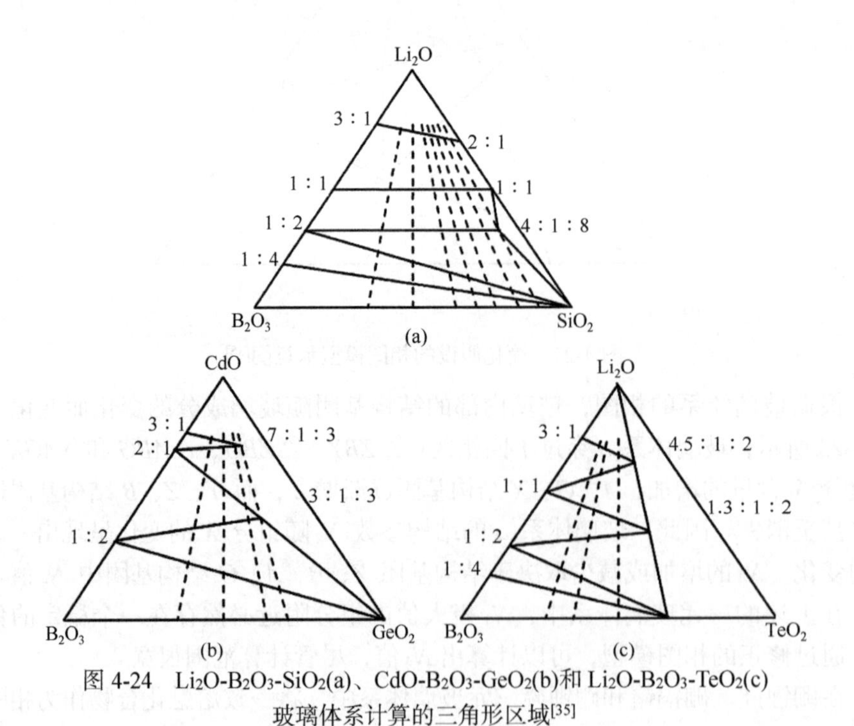

图 4-24 Li_2O-B_2O_3-SiO_2(a)、CdO-B_2O_3-GeO_2(b)和 Li_2O-B_2O_3-TeO_2(c) 玻璃体系计算的三角形区域[35]

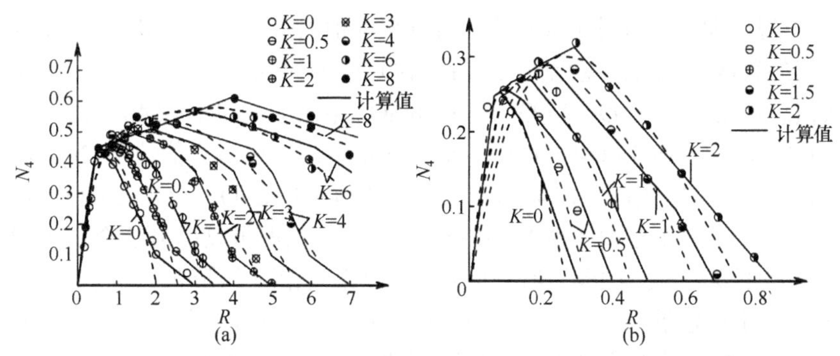

图 4-25　玻璃体系中 N_4 计算值(实线)和实验值(虚线)与 R 的关系[35]

(a)Li_2O-B_2O_3-SiO_2($K=x(SiO_2)/x(B_2O_3)$，$R=x(Li_2O)/x(B_2O_3)$)；(b)CdO-B_2O_3-GeO_2($K=x(GeO_2)/x(B_2O_3)$，$R=x(CdO)/x(B_2O_3)$)

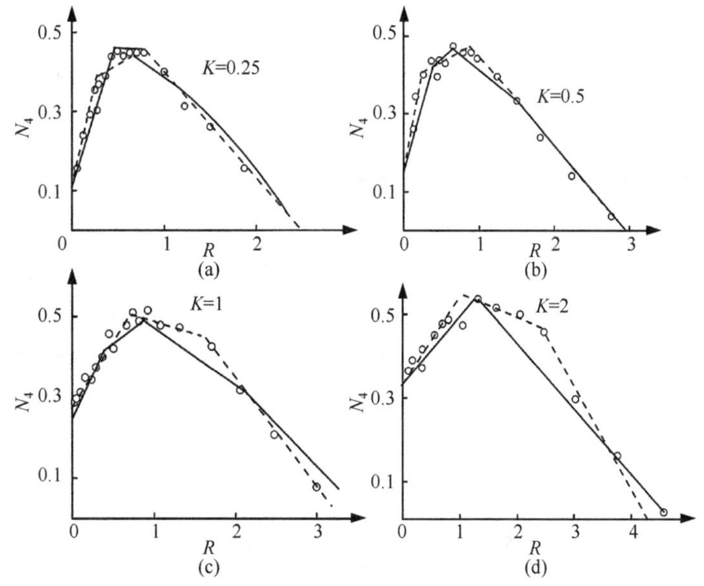

图 4-26　Li_2O-B_2O_3-TeO_2 玻璃体系中 N_4 计算值(实线)和实验值(虚线)与 R 的关系($K=x(TeO_2)/x(B_2O_3)$，$R=x(Li_2O)/x(B_2O_3)$)[35]

尽管所研究的三个玻璃体系是类似的三元硼酸盐玻璃体系，都是以氧化硼和四价氧化物作为玻璃网络形成体，但是图 4-25 和图 4-26 给出的硼锂硅、硼镉锗和硼锂碲三元玻璃体系之间有很大不同。一般情况下，当 SiO_2、GeO_2 和 B_2O_3 构成玻璃网络时，B_2O_3 没有游离 O^{2-} 供给。在硼硅酸盐和硼锗酸盐玻璃中，当没有其他离子加入时，硼总是处于三配位状态。然而，在硼碲酸盐玻璃中，TeO_2 向 B_2O_3 提供游离 O^{2-}。此外，随着 TeO_2 含量的增加，四配位硼的含量增加，这是硼碲酸盐玻璃与硼硅酸盐和硼锗酸盐玻璃结构的主要区别。

通过比较图 4-24、图 4-25 和图 4-26，观察到如果 K 值保持不变，随着 R 的变

化 N_4 会出现极大值。值得注意的是，N_4 在极大值附近的变化较慢。然而，对于远离极大值的数据点，N_4 的变化较快。在 Li_2O-B_2O_3-SiO_2 玻璃体系中，N_4 随 R 变化的极大值总是在 Li_2O-B_2O_3-$4Li_2O \cdot B_2O_3 \cdot 8SiO_2$ 线附近，如图 4-24(a)所示。同样，在 CdO-B_2O_3-GeO_2 和 Li_2O-B_2O_3-TeO_2 玻璃体系中，N_4 的极大值位于 $2CdO \cdot B_2O_3$-$3CdO \cdot B_2O_3 \cdot 3GeO_2$ 线(图 4-24(b))和 $Li_2O \cdot 2B_2O_3$-$1.3Li_2O \cdot B_2O_3 \cdot 2TeO_2$ 线(图 4-24(c))附近。综合三个玻璃体系中 N_4 极大值的分布情况可以得出结论，当 R 值变化且 K 保持不变时，N_4 的极大值总是分布在该系列相图中所经过的两个 N_4 值最大的标准玻璃间连线的附近。同样，上述规律也适用于当 R 保持不变时，N_4 值随 K 的变化，以及 B_2O_3 含量保持不变，N_4 随其他成分含量的变化。

对于所研究的三个玻璃体系 Li_2O-B_2O_3-SiO_2、CdO-B_2O_3-GeO_2 和 Li_2O-B_2O_3-TeO_2，计算值与实验值的绝对平均误差分别为 0.02、0.019 和 0.03。由于最大误差小于 0.05，可以说计算结果与实验值吻合得很好。然而，玻璃是一种黏稠的液体，玻璃的熔融过程通常会产生不均匀的化学成分。因此，玻璃通常含有其他结构基团，从而影响 N_4 值。

4.4.3　钠硼钒、钾硼铝和钠硼镁玻璃体系的结构

作者运用玻璃结构的相图模型还研究了 Na_2O-B_2O_3-V_2O_5、K_2O-B_2O_3-Al_2O_3 和 Na_2O-B_2O_3-MgO 三元硼酸盐玻璃体系，其中 B_2O_3 和另一种三价或五价氧化物是玻璃网络形成体。表 4-8 总结了这三种体系中一致熔融化合物的 N_4 值，前两种三元硼酸盐玻璃体系 Na_2O-B_2O_3-V_2O_5 和 K_2O-B_2O_3-Al_2O_3 副三角形的划分如图 4-27 所示，后一种 Na_2O-B_2O_3-MgO 玻璃体系副三角形的划分在前文已有介绍(图 4-9(b))[36]。

表 4-8　Na_2O-B_2O_3-V_2O_5、K_2O-B_2O_3-Al_2O_3 和 Na_2O-B_2O_3-MgO 体系中一致熔融化合物的 N_4 值[36]

组分	B_2O_3	$Na_2O \cdot 4B_2O_3$	$Na_2O \cdot 2B_2O_3$	$Na_2O \cdot B_2O_3$	$2Na_2O \cdot B_2O_3$
N_4	0	0.25	0.45	0.38	0.10
组分	$3Na_2O \cdot B_2O_3$	$K_2O \cdot 4B_2O_3$	$K_2O \cdot 2B_2O_3$	$K_2O \cdot B_2O_3$	$3K_2O \cdot B_2O_3$
N_4	0	0.25	0.45	0.38	0
组分	$MgO \cdot 3B_2O_3$	$MgO \cdot B_2O_3$	$Al_2O_3 \cdot B_2O_3$		
N_4	0.30	0.25	0		
组分	$Na_2O \cdot 2B_2O_3 \cdot V_2O_5$	$Na_2O \cdot 2B_2O_3 \cdot 5V_2O_5$	$2.5Na_2O \cdot B_2O_3 \cdot 2V_2O_5$		
N_4	0.28	0.06	0.50		
组分	$5Na_2O \cdot B_2O_3 \cdot 2V_2O_5$	$K_2O \cdot 3B_2O_3 \cdot Al_2O_3$			
N_4	0.15	0.10			
组分	$3K_2O \cdot 4B_2O_3 \cdot 3Al_2O_3$	$5Na_2O \cdot 12B_2O_3 \cdot 3MgO$			
N_4	0.06	0.50			

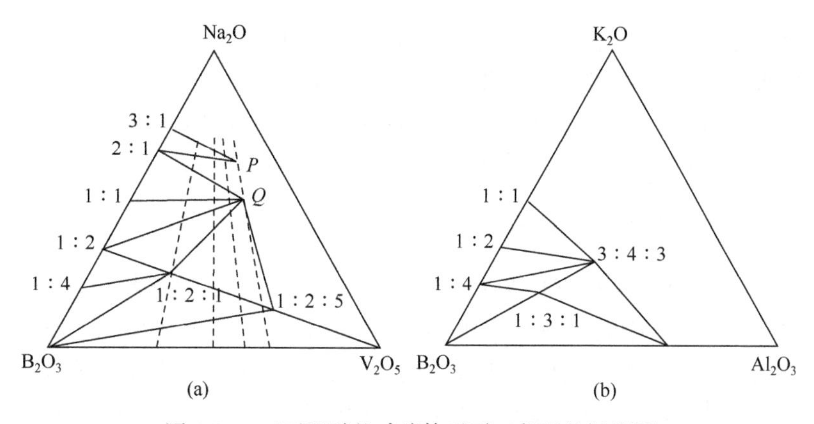

图 4-27　三元硼酸盐玻璃体系副三角形的划分[38]

(a) Na_2O-B_2O_3-V_2O_5(P：$2.5Na_2O \cdot B_2O_3 \cdot 2V_2O_5$，$Q$：$5Na_2O \cdot B_2O_3 \cdot 2V_2O_5$)；(b) K_2O-B_2O_3-Al_2O_3

1. Na_2O-B_2O_3-V_2O_5 玻璃体系

图 4-28 系统地比较了 Na_2O-B_2O_3-V_2O_5 玻璃体系 N_4 的相图模型计算值和实验值。当 K 值增大时($K=x(V_2O_5)/x(B_2O_3)$，$R=x(Na_2O)/x(B_2O_3)$)，N_4 值均小于 0.5，这种现象与 Na_2O (Li_2O)-B_2O_3-SiO_2 等硼硅酸盐玻璃有很大的不同。在硼硅酸盐玻璃中，当 $R<0.5$ 且为定值时，结构基团随着 K 值的增大不断变化，而 N_4 则基本保持不变，这是因为 SiO_2 网络在 B_2O_3 网络中起到稀释的作用。然而，当 $R>0.5$ 时，硼硅酸盐玻璃的 N_4 值随 K 的增大而增大。在 Na_2O-B_2O_3-V_2O_5 玻璃体系中，V_2O_5 不产生稀释效应，当 $R<0.5$ 时，V_2O_5 和 B_2O_3 网络一般分配出游离的 O^{2-}，即 Na_2O。当 K 值保持不变，R 值变化时，N_4 达到极大值，出现极大值的成分位于 $Na_2O \cdot 2B_2O_3$ 和 $2.5Na_2O \cdot B_2O_3 \cdot 2V_2O_5$ 连线周围。

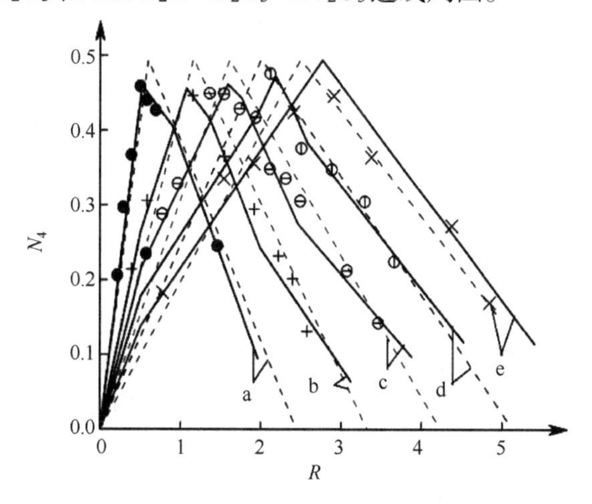

图 4-28　Na_2O-B_2O_3-V_2O_5 玻璃体系 N_4 的相图模型计算值(实线)和实验值(虚线)与 R 的关系[38]

$K=x(V_2O_5)/x(B_2O_3)$，$R=x(Na_2O)/x(B_2O_3)$，a～e 分别表示 K=0，0.5，1.0，1.5，2.0

在该体系中，文献报道的计算方法与 Bray 等提出的计算方法相类似。与作者提出的玻璃结构的相图模型结果相比，当 $R>R_{max}$($R=R_{max}$，R_{max} 表示 N_4 达到极大值时对应的 R；$N_4=N_{4max}$，N_{4max} 表示 N_4 达到的极大值)时，误差是相似的；而当 $R<R_{max}$ 时，相图模型更能准确地描述 Na_2O-B_2O_3-V_2O_5 玻璃中 N_4 的变化。

2. K_2O-B_2O_3-Al_2O_3 玻璃体系

图 4-29 给出了 K_2O-B_2O_3-Al_2O_3 玻璃的 N_4 计算值和实验值与 Al_2O_3 的关系。值得注意的是，体系中的 Al_2O_3 和 B_2O_3 争夺游离 O^{2-}，导致配位状态发生变化。在核磁共振作为探测玻璃结构的手段之前，人们用红外光谱和拉曼光谱研究了这一现象。实验结果表明，加入玻璃的网络修饰体必须首先满足 Al_2O_3，然后才能改变 B 的配位状态。然而，核磁共振却得出了不同的结果：当 $x(K_2O)/x(Al_2O_3)=1$，$N_4>0$ 时，N_4 的极大值达 0.1，说明 B_2O_3 也在竞争游离的 O^{2-}。

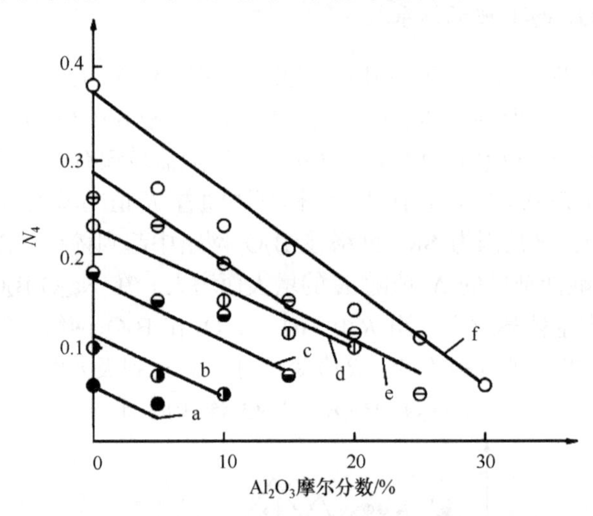

图 4-29　K_2O-B_2O_3-Al_2O_3 玻璃的 N_4 计算值(实线)和实验值(散点)与 Al_2O_3 的关系[38]
a～f 分别代表摩尔分数为 5%、10%、15%、20%、25%和 30%的 K_2O

3. Na_2O-B_2O_3-MgO 玻璃体系

图 4-30 给出了 Na_2O-B_2O_3-MgO 玻璃的 N_4 计算值和实验值与 R 的关系。保持该玻璃体系中 MgO 摩尔分数不变，研究 N_4 值随 R($K=x(MgO)/x(B_2O_3)$，$R=x(Na_2O)/x(B_2O_3)$)的变化。图 4-30 表明，当 MgO 含量较低时，N_4 随 R 的变化较快，斜率随 R 的增大而减小，当 $x(MgO)=10\%$时，N_4 在 $R=0.2$ 时达到极大值。当 Na_2O、B_2O_3、MgO 物质的量之比为 35∶60∶5、25∶60∶10 和 25∶60∶15 时，N_4 值为 0.49。因此，可推断在该成分附近存在一个三元化合物，故在 Na_2O-B_2O_3-MgO 玻璃体系中，N_4 随 R 的变化趋势并不是一条直线，如图 4-30 所示。

在 Na_2O-B_2O_3-MgO 体系中，MgO 含量增加，N_4 值略有增大，但碱金属氧化物的影响尚不清楚。因此，可以假定 MgO 也可以部分地加入并构成玻璃网络，这很可能是 Mg^{2+}的 Z/r^2 值较大的缘故。

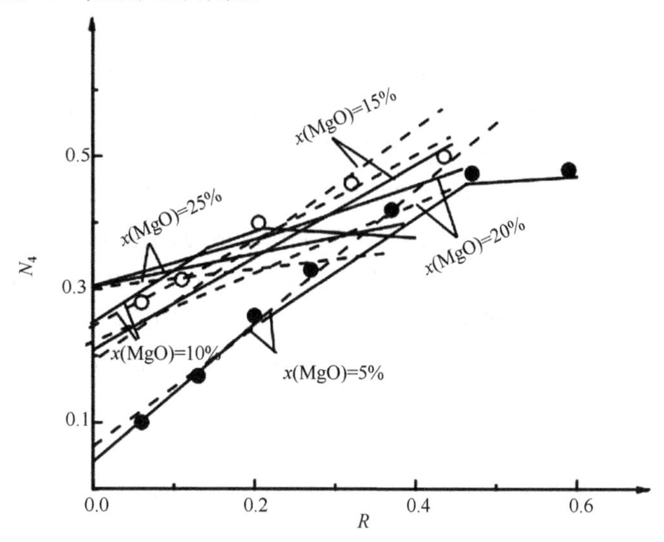

图 4-30　Na_2O-B_2O_3-MgO 玻璃的 N_4 计算值(实线：作者计算的值，虚线：文献计算的值[62])和实验值(散点)与 R 的关系[38]

对于以上三种玻璃体系，用相图模型计算的 N_4 值与实验结果吻合较好。与文献中的计算方法相比，相图模型能更好地反映玻璃 N_4 值的实际变化。N_4 值最大的成分总是落在两个 N_4 值最大的基准玻璃所处成分的连线上。

玻璃网络形成体氧化物对 B_2O_3 配位数的影响主要取决于该氧化物分子的构型(中心原子的杂化轨道类型)和中心原子杂化轨道中电子的分布情况。例如，B 原子具有 sp^2 或 sp^3 杂化轨道，进入玻璃网络时具有三角形或四面体几何构型。因为 B 原子的最外层电子分布为 $2s^22p^1$，所以进入四配位状态时需要一对孤立电子进入一个 sp^3 杂化轨道，从而在 B_2O_3 中加入阴离子会导致 N_4 增加。Si、Ge、Te 和 P 原子都是 sp^3 杂化，几何构型都是四面体。Si 原子和 Ge 原子的最外层电子分布分别为 $3s^23p^2$ 和 $4s^24p^2$。sp^3 杂化轨道中都只有一个电子，分别与四个 O 原子形成共价键，故没有孤对电子提供给 O 原子。因此，在 SiO_2-B_2O_3 和 GeO_2-B_2O_3 玻璃体系中，SiO_2 和 GeO_2 对 N_4 值基本没有影响。P 和 Te 原子的最外层电子分布分别为 $3s^23p^3$ 和 $5s^25p^4$。在其化合物中，sp^3 杂化轨道中分别有一对或两对孤立电子与 O 原子形成共价键，使 O 原子带负电荷，为 B 原子的 sp^3 杂化轨道提供了一个空轨道。因此，在 P_2O_5-B_2O_3 和 TeO_2-B_2O_3 体系中，随着 P_2O_5 和 TeO_2 含量增加，N_4 值增大。V_2O_5 中 V 原子杂化轨道类型为 d^2sp^3，具有八面体几何构型，最外层电子分布是 $3d^34s^2$，在 d^2sp^3 杂化轨道中存在一个空轨道，此空轨道与 B 原子的 sp^3 杂化轨道中的空轨道争夺带负电荷的 O^{2-}，结果是硼酸盐玻璃中加入 V_2O_5 使 N_4 值减小。当 R 值较小时，SiO_2 和 GeO_2 网络对 B 的 N_4 值基本上没有影响，P_2O_5 和 TeO_2 玻璃网络对 B 的 N_4 值增大有利，而 V_2O_5 玻璃网络对 B 的 N_4 值减小有利。其他氧化物对 N_4 值的影响也符合上述规律。

简言之，本节研究了 Li_2O-B_2O_3-SiO_2、CdO-B_2O_3-GeO_2、Li_2O-B_2O_3-TeO_2、Na_2O-B_2O_3-V_2O_5、K_2O-B_2O_3-Al_2O_3 和 Na_2O-B_2O_3-MgO 三元玻璃体系的 N_4 值。结果表明，利用玻璃结构的相图模型计算结果与实验结果在 N_4 的变化趋势和数值上都一致。当 K 值不变时，随着 R 值的变化，玻璃系列的 N_4 极大值总是分布在该系列所经过的两个 N_4 值最大的基准玻璃所处成分的连线之间。当 R 值很小时，玻璃网络形成体氧化物对 B_2O_3 中 N_4 值的影响主要取决于该氧化物分子的构型(中心原子的杂化轨道类型)和中心原子的杂化轨道中电子的分布情况。如果中心原子杂化轨道中有孤对电子，则对 N_4 值增大有利；如果杂化轨道中既没有孤对电子又没有空轨道，则对 N_4 值基本上没有影响。

4.5　相图模型应用于氧化物玻璃

4.5.1　硅酸盐玻璃体系

1. 二元/三元硅酸盐玻璃体系的物理性质计算

本节作者将玻璃结构的相图模型推广到硅酸盐玻璃和其他玻璃体系的结构及物理性质预测与计算。从红外光谱结果可知，纯硅酸盐玻璃的结构与其相对应的晶体结构相似。密度是一种典型的物理性质，它能很好地反映玻璃的结构。在硅酸盐玻璃体系中，本节先利用玻璃密度来验证玻璃结构的相图模型能否预测玻璃结构。图 4-31 给出了 K_2O-SiO_2 和 Na_2O-SiO_2 两个二元玻璃体系的密度随组成的变化曲线。由图可知，用玻璃结构的相图模型计算的密度与实验数据吻合较好[63]。表 4-9 列出了 K_2O-SiO_2、Na_2O-SiO_2、Na_2O-CaO-SiO_2 三种玻璃中的一致熔融化合物及其密度[63]。表 4-10 给出了 Na_2O-CaO-SiO_2 玻璃的密度计算值和实验值，两组数据吻合较好，表明玻璃结构的相图模型可应用于硅酸盐玻璃体系的物理性质计算[63]。

玻璃结构的相图模型计算硅酸盐玻璃的密度通常略小于实验值，这一差异可能是由于多元硅酸盐玻璃体系中各种结构单元之间相互连接和离子极化效应的存在，从而使硅酸盐玻璃变得更加致密。因此，为了减小密度计算的负偏差，可以进行以下修正：利用玻璃结构的相图模型确定一致熔融化合物的组成，然后将一致熔融化合物两侧的两组密度数据进行拟合，作为一致熔融化合物的密度，最后结合一致熔融化合物的拟合密度，通过加和法可以计算出玻璃的密度。

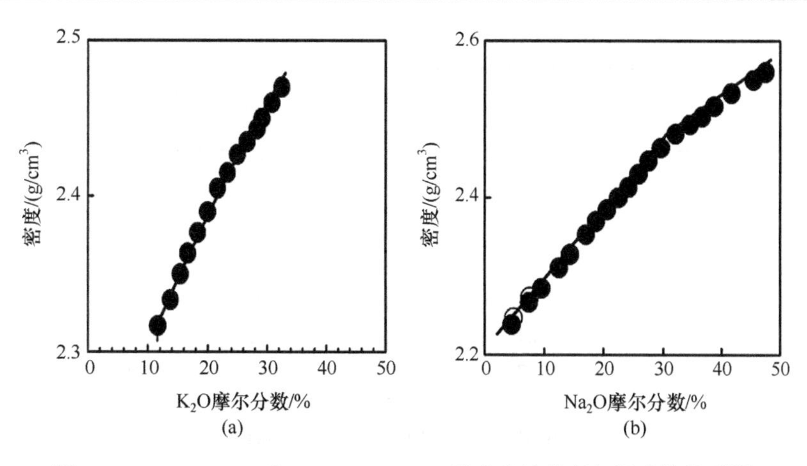

图 4-31　K_2O-SiO_2(a)和 Na_2O-SiO_2(b)二元玻璃的密度与组成的关系[63]

实心圆代表计算值，空心圆代表实验值

表 4-9　K_2O-SiO_2、Na_2O-SiO_2 和 Na_2O-CaO-SiO_2 体系中一致熔融化合物的密度[63]

组分	SiO_2	$Na_2O \cdot 2SiO_2$	$Na_2O \cdot SiO_2$
密度/(g/cm³)	2.211	2.493	2.580
组分	$K_2O \cdot 4SiO_2$	$K_2O \cdot 2SiO_2$	$CaO \cdot SiO_2$
密度/(g/cm³)	2.393	2.477	2.917
组分	$Na_2O \cdot 3CaO \cdot 6SiO_2$	$Na_2O \cdot 2CaO \cdot 3SiO_2$	$2Na_2O \cdot CaO \cdot 3SiO_2$
密度/(g/cm³)	2.723	2.776	2.688

表 4-10　Na_2O-CaO-SiO_2 玻璃的密度计算值和实验值[63]

序号	组分摩尔分数/%			密度/(g/cm³)		相对误差/%
	Na_2O	CaO	SiO_2	计算值	实验值	
1	3.9	5.7	90.4	2.333	2.315	0.77
2	6.0	4.0	90.0	2.326	2.311	0.64
3	10.89	3.01	86.1	2.352	2.345	0.30
4	8.0	6.0	86.0	2.370	2.355	0.63
5	9.21	7.58	83.21	2.401	2.389	0.50
6	6.55	11.65	81.8	2.436	2.421	0.62
7	16.98	5.01	78.01	2.429	2.432	−0.12
8	12.0	10.0	78.0	2.457	2.455	0.08
9	14.93	8.01	77.06	2.454	2.456	−0.08
10	8.8	14.99	76.21	2.500	2.497	0.12
11	12.85	11.03	76.12	2.479	2.485	−0.24
12	18.89	5.01	76.1	2.444	2.455	−0.45

续表

序号	组分摩尔分数/%			密度/(g/cm³)		相对误差/%
	Na_2O	CaO	SiO_2	计算值	实验值	
13	6.18	17.96	75.86	2.520	2.506	0.56
14	18.64	5.76	75.6	2.453	2.468	–0.61
15	17.25	7.54	75.21	2.466	2.475	–0.36
16	17.5	7.5	75	2.468	2.477	–0.36
17	15.04	9.99	74.97	2.482	2.489	–0.28
18	13.4	11.64	74.96	2.492	2.495	–0.12
19	10.08	14.97	74.95	2.510	2.506	0.16
20	15.2	10.1	74.7	2.485	2.489	–0.16
21	15.28	10.03	74.69	2.484	2.492	–0.32
22	14.77	15.0	70.23	2.548	2.557	–0.35
23	23.26	6.52	70.22	2.500	2.504	–0.16
24	24.86	4.94	70.2	2.492	2.499	–0.28
25	15.91	14.08	70.01	2.545	2.548	–0.12
26	24.71	5.31	69.98	2.495	2.496	–0.04
27	26.55	4.61	69.84	2.503	2.503	0
28	17.23	13.0	69.77	2.541	2.540	0.04
29	25.79	5.01	69.2	2.500	2.504	–0.16
30	20.9	10.84	68.26	2.541	2.544	–0.12
31	13.83	18.04	68.13	2.583	2.543	1.55
32	20.54	10.78	68.68	2.537	2.586	–1.93
33	24.95	7.0	68.05	2.520	2.520	0
34	22.1	10.14	67.76	2.541	2.543	–0.08
35	19.64	13.03	67.33	2.561	2.561	0
36	17.45	15.57	66.98	2.578	2.582	–0.15
37	12.44	20.79	66.77	2.610	2.613	–0.11
38	23.45	10.07	66.48	2.550	2.547	0.12
39	18.69	14.91	66.4	2.579	2.581	–0.08
40	17.8	16.04	66.16	2.587	2.591	–0.15
41	18.95	15.06	65.99	2.583	2.584	–0.04
42	19.15	15.0	65.85	2.584	2.586	–0.08
43	9.07	25.28	65.65	2.644	2.656	–0.45
44	7.53	20.03	71.84	2.546	2.575	–1.13
45	19.39	7.0	73.61	2.476	2.482	–0.24
46	12.98	12.45	74.57	2.499	2.516	–0.68
47	12.99	10.01	77.0	2.483	2.482	0.04
48	6.75	16.42	76.83	2.504	2.510	–0.24
49	12.34	9.63	78.03	2.455	2.467	–0.49

此外，作者还计算了多个硅酸盐玻璃体系的其他物理性质，包括折射率、热膨胀系数、弹性模量和剪切模量等。表 4-11 列出了一些硅酸盐体系一致熔融化合物的密度、折射率、热膨胀系数、弹性模量和剪切模量数据[44]。硅酸盐玻璃体系中的所有其他组分的物理性质都是用表 4-11 中的数据计算而得的。表中的基准数据是根据文献查阅所得的。由于不同文献中存在测量误差、方法误差等，为了减少这些误差给计算结果带来较大的误差，对相同组分在不同文献中有差别的实验测量数据进行了整理。若不同文献中的测量值之间的误差小于 5%，则采用平均数的方法确定基准玻璃性质的测量值。若误差大于 5%，则取误差相对较小的众数平均值作为基准玻璃性质的测量值。

表 4-11　硅酸盐基准玻璃的密度、折射率、热膨胀系数、弹性模量和剪切模量

化合物	密度/(g/cm^3)	折射率(n_D)	热膨胀系数/(10^{-7}/℃)	弹性模量/GPa	剪切模量/GPa
SiO_2	2.2[64]	1.46[64]	11.098[64]	69.58[33]	31[33]
$Na_2O \cdot 2SiO_2$	2.486[65]	1.507[65]	158.28[65]	60.3[65]	22.9[65]
$Na_2O \cdot SiO_2$	2.56[65]	1.517[65]	—	—	—
$3Na_2O \cdot 8SiO_2$	2.449[65]	1.498[65]	136[65]	55.9[65]	22[65]
$PbO \cdot SiO_2$	5.98[64]	1.915[64]	91[33]	44.08[33]	—
$2PbO \cdot SiO_2$	7.1[64]	2.096[64]	—	—	—
$Li_2O \cdot SiO_2$	2.33[65]	1.559[65]	—	—	—
$Li_2O \cdot 2SiO_2$	2.347[65]	1.538[65]	110.1[65]	81.1[65]	30[65]
$K_2O \cdot 2SiO_2$	2.468[65]	1.513[65]	183.39[65]	48.9[65]	18[65]
$K_2O \cdot 4SiO_2$	2.387[65]	1.495[65]	113[65]	48[65]	19.35[65]
$Rb_2O \cdot 4SiO_2$	2.862[65]	1.504[65]	120.1[66]	—	18.2[65]
$Rb_2O \cdot 2SiO_2$	3.275[65]	—	—	—	13.9[65]
$Cs_2O \cdot 4SiO_2$	3.24[65]	1.526[65]	118.4[66]	37.6[63]	14.86[63]
$Cs_2O \cdot 2SiO_2$	3.735[65]	—	—	—	11[63]
$CaO \cdot SiO_2$	2.898[65]	1.628[65]	105[64]	—	—
$BaO \cdot SiO_2$	3.506[65]	1.646[65]	—	—	—
$BaO \cdot 2SiO_2$	3.734[65]	1.609[65]	103.5[64]	—	—
$2BaO \cdot 3SiO_2$	3.998[65]	—	—	—	—
$SrO \cdot SiO_2$	3.83[65]	1.633[65]	119[64]	—	—
$MgO \cdot SiO_2$	2.75[65]	—	—	—	—
$Na_2O \cdot CaO \cdot 5SiO_2$	2.522[65]	1.529[65]	97[67]	71.5[67]	30.5[67]
$Na_2O \cdot 2CaO \cdot 3SiO_2$	2.776[65]	1.584[65]	103[67]	—	—
$Na_2O \cdot 3CaO \cdot 6SiO_2$	2.723[65]	1.567[65]	116.3[67]	78.5[67]	33.5[67]
$2Na_2O \cdot CaO \cdot 3SiO_2$	2.668[64,65]	—	—	—	—
$MgO \cdot CaO \cdot 2SiO_2$	2.854[64,65]	—	—	—	—
$CaO \cdot Al_2O_3 \cdot 2SiO_2$	2.704[64,65]	—	—	—	—
$Na_2O \cdot B_2O_3 \cdot 2SiO_2$	2.545[64,65]	1.529[64,65]	109[65]	76[65]	26.9[65]
$Na_2O \cdot B_2O_3 \cdot 6SiO_2$	2.448[64,65]	1.509[64,65]	68.3[65]	73.5[65]	28[65]
$3BaO \cdot 3B_2O_3 \cdot 2SiO_2$	3.87[64,65]	1.65[64,65]	—	—	—
$5PbO \cdot B_2O_3 \cdot SiO_2$	7.177[64,65]	—	—	—	—

表 4-12 给出了 Li_2O-SiO_2 二元硅酸盐玻璃体系物理性质实验值与计算值[43]。由表可知，利用相图模型计算的密度和折射率结果与实验值最大相对误差均为 0.4%，表明相图模型计算值与实验值能够很好地吻合。

表 4-12　Li_2O-SiO_2 二元硅酸盐玻璃体系物理性质实验值与计算值[43]

玻璃组分摩尔分数/%		一致熔融化合物摩尔分数/%		密度/(g/cm³)		玻璃组分摩尔分数/%		一致熔融化合物摩尔分数/%		折射率(n_D)	
Li_2O	SiO_2	$Li_2O\cdot2SiO_2$	SiO_2	实验值	计算值	Li_2O	SiO_2	$Li_2O\cdot2SiO_2$	SiO_2	实验值	计算值
10	90	30	70	2.235	2.2439	16	84	48	52	1.503	1.4974
12	88	36	64	2.245	2.2529	21	79	63	37	1.513	1.5091
14	86	42	58	2.254	2.2617	23.5	76.5	70.5	29.5	1.518	1.5150
16	84	48	52	2.263	2.2706	30	70	90	10	1.531	1.5302
18	82	54	46	2.273	2.2794	32	68	96	4	1.535	1.5349
20	80	60	40	2.283	2.2882	—	—	—	—	—	—
22	78	66	34	2.292	2.2970	—	—	—	—	—	—
24	76	72	28	2.301	2.3058	—	—	—	—	—	—
26	74	78	22	2.311	2.3147	—	—	—	—	—	—
28	72	84	16	2.320	2.3235	—	—	—	—	—	—
30	70	90	10	2.330	2.3323	—	—	—	—	—	—
32	68	96	4	2.340	2.3391	—	—	—	—	—	—
		$Li_2O\cdot SiO_2$	$Li_2O\cdot2SiO_2$					$Li_2O\cdot SiO_2$	$Li_2O\cdot2SiO_2$		
34	66	4	96	2.349	2.3463	35	65	10	90	1.540	1.5401
36	64	16	84	2.348	2.3443	40	60	40	60	1.548	1.5464
38	62	28	72	2.347	2.3422	42	58	52	48	1.550	1.5489
40	60	40	60	2.346	2.3402	43.5	56.5	61	39	1.553	1.5508
42	58	52	48	2.345	2.3382	45.5	54.5	73	27	1.555	1.5533
44	56	64	36	2.344	2.3361	47.5	52.5	85	15	1.558	1.5559
46	54	76	24	2.343	2.3341	—	—	—	—	—	—

图 4-32 给出了一些硅酸盐玻璃体系物理性质随组分变化的实验值和计算值。可以看出，硅酸盐玻璃的密度、折射率和热膨胀系数会随着金属氧化物的加入而逐渐增加。一般而言，在硅酸盐玻璃中，加入金属氧化物后玻璃中的 Si—O—Si 键会被金属氧化物的氧原子打断形成 Si—O—形式，从而引起玻璃结构疏

松，密度下降。然而，从图 4-32(a)和(b)可知，硅酸盐玻璃并没有出现随着氧化物的加入密度减小的现象。这主要是由于玻璃的密度除与玻璃结构有关外，还与所加入的金属离子的原子质量和玻璃内部的分子体积有关。对于硅酸盐玻璃体系，当加入的原子质量大于 Si 的原子质量时，加入的金属氧化物越多，玻璃的密度也越大(Li<Na<K<Rb<Cs)。折射率是与玻璃密度相关的物理性质，一般玻璃的密度越大折射率也越大。但从图 4-32(a)可知，Li_2O-SiO_2 体系的密度小于 Na_2O-SiO_2 和 K_2O-SiO_2 玻璃体系的密度，但折射率大于后两者。这主要是由于密度受相对原子质量的影响较大，而玻璃的折射率除受密度影响外还与玻璃的分子体积和离子极化率有关。Li_2O-SiO_2 玻璃体系的密度最小是因为 Li 的原子质量

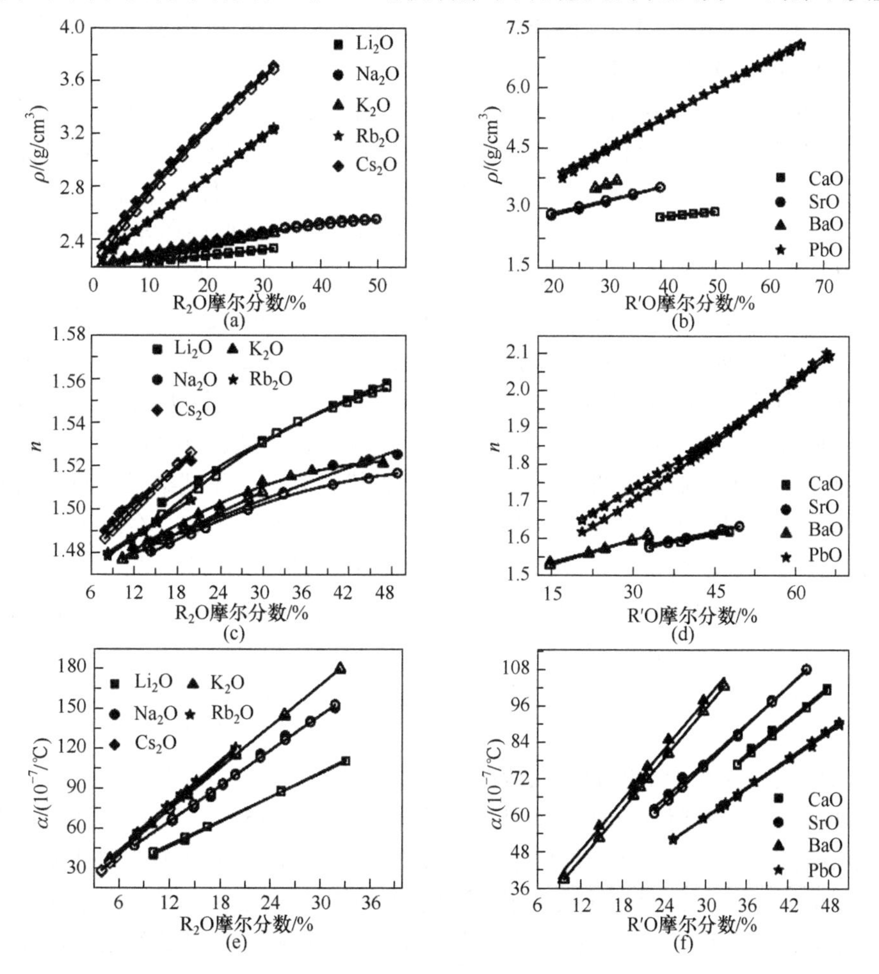

图 4-32　R_2O-SiO_2(R=Li，Na，K，Rb 和 Cs)和 R′O-SiO_2(R′=Ca，Sr，Ba 和 Pb)硅酸盐玻璃体系的密度((a)，(b))、折射率((c)，(d))和热膨胀系数((e)，(f))随组分变化的相图模型计算值及实验值

实线为拟合曲线，实心点为实验值，空心点为计算值

小于 Na、K、Rb 和 Cs。然而，对于折射率，可以发现 Cs_2O-SiO_2 玻璃体系的折射率最大，Li_2O-SiO_2 的折射率次之。这是由于 Li^+的半径要远小于 Na^+、K^+、Rb^+和 Cs^+，Li^+可以填充玻璃网络空隙，从而增加玻璃的折射率。但对于离子半径较大的 Na^+、K^+、Rb^+和 Cs^+，它们不能填充玻璃网络空隙。同时，这些离子给出游离氧的能力强，在玻璃中起到断网作用而在玻璃中产生非桥氧，导致玻璃结构变得疏松且玻璃的分子体积增大，最终使玻璃的折射率降低。另外，半径较大的离子其离子极化率较大，加入玻璃后会增加玻璃的折射率。对于 Cs^+，由于其离子半径较大，离子的极化率大，离子极化率的影响超过了断网导致分子体积增大的影响，因此，Cs_2O-SiO_2 玻璃体系折射率会大于其他玻璃体系。然而，对于 Na^+、K^+和 Rb^+，因为断网作用强于离子极化作用，所以折射率会小于 Li_2O-SiO_2 和 Cs_2O-SiO_2 玻璃的折射率。

表 4-13 和表 4-14 给出了相图模型计算硅酸盐玻璃体系的密度、热膨胀系数、折射率、弹性模量和剪切模量的计算值与实验值的误差。表 4-13 和表 4-14 中所列举的硅酸盐玻璃体系其物理性质计算值和实验值具体数据详见附表 C1～C12。由表 4-13 和表 4-14 可知，用相图模型计算硅酸盐玻璃体系的密度、热膨胀系数和折射率的最大相对误差分别为−3.8%、−6.8%和 2.2%，计算结果与实验结果很好地一致。然而，对于弹性模量和剪切模量，相图模型计算的最大相对误差均为 21%，远大于密度、折射率和热膨胀系数的最大相对误差。通过对计算数据进行分析可知，弹性模量和剪切模量的测量结果与测试方法有很大的相关性。不同文献中用不同的测试方法，其结果的相对误差超过 10%。干福熹等[9]曾用三种不同的方法对同一批光学玻璃进行弹性模量测试，测试结果表明不同的测试方法最大相对误差可达 19%，最小相对误差也有 3%。然而，在用相图模型计算弹性模量和剪切模量时，没有对不同作者不同测试方法的实验测试数据进行分类，因此所计算的弹性模量和剪切模量的误差要大于密度和折射率。同时，玻璃的分相也会对玻璃的弹性模量和剪切模量产生影响。Xu(许)等[68]发现玻璃中存在分相时会增加玻璃的剪切带和塑性形变，这可能是由分相玻璃较高的离子迁移率引起的。而且从表 4-13～表 4-15 可知，硅酸盐玻璃中弹性模量和剪切模量的较大相对误差只存在于个别的硅酸盐玻璃体系。例如，只有 K_2O-SiO_2 中弹性模量和剪切模量的误差超过 20%，而其他玻璃体系都小于 15%。表 4-15 列出了不同文献所报道的剪切模量和弹性模量。相同玻璃组分不同文献报道的弹性模量和剪切模量的误差很大，因此导致运用相图模型计算 K_2O-SiO_2 的弹性模量和剪切模量时相对误差也较大。若能排除数据误差原因，相图模型的计算结果无论在数值上还是在变化规律上，都能与实验值很好地符合，如图 4-32 所示，这表明相图模型可以很好地用来预测硅酸盐玻璃体系的物理性质。

表 4-13　相图模型计算部分二元/三元硅酸盐玻璃的密度、热膨胀系数、折射率、弹性模量和剪切模量的样品数及相对误差[43]

玻璃体系	密度/(g/cm^3)		热膨胀系数/(10^{-7}/℃)		折射率(n_D)		弹性模量/GPa		剪切模量/GPa	
	样品数	最大相对误差/%	样品数	最大相对误差/%	样品数	最大相对误差/%	样品数	最大相对误差/%	样品数	最大相对误差/%
Na_2O-SiO_2	24	−0.7	10	−6.2	9	−0.6	5	4.2	14	13
Li_2O-SiO_2	19	−0.4	5	5.3	11	−0.4	5	2.2	12	7
K_2O-SiO_2	16	−1.2	7	3.4	9	−0.3	27	21	7	21
Rb_2O-SiO_2	16	−0.8	5	3.6	5	−0.1	—	—	6	−3.6
Cs_2O-SiO_2	16	−2.8	5	4.4	13	−0.3	2	7.3	5	10.5
CaO-SiO_2	6	−0.5	5	−2	4	0.3	—	—	—	—
BaO-SiO_2	3	1	8	−6.8	5	−0.5	—	—	—	—
SrO-SiO_2	5	1.9	7	−4	5	−0.6	—	—	—	—
PbO-SiO_2	23	3.7	10	2	30	2.2	6	20.9	—	—
Na_2O-K_2O-SiO_2	16	−0.8	—	—	15	−0.3	—	—	—	—
CaO-MgO-SiO_2	10	−3.8	—	—	5	−0.3	—	—	—	—
CaO-Al_2O_3-SiO_2	10	−0.8	—	—	—	—	—	—	—	—
Na_2O-CaO-SiO_2	49	−0.8	—	—	—	—	—	—	—	—
Li_2O-MgO-SiO_2	7	−2.1	—	—	—	—	—	—	—	—

表 4-14　相图模型计算部分三元硅酸盐玻璃的密度、热膨胀系数、折射率、弹性模量和剪切模量的样品数和相对误差

玻璃体系	密度/(g/cm^3)				折射率(n_D)			
	样品数	平均误差/%	最大误差/%	均方差	样品数	平均误差/%	最大误差/%	均方差
Na_2O-CaO-SiO_2	239	−0.03	−4.05	0.83	217	−0.02	0.56	0.14
BaO-B_2O_3-SiO_2	34	−2.00	−4.54	1.13	97	−0.64	−2.27	0.44
CaO-MgO-SiO_2	9	−0.70	−0.64	1.13	13	−0.34	−1.44	0.42
Na_2O-B_2O_3-SiO_2	56	0.45	6.46	1.84	174	−0.23	−3.82	0.41
Na_2O-K_2O-SiO_2	175	−0.72	−1.71	0.34	63	−0.09	0.75	0.14

续表

玻璃体系	热膨胀系数/(10^{-7}/℃)				弹性模量/(GPa)				剪切模量/GPa			
	样品数	平均误差/%	最大误差/%	均方差	样品数	平均误差/%	最大误差/%	均方差	样品数	平均误差/%	最大误差/%	均方差
Na_2O-CaO-SiO_2	30	−1.56	−20.5	7.12	52	−2.44	−9.4	3.14	25	0.37	9.2	2.88
BaO-B_2O_3-SiO_2	13	0.25	−7.34	5.49	—	—	—	—	—	—	—	—
Na_2O-B_2O_3-SiO_2	176	3.11	40.9	10.51	133	−4.43	−14.7	6.56	137	12.82	44.6	20.01
Na_2O-K_2O-SiO_2	9	−4.70	−12.5	5.87	19	−1.50	8.12	3.68	15	−5.84	−13.3	4.27

表 4-15　不同文献所报道的 K_2O-SiO_2 玻璃的弹性模量和剪切模量

玻璃组分摩尔分数/%		弹性模量/GPa	参考文献	玻璃组分摩尔分数/%		剪切模量/GPa	参考文献
SiO_2	K_2O			SiO_2	K_2O		
67	33	54	[68]	67	33	23.1	[68]
67	33	40.7	[69]	67	33	39.2	[66]
75	25	46.5	[65]	75	25	18.4	[65]
75	25	56.4	[70]	75	25	17.3	[71]
75	25	43.9	[71]	75	25	28.3	[72]
75	25	48.21	[73]	75	25	24.1	[70]
80	20	49	[65]	75	25	19	[74]
80	20	47.7	[71]	75	25	44.1	[66]
85	15	62	[68]	80	20	19.2	[71]
85	15	53	[74]	80	20	20	[66]
90	10	52.2	[75]	85	15	21.6	[65]
90	10	57	[76]	85	15	26.6	[65]

2. 钠钙硅/钠钾硅三元硅酸盐玻璃结构与性质计算

本节以 Na_2O-CaO-SiO_2 和 Na_2O-K_2O-SiO_2 玻璃为例，简述如何运用玻璃结构的相图模型计算三元玻璃的物理性质并分析其玻璃结构。根据玻璃结构的相图模型原理，三元玻璃可看成三元相图中最邻近一致熔融化合物的混合物，故每一特定组分的玻璃都可分解为三个一致熔融化合物，即落在由三个一致熔融化合物组成的副三角形中，如图 4-8 所示。对于 Na_2O-CaO-SiO_2 三元玻璃体系，其相应的一致熔融化合物及其结构与物理性质如表 4-16 所列。

表 4-16　Na_2O-CaO-SiO_2 体系中一致熔融化合物的密度和结构

代号	一致熔融化合物	密度/(g/cm³)	结构
A	$CaO \cdot SiO_2$	2.898	环状
B	$Na_2O \cdot 2CaO \cdot 3SiO_2$	2.776	环状[77]
C	$Na_2O \cdot 3CaO \cdot 6SiO_2$	2.723	层-带状[78]
D	$2Na_2O \cdot CaO \cdot 3SiO_2$	2.668	环状
E	$Na_2O \cdot SiO_2$	2.56	环状[79]
F	$Na_2O \cdot 2SiO_2$	2.486	层状[80]
G	$3Na_2O \cdot 8SiO_2$	2.449	层-架状
H	$Na_2O \cdot CaO \cdot 5SiO_2$	2.522	层-架状
I	SiO_2	2.2	架状[81]

表 4-17 列举了 Na_2O-CaO-SiO_2 体系中某些特定组分玻璃的密度计算值和实验值及其玻璃结构[44]。例如，摩尔组分为 60SiO_2-10CaO-30Na_2O 的玻璃，其位于由一致熔融化合物 $Na_2O \cdot 2CaO \cdot 3SiO_2$、$2Na_2O \cdot CaO \cdot 3SiO_2$ 和 $Na_2O \cdot 2SiO_2$ 构成的副三角形中(即图 4-8(c)中的副三角形 *BDF*)。那么，可以认为该组分玻璃结构是这三种一致熔融化合物的混合物结构。通过杠杆原理，该组分可分解为 20% $Na_2O \cdot 2CaO \cdot 3SiO_2$、20% $2Na_2O \cdot CaO \cdot 3SiO_2$ 和 60% $Na_2O \cdot 2SiO_2$。然后，利用式(4.8)并结合表 4-16 数据计算出其密度为 2.580g/cm³，与该组分密度的实验值 2.584g/cm³ 非常接近。除计算玻璃物理性质外，玻璃结构的相图模型还能预测玻璃的结构。从表 4-16 得知 $Na_2O \cdot 2CaO \cdot 3SiO_2$ 和 $2Na_2O \cdot CaO \cdot 3SiO_2$ 为环状结构，$Na_2O \cdot 2SiO_2$ 为层状结构。因此，可以预测摩尔组分为 60SiO_2-10CaO-30Na_2O 的玻璃其结构是 40%环状结构和 60%层状结构的混合。

表 4-17　Na_2O-CaO-SiO_2 玻璃体系密度的计算值和实验值以及结构[44]

玻璃组分摩尔分数/%			一致熔融化合物摩尔分数/%			密度/(g/cm³)		结构
SiO_2	CaO	Na_2O	A	B	C	实验值	计算值	
57.78	32.73	9.49	11.94	10.26	77.80	2.733	2.749	环-层-带状
54.13	36.41	9.46	26.72	31.98	41.30	2.773	2.787	环-层-带状
53.73	40.47	5.80	50.28	12.42	37.30	2.808	2.818	环-层-带状

续表

玻璃组分摩尔分数/%			一致熔融化合物摩尔分数/%			密度/(g/cm^3)		结构
SiO_2	CaO	Na_2O	B	D	F	实验值	计算值	
60.00	10.00	30.00	20.00	20.00	60.00	2.584	2.580	环-层状
57.27	9.73	33.00	2.00	54.38	43.62	2.588	2.591	环-层状
57.13	15.31	27.56	34.64	22.58	42.78	2.626	2.628	环-层状
			B	C	F			
60.00	20.00	20.00	24.00	40.00	36.00	2.640	2.650	环-层-带状
59.82	16.02	24.16	35.50	13.96	50.54	2.605	2.622	环-层-带状
59.52	21.25	19.22	26.12	41.82	32.06	2.657	2.661	环-层-带状
			D	E	F			
58.98	3.29	37.73	19.74	26.38	53.88	2.547	2.541	环-层状
58.90	6.40	34.70	38.40	8.20	53.40	2.572	2.562	环-层状
58.23	2.50	39.27	15.00	35.62	49.38	2.580	2.540	环-层状
			C	F	H			
70.00	15.00	15.00	10.00	6.00	84.00	2.592	2.540	层-带-架状
69.93	10.70	19.37	1.82	27.10	71.08	2.525	2.516	层-带-架状
69.92	14.96	15.12	10.40	6.72	82.88	2.549	2.540	层-带-架状
			F	G	H			
71.94	7.02	21.04	2.46	48.40	49.14	2.495	2.486	层-架状
71.91	5.48	22.61	5.27	56.37	38.36	2.499	2.479	层-架状
71.71	9.24	19.05	2.93	32.39	64.68	2.502	2.497	层-架状
			A	C	I			
73.34	21.18	5.48	9.48	54.80	35.72	2.522	2.553	环-层-带-架状
70.50	25.00	4.50	23.00	45.00	32.00	2.563	2.596	环-层-带-架状
69.82	24.97	5.21	18.68	52.10	29.22	2.594	2.603	环-层-带-架状
			G	H	I			
85.85	6.41	7.74	4.88	44.87	50.25	2.355	2.357	层-架状
82.00	8.00	10.00	7.33	56.00	36.67	2.405	2.399	层-架状
80.81	3.48	15.71	44.84	24.36	30.80	2.389	2.390	层-架状
			C	H	I			
75.52	15.93	8.55	36.90	34.02	29.08	2.497	2.503	层-带-架状
75.00	15.00	10.00	25.00	52.50	22.50	2.490	2.500	层-带-架状
74.38	15.92	9.70	31.10	46.13	22.77	2.506	2.511	层-带-架状

注：表中A、B、C、D、E、F、G、H、I为表4-16中一致熔融化合物的代号。

图 4-33、图 4-34 和图 4-35 分别给出了 Na_2O-CaO-SiO_2 玻璃密度、折射率、弹性模量和剪切模量的玻璃结构的相图模型计算值和实验值，通过分析这些物理性质随组分的变化规律说明玻璃结构的相图模型对玻璃性质计算的适用性。

从图 4-33(a)可知，当固定 SiO_2 的摩尔分数为 65%、70.5%或 75%，用 CaO 取代 Na_2O 时，玻璃的密度会逐渐增加。一般而言，在硅酸盐玻璃中，碱金属离子如 Na^+ 会起断网作用，使 Si—O—Si 键打断成 Si—O—形式，从而引起玻璃结构疏松，密度下降。然而，CaO 在玻璃中以六配位存在，较高的配位数通常会减小玻璃的分子体积，从而使密度增大。同时 Ca^{2+} 电价高，可以起到聚集作用，也使密度增大。这两者的作用大于 Na^+ 的断网作用。从图 4-33(b)和(c)中可知，固定 CaO 含量，玻璃中加入 Na_2O 时，玻璃的密度并没有减小反而是增大的，这是由于 Na^+ 的半径较小可以填充玻璃间隙，使结构致密，密度增大。同时可以发现，当固定 Na_2O 含量、增加玻璃中 CaO 的含量时，玻璃密度增加的幅度要大于固定 CaO 含量、增加玻璃中 Na_2O 的含量时的密度。这是由于 Ca^{2+} 电价

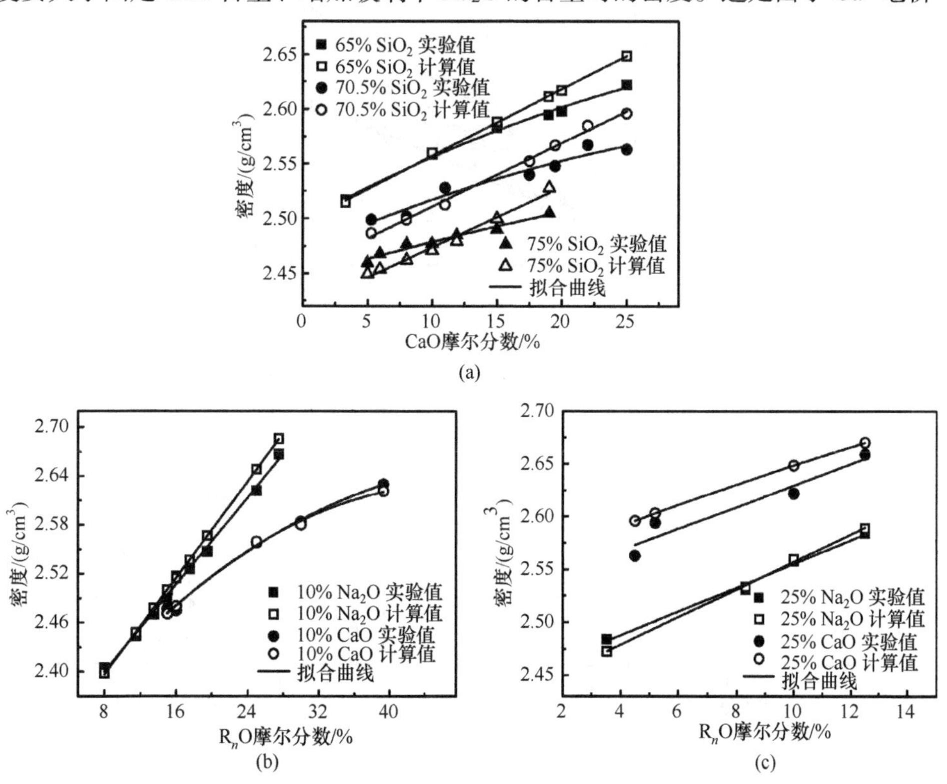

图 4-33　Na_2O-CaO-SiO_2 玻璃的密度随组分变化的相图模型

(a)固定 SiO_2 含量，CaO 取代 Na_2O 时，玻璃密度随 CaO 的变化；(b)和(c)分别为固定 Na_2O 或 CaO 含量，玻璃密度随 CaO 或 Na_2O 含量的变化

高，可以起到聚集作用，使密度增大。另外，玻璃的密度与所加入的阳离子的原子质量有关，当加入的原子质量大于 Si 的原子质量时(Na<Si<Ca)，加入的金属氧化物越多，玻璃的密度越大。

从图 4-34(a)可知，金属氧化物总量从 25%增加到 30%再继续增加到 40%，玻璃折射率逐渐增大。且当 SiO_2 含量为固定值时，随着 CaO 的加入，折射率增大。这是因为 Ca^{2+}的聚集作用使玻璃的内部结构变得紧密，从而折射率增大。从图 4-34(b)和(c)也可以看到当 CaO 含量固定时，随着 Na_2O 的加入，玻璃的折射率虽然是增加的，但增加的趋势比较平缓；而当 Na_2O 量固定时，随着 CaO 含量增加，折射率逐渐增大，增加幅度比前者大得多。这表明 Na_2O 加入使折射率增大的幅度比 CaO 缓慢，可能是由于 Ca^{2+}(0.1nm)半径小于 Na^+(0.102nm)，更容易进入玻璃网络的间隙中，加上 Ca^{2+}的聚集作用，这都使玻璃内部结构更加紧密，从而折射率增大。

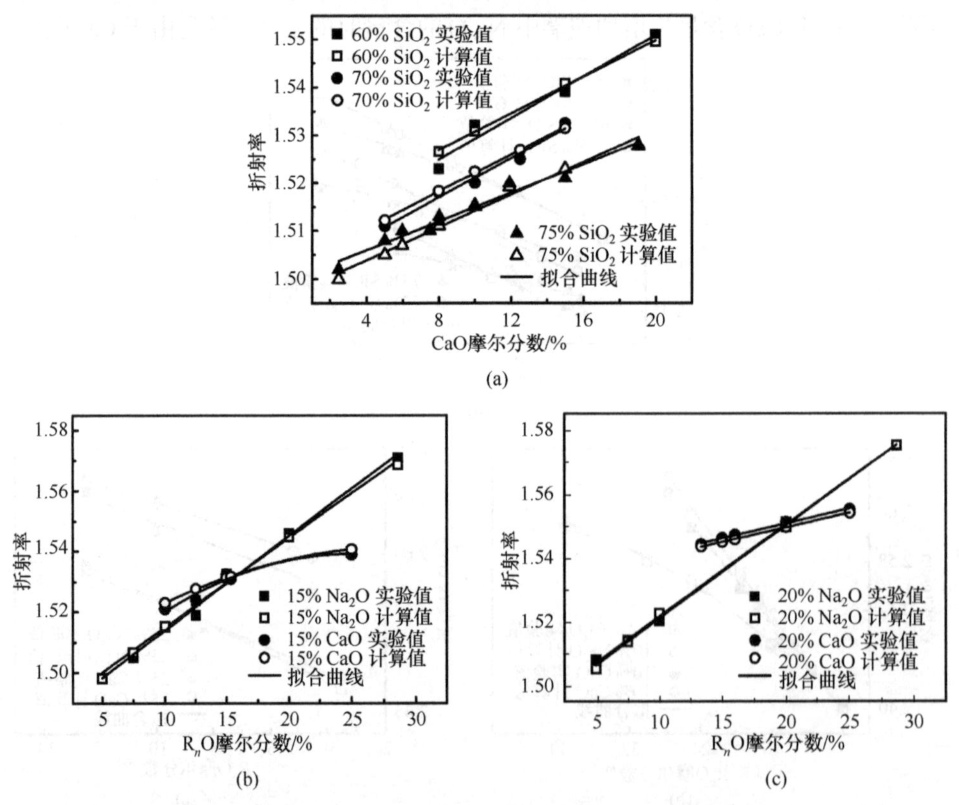

图 4-34 Na_2O-CaO-SiO_2 玻璃的折射率随组分变化的相图模型

(a)固定 SiO_2 含量，CaO 取代 Na_2O 时，玻璃折射率随 CaO 的变化；

(b)和(c)分别为固定 Na_2O 或 CaO 含量，玻璃折射率随 CaO 或 Na_2O 含量的变化从图 4-35 可知，当 SiO_2 含量为固定值时，用 CaO 取代 Na_2O，玻璃的弹性模量和剪切模量增大。玻璃的弹性模量主要与离子间的键力、玻璃结构、热历史有关。通常，离子间键力越强，弹性模量越大，反之亦然。由离子间键力公式 $F=Z/r^2$(式中 r 为离子半径，Z 为阳离子电荷大小)可知，电荷越高、离子半径越小的阳离子，其离子间键力越大。Ca^{2+}电价高于 Na^+，同时 Ca^{2+}(0.1nm)半径小于 Na^+(0.102nm)，因此加入 CaO 可以增加玻璃内部的离子间键力，弹性增大。玻璃结构对弹性的影响也很重要。一般而言，玻璃结构越坚固，玻璃的弹性模量和剪切模量越大。由于 Ca^{2+}的聚集作用能使玻璃结构变得更致密，也会导致玻璃的弹性模量和剪切模量增大。

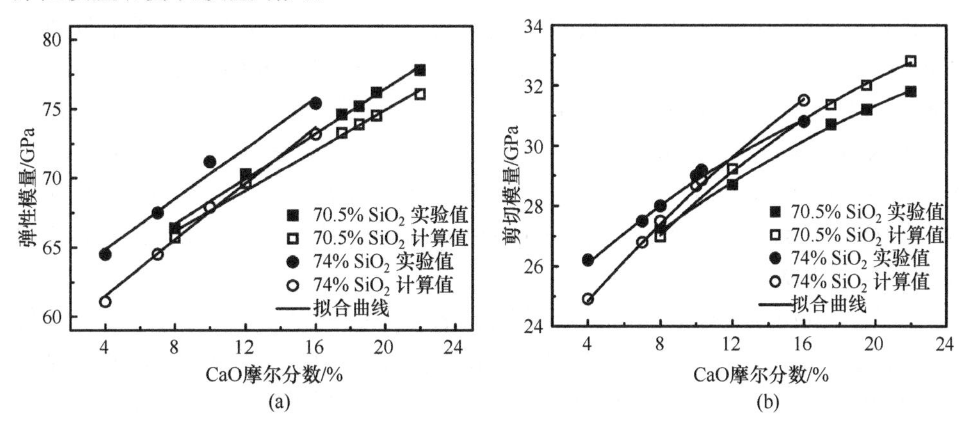

图 4-35　Na_2O-CaO-SiO_2 玻璃的弹性模量(a)和剪切模量(b)随组分变化的相图模型实验值

图 4-36 和图 4-37 给出了 Na_2O-K_2O-SiO_2 体系玻璃密度和折射率的相图模型计算值和实验值。当玻璃中的碱金属总摩尔分数从 20%增加到 25%时，玻璃的密度会增加。从图 4-36(a)可知，当固定 SiO_2 摩尔分数为 80%，用 K_2O 取代 Na_2O 时，玻璃的密度会逐渐增加。当 K_2O 摩尔分数为 10%时，玻璃的实测密度达到最大。当继续用 K_2O 取代 Na_2O 时，玻璃的密度开始减小，但减小趋势较为平缓。当固定 SiO_2 的摩尔分数为 75%时，其变化规律与固定 SiO_2 的摩尔分数为 85%相似。当 K_2O 的摩尔分数为 10%时，玻璃的密度达到最大。但继续用 K_2O 取代 Na_2O 时，玻璃的密度基本保持不变。如前所述，一般而言，在硅酸盐玻璃中加入金属氧化物后，玻璃中的 Si—O—Si 键会被打断形成 Si—O—形式，从而引起玻璃结构疏松，密度下降。然而，从图 4-36 可知，硅酸盐玻璃并没有出现随着氧化物的加入密度减小的现象。这主要是因为玻璃的密度与所加入的阳离子的原子质量有关。当加入的原子质量大于 Si 的原子质量时，加入的金属氧化物越多，玻璃的密度也越大(Na<Si<K)。当用 K_2O 取代 Na_2O 时，玻璃的密度应逐渐增大，但从图 4-36(a)可知，K_2O 的摩尔分数大于 10%且继续取代 Na_2O 时，玻

璃的密度并不增加，这可能是由于 K^+和 Na^+的离子半径不同。由于 $r_{K^+}>r_{Na^+}$，在断网后 Na^+可以进入玻璃的结构空隙中，从而使玻璃结构致密，分子体积减小，玻璃密度增大。但 K^+半径较大，并不能填充空隙，只起到破坏网络结构作用。然而，由于 K 的原子质量大于 Si，抵消了断网引起的密度减小的结果，因此玻璃的密度基本保持不变。

从玻璃结构相图模型角度也可以解释 Na_2O-K_2O-SiO_2 玻璃密度和折射率的变化规律。当 SiO_2 的摩尔分数固定为 75%且 Na_2O 摩尔分数小于 7.5%时，玻璃结构由 $Na_2O \cdot SiO_2$(ρ=2.56g/cm^3)、$K_2O \cdot 2SiO_2$(ρ=2.468g/cm^3)和 $K_2O \cdot 4SiO_2$(ρ=2.387g/cm^3)组成。同时，随着 Na_2O 含量增加，$Na_2O \cdot SiO_2$ 和 $K_2O \cdot 4SiO_2$ 组分逐渐增加，而 $K_2O \cdot 2SiO_2$ 含量减小，因此玻璃的密度缓慢增加。当 Na_2O 摩尔分数在 7.5%～15%时，玻璃结构由 $Na_2O \cdot SiO_2$、$Na_2O \cdot 2SiO_2$(ρ=2.486g/cm^3)和 $K_2O \cdot 4SiO_2$ 组成，这时随着 Na_2O 含量增加，密度最小的 $K_2O \cdot 4SiO_2$ 和密度最大的 $Na_2O \cdot SiO_2$ 会分解为 $Na_2O \cdot 2SiO_2$，从而使玻璃的密度继续升高。$Na_2O \cdot SiO_2$ 分解完全后玻璃的密度达到最大，继续增加 Na_2O 含量玻璃结构转变为 $Na_2O \cdot 2SiO_2$，$K_2O \cdot 4SiO_2$ 和 SiO_2(ρ=2.2g/cm^3)的混合，SiO_2 密度最小，使得玻璃的密度下降。

从图 4-36(b)、(c)和(d)可知，无论固定 K_2O 含量还是固定 Na_2O 含量，变化另一种碱金属的含量时玻璃的密度都会随碱金属含量的增加而增加。从玻璃结构相图模型计算结果可知，玻璃结构相图模型的计算值都要略小于实测值，这可能是由于玻璃是过冷熔体，在急冷的过程中还包含着少量的无规结构基团。而且硅酸盐玻璃的黏度也较大，不容易均化，也会导致计算结果偏小。

当碱金属摩尔分数从 20%增加到 25%时，玻璃的折射率逐渐增大。从图 4-37 可知，当 SiO_2 含量为固定值时，随着 K_2O 含量增加，玻璃的折射率增大。这是因为 K^+和 Na^+的断网作用使玻璃中非桥氧的含量变多，形成 Si—O—越多，受外电

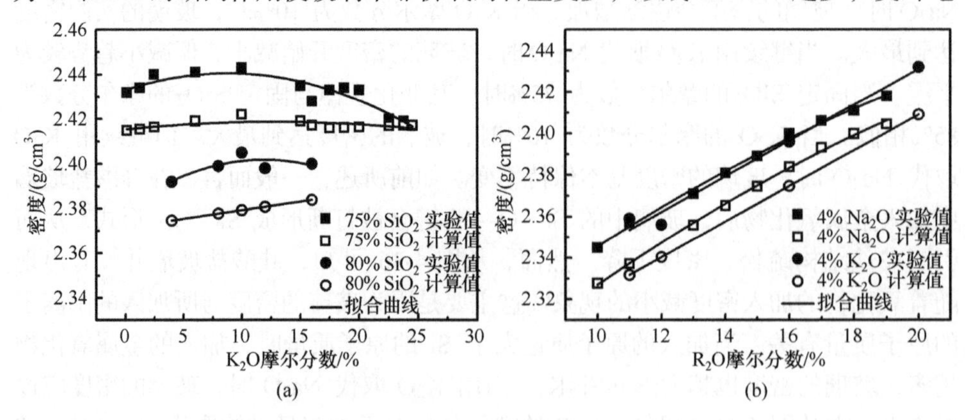

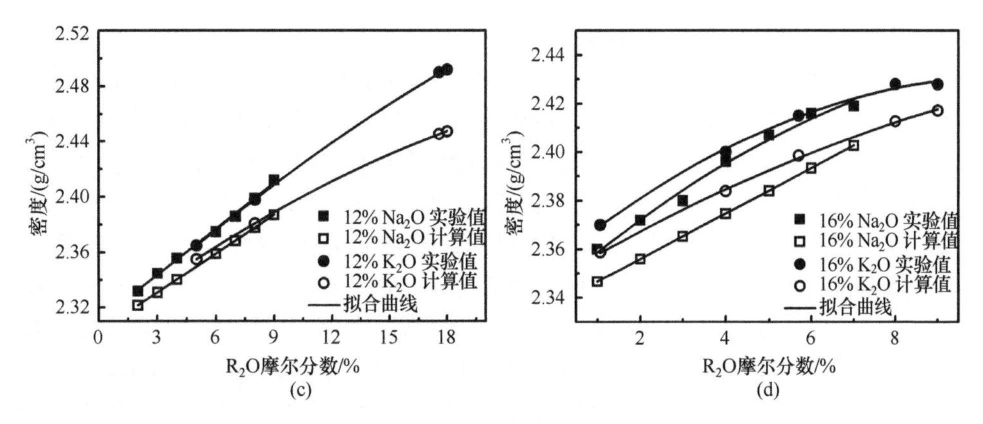

图 4-36　Na_2O-K_2O-SiO_2 玻璃的密度随组分变化的相图模型

(a)固定 SiO_2 含量，玻璃密度随 K_2O 的变化；(b)~(d)分别为固定 Na_2O 或 K_2O 含量，变化另一碱金属氧化物含量，玻璃密度随 R_2O 含量的变化

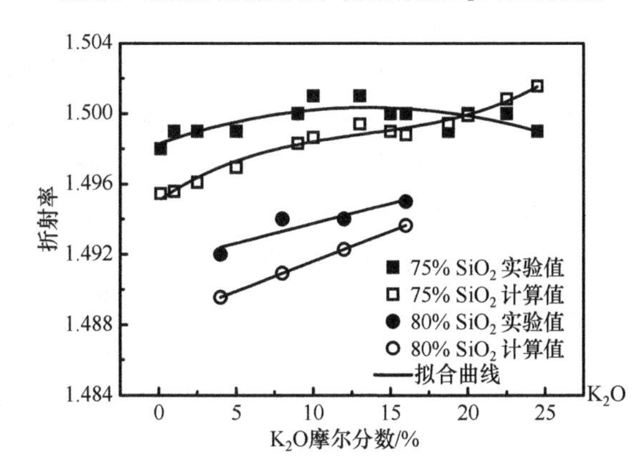

图 4-37　Na_2O-K_2O-SiO_2 玻璃的折射率随组分变化的相图模型实验值

场的作用越小，折射率增大。而且，折射率与离子极化率有关，而离子极化率主要取决于外层电子结构和离子半径的大小。通常，当离子价态相同时，离子半径越大($K^+ > Na^+$)，极化率越大，则折射率越高。因此，随着 K_2O 逐渐取代 Na_2O，玻璃的折射率逐渐增大。

综上所述，玻璃结构的相图模型计算 Na_2O-CaO-SiO_2 玻璃和 Na_2O-K_2O-SiO_2 玻璃密度、折射率、弹性模量和剪切模量数值等的规律与实测值吻合较好，表明玻璃结构的相图模型能很好地预测多组分硅酸盐玻璃的物理性质。

4.5.2　硼酸盐玻璃体系

表 4-18 给出了硼酸盐一致熔融化合物的密度、折射率、热膨胀系数、弹性模量和剪切模量。硼酸盐玻璃体系中其他玻璃组分的结构和物理性质均由表 4-18

中的基准数据计算所得。图 4-38 是金属氧化物加入后，硼酸盐玻璃体系物理性质实验值和计算值的变化曲线。从图 4-38(a)和(b)可知，尽管 K^+的质量和极化率都大于 Na^+，但是 Na_2O-B_2O_3 玻璃的密度和折射率都大于 K_2O-B_2O_3 玻璃，这与硅酸盐玻璃中的现象不同。这可能是硼酸盐中存在[BO_3]向[BO_4]的结构转变，导致硼酸盐玻璃的网络空隙大于硅酸盐玻璃，所以 Na^+可以进入硼酸盐玻璃的空隙，导致结构更加紧密。从图 4-38(c)可知，随着金属氧化物的加入，热膨胀系数不随金属氧化物的加入呈线性增加的变化，而是具有极值点，这种不同于硅酸盐玻璃物理性质变化规律的现象，称为“硼反常”现象。一般对于“硼反常”现象的解释是：当金属氧化物开始加入硼酸盐玻璃时，玻璃中类层状的[BO_3]会转变为三维架状连接的[BO_4]，玻璃内部结构变得致密，使玻璃的密度、折射率和弹性模量增加，热膨胀系数减小。但[BO_4]带负电，彼此不能直接相连，因此它们周围必须由[BO_3]相互隔离且[BO_3]和[BO_4]需保持特定比例。当超过这一比例时，继续加入金属氧化物，[BO_4]又会重新转变为[BO_3]，从而引起玻璃结构疏松，使玻璃的密度、折射率和弹性模量下降，热膨胀系数增加。从图 4-38 可知，Na_2O-B_2O_3 和 K_2O-B_2O_3 玻璃体系中“硼反常”现象只在热膨胀系数上表现较为明显，而密度、折射率和弹性模量并没有出现明显的极值。在图 4-38(b)的折射率变化中，当碱金属摩尔分数为 10%时有类似“硼反常”现象。对于热膨胀系数，其反常点在 18%附近，这与[BO_3]和[BO_4]需保持特定比例相矛盾。而在用相图模型计算硼酸盐玻璃性质时，不仅硼酸盐玻璃的物理性质会有极值点出现，而且相图模型的计算值依然能准确地反映硼酸盐玻璃物理性质的变化规律。根据相图模型原理可知，这主要是因为极值点附近的组分在相图上有与之对应的化合物。

表 4-18　硼酸盐一致熔融化合物的密度、折射率、热膨胀系数、弹性模量和剪切模量

化合物	密度/(g/cm^3)	折射率(n_D)	热膨胀系数/(10^{-7}/℃)	弹性模量/GPa	剪切模量/GPa
B_2O_3	1.843[65]	1.463[65]	151[65]	17[82]	7[82]
$K_2O \cdot 2B_2O_3$	2.302[65]	1.502[65]	130[63]	—	18[63]
$5K_2O \cdot 19B_2O_3$	2.155[65]	1.4875[65]	88[63]	—	13[63]
$Na_2O \cdot 4B_2O_3$	2.216[65]	1.502[65]	78[63]	—	17
$Na_2O \cdot 2B_2O_3$	2.374[65]	1.517[65]	—	—	—
$Na_2O \cdot B_2O_3$	2.379	1.525	—	—	—
$BaO \cdot 4B_2O_3$	2.82[63]	1.558[83]	70	—	—
$BaO \cdot 2B_2O_3$	3.54[63]	1.62[83]	80	—	—

续表

化合物	密度/(g/cm³)	折射率(n_D)	热膨胀系数/(10^{-7}/℃)	弹性模量/GPa	剪切模量/GPa
$BaO \cdot B_2O_3$	4.1[83]	1.66[83]	—	—	—
$MgO \cdot B_2O_3$	2.51[83]	—	—	—	—
$4PbO \cdot B_2O_3$	7.45[83]	2.175[83]	—	—	—
$PbO \cdot 2B_2O_3$	4.472[83]	1.75[83]	68[83]	62.8[63]	24[63]
$2PbO \cdot B_2O_3$	6.799[83]	2.048[63]	112[63]	42.5[63]	17[63]
PbO	8.6[65]	2.490[65]	—	—	—

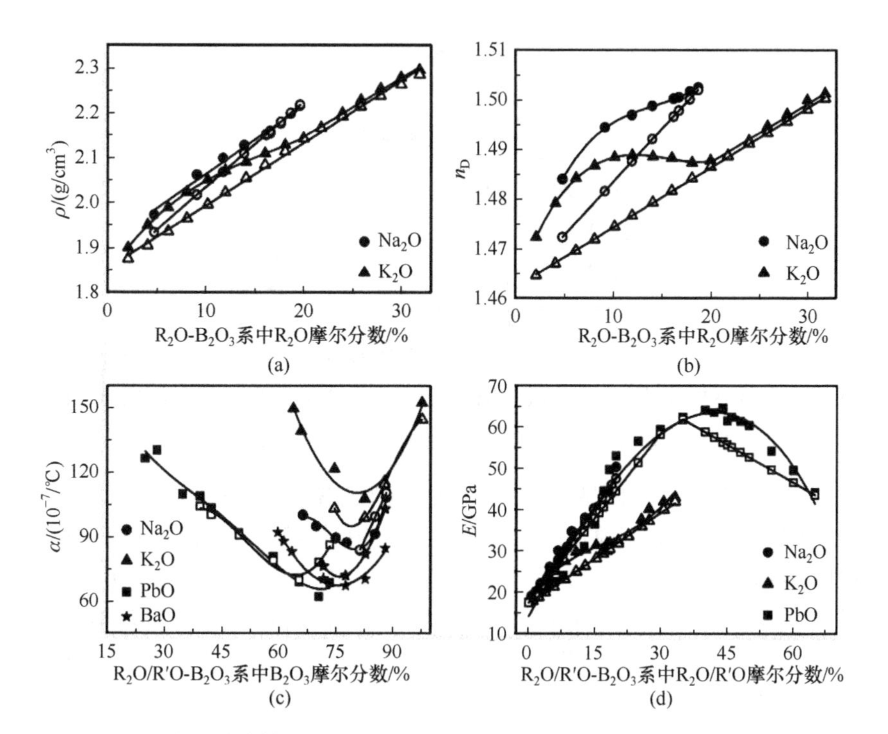

图 4-38　硼酸盐玻璃体系的密度(a)、折射率(b)、热膨胀系数(c)和弹性模量(d)随组分变化的相图模型计算值和实验值

实线为拟合曲线，实心点为实验值，空心点为计算值

对于 Na_2O-B_2O_3 和 K_2O-B_2O_3 玻璃体系的折射率，相图模型计算值的变化规律与实验值有较大出入，如图 4-38(b)所示。这主要是由于 Na_2O-B_2O_3 和 K_2O-B_2O_3 相图中不存在 $Na_2O \cdot 9B_2O_3$ 和 $K_2O \cdot 5B_2O_3$ 这两种化合物，但通过查找数据库可知，这两种化合物都有对应的 X 射线衍射图谱和 PDF 卡片(分别为 PDF#22-

1348 和 PDF#19-0986)。当把这两种化合物作为一致熔融化合物时，运用相图模型的计算值应如图 4-39 所示。经过这样的修订，相图模型的计算值变化规律将能更好地与实验值一致。从相图模型的角度分析，玻璃结构与同成分晶体结构相类似，是最邻近一致熔融化合物的混合物。因此，一致熔融化合物在很大程度上决定玻璃结构和性质，所以当玻璃组分靠近一致熔融化合物时，如果一致熔融化合物是所有化合物结构中结构最为紧密或存在可以降低热膨胀系数的环状结构，则在靠近化合物附近会出现极值。同时，由于不同化合物的结构不同，不同物理性质受结构影响的作用也不同，这也可以解释为什么折射率和热膨胀系数在反常点的碱金属含量不同。

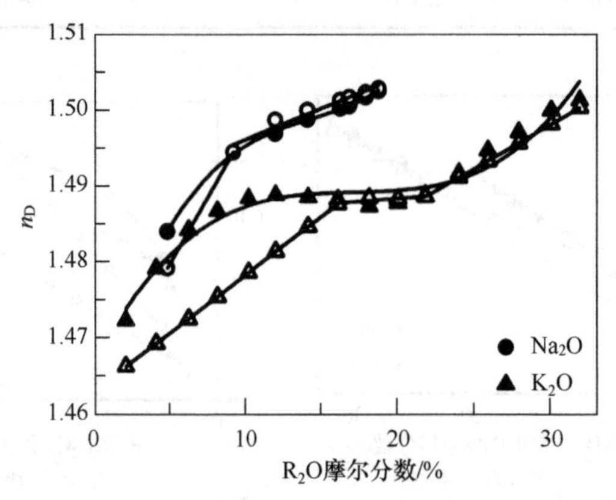

图 4-39　将 $Na_2O \cdot 9B_2O_3$ 和 $K_2O \cdot 5B_2O_3$ 当作一致熔融化合物后重新计算 $R_2O-B_2O_3$(R=Na，K)玻璃体系的折射率随组分变化的相图模型计算值和实验值

表 4-19 给出了相图模型计算二元和三元硼酸盐玻璃的密度、折射率、热膨胀系数、弹性模量和剪切模量的样品数及最大相对误差。其中 $BaO-B_2O_3-SiO_2$ 和 $Na_2O-B_2O_3-SiO_2$ 玻璃的部分数据可参见表 4-14，而 $Na_2O-B_2O_3-MgO$ 玻璃的折射率、热膨胀系数、弹性模量和剪切模量没有数据，因此未列出。表 4-19 中所列举的玻璃体系物理性质计算值和实验值具体数据详见附表 C13～C19。从表中可知，硼酸盐玻璃的密度、热膨胀系数、折射率、弹性模量和剪切模量的最大相对误差分别为 6%、25%、1.1%、−16%和−15%。硼酸盐与硅酸盐的最大相对误差结果相似，即密度和折射率的最大相对误差小于热膨胀系数、弹性模量和剪切模量，其原因也可以归结于热膨胀系数、弹性模量和剪切模量的测量数据之间的误差大于密度和折射率，而且弹性模量和剪切模量与测试方法有关，不同的测试方法相对误差很大。以 B_2O_3 为例，B_2O_3 的弹性模量为 21.5GPa[84]或 15.8GPa[85]。同时，由表 4-19 与表 4-13 相比可知，硼酸盐玻璃的整体相对误差均高于硅酸盐玻璃，这与硼酸盐玻璃中的 B_2O_3 性质有关。B_2O_3 在高温下易挥发，会造成实际玻璃组分与实验设计组分有较大的偏差，而在用相图计算硼酸盐玻璃的物理性质

时，是直接用文献中的实验设计组分进行计算的，因此用相图模型计算的硼酸盐玻璃的相对误差整体高于硅酸盐玻璃。尽管如此，从图 4-38 和表 4-19 可知，相图模型仍然能够较准确地预测硼酸盐玻璃物理性质的变化规律。

表 4-19　相图模型计算硼酸盐玻璃的密度、折射率、热膨胀系数、弹性模量和剪切模量的样品数和最大相对误差

玻璃体系	密度		热膨胀系数		折射率(n_D)		弹性模量		剪切模量	
	样品数	最大相对误差/%	样品数	最大相对误差/%	样品数	最大相对误差/%	样品数	最大相对误差/%	样品数	最大相对误差/%
Na_2O-B_2O_3	9	−2	3	8	8	−0.9	13	−7.8	28	−11
K_2O-B_2O_3	16	−3	4	−8	16	−1	17	−16	34	−11
BaO-B_2O_3	91	5.1	4	16	48	−0.5	—	—	—	—
PbO-B_2O_3	18	3	8	25	27	1.1	31	−16	20	−15
Na_2O-B_2O_3-SiO_2	58	6	—	—	32	−0.7	—	—	—	—
BaO-B_2O_3-SiO_2	35	−4	—	—	—	—	—	—	—	—
PbO-B_2O_3-SiO_2	7	−4	—	—	—	—	—	—	—	—

玻璃体系	密度			
	样品数	平均误差/%	最大误差/%	均方差
Na_2O-B_2O_3-MgO	20	0.19	−2.37	1.07

对于无完整三元相图的体系，如 Na_2O-B_2O_3-MgO 体系(其副三角形划分如图 4-9(b)所示)，可以通过查找三元体系中两两组分的二元相图或者晶体数据库找到化合物并运用相图模型进行计算。表 4-20 和图 4-40 给出了 Na_2O-B_2O_3-MgO 玻璃体系密度的实验值和相图模型计算值，其最大误差、平均误差见表 4-19。结果表明相图计算值与实验值有很好的一致性。

表 4-20　Na_2O-B_2O_3-MgO 玻璃体系密度的计算值和实验值

玻璃组分摩尔分数/%			一致熔融化合物摩尔分数/%			密度/(g/cm³)	
MgO	Na_2O	B_2O_3	B_2O_3	$Na_2O\cdot 4B_2O_3$	$MgO\cdot B_2O_3$	实验值	计算值
5	5	90	65	25	10	1.982	2.003
5.91	5.82	88.27	59.08	29.1	11.82	2.067	2.030
5	10	85	40	50	10	2.074	2.096
10	5	85	55	25	20	2.089	2.070

续表

玻璃组分摩尔分数/%			一致熔融化合物摩尔分数/%			密度/(g/cm³)	
MgO	Na_2O	B_2O_3	B_2O_3	$Na_2O \cdot 4B_2O_3$	$MgO \cdot B_2O_3$	实验值	计算值
5.61	10.97	83.42	33.93	54.85	11.22	2.143	2.122
9.68	7.86	82.46	41.34	39.3	19.36	2.127	2.119
5	15	80	15	75	10	2.166	2.189
10	10	80	30	50	20	2.152	2.163
11.21	9.59	79.2	29.63	47.95	22.42	2.224	2.171
5.69	16.12	78.19	8.02	80.6	11.38	2.232	2.220
10	15	75	5	75	20	2.235	2.256
15	10	75	20	50	30	2.213	2.229
20	10	70	10	50	40	2.281	2.296
			$Na_2O \cdot 4B_2O_3$	$MgO \cdot B_2O_3$	$Na_2O \cdot 2B_2O_3$		
5	20	75	75	10	15	2.245	2.269
5.62	20.68	73.7	66.8	11.24	21.96	2.287	2.284
11.09	16.64	72.27	69.75	22.18	8.07	2.304	2.294
5	25	70	37.5	10	52.5	2.29	2.328
10	20	70	50	20	30	2.293	2.322
			$MgO \cdot B_2O_3$	$Na_2O \cdot 2B_2O_3$	$Na_2O \cdot B_2O_3$		
5	33.3	61.7	10	70.2	19.8	2.365	2.389
10	30	60	20	60	20	2.396	2.402

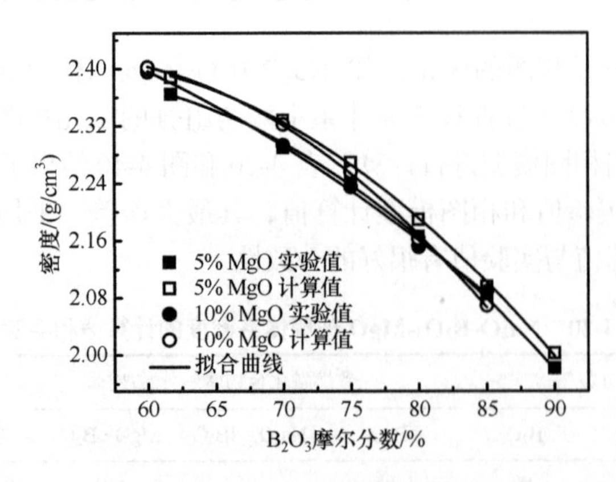

图 4-40　Na_2O-B_2O_3-MgO 玻璃体系密度的实验值和计算值

表 4-21 列举了不同文献所报道的部分 Na_2O-B_2O_3-SiO_2 玻璃的弹性模量数据，表 4-22 则给出了热膨胀系数的计算值和实验值。可以发现，Na_2O-B_2O_3-SiO_2 玻璃的弹性模量数据最大相对误差达 25.68%，此外，热膨胀系数的最大误

差都出现在 Na_2O-B_2O_3-SiO_2 体系中。通过分析表 4-22 的计算数据可知，玻璃结构的相图模型计算热膨胀系数、弹性模量和剪切模量时，产生最大误差的组分都落在 Na_2O-B_2O_3-SiO_2 的分相区，如图 4-41 所示，这表明分相对 Na_2O-B_2O_3-SiO_2 玻璃的热膨胀系数、弹性模量和剪切模量有重要的影响。另外，如前所述，由于 B_2O_3 在高温下易挥发，使得设计组分与实际组分有偏差，而表 4-22 以设计组分为基础计算玻璃的物理性质，因此也引入一部分误差。

表 4-21　不同文献所报道的部分 Na_2O-B_2O_3-SiO_2 玻璃的弹性模量

序号	玻璃组分摩尔分数/%			弹性模量/GPa	相对误差/%	参考文献
	SiO_2	B_2O_3	Na_2O			
1	65	5	30	73.5	13.74	[86]
	65	5	30	63.4		[65]
2	60	10	30	75.1	10.48	[86]
	60	10	30	67.23		[67]
3	70	10	20	78	15.95	[86]
	70	10	20	65.56		[67]
4	80.6	10.3	9.1	65.4	13.26	[87]
	80.6	10.3	9.1	75.4		[65]
5	71.73	12.38	15.89	60	25.68	[84]
	71.73	12.38	15.89	80.73		[84]
6	67.67	24.26	8.07	80.73	12.69	[84]
	67.67	24.26	8.07	92.46		[84]
7	69.82	25.63	4.55	72	6.94	[67]
	69.82	25.63	4.55	67		[67]

表 4-22　Na_2O-B_2O_3-SiO_2 玻璃体系热膨胀系数的计算值和实验值

玻璃组分摩尔分数/%			一致熔融化合物摩尔分数/%			热膨胀系数/(10^{-7}/℃)		相对误差/%
SiO_2	Na_2O	B_2O_3	A	B	C	实验值	计算值	
75	15	10	5	80	15	76.2	78.9	3.54
77.5	19.4	3.1	26.3	24.8	48.9	95.7	97.3	1.67
79	14	7	23	56	21	70.1	74.0	5.56
80	12	8	24	64	12	64.3	65.4	1.71
85	10	5	45	40	15	57.5	56.1	−2.43

续表

玻璃组分摩尔分数/%			一致熔融化合物摩尔分数/%			热膨胀系数/(10^{-7}/℃)		相对误差/%
SiO_2	Na_2O	B_2O_3	B	C	D	实验值	计算值	
67.5	22.5	10	45	37.5	17.5	103	109.2	6.02
68	17	15	68	6	26	83.8	84.3	0.60
68.6	17.1	14.3	68.8	8.4	22.8	82.1	85.1	3.65
70	20	10	60	30	10	95	99.4	4.63
72.5	15	12.5	85	7.5	7.5	75.1	78.1	3.99
			A	B	G			
58	9.7	32.3	45	17.3	37.7	60.7	46.2	–23.89
65	8	27	55	13.3	31.7	49	39.9	–18.57
70.6	9.5	19.9	34.4	48.3	17.3	60.5	50.3	–16.86
77.5	7.5	15	47.5	40	12.5	47.6	42.3	–11.13
86.41	3.94	9.65	74.19	16.3	9.51	31	26.8	–13.55
			A	G	H			
55	8	37	55	40	5	57	44.8	–21.40
60	1	39	60	5	35	45	63.4	40.89
60	2	38	60	10	30	46	59.7	29.78
60	3	37	60	15	25	45	56.1	24.67
60	4	36	60	20	20	43	52.4	21.86

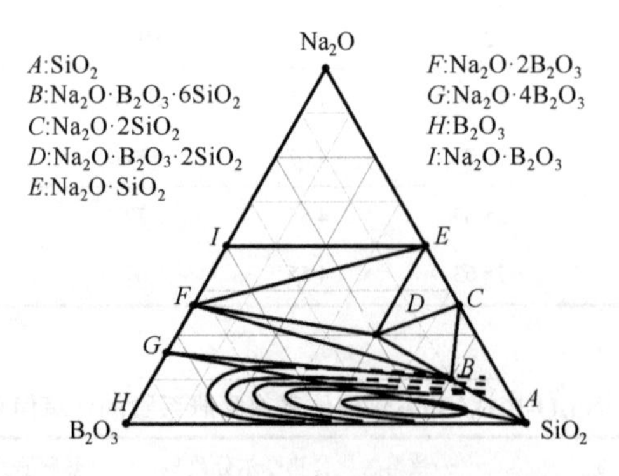

图 4-41 Na_2O-B_2O_3-SiO_2 体系相图[44]

底部曲线给出的是玻璃分相区

图 4-42 给出了 Na_2O-B_2O_3-SiO_2 玻璃的密度及折射率随组分变化的相图模型计算值和实验值。可以看出，相图模型方法的计算结果与实验结果在数值和变化规律上都能很好地吻合。随着 Na_2O 摩尔分数从 10%增加到 30%，玻璃的密度和折射率逐渐增大。这是由于 Na^+半径较小，可以填充在网络空隙中使玻璃密度增

大，而玻璃的折射率与密度有关，密度越大，折射率越大，因此随着 Na_2O 含量的增加玻璃的密度和折射率增加。当 Na_2O 含量固定时，用 B_2O_3 取代 SiO_2，玻璃密度和折射率会先增加后减小，在物理性质变化曲线上出现极值。从图 4-42 可知，密度和折射率的极大值出现在 $x(Na_2O):x(B_2O_3)\approx1:1$ 处。通过计算玻璃的结构参数，可以发现当 $x(Na_2O):x(B_2O_3)\approx1:1$ 时玻璃中桥氧的比例最大，说明此时玻璃结构最致密，密度和折射率最大。但是在图 4-42(a)中，当 Na_2O 摩尔分数固定为 10%时，随着 B_2O_3 含量增加，玻璃密度持续减小，这可能是因为 B_2O_3 摩尔分数从 0 到 10%变化的数据不全，极大值没有出现。

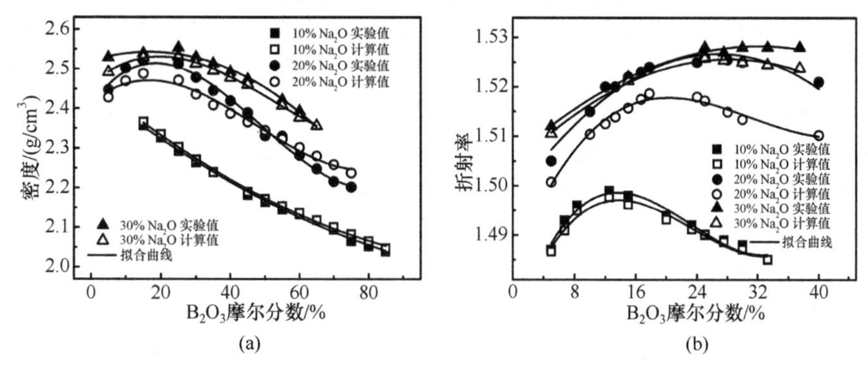

图 4-42　Na_2O-B_2O_3-SiO_2 玻璃的密度(a)和折射率(b)随组分变化的相图模型实验值和计算值

由玻璃结构的相图模型的原理可知，极值点的出现是由于玻璃结构在该位置附近存在结构的转变。从计算结果可以发现，当 Na_2O 含量为固定值时，随着 B_2O_3 逐渐取代 SiO_2，该特定成分玻璃所在的副三角形发生改变，即玻璃的结构发生转变。Na_2O-B_2O_3-SiO_2 体系玻璃结构与玻璃组成的具体变化如下。

(1) 当 Na_2O 摩尔分数固定为 10%，B_2O_3 摩尔分数在 0～10%变化时，玻璃结构为 SiO_2、$Na_2O\cdot B_2O_3\cdot 6SiO_2$ 和 $Na_2O\cdot 2SiO_2$ 的混合(图 4-41，*ABC* 三角区)。随着 B_2O_3 摩尔分数增多，SiO_2 和 $Na_2O\cdot 2SiO_2$ 逐渐减少，而 $Na_2O\cdot B_2O_3\cdot 6SiO_2$ 增多。由于 $Na_2O\cdot B_2O_3\cdot 6SiO_2$ 是这三种化合物中最致密的，因此可以提高玻璃的密度和折射率。当 B_2O_3 摩尔分数在 10%～35%变化时，玻璃结构则为 SiO_2、$Na_2O\cdot B_2O_3\cdot 6SiO_2$ 和 $Na_2O\cdot 4B_2O_3$ 的混合(图 4-41，*ABG* 三角区)。此时，若 B_2O_3 摩尔分数逐渐增加，$Na_2O\cdot B_2O_3\cdot 6SiO_2$ 会逐渐减少而另外两种化合物增多，故玻璃密度和折射率减小。继续增加 B_2O_3 含量(45%～85%)，玻璃组分落在由 SiO_2、$Na_2O\cdot 4B_2O_3$ 和 B_2O_3 组成的副三角形中(图 4-41，*AGH* 三角区)。这三种化合物的密度和折射率较小，导致这些成分之间的玻璃密度和折射率进一步减小。

(2) 当固定 Na_2O 摩尔分数为 20%，B_2O_3 摩尔分数小于 5%时，玻璃结构为

SiO_2、$Na_2O·B_2O_3·6SiO_2$和$Na_2O·2SiO_2$的混合(图 4-41，*ABC* 三角区)。在B_2O_3摩尔分数从 10%增加到 20%的过程中，玻璃结构转变为$Na_2O·B_2O_3·6SiO_2$、$Na_2O·2SiO_2$和$Na_2O·B_2O_3·2SiO_2$的混合(图 4-41，*BCD* 三角区)，其中$Na_2O·B_2O_3·2SiO_2$结构比$Na_2O·B_2O_3·6SiO_2$更为致密。继续增加B_2O_3含量，玻璃中的$Na_2O·B_2O_3·2SiO_2$成分更多，故玻璃的密度和折射率更大。B_2O_3摩尔分数为 20%时，玻璃中的$Na_2O·B_2O_3·2SiO_2$成分最多，所以此时玻璃的密度和折射率最大。而当B_2O_3摩尔分数超过 20%时，分解的化合物中$Na_2O·B_2O_3·2SiO_2$越来越少甚至消失，因此玻璃的密度和折射率逐渐减小。

(3) 当Na_2O摩尔分数固定为 30%时，玻璃结构存在三种结构转变。当B_2O_3摩尔分数小于 15%时，玻璃结构是$Na_2O·B_2O_3·6SiO_2$、$Na_2O·2SiO_2$和$Na_2O·B_2O_3·2SiO_2$的混合(图 4-41，*BCD* 三角区)，并且随着B_2O_3增加，$Na_2O·B_2O_3·6SiO_2$减少，$Na_2O·2SiO_2$和$Na_2O·B_2O_3·2SiO_2$结构增加。当B_2O_3摩尔分数超过 15%且小于 18%时，玻璃的结构是$Na_2O·SiO_2$、$Na_2O·2SiO_2$和$Na_2O·B_2O_3·2SiO_2$混合结构(图 4-41，*ECD* 三角区)，并且随着B_2O_3增加，$Na_2O·B_2O_3·2SiO_2$含量增加，因此密度会继续增加。当B_2O_3摩尔分数为 25%时，玻璃结构为$Na_2O·SiO_2$、$Na_2O·2B_2O_3$和$Na_2O·B_2O_3·2SiO_2$的混合(图 4-41，*EFD* 三角区)。因为$Na_2O·B_2O_3·2SiO_2$含量达到最大，所以认为此时玻璃的结构最为紧密，因此密度和折射率达到最大。$Na_2O·B_2O_3·2SiO_2$在这三个化合物中结构最为紧密，所以当玻璃组分与$Na_2O·B_2O_3·2SiO_2$组分相近时，玻璃的密度和折射率最大。而$Na_2O·B_2O_3·2SiO_2$中Na_2O摩尔分数为 25%，所以当B_2O_3摩尔分数为 30%时，玻璃的密度和折射率的最大值与Na_2O摩尔分数为 25%的最大值相近。因此，从相图模型可以解释在钠硼硅玻璃中$x(Na_2O):x(B_2O_3)\approx 1:1$时密度和折射率出现极大值的原因，而且相图模型计算值与实验值有很高的一致性。

图 4-43 给出了$BaO-B_2O_3-SiO_2$玻璃的折射率随组分变化的相图模型计算值和实验值。随着 BaO 摩尔分数从 28.2%增加到 40.3%，玻璃的折射率逐渐增加。折射率与玻璃分子体积、折射率相关。分子体积与玻璃内部结构紧密程度有关，其宏观上直接反映于玻璃密度的大小；折射率与玻璃组分的极化率有关，而离子极化率主要取决于离子外层电子结构和离子半径大小。因此，总体来讲，玻璃的折射率与离子半径、玻璃密度、玻璃组分及玻璃的热历史相关。Ba^{2+}半径大，极化率大，使玻璃折射率增大。同时，Ba^{2+}的断网作用使玻璃中非桥氧增多，受外电场的作用减小，折射率增大。同时，Ba 的原子质量大于 Si，所以随着 BaO 含量增加，玻璃的密度增大，内部结构更紧密，从而玻璃折射率也增大。此外，当 BaO 含量固定时，用B_2O_3取代SiO_2，玻璃折射率也会出现极大值。将相图模型的计算结果和实验结果比较，可以发现极大值的位置大致吻合。

以上对三元$Na_2O-B_2O_3-SiO_2$玻璃和$BaO-B_2O_3-SiO_2$玻璃的研究表明，相图结

构模型方法可以很好地预测和解释硼酸盐玻璃中的“硼反常”现象。

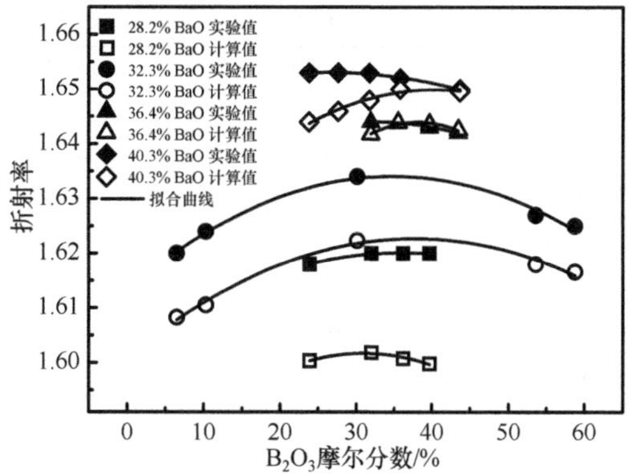

图 4-43　$BaO-B_2O_3-SiO_2$ 玻璃的折射率随组分变化的相图模型实验值和计算值

4.5.3　锗酸盐玻璃体系

表 4-23 给出了锗酸盐玻璃体系一致熔融化合物的密度、折射率、热膨胀系数和剪切模量，没有弹性模量数据因而未列出。锗酸盐玻璃体系中其他玻璃组分的物理性质都是由表 4-23 中的基准数据求得的。图 4-44 给出了锗酸盐玻璃体系的物理性质随金属氧化物的加入其实验值和计算值的变化曲线。从图中可知，锗酸盐玻璃性质变化曲线与硼酸盐玻璃相似。随着碱金属氧化物的加入，锗酸盐玻璃的密度和折射率会逐渐增大并出现极大值。然而，当继续增加碱金属的含量时，锗酸盐玻璃的密度和折射率开始下降，这种现象称为“锗反常”。Murthy(穆尔蒂)和 Ip(叶)等[88]提出造成“锗反常”现象的原因与“硼反常”相类似，即碱金属氧化物的加入引起玻璃中的玻璃形成体阳离子配位数发生变化。“锗反常”现象是由于刚开始加入的金属氧化物使锗原子的配位数从$[GeO_4]$变为$[GeO_6]$，从而使密度、折射率等物理性质增加，而且这个过程没有非桥氧产生。当继续加入金属氧化物时，$[GeO_6]$重新转变为$[GeO_4]$并伴随非桥氧的产生，这个过程会减小玻璃的密度、折射率等物理性质。因此，锗酸盐玻璃的物理性质曲线表现出先增大后减小的现象。另一种观点由 Henderson(亨德森)和 Fleet(弗利特)[89]提出，他们认为“锗反常”现象产生的原因是随着碱金属的加入，玻璃内部的四元环转变为三元环，而三元环的空隙小于四元环，从而使得玻璃结构更加致密，分子体积减小，因此锗酸盐玻璃的密度和折射率等物理性质增大。当继续加入碱金属氧化物后，玻璃内部开始出现大量的非桥氧，导致玻璃结构变得松散，从而造成玻璃的密度和折射率减小。

表 4-23 锗酸盐一致熔融化合物的密度、折射率、热膨胀系数和剪切模量

化合物	密度/(g/cm³)	折射率(n_D)	热膨胀系数/(10⁻⁷/℃)	剪切模量/GPa
GeO_2	3.667[82]	1.608[82]	69.3[63]	—
$BaO\cdot4GeO_2$	5.07[63]	—	—	—
$CaO\cdot4GeO_2$	4.22[63]	—	—	—
$CaO\cdot2GeO_2$	4.12[63]	—	—	—
$CaO\cdot GeO_2$	3.86[63]	—	—	—
$Li_2O\cdot4GeO_2$	4.108[82]	1.721[82]	—	—
$Li_2O\cdot2GeO_2$	—	1.657[82]	—	—
$K_2O\cdot4GeO_2$	3.802[82]	1.652[82]	93[63]	—
$K_2O\cdot8GeO_2$	3.872[82]	1.662[82]		
$2Na_2O\cdot9GeO_2$	4.1[82]	1.683[82]	108[63]	28.5[63]
$Na_2O\cdot2GeO_2$	3.58[82]	1.63[82]	—	—
$PbO\cdot GeO_2$	—	1.962[63]	82[63]	—

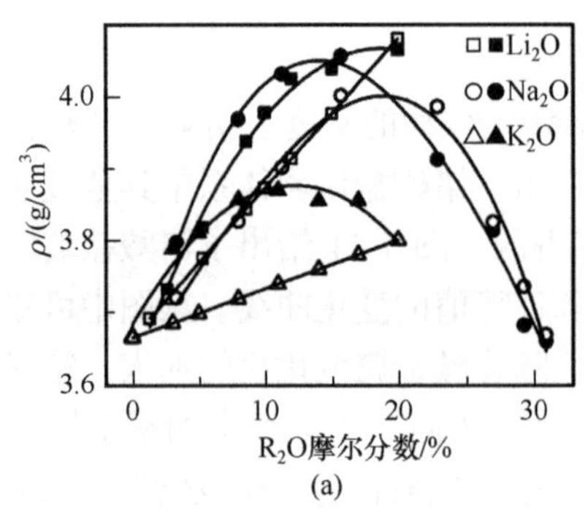

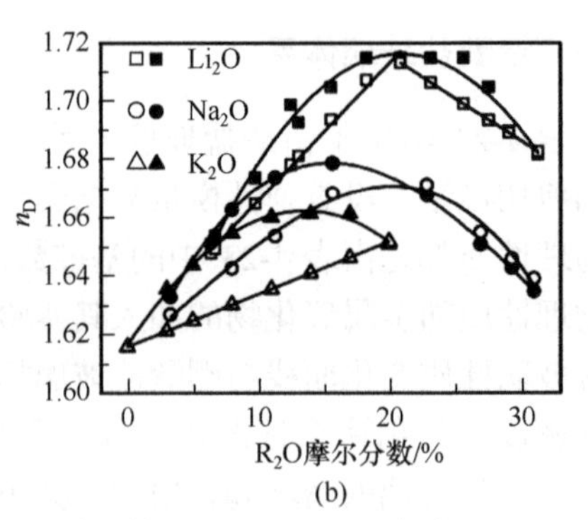

图 4-44 R_2O-GeO_2(R=Li，Na 和 K)锗酸盐玻璃体系的密度(a)和折射率(b)随组分变化的相图模型计算值和实验值

实线为拟合曲线，实心点为实验值，空心点为计算值

从图 4-44 可知，Li_2O-GeO_2 玻璃的密度和折射率最大，这是由于 Li^+半径较小，可直接填充网络空隙，从而使玻璃的分子体积减小且玻璃结构更加致密，因此 Li_2O-GeO_2 玻璃的密度和折射率大于 Na_2O-GeO_2 玻璃和 K_2O-GeO_2 玻璃。当 Na_2O 和 K_2O 摩尔分数都小于 11%时，Na_2O-GeO_2 玻璃的密度大于 K_2O-GeO_2 玻璃，当超过 11%时前者的密度小于后者。另外，从图中可知，Li_2O-GeO_2 和 Na_2O-GeO_2 玻璃体系的相图模型计算值在数值和规律上能同时与实验值相吻合。但是，对于 K_2O-GeO_2 玻璃体系，相图模型的计算值并不能很好地反映“锗反常”现象。这是因为在早期的 Schwarz 相图中，并没有 $K_2O\cdot8GeO_2$ 化合物存在，如图 4-45(a)所示。然而，作者通过查找无机非金属晶体结构数据库可知，$K_2O\cdot8GeO_2$ 化合物有对应的晶体结构和 XRD 图谱。因此，作者认为在相图中补充 $K_2O\cdot8GeO_2$ 化合

物是合理的。当把 $K_2O \cdot 8GeO_2$ 化合物当作一致熔融化合物(图 4-45(b))重新利用相图模型计算时，其计算值与实验值如图 4-46 和表 4-24 所示，此时相图模型的计算值与实验值能够很好地吻合，其误差均小于 1%。然而，如果不把 $K_2O \cdot 8GeO_2$ 化合物当作一致熔融化合物，计算结果的误差均较大，如表 4-25 所列。相图模型的计算值在规律上也与“锗反常”现象一致。从相图模型的角度分析，玻璃结构是最邻近一致熔融化合物的混合物。因此，一致熔融化合物在很大程度上决定着玻璃结构。当 Li_2O 质量分数为 20%时，在相图上有对应的 $Li_2O \cdot 4GeO_2$ 化合物，而在 Na_2O-GeO_2 极值点附近则含有 $2Na_2O \cdot 9GeO_2$ 化合物。同样地，当 K_2O 质量分数为 11%时，含有 $K_2O \cdot 8GeO_2$ 化合物。相图模型计算结果表明，$Li_2O \cdot 4GeO_2$、$2Na_2O \cdot 9GeO_2$ 和 $K_2O \cdot 8GeO_2$ 化合物的结构单元决定了玻璃性质。

表 4-26 给出了相图模型计算锗酸盐玻璃的密度、折射率和热膨胀系数的样品数及最大相对误差，由于没有弹性模量和剪切模量数据而未列出。表 4-26 所列举的锗酸盐玻璃体系物理性质计算值和实验值具体数据详见附表 C20～C24。锗酸盐玻璃密度、热膨胀系数和折射率的最大相对误差分别为–4.6%、17%和–2%。锗酸盐玻璃的最大相对误差规律与硅酸盐和硼酸盐类似，热膨胀系数的最大相对误差大于密度和折射率。当玻璃中含有 PbO 时，相图模型计算值的相对误差较大，这可能是由 Pb^{2+} 较高的极化率引起的。因为极化率高，电子云易形变，特别是在铅含量较高的玻璃中有四方锥体存在，并能形成一种螺旋状的结构，这种结构上的改变使玻璃的物理性质发生一定程度的改变。因此，当玻璃中含有极化率较高的组分时，利用相图模型预测玻璃的物理性质可能会出现较大的误差。

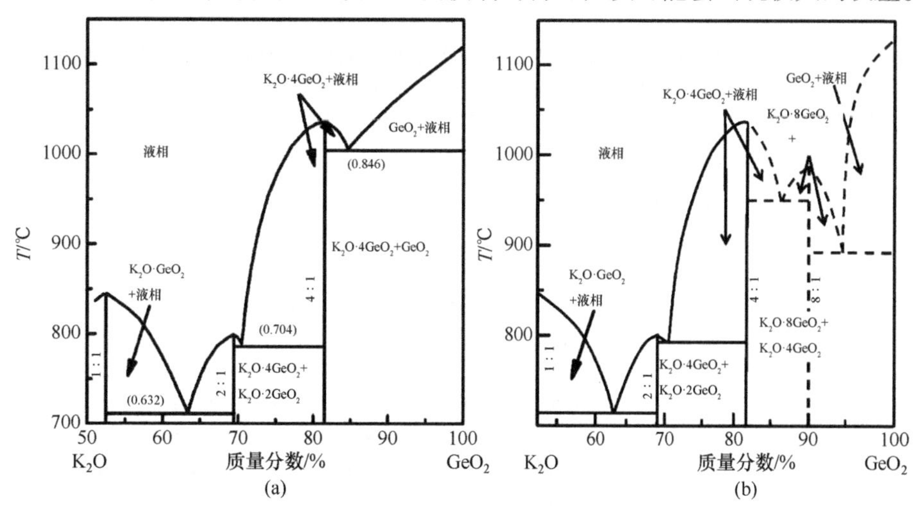

图 4-45 K_2O-GeO_2 玻璃体系相图

(a) Schwarz(施瓦兹德)给出的相图[90]；(b) 作者修订的相图，其中把 $K_2O \cdot 8GeO_2$ 化合物作为一致熔融化合物

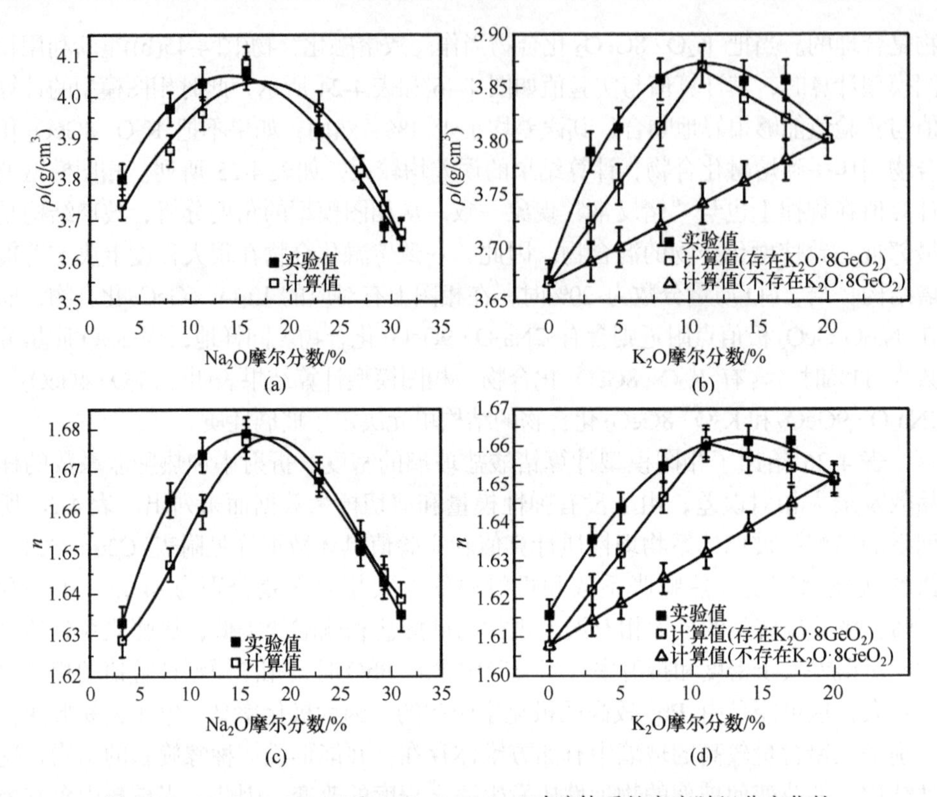

图 4-46　Na_2O-GeO_2(a, c)和 K_2O-GeO_2(b, d)玻璃体系的密度随组分变化的相图模型计算值和实验值

表 4-24　二元锗酸盐 K_2O-GeO_2 和 Na_2O-GeO_2 玻璃的密度、折射率计算值与实验值(将 $K_2O \cdot 8GeO_2$ 化合物作为一致熔融化合物)

玻璃组分摩尔分数/%		一致熔融化合物摩尔分数/%		密度/(g/cm³)		相对误差/%	折射率 (n_D)		相对误差/%
Na_2O	GeO_2	$2Na_2O \cdot 9GeO_2$	GeO_2	实验值[75]	计算值		实验值[75]	计算值	
3.3	96.7	18.15	81.85	3.799	3.738	−1.61	1.633	1.629	−0.24
8	92	44.00	56.00	3.970	3.868	−2.57	1.663	1.647	−0.96
11.3	88.7	62.15	37.85	4.032	3.960	−1.79	1.674	1.660	−0.84
15.7	84.3	86.35	13.65	4.057	4.081	0.59	1.679	1.677	−0.12
—	—	$2Na_2O \cdot 9GeO_2$	$Na_2O \cdot 2GeO_2$	—	—	—	—	—	—
22.9	77.1	68.86	31.14	3.914	3.973	1.51	1.668	1.669	0.06
27	73	41.8	58.2	3.815	3.818	0.08	1.651	1.654	0.18
29.3	70.7	26.62	73.38	3.684	3.731	1.28	1.643	1.645	0.12
31	69	15.4	84.6	3.662	3.668	0.16	1.635	1.639	0.24
K_2O	GeO_2	$K_2O \cdot 8GeO_2$	GeO_2	—	—	—	—	—	—
0	100	0	100	3.670	3.667	−0.08	1.616	1.608	−0.50
3	97	27	73	3.790	3.722	−1.79	1.636	1.623	−0.79

续表

玻璃组分摩尔分数/%		一致熔融化合物摩尔分数/%		密度/(g/cm^3)		相对误差/%	折射率 (n_D)		相对误差/%
Na_2O	GeO_2	$2Na_2O \cdot 9GeO_2$	GeO_2	实验值[75]	计算值		实验值[75]	计算值	
5	95	45	55	3.812	3.759	−1.39	1.644	1.632	−0.73
8	92	72	28	3.858	3.815	−1.11	1.655	1.647	−0.48
11	89	99	1	3.871	3.870	−0.03	1.660	1.661	0.06
—	—	$K_2O \cdot 8GeO_2$	$K_2O \cdot 4GeO_2$	—	—	—	—	—	—
14	86	54	46	3.856	3.840	−0.41	1.662	1.657	−0.30
17	83	27	73	3.857	3.821	−0.93	1.662	1.655	−0.42
20	80	0	100	3.802	3.802	0	1.651	1.652	0.06

表 4-25　二元锗酸盐 K_2O-GeO_2 玻璃的密度、折射率计算值与实验值(不将 $K_2O \cdot 8GeO_2$ 化合物作为一致熔融化合物)

玻璃组分摩尔分数/%		一致熔融化合物摩尔分数/%		密度/(g/cm^3)		相对误差/%	折射率(n_D)		相对误差/%
K_2O	GeO_2	$K_2O \cdot 4GeO_2$	GeO_2	实验值[75]	计算值		实验值[75]	计算值	
0	100	0	100	3.670	3.667	−0.08	1.616	1.608	−0.50
3	97	15	85	3.790	3.687	−2.72	1.636	1.651	0.92
5	95	25	75	3.812	3.701	−2.91	1.644	1.619	−1.52
8	92	40	60	3.858	3.721	−3.55	1.655	1.626	−1.75
11	89	55	45	3.871	3.741	−3.36	1.660	1.632	−1.69
14	86	70	30	3.856	3.762	−2.44	1.662	1.639	−1.38
17	83	85	15	3.857	3.782	−1.94	1.662	1.645	−1.02
20	80	100	0	3.802	3.802	0	1.651	1.652	0.06

表 4-26　相图模型计算锗酸盐玻璃的密度、热膨胀系数和折射率的样品数和最大相对误差

玻璃体系	密度		热膨胀系数		折射率(n_D)	
	样品数	最大相对误差/%	样品数	最大相对误差/%	样品数	最大相对误差/%
Li_2O-GeO_2	8	−2.7	9	9	13	−1.2
Na_2O-GeO_2	8	−3.6	9	−6	8	−1.2
K_2O-GeO_2	8	−3.6	7	−6	8	−1.5
PbO-GeO_2	20	−4.6	5	17	4	−2
CaO-GeO_2	7	−3.1	—	—	—	—
BaO-GeO_2	10	2.2	—	—	—	—

4.5.4　碲酸盐玻璃体系

表 4-27 给出了碲酸盐玻璃一致熔融化合物的密度、折射率、热膨胀系数、弹性模量和剪切模量。碲酸盐玻璃体系中其他玻璃组分的物理性质都是由表 4-27 中的基准数据求得的。图 4-47 为碲酸盐玻璃体系中加入金属氧化物后其物理性质的实验值和计算值以及变化曲线。由图 4-47 可知，随着金属氧化物的加入，碲酸盐玻璃的物理性质呈线性变化，不出现极值点。此外，除了 PbO，当其他金属氧化物(如 MgO，Na_2O，Rb_2O 和 V_2O_5 等)加入 TeO_2 后，玻璃的密度、折射率、弹性模量和剪切模量随着金属氧化物的加入逐渐减小，热膨胀系数则增大。密度主要受原子质量、分子体积及玻璃网络结构的影响。其中，密度受金属氧化物的阳离子的原子质量影响较大。在碲酸盐玻璃体系中，除 PbO 外，MgO、Na_2O、Rb_2O 和 V_2O_5 等金属氧化物的阳离子的原子质量都小于 Te^{4+}。因此，加入这些金属氧化物后玻璃的密度减小，而加入 PbO 可以增加玻璃密度。玻璃结构越松散，玻璃分子体积越大，密度越小。MgO、Na_2O、Rb_2O 和 V_2O_5 等金属氧化物的加入会破坏碲酸盐玻璃的网络结构，引起玻璃分子体积增大，从而使密度减小。热膨胀系数受玻璃结构和离子间键力的影响较大。由图 4-47(d)可知，Na_2O 和 Rb_2O 碱金属氧化物的加入会破坏碲酸盐玻璃的网络结构，从而使热膨胀系数增大。同时，Na^+的电价与 Rb^+相同，但其半径较小，故 Na_2O-TeO_2 玻璃体系的离子间键力较大。因此，Na_2O-TeO_2 玻璃的热膨胀系数小于 Rb_2O-TeO_2 玻璃。对于 PbO-TeO_2 玻璃体系，由于 PbO 周围有 8 个 O^{2-}，其中 4 个 O^{2-}距离 Pb^{2+}较远，而另外 4 个 O^{2-}距离 Pb^{2+}较近，形成四方锥结构，这种结构可以与玻璃形成体共顶连接，从而加强了玻璃的网络结构。同时，Pb^{2+}电价较高，极化率较大，离子间的键力也较强，所以热膨胀系数最小。折射率除受玻璃结构紧密程度的影响外，还受金属氧化物中阳离子极化率的影响。Pb^{2+}是 18+2 电子结构，极化率要大于 Na^+、Rb^+和 Mg^{2+}，因此 PbO-TeO_2 玻璃体系的折射率最大。同时，随着 PbO 的加入玻璃结构得到一定程度的加强，因此折射率随着 PbO 的加入而逐渐增加。Mg^{2+}的电价高且半径小于 Na^+和 Rb^+，因此其离子周围的电场强度高，起到一定的聚网作用，所以 MgO-TeO_2 玻璃体系的折射率要大于 Na_2O-TeO_2 和 Rb_2O-TeO_2 玻璃体系。而 Rb^+的半径最大，破坏网络能力最强，该作用超过了离子极化率对增加折射率的作用，所以其玻璃折射率最小。

表 4-27　碲酸盐玻璃一致熔融化合物的密度、折射率、热膨胀系数、弹性模量和剪切模量[63]

化合物	密度/(g/cm³)	折射率(n_D)	热膨胀系数/(10^{-7}/℃)	弹性模量/GPa	剪切模量/GPa
TeO_2	5.6	2.2	170	—	—
$MgO \cdot 2TeO_2$	4.92	1.97	—	—	—
$Na_2O \cdot 4TeO_2$	4.828	1.963	246	38.3	14.9

续表

化合物	密度/(g/cm³)	折射率(n_D)	热膨胀系数/(10⁻⁷/℃)	弹性模量/GPa	剪切模量/GPa
$Na_2O \cdot 2TeO_2$	4.4	1.85	—	34.5	13.45
$PbO \cdot 4TeO_2$	6.2	2.21	190	—	—
$Rb_2O \cdot 4TeO_2$	4.817	1.901	276	27.9	10.77
$V_2O_5 \cdot 2TeO_2$	4.4	—	—	—	—
V_2O_5	3.3	—	—	—	—

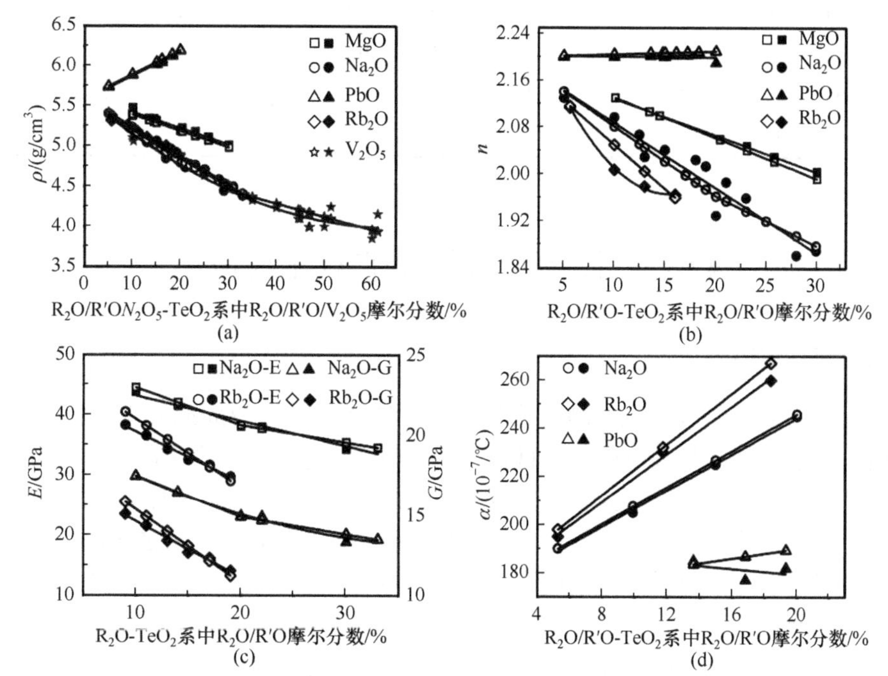

图 4-47　碲酸盐玻璃体系的密度(a)、折射率(b)、弹性模量(c)和热膨胀系数(d)随组分变化的相图模型计算值和实验值

实线为拟合曲线，实心点为实验值，空心点为计算值

表 4-28 给出了相图模型计算碲酸盐玻璃的密度、折射率、热膨胀系数、弹性模量和剪切模量的样品数及相对误差。表 4-28 中所列举碲酸盐玻璃体系其物理性质计算值和实验值具体数据详见附表 C25～C29。相图模型计算碲酸盐玻璃的密度、热膨胀系数、折射率、弹性模量和剪切模量的最大相对误差分别为 4.6%、5.5%、2.1%、5.7%和 5%，折射率最大相对误差明显小于其他物理性质。相比于其他氧化物玻璃体系，碲酸盐玻璃体系的弹性模量和剪切模量的相对误差较小，这是由于不同文献的实验值之间相差较小。同时，由于碲酸盐相图较少，所以可计算的玻璃体系也较少。从表中可知，不同玻璃体系物理性质的计算值都

与实验值吻合较好，表明相图模型能有效地预测碲酸盐玻璃的物理性质。

表 4-28 相图模型计算碲酸盐玻璃的密度、热膨胀系数、折射率、弹性模量和剪切模量的样品数和相对误差

玻璃体系	密度		热膨胀系数		折射率(n_D)		弹性模量		剪切模量	
	样品数	最大相对误差/%	样品数	最大相对误差/%	样品数	最大相对误差/%	样品数	最大相对误差/%	样品数	最大相对误差/%
$MgO-TeO_2$	10	−1.6	—	—	9	0.6	—	—	—	—
Na_2O-TeO_2	30	2.2	4	1.3	30	2.1	6	3.2	6	3.5
$PbO-TeO_2$	13	2	3	5.5	11	0.9	—	—	—	—
Rb_2O-TeO_2	10	1.4	3	2.8	4	2.1	6	5.7	6	5
$V_2O_5-TeO_2$	14	4.6	—	—	—	—	—	—	—	—

4.6 相图模型应用于非氧化物玻璃

4.6.1 硫系玻璃

硫系玻璃是指含有硫、硒或碲等一种或多种硫系元素(周期表中的第Ⅵ主族)的玻璃。这种玻璃是共价键键合材料，整个玻璃基体就像一个无限键合的分子。典型的硫系玻璃是以硫基为主的强玻璃形成体(如 As-S 和 Ge-S 体系)，在较大的浓度范围内都能形成玻璃。值得注意的是，硫系化合物玻璃形成能力随组成元素摩尔质量的增加而降低，即玻璃形成能力 S>Se>Te。目前，硫系化合物半导体已广泛应用于可反复读写光盘和相变内存设备等。以硫化物、硒化物和碲化物合金为基础的二元或多元硫系玻璃是一类极其重要的光学和光子材料，主要用于红外透镜、红外窗口、红外光纤等无源器件以及激光光纤放大器和非线性元件等有源光器件。

硫系玻璃在熔融过程中会产生较高的分压，因此合成必须在密封的真空石英安瓿瓶中进行。合成条件变化范围很大，取决于玻璃成分、玻璃形成区和形成能力，故冷却条件对硫系玻璃的密度和折射率有显著影响。例如，不同的急冷条件下，Se 玻璃的密度和折射率分别在 4.26～4.28g/cm^3 和 2.38～2.41，其波动大于氧化物玻璃。尽管如此，仍然可以运用玻璃结构相图模型来预测和计算硫系玻璃的结构和性质及其玻璃成分之间的关系。由于不同的实验制备和加工条件，玻璃性质在数值上有较大的误差，因此在实际计算中必须考虑实验条件的因素。

表 4-29 给出了硫系一致熔融化合物的密度、折射率、热膨胀系数、弹性模

量和剪切模量，表中 a 和 b 分别代表数据来源于薄膜样品和通过外延法推导。其他硫系玻璃组分的物理性质的计算值均依据表 4-29 中的基准数据计算所得。图 4-48 为硫系玻璃的相图模型计算值和实验值的物理性质曲线。不同硫系玻璃的物理性质随组分变化的规律不同，Ga_2S_3-GeS_2 玻璃的密度和 Ge-Se 玻璃的弹性模量随组分呈线性变化，而 As-Se 二元玻璃体系随 As 的加入而出现极值点。由图 4- 48(b)可知，As-Se 二元玻璃中随着 As 的加入玻璃的密度逐渐增加，当 As 摩尔分数为 40%时，玻璃的密度达到最大值，而 As 摩尔分数超过 40%时玻璃密度开始减小。然而，As-Se 玻璃体系的热膨胀系数没有出现极值点，这是因为 As 摩尔分数超过 40%时缺失热膨胀系数的数据。表 4-30 和表 4-31 分别列出了相图模型计算 As-Se 二元玻璃和 Ge-Se-As 三元玻璃的密度及折射率的计算值与实验值的对比。硫系玻璃的计算过程与氧化物玻璃体系的计算过程一致。通过比较相图模型的计算值与实验值可知，相图模型计算值与实验值能很好地吻合，且相图模型的计算极值点也在 As 摩尔分数为 40%时出现，这是因为在 As-Se 相图中 As 摩尔分数为 40%时有化合物 As_2Se_3 存在。

表 4-29　硫系一致熔融化合物的密度、折射率、热膨胀系数、弹性模量和剪切模量

化合物	密度/(g/cm³)	折射率(n_D)	热膨胀系数/(10^{-7}/℃)	弹性模量/GPa	剪切模量/GPa
Se	4.26[83]	2.442[83]	560[84]	9.62[84]	1.06[84]
S	2.06[a]	1.930[a]	792[b]	1.73[b]	0.58[b]
AsSe	—	2.784	281	12.96	—
As_2Se_3	4.62[91]	2.779	210	17.39[84]	—
As_2S_3	3.187[83]	2.395[83]	215	17.61	6.9
GeSe	—	2.545	—	—	—
$GeSe_2$	4.58[92]	2.37	157[84]	—	10
GeS_2	2.68	2.2	70	20	8.9
$SnSe_2$	5.75	—	—	—	—
Ga_2S_3	3.65[93]	2.58	—	—	—
In_2S_3	4.95[94]	—	—	—	—

注：a 和 b 分别代表数据来源于薄膜样品和通过外延法推导。

As-Se 二元玻璃的物理性质随组分出现极值点的原因一直存在很大的争论，对这一现象进行解释的有链状交联模型、多面体聚集模型和渗透阈值模型等[95]。在富 Se 区域，即 Se 摩尔分数大于 66.7%时，硫系玻璃满足链状交联模型，这时玻璃内部的多面体是通过短 Se 链共顶连接在一起的；而当 Se 摩尔分数不足 66.7%时，玻璃的结构满足多面体聚集模型，这时玻璃内部结构中的多面体共顶

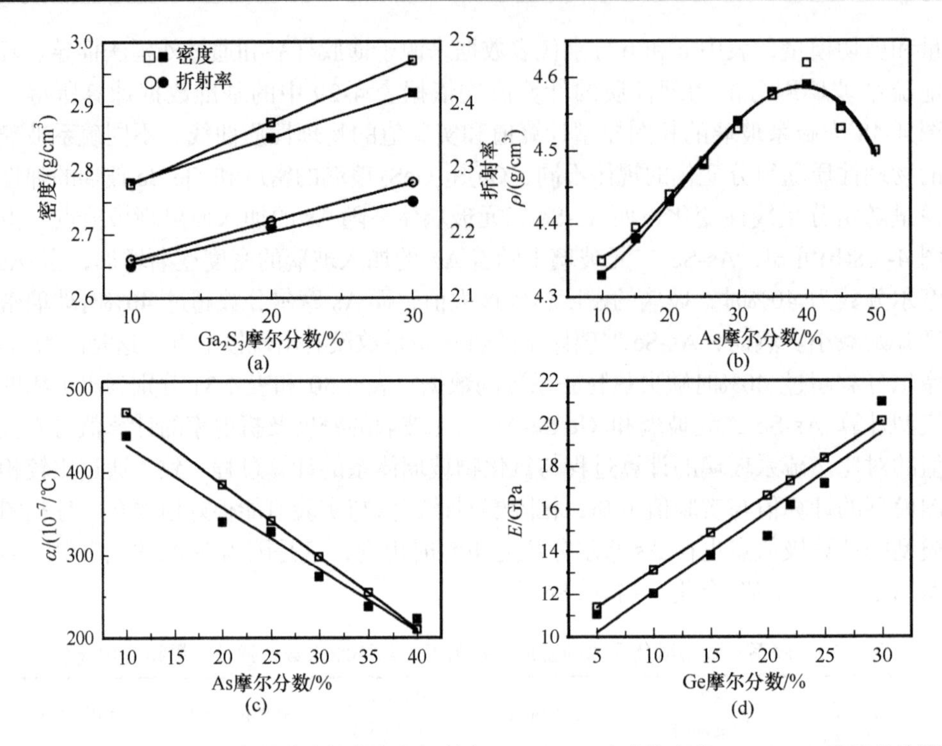

图 4-48　(a)Ga_2S_3-GeS_2硫系玻璃的密度和折射率；(b)As-Se 玻璃的密度；(c)As-Se 玻璃的热膨胀系数；(d)Ge-Se 玻璃的弹性模量随组分变化的相图模型计算值和实验值

实线为拟合曲线，实心点为实验值，空心点为计算值

连接，而短 Se 链相互连接成较长的链状或环状，这种结构转变使玻璃内部变得疏松，玻璃密度和折射率等物理性质下降。但是这种模型的提出只解释了 Ge-Se 玻璃中 Ge 摩尔分数超过 1/3 时的现象，而在 As-Se 玻璃中极值转变是在 40%，并不满足上述的结构模型。Philipps 和 Thorpe[14,96-99]从玻璃拓扑结构出发，通过计算化学键的限制提出渗透阈值模型。该模型认为当玻璃中的平均配位数为 2.4 时，玻璃的结构最为紧密。当平均配位数 > 2.4 时，其玻璃内部结构会发生转变，因此引起硫系玻璃的物理性质发生改变。随后，Tanaka(田中)[100-102]对 Philipps-Thorpe 模型进行了补充，认为当玻璃中只有 S 或 Se 时，配位数为 2，玻璃通过 S 链或 Se 链交联在一起形成一维网状结构。当在玻璃中加入 Ge 或 As 等元素时，配位数逐渐增加，玻璃结构也从链状的一维结构逐渐转变为层状的二维结构。在配位数为 2.67 时，玻璃结构完全转变为层状。此外，Tanaka 认为配位数为 2.4 时物理性质出现极值，是玻璃中的链间距离缩短引起的，而不是整体的玻璃结构转变引起的。这种模型结构虽然较好地解释了 As-Se 玻璃中极值点的现象，但只能针对特定玻璃进行解释。通过相图模型计算，可以发现无论氧化物玻

璃还是非氧化物玻璃，如果在玻璃物理性质曲线上存在极值点，那么在极值点附近都会有“新化合物”的存在，这表明极值点的出现很可能与相图中的化合物存在有关。可能的原因是，在化合物附近玻璃析晶动力趋势更大，在形成玻璃时更容易形成化合物的微晶结构，如果该化合物相比其他化合物结构更加致密，那么玻璃的物理性质曲线就会表现出极值点现象。

表 4-30　相图模型计算 As-Se 玻璃体系的密度和折射率与实验值的对比

玻璃组分摩尔分数/%		一致熔融化合物摩尔分数/%		密度/(g/cm³)		玻璃组分摩尔分数/%		一致熔融化合物摩尔分数/%		折射率(n_D)	
As	Se	As_2Se_3	Se	实验值	计算值	As	Se	As_2Se_3	Se	实验值	计算值
0	100	0	100	4.83	4.83	6.3	93.7	15.75	84.25	2.49	2.50
10	90	25	75	4.60	4.71	7.5	92.5	18.75	81.25	2.51	2.51
20	80	50	50	4.51	4.59	11	89	27.5	72.5	2.53	2.53
30	70	75	25	4.47	4.47	15.8	84.2	39.5	60.5	2.57	2.58
32	68	80	20	4.38	4.45	21.5	78.5	53.75	46.25	2.60	2.62
35	65	87.5	12.5	4.37	4.39	29	71	72.5	27.5	2.69	2.69
40	60	100	0	4.35	4.35	30	70	75	25	2.70	2.69

表 4-31　相图模型计算 Ge-Se-As 三元玻璃体系的密度与实验值的对比

玻璃组分摩尔分数/%			一致熔融化合物摩尔分数/%			密度/(g/cm³)	
Ge	As	Se	Se	As_2Se_3	$GeSe_2$	实验值	计算值
5	10	85	60	25	15	4.391	4.407
5	20	75	35	50	15	4.457	4.492
5	30	65	10	75	15	4.538	4.577
15	10	75	30	25	45	4.427	4.491
11	22	67	12	55	33	4.488	4.559
11.5	24	64.5	5.5	60	34.5	4.495	4.581
			As_2Se_3	AsSe	$GeSe_2$		
5	38	57	45	40	15	4.498	4.687
12.5	25	62.5	62.5	0	37.5	4.493	4.598
15	25	60	25	30	45	4.448	4.650
18	23	59	0	46	54	4.434	4.675

表 4-32 和表 4-33 给出了相图模型计算二元与三元硫系玻璃的密度、折射

率、热膨胀系数、弹性模量和剪切模量的样品数及最大相对误差，Ge-Se-Sn 玻璃的热膨胀系数、弹性模量和剪切模量没有数据，因此未列出。表 4-32 和表 4-33 中所列举硫系玻璃体系，其物理性质计算值和实验值具体数据详见附表 C30～C35。不同硫系玻璃体系的密度、热膨胀系数、折射率、弹性模量和剪切模量的最大相对误差分别为 5.8%、20.5%、4.5%、13%和−10.5%。与氧化物玻璃计算误差相似，硫系玻璃的密度和折射率的相对误差小于热膨胀系数、弹性模量和剪切模量。而且对于不同硫系玻璃体系，相图模型的计算误差相差也较大，这主要是由文献中不同的测试方法和测试条件造成的。与氧化物玻璃相比，硫系玻璃的密度和折射率的相对误差大于氧化物玻璃体系。这种现象可能是由硫系玻璃特殊的制备工艺引起的，因为制备硫系玻璃的原料为 S 和 Ge 等单质，如果这些物质在制备玻璃的过程中没有与氧气完全隔绝，极易与空气中的氧发生氧化反应，导致所制备的硫系玻璃含有大量的氧化物杂质。同时，S 在升温过程中极易挥发(S 的沸点为 400℃)。因此，为了防止硫系玻璃在制备过程中发生氧化和挥发，制备硫系玻璃所需的原料需要密封在真空安瓿管中。然而，这样在制备过程中挥发的 S 蒸气会在安瓿管中产生很高的蒸气压，因此整个制备过程相当于给玻璃加压，所得实验结果存在误差，这会导致利用这些结果做计算时产生较大的误差。此外，硫系玻璃因其玻璃形成能力较差，需要在急冷条件下才能形成玻璃，而不同的冷却速率下所制备的玻璃结构也不同，从而导致物理性质上存在差异。因此，硫系玻璃的制备工艺对相图模型计算有较大影响，不同制备条件所引入的误差可达 1%。因此，玻璃制备过程中的冷却速率也会影响相图模型计算硫系玻璃物理性质的准确度。

表 4-32　相图模型计算硫系玻璃的密度、折射率、热膨胀系数、弹性模量和剪切模量的样品数和最大相对误差

玻璃体系	密度		热膨胀系数		折射率(n_D)		弹性模量		剪切模量	
	样品数	最大相对误差/%	样品数	最大相对误差/%	样品数	最大相对误差/%	样品数	最大相对误差/%	样品数	最大相对误差/%
As-Se	9	−0.7	6	13	7	−0.1	5	5.1	—	—
Ge-Se	5	−2	8	20.5	—	—	7	13	7	−10.5
As-S	13	4.7	6	11	6	4.5	4	9.5	4	−4.5
Ge-S	3	5.8	—	—	3	1.8	—	—	—	—
GeS_2-As_2S_3	4	−0.5	—	—	4	1.1	—	—	—	—
GeS_2-In_2S_3	4	5	—	—	—	—	—	—	—	—
GeS_2-Ga_2S_3	4	1.7	—	—	4	−0.9	—	—	—	—
As_2S_3-As_2Se_3	7	−1.1	—	—	7	−1	—	—	—	—

表 4-33　相图模型计算硫系玻璃的密度、折射率、热膨胀系数、弹性模量和剪切模量的样品数和误差

玻璃体系	密度				折射率(n_D)			
	样品数	平均误差/%	最大误差/%	均方差	样品数	平均误差/%	最大误差/%	均方差
Ge-As-S	11	−1.20	−2.2	1	10	−0.01	−4.79	0.015
Ge-Se-Sn	8	0.55	6.77	3.55	—	—	—	—
Ge-Se-As	10	2.35	5.4	1.67	4	2.41	6.01	3.62

玻璃体系	热膨胀系数				弹性模量				剪切模量			
	样品数	平均误差/%	最大误差/%	均方差	样品数	平均误差/%	最大误差/%	均方差	样品数	平均误差/%	最大误差/%	均方差
Ge-As-S	16	−17.08	−41.9	13.23	10	−1.09	14.7	6.48	7	4.15	25.03	9.66
Ge-Se-As	34	6.40	−33.0	13	—	—	—	—	—	—	—	—

4.6.2　氟化物玻璃

氟化物玻璃由各种金属氟化物组成，具有超低折射率和色散等特性，是一类重要的非氧化物玻璃。由于氟化物玻璃黏度低，容易在玻璃和光纤制备过程中出现结晶现象。BeF_2 与 SiO_2 相似，具有共角的[BeF_4]四面体结构。因此，它的共价键比其他氟化物强，在没有特殊冷却条件的情况下也能单独形成玻璃。当RF(R=Li，Na，K，Rb)摩尔分数为 0%～60%时，二元玻璃体系 RF-BeF_2 可以形成玻璃。R′F_2(R′=Ca，Ba，Sr)摩尔分数高达 30%时，二元体系 R′F_2-BeF_2 也可以形成玻璃。已经有许多文献报道了关于该体系的玻璃性质和相图。RF-BeF_2 和R′F-BeF_2 的相图与含 SiO_2 的二元相图相似，故相图中的化合物比较简单。在相图中，熔体是最邻近一致熔融化合物均匀熔化形成的。因此，在适当冷却条件下形成的氟化物玻璃也应该是相图中最邻近一致熔融化合物的熔体，这说明玻璃的结构和组成由相应的化合物及其比例决定。

表 4-34 列出了 RF-BeF_2 体系的一致熔融化合物玻璃组分和性质，用于计算玻璃的密度和折射率。表 4-35、图 4-49 和图 4-50 是 RF-BeF_2 玻璃体系的密度和折射率的计算值及实验值与 RF 含量的关系[1]。同样，运用相图模型计算的氟化物玻璃的密度和折射率与实验结果吻合较好。

表 4-34　RF-BeF$_2$玻璃体系中的一致熔融化合物玻璃组分和性质

玻璃体系	折射率(n_D)	密度/(g/cm^3)
BeF_2	1.2747	1.986
LiF-BeF_2	1.3154	2.178
NaF-BeF_2	1.3064	2.403
KF-BeF_2	1.3192	2.406

表 4-35　RF-BeF$_2$(R=Li，Na，K)玻璃的密度和折射率的计算值

RF 摩尔分数/%	LiF		NaF		KF	
	密度/(g/cm^3)	折射率(n_D)	密度/(g/cm^3)	折射率(n_D)	密度/(g/cm^3)	折射率(n_D)
10	2.0298	1.2825	2.0716	1.2812	2.0716	1.2838
20	2.0736	1.2905	2.1572	1.2879	2.1572	1.2930
30	2.1174	1.2985	2.2428	1.2946	2.2428	1.3023
40	2.1612	1.3065	2.3284	1.3013	2.3284	1.3115
50	2.205	1.3145	2.2.414	1.3080	2.2.414	1.3208

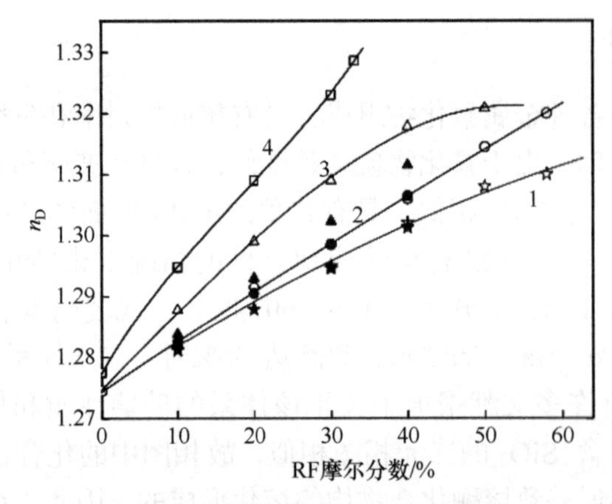

图 4-49　RF-BeF$_2$玻璃折射率的计算值(实心)和实验值(空心)与 RF 含量的关系

1～4 分别代表 NaF，LiF，KF，RbF；☆○△□代表的实验数据源自文献[1]，●★▲源自作者的计算值

4.7　相图模型应用于金属玻璃

非晶态金属是一种具有原子尺度上无序结构的金属材料。与大多数原子排列高度有序的结晶态金属不同，非晶态金属具有非晶结构。在冷却过程中，这种从液态直接产生无序结构的材料称为金属玻璃。因此，非晶态金属通常称为“金属玻璃”或“玻璃金属”。除急冷以外，还有几种可以产生非晶态金属的方法，如

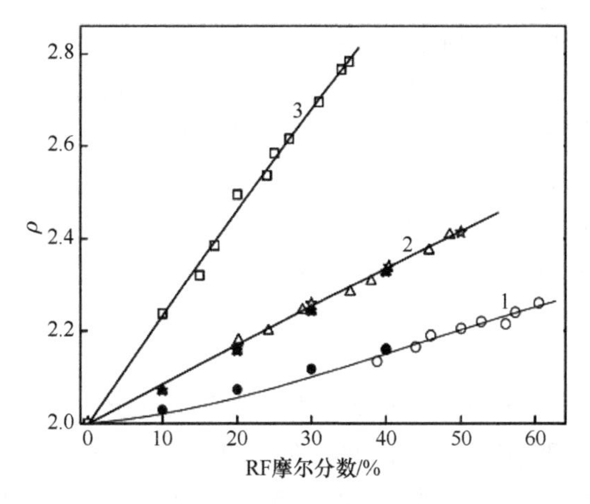

图 4-50　RF-BeF_2 玻璃密度的计算值(实心)和实验值(空心)与 RF 含量的关系

1：LiF，2：NaF(☆)，KF(△)，3：RbF；○☆△□代表的实验数据源自文献[1]，●★▲源自作者的计算值

物理气相沉积、固态反应、离子辐照和机械合金化。尽管一些科学家不认为这些技术生产的非晶态金属是玻璃，但是通常认为非晶态合金就是一种单一的材料，而无须考虑其制备方法。与一般金属相比，金属玻璃具有许多特殊的性能，如金属玻璃具有高的硬度和韧性，由金属玻璃制成的磁性材料的损耗比由硅铜形成的磁性材料的损耗低一个数量级，此外，金属玻璃的耐腐蚀性能比不锈钢高两个数量级[33]。

金属玻璃的结构模型在 3.3.3 节已有介绍，这些模型都假设金属玻璃具有更大的空间，其排列更为松散，而且比相同成分的晶体表现出更长程的无序性。然而，与同成分晶体类似，金属玻璃内部短程有序。从相图上看，玻璃相图中合金的数目远远多于氧化物相图中的合金数目，而且玻璃相图本身更为复杂，在熔融金属液中存在互溶和不互溶相。这些区域符合相图模型的原理，因此特定组分玻璃中两种化合物的比例可以通过杠杆原理结合最邻近的液态化合物(或合金)计算得到。因此，可以推断出从熔融液体中冷却得到的玻璃结构。在相图中，低熔点附近的区域最容易形成玻璃，而在化合物附近很难形成玻璃。因此，用相图模型来讨论急冷形成的金属玻璃的结构仍然是合适的。然而，在两种金属化合物之间，很难找到能同时形成金属玻璃的体系。因此，目前还很难利用两种最邻近金属化合物来推断玻璃的性质。此外，不同成分玻璃的动态形成条件有很大的差异，因此玻璃性质的计算结果会有很大的误差。

4.8　总　　结

本章对玻璃结构学说和玻璃结构研究技术和方法发展进行了综合评述，强调了玻璃结构学说在理解玻璃的结构特征及其物理性质、玻璃的形成和玻璃的转变方面的重要作用。根据一系列实验的红外光谱、拉曼光谱和核磁共振谱，以及相图中相关化合物的物理性质的研究，作者得出玻璃和晶体一致熔融化合物在相图中具有相似的核磁共振数据和谱学特征的结论。因此，将玻璃看作相图中最近邻一致熔融化合物混合熔体的产物是合理的。据此，作者提出了玻璃结构的相图模型。进一步地，玻璃的结构和物理性质可以通过相图杠杆原理来计算，以及运用一致熔融化合物的性质来预测相互混溶或不混溶相玻璃的结构单元。本章的主要结论如下。

(1) 玻璃是熔融过冷产物，玻璃的组成和结构只能与相图中切实存在的一致熔融化合物的组成和结构相关。因此，在强调玻璃的组成时，不应是加入熔制玻璃的组分，而应是存在于玻璃的一致熔融化合物。无论研究玻璃的结构还是性质，如果仅以加入的化合物为计算依据只能算作经验公式。

(2) 在相图模型中，二元玻璃被认为是二元相图中两个最邻近的一致熔融化合物熔体的混合物。三元玻璃是三元相图中三个最邻近的一致熔融化合物的混合物。玻璃的结构和性质可通过相图最邻近一致熔融化合物的结构和性质根据杠杆原理来计算与预测。

(3) 除硼酸盐和硅酸盐玻璃外，相图模型也可以应用于其他氧化物和非氧化物玻璃，包括硫系化合物玻璃、卤化物玻璃等玻璃结构与物理性质的预测计算或分析。研究表明，计算预测值与实验结果相一致。

(4) 有别于以往的工作，相图模型的特色是不需要采用经验的拟合公式，可以直接从玻璃组分计算出一致熔融化合物，并按照这些结构单元计算出不同结构单元的比例，进而得出玻璃的不同性质和玻璃体系特定性质能达到的区域。

参考文献

[1] 干福熹. 光学玻璃. 北京: 科学出版社, 1982.

[2] Winkelman A, Schott O. Dependence of the thermal resistance of various glasses from the chemical composition. Annals Physics, 1894, 287(4): 730-746.

[3] Gilard P, Dubrul L. Calculation of physical properties of glass: III. Index of refraction. Journal of the Society of Glass Technology, 1937, 21: 476-488.

[4] Sun K H. Calculation of refractive index of a glass as a direct function of its composition. Journal of the American Chemical Society, 1947, 30(9): 282-287.

[5] Demkina L I. Study of the Dependence of Properties of Glasses on Their Chemical Composition. Moscow: Oborongiz, 1958.

[6] Appen A A. Berechnung der optischen Eigenschaften, der Dichte und des Ausdehungskoeffizienten von Silikatgläsern aus ihrer Zusammensetzung. Berichte der Akademie der Wissenschaften der UdSSR, 1949, 69: 841-844.

[7] 干福熹. 无机氧化物玻璃物理性质新的计算体系. 中国科学, 1974, 4(4): 351-366.

[8] 干福熹. 硅酸盐玻璃物理性质新的计算体系. 硅酸盐学报, 1962, (2): 55-76.

[9] 干福熹, 林凤英, 高文燕. 无机玻璃弹性的测试方法和计算方法. 硅酸盐学报, 1978, 6(4): 256-265.

[10] Priven A I. General method for calculating the properties of oxide glasses and glass forming melts from their composition and temperature. Glass Technology, 2004, 45(6): 244-254.

[11] Fluegel A. Statistical regression modelling of glass properties-a tutorial. Glass Technology, 2009, 50(1): 25-46.

[12] Mauro J C. Topological constraint theory of glass. American Ceramic Society Bulletin, 2011, 90(4): 31-37.

[13] 曾慧丹, 邓逸凡, 李响, 等. 基于拓扑结构束缚理论的玻璃性质计算方法. 硅酸盐学报, 2018, 45(1): 1-10.

[14] Phillips J C, Thorpe M F. Constraint theory vector percolation and glass formation. Solid State Communications, 1985, 53(8): 699-702.

[15] Naumis G G. Energy landscape and rigidity. Physical Review E, 2005, 71(2): 026114.

[16] Gupta P K, Mauro J C. Composition dependence of glass transition temperature and fragility. I. A topological model incorporating temperature-dependent constraints. The Journal of Chemical Physics, 2009, 130(9): 094503.

[17] Smedskjaer M M, John C M, Yue Y Z. Prediction of glass hardness using temperature-dependent constraint theory. Physical Review Letters, 2010, 105: 115503.

[18] Zeng H D, Jiang Q, Liu Z, et al. Unique sodium phosphosilicate glasses designed through extended topological constraint theory. The Journal of Physical Chemistry B, 2014, 118(19): 5177-5183.

[19] Rodrigues B P, Mauro J C, Yue Y Z, et al. Modifier constraints in alkali ultraphosphate glasses. Journal of Non-Crystalline Solids, 2014, 405: 12-15.

[20] Hermansen C, Guo X J, Youngman R E, et al. Structure-topology-property correlations of sodium phosphosilicate glasses. The Journal of Chemical Physics, 2015, 143(6): 064510.

[21] Rodrigues B P, Wondraczek L. Floppy mode degeneracy and decoupling of constraint predictions in super-cooled borate and silicate liquids. Frontiers in Materials, 2015, 1: 32.

[22] Rodrigues B P, Wondraczek L. Medium-range topological constraints in binary phosphate glasses. The Journal of Chemical Physics, 2013, 138(24): 244507.

[23] Ota R, Yamate T, Soga N, et al. Elastic properties of Ge-Se glass under pressure. Journal of Non-Crystalline Solids, 1978, 29(1): 67-76.

[24] Feltz A, Aust H, Blayer A. Glass formation and properties of chalcogenide systems XXVI: Permittivity and the structure of glasses As_xSe_{1-x} and Ge_xSe_{1-x}. Journal of Non-Crystalline Solids, 1983, 55(2): 179-190.

[25] Varshneya A K, Sreeram A N, Swiler D R. A review of the average coordination number concept in multicomponent chalcogenide glass systems. Physics and Chemistry of Glasses, 1993, 34(5): 179-193.

[26] Senapati U, Varshneya A K. Viscosity of chalcogenide glass-forming liquids: An anomaly in the ‘strong’and ‘fragile’classification. Journal of Non-Crystalline Solids, 1996, 197(2-3): 210-218.

[27] Feng X, Bresser W J, Boolchand P. Direct evidence for stiffness threshold in chalcogenide glasses. Physical Review Letters, 1997, 78(23): 4422-4425.

[28] Guin J P, Rouxel T, Keryvin V, et al. Indentation creep of Ge-Se chalcogenide glasses below T_g: Elastic recovery and non-Newtonian flow. Journal of Non-Crystalline Solids, 2002, 298(2-3): 260-269.

[29] Boolchand P, Chen P, Jin M, et al. ^{129}I and ^{119}Sn Mössbauer spectroscopy, reversibility window and nanoscale phase separation in binary Ge_xSe_{1-x} glasses. Physica B: Condensed Matter, 2007, 389(1): 18-28.

[30] Krogh-Moe J. Structural interpretation of melting point depression in the sodium borate glasses. Physics and Chemistry of Glasses, 1962, 3(4): 101-110.

[31] Bray P J. Structural models for borate glasses. Journal of Non-Crystalline Solids, 1985, 75(1-3): 29-36.

[32] Morey G W, Merwin H E. Phase equilibrium relationships in the binary system, sodium oxide-boric oxide, with some measurements of the optical properties of the glasses. Journal of the American Chemical Society, 1936, 58: 2248-2254.

[33] Jiang Z H, Zhang Q Y. The structure of glass: A phase equilibrium diagram approach. Progress in Materials Science, 2014, 61: 144-215.

[34] 姜中宏, 唐永兴. 用相图原理研究玻璃性质与结构(I)核磁共振谱研究 $Na_2O-B_2O_3-SiO_2$ 玻璃结构. 光学学报, 1988, 8(1): 75-82.

[35] 唐永兴, 姜中宏. 用相图原理研究玻璃结构与性质(II)核磁共振谱研究锂硼硅、镉硼硅和锂硼碲玻璃结构. 光学学报, 1990, 10(12): 1107-1114.

[36] Tang Y X, Jiang Z H, Song X Y. NMR, IR and Raman spectra study of the structure of borate and borosilicate glass. Journal of Non-Crystalline Solids, 1989, 112(1-3): 131-135.

[37] Jiang Z H, Tang Y X. Study of structural characteristics in some ternary borate glass systems by the phase diagram method. Journal of Non-Crystalline Solids, 1992, 146: 57-62.

[38] 姜中宏, 唐永兴. 用相图原理研究玻璃结构与性质(III)核磁共振谱研究钠硼钒、钾硼磷、钾硼铝和钠硼镁玻璃结构. 光学学报, 1991, 11(9): 815-820.

[39] 姜中宏, 胡新元, 赵祥书. 用热力学方法推导玻璃形成区内的共熔区及分相区. 硅酸盐学报, 1982, 10(3): 309-318.

[40] 姜中宏, 胡新元, 赵祥书. 试论玻璃结构: 用熵的观点讨论结构状态. 硅酸盐学报, 1982, 10(4): 491-499.

[41] 姜中宏, 胡新元, 赵祥书, 等. 用热力学方法推测氟化物玻璃的生成区. 硅酸盐学报, 1987, 15(1): 27-33.

[42] Zhang Q Y, Hu L L, Jiang Z H. Thermodynamic study on elimination of platinum inclusions in metaphosphate laser glasses for inertial confinement fusion applications. Chinese Science Bulletin, 1999, 44(7): 664-668.

[43] Zhang Q Y, Zhang W J, Wang W C, et al. Calculation of physical properties of glass via the phase diagram approach. Journal of Non-Crystalline Solids, 2017, 457: 36-43.

[44] Huang S J, Wang W C, Zhang W J, et al. Calculation of the structure and physical properties of ternary glasses via the phase diagram approach. Journal of Non-Crystalline Solids, 2018, 486: 36-

46.
[45] Zhang W J, Wang W C, Zhang Q Y, et al. New insights into the structure and physical properties of sodium and potassium germanate glass via the phase diagram approach. Journal of Non-Crystalline Solids, 2017, 475: 108-115.
[46] Xiao Y B, Wang W C, Yang X L, et al. Prediction of glass forming regions in mixed-anion phosphate glasses. Journal of Non-Crystalline Solids, 2018, 500: 302-309.
[47] 宋晓岚, 黄学辉. 无机材料科学基础. 北京: 化学工业出版社, 2006.
[48] Svanson S E, Forslind E, Krogh-Moe J. Nuclear magnetic resonance study of boron coordination in potassium borate glasses. The Journal of Physical Chemistry, 1962, 66(1): 174-175.
[49] Bray P J. Nuclear magnetic resonance studies of the structure of glass//The 10th International Congress on Glass, Tokyo, 1974.
[50] Konijnendijk W L. The structure of borosilicate glasses. Eindhoven: Eindhoven University of Technology, 1975.
[51] Bray P J, Keefe J G. Nuclear magnetic resonance investigation of the structure of alkali borate glasses. Physics and Chemistry of Glasses, 1963, 4(2): 37-46.
[52] Yun Y H, Bray P J. Nuclear magnetic resonance studies of the glasses in the system Na_2O-B_2O_3-SiO_2. Journal of Non-Crystalline Solids, 1978, 27(3): 363-380.
[53] Bray P J, Geissberger A E, Bucholtz F, et al. Glass structure. Journal of Non-Crystalline Solids, 1982, 52(1-3): 45-66.
[54] Jellison G E, Jr. Panek L W, Bray P J, et al. Determinations of structure and bonding in vitreous B_2O_3 by means of B^{10}, B^{11}, and O^{17} NMR. The Journal of Chemical Physics, 1977, 66(22): 802-812.
[55] Dell W J, Bray P J, Xiao S Z. ^{11}B NMR studies and structural modeling of Na_2O-B_2O_3-SiO_2 glasses of high soda content. Journal of Non-Crystalline Solids, 1983, 58(1): 1-16.
[56] Sastry B S R, Hummel F A. Studies in lithium oxide system: V, Li_2O-$Li_2O \cdot B_2O_3$. Journal of the American Ceramic Society, 1959, 42(5): 216-218.
[57] Morey G W. The ternary system Na_2O-B_2O_3-SiO_2. Journal of the Society of Glass Technology, 1951, 35: 270-283.
[58] Zhadanov S P. Boron oxide anomaly and structural limitations for maximum contents of tetrahedral boron in glass//The 10th International Congress on Glass, The Ceramic Society of Japan, Tokyo, 1974, 13: 58.
[59] Milberg M E, O'Keefe J G, Verhelst R A, et al. Boron coordination in sodium borosilicate glasses. Physics and Chemistry of Glasses, 1972, 13(3): 79-84.
[60] Scheer J, Muller-Warmuth W. Nuclear magnetic resonance investigations of alkali borosilicate glasses. Glastechnische Berichte, 1973, 46(6): 109.
[61] Brungs M P, McCartney E R. Structure of sodium borosilicate glass. Physics and Chemistry of Glasses, 1975, 16(2): 48-52.
[62] Kim K S, Bray P J. B^{11} NMR-studies of glasses insystem MgO-Na_2O-B_2O_3. Physics and Chemistry of Glasses, 1974, 15(2): 47-51.
[63] 姜中宏, 胡丽丽. 玻璃的相图结构模型. 中国科学, 1996, 26(5): 395-404.

[64] 丁元法, 张跃, 张凡伟, 等. 石英玻璃热膨胀性能的高温分子动力学研究. 稀有金属材料与工程, 2007, 36: 331-333.

[65] Mazurin O V, Streltsina M V, Shvaiko-Shvaikovskaya T P. Handbook of Glass Data. Part A. Silica Glass and Binary Silicate Glasses. Amsterdam: Elsevier Science Publishers, 1983.

[66] Lagakos N, Bucaro J A. Pressure desensitization of optical fibers. Applied Optics, 1981, 20(15): 2716-2720.

[67] International Glass Database System. http://www.akosgmbh. de/sciglass/sciglass. htm.

[68] Xu X, Wang M, Guo A, et al. Plastic deformation promoted by phases separation in bulk amorphous Al_2O_3-ZrO_2-Y_2O_3. Materials Letters, 2016, 170: 15-17.

[69] Uhlmann D R. Densification of alkali silicate glasses at high pressure. Journal of Non-Crystalline Solids, 1973, 13(1): 89-99.

[70] Thompson J C, Bailey K E. A survey of the elastic properties of some semiconducting glasses under pressure. Journal of Non-Crystalline Solids, 1978, 27(2): 161-172.

[71] Sanditov D S, Sangadiev S S, Kozlov G V. On the correlation between elastic modulus of vitreous solids and glass transition temperature of melts. Glass Physics and Chemistry, 1998, 24(6): 539-545.

[72] Bershtein V A, Emelyanov Y A, Stepanov V A. Mechanical-stress field-effect on structural mobility in amorphous brittle solids. Fizika Tverdogo Tela, 1980, 22(2): 399-407.

[73] Takahashi K, Osaka A. Elastic properties of alkali silicate glasses. Journal of the Ceramic Association Japan, 1983, 91(3): 116-120.

[74] Bartenev G M, Sanditov D S. Mechanical and thermal properties of inorganic glass. Silikattechnik, 1981, 32: 197-201.

[75] Varshneya A K. Fundamentals of Inorganic Glasses. New York: Academic Press, 1994.

[76] Sanditov D S, Badmaev S S, Tsydypov S B, et al. A model of fluctuation free volume and the valence-configurational theory of viscous flow of alkali silicate glasses. Glass Physics and Chemistry, 2003, 29(1): 2-6.

[77] Hesse K F. Refinement of the crystal structure of wollastonite-2M (parawollastonite). Zeitschrift für Kristallographie-Crystalline Materials, 1984, 168(1-4): 93-98.

[78] Ihara M, Odani K, Yoshida N, et al. The crystal structure of devitrite (disodium tricalcium hexasilicate), $Ca_3Na_2Si_6O_{15}$. Journal of the Ceramic Association Japan, 1984, 92: 373-378.

[79] Grund A, Pizy M. Structure cristalline du metasilicate de sodium anhydre, Na_2SiO_3. Acta Crystallographica, 1952, 5(6): 837-840.

[80] Kahlenberg V, Rakić S, Weidenthaler C. Room-and high-temperature single crystal diffraction studies on γ-$Na_2Si_2O_5$: An interrupted framework with exclusively Q^3-units. Zeitschrift für Kristallographie-Crystalline Materials, 2003, 218(6): 421-431.

[81] Dollase W A. Reinvestigation of the structure of low cristobalite. Zeitschrift für Kristallographie-Crystalline Materials, 1965, 121(1-6): 369-377.

[82] Makishima A, Mackenzie J D. Direct calculation of Young's moidulus of glass. Journal of Non-Crystalline Solids, 1973, 12(1): 35-45.

[83] Dietzel A. On the so-called mixed alkali effect. Physics and Chemistry of Glasses, 1983, 24: 171-

180.

[84] Inaba S, Fujino S, Morinaga K. Young's modulus and compositional parameters of oxide glasses. Journal of the American Ceramic Society, 1999, 82(12): 3501-3507.

[85] Pesina T I, Romanenko L V, Pukh V P, et al. Strength and structure of glasses in the Na_2O-B_2O_3 system. Fizika I Chimija Stekla, 1981, 7(1): 68-72.

[86] Bansal N P, Doremus R H. Handbook of Glass Properties. Orlando: Academic Press, 1986.

[87] Sanditov D S, Sangadiev S S. Condition of glass transition in the fluctuation free volume theory and the Lindemann criterion for melting. Glass Physics and Chemistry, 1998, 24(4): 285-294.

[88] Murthy M K, Ip J. Some physical properties of alkali germanate glasses. Nature, 1964, 201(4916): 285-286.

[89] Henderson G S, Fleet M E. The structure of glasses along the Na_2O-GeO_2 join. Journal of Non-Crystalline Solids, 1991, 134(3): 259-269.

[90] Schwarz R, Heinrich F. Beiträge zur chemie des germaniums. IX. Mitteilung. Über die Germanate der Alkali-und Erdalkalimetalle. Zeitschrift für Anorganische und Allgemeine Chemie, 1932, 205(1-2): 43-48.

[91] Yang G, Bureau B, Rouxel T, et al. Correlation between structure and physical properties of chalcogenide glasses in the As_xSe_{1-x} system. Physical Review B, 2010, 82(19): 195206.

[92] Yang G, Gueguen Y, Sangleboeuf J C, et al. Physical properties of the Ge_xSe_{1-x} glasses in the $0<x<0.42$ range in correlation with their structure. Journal of Non-Crystalline Solids, 2013, 377: 54-59.

[93] Wang X F, Zhao X J, Wang Z W, et al. Thermal and optical properties of GeS_2 based chalcogenide glasses. Materials Science and Engineering: B, 2004, 110(1): 38-41.

[94] Bérubé J P, Messaddeq S H, Bernier M, et al. Tailoring the refractive index of Ge-S based glass for 3D embedded waveguides operating in the mid-IR region. Optics Express, 2014, 22(21): 26103-26116.

[95] Zakery A, Elliott S R. Optical Nonlinearities in Chalcogenide Glasses and Their Applications. Berlin: Springer, 2007.

[96] Phillips J C. Topology of covalent non-crystalline solids I: Short-range order in chalcogenide alloys. Journal of Non-Crystalline Solids, 1979, 34(2): 153-181.

[97] Phillips J C. Topology of covalent non-crystalline solids II: Medium-range order in chalcogenide alloys and A-Si(Ge). Journal of Non-Crystalline Solids, 1981, 43(1): 37-77.

[98] Thorpe M F, Jacobs D J, Chubynsky M V, et al. Self-organization in network glasses. Journal of Non-Crystalline Solids, 2000, 266: 859-866.

[99] Thorpe M F, Phillip M D. Rigidity Theory and Applications. New York: Kluwer Academic/Plenum Publishers, 1999.

[100] Tanaka K. Configurational and structural models for photodarkening in glassy chalcogenides. Japanese Journal of Applied Physics, 1986, 25(6R): 779-786.

[101] Tanaka K. Chemical and medium-range orders in As_2S_3 glass. Physical Review B, 1987, 36(18): 9746-9752.

[102] Tanaka K. Topological phase transitions in amorphous semiconductors. Journal of Non-Crystalline Solids, 1987, 97: 391-398.

第5章　本篇结束语

5.1　内容精要

本篇对玻璃态物质的本质以及玻璃态物质研究的科学技术发展进行了综合评述。围绕玻璃态的本质与结构，阐述了玻璃结构研究概况和相图模型，具体内容包括玻璃态定义、玻璃化转变、玻璃态结构、熔体结构特征、玻璃结构特征、经典玻璃结构模型、一些典型的玻璃结构以及基于现代测试方法发展的新玻璃结构模型。本篇还回顾和总结了玻璃科学的发展历程，讨论了玻璃结构研究中存在的争议，进而归纳出玻璃态物质的基本规律和本质属性。尤其是本篇第4章，作者根据一系列实验的红外光谱、拉曼光谱和核磁共振谱，以及相图中相关化合物的物理性质的研究，得出玻璃和晶体一致熔融化合物在相图中具有相似的核磁共振数据和谱学特征。因此，可将玻璃看作相图中最近邻一致熔融化合物混合熔体的产物，并发现玻璃的结构和物理性质可以通过杠杆原理进行定量预测及计算。进一步，作者提出了玻璃结构的相图模型。相图模型的提出，推动玻璃研究从成分-结构-性质之间相割裂的定性或依据经验公式研究阶段，发展到成分-结构 -性质相互关联的可预测和可计算的定量研究阶段，为玻璃结构和物理性质的定量计算提供了成分-结构-性质相关联的理论基础，推动了玻璃科学定量化预测的研究。

本篇的主要结论总结如下。

(1) 玻璃态物质具有其他任何物质所不兼具的一些特性，如各向同性、亚稳性、无固定熔点以及性质变化的连续性和可逆性等。玻璃化转变是玻璃态物质与其他物质不同的特征现象，也是凝聚态物理研究领域中的重点和难点问题之一，而玻璃结构是理解玻璃态物质本质的重点和突破口。

(2) 玻璃是一种处于熔融液态和结晶态之间的热力学亚稳态的过冷液体，应该有各种各样的玻璃结构对应于冷却过程的热历史。从这个角度来看，无论是晶子学说还是无规网络学说，都不能为玻璃提供一个通用的结构模型。用模糊数学方法来区分玻璃和晶体，比用定量体积限制的逻辑标准更合适。

(3) 玻璃结构从晶子学说、无规网络学说到近代玻璃结构学说，对玻璃结构中的有序无序、均匀不均匀等问题经历了初期的定性研究到目前的半定量研究。玻璃由长程无序、短中程有序的骨架构成，根据玻璃组成可能是三维空间网络、层环、链状，甚至无序金属离子和岛屿结构。玻璃网络的有序和无序、连续和不连续、均匀和不均匀是构成玻璃结构矛盾的两方面，同时存在于玻璃统一体中。

(4) 玻璃是熔融过冷的产物，只有一致熔融化合物才能存在于玻璃中。因此，一致熔融化合物其玻璃和晶体的图谱是相同的，而非一致熔融化合物在熔融时会分解，因而其与晶体的图谱不同。在强调玻璃的组成时不应是加入熔制玻璃的组分，而是存在于玻璃的一致熔融化合物。因此，无论研究玻璃的结构还是性质，如果仅以加入的化合物为计算依据只能算作经验方法和经验公式。

(5) 提出了玻璃结构的相图模型。在相图模型中，二元玻璃被认为是二元相图中两个最邻近的一致熔融化合物熔体的混合物。三元玻璃是三元相图中三个最邻近的一致熔融化合物的混合物。玻璃的结构和物理性质可以通过杠杆原理定量预测和计算。相图模型的特色是不需要采用经验的拟合公式，可以直接从玻璃组分计算出一致熔融化合物，并按照这些结构单元计算出不同结构单元的比例，进而得出玻璃的不同性质和玻璃体系特定性质能达到的区域。

5.2　局　限　性

玻璃结构从晶子学说、无规网络学说到近代玻璃结构学说，玻璃结构中的有序无序、均匀不均匀等问题经历了初期的定性研究到目前的半定量研究。晶子学说正确地解释了玻璃中存在规则排列区域，即有一定的有序区域。这构成了晶子学说的合理部分，对玻璃的分相和晶化等本质的理解有重要价值。无规网络学说着重说明了玻璃结构的连续性、统计均匀性和无序性，能在玻璃的各向同性等基本特性上得到证实，因此在长时间内处于玻璃结构学说的主要地位。近代玻璃结构研究表明，玻璃由长程无序、短中程有序的骨架构成，根据玻璃组成的不同，骨架可能是三维空间网络，也可能是层状或链状，甚至是无序金属离子和岛屿状结构(逆性玻璃)。网络是微不均匀的，有可能存在两种或两种以上骨架。对于结构的短程有序部分，有的称为晶子、微晶、构子等。这些不均匀性随着热处理而增加，处于化学积聚-微散的平衡过程中，条件改变会破坏这一平衡，所以有序和无序、连续和不连续、均匀和不均匀是构成玻璃结构矛盾的两方面，同时存在于玻璃统一体中。在一定条件下，一方面可能起主导作用，条件改变时另一方面起支配作用。

玻璃科学研究的目标之一在于从玻璃的组成得出玻璃的结构及性质。玻璃结构的相图模型很好地将玻璃的组成、结构和性质联系起来，对于研究三者之间的内在联系以及寻找一些特殊性质的玻璃具有重要意义。然而，玻璃结构的相图模型也并不是完美无缺的，例如，目前玻璃结构的相图模型对于预测玻璃的一些性质包括密度、折射率、热膨胀系数、弹性模量、剪切模量等比较有效，但对于玻璃的其他一些性质，如热光系数、应力光学系数等还需要进行改进和优化。其次，玻璃结构的相图模型依赖于相图及相图中一致熔融化合物的物理化学性质，受限于没有相图的情况。

5.3 展　望

玻璃态物质的发现和应用及其相关研究已经经历了漫长的历史并且取得了丰硕的成果，而有关玻璃态物质的本质和基本规律仍存在诸多问题值得人们继续深入思考，对于玻璃化转变、玻璃结构、玻璃形成等玻璃基本科学问题的探索将会一直进行，一些新玻璃、新工艺、新技术、新方法和新理论的出现也会随着研究的不断深入而涌现。相信每一次的进步和突破，都将对玻璃科学和技术各个领域产生重要贡献，并给人类的生活和生产实践带来深远影响。

第二篇
玻璃的形成：玻璃形成的预测与计算

第6章　本篇绪论

- 玻璃是非晶态过冷液体，处于熔体和晶体之间的热力学亚稳态。从热力学相平衡角度，玻璃处于热力学亚稳态，易释放能量而结晶。然而，从动力学的角度，析晶需要克服势垒(析晶活化能)，包括成核所需建立新界面的界面能和晶核长大所需的质点扩散的激活能。如果体系势垒较大，尤其是当熔体冷却很快时，黏度增加甚大，结晶过程变得不可能，因此玻璃以“过冷液体”的形式存在。
- 深入研究和阐明玻璃形成能力的本质是发展新型玻璃的关键所在。
- 玻璃形成最关键的因素是黏度和冷却速率。黏度取决于化学键和熔体结构等物质本征因素，而冷却速率取决于制备工艺。本篇给出玻璃形成的黏度-冷却速率判据曲线。
- 玻璃形成区通常位于网络形成体含量较高的低共熔点附近。
- 本篇提出利用热力学计算法预测各种氧化物和非氧化物玻璃的形成区(玻璃形成区)，通过对几百种成分的各类玻璃进行实验，确定一些二元、三元玻璃体系形成的范围。由于采用了预测的方法，只需要很少的实验，即能大体上确定玻璃的形成区，对研究工作起指导作用。

6.1　内容概览

本章简要介绍玻璃形成的一些观点和判据以及玻璃形成的基础问题。第7章概述玻璃形成原理与规律。第8章详细阐述玻璃形成区预测计算方法和一些典型体系玻璃形成区的计算。在第9章对玻璃科学基础问题进行总结和展望，以期增加人们对玻璃形成等玻璃本质问题的认识，为玻璃态物质的后续研究提供借鉴。

6.2　概　　述

玻璃自发明制作以来就被广泛使用，目前仍然是人类生活中无处不在的最有价值的材料之一。然而，对众多玻璃材料而言，较低的玻璃形成能力和较小的玻璃形成区是困扰玻璃广泛而更好应用的难题。深入研究和阐明玻璃形成能力的本质是发展和应用新玻璃的关键所在。新材料发展很快且组成越来越复杂，然而在新玻璃研究中缺乏相关相图资料。目前，玻璃科学研究往往通过大量实验获得一些数据，需要的人、财、物力巨大且效率低下。因此，建立一些简便快速、具有预测性的研究方法十分必要。过去已经获得了大量的二元、三元玻璃相图，在新玻璃研究中如何用好已有数据，使研究具有可计算、可预测性非常重要。本篇从玻璃形成基础问题出发，通过探讨玻璃形成与成分、共熔点、分相区、等析晶点的关系，为玻璃形成能力的判断和玻璃形成区的定量计算及预测奠定基础。作者借鉴冶金物理化学中使用热力学方法推测金属及合金相图的方法，利用热力学参数，预测了多种玻璃体系的玻璃形成区。作者的研究发现，玻璃形成的关键参数为黏度和冷却速率。熔体黏度由化学键性质和熔体结构等物质本征因素决定；而冷却速率由制备方法决定，如果冷却速率足够快，使熔体黏度增大到足以防止晶体析出，则被冷却的物质都可以形成玻璃态。通过理论分析和实验研究给出了预测玻璃形成条件的黏度-冷却速率表达式，对新玻璃形成研究起指导作用。

Goldschmidt[1]从结晶化学理论出发提出了玻璃形成的经验准则，即玻璃形成氧化物中阳离子和阴离子的半径比值为 0.2～0.4，且阴离子位于四面体顶端[2-4]。Smekal(斯梅卡尔)[5]认为“混合化学键”的存在对于玻璃的形成是必要的。Zachariasen[6]基于 Goldschmidt 的结晶化学观点，提出了玻璃结构和玻璃形成的无规网络学说，认为玻璃中的阳离子可以分为以下三类：①网络形成体，如Si、B、P、Ge、As 和 Be，其配位数通常为 3 或 4；②网络修饰体，如 Na、K、Ca 和 Ba，其配位数一般大于等于 6；③网络中间体，如 Al、Ga、Ti 和 Zn，其可以增强网络结构(配位数为 4)，或进一步削弱网络结构(配位数为 6～8)，但其本身不能单独形成玻璃。Dietzel[7]提出参与玻璃结构的离子按其场强可分成三大类氧化物，即网络形成体、网络外体和中间体氧化物。网络外体的场强 Z/a^2=0.1～0.4，而典型的网络形成体场强比网络外体几乎大 10 倍(Z/a^2=1.3～2.0)，中间体氧化物的场强位于网络形成体和网络外体之间(Z/a^2=0.5～1.0)。

Winter[8]提出物质的玻璃形成能力可能与每个原子的外层 p 电子数目有关。理论上，单原子外层 p 电子数目为 4 时最容易形成玻璃，而由外壳层 p 电子数目为 2～4 的原子构成的物质也可能形成玻璃。Stanworth[9-12]提出原子间键合时的共价程度对玻璃形成具有重要意义，该数值可通过原子间电负性之差计算。通常，玻璃网络形成体、网络中间体和网络修饰体中阳离子的电负性分别为 1.8～2.1、1.5～1.8 和 0.7～1.2。Stanworth[13]注意到 Te 和 P 的电负性相同(均为 2.1)，说明 TeO_2 可能是一种玻璃形成体，类似于 P_2O_5，该观点促进了碲酸盐玻璃的发现和研究。进一步地，Stanworth 提出了玻璃形成的普遍结论，即化合物 A_xB_y 处于熔融状态时，具有足够开放和足够共价网络结构时可以形成玻璃，这一观点与 Zachariasen 学说的许多思想一致[6,14]。Myuller(米勒)[15]把某一物质形成玻璃的实质归结为体系原子半径减小且产生定向键连接，其本质为形成共价键[16]。通常，元素的价态决定化学构型是三角体还是四面体。在温度适中的条件下，与离子晶格相比，原子网络中的共价键会降低原子振动幅度。通过对易于形成玻璃的物质进行观测，Myuller 发现原子重新组合会使体系黏度增大，活化能升高。Sun[17]认为熔化过程和结晶过程通常会破坏原子间的键合，原子间的键合作用越强，破坏进程越缓慢，结构重组需要的时间越长，物质在冷却过程中形成玻璃的可能性越大。Sun 还提到，形成玻璃的氧化物，如 SiO_2 和 B_2O_3 的单键能非常高。Rawson[18,19]提出使用键强准则必须考虑体系在熔点处断键时吸收的热能。因此，体系单键能与熔点的比值越高，形成玻璃的可能性越大。Rawson[18-20]将上述结论拓展到二元和多组分体系，并指出当体系液相线温度较低时，可以观察到玻璃形成区或极低的析晶率。商用玻璃的成分通常相当复杂，原因之一是加入更多的氧化物组分以降低体系液相线温度，由此阻碍玻璃析晶[21]。对于某些氧化物玻璃，结构因素和液相线温度均会影响其稳定性，与这些因素有关的动能和热力学能量参数必定在整个系统中发生改变。显然，上述观点是基于对成核和晶体生长(Turnbull 和 Cohen(科恩)[22]着重强调的观点)经典理论的定性思考。液相线温度理论广泛适用于各种材料，既包括金属玻璃也包括氧化物玻璃。然而，该理论不能作为一个快捷的预测工具，因为在二元和三元系统中，不能通过简单方法得到各成分的熔点和液相线温度的变化值。在液相线以下有限的温度范围内，如果体系冷却速率足够快，成核和晶体的生长速率会足够慢，所以理论上所有熔体都可以形成玻璃，这只是将进一步理解玻璃形成的问题重新集中在考虑决定特定物质成核和晶体生长速率的因素上[2,3,23]。Tammann 认为玻璃形成是由于过冷液体晶核形成速率最大时的温度比晶体长大速率最大时的温度低[24]。Uhlmann 及其同事对过冷熔体的结晶动力学和成核动力学参数进行了大量的实验和理论研究，他们的工作在玻璃科学的许多领域具有很高的价值，但是在寻找新玻璃组成方面作用甚微，也不能解释为什么有些物质更容易形成玻璃[2,3,20,21]。成核和晶体生长的经典方程描述了成核速率和晶体生长速率的温度依赖性，该方程中包含许多热力学和动力学参数，而这些参数要么不能通过简捷的方法测得，要么与已知的晶体成分、结构参数相关性较小[21,25]。玻璃形成的过程是体系中液相与晶相竞争的过程，如果熔体在冷却过程中液相足够稳定而不形成晶相，则有利于体系形成玻璃。综上所述，熔体的玻璃形成能力取决于两个因素，即液相的稳定性和晶相的稳定性[26,27]。

玻璃处于热力学亚稳态，具有较高的焓，易释放能量而结晶。然而，根据结晶动力学的观点，由于玻璃熔体黏度极高，结晶过程变得不可能，因此玻璃以“过冷液体”的形式存在[3,20,28]。一般来说，要使熔体形成玻璃而不析晶，必须使体系在完全形成玻璃前保持热力学非平衡状态。主要有两种方法阻止玻璃熔体达到热力学平衡状态，即阻碍分子运动和确保体系不具有充分时间达到热力学平衡状态。第一种方法可以通过增大体系在熔点附近的黏度以阻止分子形成晶体结构来实现，第二种方法可以通过增加冷却速率阻止体系转变为热力学平衡状态来实现。从热力学观点来看，所有熔体只能通过析出晶体才能达到平衡状态。然而，从动力学观点来看，析晶需要克服势垒(析晶活化能)，包括成核所需建立新界面的界面能和晶核长大所需的质点扩散的激活能。如果体系势垒较大，尤其是当熔体冷却速率很快时，黏度增加甚大，质点来不及进行规则排列，晶核形成和长大均难以实现，则结晶过程变得不可能，因此玻璃以“过冷液体”的形式存在。只要冷却足够快，任何熔体都可以形成玻璃。因此，决定熔体能否形成玻璃最关键的因素是黏度和冷却速率。黏度取决于化学键和熔体结构等物质本征因素，而冷却速率取决于制备工艺。通过利用模糊数学的观点对玻璃形成进行探讨，本书作者得出黏度和冷却速率是影响玻璃形成的关键因素，以此提出了一种只需结晶上限温度及其黏度的简化动力学计算方法，提出了新的玻璃形成分类法并进行了验证，该计算方法可适用于复杂组元的熔体玻璃形成能力的判断。

在新玻璃研究中，如何选择玻璃成分？如何选择比较稳定的玻璃形成区？即掌握玻璃的形成区，成为玻璃研究的一个重要课题[12,29]。确定玻璃形成区的方法至今已经提出了几种，但都有一定的局限性[30,31]。从过去研究玻璃形成规律的经验中，人们知道玻璃形成区(或者比较稳定的玻璃形成区)通常都是处在玻璃形成体化合物较多的低共熔点附近区域内，因此研究玻璃体系的低共熔点，以及分相区与成分之间的关系是一项很有意义的工作。如果相图资料齐全，这一问题不难解决。但新材料发展很快，玻璃组成日趋复杂，而玻璃相图资料异常缺乏。以往的研究中，玻璃科学工作者只能通过大量实验才能获得一些有关数据(即试错法，被人诟病为“炒菜”方式)，这一方法效率低，浪费大，不是有效的材料科学研究方法。在冶金物理化学中大量使用热力学方法推测金属及合金的相图，这些方法很值得玻璃研究者借鉴[24,32]。为了发展与冶金有密切关系的耐火材料，热力学也曾用来研究某些耐火材料氧化物的相图以及对耐火材料的侵蚀产物[33,34]。后来，Cahn[35,36]和 Charles(查尔斯)[37,38]利用热力学解释了玻璃不互溶现象。从制定相图的过程看，相图可看作热力学与动力学结合的产物。合金和金属化合物的化学键主要是金属键，析晶速率很高，在相图中动力学影响因素很小(不包括采用极端高的冷却速率)，因而利用热力学推导的相图准确度高。卤素化合物及其他离子键化合物，析晶速率也很高，动力学因素影响较小，相图比较准确。然而，对玻璃熔融体如硅酸盐熔体来说，情况则大为不同。硅酸盐熔体是具有混合键的连续无规网络结构，其熔体黏度高，容易产生过冷或过热现象，其相图中液相线受动力学因素的影响很大，这类相图的准确程度不如金属及离子键化合物，但动力学因素对熔点的组成影响远不如对液相温度的影响大。冶金物理化学中用来推导相图的热力学方法是从规则溶液出发的，这一方法由 Gibbs(吉布斯)[39]创立，经 Slater(斯莱特)[40]具体应用，通过计算不同温度时的自由能来决定相平衡的稳定程度。玻璃并非规则溶液，为了计算方便，作者采用浓度代替活度，并把浓度的实验值和计算值之差作为计算方法准确度的量度。在计算方法上，有别于Slater、Cottrel(科特雷尔)及其他学者冶金著作所介绍的方法，作者不是通过计算各种温度的自由能，而是应用解析几何切线原理求出相切时两相自由能平衡的条件，用求温度极小值的方法或求出温度唯一解的方法，直接算出共熔点的组成和低共熔点温度。当低共熔混合物与另一化合物(第三组分)混合时，若不产生新的化合物，则此低共熔混合物与第三组分化合物之间可能出现温度更低的低共熔点。相图中各共熔点的位置是固定的，即其化学组成是一定的，可将它看成一个“准化合物”，从而可以利用其热力学参数计算出低共熔混合物与第三组分化合物的新的共熔点。该方法的一个重要应用是预测新玻璃体系组成范围，利用该方法作者已经预测计算了多种锗酸盐、碲酸盐、磷酸盐及其衍生体系(包括氟磷酸盐玻璃和氟硫磷酸盐玻璃)、硝酸盐玻璃以及卤化物玻璃(包括氟化物和氯化物玻璃)和金属玻璃等的玻璃形成区。在此基础上，通过少量的实验即可确定实际的玻璃形成区，极大地提高了实验研究效率。这一方法的另一个重要应用是改善玻璃失透。一般的玻璃组成都是复杂系统，但是从过去对多组分玻璃析晶晶相的研究发现，尽管玻璃组元很多，但因为玻璃析晶受到黏度的影响，只能析出几种含主要组分的晶相，不参加析晶的组分对晶相出现的次序影响也不大。因此，将一些复杂组成玻璃的析晶过程看作若干个二元体系的叠加，通过差热分析可以确定出第一晶相、第二晶相出现的温度，通过晶相鉴定及热焓测定，可以得出第一晶相和第二晶相的共熔点组成。如果出现第三晶相，则首先调整第一、第二晶相的比例，使其向共熔点靠拢，如此可减小玻璃的失透倾向。

6.3 本篇主旨

为了阐明玻璃形成的本质，人们基于理论分析和实验研究，从结晶化学、热力学和动力学等方面提出了玻璃形成的各种判据与理论。本篇概述玻璃形成的一些观点和判据，介绍和探讨玻璃形成的原理与规律等玻璃形成的基础问题。作为对玻璃形成工作的补充，作者从黏度/冷却速率的角度探讨玻璃形成的基本原理和规律，同时，利用热力学方法预测与计算多种氧化物和非氧化物玻璃的形成区。本篇主要讨论的核心内容如下。

(1) 玻璃是非晶态过冷液体，处于熔体和晶体之间的热力学亚稳态。从热力学相平衡角度，玻璃处于亚稳态，因此没有物质能够保持玻璃态；然而，从动力学角度，只要冷却速率足够快，体系黏度足够大，足以阻碍析晶，则所有物质都能形成玻璃态。

(2) 提出黏度-冷却速率方法预测玻璃形成。使用该方法推导的玻璃形成能力与黏度和冷却速率均成正比。冷却速率由制备工艺决定，而黏度取决于物质本征因素，由以下因素决定：①化学键，金属键和离子键表现为较大的流动性和较小的黏度。离子键和共价键可以形成网络结构，表现为黏度较大。由金属和准金属以共价键连接形成的合金黏度远远大于以金属键连接形成的合金。②结构连接方式，物质的黏度随着其结构连接维度的降低而减小，即三维结构(立体网络结构)>二维结构(层状结构)>一维结构(线形结构)>零维结构(岛状结构)。③低共熔点，在低共熔点处存在多种结构交联的物质，其黏度大于各种单一结构物质的黏度。

(3) 低共熔点对玻璃形成具有重要作用。玻璃形成区通常位于网络形成体含量较高的低共熔点附近，绝大部分玻璃体系均遵循这一规律。由于低共熔点附近，熔体的黏度随着温度降低急剧增大，从而导致体系难以成核和析晶，有利于玻璃的形成。研究发现：①基于吉布斯自由能理论和热力学理论能够定量计算预测玻璃形成区内低共熔点的温度和组分；②低共熔点处的物质可以看作“准化合物”，基于此，其热力学参数如熔化热和熔点可用于计算新的低共熔点，从而可以使用这种多重叠加法预测玻璃形成区；③根据解析几何切线原理简化推导计算预测液相线的公式；④定量计算了在二元不混溶体系中加入第三组分对不混溶范围的影响，计算结果与相图中的实验结果相一致；⑤在卤化物玻璃体系中，低共熔点通常位于网络形成体与网络外体之比为 3∶1、2∶1 和 1∶1 的位置。对于含 AlF_3 或 ZrF_4 的二元氟化物玻璃体系，其低共熔点可以看作“准化合物”，从而用多重叠加法预测其玻璃形成区。分相对于玻璃性质特别是玻璃形成能力具有重要的影响，分相区通常位于网络形成体含量较高的区域内，从而直接影响玻璃形成区的边界。

(4) 绘制相图是表达玻璃形成能力和玻璃形成区的一种重要方法。本篇给出了多种玻璃体系的一系列物理化学参数的计算结果，据此绘制相图，可以直观地显示玻璃形成区，揭示玻璃形成规律的内在一致性，从而说明这些规律在理论研究和实际应用中具有一定的指导作用。

参考文献

[1] Goldschmidt V M. Geochemische Verteilungsgesetze der Elemente, Part V, isomorphie und Polymorphie der Sesquioxyde. Oslo: Die Lanthaniden-Kontraktion und ihre Konsequenzen, 1925.
[2] 冯端, 师昌绪, 刘治国. 材料科学导论. 北京: 化学工业出版社, 2002.
[3] Vogel W. Glass Chemistry. Berlin: Springer, 1992.
[4] Greaves G N. X-ray Absorption Spectroscopy//Uhlmann D H, Kreidl N J. Glass Science and Technology. New York: Academic Press, 1990.

[5] Smekal A G. The structure of glass. Journal of the Society of Glass Technology, 1951, 35: 411-420.
[6] Zachariasen W H. The atomic arrangement in glass. Journal of the American Chemical Society, 1932, 54(10): 3841-3851.
[7] Dietzel A. On the so-called mixed alkali effect. Physics and Chemistry of Glasses, 1983, 24: 171-180.
[8] Winter A. The glass formers and the periodic system of elements. Verres Refract, 1955, 9: 147-156.
[9] Stanworth J E. The structure of glass. Journal of the Society of Glass Technology, 1946, 30: 54-64.
[10] Stanworth J E. On the structure of glass. Journal of the Society of Glass Technology, 1948, 32: 154-172.
[11] Stanworth J E. The ionic structure of glass. Journal of the Society of Glass Technology, 1948, 32: 366-372.
[12] Stanworth J E. Tellurite glasses. Nature, 1952, 169: 581-582.
[13] Stanworth J E. Physical Properties of Glass. Oxford: Clarendon Press, 1950.
[14] Stanworth J E. Glass formation from melts of nonmetallic compounds of the type A_xB_y. Physics and Chemistry of Glasses, 1979, 20: 116-118.
[15] Myuller R L. Chemistry of Solid State and Vitreous State. Leningrad: Leningrad State University Publishers, 1965.
[16] Borisova Z U. Chemistry of Glassy Semiconductors. Leningrad: LGU Publishers, 1972.
[17] Sun K H. Fundamental condition of glass-formation. Journal of the American Ceramic Society, 1947, 30: 277-281.
[18] Rawson H. Inorganic Glass-forming Systems. London: Academic Press, 1967.
[19] Rawson H. Properties and Applications of Glass. New York: Elsevier, 1980.
[20] Rawson H. The relationship between liquidus temperature, bond strength, and glass formation// 4th International Congress on Glass, Paris, 1956: 62-69.
[21] Zarzycki J. Glasses and Amorphous Materials//Cahn R W, Haasen P, Kramer E J. Materials Science and Technology: A Comprehensive Treatment. Weinheim: VCH, 1991.
[22] Turnbull D, Cohen M H. Modern Aspects of the Vitreous State. Vol. 1. London: Butterworths, 1988.
[23] Johnson W L. Thermodynamic and kinetic aspects of the crystal to glass transformation in metallic materials. Progress in Materials Science, 1986, 30: 81-134.
[24] Jiang Z H, Zhang Q Y. The formation of glass: A quantitative perspective. Science China Materials, 2015, 58(5): 378-425.
[25] Beall G H, Duke D A. Glass: Science and Technology. Vol. 1// Uhlmann D R, Kreidl N J. Glass-Forming Systems. New York: Academic Press, 1983.
[26] Lu Z P, Liu C T. Glass formation criterion for various glass-forming systems. Physical Review Letters, 2003, 91: 115505.
[27] Chen H S. Glassy metal. Reports on Progress in Physics, 1980, 43: 353-432.
[28] Jiang Z H, Hu L L. Phase diagram structure model of glass. Science in China (Series E), 1997, 40: 1-11.
[29] 丁勇, 姜中宏. 伪共熔区与玻璃形成区关系的探讨. 玻璃与搪瓷, 1988, 16(6): 1-7.

[30] Takayama S. Amorphous structures and their formation and stability. Journal of Materials Science, 1976, 11(1): 164-185.

[31] Kauffman L, Birnie D. Calculation of the effect of AlF_3 additions on the glass compositions of ternary ZrF_4-LaF_3-BaF_2 fluorides//Proceeding of the 2nd International Symposium on Halide Glasses, Troy, 1983.

[32] 姜中宏, 胡新元, 赵祥书. 用热力学方法推导玻璃形成区内的共熔区及分相区. 硅酸盐学报, 1982, 10(3): 309-318.

[33] Darkin L S, Gurry R W. Physical Chemistry of Metals. New York: McGraw-Hill, 1953.

[34] Knapp W J. Use of free energy data in the construction of phase diagrams. Journal of the American Ceramic Society, 1953, 36(2): 43-47.

[35] Cahn J W. On spinodal decomposition. Acta Metallurgica, 1961, 9(9): 795-801.

[36] Cahn J W. Phase separation by spinodal decomposition in isotropic systems. The Journal of Chemical Physics, 1965, 42(1): 93-99.

[37] Charles R J. Phase separation in borosilicate glasses. Journal of the American Ceramic Society, 1964, 47(11): 559-563.

[38] Charles R J, Wagstaff F E. Metastable immiscibility in the B_2O_3-SiO_2 system. Journal of the American Ceramic Society, 1968, 51(1): 16-20.

[39] Gibbs J W. Collected Works of J. Willard Gibbs. Vol. 1, Thermodynamics. New York: Yale University Press, 1928.

[40] Slater J C. Introduction to Chemical Physics. New York: McGraw-Hill, 1939.

第7章　玻璃形成原理与规律

- 有关玻璃形成的理论、判据、半经验规律和模型可归为三类：热力学理论、动力学理论和结晶化学理论。
- 从热力学相平衡角度，玻璃处于亚稳态，易释放能量而结晶，因此任何物质都不能生成玻璃态。然而，从动力学的角度，析晶需要克服势垒(析晶活化能)，包括成核所需建立新界面的界面能和晶核长大所需的质点扩散的激活能。如果体系势垒较大，尤其是当熔体冷却很快时，黏度增加甚大，结晶过程变得不可能，则所有物质都能以玻璃态的形式存在。
- 玻璃形成关键的因素是黏度和冷却速率。冷却速率取决于制备工艺，而黏度取决于化学键和熔体结构等物质本征因素。
- 本章给出玻璃形成的黏度-冷却速率判据曲线，玻璃形成能力与黏度和冷却速率均呈正比。

7.1　玻璃形成基础问题

Goldschmidt[1]从结晶化学理论出发提出了玻璃形成的经验准则，即成玻氧化物中阳离子和阴离子半径之比为 0.2～0.4，且阴离子位于四面体顶端[2-4]。Smekal[5]提出形成玻璃的必要条件是组分间形成“混合化学键”。Zachariasen[6]基于 Goldschmidt 的结晶化学观点，提出了玻璃结构和玻璃形成的无规网络学说，认为玻璃中的阳离子可以分为以下三类。

(1) 网络形成体，如 Si、B、P、Ge、As 和 Be，其配位数通常为 3 或 4。

(2) 网络修饰体，如 Na、K、Ca 和 Ba，其配位数一般≥6。

(3) 网络中间体，如 Al、Ga、Ti 和 Zn，其可以增强网络结构(配位数为 4)，也可以进一步削弱网络结构(配位数为 6～8)，但其本身不能单独形成玻璃。

Zachariasen 提出玻璃形成体的配位数一般是 3 或 4，研究表明，某些玻璃形成体的配位数可以是 6，如铝钙氧化物体系，实际上也能形成玻璃。值得注意的是，1932 年 Zachariasen 列举的网络形成体是在特定容器内、自然冷却条件下能单独形成玻璃的物质。因此，与 Zachariasen 持不同观点的研究者往往是在忽略了实验条件(如工艺和温度)情况下得出的结论。玻璃是一种受冷却动力学影响很大的过冷液体，只要冷却速率足够快，就可以防止熔体结晶，从而形成玻璃。因此，在工艺方面提高冷却速率，如采用炉外急冷、铜板压制急冷(氟化物玻璃)、双辊急冷(金属玻璃)、激光蒸发并在液氮中急冷(稀土氧化物玻璃)等方法，配位数为 7、8 甚至 12 的物质也可以形成玻璃。

Dietzel[7]考虑了熔制过程中阴阳离子相互作用对玻璃结构的影响。他首先探讨了离子间力的相互作用及熔体冻结时与此有关的种种作用，由库仑定律可知，两个电荷相互吸引或相互排斥服从

$$P = \frac{QQ}{a^2} \tag{7.1}$$

式中，Q 为电荷；a 为电荷重心的距离。考虑到一个阴离子和一个阳离子之间类似的相互作用，上式可改写为

$$K = \frac{Z_{阳} Z_{阴} e^2}{\left(r_{阳} + r_{阴}\right)^2} \tag{7.2}$$

或

$$K = \frac{Z_{阳} Z_{阴}}{a^2} \tag{7.3}$$

式中，$Z_{阳}$是阳离子价态；$Z_{阴}$是阴离子价态；e 是单位电荷；$r_{阳}$和 $r_{阴}$分别是阳、阴离子半径。$a=r_{阳}+r_{阴}$。K 值大小近似表明两离子之间键力的相对大小。为表征单个离子的作用力大小，Dietzel 引入了场强的概念：

$$F = \frac{Z_{阳}}{a^2} \tag{7.4}$$

若不附加其他数据，则场强总是指阳离子对氧离子距离($a = r_{阳} + r_{O^{2-}}$)的相对作用力。若讨论的是硫化物或氟化物玻璃，则必须指明阳离子场强是对 S^{2-}或 F^-半径而言的。表 7-1 给出了 Dietzel 根据场强提出的离子分类[3,8]。从中可看到，参与玻璃结构的离子按其场强可分成三大类氧化物，即网络形成体、网络外体和中间体氧化物。网络外体的场强 Z/a^2=0.1～0.4，而典型的网络形成体或基础玻璃形成体的场强比网络外体几乎大 10 倍(Z/a^2=1.3～2.0)，中间体氧化物的场强位于网络形成体和网络外体之间(Z/a^2=0.5～1.0)。按照 Pauling(鲍林)的电负性规则，上述氧化物有相似的分类，但场强的使用更为广泛。例如，二元硅酸盐熔体在冷却过程中，两种阳离子发生竞争，都试图使氧离子围绕自己形成最密堆积。若两种竞争的阳离子场强是相等的，则多半以纯氧化物的形式分成两相而互不混溶。若其场强存在差别，则氧离子主要与场强大的阳离子构成最邻近配位，而场强小的阳离子正好得到较高的配位数而与构成的阴离子配体相对立(如$[SiO_4]^{4-}$)，这时多半形成化合物并结晶。按照 Dietzel 的观点，当二元体系中两种阳离子的场强差 ΔF>0.3 时，才会出现稳定的化合物，此时系统里出现的稳定化合物数目增

多。两种阳离子的场强差 ΔF>1.33 的二元体系熔体，一般容易冻结成玻璃。Dietzel 的场强观点补充说明了不能由 Zachariasen-Warren 学说解释的熔体冷却形成玻璃的行为。

表 7-1　Dietzel 根据场强提出的离子分类[3,8]

元素	化合价 Z	离子半径(配位数为 6 时)/nm	最常出现的氧化物中的配位数	离子间距/nm	电负性	对氧离子距离的场强 Z/a^2	玻璃结构中的作用
Cs[a]	1	0.165	12	—	0.7	0.10	
Rb[a]	1	0.149	10	—	0.8	0.12	
K	1	0.133	8	0.277	0.8	0.13	
Na	1	0.098	6	0.23	0.9	0.19	
Li	1	0.078	6	0.210	1.0	0.23	
Ba	2	0.143	8	0.286	0.9	0.24	网络修饰体 Z/a^2≈0.1～0.4
Pb	2	0.132	8	0.274	—	0.27	
Sr	2	0.127	8	0.269	1.0	0.28	
Ca	2	0.106	8	0.248	1.0	0.33	
Mn	2	0.091	6	0.223	—	0.40	
Fe	2	0.083	6	0.215	—	0.43	
Mn	2	0.083	4	0.203	—	0.49	
Mg	2	0.078	6	0.21	1.2	0.45	
			4	0.196	—	0.53	
Zr	4	0.087	8	0.228	—	0.77	
Be	2	0.034	4	0.153	1.5	0.86	
Fe	3	0.067	6	0.199	—	0.76	
			4	0.188	—	0.85	
Al	3	0.057	6	0.189	1.5	0.84	网络中间体 Z/a^2≈0.5～1.0
			4	0.177	—	0.96	
Ti	4	0.064	6	0.196	1.6	1.04	
Ga[a]	2	0.062	4	—	1.6	0.90	
			6	—	—	0.80	
Pb[a]		0.084	4	—	1.8	0.86	
As[a]	3	0.069	4	—	2	0.83	
Sb[a]	3	0.09	4	—	1.9	0.61	
Bi[a]	3	0.108	6	—	—	0.52	
B	3	0.020	4	0.150	2.0	1.34	网络形成体 Z/a^2≈1.3～2.0
			3	—	—	1.63	
Ge	4	0.044	4	0.166	1.8	1.45	

续表

元素	化合价 Z	离子半径(配位数为 6 时)/nm	最常出现的氧化物中的配位数	离子间距/nm	电负性	对氧离子距离的场强 Z/a^2	玻璃结构中的作用
Si	4	0.039	4	0.160	1.8	1.57	网络形成体 $Z/a^2 \approx 1.3 \sim 2.0$
P	5	0.034	4	0.155	2.1	2.10	
V[a]	5	0.059	4	—	1.6	1.54	
Sn[a]	4	0.074	6	—	1.8	1.94	
Se[a]	4	0.198	2	—	2.4	—	
Te[a]	4	0.221	2	—	2.1	—	

a. 数据来自文献[8]。

SiO_2、B_2O_3 和 P_2O_5 是最理想的玻璃形成体，这些化合物或者说它们的熔体完全满足 Zachariasen-Warren 的玻璃形成条件，但是将这些组分每两种组合成一种熔体，则玻璃形成倾向大大削弱。通过分析得知，SiO_2-B_2O_3 系统的熔体不管任何比例都能冻结成玻璃状，但 SiO_2-P_2O_5 和 B_2O_3-P_2O_5 系统的熔体在最大的浓度范围内都冻结成结晶状，或者迅速冷却时冻结成不混溶的玻璃。这种与 Zachariasen 的结构观点相矛盾的现象可以通过 Dietzel 的结果得到解释，因为这三种离子的场强分别为：$[BO_3]$中的 B^{3+}为 1.63，$[SiO_4]$中的 Si^{4+}为 1.57，$[PO_4]$中的 P^{5+}为 2.1。B_2O_3-P_2O_5 和 SiO_2-P_2O_5 系统的熔体之所以会冷冻成结晶状，是因为它们之间的场强差超过了 0.3。离子间的场强差见表 7-2。然而，这些差异还不足以形成稳定的化合物。在化合物 $B(PO_4)$和 $Si(P_2O_7)$中，分解成单个氧化物的趋势是显而易见的。以前将磷酸硼化合物称为“硼磷氧化物”，其结构长期以来一直不清楚。同样，将氧化硅和氧化磷的化合物称为“硅磷氧化物”。这种化合物中磷的场强大，迫使硅离子形成比通常的四配位更高的配位数。在熔体中，因为快速冷却将这种结构状态尽量原本地固定下来，观察到的仍是不混溶。根据 Dietzel 的数据，SiO_2-B_2O_3 系统的 ΔF=0.06，本来应该出现不混溶，但它们几乎以任意比例混合都有较强的玻璃形成倾向。Dietzel 的场强观点也可以用于解释“混合碱效应”。“混合碱效应”指的是伪二元体系中，随着两种碱金属比例变化，某些性质会呈现极大值或极小值。Dietzel 的观点可以总结为：两种离子的场强差异越大，混合碱效应越强；成分中三元化合物越多，不相容性越弱；网络结构越稳定，扩散系数和传导率越小。20 世纪 40～50 年代肖特公司主要以硅酸和硼酸的组合为基础，发展了多种系列新品种光学玻璃和技术玻璃并取得了巨大成就。可见 Dietzel 的论点和网络学说的发展当时似乎还有暂时解释不了的“空白”，但后来才知道这个空白不过是一种表面假象。

1947 年，Sun 根据元素与氧原子结合的键能对玻璃进行分类，提出在玻璃网络形成体和网络修饰体之间存在网络中间体，而中间体的键能应该介于网络形成体和网络修饰体的键能之间[9]。1981 年，姜中宏[10]根据 Pauling 的结晶化学原理重新定义了中间体，认为中间体在玻璃结构之外以修饰体存在，在适当条件下可以成为网络形成体。例如，铝钙玻璃中的 Al_2O_3 可以是网络形成体也可以是网络修饰体。根据 Pauling 对中间体的观点，当 Al_2O_3 配位数为 3 或 4 且能从其他化合物获得价电子形成电子对而达到电价平衡状态时，Al_2O_3 可作为网络形成体进入玻璃结构中。然而，由于 Al^{3+} 和 O^{2-} 半径不同，根据 Pauling 的结晶化学原理，Al_2O_3 中的四配位 Al^{3+} 会转变为六配位。这意味着要在含有如 Na_2O 或 CaO 等其他化合物的玻璃中形成网络结构，Al^{3+} 只能以[AlO_4]的形式存在以保持电中性。因此在无卤玻璃中，Al^{3+} 只能作为网络修饰体存在。网络中间体的特性类似于化学中的两性化合物，两性化合物在强碱溶液中表现为酸性化合物，在强酸溶液中表现为碱性化合物。类似地，大多数中性化合物如 ZnO、Ga_2O_3、TiO_2 和 ZrO_2 具有玻璃中间体的特点(附表 A 和附表 B 分别给出了离子配位数-关系关系和各元素原子的电负性、化合价及原子(离子)半径的配位关系供参考)。

表 7-2　二元玻璃的网络形成体 SiO_2、B_2O_3 和 P_2O_5 间阳离子的场强差

氧化物玻璃体系	场强差 ΔF	熔体冷却行为
Si-B	0.06	形成玻璃
B-P	0.47	析出 BPO_4 晶体
P-Si	0.53	析出 $SiO_2 \cdot P_2O_5$ 和 $3SiO_2 \cdot P_2O_5$ 晶体

大部分学者提出的玻璃形成条件是基于原子键合的性质而非物质的结构，其优势是可以囊括各种成玻物质，包括氧化物和非氧化物[3,11]。Winter[12]提出某种物质的玻璃形成能力可能与构成该物质每个原子的外壳层 p 电子数目有关。理论上，物质单原子外壳层 p 电子数目为 4 时最容易形成玻璃，但是由外壳层 p 电子数目为 2～4 的原子构成的物质也可能形成玻璃。然而，研究者没有解释满足该理论的成玻物质的玻璃形成能力存在很大差异的原因，该观点的本质尚不清楚。在一系列报道中，Stanworth[13-16]提出原子间键合时共价性占比对于玻璃形成具有重要意义，该数值可通过原子间电负性之差计算。根据 Pauling 给出的硅、氧元素电负性，结合描述共价程度与电负性差异相关关系的 Pauling 曲线，得到硅氧键的共价程度是 50%。通常成玻氧化物中阳离子(网络形成体)的电负性为 1.8～2.1，在适当条件下表现为网络增强的中间体氧化物中阳离子的电负性为 1.5～1.8，网络修饰体(如碱金属和碱土金属)中阳离子的电负性为 0.7～1.2。Stanworth[17]发现 Te 和 P 的电负性均为 2.1，并提出 TeO_2 像 P_2O_5 一样可形成玻璃，该观点促进了碲酸盐玻璃的发现和研究。在随后的报道中，Stanworth[13,16,18]总结了关于氧

化物玻璃的学说，他认为键合类型这一参数不是判断材料能否形成玻璃的充分条件。因此，Stanworth 提出：化合物 A_xB_y 处于熔融状态时，具有足够的空间和足够的共价网络结构才能形成玻璃，这一观点与 Zachariasen[6]理论的本质一致。虽然可以通过键合类型得出一些化合物的相关数值，但是该理论几乎没有普适意义。很多不同类型的无机物包括以离子键连接为主的简单熔盐和各种金属都可形成玻璃。Myuller 把某一物质形成玻璃的本质归结为体系原子半径减小且产生定向键连接，其本质为形成共价键[19]。通常，元素的价态决定其化学构型是三角体还是四面体。在温度较低时，相对于离子晶格而言，原子网络中的共价键连接可以降低原子振动幅度。通过对易于形成玻璃的物质进行测试，Myuller 发现原子重排导致体系黏度增大，活化能升高。Sun[20]报道熔化过程和结晶过程通常会破坏原子间的连接键，原子间的键合作用越强，破坏进程越缓慢，结构重排需要的时间越长，那么该物质在冷却过程中形成玻璃的可能性越大。Sun 提到形成玻璃的氧化物，如 SiO_2 和 B_2O_3 的单键能非常高；然而，Sun 还考虑了结构因素的影响，并意识到上述简单相关关系具有局限性。在点阵结构中，有的键作用较强，而有的键作用较弱，目前尚不清楚哪些键在玻璃形成过程中起主导作用。Rawson[21,22]提到使用键强判据必须考虑体系在熔点处断键时吸收的热能。因此，体系单键能与熔点的比值越高，形成玻璃的可能性越大。硼氧键作用非常强，同时氧化硼的熔点相对较低(450℃)，这就是熔融氧化硼容易形成玻璃而难以形成晶体的原因[9,21]。Rawson[21-23]将上述结论拓展到二元和多元组分体系，并指出当体系液相线温度较低时，可观察到玻璃形成区或极低的析晶率。通常商用玻璃的成分相当复杂，原因之一是加入更多的氧化物组分可以降低体系液相线温度，从而阻碍析晶[11]。

对于某些氧化物玻璃，结构因素和液相线温度均会影响其稳定性，体系的动能、热能等参数可能同时发生变化。一些熔融物中可能含有数量不确定的组分，如 CO_2 和结合水，这些组分会影响体系液相线温度，还可能引起其他复杂变化，而这些因素在研究玻璃形成过程中往往被忽略[3,5,11]。显然，上述观点是基于对成核和晶体生长(Turnbull 和 Cohen[24]着重强调的观点)经典理论的定性思考。液相线温度理论广泛适用于各种材料，既包括金属玻璃也包括氧化物玻璃。然而，这个理论不能作为一种快捷的预测工具，因为在二元和三元系统中，不能通过简单方法得到各成分的熔点和液相线温度的变化值。

在液相线以下一定温度范围内，如果体系冷却足够快，成核和晶体生长速率会足够慢，理论上所有熔体都可以形成玻璃，这将进一步理解玻璃形成的问题转化为讨论影响成核速率和晶体生长速率因素的问题[2,3,25]。Uhlmann 等[26-28]对过冷熔融氧化物体系的结晶动力学和成核动力学参数进行了大量的实验探究和理论推导，他们的工作在玻璃科学的多个领域具有很高价值，但是上述结论对于寻找新的玻璃材料方面作用甚微，也不能解释为什么某些材料更容易形成玻璃[2,3,9,11]。成核和晶体生长的经典方程描述了成核速率和晶体生长速率与温度的关系，该方程中包含很多热力学参数和动力学参数，而这些参数要么不能通过简捷的方法测得，要么与已知的晶体成分、结构参数相关性较小[11,29]。很多研究者都试图寻求能够快速预测玻璃的形成并且具有相关依据的方法。玻璃形成的过程是体系中液相与晶相对抗的过程，如果熔体在冷却过程中，液相足够稳定而不形成晶相，则有利于玻璃的形成。简言之，熔体的玻璃形成能力取决于两个因素，即液相的稳定性和晶相的稳定性[30,31]。

玻璃态物质处于热力学亚稳态，熵值较高因而具有自发释放能量转化为晶体的倾向。然而，根据结晶动力学的观点，该过程不可能发生，因为体系黏度很大。因此，玻璃以“过冷液体”的形式存在[2,9,32]。通常，要使熔体形成玻璃而不析晶，必须使体系在完全形成玻璃前保持热力学非平衡状态。主要有两种思路达到这一目的：阻碍分子运动和确保体系不具有充分时间达到热力学平衡状态。第一种思路可以通过增大体系在熔点附近的黏度阻碍分子进入晶体结构实现，第二种思路可以通过增大冷却速率来阻止体系转变为热力学平衡状态实现。根据热力学理论，熔体只能通过析晶达到热力学平衡状态；然而，根据动力学理论，只要冷却足够快，结晶过程变得不可能，任何熔体都可以形成玻璃。因此，决定熔体能否形成玻璃最关键的因素是黏度和冷却速率。冷却速率取决于制备工艺，而黏度取决于化学键和熔体结构等物质本征因素。

目前，普遍认为通过使液体、气体在常温条件下保持无序状态，或者破坏晶体结构的方法都可以得到玻璃或无定形固体[2,3,9,33,34]。此外，通过化学反应也能得到无序结构物质。现今，玻璃制备技术包括各种快速冷却工艺，如轧制技术、淬火技术、熔融纺丝技术、蒸发冷凝技术等。这些技术方法目前有的已经投入工业生产，而有的尚处于理论研究阶段或者实验室研发阶段。为了方便理解，研究者把制备玻璃的主要方法分为四大类：①由熔体冷却形成玻璃；②由蒸汽冷凝或蒸汽反应形成玻璃；③由固相反应直接形成玻璃；④由液相或者气相在固体表面反应形成玻璃[35]。

表 7-3 总结了通过熔体冷却方法制备的各种玻璃。理论上只要冷却足够快，任何熔体都可以形成玻璃[29,33,36]，然而，制备大尺寸玻璃样品时必须将冷却速率控制在一定的范围内。采用双辊轧制技术或单辊轧制技术等快速冷却工艺只能制备薄片或者条带状玻璃。目前，大部分工业化生产的玻璃是基于熔融淬冷法。图 7-1 给出了制备玻璃的各种冷却工艺[37,38]。一些新型玻璃含有多种碱金属或者碱土金属氧化物，其熔体黏度小，生产过程对冷却速率要求高。此外，挥发性化合物必须在密闭容器中熔化和冷却。对于含有在较高蒸气压条件下易于升华和挥发物质(如砷化物和硫化物)的玻璃，其制备过程必须在密封的真空玻璃管中进

行。生产硫系玻璃的传统工艺是安瓿熔融法，即先在真空条件下将制备玻璃的原材料装入石英安瓿，然后熔化，最后连同安瓿一起淬火使其中的熔体形成玻璃(图 7-2(a))[39]。摇摆式电炉是安瓿熔融法中的常用设备，然而硫系玻璃熔体黏度较小，体系可自发混合均匀，故制备硫系玻璃也可以不需要摇摆式电炉。淬火时将安瓿浸入水冷套中，直到熔体冷却为玻璃。如图 7-2(b)所示，大规模生产硫系玻璃时会采用专门设计的密封容器[40]。这类容器集除杂过程和熔化过程于一体，一次可制备数千克熔体。

BeF_2 是唯一可单独形成玻璃的氟化物，BeF_2 玻璃的结构为[BeF_4]四面体构成的三维网状结构。BeF_2 容易形成玻璃的原因是在熔点处黏度大，且对温度敏感。$ZnCl_2$ 是唯一可以单独形成玻璃的氯化物，$ZnCl_2$ 在熔点处的黏度比 BeF_2 小约 50Pa · s。相对 BeF_2 和 $ZnCl_2$ 而言，$CdCl_2$ 在熔点处具有更小的黏度和温度敏感性，因此不能单独形成玻璃。一些氟化物和氯化物在特定的多组分体系中(如 ZrF_4-BaF_2-LaF_3 和 $CdCl_2$-$BaCl_2$-NaCl)可形成玻璃，而上述体系中各组分的熔点会影响玻璃形成区的范围[35]。

与氧化物和卤化物相比，金属的导热性更好，可使用辊轮淬火工艺获得较高的冷却速率[41,42]，即达到所需的临界冷却速率，因此人们利用低黏度的金属液能够制备出玻璃态物质。图 7-3 是熔融纺丝法的工艺流程图[41]，该工艺先采用悬浮升温法或者加热坩埚的方法熔化少量合金，然后增压使熔体通过细孔喷嘴挤出到快速旋转的 Cu 辊上。通过精确控制各个环节的工艺参数，制备一定尺寸和形状的金属玻璃，此过程的冷却速率约为 10^5～10^6K/s[41]。合金比纯金属更容易形成玻璃，$Pd_{77}Cu_6Si_{17}$ 玻璃的临界冷却速率远小于 Ni 玻璃的临界冷却速率(10^{10}K/s)。然而，Pd、Ca 和 Si 采用单辊急冷工艺不能形成玻璃[41]。如图 7-4 所示，双辊法是另一种熔融淬火工艺，该工艺先把氧化物加热至 2500℃，使其在短时间内熔化而不致挥发，然后将熔体送入双辊淬火系统从而制备出片状玻璃[43]。

表 7-3　由熔体冷却而形成玻璃

形成玻璃的物质	举例
元素	S，Se，Te，P
氧化物	B_2O_3，SiO_2，GeO_2，P_2O_5，As_2O_3，Sb_2O_3，In_2O_3，Tl_2O_3，SnO_2，PbO_2，SeO_2； 传统的 TeO_2，SiO_2，MoO_3，WO_3，Bi_2O_3，$A1_2O_3$，Ba_2O_3，V_2O_5，SiO_3，Nb_2O_5
硫化物	As_2S_3，Sb_2S_3 B，Ga，In，Te，Ge，Sn，N，P，Bi 形成的硫化物 CS_2 B_2S_3-Li_2S，P_2S_5-Li_2S
硒化物	Tl，Sn，Pb，As，Sb，Bi，Si，P 形成的硒化物
碲化物	Tl，Sn，Pb，As，Sb，Bi，Ge 形成的碲化物

续表

形成玻璃的物质	举例
卤化物	$ZnCl_2$，基于 $ZnCl_2$，$CdCl_2$，$BiCl_3$ 和 $ThCl_4$ 的卤化物 BeF_2，AlF_3，ZrF_4，HfF_4，ScF_3，TiF_4 作为玻璃形成体，其他离子作为中间体和外体 AgI-AgF-AlF_3，Sb_2S_3-Ag_2S，Sb_2S_3-AgI，Sb_2S_3-Ag_2S-AgI Cu(Cl，Br，I)
乙酸盐	Pb-K 乙酸盐，Ca-K 乙酸盐
硝酸盐	KNO_3-$Ca(NO_3)_2$ 和其他许多含有碱金属和碱土金属硝酸盐的二元混合物
硫酸盐	$KHSO_4$ 和其他二元、三元硫酸盐混合物
碳酸盐	K_2CO_3-$MgCO_3$
水溶液	酸溶液，碱溶液，氯化物溶液，硝酸盐溶液和其他溶液
急冷合金	Au_4Si，Pd_4Si Te_x-$Cu_{2.5}$-Au_5

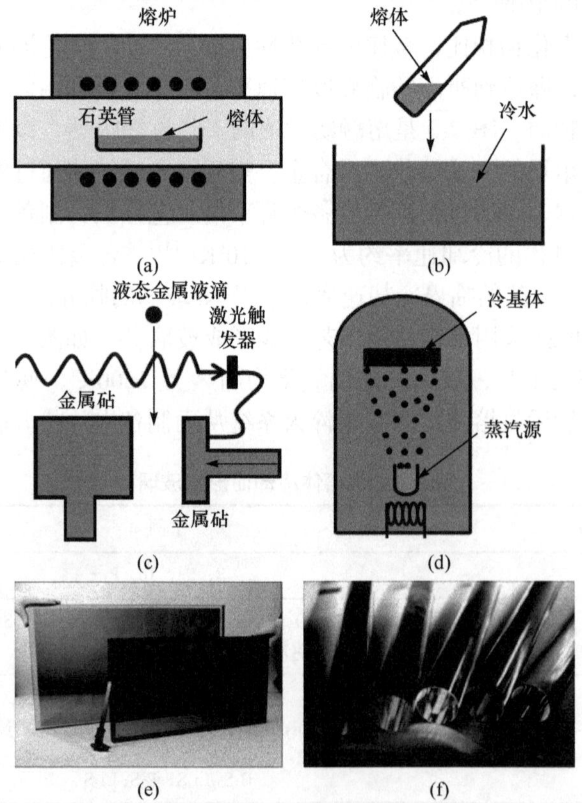

图 7-1　制备玻璃的各种冷却工艺

(a)慢速熔融淬火法；(b)中等速率淬火法；(c)快速淬火法；(d)气相冷凝法；(e)，(f)采用传统的熔融淬火法制备的激光玻璃

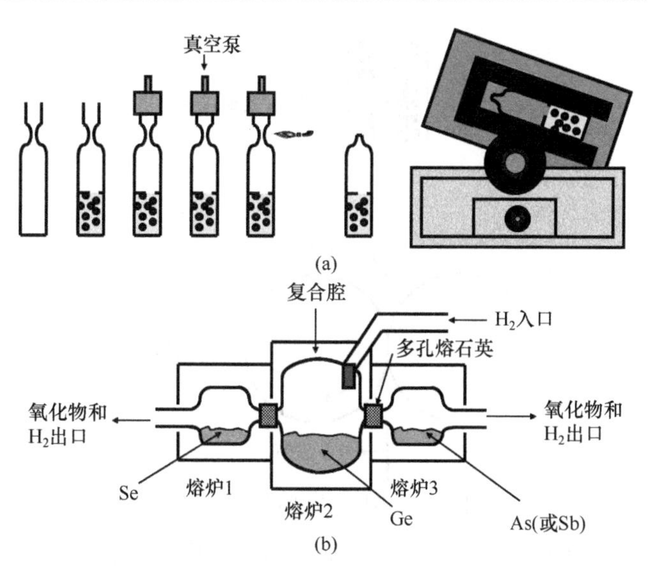

图 7-2　(a)安瓿熔融法工艺流程图(在真空条件下将装有纯净原料的安瓿密封，并加热熔化直到体系混合均匀)[39]；(b)硒玻璃的提纯和熔融需要在硫系熔融室中进行[40]

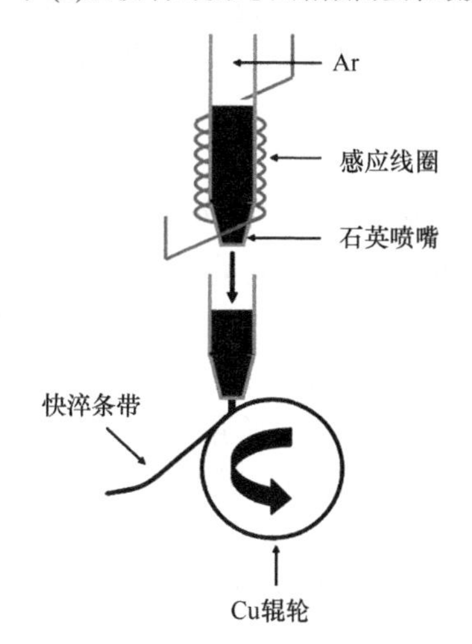

图 7-3　熔融纺丝工艺示意图[41]

7.2　玻璃形成理论

根据热力学相平衡理论，玻璃处于亚稳态，熵值较高，因而具有自发释放能量转化为晶态的倾向，故任何物质不应以玻璃态存在。然而，根据结晶动力学理论，析晶需要克服势垒(析晶活化能)，包括成核所需建立新界面的界面能和晶核长大所需的质点扩散的激活能。如果体系势垒较大，尤其是当熔体冷却很快时，

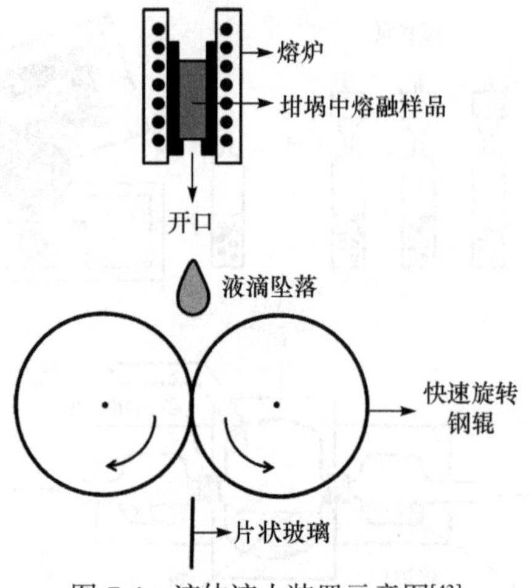

图 7-4　液体淬火装置示意图[43]

体系黏度足够高从而阻碍析晶，所有物质都可以形成玻璃态。充分认识玻璃形成的本质和影响玻璃形成能力与玻璃形成区的关键因素是推动玻璃科学与技术发展的基础之一。有关玻璃形成的理论、概念、条件、半经验规律和模型主要归纳为三类：①热力学理论；②动力学理论；③结晶化学理论。

7.2.1　玻璃形成的热力学理论

玻璃是一种处于热力学亚稳态的过冷液体[2,3,32,44-48]。早期研究表明，玻璃性质可以利用与温度相关的热力学函数(能量、体积、焓或者熵)进行描述[3,9,49]。通常，研究者只能使用高温区向低温区数据外推的方法，得到过冷熔体从熔融温度 T_m 向玻璃化转变温度 T_g 转变过程中热力学参数的变化，因为此类熔体具有很强的结晶倾向[50]。20 世纪发明了精密实验量热仪，能够对各种过冷液体及其形成的玻璃进行更加详细而精确的测试[51]。研究者通常以热容(C_p)的变化来表征玻璃化转变过程中热力学性质的变化。液体分子的旋转、平移和振动是导致热容变化的三大主要因素，其中分子振动是影响体系热容的根本原因。图 7-5 描述了某种熔体及其相应玻璃的热容随温度变化的关系[52]。

在玻璃化转变温度 T_g 附近，体系从液态转变为玻璃态，热容大幅度降低；体系由液体状态转变为硬而脆的固体，力学性能发生显著变化。体系在玻璃化转变过程中冷却并保持熔体结构，但是较大幅度的分子谐振运动停止了，所以体系热容发生改变；对弹性分子而言，这种改变使得热容大幅度减小。T_g 以下的玻璃状态通常称为玻璃态物质的热力学状态；然而，该状态仍然属于非平衡态[53]。在玻璃化转变过程中，体系从液态到固态热容的变化量(ΔC_p)可用于推测吉布斯自由能的变化量(ΔG)和其他热力学参数。

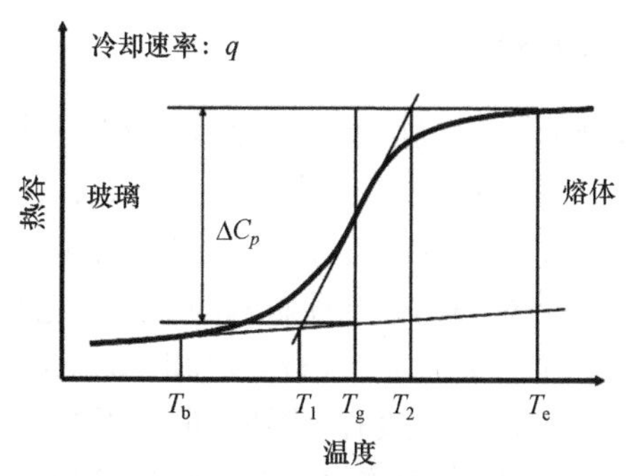

图 7-5　玻璃熔体体系热容随温度的变化关系图[52]

T_b为熔化开始的温度，T_e为熔化结束的温度，玻璃化转变过程由 T_1到 T_2

图 7-6 描述了在某一恒定压力下，玻璃化转变过程中体系体积和焓随温度的变化关系[54]。图中玻璃 a 成形时的冷却速率小于玻璃 b。冷却速率减小则 T_g随之减小，因为体系拥有更多时间进行结构重排，所以 $T_{g,a}$小于 $T_{g,b}$。温度较高时，结构单元能够快速重排使体系达到准平衡液体状态；然而，玻璃态材料没有固定的熔点(T_m)，其熔体黏度较大导致体系原子难以通过扩散或者重排的方式形成晶体结构。如果体系冷却足够快，那么液体没有充分的时间析晶。随着温度降低，体系的体积持续减小，值得注意的是玻璃态的冷却曲线斜率即热膨胀系数显然小于液态或者过冷液体状态[55]。

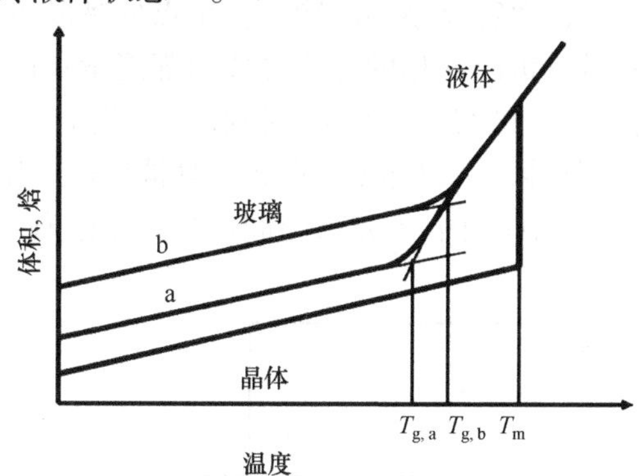

图 7-6　压力不变的条件下系统体积或焓随温度的变化关系[54]

玻璃化转变温度 T_g取决于液体冷却速率：冷却速率越快，T_g越大，反之亦然

如上所述，在玻璃化转变过程中，体系冷却(加热)速率决定了其热力学性质(如焓、体积、比热容和温度)的变化过程[56-58]。因此，体系从液态到玻璃的转变或从玻璃到液态的转变过程本质上是一个动力学问题。在玻璃化转变范围内，随着时间延长和温度降低，体系微观结构发生一系列变化，即该过程体系所有的性质都取决于温度和时间。因此，加热或冷却速率、加热时间和受热过程的变化都将导致体系性质变化[3,9,34]，这也是 T_g取决于热历史的根本原因。

7.2.2　玻璃形成的动力学理论

玻璃形成的动力学观点主要包括抑制过冷液相区原子扩散、增大体系黏度和延长结构弛豫时间[59]。玻璃的形成已经得到广泛研究，Hruby(赫鲁比)等使用一些演变参数，如 T_g/T_l 和过冷度($\Delta T=T_x-T_g$)描述玻璃形成能力[2,9,60]，这不同于以往假定液相稳定且忽略组分对晶相稳定性影响的观点。也有人认为非结晶性物质的玻璃形成能力主要与两个参数有关：$1/(T_g+T_l)$和 T_x(T_g是玻璃化转变温度，T_l是液相线温度，T_x是开始析晶时的温度)，此外也可以用综合参数 $\gamma(\gamma=T_x/(T_g+T_l))$预测玻璃形成能力[30]。制备玻璃态固体时，必须使熔体以足够快的冷却速率，从液相线温度以上区域冷却至玻璃化转变温度区域(如图 7-7 所示，3T 图中曲线不相交的区域)。如图 7-7 所示，3T 曲线可以预测物质的玻璃形成能力[30]。通过 3T 曲线拐点的最小冷却速率就是玻璃化转变过程所需的最小冷却速率(临界冷却速率)，温度轴上$(T_g+T_l)/2$ 的位置是 3T 曲线的均值线。

根据动力学理论，析晶需要克服势垒(析晶活化能)，包括成核所需建立新界面的界面能和晶核长大所需的质点扩散的激活能。如果体系势垒较大，尤其是当熔体冷却速率很快时，黏度增加甚大，结晶过程变得不可能，几乎所有物质都可以形成玻璃。但是，实际情况是仅有部分材料能够形成玻璃。作者认为体系冷却过程中形成玻璃的难易程度还与熔体的黏度大小相关，通常，易于形成玻璃的物质其在熔点处黏度较大，而容易结晶的物质在熔点处黏度较小。根据热力学理论，玻璃态物质需要通过析出晶相的方式释放内部能量；但是，根据动力学理论，结晶过程必须克服一定的势垒，其中包括形成新核需克服的界面能和晶体生长所需的质点扩散的激活能。如果体系势垒较大且被快速冷却，那么熔体黏度会快速增大，从而导致体系中粒子没有足够时间进行有序排列，其结果是阻碍体系结晶而促进玻璃化转变过程。

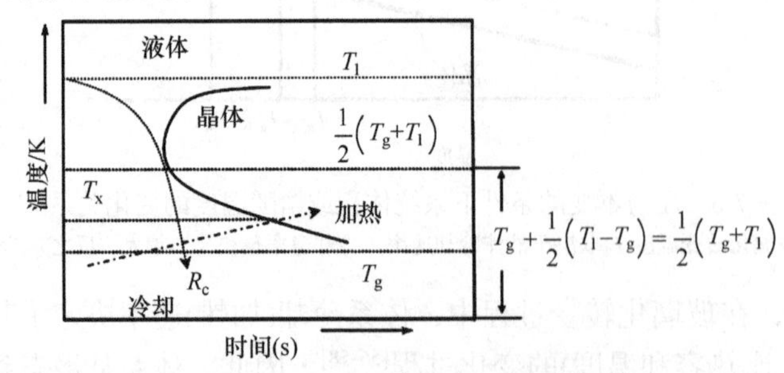

图 7-7　时间-温度-转化(3T)曲线图[30]

图中 T_l和 T_g之间区域易出现结晶现象，可采用快冷的方式阻止结晶，T_x表示体系在稳定均匀受热条件下的析晶开始温度

Uhlmann 等[61-68]把特定的晶体体积率(V_c/V)作为判断体系是否结晶的临界

值，他规定玻璃中单位晶体体积率必须小于 10^{-6}。在晶体体积率恒定的条件下，Uhlmann 提出的玻璃形成动力学观点与 3T 图中的鼻峰相对应。

已知相关的热力学参数，结合动力学理论可以估算玻璃化转变过程中的临界冷却速率 R_c[69]。对于某一物质，其晶体体积率为 V_c/V，峰值约为 0.77，相关方程表述如下[69]：

$$R_c = 0.4628T_s^2 \exp\left(\frac{5.1912 + 0.3495\ln\eta_s - 0.01435(\ln\eta_s)^2}{0.01104\ln\eta_s - 0.4232}\right) \times \left(\frac{V_c}{V}\right)^{-1/4} \tag{7.5}$$

式中，T_s 是玻璃析晶的上限温度；η_s 可根据玻璃体系处于析晶上限温度时的黏度推算。另外，热力学结晶参数可以忽略。因此，Uhlmann 等提出的玻璃形成动力学观点可直接运用于相应的熔融化合物；此外，该公式可做适当变换，以适用于一般的多组分玻璃。玻璃形成过程中体系结晶速率(V_c/V)主要由黏度和冷却速率决定。通常，V_c/V 与 R_c 和 η_s 均呈反比例关系，且 T_s 对 V_c/V 的影响不大，其表达式为[69]

$$\left(\frac{V_c}{V}\right)^{1/4} = \frac{0.4628T_s^2 \exp\left(\dfrac{5.1912 + 0.3495\ln\eta_s - 0.01435(\ln\eta_s)^2}{0.01104\ln\eta_s - 0.4232}\right)}{R_c} \tag{7.6}$$

7.2.3 玻璃形成的结晶化学理论

如前所述，玻璃形成的过程是一个抵抗结晶的过程，这需要体系在析晶温度附近具有足够大的黏度从而阻止成核和晶体的生长。冷却条件属于外部影响因素，在温度恒定的条件下，化学结构决定熔体黏度。影响黏度大小的主要因素如下。

(1) 化学键类型。金属键和离子键具有高流动性和低黏度；离子共价键可形成网络结构，从而增大体系的黏度；由金属和准金属组成的共价键合金的黏度远远大于仅由金属组成的离子键合金。

(2) 结构连接形式。如表 7-4 和表 7-5 所示，物质的黏度随其网状结构维度的降低而减小，一般，三维结构>二维结构>一维结构>零维孤立离子群结构。

(3) 共熔点。某些物质在共熔点处形成交织结构，那么共熔物质的黏度大于其中单一组分的黏度。

就化学结构而言，玻璃态物质由复杂的架状、链状或层状分子团构成。因此，其熔体黏度大，体系中的架状结构、链结构或者层结构相互交织，导致其难以形成晶体。所以，当温度低于“凝固点”时，体系转变为过冷液体状态。只有离子共价键、金属共价键的连接才能形成链状和层状结构。离子化合物熔体由阴阳离子组成，黏度较低，且阴阳离子的电学性能优异，故此类化合物在冷却过程中极易形成晶体。金属化合物同样具有较小的黏度、较高的粒子运动性和极易结晶的特点。共价化合物通常以分子的形式存在，分子间没有连接或仅通过范德瓦耳斯力连接，这类化合物容易形成晶体。综上所述，仅由离子键、金属键或者共价键构成的化合物不能满足高黏度要求。

表 7-4 材料的结构形式和黏度的关系

玻璃体系	熔点处黏度/(Pa · s)					
	三维结构		二维层状或者链状结构		一维结构或孤立离子群	
Na_2O-B_2O_3	B_2O_3	10^6	$Na_2O \cdot 2B_2O_3$	$10^{1.6}$	$Na_2O \cdot B_2O_3$	$10^{0.4}$
Li_2O-B_2O_3	B_2O_3	10^6	$Li_2O \cdot 2B_2O_3$	$10^{0.5}$	$Li_2O \cdot B_2O_3$	$10^{-0.8}$
Li_2O-SiO_2	SiO_2	10^7	$Li_2O \cdot 2SiO_2$	$10^{1.8}$	$Li_2O \cdot SiO_2$	10^0
CaO-SiO_2	SiO_2	10^7	—	—	$CaO \cdot SiO_2$	$10^{2.5}$

表 7-5 部分氧化物的玻璃形成能力及其结构

氧化物种类	配位数	结构类型	玻璃形成能力
SO	4	分子结构	
P_2O_5	4	二维层状结构	网络形成体
B_2O_3	3 或 4	二维层状结构	网络形成体
SiO_2	4	三维架状结构	网络形成体
GeO_2	4	三维架状结构	网络形成体
Al_2O_3	4 或 6	蓝宝石结构	网络中间体
MgO	4 或 6	NaCl 结构	网络中间体
Na_2O	6 或 8	CaF_2 结构	网络修饰体

7.3 玻璃形成规律和判据

7.3.1 玻璃形成的经典判据

如前所述，Zachariasen 结合 Goldschmidt[1]的结晶化学理论，提出了解释玻璃形成的无规网络学说。Zachariasen 提出形成玻璃的必要条件如下。

(1) 阳离子配位数不能过大，通常为 3 或者 4。

(2) 与氧原子相连的阳离子数不超过 2。

(3) 多面体间的连接只能共顶，不能共棱或共面。

(4) 每个氧多面体至少与三个多面体相连[3,11]。

根据这一理论，形如 A_2O_3、AO_2 和 A_2O_5 的氧化物属于玻璃网络形成体，而形如 A_2O、AO、AO_3 和 A_2O_7 的氧化物则不能形成玻璃。Zachariasen 提出可以形成玻璃的氧化物有 B_2O_3、As_2O_3、P_2O_3、Sb_2O_3、SiO_2、GeO_2、P_2O_5、As_2O_5、V_2O_5、Nb_2O_5 和 Ta_2O_5。根据 Zachariasen 提出的玻璃形成条件，所有的玻璃形成体都是离子/共价化合物，此类物质的熔体具有较大的黏度，易于形成玻璃，制备过程既可以随炉冷却也可以自然淬火。Dietzel[7]从晶体化学观点出发，假设玻璃中的原子为实心微球，阴阳离子相互吸引并通过离子键连接，提出各种氧化物形成玻璃的能力大小可通过电场强度(Ze/r^2)和引力($Z_1Z_2e^2/a^2$)描述，式中 Z 是元素的价态，e 是元电荷，r 是离子半径，a 是阴阳离子半径之和。Dietzel 还指出玻璃只能在高场强条件下形成。根据他的计算结果，B_2O_3、P_2O_5、SiO_2 和 GeO_2 均可形成玻璃，其场强分别为 1.63、2.10、1.57 和 1.45。上述氧化物黏度均较大，而场强较小的物质如 Al_2O_3 对应的熔体黏度也较小。表 7-1 给出了根据 Dietzel 场强理论的离子分类：网络形成体 $Z/a^2≈1.3～2.0$、网络修饰体 $Z/a^2≈0.1～0.4$、网络中间体 $Z/a^2≈0.5～1.0$；上述结论能够与 Zachariasen 提出的离子分类相对应。

Sun[20]提出了判断物质能否形成玻璃的单键能判据。基于 Sun 的理论，Rawson[21-23]将单键能与熔点的比值作为判断材料能否形成玻璃的准则，通常玻璃形成体在熔点处黏度相对较大。虽然上述研究者没有讨论玻璃形成的动力学条件，但是他们提到的氧化物可以在自然冷却条件下形成玻璃。此外，Stanworth[13-18]和 Winter[12]以元素的 p 电子数、σ 键和电负性衡量材料的玻璃形成能力，其结论是玻璃形成体主要包括在熔点处黏度较大的氧化物、卤素化合物和硫系化合物。因此，玻璃形成体或容易形成玻璃的化合物在熔融状态的黏度较大，并且与熔体的化学键和化学结构密切相关，该结论与依据相图模型分析和推理计算得到的观点一致。

作者总结了一些玻璃态物质的物理参数，发现这些玻璃态物质在熔融温度时，体系通常具备足够高的黏度以阻碍成核和晶体生长，表明玻璃形成过程是一个抵抗结晶的过程；如前所述，在温度恒定的条件下，熔体的化学键和化学结构等物质本征因素决定其黏度。物质在熔点处黏度的大小是决定其能否形成玻璃的关键因素之一，如表 7-1 和表 7-6 所列。

表 7-6　部分氧化物的物理参数

氧化物种类	熔点处黏度的对数值/(Pa · s)[70]	单键能/(kcal/mol)[71]	场强 Z/a^2[3]	电负性	空间占有率
BaO	0.16	33	0.24	0.89	0.65[a]
Li_2O	0.23	36	0.23	0.98	0.77[a]
SrO	0.28	32	0.28	0.95	0.76[a]

续表

氧化物种类	熔点处黏度的对数值/(Pa · s)[72]	单键能/(kcal/mol)[73]	场强 Z/a^2[3]	电负性	空间占有率
CaO	0.4	32	0.33	1.01	0.71[a]
MgO	0.59	37	0.45	1.31	0.59[a]
BeO	0.78	63	0.86	1.57	0.30[a]
Sb_2O_3	0.79	68～85	0.61	2.05	0.30
ZrO_2	1	81	0.77	1.33	0.32[a]
TiO_2	1.15	73	1.04	1.54	0.38
B_2O_3	4	89	1.63	2.04	0.17
GeO_2	6	108	1.45	2.01	0.24
SiO_2	6	106	1.57	1.98	0.17

a. 数据通过如下公式计算得到：$f=\left(\dfrac{2.523\rho}{M}\right)\left(XA_r^{\,3}+0.216Y\right)$，式中，$\rho$ 为密度，M 为分子量，A_r 为 A 原子半径，0.216 为氧原子半径的立方[18,71]。

图 7-8 给出了玻璃形成过程中物质的单键能、场强、电负性和空间占有率随其熔点处黏度(具体数据如表 7-6 所列)的变化关系图。由图可知，表 7-6 中的物质物理参数在图 7-8 中可分为三个区域。位于 I 区的物质，即单键能、场强、电

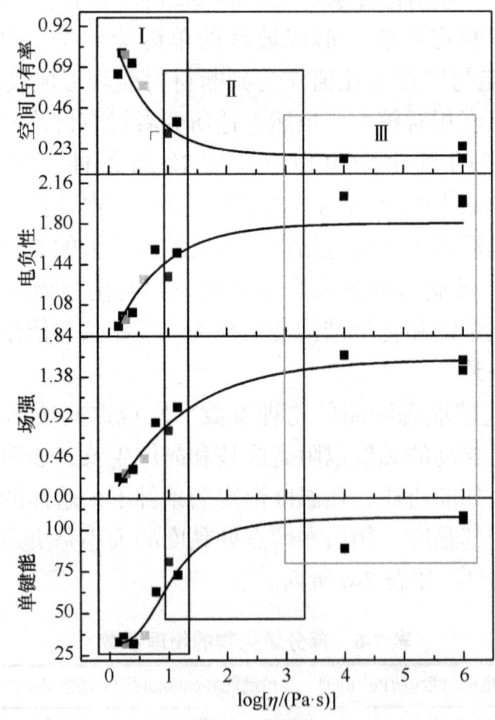

图 7-8　根据黏度与单键能、离子场强、电负性和空间占有率绘制的玻璃形成示意图

I 区：难以形成玻璃；II 区：仅在快冷条件下形成玻璃；III 区：慢冷条件下即可形成玻璃，散点代表数据点，实线为拟合曲线

负性和空间占有率等观点认为的网络修饰体(不能单独形成玻璃的物质)，其熔点处的黏度均较小，$\log\eta\approx 0\sim 1$；位于Ⅱ区的物质一般为网络中间体，其熔点处的黏度 $\log\eta\approx 1\sim 3$，在快速冷却条件下可以形成玻璃；然而，位于Ⅲ区的物质为所有的网络形成体，其熔点处的黏度对数 $\log\eta\geqslant 3$，即使在慢冷条件下也能形成玻璃。

玻璃属于非计量化合物，没有固定的熔点，因此 Uhlmann 公式中的参数不能通过简单的方法得到；该公式只能作为特定化合物的结晶动力学方程使用。通常，研究者把黏度作为玻璃熔体和相应晶态液体的界定参数。如前所述，玻璃的形成是动力学因素和热力学因素共同作用的结果，因此 Uhlmann 的动力学理论在解释玻璃形成方面具有重要意义，研究玻璃化转变过程必须考虑动力学因素。作者分析总结了一些关于玻璃形成的数据，如表 7-7 所列的一些物质在其熔点处的黏度、临界冷却速率和相应的玻璃制备工艺。图 7-9 给出了这些物质的玻璃形成能力曲线图，即体系冷却速率与黏度相关关系图。研究发现，在熔点处熔体的黏度与临界冷却速率呈负相关关系，其相应拟合方程如下：

$$\ln R_c = A_1 \ln\eta + \frac{A_2}{A_3 \ln\eta + A_4} + A_5 \tag{7.7}$$

式中，$A_i(i=1, 2, 3, 4 \text{和} 5)$是常数，因此上述拟合方程可以改写为

$$\ln R_c = 2.95\ln\eta + \frac{80.81}{0.02\ln\eta + 0.44} - 169.74 \tag{7.8}$$

表 7-7　各种物质在熔点的黏度与发生玻璃化转变所需的冷却速率和制备工艺

材料种类	代表性材料	T_m/K	熔点处黏度对数值/(Pa·s)	参考文献	冷却速率对数值/(K/s)	冷却方法	样品编号
氧化物	SiO_2	1983	6	[2]	−6	自然冷却	1
	GeO_2	1388	6	[2]	−3	—	2
	Sb_2O_3	—	0.79	[70]	—	—	3
	As_2O_3	582	5	[2]	−4～−5	—	4
	B_2O_3	723	4	[2]	−4	—	5
	Al_2O_3	2323	−0.22	[35]	—	—	6
	SiO_2	1907	7.36	[36]	−7	—	1*
	GeO_2	1389	5.5	[36]	−6	—	2*
	P_2O_5	853	6.7	[36]	−7	—	3*
	$Na_2O{\cdot}2SiO_2$	1151	3.8	[36]	−4	—	4*
	$BaO{\cdot}2B_2O_3$	1183	1.7	[36]	−3	—	5*
	$PbO{\cdot}2B_2O_3$	1047	1	[36]	−4	—	6*
	$Na_2O{\cdot}2SiO_2$	—	—	—	−2.2	—	7
	$Li_2O{\cdot}SiO_2$	1573	0.5	—	2	—	8

续表

材料种类	代表性材料	T_m/K	熔点处黏度对数值/(Pa·s)	参考文献	冷却速率对数值/(K/s)	冷却方法	样品编号
氧化物	$Li_2O·2SiO_2$	1306	2	—	−0.3	—	9
	$Li_2O·3SiO_2$	1306	2.2	—	−0.5	—	10
	$Li_2O·B_2O_3$	1116	0.8	—	1	—	11
	$Li_2O·2B_2O_3$	1190	0.4	—	−1	—	12
	$Li_2O·3B_2O_3$	1155	0.7	—	−2	—	13
	$Li_2O·B_2O_3$	1108	1	—	−2.1	—	14
	$Na_2O·2B_2O_3$	1015	1.6	—	−1.2	—	15
	$Na_2O·3B_2O_3$	1087	1.5	—	−1	—	16
	BeO	—	0.78	[70]	—	—	17
卤素化合物	BeF_2	813	5	[2]	—	自然冷却	18
	$ZnCl_2$	591	0.7	[35]	—	快冷法	19
	$CdCl_2$	841	−2.7	[35]	—	—	20
	LiCl	886	−2.7	[2]	—	快冷法	21
	$CdBr_2$	840	−2.52	[2]	—	—	22
	NaCl	1014	1.1	[2]	—	—	23
硫系单质及其化合物	S	—	3～4	[74]	—	—	24
	Te	996	−3	[74]	10	在冷却的铜基板上淬冷	25
	Se	480	3～4	[74]	—	—	26
	As_2S_3	212	5.7	[74]	—	—	27
	As_2Se_3	187	3	[74]	—	—	28
	As_2Te_3	130	3	[74]	—	—	29
	Ge-Te	—	—	[11]	5	液滴冷却法	30
金属及其化合物	特殊金属	—	—	—	9	—	—
	Na	371	−3	[2]	9	—	31
	Ag		−3	[35]	8～10	辊轮法	32
	Pb	873	−3	[35]	8	—	33
	Zr	—	—	[11]	7～8	—	34
	Zn	693	−2.52	[2]	—	—	35
	Fe	1808	−2.15	[2]	—	—	36
	Ni	1733	−2	[35]	10	—	37
	$Pd_{77}Cu_6Si_{17}$	1023	−1	[35]	2.57	—	38
	$Pd_{77}Cu_6Si_{17}$	1023	−1	[35]	2～3	—	39

续表

材料种类	代表性材料	T_m/K	熔点处黏度对数值/(Pa·s)	参考文献	冷却速率对数值/(K/s)	冷却方法	样品编号
金属及其化合物	$Pd_{82}Si_{18}$	—	0	[35]	3.7	—	40
	$Au_{77.8}Ge_{13.8}Si_{8.4}$	—	−1	[29]	6～7	—	41
	$Pd_{40}Ni_{40}P_{20}$	885	−3	[74]	4～12	快冷法、蒸发法	42
	$Ni_{30}Zr_{70}$	562	—	[75]	3～7	辊轮法制备片状玻璃	43

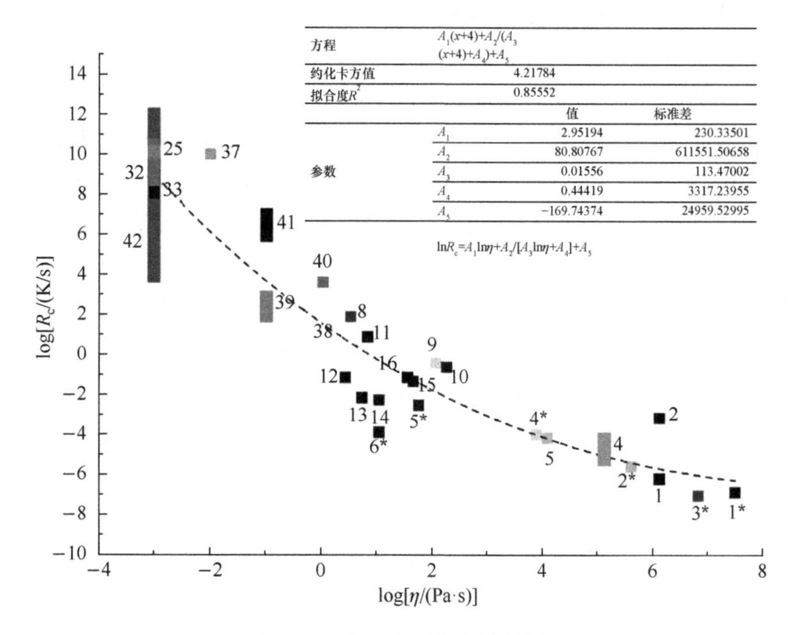

图 7-9　玻璃形成能力曲线图

体系冷却速率与黏度相关关系图，方点为表 7-7 的实验数据，虚线由计算拟合而得

7.3.2　黏度和冷却速率与玻璃形成的关系

由图 7-9、式(7.7)和式(7.8)可知，物质的玻璃形成能力与其熔点处的黏度呈正相关关系，即黏度越大越容易形成玻璃；此外，玻璃形成能力与冷却速率也呈正相关关系，即冷却速率越大越容易形成玻璃。熔体黏度大小取决于物质本身的化学键性质和化学结构。就化学键性质而言，金属键和离子键具有低黏度和高流动性，其黏度为 0.001～0.1Pa · s，此类化合物熔体的离子迁移能力强，容易结晶；离子共价键可形成网络结构，从而增大体系的黏度；由金属和准金属组成的共价键合金的黏度远远大于仅由金属组成的离子键合金。就熔体化学结构而言，

离子化合物和金属化合物中离子配位数较高，结构单元以共棱或共面的形式连接。当结构中阳离子场强较大时，离子键、共价键可能共存。例如，Si^{4+}间具有较强的静电斥力，所以两个 Si^{4+}通过一个 O^{2-}相互连接形成较长的 Si—O—Si 键。从能量的观点看，[SiO_4]四面体间合理的连接方式是共顶角，而不是共棱或共面。因此，Zachariasen 理论阐述所有的玻璃网络形成体都是离子化合物或共价化合物，且中心离子具有高场强、低配位数(通常为 3 或 4)，结构单元以共顶角的方式连接[5,75,76]。就黏度而言，玻璃网络形成体具有较大的黏度，一般大于 10^3Pa · s；配位数为 3 的化合物黏度可达 10^4～10^5Pa · s，配位数为 4 的化合物黏度高达 10^6～10^7Pa · s。根据 Zachariasen 理论，网络形成体均可单独形成玻璃。作者认为，玻璃形成体的定义应当包含动力学条件，玻璃形成体是熔体随炉冷却或者自然冷却至室温而不析晶形成透明玻璃态材料的物质。上述定义涵盖更多可以形成玻璃的物质，如 BeF_2、$ZnCl_2$ 和 As_2S_3，其化学键性质截然不同。此外，上述化合物熔体的黏度远大于其他的卤素化合物和硫系化合物。熔体的黏度也可以从熔体结构与黏度之间的关系来考虑，而不是直接讨论化学键。就硅酸盐熔体而言，不同结构的黏度大小关系如下：架状结构>层状结构>链状结构>组群状结构>岛状结构(或表达为：三维结构>二维结构>一维结构>零维结构)。以往，研究者认为硅酸盐熔体黏度的变化仅与体系中[SiO_4]的连接状态的改变有关，但是，事实上碱金属离子的影响也十分明显，体系中碱金属离子的含量增加，导致网络结构聚合度降低，粒子迁移性增强，黏度减小。这一结论可推广到其他玻璃形成体的阴离子基团。此外，三维结构的物质黏度大于二维结构的黏度，例如，[SiO_4]和[GeO_4]的黏度大于[BO_3]的黏度，SiO_2 的黏度大于 ZrF_4(离子键为主)和 As_2S_3(共价键为主)的黏度。

20 世纪 60 年代，Mackenzie(麦肯齐)等提出六配位化合物也能够形成玻璃，从而修订了 Zachariasen 学说[24,74]。事实上，玻璃的形成由熔体结构和冷却速率共同决定。Zachariasen 提出的玻璃形成条件适用于随炉冷却和在空气中冷却的化合物，而 Mackenzie 理论适用于金属冷轧速冷条件和其他快速冷却工艺。以前一些学者提到的硅氧比临界值判据和“逆性玻璃”不符合 Zachariasen 学说的原因是只考虑了玻璃的成分和结构的关系，而忽略了玻璃形成动力学因素的影响。图 7-10 和式(7.8)给出了玻璃形成过程中熔体黏度和冷却速率变化关系的示意图及表达式。图中横坐标表示黏度($\log\eta$)，纵坐标表示冷却速率($\log R_c$)，冷却速率的变化范围是 10^{-8}～10^{12}K/s。图 7-10 同时给出了相应冷却速率条件下熔体的黏度(温度略高于结晶温度)，并以此作为判断材料能否形成玻璃的准则。在自然冷却的条件下，网络形成体可形成玻璃，但是网络修饰体(不在体系中)不能形成玻璃。根据玻璃形成的动力学条件，讨论在特定冷却速率条件下熔体能否形成玻璃比直接讨论熔体能否形成玻璃更有意义。一般金属和离子化合物的 $\log\eta$ 值为

−3～−1，而金属玻璃、盐类玻璃和氟化物玻璃的 $\log\eta$ 值为−1～2，氧化物玻璃形成体和其他更容易形成玻璃的物质的 $\log\eta>3.5$。

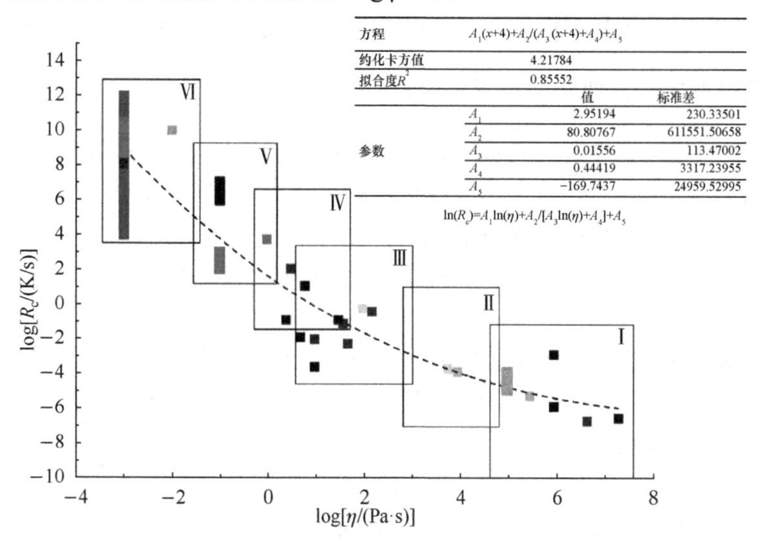

图 7-10　玻璃形成理论曲线图(物质黏度与冷却速率相关关系)

方点表示表 7-7 的实验数据，虚线由计算拟合而得，Ⅰ～Ⅵ分别对应不同的结构

7.3.3　玻璃形成判据：黏度/冷却速率观点

由图 7-10 可知，图中的物质黏度与冷却速率关系由右下至左上可分为六个区域。

(1) 在区域Ⅰ中，物质的化学键主要以共价键为主，三维网络结构连接，黏度很大。Zachariasen 理论提出的玻璃形成体均可形成三维结构，以共顶角的方式连接，中心原子配位数较低，为 3～4；该类物质的熔体黏度较大，自然冷却后形成定向极性共价键，如 SiO_2、B_2O_3、GeO_2、P_2O_5 等。

(2) 在区域Ⅱ中，物质呈架状-带状结构(由三维立体结构向二维条带结构转变)，极性共价键中的离子性部分增加，导致体系黏度减小(此区域玻璃也可通过自然冷却制备)，如 $Na_2O\cdot 2SiO_2$、$BaO\cdot 2B_2O_3$、$Li_2O\cdot SiO_2$ 等。

(3) 在区域Ⅲ中，物质呈带状-链状结构(由二维结构向一维线形结构转变)，离子键进一步增加，体系黏度明显降低至$(\log\eta)\pm 1$ 范围内(可在自然冷却吹风下形成玻璃)，如 $Li_2O\cdot 2SiO_2$ 和 $Li_2O\cdot 2B_2O_3$ 等。

(4) 在区域Ⅳ中，物质呈链状-岛状结构，以离子键为主，黏度小，需要通过急冷或浇注到铜板上速冷形成玻璃，如 $Pd_{82}Si_{18}$ 等。

(5) 在区域Ⅴ中，物质的化学键主要以离子键、金属键为主，如各种盐类化合物、离子化合物、类金属等，需要采用速冷工艺，如单辊或双辊辊轧工艺、淬火工艺和蒸发冷凝工艺形成玻璃，如 $Pd_{77}Cu_6Si_{17}$、$Au_{77.8}Ge_{13.8}Si_{8.4}$、$Ni_{30}Zr_{70}$ 等。

(6) 在区域Ⅵ中，物质以金属键为主，黏度极低，只能通过快速冷却工艺(如双辊、蒸发冷凝工艺和铜板淬火工艺)制备玻璃态物质，如 Na、Ag、Pb、Zr 等。

7.3.4　玻璃形成的其他判据和影响因素

如前文所述，熔体黏度是玻璃形成过程中的关键因素，可以用于确定成玻物质的临界冷却速率。然而，虽然有些物质的熔体黏度相等，但是其玻璃形成能力却不同。导致这种结果的原因可能如下。

(1) 熔体冷却过程受成核温度和晶体生长温度之差(ΔT)的影响。ΔT 越小玻璃形成越困难，反之亦然。

(2) 玻璃形成与物质成分紧密相关。通常，单组分物质容易结晶，而多组分物质，特别是其中的离子具有不同半径和价态时各种成分在结晶过程中相互影响，因而容易形成玻璃。

(3) 体系中多种结构共存时，结构间相互影响从而阻碍原子进入各自的晶格，降低结晶能力而促进玻璃态物质的形成。在相图的低共熔点(共晶点)处，两种或者多种结构相互交织，有利于发生玻璃化转变；然而，如果其中一种物质完全结晶，那么整个结晶过程会加快。

(4) 极化因素的影响。含有 PbO 组分的体系玻璃形成范围较大，玻璃中的 PbO 组分摩尔分数可达 70%～75%。红外光谱和核磁共振测试结果表明[3,4,9]，极化因子(惰性电子对)改变了 PbO 原有的结构使其形成[PbO_4]，因此即使 PbO 熔体黏度较低也能够形成玻璃。因为[PbO_4]与[SiO_4]或[BO_4]间的连接能够修补解聚的网络结构，增强体系的玻璃形成能力，使玻璃形成范围变大。但是，[PbO_4]进入玻璃网络会降低网络结构的亲和力，使体系黏度减小。PbO 的性质与其他黏度较大的玻璃形成体有所不同，在玻璃网络结构中，一小部分铅元素以[PbO_4]的形式存在，大部分铅元素以网络修饰体形式 Pb^{2+}存在。其他含有孤对电子的元素，如铋和铊的体系同样具有较小的黏度和较宽的玻璃形成区。

(5) 中间体的影响。除网络形成体和网络修饰体之外，Sun[20]根据单键能准则列举了玻璃中的网络形成体、网络修饰体和网络中间体物质。中间体在玻璃结构中不起决定性作用，作者之前的工作[69]详细阐述了中间体的定义。例如，在特定条件下，网络外部的 Al^{3+}或 Zn^{2+}等可以发生迁移。当网络外部存在场强较小的阳离子时，[AlO_4]和[ZnO_4]可以将其置换，在满足电价平衡规则和配位数要求的前提下作为网络形成体连接解聚的结构。Al_2O_3 和 ZnO 在强酸性条件下表现为碱性化合物 $Al(OH)_3$ 和 $Zn(OH)_2$，而在强碱性条件下表现为酸性化合物 Na_3AlO_3 和 Na_2ZnO_2。这类化合物就称为中间体，网络中间体既可以作为网络修饰体也可以作为网络形成体进入网络结构。相对于黏度相同和聚合度较低的熔体，中间体化合物可以重新连接断裂的网络结构，增大体系黏度，从而增强玻璃形成能力。

(6) 尽管不同物质的熔体黏度相同，但是在结晶温度和玻璃化转变温度范围内，黏度随温度的变化情况可能不同，由此影响物质的玻璃形成能力。

(7) 对于黏度完全相同的熔体，样品厚度和传热系数不同，导致熔体实际冷却速率不同，进而影响玻璃形成能力。

7.4 总 结

根据热力学相平衡理论，玻璃处于亚稳态，熵值较高，因而具有自发释放能量转化为晶态的倾向，故任何物质不应以玻璃态存在；然而，根据动力学理论，只要冷却速率足够快，保持体系黏度足够高从而阻碍析晶，所有物质都可以形成玻璃。充分认识玻璃形成的本质和影响玻璃形成能力与玻璃形成区的关键因素是推动玻璃科学与技术发展的基础之一。有关玻璃形成的理论、概念、条件、半经验规律和模型主要分成三类，即热力学理论、动力学理论和结晶化学理论。物质的玻璃形成能力与其熔点处的黏度呈正相关关系，即黏度越大越容易形成玻璃；另一方面，玻璃形成能力与冷却速率也呈正相关关系。熔体黏度大小取决于化学键性质和化学结构。本书作者给出了黏度-冷却速率相关曲线方程，据此推导的玻璃形成能力与黏度和冷却速率均呈正比。冷却速率由制备工艺决定，而黏度取决于物质本征因素，由材料的化学键、结构连接方式等物质本征属性决定。此外，在低共熔点处存在多种结构交联的物质的黏度大于各种单一结构的黏度。

参考文献

[1] Goldschmidt V M. Geochemische Verteilungsgesetze der Elemente, Part V, Isomorphie und Polymorphie der Sesquioxyde. Oslo: Die Lanthaniden-Kontraktion und ihre Konsequenzen, 1925.

[2] 冯端, 师昌绪, 刘治国. 材料科学导论. 北京: 化学工业出版社, 2002.

[3] Vogel W. Glass Chemistry. Berlin: Springer, 1992.

[4] Greaves G N. X-ray absorption spectroscopy// Uhlmann D H, Kreidl N J. Glass Science and Technology. New York: Academic Press, 1990.

[5] Smekal A G. The structure of glass. Journal of the Society of Glass Technology, 1951, 35: 411-420.

[6] Zachariasen W H. The atomic arrangement in glass. Journal of the American Chemical Society, 1932, 54(10): 3841-3851.

[7] Dietzel A. On the so-called mixed alkali effect. Physics and Chemistry of Glasses, 1983, 24: 171-180.

[8] Balta P. Introduction to the Physical Chemistry of the Vitreous State. Oxford: Taylor & Francis, 1976.

[9] 干福熹. 光学玻璃. 北京: 科学出版社, 1982.
[10] 姜中宏. 关于玻璃形成区及玻璃失透性能的一些问题. 硅酸盐学报, 1981, 9(3): 3-17.
[11] Zarzycki J. Glasses and Amorphous Materials//Cahn R W, Haasen P, Kramer E J. Materials Science and Technology: A Comprehensive Treatment. Weinheim: VCH, 1991.
[12] Winter A. The glass formers and the periodic system of elements. Verres Refract, 1955, 9: 147-156.
[13] Stanworth J E. The structure of glass. Journal of the Society of Glass Technology, 1946, 30: 54-64.
[14] Stanworth J E. On the structure of glass. Journal of the Society of Glass Technology, 1948, 32: 154-172.
[15] Stanworth J E. The ionic structure of glass. Journal of the Society of Glass Technology, 1948, 32: 366-372.
[16] Stanworth J E. Tellurite glasses. Nature, 1952, 169: 581-582.
[17] Stanworth J E. Physical Properties of Glass. Oxford: Clarendon Press, 1950.
[18] Stanworth J E. Glass formation from melts of nonmetallic compounds of the type A_xB_y. Physics and Chemistry of Glasses, 1979, 20: 116-118.
[19] Borisova Z U. Chemistry of Glassy Semiconductors. Leningrad: LGU Publishers, 1972.
[20] Sun K H. Fundamental condition of glass-formation. Journal of the American Ceramic Society, 1947, 30: 277-281.
[21] Rawson H. Inorganic Glass-forming Systems. London: Academic Press, 1967.
[22] Rawson H. Properties and Applications of Glass. New York: Elsevier, 1980.
[23] Rawson H. The relationship between liquidus temperature, bond strength, and glass formation. Paris: 4th International Congress on Glass, 1956: 62-69.
[24] Turnbull D, Cohen M H. Modern Aspects of the Vitreous State. Vol. 1. London: Butterworths, 1988.
[25] Johnson W L. Thermodynamic and kinetic aspects of the crystal to glass transformation in metallic materials. Progress in Materials Science, 1986, 30: 81-134.
[26] Uhlmann D R. Glass-formation. Journal of Non-Crystalline Solids, 1977, 25: 43-85.
[27] Uhlmann D R. A kinetic treatment of glass formation. Journal of Non-Crystalline Solids, 1972, 7: 337-348.
[28] Onorato P I K, Uhlmann D R. Nucleating heterogeneities and glass formation. Journal of Non-Crystalline Solids, 1976, 22: 367-378.
[29] Beall G H, Duke D A. Glass: Science and Technology. Vol. 1//Uhlmann D R, Kreidl N J. Glass-Forming Systems. New York: Academic Press, 1983.
[30] Lu Z P, Liu C T. Glass formation criterion for various glass-forming systems. Physical Review Letters, 2003, 91: 115505.
[31] Chen H S. Glassy metal. Reports on Progress in Physics, 1980, 43: 353-432.
[32] Jiang Z H, Hu L L. Phase diagram structure model of glass. Science in China: Series E, 1997, 40: 1-11.
[33] Sakka S. Handbook of Glass. 蒋国栋, 等译. Beijing: China Architecture & Building Press, 1985.
[34] Rao K J. Structural Chemistry of Glasses. New York: Elsevier, 2002.

[35] Jiang Y S, Hou L S. Handbook of New Glass. Shanghai: Glass and Enamel Press, 2004.
[36] Doremus R H. Glass Science. 2nd ed. New York: Wiley-Interscience, 1994.
[37] 姜中宏, 刘粤惠, 戴世勋. 新型光功能玻璃. 北京: 化学工业出版社, 2008.
[38] Zallen R. The Physics of Amorphous Solids. Weinheim: Wiley-VCH, 2007.
[39] Hewak D W, Brady D, Curry R J, et al. Chalcogenide glasses for photonics device applications// Murggan G S. Photonic Glasses and Glass-Ceramics. Kerala: Research Signpost, 2010.
[40] Hilton A R, Hayes D J, Rechtin M D. Infrared absorption of some high purity chaicogenide glasses. Journal of Non-Crystalline Solids, 1975, 14: 319-338.
[41] Suryanarayana C, Inoue A. Bulk Metallic Glasses. London: CRC Press, 2011.
[42] Piarristeguy A A, Barthelemy E , Krbal M, et al. Glass formation in the Ge_xTe_{100-x} binary system: Synthesis by twin roller quenching and co-thermal evaporation techniques. Journal of Non-Crystalline Solids, 2009, 355: 2088-2091.
[43] Zarzycki J, Naudin F. A study of kinetics of the metastable phase separation in the $PbO-B_2O_3$ system by small-angle scattering of X-rays. Physics and Chemistry of Glasses, 1967, 8: 11-18.
[44] Guggenheim E A. Modern Thermodynamics by the Methods of Willard Gibbs. London: Methuen, 1993.
[45] Götze W. Recent tests of the mode-coupling theory for glassy dynamics. Journal of Physics: Condensed Matter, 1999, 11: A1-A45.
[46] Vedeshcheva N M, Shakhmatkin B A, Wright A C. The structure of sodium borosilicate glasses: Thermodynamic modelling vs. experiment. Journal of Non-Crystalline Solids, 2004, 345-346: 39-44.
[47] Martinez L M, Angell C A. A thermodynamic connection to the fragility of glass-forming liquids. Nature, 2001, 410: 663-667.
[48] Hoffmann H J. Thermodynamic aspects of melting and glass formation. Physics and Chemistry of Glasses, 2007, 48: 23-32.
[49] Greaves G N, Sen S. Inorganic glasses, glass-forming liquids and amorphizing solids. Advances in Physics, 2007, 56: 1-166.
[50] Dubey K S, Ramachandrarao P, Lele S. Thermodynamic and viscous behavior of undercooled liquids. Thermochimica Acta, 1996, 280-281: 25-62.
[51] Stillinger F H, Debenedetti P G. Glass transition thermodynamics and kinetics. Annual Review of Condensed Matter Physics, 2013, 4: 263-285.
[52] Wunderlich B. Glass transition as a key to identifying solid phases. Journal of Applied Polymer Science, 2007, 105(1): 49-59.
[53] Leuzzi L, Nieuwenhuizen T M. Thermodynamics of the Glassy State. London: CRC Press, 1986.
[54] Debenedetti P G, Stillinger F H. Supercooled liquids and the glass transition. Nature, 2001, 410: 259-267.
[55] Ediger M D, Angell C A, Nagel S R. Supercooled liquids and glasses. The Journal of Physical Chemistry, 1996, 100: 13200-13212.
[56] Brawer S A. Relaxation in Viscous Liquids and Glasses. Columbus: American Ceramic Society, 1985.
[57] Scherer W. Relaxation in Glass and Composites. New York: Wiley-Interscience, 1986.
[58] Smedskjaer M M, Jensen M, Yue Y Z. Effect of thermal history and chemical composition on

hardness of silicate glasses. Journal of Non-Crystalline Solids, 2010, 356: 893-897.
[59] Wang L M, Li Z J, Chen Z M, et al. Glass transition in binary eutectic systems: Best glass-forming composition. The Journal of Physical Chemistry B, 2010, 114:12080-12084.
[60] Hruby A. Evaluation of glassforming tendency by means of DTA. Czechoslovak Journal of Physics B, 1972, 22: 1187-1193.
[61] Uhlmann D R. Small angle X-ray scattering from glassy SiO_2. Journal of Non-Crystalline Solids, 1974, 16: 325-327.
[62] Uhlmann D R. Glass formation, a contemporary view. Journal of the American Ceramic Society, 1983, 66: 95-100.
[63] Uhlmann D R. Polymer glasses and oxide glasses. Journal of Non-Crystalline Solids, 1980, 42: 119-142.
[64] Uhlmann D R. Crystallization and glass formation. Journal of Non-Crystalline Solids, 1985, 73: 585-592.
[65] Uhlmann D R. Nucleation, crystallization and glass formation. Journal of Non-Crystalline Solids, 1980, 38-39: 693-698.
[66] Uhlmann D R. On the internal nucleation of melting. Journal of Non-Crystalline Solids, 1980, 41: 347-357.
[67] Uhlmann D R. Kinetics of glass formation and devitrification behavior. Journal de Physique Colloques, 1982, 43: 175-190.
[68] Yinnon H, Uhlmann D R. A kinetic treatment of glass formation. VII. Transient nucleation in non-isothermal crystallization during cooling. Journal of Non-Crystalline Solids, 1982, 50: 189-202.
[69] Jiang Z H, Zhang Q Y. The structure of glass: A phase equilibrium diagram approach. Progress in Materials Science, 2014, 61: 144-215.
[70] Sokolov O K. Calculation of Viscosity in Molten Salts (Oxides). Washington DC: National Aeronautics and Space Administration, 1966.
[71] 邱关明, 黄良钊. 玻璃形成学. 北京: 兵器工业出版社, 1987.
[72] Wang W K, Xu Y F, Huang X M. Glass formation of $Pd_{40}Ni_{40}P_{20}$ metallic glass. Science in China Series A, 1992, 12: 1305-1310.
[73] Zheng F Q. Dynamic and steady-state viscosity of the metallic glass $Ni_{30}Zr_{70}$. Acta Physica Sinica, 1991, 40(2): 262-268.
[74] Fairman R, Ushkov B. Semiconducting Chalcogenide Glass I: Glass Formation, Structure, and Simulated Transformations in Chalcogenide Glasses. Amsterdam: Elsevier, 2004.
[75] Doremus R H. Structure of inorganic glasses. Annual Review of Materials Research, 1972, 2: 93-120.
[76] Sakka S, Mackenzie J D. Relation between apparent glass transition temperature and liquids temperature for inorganic glasses. Journal of Non-Crystalline Solids, 1971, 6: 145-162.

第 8 章　玻璃形成区预测与计算

- 玻璃形成区通常位于相图中网络形成体含量较高的低共熔点附近。
- 基于吉布斯自由能理论和热力学原理能够定量计算与预测液相线和低共熔点参数(温度和组分等)。
- 低共熔点处的物质可以看作“准化合物”，其热力学参数，如熔化热和熔点等，可用于计算新的低共熔点，从而可以使用这种多重叠加法预测玻璃形成区。
- 绘制相图是表达玻璃形成能力和玻璃形成区的重要方法。

8.1　低共熔点计算

相图是设计材料成分、预测材料性质的重要工具，而新型光学玻璃体系如磷酸盐玻璃体系等组分多变，且缺乏相关的相图(特别是三元相图及多元相图)资料，因此如果能够找到一些方法，结合已知的热力学参数和已有的相图资料，可以比较准确地预测出新体系的玻璃形成区，那么实验工作量会大幅度减少。

已有研究表明，玻璃形成区通常位于玻璃网络形成体含量较高的低共熔区附近，几乎所有的玻璃体系(如氧化物玻璃(硅酸盐、硼酸盐、硼硅酸盐、偏磷酸盐、锗酸盐、碲酸盐)、非氧化物玻璃(氟化物、氯化物、硫化物)以及金属玻璃等)都遵循这一规则[1]。Wang 等[2]报道最佳玻璃形成区通常位于低共熔点到低共熔组分 1/2 的区域内，低共熔点及其附近区域均容易成为玻璃形成区(阴影部分)，如图 8-1 所示。大量研究表明，简单二元低共熔体系的玻璃形成区均遵循上述规则，这是玻璃化转变的共性。在共熔点附近，体系中多种结构共存，各结构之间相互影响，阻碍原子进入各自的晶格。再者，在低共熔点附近，随着温度降低，体系黏度急剧增加，阻碍成核和晶体生长而促进玻璃化转变过程。据此，低共熔点可以作为定量预测与计算玻璃形成区的切入点。

在冶金物理化学领域，研究者通常依据几何热力学原理通过成分-自由能图解法推算二元体系液相线[3]。图 8-2 给出了不同温度固相与液相的自由能。纯组分 A 和 B 在液态时完全互溶成一均匀相，自由能-成分的 G-x 曲线 G^L 为下凹形，在固态时则完全不互溶，形成二元分相体系，G-x 曲线 G^S 为直线，各温度下 G^L 和 G^S 的相互位置以切线规则定出能量较低的稳定相(图 8-2 中温度 $T_1>T_2>T_e>T_3$)。

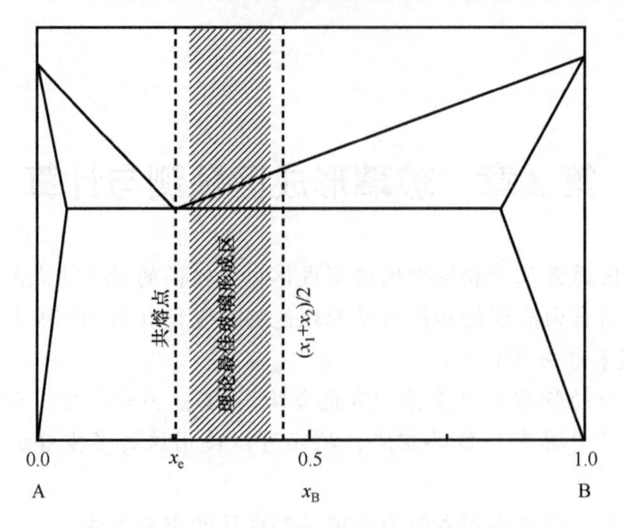

图 8-1　简单低共熔二元体系的最佳玻璃形成区示意图[2]

低共熔点到组分中间位置的区域即为理论最佳玻璃形成区，即阴影部分

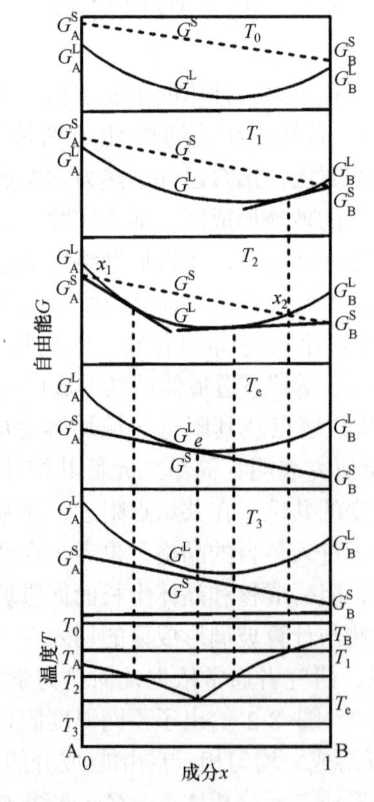

图 8-2　固液两相平衡条件下的自由能[3]

G_A^L和G_B^L表示体系液体自由能，G_A^S和G_B^S表示体系固体混合自由能

G^{L}和 G^{S}曲线均取纯液态 A、B 为初始状态。熔体在低共熔点附近，随着温度降低，黏度急剧增加，阻碍成核和晶体生长而促进玻璃化转变过程。从制定相图的过程看，液相线同时受到热力学因素和动力学因素的影响。合金和金属化合物主要由金属键构成，析晶较快，通常情况下该类体系中动力学因素对相图液相线的影响较小，故采用热力学方法推导的相图准确度较高。卤素化合物等其他析晶较快的离子化合物体系熔融(凝固)过程受动力学因素的影响较小，因此用上述方法推导的相图也较为准确。然而，传统玻璃态无机物质则不同，其一般具有混合键组成的网络结构，体系黏度较高，冷凝(或加热)过程中可能出现过冷(或过热)现象，体系液相线受动力学因素影响较大，这类物质的相图不如上述金属(合金)及离子化合物的相图准确，但是相对而言，动力学因素对共熔点组成的影响远小于对液相线温度的影响[4]。

由吉布斯自由能理论可知[5]，当 A 和 B 两种化合物混合但不产生新的化合物时，体系液体混合自由能 G_{M}^{L}和固体混合自由能 G_{M}^{S}可分别描述为[4,6,7]

$$G_{M}^{L} = RT\left(x_{A}\ln x_{A} + x_{B}\ln x_{B}\right) \tag{8.1}$$

$$G_{M}^{S} = -\left(x_{A}\Delta G_{f,A} + x_{B}\Delta G_{f,B}\right) \tag{8.2}$$

$$\Delta G_{f,A} = \Delta H_{f,A}\left(1-\frac{T}{T_{A}}\right) \tag{8.3}$$

$$\Delta G_{f,B} = \Delta H_{f,B}\left(1-\frac{T}{T_{B}}\right) \tag{8.4}$$

式中，x_{A}和 x_{B}分别是化合物 A 和 B 的摩尔分数；T_{A}和 T_{B}分别为化合物 A 和 B 的熔点；$\Delta H_{f,A}$和 $\Delta H_{f,B}$分别为化合物 A 和 B 的熔化热；R 为气体常数。

玻璃并非规则溶液，因此上述公式本来应代入活度 a 而非浓度 x 进行计算。但是，用活度 a 计算则不能直接得到组分值 x，所以计算过程仍采用浓度 x 并将计算值和实验值的差值作为计算误差。有别于 Slater[8]、Cottrell[9]及冶金物理化学研究领域所通常采用的方法，作者则基于解析几何原理采用切线法而不是通过大量的计算确定固液两相平衡条件下的自由能(图 8-2)。通过求解最低平衡温度 T(不规则溶液)得到低共熔点的组分值 x。为了简化计算将式(8.1)近似为抛物线方程：

$$G_{M}^{L} = 2.3x\left(x-1\right)RT - 0.1181RT \tag{8.5}$$

当两相平衡时 G_{M}^{L}=G_{M}^{S}，此时温度 T 相等，联立式(8.2)～式(8.5)解得 T：

$$T = \frac{\Delta H_{f,A} - \Delta H_{f,B}x_{B} - \Delta H_{f,A}}{2.3Rx_{B}^{2} + \left(\dfrac{\Delta H_{f,B}}{T_{A}} - \dfrac{\Delta H_{f,B}}{T_{B}} - 2.3R\right)x_{B} - \dfrac{\Delta H_{f,A}}{T_{A}} - 0.1181R} \tag{8.6}$$

方程(8.6)即为理论上 A-B 二元体系的熔点 T 和组分 B 的含量 x_{B}之间的关系。将 T 看作 x_{B}的函数 $T(x_{B})$，则 $T(x_{B})$对 x_{B}的导数为 $T'(x_{B})$，由 $T'(x_{B})=0$ 得

$$x_B = \frac{4.6R\Delta H_{f,A}\sqrt{\left(4.6R\Delta H_{f,A}\right)^2 - 4\times 2.3R\left(\Delta H_{f,B}-\Delta H_{f,A}\right)\left(0.1181R\Delta H_{f,B}-2.4181R\Delta H_{f,A}+\frac{\Delta H_{f,A}\Delta H_{f,B}}{T_A}-\frac{\Delta H_{f,A}\Delta H_{f,B}}{T_B}\right)}}{4.6R\left(\Delta H_{f,B}-\Delta H_{f,A}\right)} \tag{8.7}$$

由式(8.7)即可求出函数 $T(x_B)$取得极小值时所对应的组分点 x_B，将所求出的 x_B 代入方程(8.6)即得到 A-B 二元化合物体系的低共熔点温度 T_e。假若 $T'(x_B)=0$ 无解，或者解出来的 x_B 不具有实际意义，则通常是因为 A 和 B 两物质无法共熔，或者两者共熔后生成了新的化合物，也有可能是熔化热数据有误。

通过上述计算方法可以得到二元体系的液相线和低共熔点参数，实际玻璃体系通常包含三元或多元组分，要得到多组分体系的玻璃形成区需要进一步推导。大量实验结果表明，当低共熔混合物与第三组分混合时，若不形成新的化合物，则该体系可能出现更低的共熔点。相图中低共熔点的位置是确定的，换言之，其化学组成也是一定的，因此可以将其看作“准化合物”，依据准化合物假设低共熔点处混合物的熔化热由加权平均值近似代替，使用式(8.7)求解新的低共熔点参数。据此，表 8-1 给出了部分二元混合体系低共熔点组分计算值。

表 8-1　部分二元混合体系低共熔点组分计算值

体系	熔化热/(kcal/mol)		熔融温度/K		w_B(质量分数)/%		共熔组成(质量分数)：计算/相图/%							
A-B	ΔH_A	ΔH_B	T_A^m	T_B^m	计算	相图	Li_2O	Na_2O	K_2O	BaO	CaO	PbO	B_2O_3	SiO_2
$Na_2O\cdot 2SiO_2$-$Na_2O\cdot SiO_2$	8.50	12.5	1147	1361	20.73	23.35		36.90/37.31						63.09/62.69
$Na_2O\cdot 2SiO_2$-$Li_2O\cdot 2SiO_2$	8.50	12.86	1147	1307	27.69	23	5.45/5.51	24.35/24.24						70.20/70.24
$2PbO\cdot SiO_2$-$PbO\cdot SiO_2$	12.80	8.25	1016	1037	39.44	39						84.44/84.49		15.56/15.51
$K_2O\cdot SiO_2$-$Na_2O\cdot SiO_2$	11.50	12.50	1249	1361	34.53	30		17.53/15.23	39.48/42.22					42.94/42.55
$Li_2O\cdot 2SiO_2$-$Li_2O\cdot 2B_2O_3$	12.80	28.80	1307	1190	55.93	52	18.69/18.79						46.05/42.81	35.26/38.40
$2CaO\cdot B_2O_3$-$CaO\cdot SiO_2$	24.09	8.80	1585	1821	52.1(摩尔分数)	56.0(摩尔分数)					57.92/57.33		15.83/14.65	26.26/28.02
$Li_2O\cdot SiO_2$-$Li_2O\cdot 2B_2O_3$	6.7	28.80	1473	1190	65.76	62	22.99/23.58						54.14/51.04	22.87/25.38
$Li_2O\cdot B_2O_3$-$Li_2O\cdot 2B_2O_3$	8.09	28.80	1117	1190	30.68	25	26.22/27.92						73.78/73.08	
$BaO\cdot 2B_2O_3$-$Na_2O\cdot 2B_2O_3$	22.06[a]	19.40	1183	1016	78.39			24.15/—		11.33/—			64.52/—	
$3BaO\cdot 3B_2O_3\cdot 2SiO_2$-$SiO_2$	82.14[b]	2.60	1282	1995	12.40	12.0				51.07/51.30			23.18/23.29	25.74/25.40

a. 数据来自文献[10]。

b. 来自作者计算结果。

根据二元体系液相线和低共熔点参数的计算结果，可以得到三元体系中两两二元组分的低共熔点参数。由准化合物组成另一个范围更小的三元体系，进一步计算得到两两准化合物的低共熔点参数，在三元相图中由三种准化合物计算得到的三个低共熔点所围成的区域便是玻璃形成区。图 8-3 给出了三元体系理论玻璃形成区(阴影部分)示意图。对于两两组分之间均可形成玻璃的三元体系(如氟化物)，先计算出两两组分之间的低共熔点(e_1，e_2，e_3)，然后将相邻两组分的低共熔化合物看作准化合物，计算相邻准化合物构成的二元体系的低共熔点(a，b，c)，连接两两准化合物的低共熔点所围成的区域即为三元体系的理论玻璃形成区，针对具体的体系则需要根据实际情况分析讨论。

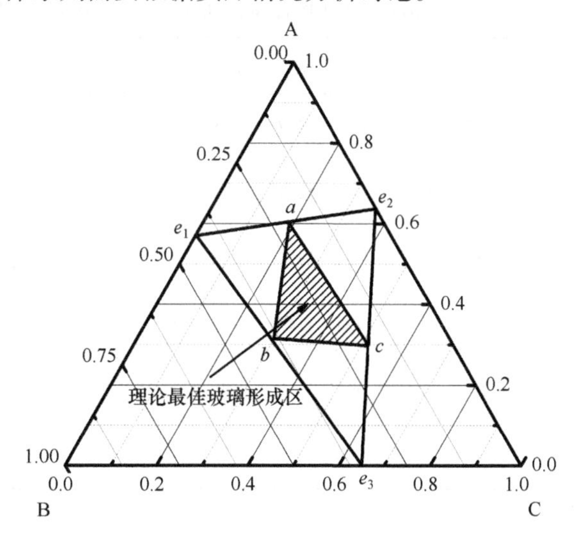

图 8-3　三元体系理论玻璃形成区(阴影部分)示意图

e_1、e_2、e_3处的物质看作准化合物，计算出三个低共熔点 a、b、c，由△abc 围成的区域即为理论玻璃形成区

表 8-2 给出了 Na_2O-B_2O_3-SiO_2 三元系统中两个低共熔点连线上计算的新的低共熔组成，新的低共熔点位于原有低共熔点和第三组分之间且温度更低。

对一些特殊化合物可采用估算法确定出物质的熔化热。例如，有的化合物，如 $Cd(NO_3)_2$，不能直接查到熔化热数据，但是其相图上有关热力学数据完整，则可以根据相图热力学原理，采用“凝固点下降法”进行估算，见式(8.8)[11]：

$$\Delta H_m = \frac{R(T_m)^2}{\Delta T_m} x_B \quad (x_B \ll 1) \tag{8.8}$$

式中，T_m是所求化合物 B 在相图中的熔点；R 是气体常数；x_B为化合物 B 的摩尔分数变化量；ΔT_m为化合物 B 的含量变化对应的温度变化量；ΔH_m为化合物 B 含量变化对应的热焓变化量。当 $x_B \ll 1$时，可以用 ΔH_m 近似代替化合物 B 的熔化热。

为了判断低共熔点混合物在计算上是否具有准化合物特性，作者测定并计算了两个低共熔混合物形成更低共熔点的情况。诚然，在相图中这类情况不多，但是仍可找到一些例子。表 8-2 列举了 Na_2O-B_2O_3-SiO_2 三元相图中挑选的两个低共熔点，在其连线上计算出最低温度的组成与相图位置接近(图 8-4 和图 8-5)。进一步使用式(8-7)计算了硼酸盐、硼硅酸盐、硅酸盐和偏磷酸盐体系玻璃形成区内的低共熔点位置，计算得出的成分与已知相图上的成分摩尔分数一般相差在 7%以内，证明这一方法具有实用意义。

表 8-2　Na_2O-B_2O_3-SiO_2 三元相图中两个低共熔点连线上计算的新的低共熔组成

体系	熔化热/(kcal/mol)		熔融温度/K		w_B(质量分数)/%		共熔组成(质量分数)：计算/相图/%			
A-B	ΔH_A	ΔH_B	T_A^m	T_B^m	计算	相图	Li_2O	Na_2O	SiO_2	B_2O_3
$Na_2O\cdot 2SiO_2$+$Na_2O\cdot SiO_2$-$Li_2O\cdot 2SiO_2$	10.66[b]	12.86	1119	1307	28.68	31	5.68/6.10	26.61/25.74	67.75/68.16	
$Na_2O\cdot 2SiO_2$+$Na_2O\cdot SiO_2$-$Na_2O\cdot B_2O_3$	10.66[b]	8.66	1119	1239	38.89	36.25		41.12/40.86	38.31/39.96	20.57/19.18
$Na_2O\cdot 2SiO_2$+$Na_2O\cdot SiO_2$-$Li_2O\cdot SiO_2$	10.66[b]	6.70	1119	1474	25.13	22	8.35/7.31	27.93/29.10	63.72/63.59	
$Na_2O\cdot 2B_2O_3$+$Na_2O\cdot 3B_2O_3$-$Na_2O\cdot 2SiO_2$	17.40[b]	8.50	995	1147	38.62	31.58		30.03/29.61	25.61/20.94	44.36/49.45
$Na_2O\cdot 2B_2O_3$+$Na_2O\cdot 3B_2O_3$-$Na_2O\cdot SiO_2$	17.40[b]	12.50	995	1362	8.49	11.36		29.56/30.17	4.31/5.77	66.13/64.06
$Na_2O\cdot 2SiO_2$+$Na_2O\cdot SiO_2$-$Na_2O\cdot 2B_2O_3$+$Na_2O\cdot 3B_2O_3$	10.66[a]	17.40[a]	1119	995	66.12	71.0		30.98/30.51	21.24/18.18	47.78/51.31

a. 数据来自文献[11]。

b. 数据来自作者计算结果。

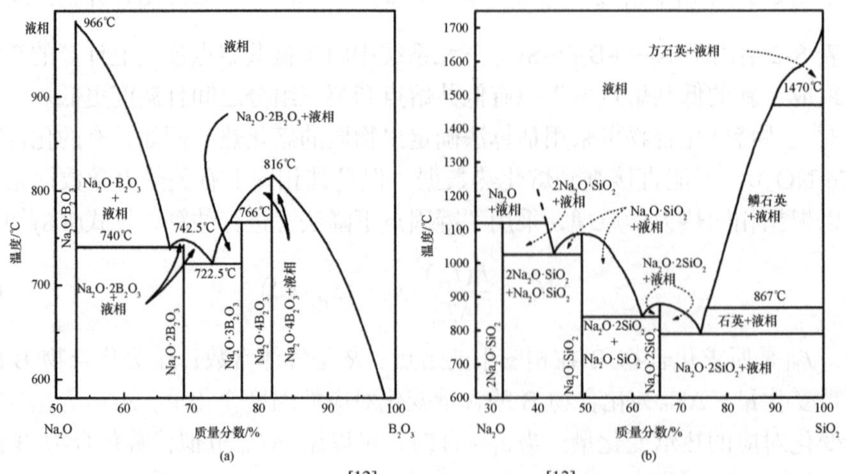

图 8-4　$Na_2O\cdot B_2O_3$[12](a)和 $Na_2O\cdot SiO_2$[13](b)二元相图

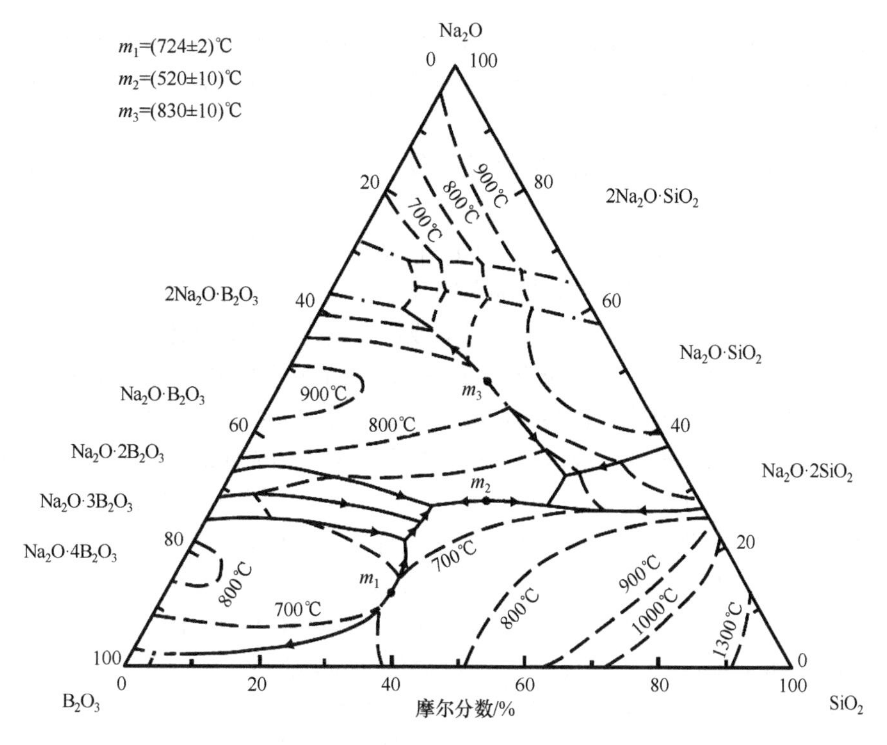

图 8-5　含液相线和等温线的 Na_2O-B_2O_3-SiO_2 三元相图[14]

8.2　玻璃形成区计算预测

在新玻璃研究和制备过程中首先遇到的问题是如何选择玻璃组分，即如何选择比较稳定的玻璃形成区。玻璃形成区通常位于玻璃网络形成体化合物含量较高的低共熔区附近，因此研究玻璃体系的低共熔点或分相区与成分之间的关系是一项有意义的工作。然而，由于实际工作中相图数据较为缺乏，以往新玻璃的基础数据主要通过大量的实验获得，耗费的人、财、物力巨大且效率低下，这并非材料科学应有的研究方法。基于热力学方法计算玻璃形成区具有简单、快速、可预测的特点，将为玻璃科学研究提供新的思路和方法。

8.2.1　氧化物体系的低共熔点和玻璃形成区

1. 锗酸盐玻璃体系

锗酸盐玻璃是一类以氧化锗(GeO_2)为主要成分的氧化物玻璃。以锗镓钡玻璃(GeO_2-Ga_2O_3-BaO)体系为例，相比于传统硅酸盐玻璃，其具有密度高(4.992g/cm^3)、抗析晶热稳定性高(ΔT=187℃)、折射率高(约 1.758@632nm)、声子能量低(约

845cm^{-1})、稀土溶解度高(Tm^{3+}：7.6×10^{20} 离子/cm^3)和红外透过性质优异(约 6μm)等特点，因此成为近中红外波段稀土掺杂激光玻璃及光学元器件优异的候选基质材料。

表 8-3 统计了部分锗酸盐玻璃体系中各二元子系统低共熔点的温度与玻璃网络形成体 GeO_2 的含量。为便于计算，组分数据单位均统一为摩尔分数。对 GeO_2-Al_2O_3 和 GeO_2-BaO 体系而言，同一体系中低共熔点处玻璃形成体 GeO_2 含量高，玻璃的黏度随着温度的降低而急剧增加，高黏度阻碍玻璃成核长大，因此更容易形成玻璃。一般而言，对于网络形成体含量越大的玻璃体系，其所含的网络骨架越完善，玻璃越稳定。据此，在细分的二元子系统中，Al_2O_3-R_2O、BaO-R_2O 体系缺乏玻璃形成体，且共熔点温度较高，通常形成玻璃的可能性较小。三元锗酸盐玻璃体系的玻璃形成区范围可通过含有网络形成体的二元子系统计算出低共熔点，将其相连组成闭合三角形区域，在三角形区域中通过两两之间计算出新的低共熔点，得到新的三角形区域为理论计算的最佳玻璃形成区(如图 8-3 所示原理)。GeO_2-Al_2O_3-R_2O 和 GeO_2-BaO-R_2O 三元体系可以分为三大子系统：①GeO_2-Al_2O_3 和 GeO_2-BaO；②GeO_2-R_2O；③Al_2O_3-R_2O 和 BaO-R_2O。其中，Al_2O_3-R_2O 和 BaO-R_2O 子系统由于不含网络形成体 GeO_2，在计算最佳玻璃形成区时不做考虑。在 GeO_2-Al_2O_3 和 GeO_2-BaO 子系统中，GeO_2-Al_2O_3 相图中有一个靠近 GeO_2 的低共熔点，GeO_2-BaO 相图中有两个低共熔点，在计算最佳玻璃形成区时，选择更接近 GeO_2 网络形成体的低共熔点。而 GeO_2-Li_2O 有两个低共熔点，此处选择 GeO_2 含量大于 50%的点，GeO_2-Na_2O 有两个低共熔点，两个点的 GeO_2 含量均大于 50%，满足选择要求。而 GeO_2-K_2O 有三个低共熔点，且三个低共熔点的 GeO_2 含量均大于 50%，此处选择更靠近 GeO_2 的两个低共熔点。根据低共熔点个数构造三角形时，应靠近网络形成体 GeO_2，温度较低的低共熔点。在 GeO_2-Li_2O-X_nO_m(X=Ba，Al)中，引入 GeO_2 成为三角形的第三个顶点，然后在两个低共熔点之间计算新的低共熔点，选择小三角形区域为理论最佳玻璃形成区。

表 8-3 二元体系低共熔点实验温度与 GeO_2 含量(摩尔分数)

体系	子系统	低共熔点温度/℃	GeO_2 含量/%
GeO_2-Al_2O_3	—	1095.0±5.0	93.41
GeO_2-Li_2O	Li_2GeO_3-GeO_2	920.5	74.40
	Li_4GeO_4-Li_2GeO_3	1115.5	39.11
GeO_2-Na_2O	$Na_2Ge_4O_9$-GeO_2	905.4	92.69
	Na_2GeO_3-$Na_2Ge_4O_9$	785.0	67.30
GeO_2-K_2O	$K_2Ge_4O_9$-GeO_2	1006.1	83.16
	$K_2Ge_2O_5$-$K_2Ge_4O_9$	790.2	68.25

续表

体系	子系统	低共熔点温度/℃	GeO_2 含量/%
GeO_2-K_2O	K_2GeO_3-$K_2Ge_2O_5$	713.1	60.91
Al_2O_3-Li_2O	$LiAl_5O_8$-Al_2O_3	1913.0	—
	$LiAlO_2$-$LiAl_5O_8$	1652.0	—
	Li_5AlO_4-$LiAlO_2$	1055.0	—
Al_2O_3-Na_2O	—	1533.8	—
Al_2O_3-K_2O	$KAlO_2$-Al_2O_3	1910.0	—
GeO_2-BaO	$BaGe_4O_9$-GeO_2	1105.9	98.01
	$BaGeO_3$-$BaGe_4O_9$	1096.7	61.48
BaO-Li_2O	—	964.0	—

表 8-4 总结了推导三元锗酸盐玻璃体系玻璃形成区所选取的二元子系统，并列出了相对应的二元子系统低共熔点组分和热力学参数计算值。图 8-6 给出了二元子系统的计算液相线和相应相图中的实际液相线。可以得出，低共熔点组分摩尔分数的计算值与实验值之间的绝对误差在 7%以内，说明计算结果的精准度较好。同时，从图 8-6(a)可以看出 GeO_2-Al_2O_3 体系计算液相线和实际液相线可以很好地吻合。由图 8-6(b)和(c)可以看出计算和实际低共熔点之间组分位置较温度更吻合，由于相图中温度的测定受仪器精度的影响，从而会产生一定的误差。在图 8-6(d)～(f)中，计算和实际的低共熔点的组分位置出现了偏差，可能的原因是原子半径较大的碱金属和碱土金属的出现使得[GeO_4]和[GeO_6]之间发生转变，例如，图 8-6(e)所示的相图中可能存在稳定的一致熔融化合物 $K_2O\cdot 8GeO_2$(参见 4.5.3 节和图 4-45 的分析)使得计算液相线偏离实际液相线。

图 8-7 给出了三元锗酸盐玻璃的理论玻璃形成区和实际玻璃形成区[15]。在确定理论玻璃形成区时，选取靠近温度较低的低共熔点和网络形成体含量高的区域，此区域为理论最佳玻璃形成区。与图 8-7(a)的 GeO_2-Al_2O_3-Li_2O 三元体系对比，理论最佳玻璃形成区偏向于 GeO_2-Li_2O 侧，实际玻璃形成区靠近 GeO_2-Al_2O_3 侧。这是因为[GeO_4]类似于[SiO_4]，当存在少量碱金属时，Al^{3+}形成的[AlO_4]带有负电，它吸引部分网络外的阳离子从而起到补充网络形成体的作用，有利于玻璃的形成。在引入 Na_2O 和 K_2O 时，图 8-7(b)和(c)中实际玻璃形成区更偏向于 GeO_2-R_2O 侧，这表明当碱金属含量增加时，温度较低的共熔点附近更易形成玻璃。在图 8-7(d)～(f)中，理论最佳玻璃形成区均在实际玻璃形成区内，且 BaO 置换 Al_2O_3 后，锗酸盐玻璃的玻璃形成区明显增大。

表 8-4　三元锗酸盐玻璃体系低共熔点组分计算值和实验值

体系	子系统		熔融温度/K		熔化热[b]/(J/mol)		低共熔点组成 x_B/%	
	A	B	T_A^m	T_B^m	ΔH_A	ΔH_B	计算值	实验值
GeO_2-Al_2O_3-Li_2O	Li_2GeO_3	GeO_2	1510	1384[a]	20162	39186	0.715	0.744
	Al_2O_3	GeO_2	2327	1384	90398	39186	0.964	0.934
	e_1	e_2	1193	1368	28342	41029	0.345	
GeO_2-Al_2O_3-Na_2O	$Na_2Ge_4O_9$	GeO_2	1353	1384	46927	39186	0.911	0.927
	Na_2GeO_3	$Na_2Ge_4O_9$	1333	1353	68325	46927	0.672	0.673
	Al_2O_3	GeO_2	2327	1384	90398	39186	0.964	0.934
	e_1	e_2	1178	1058	42979	56770	0.580	
	e_1	e_3	1178	1368	42979	88554	0.180	
	e_2	e_3	1058	1368	56770	88554	—	
GeO_2-Al_2O_3-K_2O	$K_2Ge_4O_9$	GeO_2	1310	1384	36750	39186	0.890	0.832
	$K_2Ge_2O_5$	$K_2Ge_4O_9$	1073	1310	38058	36750	0.712	0.683
	Al_2O_3	GeO_2	2327	1384	90398	39186	0.964	0.934
	e_1	e_2	1279	1063	37846	33807	0.665	
	e_1	e_3	1279	1368	37846	88554	0.290	
	e_2	e_3	1063	1368	33807	88554	—	
GeO_2-BaO-Li_2O	Li_2GeO_3	GeO_2	1510	1384	20162	39186	0.715	0.744
	$BaGe_4O_9$	GeO_2	1649	1384	29828	39186	0.912	0.980
	e_1	e_2	1193	1379	28342	35068	0.375	
GeO_2-BaO-Na_2O	$Na_2Ge_4O_9$	GeO_2	1353	1384	46927	39186	0.911	0.927
	Na_2GeO_3	$Na_2Ge_4O_9$	1333	1353	68325	46927	0.672	0.673
	$BaGe_4O_9$	GeO_2	1649	1384	29828	39186	0.912	0.980
	e_1	e_2	1178	1058	42979	56770	0.580	
	e_1	e_3	1178	1379	42979	35068	0.405	
	e_2	e_3	1058	1379	56770	35068	0.330	
GeO_2-BaO-K_2O	$K_2Ge_4O_9$	GeO_2	1310	1384	36750	39186	0.890	0.832
	$K_2Ge_2O_5$	$K_2Ge_4O_9$	1073	1310	38058	36750	0.712	0.683
	$BaGe_4O_9$	GeO_2	1649	1384	29828	39186	0.912	0.980
	e_1	e_2	1279	1063	37846	33807	0.665	
	e_1	e_3	1279	1379	37846	35068	0.460	
	e_2	e_3	1063	1379	33807	35068	0.300	

a. 鉴于不同相图的温度测试条件不同，综合考虑 GeO_2 的熔点均取值为 1111℃。

b. 熔化热数据根据相图中凝固点下降法得出。

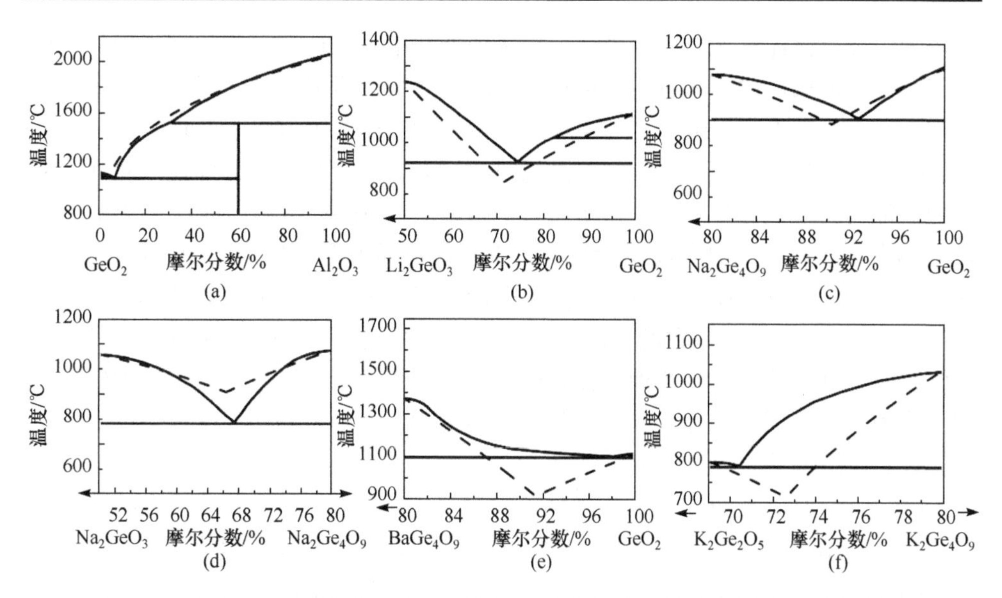

图 8-6　二元锗酸盐玻璃体系计算液相线(虚线)和相应相图中的实际液相线(实线)

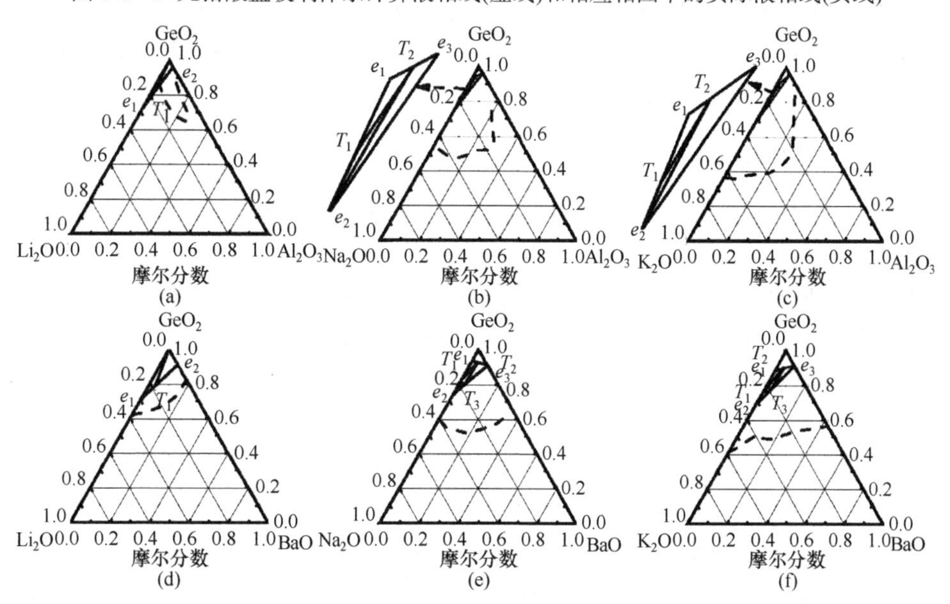

图 8-7　三元锗酸盐玻璃体系理论玻璃形成区(红色实线围成的区域)和实际玻璃形成区[15](虚线)(见书后彩图)

简而言之，本节利用热力学方法定量预测了锗酸盐玻璃体系的低共熔点、液相线及玻璃形成区，对比了计算与实际的低共熔点和三元玻璃形成区。结果表明，预测计算结果与实验结果大体一致，对具体实验工作具有指导意义。然而，预测计算尚存在一些不足，如二元体系计算的低共熔点与实际低共熔点的温度相差较大。理论最佳玻璃形成区是基于优选的低共熔点，计算得到的玻璃形成区偏向于具有高玻璃形成体 GeO_2 含量和低温度的共熔点附近，与实际玻璃形成区相比较小。综上考虑，导致计算与实际结果偏差的主要原因有以下几点。

(1) GeO_2(熔点：(1115±4)℃)在高温时(如 1450℃)会产生部分挥发。此外，玻璃形成能力受热力学因素(成分)和动力学因素(冷却速率)影响，而计算的结果侧重于热力学因素，同时考虑实际情况，选取优化后的低共熔点(靠近网络形成体和较低温度)所围成的计算区域，实际玻璃形成区范围受上述两因素共同影响。

(2) 不同测定条件导致的相图数据的误差以及相图数据的不完整。以 GeO_2-K_2O 系统为例，其相图有两种，在对比这两种相图后，选择低共熔点较为确定的相图作为参考依据。另外，其中部分一致熔融化合物的不确定性($K_2O \cdot 8GeO_2$)，使得计算出现偏差。

(3) 公式适用范围和数据估算带来的误差。本书参考 CRC 手册查询的数据，并在多处采用液相线下降估算法计算出化合物的熔化热参数。相图中的液相线和化合物的熔点因测试条件不同而不同，使得计算存在一定误差。

(4) 式(8.6)中 A 和 B 选用组分含量代替活度，使得近似的组分只能近似代表热力学平衡过程。而当公式中 A 和 B 化合物的熔化热数据相差较大时，导致有些子系统无法计算出新的低共熔点。

2. 碲酸盐玻璃体系

碲酸盐玻璃具有熔点低、稀土溶解度高、折射率和非线性折射率高、声子能量低和稀土离子受激发截面大等优点，在宽带光纤放大器、光纤激光器以及非线性光纤等领域具有潜在应用前景。然而，碲酸盐玻璃存在玻璃化转变温度低、热膨胀系数大、抗热振性差和力学强度低等缺点。因此，探索能够同时满足优异的物理化学性能和光谱性能的碲酸盐玻璃，对碲酸盐光学玻璃及玻璃光纤的实际应用及商用化至关重要。

一般认为，TeO_2 玻璃有三个基本的结构单元，即[TeO_4]双三角锥体、[TeO_3]三角锥体和[$TeO_{3+\delta}$]多面体。每个结构都有一对孤对电子。[TeO_4]单元有四个氧原子，它们与中心碲原子共价键合形成一个双三角锥体，其中一个赤道氧位置未被占据。在双锥体结构中，两个赤道氧和两个顶点氧为桥氧，而第三个赤道位点为 LPE，可从 Te 的价带获得。[TeO_3]三角锥体结构中有两个桥氧位点和一个非桥氧位点。后者是 Te═O 双键。中间多面体实际上是[TeO_3]三角锥的畸变，因为存在过量的氧。

从碲酸盐晶体结构(图 3-21)的角度出发也可以对碲酸盐玻璃进行研究，碲酸盐玻璃结构的特殊性主要是由于 Te^{4+}具有较高的极化性，导致 Te^{4+}很容易被重金属离子(如 Bi^{3+}、Pb^{2+})和具有空轨道的离子(如 Ti^{4+}、Nb^{5+})极化。一般认为，碲酸盐玻璃中 Te 的氧化态不发生变化，Te^{4+}的配位数为 3 或 4，可能存在多种配体。以$[TeO_4]$双三角锥体、$[TeO_{3+\delta}]$多面体和$[TeO_3]$三角锥体为主的六种结构单元，共顶连接成链状网络结构。在传统的玻璃中，网络修饰体主要起断网和降低玻璃熔点的作用，但对玻璃结构单元的影响不大。然而，在碲酸盐玻璃中，网络修饰体扮演了一种更为重要的角色。不同种类和数量的网络修饰体的引入不仅引起碲酸盐玻璃产生断网和熔点降低，而且其结构中会出现多种多面体结构单元，这些特殊的多面体结构以及不同于传统玻璃网络形成体的连接方式决定了碲酸盐玻璃性质的特殊性。

根据 Pauling 规则[16]，玻璃形成的三要素是键性、键强和熔体结构。根据化学键性理论可知，当玻璃形成体的离子键/共价键=50%/50%时，最容易形成玻璃，如表 8-5 中的 Si—O 键和 Ge—O 键，而 Te—O 离子/共价键比例为=43%/57%[17]。离子键的计算公式为[18]

$$离子键数量=1-e^{\frac{1}{4}(X_A-X_B)} \tag{8.9}$$

式中，X_A–X_B 是电负性差。根据单键能理论可知，网络形成体的键强大于 80kcal/mol，而 Te—O 键仅有 64kcal/mol。这表明，纯组分的碲酸盐很难形成玻璃，所以第二和第三组分的引入显得尤为重要。

表 8-6 总结了部分二元碲酸盐玻璃体系的形成范围[17]。可以看出，在二元体系中，组成为 TeO_2-ZnO、TeO_2-WO_3、TeO_2-Tl_2O 的系统具有较大的玻璃形成范围。由于 Tl_2O 具有剧毒性，原料成本较高，WO_3 热力学数据缺失等原因，作者以 TeO_2-Nb_2O_5 和 TeO_2-ZnO 为例，将其作为碲酸盐玻璃的主要组分，然后引入 Na_2O、Li_2O、MgO、ZnO、PbO、Al_2O_3、Bi_2O_3、Nb_2O_5 作为玻璃的第三组分，进一步通过查找相图数据库，计算预测了碲酸盐玻璃三元体系的玻璃形成区。

表 8-5　主要氧化物的键性[17]

化学键	离子键/%	共价键/%
Te—O	43	57
P—O	43	57
B—O	44	56
Bi—O	45	55
Si—O	50	50
Ge—O	50	50
W—O	57	43

续表

化学键	离子键/%	共价键/%
Zn—O	59	41
Nb—O	59	41
Ga—O	59	41
V—O	59	41
Ti—O	60	40
Al—O	63	37
Mg—O	73	27
Y—O	73	27
La—O	80	20
Er—O	80	20
Tm—O	80	20
Li—O	81	19
Na—O	82	18
Ba—O	82	18
K—O	83	17

表 8-6 部分二元碲酸盐玻璃的形成范围[17]

组成	玻璃形成区(TeO_2摩尔分数)/%	组成	玻璃形成区(TeO_2摩尔分数)/%
Li_2O	53.7～80	Sc_2O_3	80～92
Na_2O	53.7～90	TiO_2	81.5～93
K_2O	65.4～97.5	V_2O_5	42～92.5
Rb_2O	73～96.5		92.5～96
Cs_2O	87.5～98	MnO	72.5～85
BeO	80～90	MnO_2	66.5～85
MgO	59.6～89.9	Fe_2O_3	80～97.5
SrO	89～95.2	CoO	85.7～94
BaO	64.2～97.5	Co_3O_4	87.5～95.8

续表

组成	玻璃形成区(TeO_2摩尔分数)/%	组成	玻璃形成区(TeO_2摩尔分数)/%
B_2O_3	75.1～80.3	CuO	50～73.5
Tl_2O	40.4～95	Cu_2O	77.5～83
GeO_2	10～30	ZnO	60～91.8
PbO	80～95	MoO_3	41.5～87.5
P_2O_5	74～92	Ag_2O	80～90
Bi_2O_3	60～66	WO_3	66.7～89 90～95
稀土(包括 La、Ce、Pr、Nd、Sm、Eu、Gd、Tb、Dy、Ho、Er、Tm、Yb、Lu、Sc 等)	85～95		

Berthereau(贝尔托劳)等[19]对 TeO_2-Nb_2O_5 和 TeO_2-Al_2O_3 体系玻璃结构以及性能进行了详细论述。根据 Blanchandin(布兰坎丁)等[20]绘制的 TeO_2-Nb_2O_5 二元相图可知，当 TeO_2 摩尔分数高于 50%时，TeO_2-Nb_2O_5 体系存在一个一致熔融化合物，并且有且只有一个低共熔点，其中最低共熔点的温度为 963.5K，TeO_2 和 Nb_2O_5 的摩尔分数分别为 91.25%和 8.75%，通过计算得到理论最低共熔点的温度为 951.6K，TeO_2 和 Nb_2O_5 的摩尔分数分别为 92.4%和 7.6%。具体数据见表 8-7。根据前文中提到的玻璃形成区大多位于低共熔点到 50%组分之间，得到 TeO_2-Nb_2O_5 二元玻璃的理论玻璃形成区，如图 8-8 所示。其中，相图左下角的细线和粗线分别代表理论玻璃形成区和实际玻璃形成区。图 8-9 给出了计算液相线与实际液相线。由图可知，计算液相线与实际液相线的最低共熔点温度和组分误差均小于 1%，表明计算的液相线与实际液相线吻合。右上角温度点误差较大的原因是，当 TeO_2 摩尔分数为 66.66%时，存在一个不一致熔融化合物，从而造成实际液相线的突起。

表 8-7　TeO_2-Nb_2O_5 体系最低共熔点组分计算值与实验值

体系	化合物		熔融温度/K		熔化热/(J/mol)		低共熔点组成 x_B/%	
	A	B	T_A	T_B	ΔH_A	ΔH_B	计算值	实验值
TeO_2-Nb_2O_5	TeO_2	$Te_3Nb_2O_{11}$	1006	1083	29119.2	106655.9	19	21.8

图 8-10 和图 8-11 分别给出了 TeO_2-Na_2O 二元相图和液相线[21]。从二元相图中可以看出，在 TeO_2 含量大于 50%时 TeO_2-Na_2O 存在三个一致熔融化合物，分

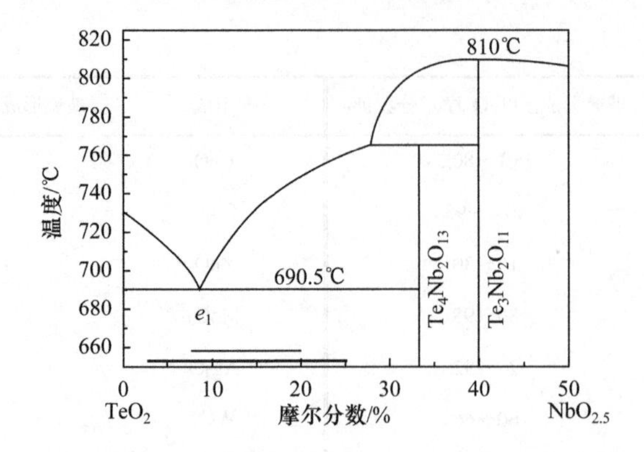

图 8-8　TeO_2-Nb_2O_5 二元相图及玻璃理论玻璃形成区(细线)和实际玻璃形成区[19](粗线)

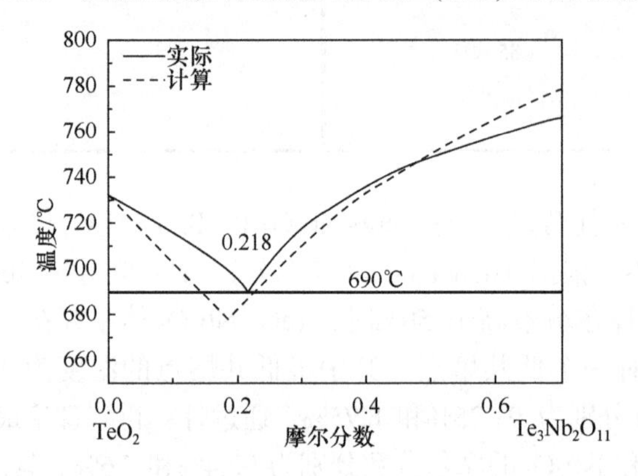

图 8-9　TeO_2-Nb_2O_5 计算液相线(虚线)与实际液相线[20](实线)

别为 $Na_2Te_4O_9$、$Na_2Te_2O_5$ 和 Na_2TeO_3。同时，存在三个低共熔点，其 TeO_2 的含量分别为 83.3%、72%和 62%，低共熔点温度分别为 731K、686K 和 693K。通过计算得到与实际对应的理论低共熔点 k_1、k_2 和 k_3 的 TeO_2 含量分别为 84.9%、78.2%和 73.2%，低共熔点温度分别为 721.2K、661K 和 696.8K。$Na_2Te_4O_9$，$Na_2Te_2O_5$ 和 Na_2TeO_3 的熔化热同样采取凝固点下降法(式(8.8))计算，具体数据见表 8-8。尽管相图中存在三个低共熔点，但是根据靠近主成分的原则，选取了较为靠近 TeO_2 的两个低共熔点计算并绘制三元相图玻璃形成区。对比液相线可知，计算与实际的低共熔点温度误差均小于 5%，而组分误差略有差别，分别为 9%、14%和 20%。可以看出第一点液相线的误差较小，而后两点的误差较大，这是由于 TeO_2 的熔化热和熔点来自 CRC 手册，数据较为可靠，而 $Na_2Te_4O_9$、$Na_2Te_2O_5$ 和 Na_2TeO_3 的熔化热数据为凝固点下降法所得，存在一定误差，导致后两点的误差比第一点的大，这也从侧面反映了数据缺失对相图计算误差影响的重要性。此外，相图的制作过程也会对计算造成影响。

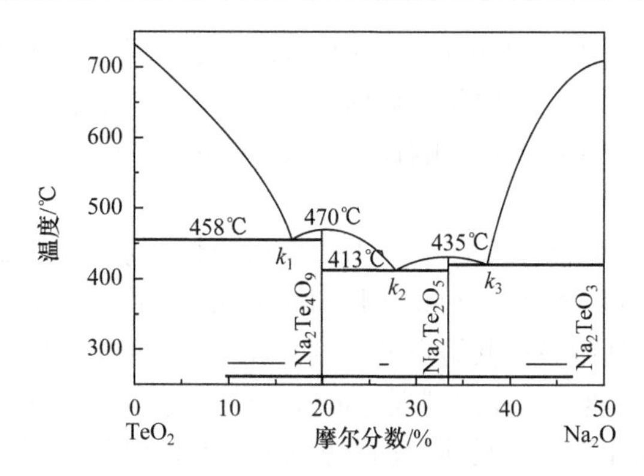

图 8-10　TeO_2-Na_2O 二元相图及玻璃理论玻璃形成区(细线)和实际玻璃形成区[21](粗线)

k_1、k_2 和 k_3 为理论低共熔点

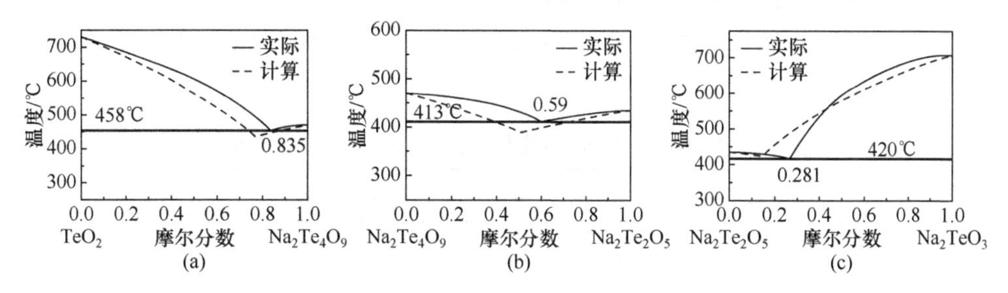

图 8-11　TeO_2-Na_2O 二元体系的计算(虚线)与实际液相线[21](实线)

图 8-12 为 TeO_2-Nb_2O_5-Na_2O 三元体系理论最佳玻璃形成区(m_1、m_2 和 m_3 围成的三角形)与实际玻璃形成区[22](虚线)，具体数据见表 8-8。加入 Na_2O 之后，玻璃形成区向 TeO_2-Na_2O 二元体系靠近，这与实际玻璃形成区趋势相符，且理论最佳玻璃形成区皆在实际玻璃形成区范围内。从图中还可以看到，计算的三元理论最佳玻璃形成区范围很小，与实际玻璃形成区有一定偏差。对计算结果偏差

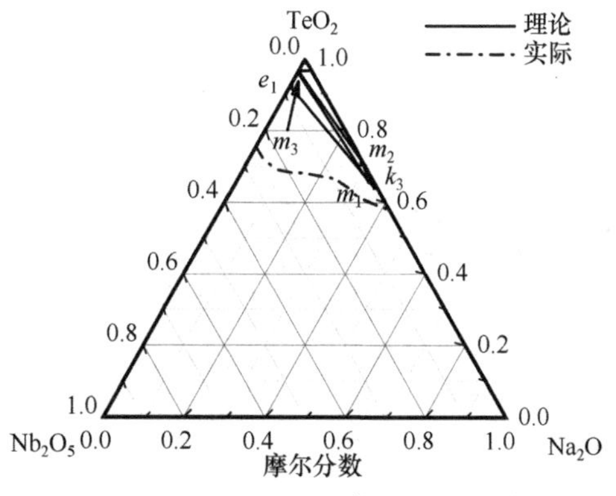

图 8-12　TeO_2-Nb_2O_5-Na_2O 三元体系理论最佳玻璃形成区

(m_1、m_2 和 m_3 围成的三角形)与实际玻璃形成区[22](虚线)

的原因进行分析，一方面是由于 TeO_2-Na_2O 二元相图中最低共熔点拟合误差较大，凝固点下降法所得到的熔化热数据存在偏差；另一方面，Nb^{5+}属于重金属离子且具有空轨道，对 Te^{4+}极化影响较大，因此 Nb_2O_5的加入对玻璃结构产生较大影响。

Bürger(比格尔)等[23]详细论述了 TeO_2-ZnO 体系的玻璃性能及结构并绘制了其二元相图。在 TeO_2含量大于 50%时，TeO_2-ZnO 只有一个低共熔点且没有稳定的中间态化合物，其中最低共熔点的温度为 873K，TeO_2 和 ZnO 的含量分别为 79.15%和 20.85%。通过计算得到理论最低共熔点的温度为 935K，TeO_2 和 ZnO 的含量分别为 75%和 25%，具体数据见表 8-9。图 8-13 给出了 TeO_2-ZnO 的理论与实际玻璃形成区及计算液相线与实际液相线。由图 8-13 可知，计算液相线与实际液相线的最低共熔点温度和组分误差均小于 10%。产生误差的原因是：①实际相图的信息不完整；②测量时存在误差；③不同时期不同作者所作相图也会存在误差。

表 8-8　TeO_2-Nb_2O_5-Na_2O 最低共熔点组分计算值与实验值

体系	子系统		熔化热/(J/mol)		熔融温度/K		低共熔点组成 x_B/%	
	A	B	ΔH_A	ΔH_B	T_A^m	T_B^m	计算	实验
TeO_2-Nb_2O_5-Na_2O	TeO_2	$Na_2Te_4O_9$	29119.2	36139.6	1006	743	77.5	83.5
	$Na_2Te_4O_9$	$Na_2Te_2O_5$	36139.6	56233.3	743	708	51	59
	$Na_2Te_2O_5$	Na_2TeO_3	56233.3	37376.9	708	983	12.5	4.7
	TeO_2	e_1	29119.2	43851.2	1006	952	49	—
	TeO_2	k_3	29119.2	53876.2	1006	697	81.5	—
	e_1	k_3	43851.2	53876.2	952	697	93.5	—

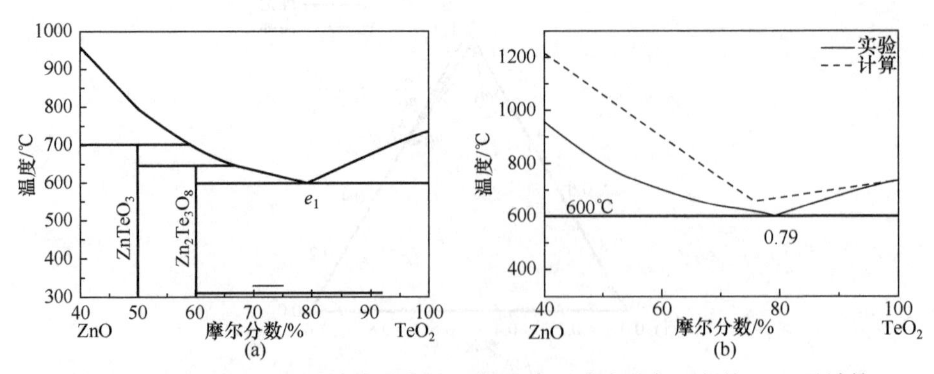

图 8-13　TeO_2-ZnO 的理论玻璃形成区(细线)和实际玻璃形成区(粗线)(a)以及计算(虚线)与实验[23](实线)液相线对比(b)

表 8-9　TeO_2-Nb_2O_5-ZnO 三元体系最低共熔点组分计算值与实验值

体系	子系统		熔融温度/K		熔化热/(J/mol)		低共熔点组成 x_B/%	
	A	B	T_A^m	T_B^m	ΔH_A	ΔH_B	计算	实验
TeO_2-Nb_2O_5-ZnO	TeO_2	ZnO	1006	2248	29119.2	18731.7	25	25
	TeO_2	k_1	1006	935	29119.2	26522.3	57	—
	e_1	k_1	952	935	43851.2	26522.3	59	—

图 8-14 给出了 TeO_2-Nb_2O_5-ZnO 三元体系理论计算所得最佳玻璃形成区与实际玻璃形成区[17]对比，理论最佳玻璃形成区为 m_1、m_2 和 m_3 围成的三角形，具体数据见表 8-9。该三元体系的理论玻璃形成区皆在实际玻璃形成区范围内，且其玻璃形成区偏向 TeO_2-ZnO 侧。

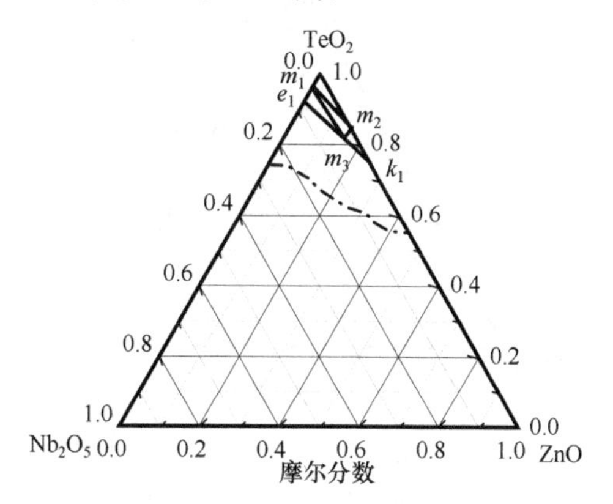

图 8-14　TeO_2-Nb_2O_5-ZnO 三元体系理论计算所得最佳玻璃形成区（m_1、m_2 和 m_3 围成的三角形）与实际玻璃形成区[17]（虚线）

图 8-15 为 TeO_2-Bi_2O_3 的理论玻璃形成区和实际玻璃形成区以及计算与实验[24]液相线对比。从图中可以看出，在给出的相图范围内，存在一个一致熔融化合物，即 $Bi_6Te_2O_{13}$，并在 TeO_2 摩尔分数大于 50%时存在一个低共熔点。最低共熔点温度为 886K，TeO_2 摩尔分数为 83%。通过计算得到理论最低共熔点的温度为 897K，TeO_2 摩尔分数为 78%，温度误差和组分误差均较小，分别为 1%和 6%。液相线右边起始温度不相等是由于文献中相图里的 TeO_2 熔点与 CRC 手册中不同。

图 8-16 为 TeO_2-Nb_2O_5-Bi_2O_3 三元体系理论计算的最佳玻璃形成区与实际玻璃形成区[25]对比，理论最佳玻璃形成区为 m_1、m_2 和 m_3 围成的三角形，具体数据见表 8-10。由图可知，理论计算所得到的最佳玻璃形成区皆在实际玻璃形成区范围内，加入 Bi_2O_3 后三元体系最佳玻璃形成区范围偏向 TeO_2-Bi_2O_3 侧。

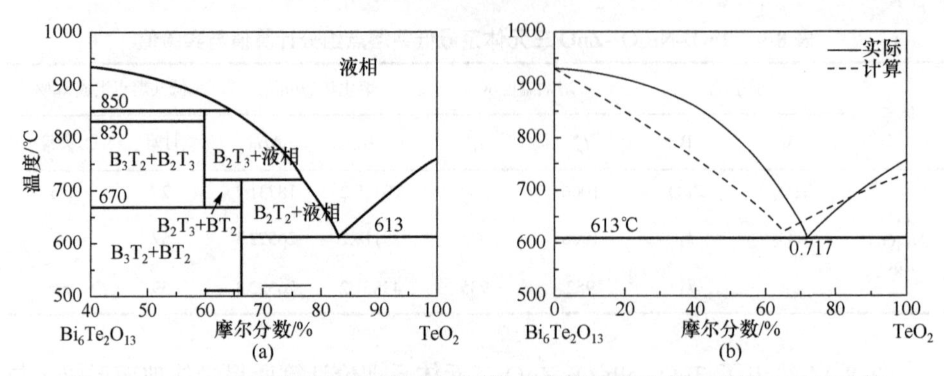

图 8-15　TeO_2-Bi_2O_3的理论玻璃形成区(细线)和实际玻璃形成区(粗线)(a)以及计算(虚线)与实际(实线)液相线(b)[24]

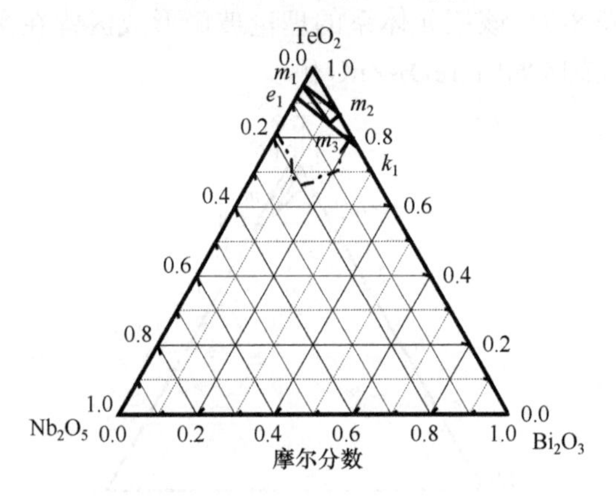

图 8-16　TeO_2-Nb_2O_5-Bi_2O_3三元体系理论计算最佳玻璃形成区(m_1、m_2和m_3围成的三角形)与实际玻璃形成区[25](虚线)

表 8-10　TeO_2-Nb_2O_5-Bi_2O_3最低共熔点组分计算值与实验值

体系	化合物		熔化热/(J/mol)		熔融温度/K		低共熔点组成 x_B/%	
	A	B	ΔH_A	ΔH_B	T_A^m	T_B^m	计算值	实验值
TeO_2-Nb_2O_5-Bi_2O_3	TeO_2	$Bi_6Te_2O_{13}$	29119.2	30633.5	1006	1206	36.5	28.3
	TeO_2	e_1	29119.2	43851.2	1006	952	49	—
	TeO_2	k_1	29119.2	29671.9	1006	897.4	59	—
	e_1	k_1	43851.2	29671.9	951.6	897.4	62	—

利用前文中所述的三元体系玻璃形成区的绘制方法得到了 TeO_2-ZnO-R_2O(R=Li，Na，Rb)、TeO_2-ZnO-R′O(R′=Mg，Pb)和 TeO_2-ZnO-M_2O_3(M=Al，Bi)三元体系理论最佳玻璃形成区，分别如图 8-17、图 8-18 和图 8-19 所示，具体数据见表 8-11、表 8-12 和表 8-13。

表 8-11　TeO_2-ZnO-R_2O(R=Li，Na，Rb)最低共熔点组分计算值与实验值

体系	化合物		熔化热/(J/mol)		熔融温度/K		低共熔点组成 x_B/%	
	A	B	ΔH_A	ΔH_B	T_A^m	T_B^m	计算值	实验值
TeO_2-ZnO-Li_2O	TeO_2	Li_2TeO_3	29119.2	11067.4	1006	993	65	50
	TeO_2	e_1	29119.2	26522.3	1006	935	57	—
	TeO_2	k_1	29119.2	17385.5	1006	766	77	—
	e_1	k_1	26522.3	17385.5	935	766	70	—
TeO_2-ZnO-Na_2O	TeO_2	$Na_2Te_4O_9$	29119.2	36139.6	1006	743	77.5	83.5
	$Na_2Te_4O_9$	$Na_2Te_2O_5$	36139.6	56233.3	743	708	51	59
	$Na_2Te_2O_5$	Na_2TeO_3	56233.3	37376.9	708	983	12.5	4.7
	e_1	k_1	26522.3	34419.6	935	712	71.5	—
	e_1	k_2	26522.3	42947.4	935	661	79	—
	e_1	k_3	26522.3	53876.2	935	697	72	—
	k_1	k_2	34419.6	42947.4	712	661	57.5	—
	k_1	k_3	34419.6	53876.2	712	697	46.5	—
TeO_2-ZnO-Rb_2O	TeO_2	$Rb_2Te_4O_9$	29119.2	21142.6	1006	703	84	85
	$Rb_2Te_4O_9$	$Rb_2Te_2O_5$	21142.6	63731.2	703	783	17.5	15
	k_1	k_2	22418.9	28595.6	670	668	46.5	—
	k_1	e_1	22418.9	26522.3	670	935	20	—
	k_2	e_1	28595.6	26522.3	668	935	20.5	—

表 8-12　TeO_2-ZnO-R′O(R′=Mg，Pb)最低共熔点组分计算值与实验值

体系	化合物		熔化热/(J/mol)		熔融温度/K		低共熔点组成 x_B/%	
	A	B	ΔH_A	ΔH_B	T_A^m	T_B^m	计算值	实验值
TeO_2-ZnO-MgO	TeO_2	$MgTe_2O_5$	29119.2	100643.1	1006	1103	17	21
	$MgTeO_3$	$MgTe_2O_5$	47661.1	100643.1	1123	1103	41.5	81.8
	k_1	k_2	41278.3	69648.7	955	1019	31.5	—
	k_1	e_1	41278.3	26522.3	955	935	58.5	—
	k_2	e_1	69648.7	26522.3	1019	935	75.5	—
TeO_2-ZnO-PbO	TeO_2	$Pb_2Te_3O_8$	29119.2	17352.9	1006	868	67.5	65
	TeO_2	k_1	29119.2	21176.9	1006	754	77	—
	TeO_2	e_1	29119.2	26522.3	1006	935	57	—
	e_1	k_1	26522.3	17352.9	935	754	71.5	—

表 8-13　TeO_2-ZnO-R_2O_3(M=Al，Bi)最低共熔点组分计算值与实验值

体系	化合物		熔化热/(J/mol)		熔融温度/K		低共熔点组成 x_B/%	
	A	B	ΔH_A	ΔH_B	T_A^m	T_B^m	计算值	实验值
TeO_2-ZnO-Al_2O_3	TeO_2	$Al_2Te_3O_9$	29119.2	40990.1	1006	993	46	40
	$Al_2Te_3O_9$	Al_2TeO_5	40990.1	31728.6	993	1361	72.5	74.5
	k_1	k_2	34579.8	34877.5	857	921	42.5	—
	k_1	e_1	34579.8	26522.3	857	935	46.5	—
	k_2	e_1	34877.5	26522.3	921	935	53	—
TeO_2-ZnO-Bi_2O_3	TeO_2	$Bi_6Te_2O_{13}$	29119.2	30633.5	1006	1206	36.5	28.3
	TeO_2	k_1	29119.2	29671.9	1006	897	59	—
	TeO_2	e_1	29119.2	26522.3	1006	935	57	—
	e_1	k_1	26522.3	29671.9	935	897	51.5	—

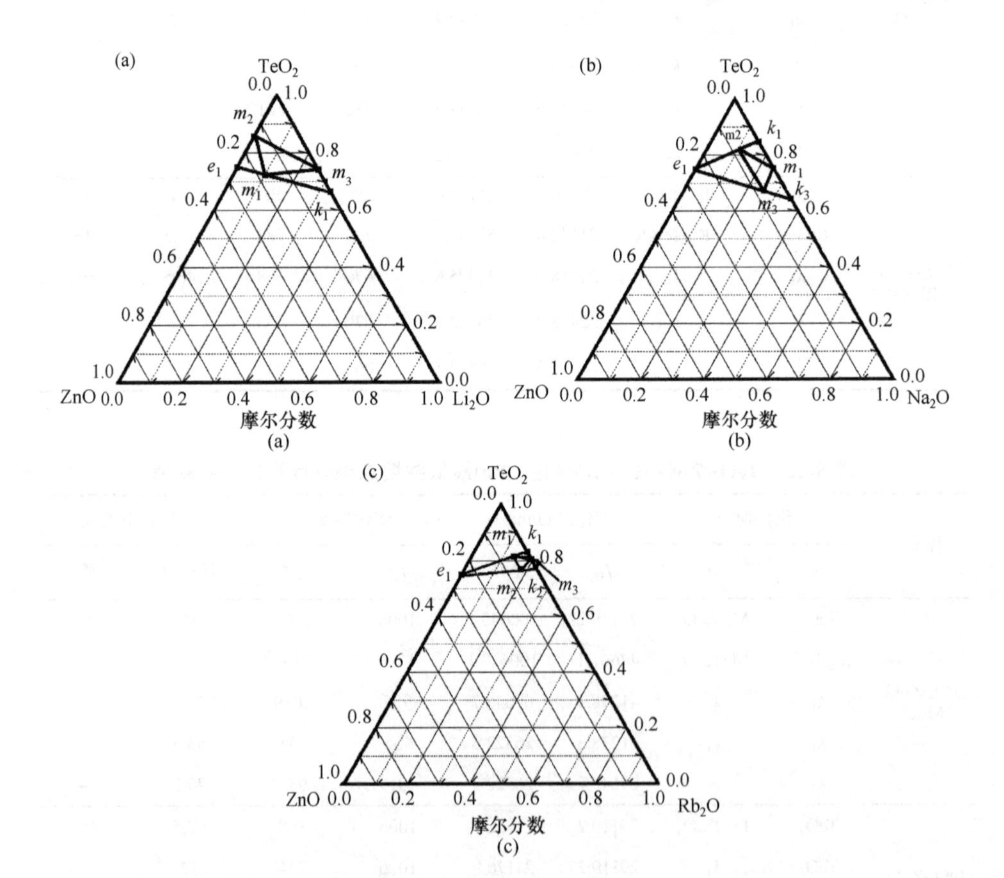

图 8-17　TeO_2-ZnO-R_2O(R=Li，Na，Rb)三元体系理论最佳玻璃形成区

(m_1、m_2 和 m_3 围成的三角形)

(a)TeO_2-ZnO-Li_2O；(b)TeO_2-ZnO-Na_2O；(c)TeO_2-ZnO-Rb_2O

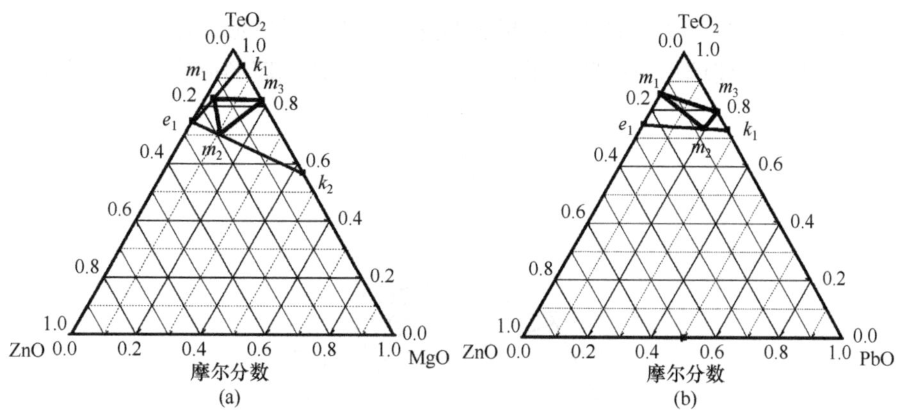

图 8-18　TeO_2-ZnO-R′O(R′=Mg，Pb)的三元体系理论最佳玻璃形成区

(m_1、m_2 和 m_3 围成的三角形)

(a)TeO_2-ZnO-MgO；(b)TeO_2-ZnO-PbO

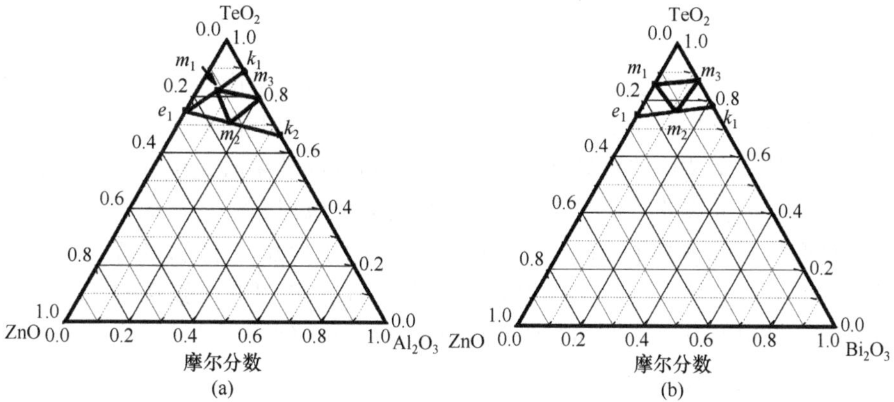

图 8-19　TeO_2-ZnO-M_2O_3(M=Al，Bi)两者的三元体系理论最佳玻璃形成区

(m_1、m_2 和 m_3 围成的三角形)

(a)TeO_2-ZnO-Al_2O_3；(b)TeO_2-ZnO-Bi_2O_3

由于计算得到的 TeO_2-ZnO-X_nO_m(X=Li，Na，Rb，Mg，Pb，Al，Bi)最佳玻璃形成区没有实际相图做对比，缺乏说服力。本书作者选取常见的 TeO_2-ZnO-Na_2O 体系进行计算和实验验证。采取三角形中线方法，在计算所得到的三角形区域进行划分，根据三角形中线特点，中线相交的点(即三角形的重心)将中线分为长度 1∶2 的两条线段，选取较长线段的中点作为一个点，加上三角形的三个顶点、三条中线与底边相交的点以及三条中线相交的点，一共十个点作为实验验证的组分选取点。具体选取如图 8-20 所示。根据玻璃的物理化学性质随组分变化的连续性，若图中选取的每一个点都能形成玻璃，则代表其附近微小区域皆能形成玻璃，选取此十个点附近的微小区域近乎将此三角形填满。换言之，若这十个点皆能形成玻璃，则计算所得到的最佳玻璃形成区也皆能形成玻璃。作者对这

十个点的玻璃进行了实验验证，结果表明这些组成均可以形成玻璃。根据以上分析可知，预测的玻璃形成区覆盖了这些玻璃组成，即此玻璃形成区得以验证。

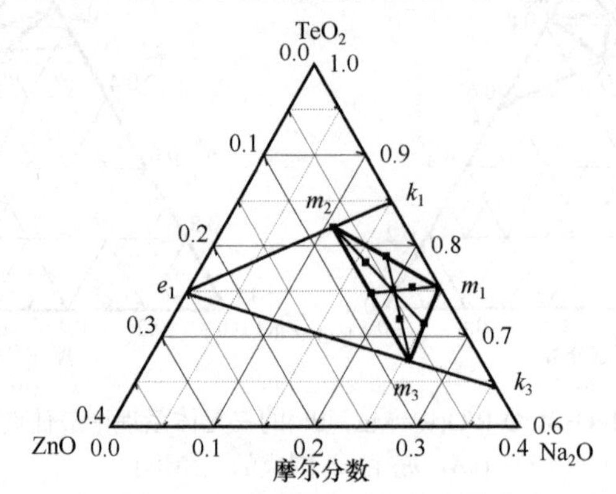

图 8-20 TeO_2-ZnO-Na_2O 理论玻璃形成区实验验证组分点选取示意图

3. 磷酸盐及其衍生体系

磷酸盐玻璃具有形成玻璃性能优异和稀土离子掺杂浓度高等优势，是一类重要的光学玻璃。例如，钕磷酸盐激光玻璃因其受激发射截面大，输出功率高，非线性折射率低，工艺性能较易掌握等优点，是目前高功率激光系统的核心增益介质之一[26-28]。研究表明，通过阴离子取代的方式能够对磷酸盐玻璃进行改性。例如，在磷酸锌玻璃或其他磷酸盐玻璃中引入适量的 SO_4^{2-}，能够显著改善玻璃形成能力和热稳定性[29,30]。在磷酸盐基质中引入适量 F^-可获得氟磷酸盐玻璃，氟磷酸盐玻璃散射率低，线性和非线性折射率低，紫外到近红外波段透过率高，有望应用于被动光学和激光器领域[31]。在磷酸盐基质中同时引入 SO_4^{2-}和 F^-，可以得到具有多种配体结构的氟硫磷玻璃，有望成为新型激光增益介质和固体激光材料[32]。

基于热力学方法，作者定量预测了多种三元磷酸盐的玻璃形成区。表 8-14 列举了三元磷酸盐体系中各二元体系子系统低共熔点的温度及 P_2O_5 含量。对 P_2O_5-Al_2O_3、P_2O_5-R_2O、P_2O_5-R′O 体系而言，P_2O_5 含量越高的低共熔点，其熔融温度越低。体系黏度受温度影响较大，两者呈负相关关系。由此可知，P_2O_5 含量越高的低共熔点处黏度越大，即形成玻璃的可能性越大[33]。P_2O_5 属于玻璃网络形成体，其含量越高越有利于形成玻璃。然而，Al_2O_3-R_2O 和 Al_2O_3-R′O 体系缺乏玻璃网络形成体，且低共熔点温度较高，通常情况下形成玻璃可能性较小。故选取 P_2O_5-Al_2O_3、P_2O_5-R_2O、P_2O_5-R′O 体系中 P_2O_5 含量较高的低共熔点所在的子系统计算得到其低共熔点及液相线的理论值。因此，三元磷酸盐玻璃体系的玻璃形成区范围可缩小至相应浓度三角形内靠近 P_2O_5 组分点的区域。进一步分析表 8-14 数据发现，P_2O_5-R_2O 和 P_2O_5-R′O 体系低共熔点的玻璃形成体含量与

P_2O_5-Al_2O_3 体系相当，前两者在低共熔点的温度更低。一方面，体系黏度对温度较为敏感，温度高则黏度小；另一方面，玻璃熔体在温度较高的条件下浇注冷却发生分相的可能性更大。上述两点均不利于体系形成均匀稳定的玻璃，故进一步推测三元磷酸盐的玻璃形成区应当位于浓度三角形内靠近 P_2O_5-R_2O 和 P_2O_5-$R'O$ 体系且 P_2O_5 含量较高的区域内。

表 8-14 三元磷酸盐体系中各二元体系子系统低共熔点温度及 P_2O_5 含量(摩尔分数)

体系	子系统	低共熔点温度/℃	P_2O_5 含量/%
P_2O_5-Li_2O	$LiPO_3$-$Li_4P_2O_7$	600[34]	43.9[34]
	$Li_4P_2O_7$-Li_3PO_4	870[34]	30.9[34]
P_2O_5-Na_2O	$(NaPO_3)_3$-$Na_4P_2O_7$	490[35]	43.9[35]
	$Na_4P_2O_7$-Na_3PO_4	943[35]	30.1[35]
P_2O_5-K_2O	$(KPO_3)_3$-$K_4P_2O_7$	610[36]	41.3[36]
	$K_4P_2O_7$-K_3PO_4	1025[36]	29.4[36]
P_2O_5-MgO	MgP_2O_6-$Mg_2P_2O_7$	1150[37]	47.5[37]
	$Mg_2P_2O_7$-$Mg_3P_2O_8$	1282[37]	27.6[37]
P_2O_5-CaO	P_2O_5-CaP_4O_{11}	488[38]	91.0[38]
	CaP_4O_{11}-CaP_2O_6	740[38]	63.0[38]
	CaP_2O_6-$Ca_2P_2O_7$	980[38]	48.8[38]
	$Ca_2P_2O_7$-$Ca_3P_2O_8$	1302[38]	30.8[38]
	$Ca_3P_2O_8$-CaO	1577[38]	21.9[38]
P_2O_5-BaO	BaP_2O_6-$Ba_2P_2O_7$	870[39]	47.4[39]
	$Ba_2P_2O_7$-$Ba_3P_2O_8$	1415[39]	30.0[39]
	$Ba_3P_2O_8$-$Ba_{10}P_6O_{25}$	1570[39]	23.7[39]
	$Ba_{10}P_6O_{25}$-BaO	1480[39]	21.4[39]
P_2O_5-Al_2O_3	AlP_3O_9-$AlPO_4$	1212[40]	67.5[40]
	$AlPO_4$-Al_3PO_7	1881[35]	32.5[35]
	Al_3PO_7-Al_2O_3	1847[35]	23.5[35]
Li_2O-Al_2O_3	Li_2O-$LiAlO_2$	1055[41]	—
	$LiAlO_2$-$LiAl_5O_8$	1652[41]	—
	$LiAl_5O_8$-Al_2O_3	1915[41]	—
Na_2O-Al_2O_3	Na_2O-Al_2O_3	1540[42]	—
K_2O-Al_2O_3	$KAlO_2$-Al_2O_3	1450[43]	—
MgO-Al_2O_3	MgO-Al_2O_3	1996[44]	—
CaO-Al_2O_3	CaO-Al_2O_3	1371[45]	—
BaO-Al_2O_3	BaO-$Ba_3Al_2O_6$	1425[46]	—
	$Ba_3Al_2O_6$-$BaAl_2O_4$	1480[46]	—
	$BaAl_2O_4$-$BaAl_{12}O_{19}$	1620[46]	—
	$BaAl_{12}O_{19}$-Al_2O_3	1875[46]	—

作者选取 P_2O_5-R_2O 和 P_2O_5-$R'O$ 体系最低共熔点所在子系统计算其液相线和低共熔点 e_1，选取 P_2O_5-Al_2O_3 体系最低共熔点所在子系统计算其低共熔点 e_2。低共熔点 e_1 和 e_2 在相图中的位置确定，即组分确定，可将其看作准化合物(如图 8-3 所示原理)，组成新的二元体系。准化合物的熔化热可用子系统两组分熔化热的加权平均值近似代替，进一步计算得到新的低共熔点 e，那么由 e、e_1、P_2O_5 组分点所形成的三角形区域即为三元磷酸盐体系的理论玻璃形成区。P_2O_5-Al_2O_3-CaO 体系比较特殊，P_2O_5-CaO 二元体系中 P_2O_5 含量大于 50%的低共熔点有两个，其附近均易于形成玻璃，因此令其与 P_2O_5-Al_2O_3 体系低共熔点组成新的三元体系，计算两两准化合物之间的低共熔点，得到其理论玻璃形成区。表 8-15 总结了三元磷酸盐玻璃体系中二元子系统的热力学参数、低共熔点组分计算值和实验值。图 8-21 为相应二元体系的理论和实际液相线。结果表明，低共熔点组分的计算值与实验值较为接近，绝对偏差小于 5%，而温度偏差较大。这一结果的主要原因是本书采用的计算方法从热力学理论推导而得，而玻璃熔体具有混合键组成的网络结构，体系黏度较大，冷凝(或加热)过程中容易出现过冷(或过热)现象，体系液相线受动力学因素影响较大。但是相对而言，动力学因素对共熔点组成的影响远小于对液相线温度的影响。总体来说，图 8-21 呈现的结果能够较好地证明该计算方法的准确性以及熔化热数值的合理性，为进一步计算准化合物二元体系的低共熔点奠定了基础。

表 8-15　磷酸盐玻璃体系低共熔点组分计算值和实验值

体系	子系统		熔融温度/K		熔化热/(J/mol)		低共熔点组成 x_B/%	
			T_A^m	T_B^m	ΔH_A	ΔH_B	计算	测试
Li_2O-Al_2O_3-P_2O_5	$Li_4P_2O_7$	$LiPO_3$	1158[34]	938[34]	27118[a]	21819[3]	44.4	43.9[34]
	AlP_3O_9	$AlPO_4$	1762[40]	2273[40]	20176[a]	48307[a]	31.4	35.2[40]
	e_1	e_2	873[34]	1485[40]	23594[b]	27349[b]	15.5	—
Na_2O-Al_2O_3-P_2O_5	$NaPO_3$	$Na_4P_2O_7$	900[35]	1263[35]	27040[3]	21190[a]	34.0	39.0[35]
	AlP_3O_9	$AlPO_4$	1762[40]	2273[40]	20176[a]	48307[a]	31.4	35.2[40]
	e_1	e_2	813[35]	1485[40]	25051[b]	27349[b]	10.0	—
K_2O-Al_2O_3-P_2O_5	$(KPO_3)_3$	$K_4P_2O_7$	1096[36]	1377[36]	55491[3]	20147[a]	37.1	39.4[36]
	AlP_3O_9	$AlPO_4$	1762[40]	2273[40]	20176[a]	48307[a]	31.4	35.2[40]
	e_1	e_2	883[36]	1485[40]	20148[b]	27349[b]	18.5	—
MgO-Al_2O_3-P_2O_5	$Mg_2P_2O_7$	MgP_2O_6	1655[37]	1438[37]	55295[a]	80577[3]	43.3	47.5[37]
	AlP_3O_9	$AlPO_4$	1762[40]	2273[40]	20176[a]	48307[a]	31.4	35.2[40]
	e_1	e_2	1423[37]	1485[40]	70464[b]	27349[b]	61.0	—
CaO-Al_2O_3-P_2O_5	CaP_4O_{11}	CaP_2O_6	1073[38]	1263[38]	30662[a]	57166[3]	37.4	36.9[38]
	AlP_3O_9	$AlPO_4$	1762[40]	2273[40]	20176[a]	48307[a]	31.4	35.2[40]
	e_1	e_2	1013[38]	1485[40]	37125[b]	27349[b]	29.5	—

续表

体系	子系统		熔融温度/K		熔化热/(J/mol)		低共熔点组成 x_B/%	
			T_A^m	T_A^m	ΔH_A	ΔH_B	计算	测试
BaO-Al_2O_3-P_2O_5	$Ba_2P_2O_7$	BaP_2O_6	1703[38]	1143[39]	54123[a]	57406[3]	48.4	47.5[39]
	AlP_3O_9	$AlPO_4$	1762[40]	2273[40]	20176[a]	48307[a]	31.4	35.2[40]
	e_1	e_2	1123[39]	1485[40]	41266[b]	27349[b]	37.5	—

a. 数据通过凝固点下降法估算。

b. 数据通过加和法估算。

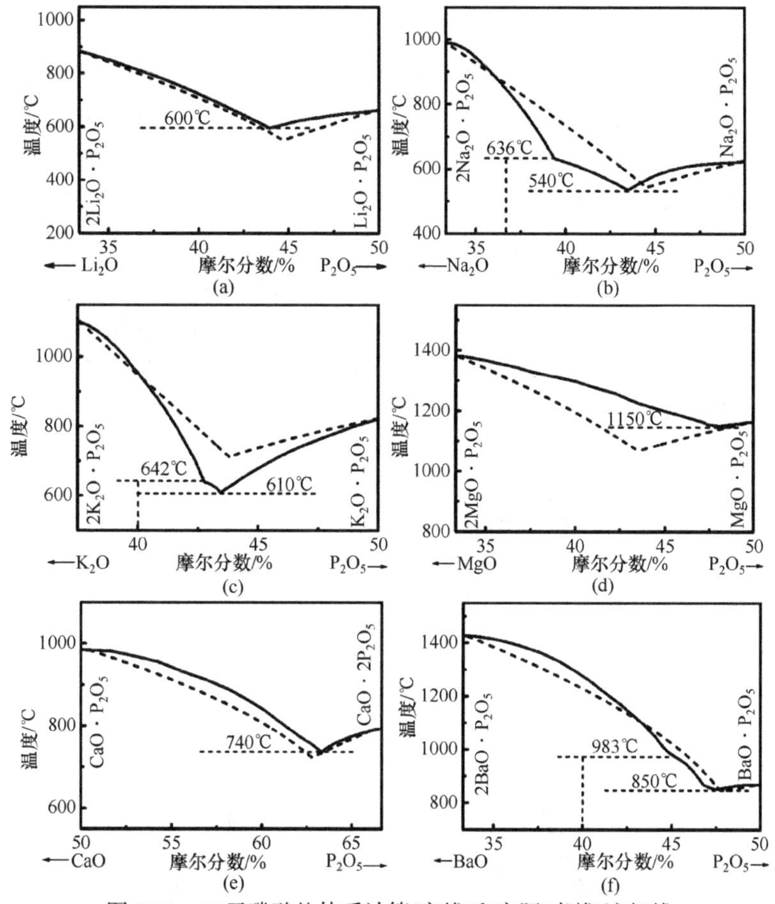

图 8-21　二元磷酸盐体系计算(实线)和实际(虚线)液相线

(a)Li_2O-P_2O_5；(b)Na_2O-P_2O_5；(c)K_2O-P_2O_5；(d)MgO-P_2O_5；(e)CaO-P_2O_5；(f)BaO-P_2O_5

根据二元磷酸盐体系 P_2O_5-Al_2O_3、P_2O_5-R_2O(R=Li，Na，K)、P_2O_5-R′O(R′=Mg，Ca，Ba)以及准化合物二元体系低共熔点的组分计算值，将其标识于三元磷酸盐体系 R_2O-Al_2O_3-P_2O_5(R=Li，Na，K)和 R′O-Al_2O_3-P_2O_5(R′=Mg，Ca，Ba)的

三角形，得到相应的理论玻璃形成区，如图 8-22 所示。图 8-22 中的实际玻璃形成区来自 Kishioka(岸岗)等[47]的研究工作，其实验条件为：熔制温度 1350℃，P_2O_5 含量低于 50%的样品采用铂金坩埚熔制，铜板压轧淬冷；P_2O_5 含量大于 50%的样品采用氧化铝坩埚熔制，电风扇吹风流动空气冷却。由图可知，理论玻璃形成区与实际玻璃形成区在浓度三角形的位置大致相同，即位于 P_2O_5-$R_2O(R'O)$二元体系附近且网络形成体 P_2O_5 含量较高的区域，理论玻璃形成区与实际玻璃形成区重叠程度较大，表明热力学方法能够用于预测三元磷酸盐的玻璃形成区。此外，三元磷酸盐玻璃体系的实际玻璃形成区较大且较为独特，即使在 P_2O_5 含量较高或 P_2O_5 含量为 50%甚至更小的区域也不会发生分相或析晶，这与热力学方法计算获得的结果相一致。

基于对磷酸盐玻璃形成区的计算推导，作者进一步预测了氟磷酸盐玻璃的玻璃形成区。表 8-16 总结了氟磷酸盐玻璃体系中相关二元子系统的热力学参数、低共熔点组分计算值和实验值。图 8-23 为三元氟磷酸盐玻璃体系(MgF_2-AlF_3-$Ba(PO_3)_2$、ZnF_2-AlF_3-$Ba(PO_3)_2$、ZnF_2-AlF_3-$Zn(PO_3)_2$)的理论玻璃形成区与实际玻璃形成区，其中实际玻璃形成区来自 Ehrt(埃尔特)[48]的研究工作。结果表明，理论玻璃形成区均落在实际玻璃形成区范围内且重叠程度较高，表明热力学计算方法能够初步预测氟磷酸盐玻璃形成区。氟磷酸盐玻璃结合了氟化物玻璃和磷酸盐玻璃的优点，其玻璃形成区较大，即成分可调范围较大，因此该体系光学玻璃光学性质可调性大，有望得到广泛应用。

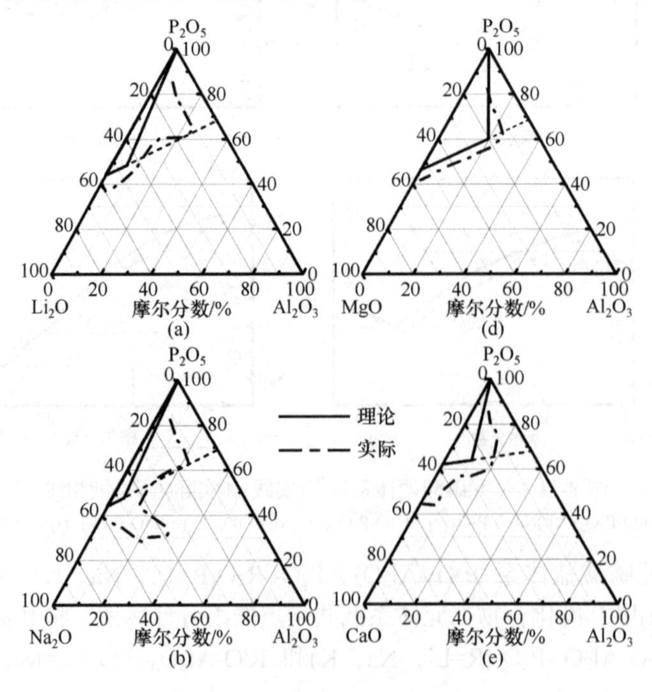

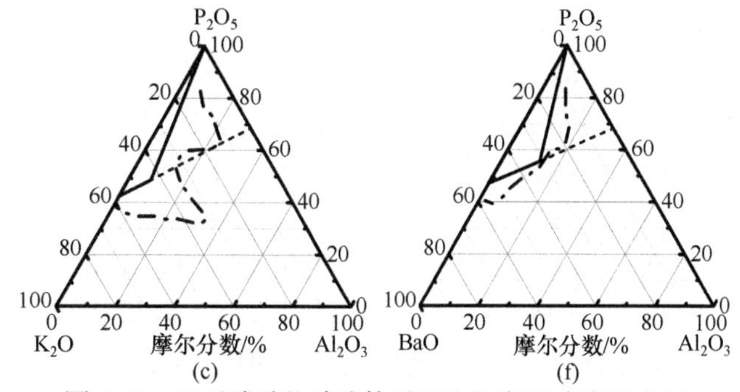

图 8-22　三元磷酸盐玻璃体系理论和实际玻璃形成区

(a)Li_2O-Al_2O_3-P_2O_5；(b)Na_2O-Al_2O_3-P_2O_5；(c)K_2O-Al_2O_3-P_2O_5；(d)MgO-Al_2O_3-P_2O_5；(e)CaO-Al_2O_3-P_2O_5；(f)BaO-Al_2O_3-P_2O_5

表 8-16　氟磷酸盐玻璃体系低共熔点组分计算值与实验值

体系	子系统		熔融温度/K		熔化热/(J/mol)		低共熔点组成 x_B/%	
			T_A^m	T_B^m	ΔH_A	ΔH_B	计算值	实验值
MgF_2-AlF_3-$Ba(PO_3)_2$	$Ba(PO_3)_2$	MgF_2	1153[3]	1533[49]	57269[3]	51844[a]	21.5	—
	$Ba(PO_3)_2$	AlF_3	1153[3]	1271[50]	57269[3]	27551[a]	53.0	—
	e_1	e_2	1122[c]	1023[c]	56103[b]	41518[b]	65.5	—
ZnF_2-AlF_3-$Ba(PO_3)_2$	$Ba(PO_3)_2$	ZnF_2	1153[3]	1220[51]	57269[3]	28311[a]	55.5	—
	$Ba(PO_3)_2$	AlF_3	1153[3]	1271[50]	57269[3]	27551[a]	53.0	—
	e_1	e_2	1013[c]	1023[c]	41197[b]	41518[b]	49.0	—
ZnF_2-AlF_3-$Zn(PO_3)_2$	$Zn(PO_3)_2$	ZnF_2	1136[52]	1220[51]	29396[a]	28311[a]	46.0	—
	$Zn(PO_3)_2$	AlF_3	1136[52]	1271[50]	29396[a]	27551[a]	44.0	—
	e_1	e_2	951[c]	962[c]	28897[b]	28584[b]	49.5	—

a. 数据通过凝固点下降法估算。

b. 数据通过加和法估算。

c. 数据通过低共熔点方程计算。

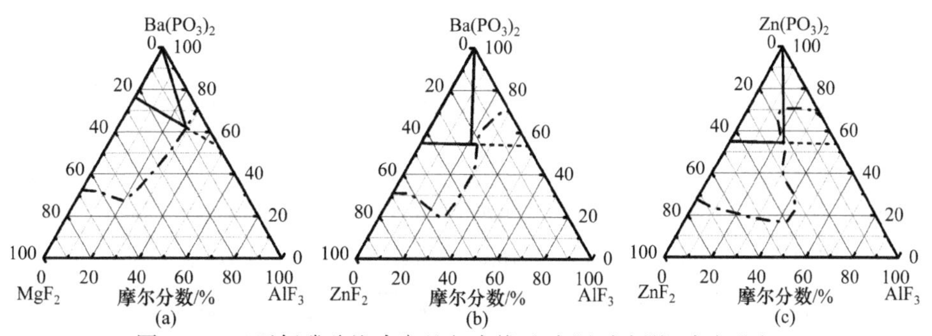

图 8-23　三元氟磷酸盐玻璃理论(实线)和实际(点划线)玻璃形成区

(a)MgF_2-AlF_3-$Ba(PO_3)_2$；(b)ZnF_2-AlF_3-$Ba(PO_3)_2$；(c)ZnF_2-AlF_3-$Zn(PO_3)_2$

在氟磷酸盐玻璃基质中进一步引入硫酸根离子，能够在一定程度上改善体系的玻璃形成能力同时降低玻璃化转变温度。这种多阴离子氟硫磷玻璃体系可能存在多种配体结构，在新型光学玻璃基质材料方面具有较大的应用潜力。因此，在定量预测磷酸盐、氟磷酸盐玻璃形成区的基础上，作者进一步定量计算和实验验证了氟硫磷酸盐的玻璃形成区。表 8-17 总结了三元氟硫磷玻璃体系中相关二元子系统的热力学参数、低共熔点组分计算值和实验值。图 8-24 给出了 $LiPO_3$-Li_2SO_4、$NaPO_3$-Na_2SO_4、KPO_3-K_2SO_4 体系的计算和实际液相线，结果表明低共熔点组分位置的理论计算值与实验值较为接近，但是温度偏差相对较大。

表 8-17　氟硫磷玻璃体系中相关二元子系统的热力学参数、低共熔点组分计算值和实验值

体系	子系统		熔融温度/K		熔化热/(J/mol)		低共熔点组成 x_B/%	
	A	B	T_A^m	T_B^m	ΔH_A	ΔH_B	计算值	实验值
AlF_3-Li_2SO_4-$LiPO_3$	$LiPO_3$	Li_2SO_4	907[53]	1133[53]	21819[3]	13807[54]	47.0	52.5[53]
	$LiPO_3$	AlF_3	907[53]	1271[50]	21819[3]	27551[a]	26.0	—
	$LiPO_3$	e($LiPO_3$-Li_2SO_4)	907[53]	781[53]	21819[3]	18053[b]	62.0	—
	AlF_3	e($LiPO_3$-Li_2SO_4)	1271[50]	781[53]	27551[a]	18053[b]	87.5	—
AlF_3-Na_2SO_4-$NaPO_3$	$NaPO_3$	Na_2SO_4	900[35]	1158[35]	27040[3]	23012[54]	36.5	31.5[35]
	$NaPO_3$	AlF_3	900[35]	1271[50]	27040[3]	27551[a]	26.5	—
	$NaPO_3$	e($NaPO_3$-Na_2SO_4)	900[35]	855[35]	27040[3]	25570[b]	55.0	—
	AlF_3	e($NaPO_3$-Na_2SO_4)	1271[50]	855[35]	27551[a]	25570[b]	78.0	—
AlF_3-K_2SO_4-KPO_3	KPO_3	K_2SO_4	1071[35]	1342[35]	20299[3]	36819[54]	27.0	21.5[35]
	KPO_3	AlF_3	1071[35]	1271[50]	20299[3]	27551[a]	36.0	—
	KPO_3	e(KPO_3-K_2SO_4)	1071[35]	987[35]	20299[3]	24759[b]	51.5	—
	AlF_3	e(KPO_3-K_2SO_4)	1271[50]	987[35]	27551[a]	24759[b]	67.0	—
AlF_3-$CaSO_4$-$Ca(PO_3)_2$	$Ca(PO_3)_2$	$CaSO_4$	1241[3]	1673[54]	56974[3]	28033[54]	40.0	—
	$Ca(PO_3)_2$	AlF_3	1241[3]	1271[50]	56974[3]	27551[a]	59.0	—
	$Ca(PO_3)_2$	e($Ca(PO_3)_2$-$CaSO_4$)	1241[3]	1140[c]	56974[3]	45398[b]	63.0	—
	$Ca(PO_3)_2$	e($Ca(PO_3)_2$-AlF_3)	1241[3]	1064[c]	56974[3]	39614[b]	72.5	—
	e($Ca(PO_3)_2$-$CaSO_4$)	e($Ca(PO_3)_2$-AlF_3)	1140[c]	1064[c]	45398[b]	39614[b]	59.0	—
AlF_3-$SrSO_4$-$Sr(PO_3)_2$	$Sr(PO_3)_2$	$SrSO_4$	1277[3]	1923[35]	40033[3]	29135[a]	31.5	—
	$Sr(PO_3)_2$	AlF_3	1277[3]	1271[50]	40033[3]	27551[a]	56.0	—
	$Sr(PO_3)_2$	e($Sr(PO_3)_2$-$SrSO_4$)	1277[3]	1163[c]	40033[3]	35172[b]	59.5	—
	$Sr(PO_3)_2$	e($Sr(PO_3)_2$-AlF_3)	1277[3]	1045[c]	40033[3]	32230[b]	67.5	—
	e($Sr(PO_3)_2$-$SrSO_4$)	e($Sr(PO_3)_2$-AlF_3)	1163[c]	1045[c]	36600[b]	33168[b]	60.5	—
AlF_3-$BaSO_4$-$Ba(PO_3)_2$	$Ba(PO_3)_2$	$BaSO_4$	1153[3]	1623[54]	57211[3]	40585[54]	25.0	—
	$Ba(PO_3)_2$	AlF_3	1153[3]	1271[50]	57211[3]	27551[a]	53.0	—
	$Ba(PO_3)_2$	e($Ba(PO_3)_2$-$BaSO_4$)	1153[3]	1104[c]	57211[3]	53055[b]	56.5	—

续表

体系	子系统		熔融温度/K		熔化热/(J/mol)		低共熔点组成 x_B/%	
	A	B	T_A^m	T_B^m	ΔH_A	ΔH_B	计算值	实验值
AlF_3-$BaSO_4$-$Ba(PO_3)_2$	$Ba(PO_3)_2$	$e(Ba(PO_3)_2$-$AlF_3)$	1153[3]	1023[c]	57211[3]	41491[b]	69.5	—
	$e(Ba(PO_3)_2$-$BaSO_4)$	$e(Ba(PO_3)_2$-$AlF_3)$	1104[c]	1023[c]	53055[b]	41491[b]	62.5	—

a. 数据通过凝固点下降法估算。

b. 数据通过加和法估算。

c. 数据通过低共熔点方程计算。

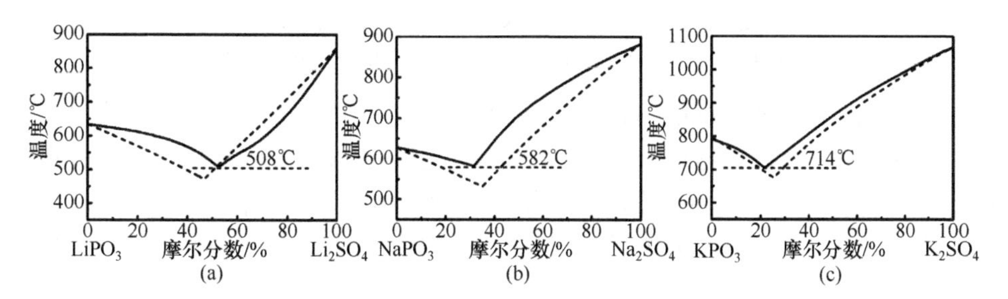

图 8-24　二元硫磷酸盐体系计算(虚线)和实际(实线)液相线

(a)$LiPO_3$-Li_2SO_4；(b)$NaPO_3$-Na_2SO_4；(c)KPO_3-K_2SO_4

图 8-25 给出了三元氟硫磷酸盐体系的理论和实际玻璃形成区以及玻璃照片。实验采用高纯度(光学纯)原料，称取配合料 100g 置于铂金坩埚，于 850～1000℃

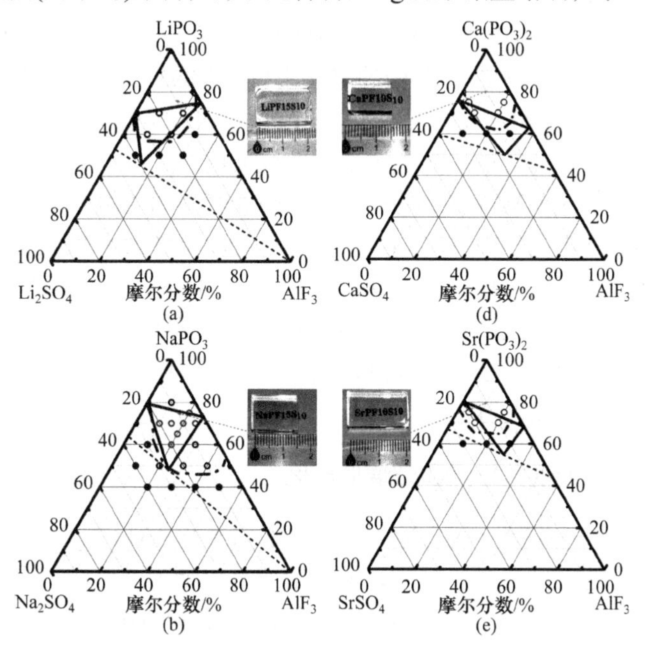

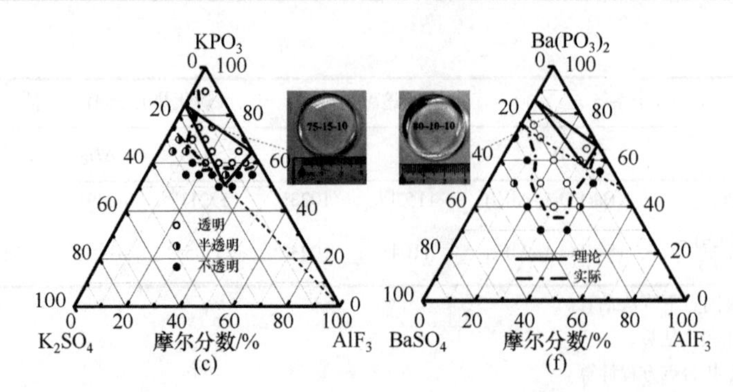

图 8-25　三元氟硫磷酸盐体系理论(实线)和实际(点划线)玻璃形成区及玻璃照片

(a)AlF_3-Li_2SO_4-$LiPO_3$；(b)AlF_3-Na_2SO_4-$NaPO_3$；(c)AlF_3-K_2SO_4-KPO_3；(d)AlF_3-$CaSO_4$-$Ca(PO_3)_2$；(e)AlF_3-$SrSO_4$-$Sr(PO_3)_2$；(f)AlF_3-$BaSO_4$-$Ba(PO_3)_2$

下熔制 1.5h，随后在 1000～1100℃条件下均化 2h，浇注于预热的石墨模具，退火(T_g+50℃)4h 后以 3～5℃/h 的速率冷却至室温。大部分实际形成玻璃组分点落在计算玻璃形成区范围内，表明实验结果与理论预测结果吻合度较高。Le 等[32]报道的 $NaPO_3$-AlF_3-Na_2SO_4 体系的部分形成玻璃组分点均落在预测计算玻璃形成区内。

此外，作者认为基于理论预测可有效地指导实际实验工作，通过少量实验便可快速确定上述氟硫磷酸盐体系的实际玻璃形成区。实验探索从理论计算的玻璃形成区边界入手，较大程度上减少了实验量。实验原料 RPO_3 和 $R'(PO_3)_2$ 均来自上海太洋科技有限公司(纯度≥99%，光学级)，其他组分原料为 AlF_3(99.9%，无水级，阿拉丁)，R_2SO_4(R=Li，Na，K) (99.9%，麦克林)和 $R'SO_4$(R'=Ca，Sr，Ba)(分析纯，阿拉丁)。根据相图中的名义组分，称取 20g 混合料研磨均匀后置于刚玉坩埚中，在 1000～1200℃条件下熔制 30min，随后将玻璃熔体直接浇注到室温铁板上，观察其透过性能确定是否形成玻璃。

原料在高温条件下具有一定的挥发性，因此获得的氟硫磷酸盐玻璃的实际组分与初始名义组分相比存在一定偏差，而这与实验条件紧密相关，所以实际玻璃形成区均根据初始名义浓度标注。实验结果如图 8-25 所示，结果表明三元氟硫磷酸盐体系理论玻璃形成区和实际玻璃形成区能很好地重叠吻合。表明热力学计算方法适用于氟硫磷酸盐玻璃的预测，这一方法为多阴离子玻璃的探索提供了一种简单、快速、可预测的方法。

8.2.2　卤素化合物的低共熔点和玻璃形成区

红外技术的快速发展，极大地推动了人们对氟化物玻璃等非氧化物红外玻璃的研究[55-62]。卤化物玻璃主要是指以氟化锆或氟化铟为玻璃网络形成体、氟化钡为网络外体制备的玻璃[56]。氟化物玻璃的紫外透过性质明显优于传统的氧化物玻璃，其紫外透过截止波长为 250nm，对应的能带约为 5eV，而高纯石英的紫外截止波长对应的能带约为 8eV。此外，氟化物玻璃具有传统氧化物玻璃所不具备的优异的红外透过性能，可广泛用于制备红外光纤和平面波导介质。

1. 卤化物的玻璃化转变行为

在氟化物玻璃中，BeF_2 玻璃是由[BeF_4]四面体连接成的三维空间架状结构，在玻璃中形成类似于 SiO_2 结构的空间排列，它的短程有序和 α-方石英相似。其他氟化物玻璃形成体配位数较高，难以单独形成玻璃，需要添加网络外体降低其配位数从而使网络结构易于转变成玻璃态。与氧化物玻璃形成体相似，卤化物玻璃形成体也具有混合化学键和共顶角连接结构，根据其配位数和电价是否平衡可以分为以下三类[63-69]。

(1) 配位数为 4，结构为共顶角连接且处于电价平衡的卤化物，如 BeF_2、$ZnCl_2$ 和 $ZnBr_2$ 等，能够形成稳定的玻璃。此外，加入低价化合物作为第二组分后可增大其玻璃形成区。

(2) 配位数为 4，结构为共顶角连接而处于非电价平衡状态的物质，如 AlF_3，其配位数也可以为 6，只有在快速冷却条件下才能单独形成玻璃。当引入第二组分中和其剩余电价时可促进结构单元共顶连接形成网络结构。

(3) 配位数为 6，结构为共顶角连接且处于非电价平衡状态下的卤化物，如 ZrF_4、ZnF_2、ThF_4、HfF_4、$ThCl_4$ 等，其玻璃形成性能与第二类物质相类似。

2. 卤化物的低共熔点和玻璃形成性能

卤化物体系的玻璃形成区与其低共熔点的位置密切相关，且通常位于网络形成体和网络外体之比为 3∶1、2∶1 和 1∶1 附近[62,68]。因此，卤化物玻璃形成区通常位于网络形成体含量为 60%附近的区域。由于低共熔点的影响，其玻璃形成区边界将扩展至网络形成体含量为 45%～70%附近。与氧化物体系类似，三元卤化物体系的最佳玻璃形成区也可以根据相关二元卤化物体系的低共熔点进行计算预测。

利用现有热力学数据，如相关组分的熔点和熔化热计算各类二元相图，其计算结果与实验结果偏差较小。因此，基于卤化物的相关热力学数据计算低共熔点的大致位置是可行的。本章采用热力学方法计算了部分卤化物体系的低共熔点和玻璃形成区，结果汇总于表 8-18，图 8-26 给出了 $PbCl_2$-$ZnCl_2$-KCl 体系的实际相图[70]。由表和图可知，卤化物体系的计算结果与实验结果非常接近。图 8-27 给出了 KF-NaF 等一些卤化物无机盐的二元相图，低共熔点组分的计算值与实验值偏差较小，表明该方法适用于计算卤化物体系的低共熔点组分位置。

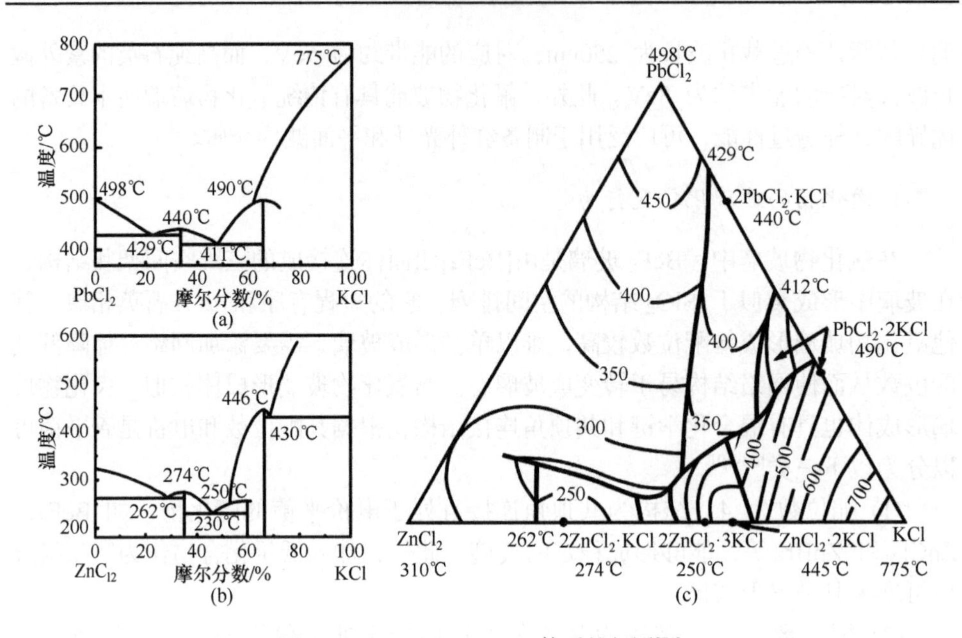

图 8-26　$PbCl_2$-$ZnCl_2$-KCl 体系的相图[71]

(a)$PbCl_2$-KCl；(b)$ZnCl_2$-KCl；(c)$PbCl_2$-$ZnCl_2$-KCl

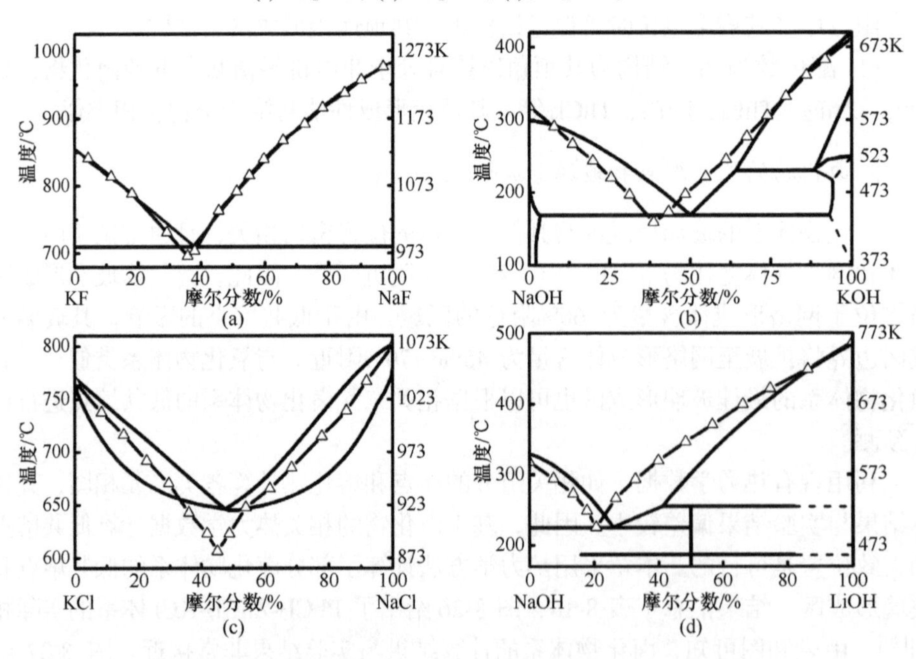

图 8-27　二元卤化物无机盐体系低共熔点计算和实验[72]液相线

(a)KF-NaF；(b)NaOH-KOH；(c)KCl-NaCl；(d)NaOH-LiOH

表 8-18　部分卤化物玻璃体系低共熔点计算值与实验值

系统		熔融温度/K		熔化热 ΔH_F/(kcal/mol)		低共熔点组成 x_B/%		
						计算值		实验值
A	A_xB_y	T_A^m	$T_{A_xB_y}^m$	ΔH_A^m	$\Delta H_{A_xB_y}^m$	x_B	$x_B \pm 3$	
CaF_2	$CaAlF_3$	1673	1146	29.3	8.53	40.7	37.7～43.7	38
AlF_3	$BaAlF_5$	1161	1193	98.0	29.582	33.2	30.2～36.2	35
$CdCl_2$	$KCdCl_3$	841	713	48.58	84.532	37.8	34.8～40.8	34
$PbCl_2$	K_2PbCl_4	769	763	21.9	5.731	48.1	45.1～51.1	47
$ZnCl_2$	K_2ZnCl_4	583	719	27.0	4.775	45.3	42.3～48.3	46

注：①数据通过相图计算以及参考文献[72]；② $\Delta H_{A_xB_y}^{m'} = \Delta H_{A_xB_y}^{m} / (x+y)$。

将式(8.6)应用于卤化物体系的玻璃形成区计算可能面临一个问题，即大部分容易形成玻璃的卤化物，如 ZrF_4、ThF_4、HfF_4、$ThCl_4$ 和 AlF_3 等在高温条件下易直接升华。因此，没有这类物质的熔点和熔化热数据，即不能直接计算其低共熔点。为了解决这一问题，将组分固定的低共熔点看作准化合物，通过实验测定其熔点和熔化热并代入方程计算可得到新的低共熔点参数。因为计算的二元体系不属于理想溶液，所以其低共熔点的熔化热可以看作相应组分晶态熔化热的加和，同时还应考虑混合热 ΔH_m。考虑到 $\Delta H_{f,A} \gg \Delta H_m$，采用式(8.6)对计算确定共熔点位置的影响不大。利用这些假设，可以减少实验工作量，还为三元体系玻璃形成区的计算提供了简单快速的计算步骤。值得一提的是，在不含典型玻璃形成体的卤化物体系中混合熵对玻璃化转变具有重要影响。例如，在 ThF_4-NaF-LiF 和 ThF_4-BaF_2-LiF 体系中，其玻璃形成区通常位于玻璃形成体含量低、黏度小、形成玻璃阳离子配位数高的熔点附近[69]。

氟铝酸盐玻璃是一类重要的具有潜在应用前景的红外光纤材料[58,73]。据报道，目前，AlF_3-BaF_2-CaF_2-YF_3-SrF_2-NaF-ZrF_4(ABCYSNZ)基氟铝酸盐光纤的传输损耗已经从最初的 3dB/m 降低至 0.05dB/m[74]。氟铝酸盐玻璃的红外透过截止波长(7.5～7.8μm)与 ZrF_4-BaF_2-LaF_3-AlF_3-NaF(ZBLAN)相近，其折射率更小(1.43～1.49)。氟铝酸盐玻璃的阿贝数约等于 100[57]。氟铝酸盐玻璃的另一优点是抗水侵蚀能力强，且氟铝酸盐玻璃的化学稳定性是所有氟化物玻璃中最好的。图 8-28 为 Zakalyukin 提出的氟铝酸盐玻璃的分类[75]。图 8-28 中矩形框内的组分已通过中试生产，在实际应用方面具有较大的前景。这些化学式中阳离子书写顺序如下：网络外体、玻璃形成体和中间体。图 8-28 给出的玻璃组分 Zr 可以被 Hf 和 Th 取代，而 Y 可以用重稀土元素代替。

Yasui(安井)等[76]采用铜辊淬冷法研究了三元氟化物体系 AlF_3-BaF_2-CaF_2 和 AlF_3-BaF_2-SrF_2 的玻璃形成区(图 8-29)。BaF_2-AlF_3 体系中存在两个玻璃形成区，分别位于 AlF_3 摩尔分数为 28%～31%和 55%～66%的区域内，推测其原因是形

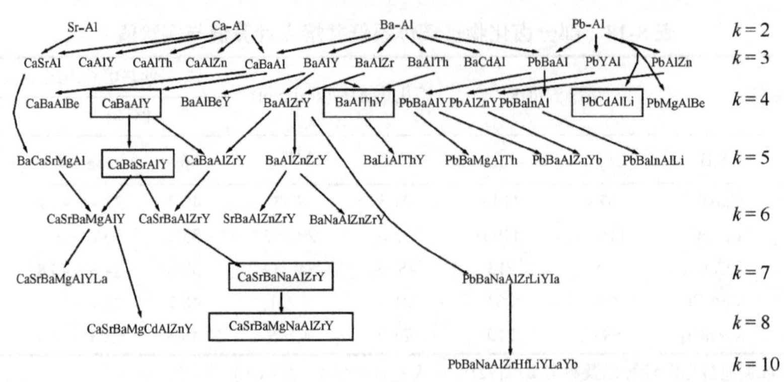

图 8-28 氟铝酸盐玻璃组分的树状图(k 为组分数)[75]

成了一致熔融化合物 $Ba_5Al_3F_{19}$，在 1010℃熔化并把玻璃形成区一分为二。玻璃组分从二元变为三元时，其稳定性进一步提高，这可能是三元体系形成温度更低的低共熔点所致。组分种类增加能够提高玻璃体系的稳定性并降低临界冷却速率，引入其他玻璃形成体也对玻璃稳定性具有显著影响(即混合效应)[14]。

3. 分相对卤化物玻璃形成能力的影响

Imaoka(今冈)等[77-80]和 Vogel(福格尔)[81]发现尽管 BeF_2、$ZnCl_2$ 和 $ZnBr_2$ 能够形成透明玻璃，但在二元或三元 BeF_2 玻璃体系中网络形成体含量较高区域容易分相。研究表明，在含有 ZrF_4、ThF_2、ZnF_2 和 PbF_2 等的多组分玻璃体系中，网络形成体含量较高的区域内容易分相和析晶，因此难以形成透明玻璃。图 8-30 给出了作者总结的卤化物体系的玻璃形成区[62]。依据图 8-30，作者对数百个卤化物组分体系的玻璃形成能力进行了实验探究并确定了大量二元和三元卤化物体系的玻璃形成区[1]。其中部分三元体系(ZrF_4-BaF_2-SrF_2，ZrF_4-BaF_2-CaF_2，ZrF_4-

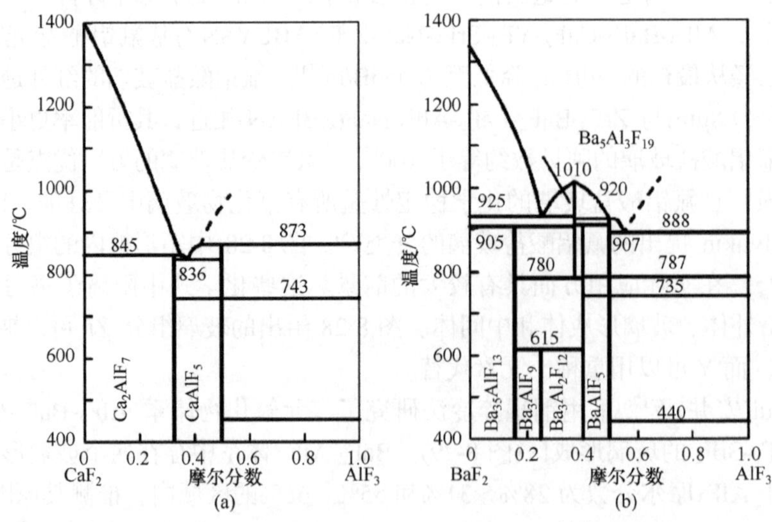

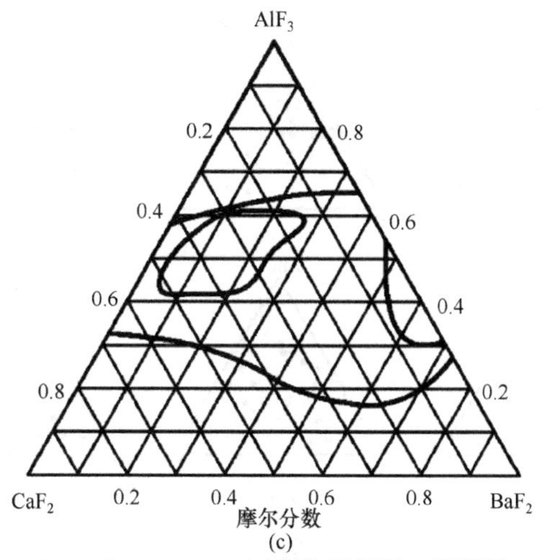

图 8-29　CaF_2-AlF_3(a)和 BaF_2-AlF_3 二元体系相图(b)[82,83]及 CaF_2-BaF_2-AlF_3 三元体系玻璃形成区(c)[75]

玻璃形成区中实线区域形成玻璃 T_x-T_g>50K

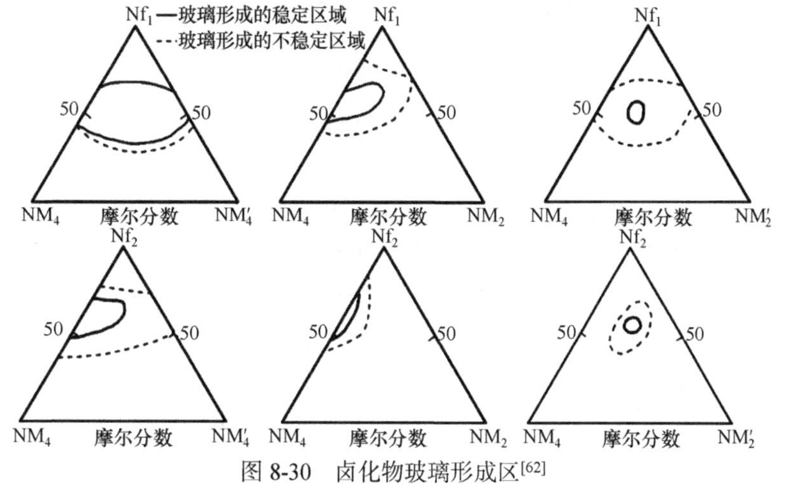

图 8-30　卤化物玻璃形成区[62]

Nf_1代表电价 Z=4 的玻璃形成体，Nf_2为电价 Z=6 或 4 的玻璃形成体，NM_2、NM'_2 为含碱土金属离子的网络外体，NM_4、NM'_4 为离子配位数较高的网络外体

BaF_2-$ZnCl_2$，ZrF_4-BaF_2-LaF_3，ZrF_4-BaF_2-$BiCl_3$，$ZnCl_2$-KCl-PbF_2，$ZnCl_2$-KCl-BaF_2，$ZnCl_2$-KCl-$PbCl_2$，$ZnCl_2$-LaF_3-BaF_2)的玻璃形成区如图 8-31 所示[62]。原材料为氟化物、氯化物和溴化物(化学纯或者分析纯)，其中，ZrF_4和 HfF_4在实验室制备并提纯，XRD 分析和化学分析表明所有氟化物的纯度均大于 98%。此外，原料均在 Ar 气氛保护下加热干燥。采用配备精密量热仪的差分扫描量热法测定了熔化热和低共熔点温度数据，用于预测三元卤化物玻璃的形成区。基于计算预测的方法作指导，作者仅开展少量的实验即可确定这些体系的玻璃形成区。

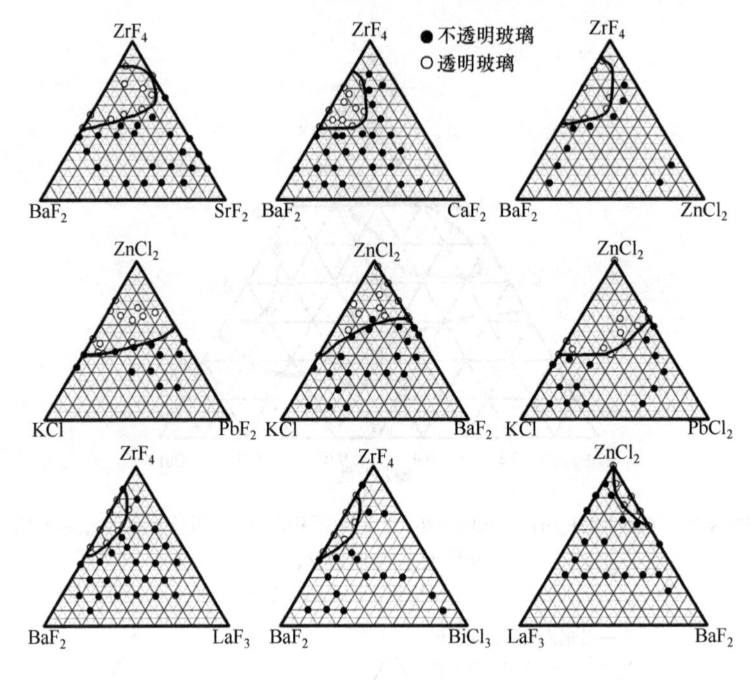

图 8-31 卤化物体系玻璃形成区(实线区域)[62]

根据上述规律，作者还系统研究了卤化物体系 ZrF_2-BaF_2-NaF、ZrF_4-BaF_2-LiF、ZrF_4-CaF_2-BaF_2 的三元氟化物玻璃形成区。原料经研磨后置于铂金坩埚中，在 800℃的 Ar 保护气氛中熔制，随后将熔体浇注到铜模中冷却，同时制备了二元体系的准化合物。此外，采用多重叠加法计算了三元体系 ThF_4-NaF-LiF、ThF_4-KF-LiF、$CdCl_2$-KCl-$BaCl_2$、$ZnCl_2$-KCl-$PbCl_2$ 中相关二元体系低共熔点的熔融温度和熔化热，基于此将其看作准化合物，根据多重叠加法计算得到新的低共熔区即最佳玻璃形成区，计算和实验结果见表 8-19、表 8-20、图 8-32 和图 8-33[70]。结果表明，利用热力学方法计算预测得到的结果与实际玻璃形成区数据非常接近。

表 8-19 二元体系中新低共熔点的热力学性质[70]

化合物		熔化热/(kcal/mol)		低共熔点温度/K	低共熔点组成 x_B/%
A	B	实验值	计算值		
ZnF_2	BaF_2	6.808	7.840	1013	67.5
ZnF_2	NaF	8.421	9.400	953	30
BaF_2	NaF	7.434	7.588	1080	34.33
ZrF_4	BaF_2	7.585	—	800	50
ZrF_4	LiF	7.211	—	773	50
BaF_2	LiF	6.575	—	1038	56.25

续表

化合物		熔化热/(kcal/mol)		低共熔点温度/K	低共熔点组成 x_B/%
A	B	实验值	计算值		
ZrF_4	CaF_2	7.713	—	850	33.4
CaF_2	BaF_2	6.950	—	1323	50
ZrF_4	NaF	8.011	—	772	50
ThF_4	NaF	—	8.575	893	77
ThF_4	LiF	—	7.725	—	—
NaF	LiF	—	7.280	898	60
ThF_4	KF	—	7.313	967	85
LiF	KF	—	6.775	765	50
$CdCl_2$	$BaCl_2$	—	5.778	723	45
$CdCl_2$	KCl	—	6.910	653	34
KCl	$BaCl_2$	—	5.340	917	43
$ZnCl_2$	KCl	—	3.478	535	26.34
$ZnCl_2$	$PbCl_2$	—	3.213	573	25.34
KCl	$PbCl_2$	—	5.908	684	52

表 8-20 三元体系中新低共熔点的热力学性质[70]

化合物		熔化热/(kcal/mol)		低共熔点温度/K		低共熔点组成 x_B/%
A	B	ΔH_A	ΔH_B	T_A	T_B	
ZnF_2+BaF_2	ZnF_2+NaF	6.808	8.421	1013	953	51.92
ZnF_2+BaF_2	BaF_2+NaF	6.808	7.434	1013	1080	43.90
ZnF_2+NaF	BaF_2+NaF	8.421	7.434	953	1080	41.26
ZrF_4+BaF_2	ZrF_4+LiF	7.585	7.211	800	773	54.30
ZrF_4+BaF_2	BaF_2+LiF	7.585	6.575	800	1038	30.33
ZrF_4+LiF	BaF_2+LiF	7.211	6.575	773	1038	26.78
ZrF_4+CaF_2	ZrF_4+BaF_2	7.713	7.585	850	800	56.41
ZrF_4+CaF_2	CaF_2+BaF_2	7.713	6.950	850	1323	18.44
ZrF_4+BaF_2	CaF_2+BaF_2	7.585	6.950	800	1323	12.71
ZrF_4+BaF_2	ZrF_4+NaF	7.585	8.011	800	772	53.04
ZrF_4+BaF_2	BaF_2+NaF	7.585	7.434	800	1080	23.75
ZrF_4+NaF	BaF_2+NaF	8.011	7.434	772	1080	20.29
ThF_4+NaF	LiF+NaF	8.575	7.280	893	898	51.93
ThF_4+NaF	ThF_4+LiF	8.575	7.725	893	833	58.78
ThF_4+LiF	NaF+LiF	7.725	7.280	833	898	43.78
ThF_4+LiF	ThF_4+KF	7.725	7.313	833	967	37.20
ThF_4+LiF	LiF+KF	7.725	6.775	833	765	60.00
ThF_4+KF	LiF+KF	7.313	6.775	967	765	72.35

续表

化合物		熔化热/(kcal/mol)		低共熔点温度/K		低共熔点组成 x_B/%
A	B	ΔH_A	ΔH_B	T_A	T_B	
$CdCl_2$+KCl	$CdCl_2$+$BaCl_2$	6.910	5.778	653	723	42.53
$CdCl_2$+KCl	KCl+$BaCl_2$	6.910	5.340	653	917	25.68
$CdCl_2$+$BaCl_2$	KCl+$BaCl_2$	5.778	5.340	723	917	33.53
$ZnCl_2$+KCl	KCl+$PbCl_2$	3.478	5.908	535	684	20.43
$ZnCl_2$+$PbCl_2$	KCl+$PbCl_2$	3.213	5.908	573	684	26.58

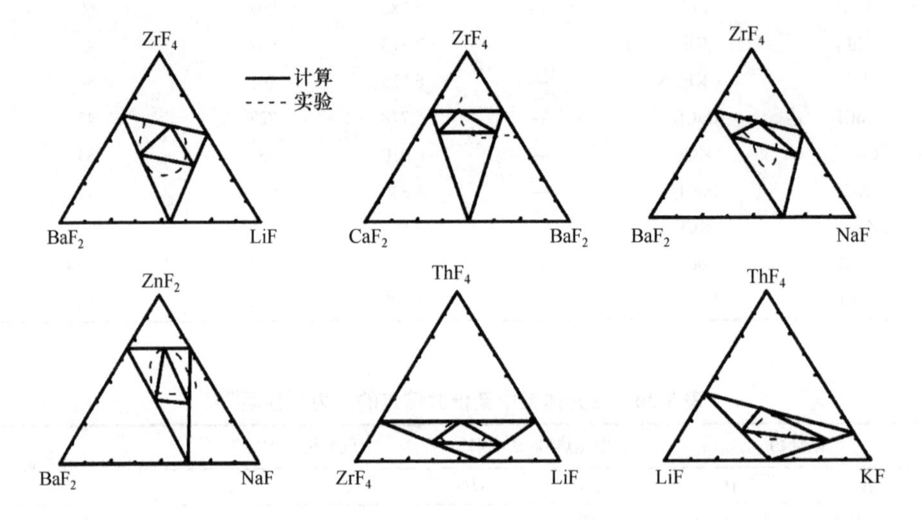

图 8-32　氟化物体系玻璃形成区[70]

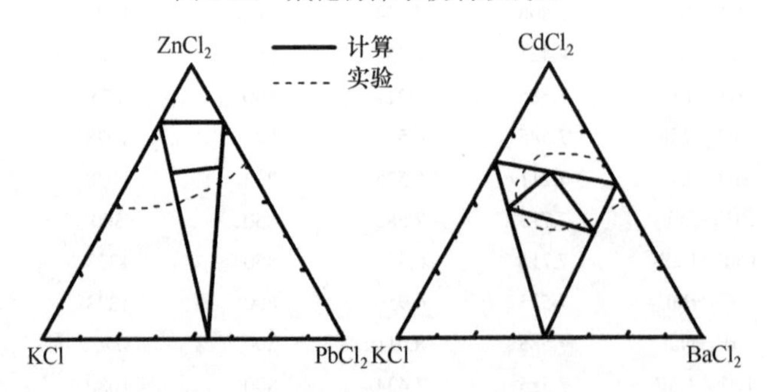

图 8-33　氯化物体系玻璃形成区[70]

8.2.3　离子化合物的低共熔点和玻璃形成区

Angell 等[84,85]和 Kirilenko(基里连科)[86,87]研究了硝酸盐和氯化物等离子化合物体系的玻璃形成区和玻璃化转变温度随离子化合物含量的变化关系(所采用的实验条件为：熔融冷却速率为 15～17K/s，样品质量约 0.2mg)。硝酸盐属于离子化合物，可形成玻璃的熔体与玻璃本身都含有独立的NO_3^-。现有理论(网络结构模型[88]和大阴离子群混合结构模型[89])无法解释其玻璃态结构。硝酸盐是一种低黏度的离子化合物，虽然其结构非常简单，通常认为其熔体在冷却过程中会形成规则的晶体排列，这类物质也能够形成相对稳定的玻璃态物质[10]。

通常，单一硝酸盐化合物难以形成玻璃，二元或多元硝酸盐熔体则能够形成玻璃。在二元硝酸盐熔体中，同时含有一价和二价硝酸盐则容易形成玻璃，而仅含一价或二价硝酸盐则难以形成玻璃。Thilo(蒂洛)等[90]研究了多个二元硝酸盐玻璃体系中阳离子场强对玻璃形成性能的影响。结果表明，体系阳离子场强差异大于 0.7 且不引起阴离子积聚，则有利于玻璃形成，而这种电场强度的差异不会导致阴离子在玻璃形成过程中发生畸变。尽管基于场强理论可以对硝酸盐体系的玻璃形成能力(玻璃形成难易程度)进行分类，但不能确定具体体系玻璃形成区的位置和范围[10,26,90]。Thilo 等[90]通过实验发现硝酸盐玻璃形成区通常位于低共熔区附近，而且低共熔点温度越低，玻璃形成区范围越大。这一点可以从动力学角度解释，在其他条件相同的情况下，体系温度越低黏度越大，更有利于玻璃化转变过程。

作者从热力学角度，定量计算预测了硝酸盐玻璃体系的形成区，并从析晶动力学角度对其进行修正，结果表明基于低共熔点和组分析晶倾向预测硝酸盐玻璃形成区是可行的。Doremus[91]提出析晶常数：$k=\Delta H_m \cdot \Delta T/(3\pi\lambda^2\eta T_m)$，式中，$T_m$ 为熔融温度，ΔH_m 为熔化热，η 为黏度，λ 为原子迁移距离，ΔT 为过冷度。通常，冷却过程中纯组分熔体的析晶速率在温度 T 约等于 $0.77T_m$ 时最大，因此$\Delta T=T_m-0.77T_m=0.23T_m$。原子迁移距离可以用阳离子直径代替，液相的黏度根据实验和文献报道获得。事实上，硝酸盐化合物的黏度极低，其液相点黏度可近似看作不变。由此计算了纯组分硝酸盐熔体的析晶动力学常数的相对值(如表 8-21 所列)，二价硝酸盐熔体的析晶常数数量级相同。从表中数据可以看出，由于$LiNO_3$和$NaNO_3$的结晶常数较大，因此难以形成玻璃，而KNO_3、$RbNO_3$和$CsNO_3$的结晶常数较小，相对而言更容易形成玻璃。这与 Thilo 的实验结果基本相符。

表 8-21　硝酸盐体系析晶动力学常数

化合物	熔融温度 T_m/K	熔化热 ΔH_m/(kcal/mol)	阳离子直径/Å	析晶动力学常数的相对值
$LiNO_3$	523	6.060	1.36	$79.96/\eta$
$NaNO_3$	583	3.760	1.90	$25.42/\eta$
KNO_3	611	2.840	2.66	$9.80/\eta$
$RbNO_3$	578	1.340	2.96	$3.73/\eta$
$CsNO_3$	680	3.250	3.38	$6.94/\eta$
$Mg(NO_3)_2$	573	1.695[b]	1.30	$24.48/\eta$
$Ca(NO_3)_2$	834	5.120	1.98	$31.87/\eta$

续表

化合物	熔融温度 T_m/K	熔化热 ΔH_m/(kcal/mol)	阳离子直径/Å	析晶动力学常数的相对值
$Sr(NO_3)_2$	918	10.500[a]	2.26	50.17/η
$Ba(NO_3)_2$	869	10.200[a]	2.70	34.15/η
$Cd(NO_3)_2$	623	5.508[b]	1.94	35.71/η

a. 数据来自文献[92]。
b. 数据通过相图计算得到。
其他数据来自文献[93]。

离子化合物的玻璃形成区同样位于最低共熔区附近。图 8-34 给出了两个二元硝酸盐体系的玻璃形成区与相应相图之间的关系[94]。在这些二元体系中基本没有形成高熔点的中间化合物，玻璃形成区与低共熔区紧密相关，如图 8-34 和图 8-35 所示。因此，基于规则溶液的化学势原理可以预测和计算玻璃的形成区。在低共熔区，其计算参考式(8.1)～式(8.7)，表达如下：

$$\begin{cases} RT\ln x_{\mathrm{A}}^{\mathrm{l}} = -\Delta H_{\mathrm{A}}^{\mathrm{m}}\left(1-\dfrac{T}{T_{\mathrm{A}}^{\mathrm{m}}}\right) \\ RT\ln x_{\mathrm{A}_x\mathrm{B}_y}^{\mathrm{l}} = -\Delta H_{\mathrm{A}_x\mathrm{B}_y}^{\mathrm{m}'}\left(1-\dfrac{T}{T_{\mathrm{A}_x\mathrm{B}_y}^{\mathrm{m}}}\right) \\ x_{\mathrm{A}}^{\mathrm{l}} + x_{\mathrm{A}_x\mathrm{B}_y}^{\mathrm{l}} = 1 \end{cases} \tag{8.10}$$

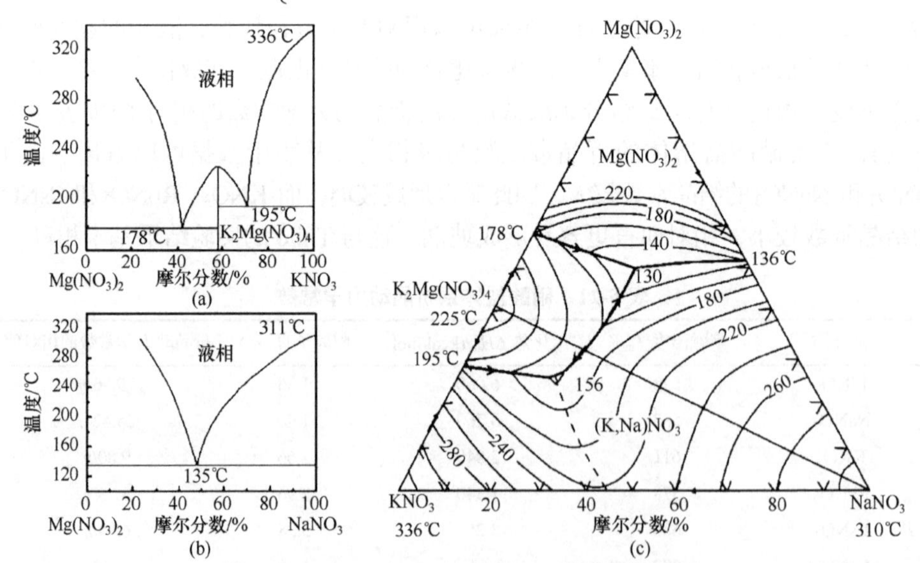

图 8-34　$Mg(NO_3)_2$-KNO_3-$NaNO_3$ 体系的相图[93]

(a)$Mg(NO_3)_2$-KNO_3；(b)$Mg(NO_3)_2$-$NaNO_3$；(c)$Mg(NO_3)_2$-KNO_3-$NaNO_3$

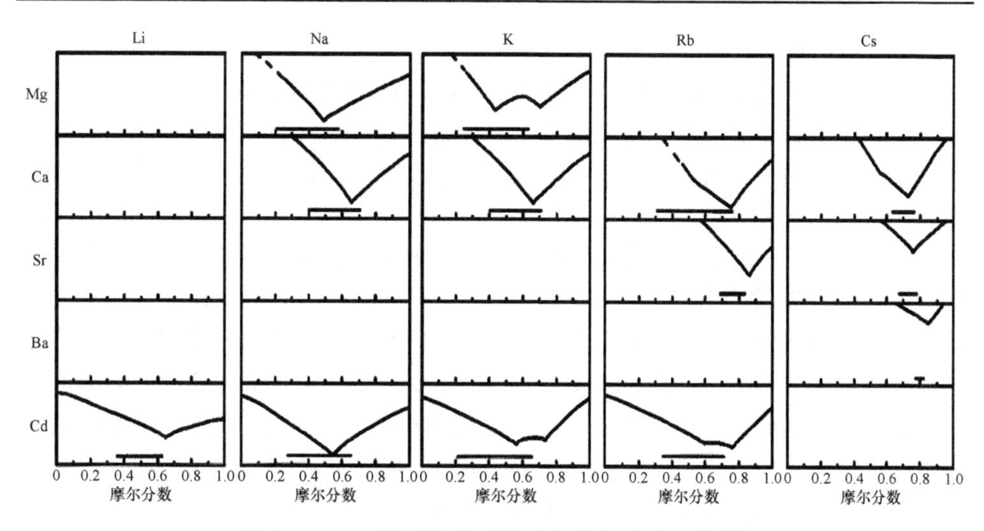

图 8-35　二元硝酸盐体系的玻璃形成区(水平线)[10]

二价硝酸盐 $Mg(NO_3)_2$ 相对容易分解，不能查到其熔化热，而且 $Mg(NO_3)_2$ 相图上的热力学数据不完整。根据 $Mg(NO_3)_2$-$NaNO_3$ 二元相图中 $NaNO_3$ 的熔化热及其低共熔点处的组分，结合式(8-10)计算得到 $Mg(NO_3)_2$ 的熔化热 $\Delta H_m \approx 1.695$kcal/mol。$Cd(NO_3)_2$ 的熔化热也不能查询得到，但其相图上的热力学数据较全，可以根据热力学原理基于相图资料采用凝固点下降法估算其熔化热(式(8.8))。根据相图中的热力学数据，$Cd(NO_3)_2$ 的熔化热估算值为 $\Delta H_m \approx 5.508$kcal/mol，各个体系中低共熔点组分值可以将已知热力学数据代入式(8.8)计算而得。

然而，进一步研究发现，某些系统仅用热力学计算预测其玻璃形成区存在较大的偏差。如图 8-35 所示，部分体系的玻璃形成区偏离低共熔点位置[10]。从本质上讲，玻璃形成是一个动力学过程，因此需要引入析晶动力学常数修正上述计算式。在析晶常数 k 值中引入浓度 x_i：

$$k_i = \Delta H_i^{\mathrm{m}} \Delta T_i x_i \big/ (3\pi \lambda_i^2 \eta_i T_i^{\mathrm{m}}) \tag{8.11}$$

在多组分系统中，玻璃形成区通常位于纯组分结晶常数相等的位置，即等析晶点。换言之，低共熔点组分与析晶倾向相关。在计算过程中黏度可视为常数，计算结果如表 8-22 所示。相对于低共熔点而言，根据等析晶点计算的玻璃形成区与实验结果更接近，组分位置偏差为 $x_B \pm 3\%$，表明根据等析晶点计算而得的组分值预测硝酸盐玻璃形成区是可行的。表 8-22 中的计算结果可以分为三类。

(1) 低共熔点计算值与等析晶点都落在玻璃形成区。在这些系统中，既可以用低共熔点计算值预测玻璃形成区，又可以用等析晶点预测玻璃形成区，但等析晶点更接近玻璃形成区的中心，因而更具代表性。

(2) 低共熔点计算值与等析晶点都不在玻璃形成区，但在这些系统中，等析晶点更接近玻璃形成区。

(3) 低共熔点计算值不在玻璃形成区，等析晶点则落在玻璃形成区。

不同体系玻璃形成的难易程度可以用纯组分的析晶常数进行初步估算。对于含有碱金属的体系，如 $LiNO_3$ 和 $NaNO_3$，其析晶常数较大，因而形成玻璃困难。相对而言，KNO_3、$RbNO_3$ 和 $CsNO_3$ 的析晶常数较小，因此更容易形成玻璃。上述结果与 Thilo 等[90]的实验结果一致，上述方法还能对玻璃形成能力进行定量解释。Thilo 等[90]根据场强差异定性判断了玻璃形成的难易程度，并通过大量实验来寻找玻璃形成区。本书作者基于动力学和热力学理论，采用数学方法定量预测计算玻璃形成区的位置。对于含有 $RbNO_3$ 的二元体系，其理论玻璃形成区和实际玻璃形成区有一定偏差，这可能是 $RbNO_3$ 的熔化热数据不够精确造成的。通常情况下，熔化热难以精确测量。此外，碱金属硝酸盐中的一般规律是随着阳离子质量增大、体系熔点增大而熔化热下降，而 $RbNO_3$ 的熔点和熔化热并不满足一般规律，表明 $RbNO_3$ 的结构可能与其他碱金属硝酸盐的结构不同，这也是造成偏差的原因之一。

以上分析说明，在二元硝酸盐系统中，用低共熔点来预测玻璃形成区偏差较大，而考虑了动力学因素后的等析晶点却非常接近实际的玻璃形成区。从理论上说，对多元系统而言，考虑了动力学因素后的组成应该更符合实际情况，因此用等析晶点来预测玻璃形成区对寻找玻璃形成区有一定的指导意义，为玻璃形成区的确定提供了一个简单而有用的方法。

表 8-22　部分二元硝酸盐体系等析晶点组分值、低共熔点组分计算值和玻璃形成区

体系	熔融温度/K		熔化热/(kcal/mol)		低共熔点 x_B^e(计算值/实验值)/%	等析晶点组分值		玻璃形成区
A-B	T_A^m	T_B^m	ΔH_A^m	ΔH_B^m		x_B/%	x_B±3/%	x_B^c/%
$Ca(NO_3)_2$-$NaNO_3$	834	583	5.120	3.760	80.4/70.0	57.6	54.6～60.6	55～62
$Ca(NO_3)_2$-KNO_3	834	611	5.120	2.840	78.9/66.3	68.1	65～71	40～70
$Ca(NO_3)_2$-$RbNO_3$	834	578	5.120	1.340	85.8/75.6	79.4	76～82	32～75
$Ca(NO_3)_2$-$CsNO_3$	834	680	5.120	3.250	71.0/73.6	62.9	60～66	64～75
$Sr(NO_3)_2$-$RbNO_3$	918	578	10.500[a]	1.340	97.3/87.7	87.4	84～90	69～83
$Sr(NO_3)_2$-$CsNO_3$	918	680	10.500	3.250	90.4/75.0	75.9	73～79	68～77
$Mg(NO_3)_2$-$NaNO_3$	753	583	1.695[b]	3.760	48.3/48.3	38.1	35～41	21～57
$Mg(NO_3)_2$-KNO_3	753	611	1.695	2.840	49.5/41.4	41.9	39～45	24～61
$Mg(NO_3)_2$-$RbNO_3$	753	578	1.695	1.340	61.6/—	56.5	53.5～59.5	40～67
$Ba(NO_3)_2$-$CsNO_3$	869	680	10.200[a]	3.250	83.7/86.0	75.5	72.5～78.5	78～79
$Cd(NO_3)_2$-$LiNO_3$	623	523	5.508[b]	6.060	69.4/64.4	48.9	46～52	36～63
$Cd(NO_3)_2$-$NaNO_3$	623	583	5.508	3.760	62.8/54.8	59.4	56～62	28～64
$Cd(NO_3)_2$-KNO_3	623	611	5.508	2.840	62.8/59.2	64.7	61.7～67.7	21～67
$Cd(NO_3)_2$-$RbNO_3$	623	578	5.508	1.340	76.5/76.8	78.2	75～81	34～71

续表

体系	熔融温度/K		熔化热/(kcal/mol)		低共熔点 x_B^e(计算值/实验值)/%	等析晶点组分值		玻璃形成区
A-B	T_A^m	T_B^m	ΔH_A^m	ΔH_B^m		x_B/%	x_B±3/%	x_B^c/%
$Cd(NO_3)_2$-$CsNO_3$	623	680	5.508	3.250	52.0/—	60.0	57～63	27～76

a. 数据来自文献[92]。

b. 数据通过相图计算得到。

c. 数据来自文献[95]。

其他熔化热数据来自文献[93]。

8.2.4　硫系化合物的低共熔点和玻璃形成区

对硫系玻璃的系统性研究始于 20 世纪中期，硫系玻璃具有较低的声子能量，稀土离子在其中的辐射跃迁概率较高，因此某些不能在氧化物玻璃和氟化物玻璃中观测到的红外电子跃迁能够在硫系玻璃中实现。如同氟化物玻璃的发展，近几十年来由于无源光器件和有源光器件等领域的应用需求促进了硫系玻璃的研究和快速发展[56]。

硫系玻璃的力学强度和热稳定性远不及氧化物玻璃，而硫系玻璃的热膨胀系数和折射率较高。因为硫系玻璃组分的原子量较大，键力常数较小，所以其红外透过范围更宽[96-104]。Goryunova(戈里诺娃)和 Kolomiets(科洛米茨)[105,106]率先研究了硫系玻璃形成能力，并提出当玻璃组分中的主族元素(第ⅣA 主族的 Ge 和 Sn，第ⅤA 主族的 As、Sb、Bi，第ⅥA 主族的 S、Se、Te)被原子量更大的元素取代时二元或三元硫系玻璃的形成区范围将会减小[107]。玻璃形成能力减小的原因是原子序数增加导致共价键的离子性增强，Hilton(希尔顿)等通过比较三元体系的玻璃形成范围衡量玻璃形成能力大小得到了类似的结论[108]。Hilton 等将第ⅣA、ⅤA、ⅥA 主族的元素按玻璃形成能力从大到小排列如下：Si>Ge>Sn，As>P>Sb，S>Se>Te。与氧化物玻璃体系类似，在硫系玻璃中低共熔点对于玻璃形成和玻璃化转变具有重要影响，硫系玻璃体系的玻璃形成区最有可能位于低共熔区，这一区域的网络形成体含量较高。作者利用式(8.7)计算了部分硫系玻璃的低共熔点和玻璃形成区，结果见表 8-23。可以看到，计算预测值与实验结果吻合很好，这为硫系玻璃形成区的确定提供了简单而实用的方法。

表 8-23　硫系玻璃体系低共熔点组分计算值和实验值

体系		熔融温度/K		熔化热/(J/mol)		低共熔点组成/%		
						计算值		实验值
A	A_xB_y	T_A^m	$T_{A_xB_y}^m$	ΔH_A^m	$\Delta H_{A_xB_y}^m$	x_B/%	$(x_B \pm 3)$/%	
Te	As_2Te_3	722.57	654	17490	42672	18.5	15.5～21.5	17.9
S	As_2S_3	388	583	1727	28258	1.3	0～4.3	2

续表

体系		熔融温度/K		熔化热/(J/mol)		低共熔点组成/%		
						计算值		实验值
A	A_xB_y	T^m_A	$T^m_{A_xB_y}$	ΔH^m_A	$\Delta H^m_{A_xB_y}$	x_B/%	$(x_B \pm 3)$/%	
As	GeS_2	1090	1029	24440	9781	22.6	19.6～25.6	24.6
S	GeS_2	388	1113	1727	11443	2.1	0～5.1	1.5
Te	S	722.57	388	17490	1727	95.1	92.1～98.1	98

注：数据来自文献[93]和[109]。

Minaev(米纳耶夫)等[104,110]注意到二元和三元硫系玻璃的形成与相图中的结构密切相关，在对 60 多个二元硫系玻璃的相图及其玻璃形成区进行分析之后，他将这些相图分为四类。

(1) 二元体系典型的玻璃形成相图，其在靠近硫系物质的附近有一个低共熔点(图 8-36(a))，此类体系包括 Al-Te、Ge-Se、Si-Se、As-S、P-Se 和 Cs-Te。

(2) 靠近硫系物质存在分相区并在附近形成低共熔点的玻璃形成体系(图 8-36(b))，如 Cs-S、K-Se、Tl-Se 和 Sb-S 体系。

(3) 两种物质都是硫系物质的二元低共熔玻璃形成体系(图 8-36(c))，如 S-Se 和 S-Te 体系。其中，Se-Te 体系可以形成连续固溶体[111,112]。

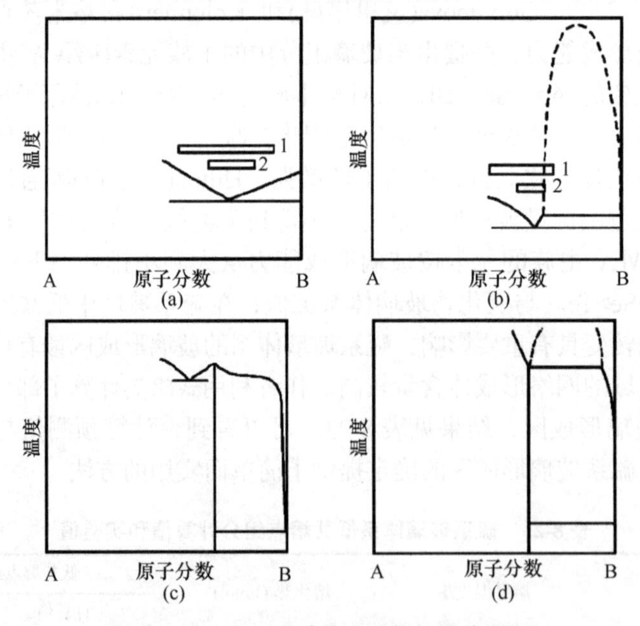

图 8-36　二元形成玻璃硫系物相图分类[104]

(a)富硫区存在低共熔点型二元体系相图及其玻璃形成区；(b)富硫区存在分相区型二元相图及其玻璃形成区；(c)富硫区液相线陡升型二元体系相图(不能形成玻璃)；(d)液相线与(c)相同且存在分相区型(不能形成玻璃)。(a)和(b)中，编号为 1 和 2 的水平矩形区分别表示快冷和慢冷条件下的玻璃形成区

(4) 靠近硫系物质液相线温度急剧上升并形成分相区而不存在玻璃形成区的体系(图 8-36(d))。

图 8-37 给出了 A^{IVA}-B^{VIA}(A、B 分别代表第ⅣA 主族和第ⅥA 主族元素)体系

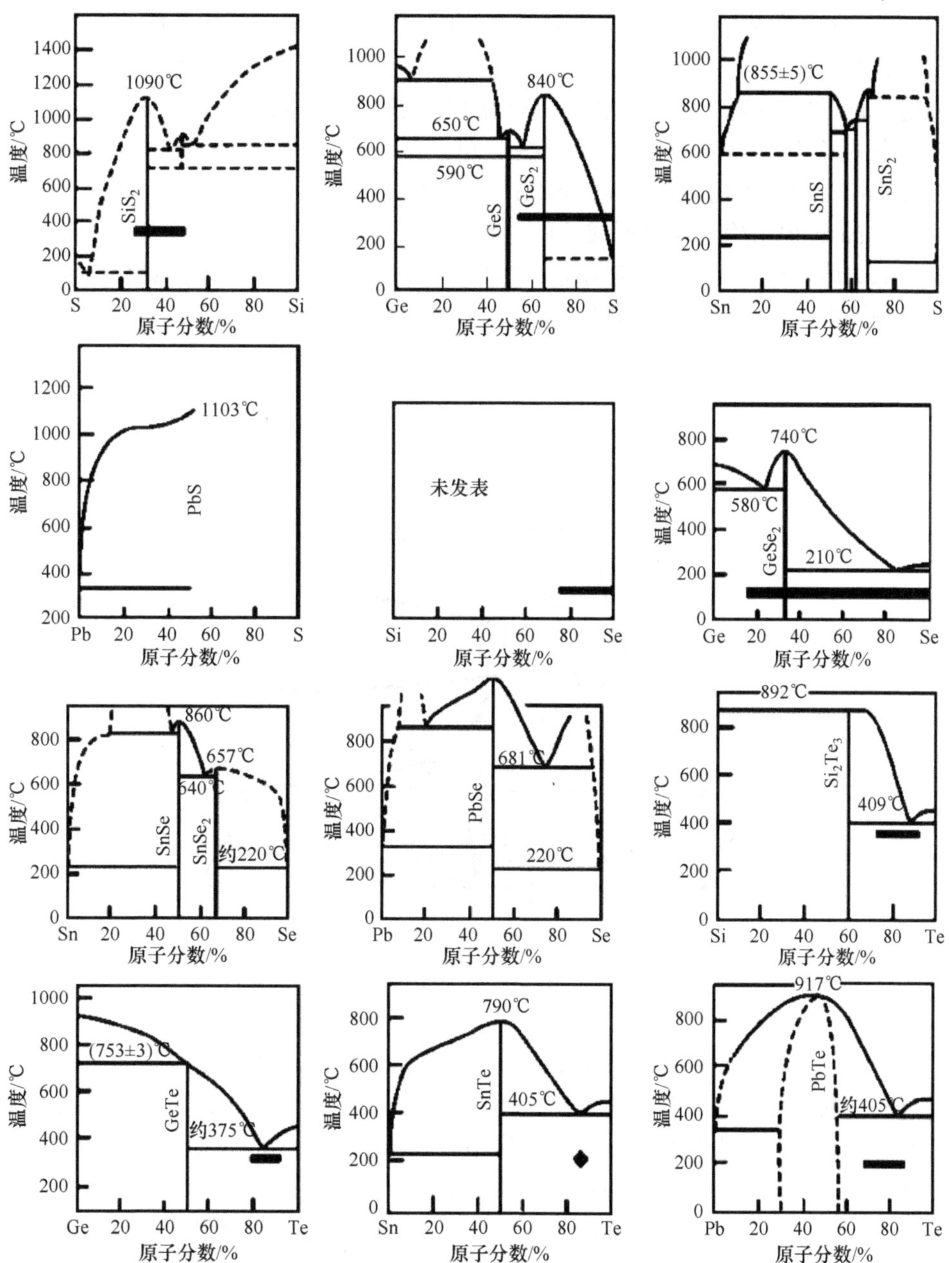

图 8-37 A^{IVA}-B^{VIA} 体系二元相图及玻璃形成区[104]

的玻璃形成区(加粗横线)在相应相图上的位置。三元体系玻璃形成区与液相线温度紧密相关，通常位于低共熔点附近。在二元相图资料完整而多元相图资料缺乏的情况下，为了初步预测多组分硫系玻璃的形成区，Minaev 等[104,110]提出通过二元(三元)体系低共熔点稀释线引入第三(第四)组分以确定多元体系低共熔点进而预测玻璃形成区的方法。三元系统中二元低共熔点稀释线是二元低共熔点与相应浓度三角形顶点(第三组分含量为 100%的点)的连线。如图 8-38 所示，Ge-Te-As 体系的两个玻璃形成区位于稀释线 e_3(Te-GeTe)-As、e_1(Te-As_2Te_3)-Ge、e_2(As-As_2Te_3)-Ge 和子系统稀释线 e_3(Te-GeTe)-As_2Te_3、e_1(Te-As_2Te_3)-GeTe 附近。基于此，Minaev 提出确定玻璃形成区的定性方法：三元硫系玻璃的形成区通常位于二元低共熔点稀释线附近。使用这一玻璃形成的定性标准，可以预测数百种三元硫化物体系的玻璃形成区，特别是几十种三元碲化物体系的玻璃形成区。

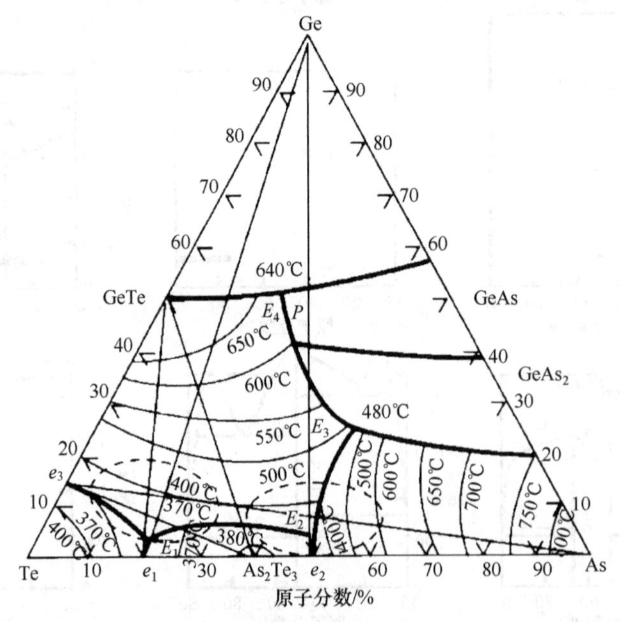

图 8-38 Ga-As-Te 三元体系液相线、玻璃形成区(虚线)及二元低共熔点的稀释线(细实线)[104]
e_1、e_2和 e_3表示二元低共熔点，E_1、E_2、E_3和 E_4表示三元低共熔点

上述方法的依据同样是玻璃形成区通常位于网络形成体含量较高的低共熔点附近，一般二元相图资料较为完整，而三元相图资料十分缺乏，该方法的意义在于通过二元低共熔点稀释线这一概念将相图资料已知的二元体系与相图未知的三元体系联系起来，为三元体系玻璃形成区的定性判断提供依据。

二元低共熔点稀释线概念的依据是三元系统相图的恒比例规则：从三角形一顶点画一条斜线到对边，则该条斜线上任一组成点，由其他两顶点所代表的两组分成分之比不变。如图 8-39 所示，M 和 N 为 CP 线上任意两点，在这两个点所代表的混合物中，所含 A 和 B 的比例相同。所以二元低共熔点稀释线可以看作低共熔点准化合物与第三组分组成的二元体系。基于已有经验事实：当低共熔混合物与另一(第三组分)化合物混合时，若不形成新的化合物，则此低共熔化合物与第三组分之间可能出现温度更低的共熔点。二元低共熔点稀释线上可能存在的低共熔点(及其附近区域)即可能为三元体系低共熔点。进一步地，如图 8-39 所示，假设该三元体系中仅有 $e_{A\text{-}B}$ 和 $e_{B\text{-}C}$ 两个低共熔点，那么低共熔点稀释线 $e_{A\text{-}B}$-C 和 $e_{B\text{-}C}$-A 的交点 O 及其附近区域可能为该三元体系的低共熔区。

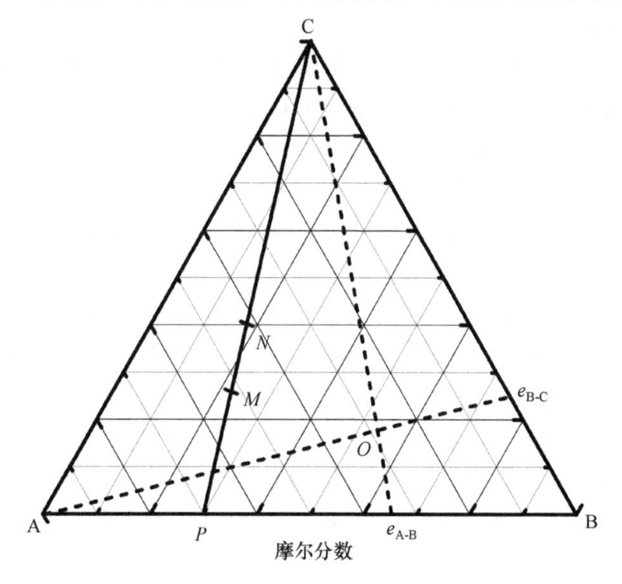

图 8-39　三元相图的恒比例规则示意图

M 和 N 为 CP 线上任意两点，$e_{A\text{-}B}$ 和 $e_{B\text{-}C}$ 为两个低共熔点

上述推论与图 8-38 的实验结果较为吻合。该体系存在三个二元低共熔点 e_1、e_2 和 e_3，三者的低共熔点稀释线分别为 e_1-Ge，e_2-Ge 和 e_3-As，三元低共熔点 E_1 和 E_2 分别位于 e_1-Ge 和 e_3-As，e_2-Ge 和 e_3-As 交点附近，两个玻璃形成区也位于这两个交点附近。图中三元低共熔点 E_3 和 E_4 附近难以形成玻璃的原因之一可能是其液相线温度高于低共熔点 E_1 和 E_2 的液相线温度。

8.2.5　金属玻璃的低共熔点和玻璃形成区

金属玻璃是原子排列不具有长程序的金属或者合金，这类材料因为具有非晶态结构，所以表现出独特的电磁性质、力学性能和优异的抗腐蚀性，近年来引起广泛关注。这一领域的主要研究工作是探究合金组分与形成玻璃性能的关系。与无机非金属玻璃类似，金属玻璃也处于热力学亚稳态[54,113,114]。根据热力学理论，无论是金属玻璃还是无机非金属玻璃，都遵循以下规律，即玻璃形成区通常位于相图的低共熔点附近[115-118]。然而，不同于氧化物或氟化物，金属或者合金不能分为玻璃形成体和网络外体，而且并非所有低共熔点都有利于玻璃的形成，低共熔点(液相线温度最低的区域)只是对玻璃形成具有重要影响。

金属玻璃可以分为以下几种[119-121]。

(1) 金属 T^2(或者贵金属)+类金属 x 型，其中 T^2 代表过渡金属，x 代表硅、磷、硼或者碳，当组分 x 含量为 15%～25%时易于形成玻璃。

(2) 金属 T^1+金属 T^2(或铜)型，其中 T^1 代表钪、钛或钒，当组分 T^2 含量为 30%～40%时易于形成玻璃。

(3) 金属 A+金属 B 型：A 代表碱金属或者碱土金属，B 代表铜、锌、铝或其他金属，当组分 B 含量为 20%～40%时易于形成玻璃。

(4) 金属 T^1+金属 A 型：当组分 A 含量为 20%～80%时易于形成玻璃。

(5) 锕系金属+金属 T^1 型：当组分 T^1 含量为 20%～40%时易于形成玻璃。

(6) 金属 T^2+稀土金属型：玻璃形成区通常位于靠近 T^2 的低共熔点附近[116]。

当 A-B 二元合金体系不形成中间态稳定化合物(一致熔融化合物)并且具有最低共熔点 T_1 时，可以基于简单二元低共熔体系根据热力学计算方法直接使用纯组分 A 和 B 的熔化热估算其玻璃形成区。但是，通常大部分 A-B 二元合金体系都会形成一致熔融化合物 A_xB_y，而中间态化合物 A_xB_y 的熔化热难以测定，相关热力学数据也较为缺乏。根据相图和热力学理论，可以采用凝固点下降法估算中间态化合物的熔化热，从而计算其低共熔点和等析晶点。因此，计算含一致熔融化合物二元合金体系的低共熔点和等析晶点的组分位置即可获得其大致玻璃形成区。

对于能够形成一致熔融化合物 A_xB_y 的 A-B 二元合金体系，采用热力学方法计算其玻璃形成区需要根据一致熔融化合物划分不同的子系统，这类金属玻璃的形成区通常位于最低共熔点 T_1 附近。例如，Co-U 体系中有三种中间态化合物：UCo_2、UCo 和 U_6Co[113-115]，其中仅 UCo_2 是一致熔融化合物，如图 8-40 所示。因此将 Co-U 体系划分为两个子系统，U-UCo_2 和 Co-UCo_2，其中 U-UCo_2 中存在最低共熔点 T_1，因此本书作者基于该子系统对其进行了计算。根据相图，加入 0.1%的 U，UCo_2 的熔点将下降 41K，$T^{m}_{UCo_2}$=1170+273=1443(K)。根据式(8.8)，$\Delta H^{m}_{UCo_2}$=1/41×8.314×1443^2×0.1=42224(J/mol)。

根据相图，所有组分的摩尔分数之和为 1。因此，上述计算值 $\Delta H^{m}_{UCo_2}$不能直接用于热力学计算，该值需要乘上一个归一化因子。对于中间态化合物 A_xB_y，其归一化因子为 $1/(x+y)$，因此，$\Delta H^{m'}_{UCo_2}$=$\Delta H^{m}_{UCo_2}$/(1+2)=14075J/mol。

基于此，先计算二元合金体系中间态稳定化合物的熔化热，继而计算相应子系统的低共熔点。表 8-24 列举了部分二元合金体系的玻璃形成区、低共熔点和等析晶点组成，结果表明等析晶点组成比低共熔点组成更接近实际的玻璃形成区。尽管玻璃形成区与低共熔点紧密相关，但是玻璃形成本质上是一个动力学过程。从动力学的角度，玻璃形成区通常位于等析晶点(区别于低共熔点)对应的组分位置。和无规网络玻璃相比，金属玻璃形成能力与液相温度有更为直接的相关性，因此采用过冷度表示法更合理。同时，金属熔体在其凝固温度下的切变黏度相当恒定，而无规网络玻璃熔体的黏度随成分的变化根据共价键的强度和方向性不同可以变化几个数量级，因此在计算金属玻璃等析晶点时忽略黏度的影响也是合理的，计算结果也证实了此结论的合理性。表 8-25 总结了不形成一致熔融化合物但具有最低共熔点的二元合金系统的玻璃形成区预测结果，可以预计其与实际玻璃形成区吻合较好。

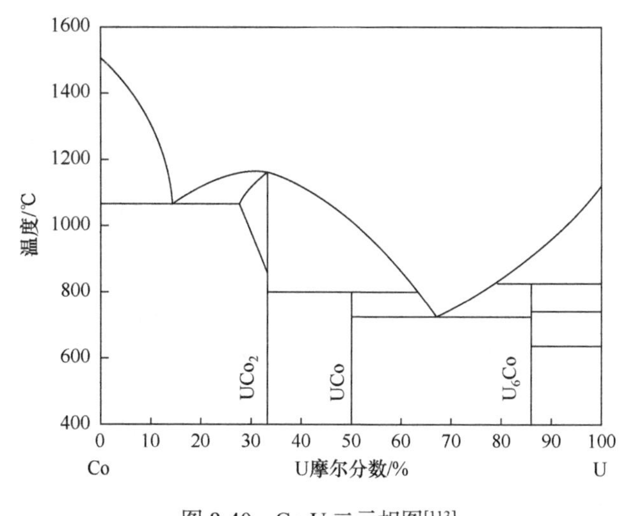

图 8-40 Co-U 二元相图[113]

表 8-24 部分二元合金体系的玻璃形成区、低共熔点和等析晶点组成[10]

体系(A-B)	低共熔点组成/%	等析晶点组成 x_A/%	玻璃形成区 x_A/%
Au-Si[a]	82.3	78.9	70～81.4
Au-Pb[b]	16.2	24.6	25
Au-Ge[a]	63.7	70.3	73
Ag-Si[a]	85.8	80.3	70～83
Ag-Cu[a]	54.3	52.3	35～65
Al-Ge[a]	82.6	77.0	20～70
Co-Au[a]	36.5	41.6	35～75
Pb-Sb[a]	85.7	80.1	52
Tl-Au[a]	85.6	77.7	40～75
Cr-U[a]	29.5	36.4	20～40

a. 简单低共熔体系和具有低共熔点的连续固溶体系。

b. 含非一致熔融化合物的体系和部分混溶的低共熔体系。

表 8-25　二元合金体系的共熔点组成和等析晶点组成计算结果[10]

体系(A-B)	熔融温度/K		熔化热/(kcal/mol)		低共熔点温度和组成		等析晶点组成
	T_A^m	T_B^m	ΔT_A^m	ΔT_B^m	T_e/K	x_A^e/%	x_A/%
Au-Cu[a]	1234	1357	2.860	3.120	810	54.3	52.3
Au-Ge[a]	1234	1213	2.860	8.800	926	67.8	72.2
Au-Sb[b]	1234	903	2.860	4.690	734	45.2	55.4
Ag-Si[a]	1234	1685	2.860	12.000	1091	85.8	80.3
Ag-Sn[b]	1234	505	2.860	1.670	462.4	14.3	24.8
Ag-Tl[a]	1234	577	2.860	0.970	479	15.9	23.7
Al-Ge[a]	932	1213	2.600	8.800	820.5	82.6	77.0
Al-Si[b]	932	1685	2.600	12.000	903	95.6	87.8
Au-Bi[b]	1336	545	2.955	2.600	507.6	16.2	52.5
Au-Co[a]	1336	1768	2.955	4.100	949	63.5	58.4
Au-Ge[a]	1336	1213	2.955	8.800	950	63.6	70.3
Au-Pb[b]	1336	601	2.955	1.140	507	16.2	24.6
Au-Sb[b]	1336	903	2.955	4.690	748.5	41.7	53.0
Au-Si[a]	1336	1685	2.955	12.000	1137	82.3	78.9
Au-Tl[a]	1336	577	2.955	0.970	487.6	14.4	22.3
B-Pd[a]	2450	1823	5.400	4.200	1299	37.4	42.9
B-Pt[a]	2450	2043	5.400	4.700	1383	42.5	46.2
Be-Si[a]	1556	1685	3.500	12.000	1227	73.8	75.1
Bi-Cd[a]	545	594	2.600	1.530	408	44.6	40.0
Bi-Pb[b]	545	601	2.600	1.140	393.4	39.6	34.4
Bi-Sn[a]	545	505	2.600	1.670	390.4	38.6	39.8
Cd-Pb[a]	594	601	1.530	1.140	368.5	45.2	44.0
Cd-Sn[a]	594	505	1.530	1.670	369.8	45.6	51.5
Cd-Tl[a]	594	577	1.530	0.970	353.6	41.4	40.6
Cd-Zn[a]	594	693	1.530	1.760	415.8	57.4	54.0
Ce-Ru[b]	1077	2700	1.300	6.210	913.5	89.7	83.1
Co-Cr[b]	1768	2176	4.100	5.000	1225	59.4	55.3
Co-Ir[a]	1768	2727	4.100	6.300	1349	69.6	62.2
Co-La[b]	1768	1193	4.100	2.030	855.2	28.8	34.0
Co-Mg[b]	1768	923	4.100	2.140	764	21.6	30.5
Co-Mn[a]	1768	1517	4.100	3.500	1097.5	49.0	49.5
Co-Mo[b]	1768	2890	4.100	6.650	1379.2	72.0	64.0
Co-Pd[a]	1768	1823	4.100	4.200	1125	51.3	50.6
Co-Pt[a]	1768	2043	4.100	4.700	1188	56.5	53.6
Co-Rh[a]	1768	2239	4.100	5.150	1239	60.7	56.1
Cr-Mo[a]	2176	2890	5.000	6.650	1555.5	63.0	57.7

续表

体系(A-B)	熔融温度/K		熔化热/(kcal/mol)		低共熔点温度和组成		等析晶点组成
	T_A^m	T_B^m	ΔT_A^m	ΔT_B^m	T_e/K	x_A^e/%	x_A/%
Cr-Ni[a]	2176	1728	5.000	4.210	1217.8	40.2	45.0
Cr-Pd[a]	2176	1823	5.000	4.200	1242	41.9	45.5
Cr-Rh[b]	2176	2239	5.000	5.150	1380.5	51.3	50.6
Cr-Sc[a]	2176	1670	5.000	4.000	1191.5	38.4	43.7
Cr-Ti[a]	2176	1933	5.000	4.450	1281.5	44.6	47.0
Cr-U[a]	2176	1403	5.000	3.000	1059	29.5	36.4
Cr-V[a]	2176	2109	5.000	5.050	1366.5	50.4	50.2
Cr-Y[a]	2176	1803	5.000	2.730	1146.5	35.4	37.3
Cu-Ge[b]	1357	1213	3.120	8.800	962.5	61.4	69.4
Cu-Si[b]	1357	1685	3.120	12.000	1150	81.2	78.0
Cu-Sr[b]	1357	1043	3.120	2.400	739	38.0	42.9
Fe-La[b]	1809	1193	3.300	2.030	816.5	32.7	38.3
Fe-Mg[a]	1809	923	3.300	2.140	733.5	26.0	35.1
Fe-Mn[b]	1809	1517	3.300	3.500	986.5	46.5	50.3
Fe-Mo[b]	1809	2890	3.300	6.650	1351.5	73.3	66.8
Fe-Pd[b]	1809	1823	3.300	4.200	1087.5	54.4	55.0
Ga-In[a]	303	429	1.330	0.780	235.2	52.9	38.2
Ga-Sn[a]	303	505	1.330	1.670	270.2	76.5	64.3
Gd-Sc[a]	1623	1670	3.710	4.000	1036.5	52.1	51.7
Gd-Ti[a]	1623	1933	3.710	4.450	1103.8	58.2	54.6
Gd-Zr[b]	1623	2125	3.710	5.000	1157	62.9	57.8
Ge-Sb[a]	1213	903	8.800	4.690	835	19.2	30.6
Ge-Te[b]	1213	2473	8.800	5.680	1124.5	75.0	36.4
Ge-Zn[a]	1213	693	8.800	1.760	666.5	5.0	12.4
Hf-Th[a]	2495	2028	5.750	3.850	1356.5	37.7	41.0
Hf-W[b]	2495	3680	5.750	8.460	1865.5	67.6	60.8
Ir-Mo[b]	2727	2890	6.300	6.650	1757.5	52.6	51.3
Mg-Y[b]	923	1803	2.140	2.730	704	69.6	60.7
Mn-Nd[b]	1517	1297	3.500	1.700	791.4	34.4	35.3
Mn-Ni[b]	1517	1728	3.500	4.210	1023	57.1	54.4
Mn-Sm[b]	1517	1345	3.500	2.130	834	38.6	39.6
Mo-Ru[a]	2890	2700	6.650	6.210	1747	46.8	48.4
Mo-Th[a]	2890	2028	6.650	3.850	1450.5	31.7	37.0
Mo-Y[a]	2890	1803	6.650	2.730	1312.5	24.8	30.3
Mo-Zr[b]	2890	2125	6.650	5.000	1540.5	36.2	42.0
Nb-Hf[a]	2740	2495	6.300	5.750	1635	45.7	47.7

续表

体系(A-B)	熔融温度/K		熔化热/(kcal/mol)		低共熔点温度和组成		等析晶点组成
	T_A^m	T_B^m	ΔT_A^m	ΔT_B^m	T_e/K	x_A^e/%	x_A/%
Nb-Mo[a]	2740	2890	6.300	6.650	1760.5	52.5	51.3
Nb-Sc[a]	2740	1670	6.300	4.000	1310	28.2	36.4
Nb-Th[a]	2740	2028	6.300	3.850	1416	33.9	38.5
Nb-V[a]	2740	2190	6.300	5.050	1525	39.7	44.1
Nb-Zr[a]	2740	2125	6.300	5.000	1505	38.7	43.6
Ni-V[b]	1728	2190	4.210	5.050	1222	60.2	55.3
Pb-Pt[b]	601	2043	1.140	4.700	570.5	95.0	72.6
Pb-Sb[a]	601	903	1.140	4.690	517.5	85.7	80.1
Pb-Sn[a]	601	505	1.140	1.670	353.2	51.1	56.4
Pd-V[a]	1823	2190	4.200	5.050	1246.5	58.5	54.8
Pt-V[a]	2043	2190	4.700	5.050	1323.5	53.3	51.7
S-Se[b]	388	494	0.410	1.300	246.4	73.6	72.6
Sc-V[a]	1670	2190	4.000	5.050	1195.5	62.0	56.6
Sc-Y[a]	1670	1803	4.000	2.730	1007.5	45.2	42.5
Sn-Tl[b]	505	577	1.670	0.970	340	44.6	39.9
Sn-Zn[a]	505	693	1.670	1.760	393.2	62.3	54.5
Th-Ti[a]	2028	1933	3.850	4.450	1193.5	51.3	52.9
Th-Zr[a]	2028	2125	3.850	5.000	1259	55.8	55.5
Ti-V[a]	1933	2190	4.450	5.050	1286	55.8	53.2
Ti-Y[a]	1933	1803	4.450	2.730	1080	40.0	39.7
Ti-Zr[a]	1933	2125	4.450	5.000	1272.5	54.8	52.8
U-V[a]	1403	2190	3.000	5.050	1063	70.8	63.8
V-Zr[b]	2190	2125	5.050	5.000	1356	49.0	49.8
W-Zr[b]	3680	2125	8.460	5.000	1697	25.9	34.4
Y-Zr[a]	1803	2125	2.730	5.000	1139.5	64.1	62.6

注：熔点和熔化热数据来自文献[54]。

a. 简单低共熔体系和具有低共熔点的连续固溶体系。

b. 含非一致熔融化合物的体系和部分混溶的低共熔体系。

通常，熔融金属黏度的温度系数远小于析晶常数(式(8-11))，据此可以获得等析晶点的计算方程[115]：

$$\begin{cases} \dfrac{x_A}{x_{A_xB_y}} = \dfrac{\Delta T_{A_xB_y}}{\Delta T_A} \dfrac{\Delta H^m_{A_xB_y}}{\Delta H^m_A} \dfrac{T^m_A}{T^m_{A_xB_y}} \\ x_A + x_{A_xB_y} = 1 \end{cases} \tag{8.12}$$

利用方程(8.12)计算出 x_A 和 $x_{A_xB_y}$，从而得到组分 B 的摩尔分数。表 8-26 列举了部分二元合金体系的等析晶点计算值和实际玻璃形成区，结果表明理论预测值落在实际玻璃形成区范围内。部分金属玻璃形成区和低共熔点通过方程(8.8)计算而得。计算结果汇总于表 8-24、表 8-25 和表 8-26[10]。图 8-41 为相关相图及玻璃形成区[109]。

金属玻璃形成区预测的目的是利用热力学和动力学方法，在选定的体系中选择最有可能形成金属玻璃的区域。计算过程需要各组分的熔化热数值，然而大部分金属之间、金属和准金属之间都会形成中间态化合物，其化学键本质是金属键且不遵循价键规则，这类物质的熔化热难以测定且不能从热力学手册中查询得到。因此，作者基于已知相图采用凝固点下降法估算中间态一致熔融化合物的熔化热。由于 A_xB_y 中各类原子的摩尔分数之和不等于 1，估算的熔化热数据 $\Delta H^{m}_{A_xB_y}$ 需要乘上一个归一化因子 $1/(x+y)$才能用于预测计算。如表 8-26 所示，最低共熔点的理论预测值和实验结果存在一定的偏差，这可能归因于估算值 $\Delta H^{m}_{A_xB_y}$ 存在误差。此外，计算方程根据理想溶液的化学势推导而得，具体体系的计算过程也会存在误差，这种偏差对于进一步预测玻璃形成区的影响较小。本书作者提出了估算中间态稳定化合物熔化热的方法。金属玻璃在凝固点附近的黏度几乎恒定(为几泊)，其熔体结构相对于无机非金属氧化物玻璃的网络结构更加规则，即最低共熔点 T_1 对金属玻璃形成能力的影响更加显著，因此计算过程忽略了金属熔体黏度的温度系数。由表 8-24 可知，等析晶点计算值与实际玻璃形成区符合较好，偏差为±3%。结果表明，相对于网络结构玻璃(无机非金属氧化物玻璃)，黏度对金属玻璃的形成影响较小。

表 8-26　二元合金体系低共熔点、等析晶点和玻璃形成区的组分计算值与实验值[10]

体系		熔融温度/K		熔化热 ΔH/(kcal/mol)		低共熔点组成 B/%		等析晶点组成 x_B/%	玻璃形成区 x_B/%
A	A_xB_y	T^{m}_{A}	$T^{m}_{A_xB_y}$	ΔH^{m}_{A}	$\Delta H^{m}_{A_xB_y}$	计算值	实验值		
Co	Co_2P	1768	1659	17.14	12.49	19.0	19.8	18.9	18～25
La	AuLa	1193	1633	8.49	18.46	14.5	16.0	16.5	0～40
Pd	Pb_2Si	1823	1603	17.56	19.76	17.5	15.0	16.1	13～25
Pt	$PtSb_2$	2043	1499	19.65	23.93	38.7	33.6	33.1	33～37
Zr	ZrPb	2125	1939	20.90	12.11	30.7	24.6	30.6	20～35
Fe	FeB	1809	1925	13.79	24.99	19.0	16.7	18.8	13～25
U	UCo_2	1403	1443	12.54	14.06	31.5	34.0	31.7	24～40
Mg	$MgZn_2$	923	861	8.95	13.68	30.2	27.9	27.9	25～32
Pt	Pt_2Si	2043	1373	19.65	7.25	24.8	23.0	23.5	23～25
Ca	$CaAl_2$	1123	1352	8.36	8.03	31.3	35.0	33.5	12.5～47.5
Nb	$NbNi_3$	2740	1675	26.33	7.99	58.9	58.4	55.6	40～66

注：$T^{m}_{A_xB_y}$ 来自文献[113]和[114]；T^{m}_{A}和 ΔH^{m}_{A}来自文献[54]；其余数据来自文献[1]。

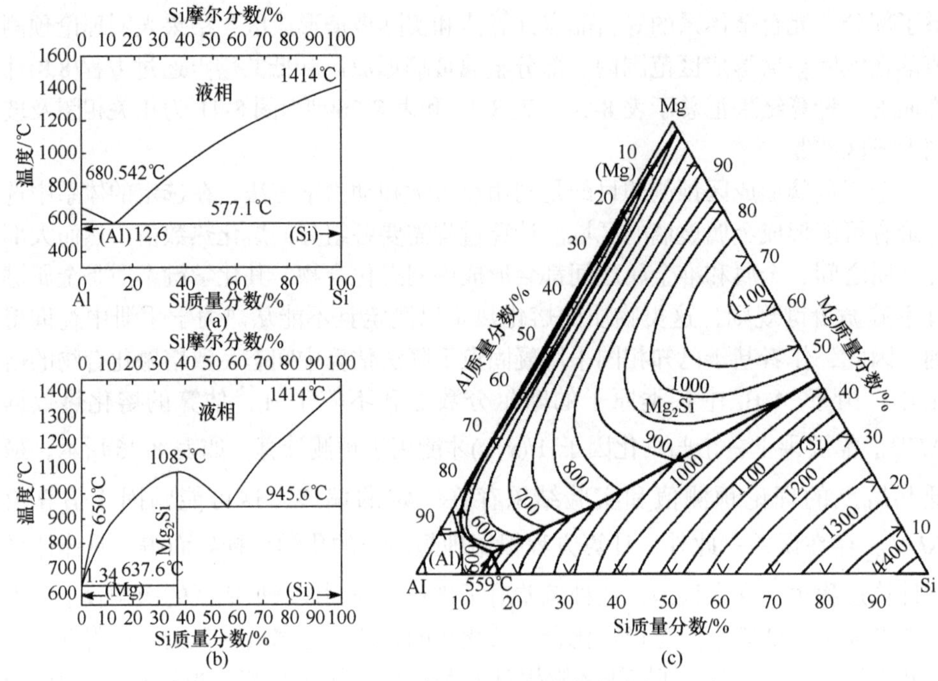

图 8-41　Mg-Al-Si 体系的相图和玻璃形成区[109]

(a)Al-Si；(b)Mg-Si；(c)Mg-Al-Si

8.3　玻璃形成能力和玻璃形成区

通过计算玻璃的一系列物理化学参数，可以更加直观地揭示玻璃形成规律及其内在联系。例如，基于动力学和结晶化学常数建立的 3T 图是解释玻璃形成能力的重要模型，基于热力学相平衡理论确定玻璃形成区是目前广泛应用的方法之一。玻璃形成区是由实验确定、表示形成玻璃组分范围的几何图形，是设计玻璃组分的主要依据[6,33,122]。

随着相平衡理论的发展，相图的制定逐渐受到重视。到目前为止，已经报道了 5000 多个硅酸盐体系相图，其中大部分与玻璃相关。根据相图选择玻璃组分的原则是选取相图中尽可能靠近共晶点或相界的组分，目前，这一方法在设计玻璃组分中发挥了重要作用。

然而，对于一些目前没有相图的玻璃体系，特别是对于新型玻璃体系的研究，通过实验方法制定相图存在一定困难。除需要高温高压条件和精密仪器外，还需要较长时间才能达到热力学平衡。此外，含易挥发物质和强腐蚀性物质体系的相图也难以制定。因此，目前的相图资料主要是一些常见的简单系统，在实际应用中受到极大的限制和制约。为了适应实际生产和科研设计的需要，用区域图表示不同玻璃体系的实际形成能力和组分范围非常必要，即玻璃形成区图。这种方法具有快捷、实用、不受时间和设备等因素限制等特点，被玻璃工作者广泛使用。图 8-42 为 Na_2O-B_2O_3-SiO_2 体系的玻璃形成区[82]，其中实线 *A* 表示硼反常的极大值，虚线 *B* 表示分相玻璃的边界，从图中可以看出 Pyrex(派来克斯)玻璃和 Vycor(维克)玻璃的组分范围，以及分相和硼反常的组分范围。玻璃形成区的边界可以近似简化为一条直线。目前，已经获得了多个玻璃体系的形成区图。设计光学玻璃时，通常需要同时考虑体系的玻璃形成区和等效折射率图、等效密度图、等效黏度图或等效电导图等，这些示意图是生产和科研中不可或缺的重要工具。图 8-43 为 BaO-La_2O_3-B_2O_3 系统的玻璃形成区-等效折射率图[82]。在二元硼酸盐玻璃中，B_2O_3-La_2O_3 玻璃体系的折射率大、色散低，相对于铅玻璃而言具有更优异的化学性质。但是，高场强大半径的 La^{3+}积聚效应较强，导致 B_2O_3-La_2O_3 玻璃体系的玻璃形成区较小且容易分相。通过引入二价重金属氧化物能够扩大其玻璃形成区范围，实际玻璃形成区和光学性质如图 8-43 所示，该图表明其玻璃形成区范围较大，且能够用于设计具有特定性质的玻璃组分。因此，这些图表可以用作设计实际玻璃组分的依据。

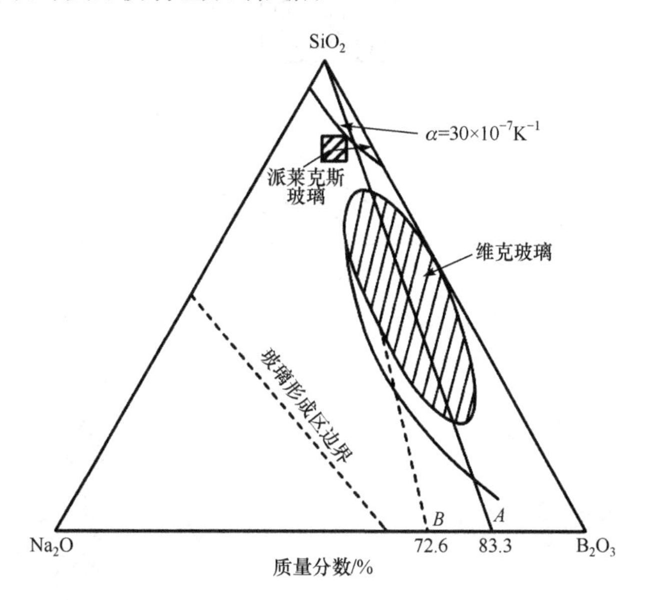

图 8-42　Na_2O-B_2O_3-SiO_2 体系的玻璃形成区[82]

实际玻璃形成区是通过实验确定的，因此不可避免地受到实验条件(如玻璃熔体体积、冷却速率、气氛和冷却介质)的影响，即实际玻璃形成区受到动力学因素的影响。因此，给出的玻璃形成区需要对应具体的实验条件。

在实际应用中，尽管大多数玻璃的组分均超过五种或六种，但是其中至少有两种或三种主成分。因此，常见的相图或者玻璃形成区都是二元或者三元的，其他组分的影响可以转换成主成分的影响，取决于其性质和含量。玻璃形成区图有许多类型，例如，Imaoka 等[80]在 1959 年提出了三种类型(图 8-44)。

(1) A 型：三元体系中含有一种网络形成体(G)和两种网络外体(M_1，M_2)。

(2) B 型：三元体系中含有一种网络形成体(G)、一种中间体(N)和一种网络外体(M)。

(3) C 型：三元体系中含有三种网络形成体。在某些特殊情况下，浓度三角形中部的一些狭窄区域可能形成玻璃，但 C 型一般不能形成玻璃，因此 C 型没有给出相应的图形描述。

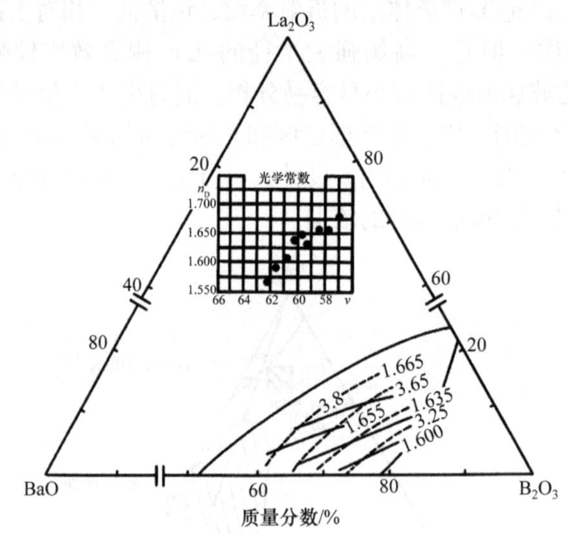

图 8-43　BaO-La_2O_3-B_2O_3 玻璃体系的玻璃形成区-等效折射率[82]

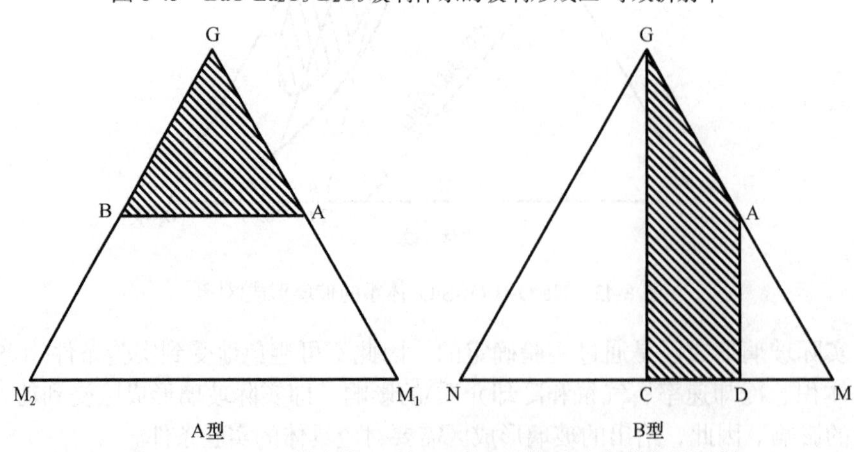

图 8-44　Imaoka 提出的 A 型、B 型三元体系玻璃形成规律[82]

阴影区域为易于形成玻璃的区域

1. 二元体系玻璃形成区

如前所述，玻璃本身处于热力学不稳定的亚稳态，这里的稳定区只是相对而言的，在科学研究中有时需要发展一些特殊性能的玻璃，必然会碰到能否找到合适性能的玻璃以及玻璃是否稳定等问题。因此，如何确定某一系统中玻璃形成相对稳定区，对研究新品种玻璃具有重要的现实意义。玻璃形成规律不但是玻璃态研究的重要课题，也是新品种玻璃研究工作的重要课题。随着科学研究的发展，对各种透明材料提出了许多新的要求，为了探索具有特殊性能的新型玻璃，不仅需要了解各种规定参数与玻璃成分的关系，还需要解决这些成分是否能形成玻璃，以及如何得到稳定性好的玻璃等问题。玻璃形成过程是一个反结晶化的动力学过程，要求熔融体在结晶温度时有足够大的黏度。这样有利于阻止熔体的晶核形成及长大。由于冷却条件是外部因素，在此不加讨论。温度相同条件下的熔体，其黏度是由结构化学来决定的。从结构化学观点来看，玻璃态物质都是由复杂的链状或层状分子基团构成的，因此在熔融状态时黏度大，冷却时链或层互相交错，不易形成对称性良好的晶体，在低于“熔融点”时形成过冷液体。要使结构成为链状或层状，其化学键只有那些带有离子键与共价键，或者共价键与金属键混合的化合物才有可能。在这些混合键化合物中，要成为玻璃生成体，还必须具有较低的空间占有率和顶角连接的条件，只有这样的结构才可能使连接体之间弯曲或扭曲，成为短程有序、长程无序的玻璃。目前，研究者提出了不同观点描述二元体系的稳定玻璃形成区，并且获得了一些性能优异的光学玻璃。对二元体系玻璃形成的稳定程度目前有几种不同的看法：①玻璃最稳定区是在玻璃生成体最多的区域；②在低共熔点区；③只有层状结构时才最稳定。本书作者总结了过去在高折射率低色散光学玻璃、防中子玻璃、防 γ 射线玻璃、高折射率玻璃、激光玻璃方面新品种玻璃研究工作的经验，提出了氧化物玻璃形成的一般规律以及改进玻璃失透性能的几点看法。特别地，本书作者通过总结自己的实验和国内外文献资料，认为在二元玻璃中比较稳定的玻璃形成区存在于层状结构附近且偏向于玻璃生成体较多一侧的低共熔点处[6,18,62,123,124]。层状结构化合物虽然具有黏度大的特点，但在相图中固定成分的化合物，总是在液相线的峰值，如 $Na_2O \cdot 2SiO_2$ 和 $BaO \cdot P_2O_5$ 等，其黏度不如附近低共熔点的大。低共熔点是由两种结构交织在一起的凝固点，结晶倾向最小。表 8-27 给出了二元体系的稳定玻璃形成区和层状结构组分值，可以用来证明该观点[18]。

为什么在玻璃形成体含量更高的区域反而不易形成稳定玻璃区呢？这是由于通常在层状结构低共熔点的两侧附近，由不同的结晶区和液相区组成，根据相图可知玻璃网络形成体含量较高的区域容易形成不互溶区。在玻璃网络形成体含量较高的区域引入另一种高价态和高键强的网络外体时，更容易出现分相，如硅酸盐或硼酸盐二元体系。除碱金属外，玻璃网络形成体含量较高的区域失透也主要是由分相引起的。

根据各种氧化物在玻璃形成过程中的不同作用，可以分为网络形成体(Nf)，包括 SiO_2、B_2O_3、P_2O_5、GeO_2 和 As_2O_3；中间体(NI)，包括 Al_2O_3、ZnO 和 TiO_2；网络外体(NM)，包括 Li_2O、Na_2O 和 BaO 等。网络外体可以进一步分为碱金属离子 NM_1 和碱土金属离子 NM_2。含有 NM_1 的玻璃体系在网络形成体含量较高的区域不存在分相区，而且其玻璃形成区范围较大。而含有 NM_2 的玻璃体系在网络形成体含量较高的区域存在分相区。由于极化效应，含有惰性电子对的金属氧化物如 Pb、Bi 和 Tl 通常具有较大的玻璃形成区，而在高玻璃形成区有些因分相或析晶不易形成玻璃，作者将这类易极化离子划分为玻璃网络外体 NM_3。网络外体如 Zr、Nb、Ta、La 和 Th 容易成为析晶中心，这类物质随着化合价升高将阻碍玻璃形成，本书将这类高价积聚离子标记为 NM_4。

表 8-27　二元体系的稳定玻璃形成区和层状结构组分值[18]

玻璃体系	层状化合物组成			低共熔点的玻璃形成体(质量分数)/%	
	层状化合物	玻璃形成体(质量分数)/%			
硅酸盐	$Li_2O \cdot 2SiO_2$	SiO_2	80	SiO_2	82
	$Na_2O \cdot 2SiO_2$	SiO_2	67	SiO_2	75
	$K_2O \cdot 2SiO_2$	SiO_2	56	SiO_2	67.5
	$BaO \cdot 2SiO_2$	SiO_2	44.5	SiO_2	53
硼酸盐	$Li_2O \cdot 2B_2O_3$	B_2O_3	82	B_2O_3	72.5(82 以上无共熔点)
	$Na_2O \cdot 2B_2O_3$	B_2O_3	69.5	B_2O_3	72
	$K_2O \cdot 2B_2O_3$	B_2O_3	59.5	B_2O_3	62
	$CaO \cdot 2B_2O_3$	B_2O_3	71	B_2O_3	71-77
	$BaO \cdot 2B_2O_3$	B_2O_3	50	B_2O_3	58.5
磷酸盐	$CaO \cdot P_2O_5$ $MgO \cdot P_2O_5$	液相温度随 P_2O_5 含量增多而降低			

网络修饰体位于玻璃网络结构外部，故又称网络外体。根据不同体系的玻璃形成性能，网络外体发挥不同作用。例如，含有惰性电子对的易极化离子 Pb^{2+} 和 Bi^{3+} 可以大量加入且玻璃保持透明，但是当网络形成体含量较高时有些因分相(如 $PbO\text{-}B_2O_3$ 体系)，有些因析晶而难以形成玻璃。另一类是碱金属没有分相区(指液相线上的稳定分相)，玻璃形成区范围较大。Ba^{2+} 对玻璃形成区的影响与碱金属离子相似。含有其他碱土金属的玻璃体系在网络形成体含量较高的区域都存在分相区，其玻璃形成区通常位于二元相图的中部区域，玻璃形成区范围随着碱

土金属离子半径减小而减小。含高价离子(积聚体)的体系在网络形成体含量较高的区域都存在分相区。作者曾采用熔融-淬火法测试了 $95B_2O_3$-$5R_mO_n$ 和 $90B_2O_3$-$10R_mO_n$(R_mO_n：In_2O_3、La_2O_3、ThO_2、Nb_2O_5、Ta_2O_5、TiO_2、ZrO_2)体系的玻璃形成能力，结果这些熔体均形成失透的乳白色物质。XRD 分析和偏光显微镜测试表明这些熔体并未析晶，说明在 B_2O_3 含量较高的熔体中存在分相区，由于积聚作用容易形成结晶中心，其玻璃形成区位于低共熔点附近极小的区域内。表 8-28 列举了部分二元体系玻璃形成区实验结果(5g 规模，常规冷却条件形成透明玻璃的极限范围)[18]。

表 8-28　部分二元体系玻璃形成区实验结果[18]

硅酸盐	SiO_2 摩尔分数/%	硼酸盐	B_2O_3 摩尔分数/%	磷酸盐	P_2O_5 摩尔分数/%
SiO_2-Li_2O	100～60	B_2O_3-Li_2O	88～50	P_2O_5-Li_2O	100～62
SiO_2-Na_2O	100～52	B_2O_3-Na_2O	100～48	P_2O_5-Na_2O	100～43
SiO_2-K_2O	100～48	B_2O_3-MgO	不成玻璃	P_2O_5-K_2O	100～53.7
SiO_2-BaO	78～50	B_2O_3-CaO	73～64	P_2O_5-MgO	100～43
SiO_2-CdO	63～50	B_2O_3-SrO	73～55	P_2O_5-CaO	100～42.5
SiO_2-PbO	80～30	B_2O_3-ZnO	42～40	P_2O_5-SrO	100～40
SiO_2-Bi_2O_3	70～50	B_2O_3-CdO	65～45	P_2O_5-BaO	100～43
		B_2O_3-PbO	77～25	P_2O_5-PbO	100～55
		B_2O_3-Bi_2O_3	67～50	P_2O_5-Bi_2O_3	100～70
		B_2O_3-La_2O_3	83～81	P_2O_5-WO_3	100～78

2. 三元体系玻璃形成区

图 8-45 和图 8-46 给出了部分三元硼酸盐和三元硅酸盐体系玻璃形成区[18]。大量研究表明，三元体系的玻璃形成区可以看作相应二元体系玻璃形成区的加和，但与简单的加和有所不同，需要补充以下几点。

(1) 由于形成了新的低共熔点，三元体系中的玻璃形成区中部出现了突出部分。

(2) 突出部分受到低共熔点位置的影响。低共熔点的位置大体上可以根据晶相的熔点和熔化热，用热力学理论导出的液相线方程式(8-6)和式(8-8)进行估算。如表 8-29 所列，共晶点与低熔点组分对应边之间的距离随着 T_A 和 T_B 差值的增大而减小[18]。因此，在硼硅酸盐三元体系的玻璃形成区中硼酸盐侧突出较多。

对于只有一种玻璃网络形成体的三元体系，其玻璃形成区突出部分位于氧化物熔点较低的一侧。

(3) 引入中间体能够使网络外体含量较高的析晶区转变成玻璃形成区，从而扩大玻璃形成区。对于含有中间体三元体系的玻璃形成区，往往在网络外体含量较高的区域呈现突出的半圆形。

(4) 二元体系 Nf-NI 和 Nf-NM_4不能形成玻璃，但是由于在三元体系中形成了新的低共熔区，因此有可能在中间部分形成一个不太稳定的玻璃形成区。

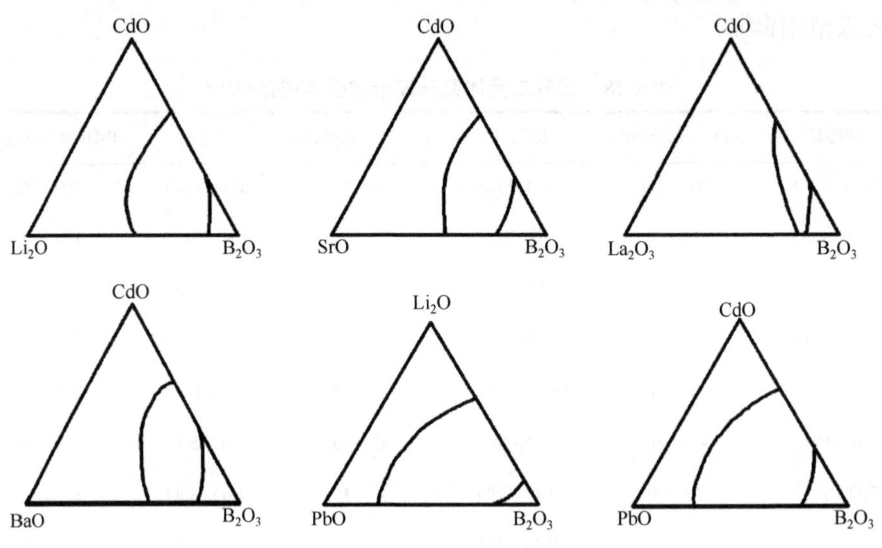

图 8-45　三元硼酸盐体系玻璃形成区[18]

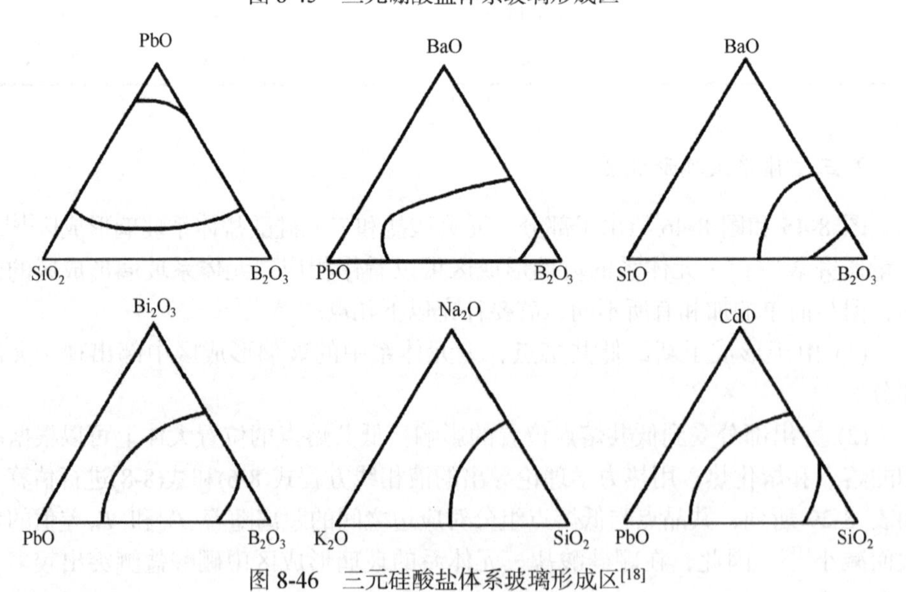

图 8-46　三元硅酸盐体系玻璃形成区[18]

表 8-29 部分二元玻璃体系的玻璃形成性能[18]

硅酸盐	T_c/℃	分相	硼酸盐	T_c/℃	分相
SiO_2-Li_2O	1000	亚稳态	B_2O_3-Li_2O	600	亚稳态
SiO_2-Na_2O	850	亚稳态	B_2O_3-Na_2O	590	亚稳态
SiO_2-K_2O	745	亚稳态	B_2O_3-K_2O	590	亚稳态
SiO_2-MgO	2200	稳态	B_2O_3-Rb_2O	590	亚稳态
SiO_2-CaO	2100	稳态	B_2O_3-Cs_2O	570	亚稳态
SiO_2-SrO	1920	稳态	B_2O_3-MgO	>>1500	稳态
SiO_2-BaO	1460	亚稳态	B_2O_3-CaO	>1500	稳态
SiO_2-B_2O_3	520	亚稳态	B_2O_3-SrO	1100	稳态
SiO_2-PbO	775	稳态	B_2O_3-BaO	1150	稳态
SiO_2-Al_2O_3	1650	亚稳态	B_2O_3-PbO	775	稳态
SiO_2-La_2O_3	2060	稳态	B_2O_3-CdO	1120±20*	稳态
SiO_2-TiO_2	2100	稳态			
SiO_2-ZrO_2	2450	稳态			

*该数值由作者计算，其余均来自文献[125]。

磷酸盐体系玻璃形成区较为独特，因为在磷酸盐的二元体系中 P_2O_5 含量较高时不存在分相区，且在偏磷酸盐含量较高时体系熔融温度变化较小，使其玻璃形成区可扩展至 P_2O_5 含量为 50%或稍低于 50%的区域(以样品量为 5g 的规模)。这是因为 P_2O_5 中的 P═O 键导致中间体易于进入网络结构，因此二元磷酸盐体系的玻璃形成区范围相差不大，如表 8-28 所示，而三元磷酸盐体系的玻璃形成区与 Nf-NM_1-NM_1'体系类似。

基于上述规则，作者将三元体系的玻璃形成区(自然冷却)分为以下 21 种：①15 种仅含有一种网络形成体的三元体系；②5 种含有两种网络形成体的三元体系；③一种含三种网络形成体的三元体系。

1) 含一种网络形成体的三元体系玻璃形成区

(1) Nf-NM_1-NM'_1：这类体系即使含有 SiO_2、B_2O_3 或 P_2O_5，在网络形成体含量较高的区域也不存在分相区，如图 8-47(a)所示，其玻璃形成区范围延伸至中线 50%以下，且范围随着 NM_1 场强增大而缩小。Nf-NM_1 中加入 NM'_1、Nf-NM'_1 中加入 NM_1 均导致熔点降低，在接近中部形成低共熔点，因此在中部玻璃形成区边界外突。

(2) Nf-NM_1-NM_2：Nf-NM_1 和 Nf-NM_2 体系中网络形成体含量较高的区域均会形成分相区，分相区内难以制备高度透明的玻璃。因此，三元体系中网络形成体(如 SiO_2)含量较高的区域同样难以形成透明玻璃。如图 8-47(b)所示，这类玻璃形成区突出部分靠近 NM_1 侧。

(3) $Nf\text{-}NM_2\text{-}NM'_2$：这类体系在网络形成体含量较高的区域容易分相和析晶。在网络形成体含量较高的范围内玻璃形成区边界随着 NM_2 和 NM'_2 场强的变化而变化。当 NM_2 为 BaO 时，玻璃形成区较为独特，因为 BaO 场强较小，其玻璃形成性能与碱金属类似。MgO 场强则较大，其玻璃形成性能与积聚体类似，MgO 含量较高的区域不能形成玻璃。典型的 $Nf\text{-}NM_2\text{-}NM'_2$ 玻璃体系包括 B_2O_3-BaO-CaO 和 B_2O_3-BaO-SrO 体系(图 8-47(c))。

(4) $Nf\text{-}NM_1\text{-}NM_3$：这类体系因存在含惰性电子对的氧化物，网络形成体含量较高的区域易于分相难以形成均匀透明玻璃。然而，如图 8-47(d)所示，玻璃形成区内 NM_3 的含量可超过 50%。包含这类氧化物的典型玻璃体系有 SiO_2-K_2O-PbO 和 B_2O_3-Na_2O-PbO。

(5) $Nf\text{-}NM_2\text{-}NM_3$：这类体系中玻璃形成体含量较高时存在分相区，其玻璃形成区如图 8-47(e)所示，其典型实例为 B_2O_3-BaO-PbO 光学玻璃体系。

(6) $Nf\text{-}NM_3\text{-}NM'_3$：这类体系的玻璃形成区范围最大。如图 8-47(f)所示，当 NM_3 和 NM'_3 含量达 90%仍能够形成玻璃，其典型实例是 B_2O_3-PbO-Bi_2O_3 体系。

(7) $Nf\text{-}NM_1\text{-}NM_4$：含有 Zr、Nb、Ta、La 和 Th 容易成为析晶中心的二元体系，通常难以形成玻璃或者仅在低共熔点附近较小区域内能够形成玻璃，相应三元体系的玻璃形成区见图 8-47(g_1)、(g_2)。

(8) $Nf\text{-}NM_2\text{-}NM_4$：这类玻璃体系在光学玻璃领域得到广泛研究，如 B_2O_3-BaO-La_2O_3、B_2O_3-BaO-ThO、B_2O_3-SrO-La_2O_3 和 B_2O_3-BaO-Nb_2O_3 体系。如图 8-47(h_1)、(h_2)所示，由于二价硼酸盐的熔点较低，玻璃形成区边界突出部分靠近 $Nf\text{-}NM_2$ 体系。

(9) $Nf\text{-}NM_3\text{-}NM_4$：这类玻璃体系其典型实例如 B_2O_3-PbO-La_2O_3 和 B_2O_3-PbO-Ta_2O_5 体系(图 8-47(i_1)、(i_2))。

(10) $Nf\text{-}NM_4\text{-}NM'_4$：这类体系玻璃形成区范围较小。如图 8-47($j_1$)、($j_2$)所示，尽管 $Nf\text{-}NM'_4$ 二元体系不能形成玻璃，但三元体系形成了新的低共熔点，因此中部区域能够形成玻璃。

(11) $Nf\text{-}NM_1\text{-}NI$：对于 Nf-NI 体系采用传统方法熔制不能获得透明玻璃(SiO_2-TiO_2 和 SiO_2-Al_2O_3 体系在氢氧焰条件下可以形成玻璃)，因此 Nf-NI 体系不存在玻璃形成区。在靠近 $Nf\text{-}NM_1$ 体系附近区域，加入中间体可以重新连接破坏的网络结构，因此该体系的玻璃形成区边界向 NI 凸出，如图 8-47(k)所示。

(12) $Nf\text{-}NM_2\text{-}NI$：NM_2 的场强较大将导致进入网络结构的中间体数量减少。这类体系的玻璃形成区范围从 $Nf\text{-}NM_1\text{-}NI$(NM_2 为 BaO 时)体系向 $Nf\text{-}NM_4\text{-}NI$(NM_2 为 MgO 时)体系变动。如图 8-47(l)所示，低共熔区通常位于 $NI\text{-}NM_2$ 体系中部附近，在其附近较小范围内能够形成玻璃。

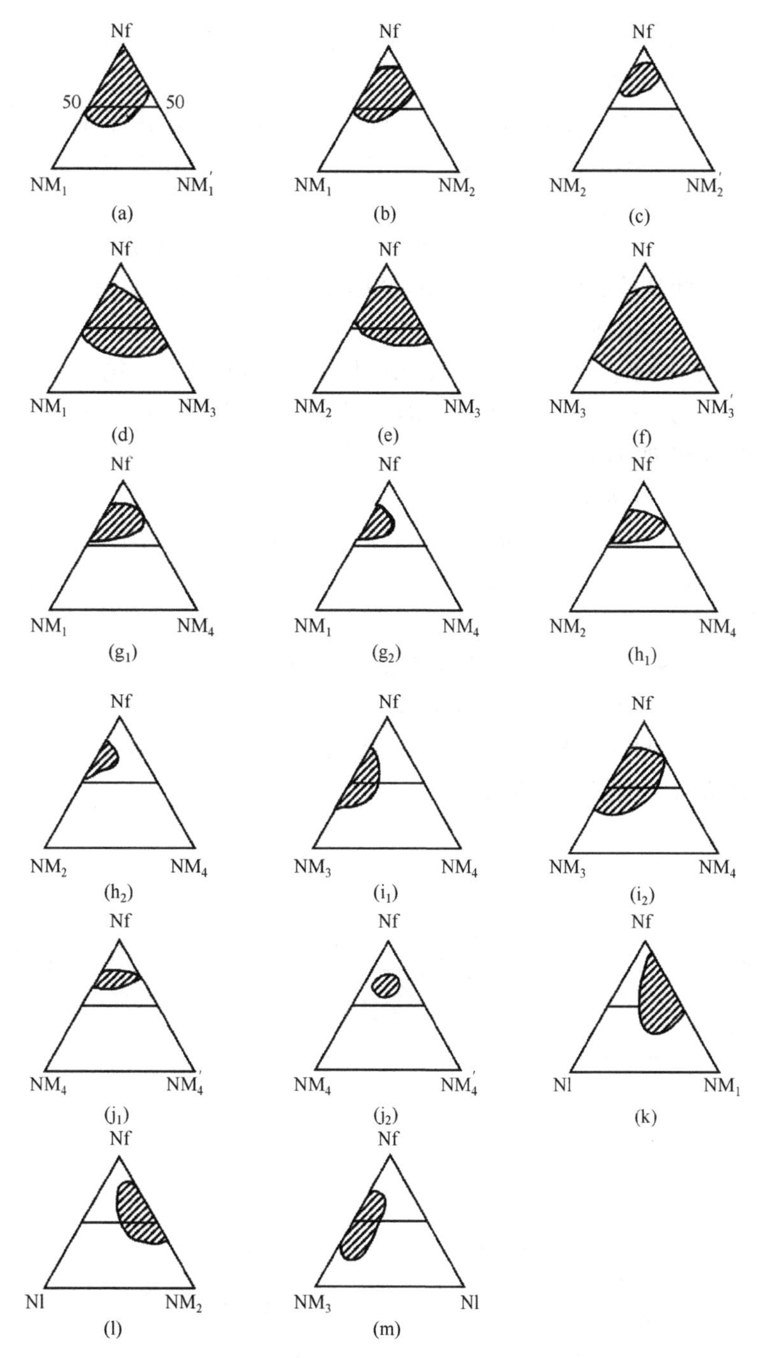

图 8-47　含一种网络形成体的三元体系玻璃形成区[18]

(a)Nf-NM_1-NM'_1；(b)Nf-NM_1-NM_2；(c)Nf-NM_2-NM'_2；(d)Nf-NM_1-NM_3；(e)Nf-NM_2-NM_3；(f)Nf-NM_3-NM'_3；(g_1)，(g_2)Nf-NM_1-NM_4；(h_1)，(h_2)Nf-NM_2-NM_4；(i_1)，(i_2)Nf-NM_3-NM_4；(j_1)，(j_2)Nf-NM_4-NM'_4；(k)Nf-NI-NM_1；(i)Nf-NI-NM_2；(m)Nf-NI-NM_3

(13) Nf-NM_3-NI：这类系统中 NI 能够进入网络结构，因而扩大玻璃形成区范围，如图 8-47(m)所示。

(14) Nf-NM_4-NI：如前所述，由于 NM_4 键强较大，NI 离子难以俘获氧离子降低配位数。NI 的作用与 Nf-NM_4-NM'_4体系中 NM_4的作用类似，玻璃形成区范围也与该体系类似，如图 8-47(j)所示。

(15) Nf-NI-NI′：NI 和 Nf 在传统条件下熔制不能形成玻璃。NI 的作用与 NM_4类似，因此其玻璃形成区也与 Nf-NM_4-NM'_4体系类似，如图 8-47(j)所示。

2) 含两种网络形成体的三元体系玻璃形成区

(1) Nf-Nf′-NM_1：这类体系中 Nf-Nf′体系分为两种情况。第一种情况是两种玻璃不混溶，第二种情况是两种玻璃能够形成均匀透明体(视觉透明)。然而两种成玻体同时存在(如 B_2O_3-SiO_2和 P_2O_5-SiO_2体系)容易分相，尽管理论上分相区仍然算作玻璃态(图 8-48(a))。

(2) Nf-Nf′-NM_2：网络形成体含量较高的区域存在两种熔体，只有中部区域可以形成透明玻璃，如图 8-48(b)所示，分析表明，玻璃形成区范围偏向熔点较低的一侧。

(3) Nf-Nf′-NM_3：网络形成体含量较高的区域容易分相，如图 8-48(c)所示，当 NM_3含量大于 80%时仍可以形成玻璃。

(4) Nf-Nf′-NM_4：NM_4 含量较高时玻璃形成区范围较小，如图 8-48(d)所示，靠近硅酸盐区域附近难以形成玻璃。

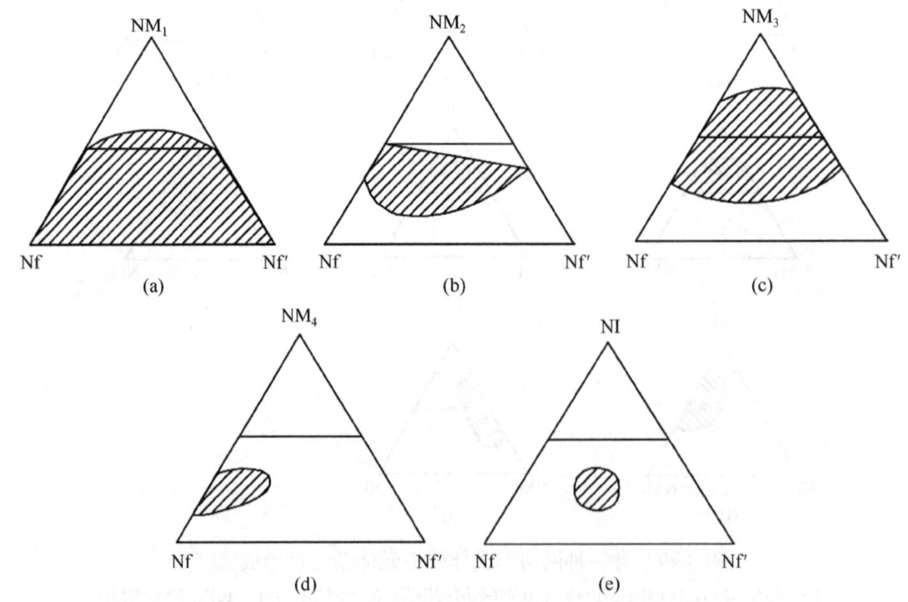

图 8-48　含两种网络形成体的三元体系玻璃形成区[18]

(a)Nf-Nf′-NM_1；(b)Nf-Nf′-NM_2；(c)Nf-Nf′-NM_3；(d)Nf-Nf′-NM_4；(e)Nf-Nf′-NI

(5) Nf-Nf′-NI：中间体缺乏氧离子且配位数较低时，其玻璃形成性能与 NM_4 类似。然而，ZnO 的键强相对较弱，其作用与 NM_2 类似。虽然 Nf-NI 和 Nf′-NI 体系不能形成玻璃，但是相应的三元体系可能存在较小的玻璃形成区(图 8-48(e))。

3) 含三种网络形成体的三元体系玻璃形成区

目前对 Nf-Nf′-Nf″玻璃体系的研究较少，比如 Englert(恩格勒特)和 Hummel 提出的 B_2O_3-SiO_2-P_2O_5 体系[126]，他们认为非晶区位于 P_2O_5-SiO_2 体系附近以及 SiO_2 含量较高的区域(图 8-49)[1]。

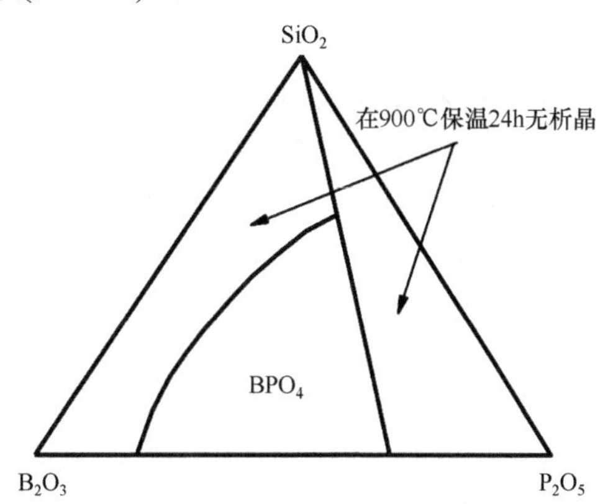

图 8-49　含三种网络形成体的三元体系玻璃形成区[1]

在复杂系统中如何寻找较稳定的玻璃形成区呢？在研制新品种玻璃或改进现有玻璃析晶性能时，往往需要进行玻璃成分调整实验。如果有现成的相图，则比较容易解决，然而，在复杂系统中大多都没有完善的相图资料，这些困难不易解决。作者根据经验将复杂系统中寻找稳定的玻璃形成区的方法归纳为以下几点。

(1) 对易析晶的玻璃，往往是在较低黏度下即开始析晶，如光学玻璃中的氟磷酸盐玻璃、磷硅钾磷酸盐玻璃以及某些磷酸盐激光玻璃。这些玻璃由于析晶时玻璃黏度不大，在析晶中除第一晶相外，还可能出现第二晶相。对这些易析晶的玻璃，作者曾用差热分析仪直接测定其析晶峰及熔解峰，如在同一侧有相邻的两个析晶峰，可以说明在第一晶相析出后，在共熔点温度时第二晶相也开始析出，经过推算可以得出共熔区的位置。

(2) 对高黏度析晶的高硅区玻璃，由于析晶时黏度很大，往往很难析出第二晶相，而在高硅区一般并无低共熔区。对这类玻璃可以利用相界面较难析晶的特点，将成分调整到石英与鳞石英，或方石英与鳞石英的相界面上，改善析晶倾向，成分的调整除根据相图数据外(如以 B_2O_3 代入 SiO_2，使其达到相界面)，也可以采取乔姆金娜等的方法进行计算。

(3) 在大多数稀土光学玻璃和含钡的硼硅酸盐玻璃中(其他硼硅酸盐玻璃也有相同的特性)，作者通过总结大量实验发现，硼酸盐玻璃和硼硅酸盐玻璃的低共熔点往往是处在[BO_4]结构比较多的区域内，如 BaO-B_2O_3-SiO_2、BaO-SrO-B_2O_3-SiO_2、La_2O_3-CdO-B_2O_3-SiO_2、ZnO-La_2O_3-B_2O_3-SiO_2 等系统都符合这一规律。因此，作为一个特例，可以利用计算的方法求出[BO_4]存在的极大值，即计算出折射率、相对密度或热膨胀系数的反常点，在反常点附近便是玻璃比较稳定的部分。

8.4 总　　结

新材料发展很快，组成越来越复杂，目前玻璃科学与技术研究大多都是通过大量实验才获得一些数据，需要的人、财、物力巨大且效率低下。建立一些简便快速、具有预测性的研究方法十分必要。本章综述了玻璃形成区的研究进展以及玻璃形成区预测计算方法和一些典型玻璃体系的玻璃形成区理论计算及实验验证。

本章的主要结论如下。

(1) 低共熔点对玻璃形成具有重要作用。玻璃形成区通常位于网络形成体含量较高的低共熔点附近。绝大部分玻璃体系均遵循这一规律。

(2) 借鉴冶金物理化学中使用热力学方法推测金属及合金相图的方法，采用浓度代替活度，并应用解析几何切线原理，简化了自由能推导玻璃相图的计算方法，同时将低共熔点看作准化合物，利用其热力学参数，推测出了多种新玻璃体系的玻璃形成区。研究发现：①基于吉布斯自由能理论和热力学理论能够定量计算预测玻璃形成区内低共熔点的温度和组分；②低共熔点处的物质可以看作准化合物，基于此其热力学参数如熔化热和熔点可用于计算新的低共熔点，从而可以使用这种多重叠加法预测玻璃形成区；③可以根据解析几何切线原理简化推导计算预测液相线的公式；④定量计算了二元不相容体系中加入第三组分对不混溶区的影响，计算结果与相图中的实验结果相一致；⑤在卤化物玻璃体系中，低共熔点通常位于网络形成体与网络外体之比为 3∶1、2∶1 和 1∶1 的位置。对于含 AlF_3 或 ZrF_4 的二元氟化物玻璃体系，其低共熔点可以看作准化合物，从而用多重叠加法预测其玻璃形成区。分相对于玻璃性质特别是玻璃形成能力具有重要的影响。分相区通常位于网络形成体含量较高的区域内，从而直接影响玻璃形成区的边界。

(3) 绘制相图是表示玻璃形成能力和玻璃形成区的重要方法。本章给出了多种玻璃体系的物理化学参数的计算结果，与玻璃形成区直接相关，揭示了影响玻璃形成因素的内在一致性，表明这些规律在理论研究和实际生产中具有一定的指导作用。

参考文献

[1] Jiang Z H, Zhang Q Y. The formation of glass: A quantitative perspective. Science China Materials, 2015, 58(5): 378-425.

[2] Wang L M, Li Z, Chen Z, et al. Glass transition in binary eutectic systems: Best glass-forming composition. The Journal of Physical Chemistry B, 2010, 114(37): 12080-12084.

[3] 姜中宏, 郭延华. 利用 Gibbs 自由能推导无机盐及偏磷酸盐共熔区. 硅酸盐通报, 1983, 1: 3-17.

[4] 姜中宏, 胡新元, 赵祥书. 用热力学方法推导玻璃形成区内的共熔区及分相区. 硅酸盐学报, 1982, 10(3): 309-318.

[5] Gibbs J W. The Collected Works of J. Willard Gibbs. Vol. 1. Thermodynamics. New York: Yale University Press, 1928.

[6] Jiang Z H, Hu X Y, Zhao X S. Prediction of eutectics and phase separation in the glass formation range using a thermodynamic. Journal of Non-Crystalline Solids, 1982, 52: 235-247.

[7] Charles R J, Wagstaff F E. Metastable immiscibility in the B_2O_3-SiO_2 system. Journal of the American Ceramic Society, 1968, 51: 16-20.

[8] Slater J C. Introduction of Chemical Physics. New York: McGraw-Hill, 1939.

[9] Cottrell A H. Theoretical Structural Metallurgy. New York: St. Martin’s Press, 1955.

[10] Barin I, Knacke O, Kubaschewski O. Thermochemical Properties of Inorganic Substances. Berlin: Springer, 1977.

[11] 杨秋红, 姜中宏. 用等析晶点预测硝酸盐玻璃形成区. 无机材料学报, 1994, 9(4): 399-403.

[12] Morey G W, Merwin H E. Phase equilibrium relationships in the binary system, sodium oxide-boric oxide, with some measurements of the optical properties of the glasses. Journal of the American Chemical Society, 1936, 58: 2248-2254.

[13] Kracek F C. The system sodium oxide-silica. The Journal of Physical Chemistry, 1930, 34: 1583-1598.

[14] Ghanbari-Ahari K, Cameron A M. Phase diagram of Na_2O-B_2O_3-SiO_2 system. Journal of the American Ceramic Society, 1993, 76: 2017-2022.

[15] Margaryan A, Piliavin M A. Germanate Glasses: Structure, Spectroscopy, and Properties. London: Artech House, 1993.

[16] Pauling L. The Nature of the Chemical Bond and the Structure of Molecules and Crystals: An Introduction to Modern Structural Chemistry. New York: Cornell University Press, 1939.

[17] 陈东丹. 掺稀土碲酸盐玻璃与光纤应用基础问题研究. 广州: 华南理工大学, 2010.

[18] 姜中宏. 关于玻璃形成区及玻璃失透性能的一些问题. 硅酸盐学报, 1981, 9: 323-339.

[19] Berthereau A, Fargin E, Villezusanne A, et al. Determination of local geometries around tellurium in TeO_2-Nb_2O_5 and TeO_2-Al_2O_3 oxide glasses by XANES and EXAFS: Investigation of electronic properties of evidenced oxygen clusters by Ab initio calculations. Journal of Solid State Chemistry, 1996, 126(2): 143-151.

[20] Blanchandin S, Thomas P, Marchet P, et al. Equilibrium and non-equilibrium phase diagram within the TeO_2-rich part of the TeO_2-Nb_2O_5 system. Journal of Materials Chemistry, 1999, 9(8): 1785-1788.

[21] 刘金麟. 碲钼锌/碲钽锌玻璃形成、结构和近中红外发光特性的研究. 广州: 华南理工大学,

2019.

[22] Kim H G, Komatsu T. Fabrication and properties of transparent glass-ceramics in Na_2O-Nb_2O_5-TeO_2 system. Journal of Materials Science Letters, 1998, 17(13): 1149-1151.

[23] Bürger H, Kneipp K, Hobert H, et al. Glass formation, properties and structure of glasses in the TeO_2-ZnO system. Journal of Non-Crystalline Solids, 1992, 151(1-2): 134-142.

[24] Kikuchi T, Kitami Y, Yokoyama M, et al. Pseudo-binary system Bi_2O_3-TeO_2 in air. Journal of Materials Science, 1989, 24(12): 4275-4278.

[25] Wang Y, Dai S, Chen F, et al. Physical properties and optical band gap of new tellurite glasses within the TeO_2-Nb_2O_5-Bi_2O_3 system. Materials Chemistry and Physics, 2009, 113(1): 407-411.

[26] Weber M J. Science and technology of laser glass. Journal of Non-Crystalline Solids, 1990, 123(1-3): 208-222.

[27] Tanabe S. Rare-earth-doped glasses for fiber amplifiers in broadband telecommunication. Comptes Rendus Chimie, 2002, 5(12): 815-824.

[28] Suratwala T I, Steele R A, Wilke G D, et al. Effects of OH content, water vapor pressure, and temperature on sub-critical crack growth in phosphate glass. Journal of Non-Crystalline Solids, 2000, 263(99): 213-227.

[29] Thieme A, Möncke D, Limbach R, et al. Structure and properties of alkali and silver sulfophosphate glasses. Journal of Non-Crystalline Solids, 2015, 410: 142-150.

[30] Da N, Krolikowski S, Nielsen K H, et al. Viscosity and softening behavior of alkali zinc sulfophosphate glasses. Journal of the American Ceramic Society, 2010, 93(8): 2171-2174.

[31] Philipps J F, Topfer T, Ebendorff-Heidepriem H, et al. Spectroscopic and lasing properties of Er^{3+}:Yb^{3+}-doped fluoride phosphate glasses. Applied Physics B: Lasers and Optics, 2001, 72(4): 399-405.

[32] Le Q H, Palenta T, Benzine O, et al. Formation, structure and properties of fluoro-sulfo-phosphate poly-anionic glasses. Journal of Non-Crystalline Solids, 2017, 477: 58-72.

[33] Jiang Z H, Zhang Q Y. The structure of glass: A phase equilibrium diagram approach. Progress in Materials Science, 2014, 61: 144-215.

[34] Nakano J I, Yamada T, Miyazawa S. Phase diagram for a portion of the system Li_2O-Nd_2O_3-P_2O_5. Journal of the American Ceramic Society, 1979, 62(9-10): 465-467.

[35] Xiao Y B, Wang W C, Yang X L, et al. Prediction of glass forming regions in mixed-anion phosphate glasses. Journal of Non-Crystalline Solids, 2018, 500: 302-309.

[36] Morey G W. The Binary Systems $NaPO_3$-KPO_3 and $K_4P_2O_7$-KPO_3. Journal of the American Chemical Society, 1954, 76(18): 4724-4726.

[37] Berak J. The system magnesium oxide-phosphorus pentoxide. Roczniki Chemii, 1958, 32(1): 17-22.

[38] Kreidler E R, Hummel F A. Phase relations in the system SrO-P_2O_5 and the influence of water vapor on the formation of $Sr_4P_2O_9$. Inorganic Chemistry, 1967, 6(5): 884-891.

[39] McCauley R A. 36-Phase relationships in a portion of the system BaO-P_2O_5. Transactions and Journal of the British Ceramic Society, 1968, 67(12): 619-628.

[40] Stone P E, Egan E P, Lehr J R. Phase relationships in the system CaO-Al_2O_3-P_2O_5. Journal of the American Ceramic Society, 1956, 39(3): 89-98.

[41] Cook L P, Plante E R. Phase diagram of the system lithia-alumina. Ceramic Transactions, 1992, 27(3): 193-222.

[42] Aldén M. On the homogeneity range of β''-alumina in the Na_2O-MgO-Al_2O_3 system. Solid State Ionics, 1986, 20(1): 17-23.

[43] Moya J S, Criado E, de Aza S. The $K_2O \cdot Al_2O_3$-Al_2O_3 system. Journal of Materials Science, 1982, 17(8): 2213-2217.

[44] Hallstedt B. Thermodynamic assessment of the system MgO-Al_2O_3. Journal of the American Ceramic Society, 1992, 75(6): 1497-1507.

[45] Hallstedl B. Assessment of the CaO-Al_2O_3 system. Journal of the American Ceramic Society, 1990, 73(1): 15-23.

[46] Ye X, Zhuang W, Deng C, et al. Thermodynamic investigation on the Al_2O_3-BaO binary system. Calphad, 2006, 30(3): 349-353.

[47] Kishioka A, Hayashi M, Kinoshita M. Glass formation and crystallization in ternary phosphate systems containing Al_2O_3. Bulletin of the Chemical Society of Japan, 1976, 49(11): 3032-3036.

[48] Ehrt D. Review: Phosphate and fluoride phosphate optical glasses — Properties, structure and applications. Physics and Chemistry of Glasses, 2015, 56(6): 217-234.

[49] Olkhovaya L A, Fedorov P P, Ikrami D D, et al. Phase diagrams of MgF_2-(Y,Ln)F_3 systems. Journal of Thermal Analysis, 1979, 15(2): 355-360.

[50] Fuseya G, Sugihara C, Nagao N, et al. Measurements of the freezing points in the system cryolite-sodium fluoride-alumina. Journal of the Electrochemical Society of Japan, 1950, 18: 65-67.

[51] Thoma R E. Phase Diagrams of Nuclear Reactor Materials. Tennessee: Oak Ridge National Laboratory, 1959.

[52] Averbuch-Pouchot M T, Martin C, Rakotomahanina-Rolaisoa M, et al. Mise au point sur les systèmes KPO_3-$Mg(PO_3)_2$ et KPO_3-$Zn(PO_3)_2$. Données cristallographiques sur $ZnNa(PO_3)_3$. Bulletin de la Société Française de Minéralogie et de Cristallographie, 1970, 93: 282-286.

[53] Bergman A, Sholokhocich M. Vzaimnaya Sistema Adiagonalno-Poyasnogo Evtekticheskogo Tipa Iz Metafosfatov I Sulfatov Litiya I Kaliya. Zhurnal Obshchei Khimii, 1953, 23(7): 1075-1085.

[54] 叶大伦. 实用无机物热力学数据手册. 北京: 冶金工业出版社, 1981.

[55] 干福熹. 光学玻璃. 北京: 科学出版社, 1982.

[56] Adam J L. Lanthanides in non-oxide glasses. Chemical Reviews, 2002, 102: 2461-2476.

[57] France P W. Fluoride Glass Optical Fibres. Glasgow and London: CRC Press, 2000.

[58] France P W. Optical Fibre Lasers and Amplifiers. Glasgow: Blackie, 2000.

[59] Majewski M R, Woodward R I, Carreé J Y, et al. Emission beyond 4 μm and mid-infrared lasing in a dysprosium-doped indium fluoride (InF_3) fiber. Optical Letters, 2018, 43(8): 1926-1929.

[60] Poulin M, Poulin M. ThF_4 and LiF based glasses. Journal of Non-Crystalline Solids, 1983, 56(1-3): 57-61.

[61] Lucas J. Fluoride glasses. Journal of Materials Science, 1989, 24(1): 1-13.

[62] Jiang Z H, Hu X Y, Song X Y, et al. Research on some IR transmission halide glass systems. Journal of Non-Crystalline Solids, 1983, 56(1-3): 69-74.

[63] Fedorov V A, Babitsyna A A, Emel'yanova T A. Glass formation in the ZrF_4-LaF_3-BaF_2-NaF

system. Glass Physics and Chemistry, 2001, 27(6): 512-519.
[64] Merkulov E B, Logoveev N A, Goncharuk V K, et al. Glass formation in the ZrF_4-BiF_3-MeF (Me=Li, Na, K) fluoride systems. Glass Physics and Chemistry, 2007, 33(2): 106-108.
[65] Babitsyna A A, Emel'yanova T A, Fedorov V A. Glass formation in quaternary systems of group I-IV fluorides. Inorganic Chemistry, 2008, 44(12): 1378-1385.
[66] Higginbottom R, Shelby J E. Formation and properties of lead fluorogallate glasses. Physics and Chemistry of Glasses, 1998, 39(5): 281-285.
[67] Fedorov P P. Glass formation criteria for fluoride systems. Inorganic Chemistry, 1997, 33: 1197-1205.
[68] Carrier G B. Characterization of glasses and ceramics with the analytical electron microscope. Journal of Non-Crystalline Solids, 1980, 38-39: 15-20.
[69] Zhao X J, Li X J, Chen J X. X-ray diffraction and molecular dynamics study of ThF_4-BaF_2-LiF glass. Journal of Non-Crystalline Solids, 1995, 184: 172-176.
[70] 姜中宏, 胡新元, 赵祥书, 等. 用热力学方法推测氟化物玻璃的生成区. 硅酸盐学报, 1987, 15(1): 27-33.
[71] Ugai Y A, Shatillo V A. The polytherm of the ternary system $ZnCl_2$-$PbCl_2$-KCl. Russian Journal of Physical Chemistry, 1949, 23: 744-754.
[72] Dean J A, Lange N A. Lange's Handbook of Chemistry. New York: McGraw-Hill, 1999.
[73] Digonnet M J F. Rare-earth-doped Fiber Lasers and Amplifiers. New York: Marcel Dekker, 2001.
[74] Iqbal T, Shahriari M R, Weitz G, et al. New highly stabilized AlF_3-based glasses. Journal of Non-Crystalline Solids, 1995, 184: 190-193.
[75] Zakalyukin R M, Fedorov P P. Classification of fluoroaluminate glasses. Inorganic Chemistry, 2003, 39(6): 640-644.
[76] Yasui I, Hagihara H, Arai Y. Glass formation in the system of AlF_3-BaF_2-CaF_2 and properties of these glasses. Materials Science Forum, 1988, 32-33: 173-178.
[77] Imaoka M, Yamazaki T. Glass-Formation Ranges of Ternary Systems. IV. Tellurites of A-Group Elements. Tokyo: Institute of Industrial Science, University of Tokyo, 1975.
[78] Imaoka M, Yamazaki T. Studies of the glass-formation range of silicate systems. Investigations on the glass-formation range. Journal of the Ceramic Association Japan, 1963, 71: 215-223.
[79] Imaoka M, Yamazaki T. Glass-formation ranges of ternary systems. Part 1—Silicates of a-group elements (Graphical and tabulated data on glass formation ranges of ternary silicate systems). Journal of the Ceramic Society of Japan, 1968, 76: 160-172.
[80] Imaoka M, Yamazaki T. The glass-forming region in the binary and ternary germanate systems. Journal of the Ceramic Society of Japan, 1964, 72, 182-191.
[81] Vogel W. Glass Chemistry. Berlin: Springer, 1992.
[82] Graig D F, Brown J J. Phase equilibria in the system CaF_2-AlF_3. Journal of the American Ceramic Society, 1977, 60(9-10): 396-398.
[83] de Kozak A, Samouel M, Ranaudin J, et al. The binary system BaF_2/AlF_3. Zeitschrift für anorganische und allgemeine Chemie, 1992, 613(7): 98-104.
[84] Angell C A, Sare E I. Glass-forming composition regions and glass transition temperatures for aqueous electrolyte solutions. The Journal of Chemical Physics, 1970, 52(3): 1058-1068.

[85] Angell C A. Liquid fragility and the glass transition in water and aqueous solutions. Chemical Reviews, 2002, 102(8): 2627-2649.
[86] Kirilenko I A. Glass formation in the $ZnCl_2$-H_2O system. Russian Journal of Inorganic Chemistry, 2013, 58(10): 1183-1186.
[87] Kirilenko I A. Glass formation in the $Al_2(SO_4)_3$-$Al(NO_3)_3$-H_2O system. Russian Journal of Inorganic Chemistry, 2010, 55(7): 602-606.
[88] Zachariasen W H. The atomic arrangement in glass. Journal of the American Chemical Society, 1932, 54(10): 3841-3851.
[89] Wright A C, Vedishcheva N M, Shakhmatkin B A. Vitreous borate networks containing superstructural units: A challenge to the random network theory? Journal of Non-Crystalline Solids, 1995, 192: 92-97.
[90] Thilo E, Wiecker W, Stade H. chemische untersuchungen von silicaten, XXXI. über beziehungen zwischen dem polymerisationsgrad silicatischer anionen und ihrem reaktionsvermögen mit molybdänsäure. Zeitschrift für anorganische Chemie, 1965, 340(5-6): 261-276.
[91] Doremus R H. Glass Science. New York: Wiley-Interscience, 1973.
[92] Kaufmann L. Proceeding of the 4th CALPHAD meeting. Maryland: Gaithersburg, 1975: 1-69.
[93] Weast R W, Lide D. CRC Handbook of Chemistry and Physics. Boca Raton: CRC Press, 1990.
[94] Janecke E. Das quaternäre system der nitrate von Na-K-Ca-Mg und seine teilsysteme. Zeitschrift für Elektrochemie und angewandte physikalische Chemie, 1942, 48(9): 453-512.
[95] Rawson H. Inorganic Glass-forming Systems. London: Academic Press, 1967.
[96] Popescu M A. Non-Crystalline Chalcogenides. New York: Kluwer Academic Publishers, 2002.
[97] Vassilev V, Radonova M, Boycheva S. Glass-formation in the $GeSe_2$-Sb_2Te_3-CdSe system. Journal of Non-Crystalline Solids, 2010, 356: 2728-2733.
[98] Ichikawa M, Wakasugi T, Kadono K. Glass formation, physico-chemical properties, and structure of glasses based on Ga_2S_3-GeS_2-Sb_2S_3 system. Journal of Non-Crystalline Solids, 2010, 356: 2235-2240.
[99] Aliev I I, Aliev I G. Interactions and glass formation in the $TlAs_2Se_4$-$Tl_3As_2Se_3Te_3$ system. Russian Journal of Inorganic Chemistry, 2010, 55(7): 1142-1145.
[100] Lukic S R, Petrovic D M, Skuban S J, et al. Formation of complex structural units and structure of As-S-Se-Te-I of glasses. Journal of Optoelectronics and Advanced Materials, 2003, 5(5): 1223-1229.
[101] Hristova-Vasileva T, Vassilev V, Aljihmani L, et al. Glass formation in the As_2Se_3-As_2Te_3-Sb_2Te_3 system. Journal of Physics and Chemistry of Solids, 2008, 69(10): 2540-2543.
[102] Amova A, Hristova-Vasileva T, Aljihmani L. Region of glass formation and main physicochemical properties of glasses from the As_2Se_3-Ag_4SSe-PbTe system. Journal of Alloys and Compounds, 2013, 573: 32-36.
[103] Adam A B, Sakrani S, Wahab Y. Glass-formation region of ternary Sn-Sb-Se-based chalcogenide glasses. Journal of Materials Science, 2005, 40(7): 1571-1576.
[104] Minaev V S, Timoshenkov S P. Glass-formation in chalcogenide systems and periodic system// Fairman R, Ushkov B. Semiconducting Chalcogenide Glass I. Vol. 78, Glass Formation,

Structure, and Simulated Transformations in Chalcogenide Glasses. Amsterdam: Elsevier, 2004.
[105] Goryunova N A, Kolomiets B T. Glassy semiconductors. IV. On the problem of regularities of glass-formation. Journal of Technical Physics, 1958, 28: 1922-1932.
[106] Goryunova N A, Kolomiets B T. Glassy semiconductors. IX. Glass-formation in compound chalcogenides based on arsenic sulfide and selenide. Solid State Physics, 1960, 2: 280-283.
[107] Borisova Z U. Glass-formation in Chalcogenide Systems and the Periodic Table. Structure and Properties of Non-crystalline Semiconductors. Leningrad: Nauka Publishers, 1976.
[108] Hilton A R, Jones C E, Brau M. Non-oxide IVA-VA-VIA chalcogenide glasses. Physics and Chemistry of Glasses, 1966, 7: 105-126.
[109] Baker H. Okamoto H. ASM Handbook. Vol. 3, Alloy Phase Diagrams. Ohio: ASM International, 1992.
[110] Minaev V S. Glass-Forming Semiconductor Alloys. Moscow: Metallurgy Publishers, 1991.
[111] Minaev V S. New glasses and some peculiarities of glass-formation in ternary telluride systems. Physics and Chemistry of Glasses, 1983, 9: 432-436.
[112] Vinogradova G Z. Glass formation and Phase Equilibriums in Chalcogenide Systems. Binary and Ternary Systems. Moscow: Nauka Publishers, 1984.
[113] 何纯孝, 马光辰, 王文娜, 等. 贵金属合金相图. 北京: 冶金工业出版社, 1983.
[114] 虞觉奇, 易文质, 陈邦迪, 等. 二元合金状态图集. 上海: 上海科学技术出版社, 1987.
[115] 杨秋红, 姜中宏. 用相图热力学预测金属玻璃形成区. 无机材料学报, 1994, 9(1): 89-93.
[116] 杨秋红, 姜中宏. 用等析晶点预测金属玻璃形成区. 上海建材学院学报, 1992, 5(4): 272-279.
[117] Boettinger W J. In Rapidly Solidified Amporphous and Crystalline Alloys. New York: Elsevier, 1982.
[118] Lu Z P, Shen J, Xing D W, et al. Binary eutectic clusters and glass formation in ideal glass-forming liquids. Applied Physics Letters, 2006, 89(7): 071910.
[119] Takayama S. Amorphous structures and their formation and stability. Journal of Materials Science, 1976, 11(1): 164-185.
[120] Haasen P. Metallic glasses. Journal of Non-Crystalline Solids, 1983, 56(1-3): 191-199.
[121] Davies H A. Amorphous Metallic Alloys. London: Butterworths, 1983.
[122] 邱关明, 黄良钊. 玻璃形成学. 北京: 兵器工业出版社, 1987.
[123] 丁勇, 姜中宏. 现代连续相变理论在玻璃分相中的应用. 无机材料学报, 1989, 4(3): 211-216.
[124] Jiang Z H. Some aspects of phase separation in glasses. Journal of Non-Crystalline Solids, 1989, 112: 48-57.
[125] 舒尔兹 H. 玻璃的本质结构和性质. 黄照柏, 译. 北京: 中国建筑工业出版社, 1984.
[126] Englert W J, Hummel F A. Notes on the system B_2O_3-SiO_2-P_2O_5: II. Ternary system. Journal of the Society of Glass Technology, 1955, 39: 121-127.

第 9 章　本篇结束语

9.1　内 容 精 要

本篇概述了玻璃形成的判据、原理与规律及其研究进展，阐述了玻璃形成区预测计算方法和一些典型玻璃体系的玻璃形成区理论预测及实验验证。由于新材料发展很快，组成越来越复杂，目前玻璃科学研究大多通过大量实验才获得一些数据，需要的人、财、物力巨大且效率低下。建立一些简便快速、具有预测性的研究方法十分必要。过去的研究中获得了大量的二元、三元玻璃相图，在新玻璃研究中缺乏相关相图资料，如何用好已有物理化学数据，使研究具有可计算、可预测性非常重要。本篇主要讨论的问题和结论总结如下。

(1) 玻璃形成的关键参数为黏度和冷却速率。冷却速率由制备工艺决定，如果冷却速率足够快，几乎所有物质都可以形成玻璃。熔体黏度由化学键性质、熔体结构等物质本征因素决定。①化学键：金属键和离子键表现为较大的流动性和较小的黏度。离子键和共价键可以形成网络结构，表现为黏度较大。由金属和准金属以共价键连接形成的合金黏度远远大于以金属键连接形成的合金。②结构连接方式：物质的黏度随着其结构连接维度的降低而减小，即三维结构(立体网络结构)>二维结构(层状结构)>一维结构(线形结构)>零维结构(岛状结构)。③低共熔点：在低共熔点处存在多种结构交联的物质，其黏度大于各种单一结构的黏度。

(2) 从玻璃形成的一些基础问题出发，通过探讨玻璃形成与成分、共熔点、分相区、等析晶点的关系，为玻璃形成能力的判断和玻璃形成区的定量计算及预测奠定基础。借鉴冶金物理化学中使用热力学方法推测金属及合金相图的方法，采用浓度代替活度，并应用解析几何切线原理，极大地简化了自由能推导玻璃相图的计算方法，同时将共熔点看作“准化合物”，利用其热力学参数，推测出了多种玻璃体系的玻璃形成区，通过对几百种成分的各类玻璃进行实验，确定了一些二元、三元系统玻璃形成的范围，由于采用了预测的方法，只需要很少的实验，即能大体上确定玻璃形成区。

9.2　局　限　性

采用热力学计算法预测玻璃形成区也存在一些难题有待进一步解决和完善。

由于玻璃相图的误差、玻璃在熔制过程中的挥发、计算时采用不同的热力学参数和选点的合理性、计算时采用浓度近似代替活度，以及一些组分在玻璃形成中介于玻璃形成体和玻璃中间体的特性等，采用热力学计算法预测玻璃形成区时经常会引起一定的误差。此外，玻璃形成中动力学因素是不可忽视的重要影响因素，因此有时会存在较大的预测偏差。目前，这一方法对于预测具有一个玻璃形成区的玻璃体系比较有效，但对于具有两个或两个以上玻璃形成区的玻璃体系(如$Zn(PO_3)_2$-MgF_2-($0.6CaF_2 \cdot 0.4AlF_3$)体系和 $Sr(PO_3)_2$-MgF_2-($0.6CaF_2 \cdot 0.4AlF_3$))尚待进一步完善。

9.3 展　望

随着科学和技术的发展，人们对于玻璃态物质本质、玻璃态结构以及玻璃态形成等玻璃科学基础问题的认识不断提高和深入。然而，由于玻璃态是一种与固体、液体不同的亚稳态物质，处于复杂的多体相互作用体系，玻璃态物质的本质一直是凝聚态物理中最富挑战的谜题之一。过去对玻璃结构的研究大部分通过成分-性质变化来推测玻璃结构，由于玻璃是熔融过冷的产物，相图中只有一致熔融化合物才能存在于玻璃中，而非一致熔融化合物在熔融时会分解。作者认为，在强调玻璃的组成时，不应是加入熔制玻璃的组分，而应是存在于玻璃的一致熔融化合物。因此，无论研究玻璃的结构还是性质，如果仅以加入的化合物为计算依据只能算作经验方法和经验公式。以往人们利用结晶化学的观点，用已知结构的晶体作为模型，通过近代物理测试方法，如红外光谱、拉曼光谱、核磁共振、扩展 X 射吸收精细结构和化学位移等，研究了玻璃和晶体的特征峰位置，但是这种方法只能定性或半定量地解释和说明玻璃中某些基团的消长关系。这些研究方法虽然可以得到较为可靠的结果，但是由于缺乏新玻璃体系的晶体结构参数及相图数据，在新玻璃研究方面并不十分理想。玻璃态是一种亚稳态，因热历史不同玻璃的有序度可以有很大的不同，因此研究玻璃结构的一个方面是讨论其有序与无序，包括早期结构学说的修正，对玻璃中有序程度、网络结构的分布、重叠状态等的研究，提出了中程有序理论、聚合理论、拓扑结构理论等。利用高分辨电子显微镜、电子衍射等方法，也发现了非晶态材料中存在有序无序过渡区，原子簇、超晶格以及其他低维结构，并发现在上述区域中能引起材料性质的变化。通过计算机仿真也可以对玻璃结构进行模拟，推测出凝固后玻璃态最有可能出现的结构状态，包括弛豫法、蒙特卡罗法以及分子动力学法等。这些研究方法不仅可以从全新的角度研究玻璃结构，还可以对玻璃形成过程，新玻璃的探索及其工艺设计都有一定的指导意义。玻璃形成、分相、析晶也是玻璃科学的基本课题。

为了探讨和阐明玻璃形成的本质，研究者基于理论分析和实验，从结晶化学、热力学和动力学等方面提出了玻璃形成的各种判据。本篇概述了玻璃形成的一些观点和判据，探讨了玻璃形成的原理与规律等玻璃形成的基础问题。作为对玻璃形成工作的补充，作者从黏度/冷却速率的角度探讨了玻璃形成的基本规律。同时，利用热力学方法计算预测了多种玻璃体系的形成区，包括硅酸盐、硼酸盐、锗酸盐、碲酸盐、磷酸盐、氟磷酸盐玻璃、氟硫磷酸盐玻璃、硫系玻璃、氟化物玻璃、金属玻璃等玻璃体系，今后还可以对其他玻璃体系进行预测，如铝酸盐玻璃、锑酸盐玻璃、铋酸盐玻璃、钒酸盐玻璃等。今后的研究不仅在于验证已有的玻璃体系的玻璃形成区，更重要的是进行新玻璃体系的预测和实验验证，从而为发展新型光学玻璃做出应有的贡献。

附　录

附表A　离子配位数-半径关系

离子	电荷	配位数	自旋态	晶体半径/Å	有效离子半径/Å	备注
Ac	3	VI		1.26	1.12	R
Ag	1	II		0.81	0.67	
		IV		1.14	1	C
		IVSQ		1.16	1.02	
		V		1.23	1.09	C
		VI		1.29	1.15	C
		VII		1.36	1.22	
		VIII		1.42	1.28	
	2	IVSQ		0.93	0.79	
		VI		1.08	0.94	
	3	IVSQ		0.81	0.67	
		VI		0.89	0.75	R
Al	3	IV		0.53	0.39	*
		V		0.62	0.48	
		VI		0.675	0.535	R*
Am	2	VII		1.35	1.21	
		VIII		1.4	1.26	
		IX		1.45	1.31	
	3	VI		1.115	0.975	R
		VIII		1.23	1.09	
	4	VI		0.99	0.85	R
		VIII		1.09	0.95	
As	3	VI		0.72	0.58	A
	5	IV		0.475	0.335	R*
		VI		0.6	0.46	C*
At	7	VI		0.76	0.62	A
Au	1	VI		1.51	1.37	A
	3	IVSQ		0.82	0.68	

续表

离子	电荷	配位数	自旋态	晶体半径/Å	有效离子半径/Å	备注
Au	3	VI		0.99	0.85	A
	5	VI		0.71	0.57	
B	3	III		0.15	0.01	*
		IV		0.25	0.11	*
		VI		0.41	0.27	C
Ba	2	VI		1.49	1.35	
		VII		1.52	1.38	C
		VIII		1.56	1.42	
		IX		1.61	1.47	
		X		1.66	1.52	
		XI		1.71	1.57	
		XII		1.75	1.61	C
Be	2	III		0.3	0.16	
		IV		0.41	0.27	*
		VI		0.59	0.45	C
Bi	3	V		1.1	0.96	C
		VI		1.17	1.03	R*
		VIII		1.31	1.17	R
	5	VI		0.9	0.76	E
Bk	3	VI		1.1	0.96	R
	4	VI		0.97	0.83	R
		VIII		1.07	0.93	R
Br	−1	VI		1.82	1.96	P
	3	IVSQ		0.73	0.59	
	5	IIIPY		0.45	0.31	
	7	IV		0.39	0.25	
		VI		0.53	0.39	A
C	4	III		0.06	−0.08	
		IV		0.29	0.15	P
		VI		0.3	0.16	A
Ca	2	VI		1.14	1	
		VII		1.2	1.06	*
		VIII		1.26	1.12	*
		IX		1.32	1.18	
		X		1.37	1.23	C
		XII		1.48	1.34	C

续表

离子	电荷	配位数	自旋态	晶体半径/Å	有效离子半径/Å	备注
Cd	2	IV		0.92	0.78	
		V		1.01	0.87	
		VI		1.09	0.95	
		VII		1.17	1.03	C
		VIII		1.24	1.1	C
		XII		1.45	1.31	
Ce	3	VI		1.15	1.01	R
		VII		1.21	1.07	E
		VIII		1.283	1.143	R
		IX		1.336	1.196	R
		X		1.39	1.25	
		XII		1.48	1.34	C
	4	VI		1.01	0.87	R
		VIII		1.11	0.97	R
		X		1.21	1.07	
		XII		1.28	1.14	
Cf	3	VI		1.09	0.95	R
	4	VI		0.961	0.821	R
		VIII		1.06	0.92	
Cl	−1	VI		1.67	1.81	P
	5	IIIPY		0.26	0.12	
	7	IV		0.22	0.08	*
		VI		0.41	0.27	A
Cm	3	VI		1.11	0.97	R
	4	VI		0.99	0.85	R
		VIII		1.09	0.95	R
Co	2	IV	高自旋	0.72	0.58	
		V		0.81	0.67	C
		VI	高自旋	0.885	0.745	R*
			低自旋	0.79	0.65	R
		VIII		1.04	0.9	
	3	VI	低自旋	0.685	0.545	R*
		VI	高自旋	0.75	0.61	
	4	IV		0.54	0.4	
		VI	高自旋	0.67	0.53	R

续表

离子	电荷	配位数	自旋态	晶体半径/Å	有效离子半径/Å	备注
Cr	2	VI	高自旋	0.94	0.8	R*
			低自旋	0.87	0.73	E
	3	VI		0.755	0.615	R*
	4	IV		0.55	0.41	
		VI		0.69	0.55	R
	5	IV		0.485	0.345	R
		VI		0.63	0.49	ER
		VIII		0.71	0.57	
	6	IV		0.4	0.26	
		VI		0.58	0.44	C
Cs	1	VI		1.81	1.67	
		VIII		1.88	1.74	
		IX		1.92	1.78	
		X		1.95	1.81	
		XI		1.99	1.85	
		XII		2.02	1.88	
Cu	1	II		0.6	0.46	
		IV		0.74	0.6	E
		VI		0.91	0.77	E
	2	IV		0.71	0.57	
		IVSQ		0.71	0.57	*
		V		0.79	0.65	*
		VI		0.87	0.73	
	3	VI	低自旋	0.68	0.54	
D	1	II		0.04	–0.1	
Dy	2	VI		1.21	1.07	
		VII		1.27	1.13	
		VIII		1.33	1.19	
	3	VI		1.052	0.912	R
		VII		1.11	0.97	
		VIII		1.167	1.027	R
		IX		1.223	1.083	R
Er	3	VI		1.03	0.89	R
		VII		1.085	0.945	
		VIII		1.144	1.004	R

续表

离子	电荷	配位数	自旋态	晶体半径/Å	有效离子半径/Å	备注
Er	3	IX		1.202	1.062	R
Eu	2	VI		1.31	1.17	
		VII		1.34	1.2	
		VIII		1.39	1.25	
		IX		1.44	1.3	
		X		1.49	1.35	
	3	VI		1.087	0.947	R
		VII		1.15	1.01	
		VIII		1.206	1.066	R
		IX		1.26	1.12	R
F	–1	II		1.145	1.285	
		III		1.16	1.3	
		IV		1.17	1.31	
		VI		1.19	1.33	
	7	VI		0.22	0.08	A
Fe	2	IV	高自旋	0.77	0.63	
		IVSQ	高自旋	0.78	0.64	
		VI	低自旋	0.75	0.61	E
			高自旋	0.92	0.78	R*
		VIII	高自旋	1.06	0.92	C
	3	IV	高自旋	0.63	0.49	*
		V		0.72	0.58	
		VI	高自旋	0.785	0.645	R*
			低自旋	0.69	0.55	R
		VIII	高自旋	0.92	0.78	
	4	VI		0.725	0.585	R
	6	IV		0.39	0.25	R
Fr	1	VI		1.94	1.8	A
Ga	3	IV		0.61	0.47	*
		V		0.69	0.55	
		VI		0.76	0.62	R*
Gd	3	VI		1.078	0.938	R
		VII		1.14	1	
		VIII		1.193	1.053	R

续表

离子	电荷	配位数	自旋态	晶体半径/Å	有效离子半径/Å	备注
Gd	3	IX		1.247	1.107	RC
Ge	2	VI		0.87	0.73	A
	4	IV		0.53	0.39	*
		VI		0.67	0.53	R*
H	1	I		−0.24	−0.38	
		II		−0.04	−0.18	
Hf	4	IV		0.72	0.58	R
		VI		0.85	0.71	R
		VII		0.9	0.76	
		VIII		0.97	0.83	
Hg	1	III		1.11	0.97	
		VI		1.33	1.19	
	2	II		0.83	0.69	
		IV		1.1	0.96	
		VI		1.16	1.02	
		VIII		1.28	1.14	R
Ho	3	VI		1.041	0.901	R
		VIII		1.155	1.015	R
		IX		1.212	1.072	R
		X		1.26	1.12	
I	−1	VI		2.06	2.2	A
	5	IIIPY		0.58	0.44	*
		VI		1.09	0.95	
	7	IV		0.56	0.42	
		VI		0.67	0.53	
In	3	IV		0.76	0.62	
		VI		0.94	0.8	R*
		VIII		1.06	0.92	RC
Ir	3	VI		0.82	0.68	E
	4	VI		0.765	0.625	R
	5	VI		0.71	0.57	EM
K	1	IV		1.51	1.37	
		VI		1.52	1.38	
		VII		1.6	1.46	
		VIII		1.65	1.51	
		IX		1.69	1.55	

续表

离子	电荷	配位数	自旋态	晶体半径/Å	有效离子半径/Å	备注
K	1	X		1.73	1.59	
		XII		1.78	1.64	
La	3	VI		1.172	1.032	R
		VII		1.24	1.1	
		VIII		1.3	1.16	R
		IX		1.356	1.216	R
		X		1.41	1.27	
		XII		1.5	1.36	C
Li	1	IV		0.73	0.59	*
		VI		0.9	0.76	*
		VIII		1.06	0.92	C
Lu	3	VI		1.001	0.861	R
		VIII		1.117	0.977	R
		IX		1.172	1.032	R
Mg	2	IV		0.71	0.57	
		V		0.8	0.66	
		VI		0.86	0.72	*
		VIII		1.03	0.89	C
Mn	2	IV	高自旋	0.8	0.66	
		V	高自旋	0.89	0.75	C
		VI	低自旋	0.81	0.67	E
			高自旋	0.97	0.83	R*
		VII	高自旋	1.04	0.9	C
		VIII		1.1	0.96	R
	3	V		0.72	0.58	
		VI	低自旋	0.72	0.58	R
			高自旋	0.785	0.645	R*
	4	IV		0.53	0.39	R
		VI		0.67	0.53	R*
	5	IV		0.47	0.33	R
	6	IV		0.395	0.255	
	7	IV		0.39	0.25	
Mn	7	VI		0.6	0.46	A
Mo	3	VI		0.83	0.69	E
	4	VI		0.79	0.65	RM

续表

离子	电荷	配位数	自旋态	晶体半径/Å	有效离子半径/Å	备注
Mo	5	IV		0.6	0.46	R
		VI		0.75	0.61	R
	6	IV		0.55	0.41	R*
		V		0.64	0.5	
		VI		0.73	0.59	R*
		VII		0.87	0.73	
N	−3	IV		1.32	1.46	
	3	VI		0.3	0.16	A
	5	III		0.044	−0.104	
		VI		0.27	0.13	A
Na	1	IV		1.13	0.99	
		V		1.14	1	
		VI		1.16	1.02	
		VII		1.26	1.12	
		VIII		1.32	1.18	
		IX		1.38	1.24	C
		XII		1.53	1.39	
Nb	3	VI		0.86	0.72	
	4	VI		0.82	0.68	RE
		VIII		0.93	0.79	
	5	IV		0.62	0.48	C
		VI		0.78	0.64	
		VII		0.83	0.69	C
		VIII		0.88	0.74	
Nd	2	VIII		1.43	1.29	
		IX		1.49	1.35	
	3	VI		1.123	0.983	R
		VIII		1.249	1.109	R*
		IX		1.303	1.163	R
		XII		1.41	1.27	E
Ni	2	IV		0.69	0.55	
		IVSQ		0.63	0.49	
Ni	2	V		0.77	0.63	E
		VI		0.83	0.69	R*
	3	VI	低自旋	0.7	0.56	R*

续表

离子	电荷	配位数	自旋态	晶体半径/Å	有效离子半径/Å	备注
Ni	3	VI	高自旋	0.74	0.6	E
	4	VI	低自旋	0.62	0.48	R
No	2	VI		1.24	1.1	E
Np	2	VI		1.24	1.1	
	3	VI		1.15	1.01	R
	4	VI		1.01	0.87	R
		VIII		1.12	0.98	R
	5	VI		0.89	0.75	
	6	VI		0.86	0.72	R
	7	VI		0.85	0.71	A
O	−2	II		1.21	1.35	
		III		1.22	1.36	
		IV		1.24	1.38	
		VI		1.26	1.4	
		VIII		1.28	1.42	
OH	−1	II		1.18	1.32	
		III		1.2	1.34	
		IV		1.21	1.35	E
		VI		1.23	1.37	E
Os	4	VI		0.77	0.63	RM
	5	VI		0.715	0.575	E
	6	V		0.63	0.49	
		VI		0.685	0.545	E
	7	VI		0.665	0.525	E
	8	IV		0.53	0.39	
P	3	VI		0.58	0.44	A
	5	IV		0.31	0.17	*
		V		0.43	0.29	
		VI		0.52	0.38	C
Pa	3	VI		1.18	1.04	E
	4	VI		1.04	0.9	R
		VIII		1.15	1.01	
	5	VI		0.92	0.78	
		VIII		1.05	0.91	
		IX		1.09	0.95	

续表

离子	电荷	配位数	自旋态	晶体半径/Å	有效离子半径/Å	备注
Pb	2	IVPY		1.12	0.98	C
		VI		1.33	1.19	
		VII		1.37	1.23	C
		VIII		1.43	1.29	C
		IX		1.49	1.35	C
		X		1.54	1.4	C
		XI		1.59	1.45	C
		XII		1.63	1.49	
	4	IV		0.79	0.65	E
		V		0.87	0.73	E
		VI		0.915	0.775	R
		VIII		1.08	0.94	R
Pd	1	II		0.73	0.59	
	2	IVSQ		0.78	0.64	
		VI		1	0.86	
	3	VI		0.9	0.76	
	4	VI		0.755	0.615	R
Pm	3	VI		1.11	0.97	R
		VIII		1.233	1.093	R
		IX		1.284	1.144	R
Po	4	VI		1.08	0.94	R
		VIII		1.22	1.08	R
	6	VI		0.81	0.67	A
Pr	3	VI		1.13	0.99	R
		VIII		1.266	1.126	R
		IX		1.319	1.179	R
	4	VI		0.99	0.85	R
		VIII		1.1	0.96	R
Pt	2	IVSQ		0.74	0.6	
		VI		0.94	0.8	A
	4	VI		0.765	0.625	R
Pt	5	VI		0.71	0.57	ER
Pu	3	VI		1.14	1	R
	4	VI		1	0.86	R
		VIII		1.1	0.96	
	5	VI		0.88	0.74	E

续表

离子	电荷	配位数	自旋态	晶体半径/Å	有效离子半径/Å	备注
Pu	6	VI		0.85	0.71	R
Ra	2	VIII		1.62	1.48	R
		XII		1.84	1.7	R
Rb	1	VI		1.66	1.52	
		VII		1.7	1.56	
		VIII		1.75	1.61	
		IX		1.77	1.63	E
		X		1.8	1.66	
		XI		1.83	1.69	
		XII		1.86	1.72	
		XIV		1.97	1.83	
Re	4	VI		0.77	0.63	RM
	5	VI		0.72	0.58	E
	6	VI		0.69	0.55	E
	7	IV		0.52	0.38	
		VI		0.67	0.53	
Rh	3	VI		0.805	0.665	R
	4	VI		0.74	0.6	RM
	5	VI		0.69	0.55	
Ru	3	VI		0.82	0.68	
	4	VI		0.76	0.62	RM
	5	VI		0.705	0.565	ER
	7	IV		0.52	0.38	
	8	IV		0.5	0.36	
S	−2	VI		1.7	1.84	P
	4	VI		0.51	0.37	A
	6	IV		0.26	0.12	*
		VI		0.43	0.29	C
Sb	3	IVPY		0.9	0.76	
		V		0.94	0.8	
		VI		0.9	0.76	A
Sb	5	VI		0.74	0.6	*
Sc	3	VI		0.885	0.745	R*
		VIII		1.01	0.87	R*
Se	−2	VI		1.84	1.98	P
	4	VI		0.64	0.5	A

续表

离子	电荷	配位数	自旋态	晶体半径/Å	有效离子半径/Å	备注
Se	6	IV		0.42	0.28	*
		VI		0.56	0.42	C
Si	4	IV		0.4	0.26	*
		VI		0.54	0.4	R*
		VII		1.36	1.22	
Sm	2	VIII		1.41	1.27	
		IX		1.46	1.32	
	3	VI		1.098	0.958	R
		VII		1.16	1.02	E
		VIII		1.219	1.079	R
		IX		1.272	1.132	R
		XII		1.38	1.24	C
Sn	4	IV		0.69	0.55	R
		V		0.76	0.62	C
		VI		0.83	0.69	R*
		VII		0.89	0.75	
		VIII		0.95	0.81	C
Sr	2	VI		1.32	1.18	
		VII		1.35	1.21	
		VIII		1.4	1.26	
		IX		1.45	1.31	
		X		1.5	1.36	C
		XII		1.58	1.44	C
Ta	3	VI		0.86	0.72	E
	4	VI		0.82	0.68	E
	5	VI		0.78	0.64	
		VII		0.83	0.69	
		VIII		0.88	0.74	
Tb	3	VI		1.063	0.923	R
		VII		1.12	0.98	E
Tb	3	VIII		1.18	1.04	R
		IX		1.235	1.095	R
	4	VI		0.9	0.76	R
		VIII		1.02	0.88	
Tc	4	VI		0.785	0.645	RM
	5	VI		0.74	0.6	ER

续表

离子	电荷	配位数	自旋态	晶体半径/Å	有效离子半径/Å	备注
Tc	7	IV		0.51	0.37	
		VI		0.7	0.56	A
Te	–2	VI		2.07	2.21	P
	4	III		0.66	0.52	
		IV		0.8	0.66	
		VI		1.11	0.97	
	6	IV		0.57	0.43	C
		VI		0.7	0.56	*
Th	4	VI		1.08	0.94	C
		VIII		1.19	1.05	RC
		IX		1.23	1.09	*
		X		1.27	1.13	E
		XI		1.32	1.18	C
		XII		1.35	1.21	C
Ti	2	VI		1	0.86	E
	3	VI		0.81	0.67	R*
	4	IV		0.56	0.42	C
		V		0.65	0.51	C
		VI		0.745	0.605	R*
		VIII		0.88	0.74	C
Tl	1	VI		1.64	1.5	R
		VIII		1.73	1.59	R
		XII		1.84	1.7	RE
	3	IV		0.89	0.75	
		VI		1.025	0.885	R
		VIII		1.12	0.98	C
Tm	2	VI		1.17	1.03	
		VII		1.23	1.09	
	3	VI		1.02	0.88	R
Tm	3	VIII		1.134	0.994	R
		IX		1.192	1.052	R
U	3	VI		1.165	1.025	R
	4	VI		1.03	0.89	
		VII		1.09	0.95	E
		VIII		1.14	1	R*
		IX		1.19	1.05	

续表

离子	电荷	配位数	自旋态	晶体半径/Å	有效离子半径/Å	备注
U	4	XII		1.31	1.17	E
	5	VI		0.9	0.76	
		VII		0.98	0.84	E
	6	II		0.59	0.45	
		IV		0.66	0.52	
		VI		0.87	0.73	*
		VII		0.95	0.81	E
		VIII		1	0.86	
V	2	VI		0.93	0.79	
	3	VI		0.78	0.64	R*
	4	V		0.67	0.53	
		VI		0.72	0.58	R*
		VIII		0.86	0.72	E
	5	IV		0.495	0.355	R*
		V		0.6	0.46	*
		VI		0.68	0.54	
W	4	VI		0.8	0.66	RM
	5	VI		0.76	0.62	R
	6	IV		0.56	0.42	*
		V		0.65	0.51	
		VI		0.74	0.6	*
Xe	8	IV		0.54	0.4	
		VI		0.62	0.48	
Y	3	VI		1.04	0.9	R*
		VII		1.1	0.96	
		VIII		1.159	1.019	R*
		IX		1.215	1.075	R
Yb	2	VI		1.16	1.02	
		VII		1.22	1.08	E
Yb	2	VIII		1.28	1.14	
		VI		1.008	0.868	R*
	3	VII		1.065	0.925	E
		VIII		1.125	0.985	R
		IX		1.182	1.042	R
Zn	2	IV		0.74	0.6	*

续表

离子	电荷	配位数	自旋态	晶体半径/Å	有效离子半径/Å	备注
Zn	2	V		0.82	0.68	*
		VI		0.88	0.74	R*
		VIII		1.04	0.9	C
Zr	4	IV		0.73	0.59	R
		V		0.8	0.66	C
Zr	4	VI		0.86	0.72	R*
		VII		0.92	0.78	*
		VIII		0.98	0.84	*
		IX		1.03	0.89	

注：R 表示来自 r^3-V 曲线，C 表示由键长-键强方程计算，E 表示估计值，*表示最可靠，M 表示来自金属氧化物，A 表示 Ahrens 离子半径[1]，P 表示 Pauling 晶体半径[2]，其他数据均来自文献[3]。

[1] Ahrens L H. The use of ionization potentials Part 1. Ionic radii of the elements. Geochimica et Cosmochimica Acta, 1952, 2(3): 155-169.

[2] Pauling L. The Nature of the Chemical Bond. New York: Cornell University Press, 1960.

[3] Shannon R D. Revised effective ionic radii and systematic studies of interatomic distances in halides and chalcogenides. Acta Crystallographica, 1976, 32(5): 751-767.

附表B　各元素原子的电负性、化合价及原子(离子)半径的配位关系

(η)	Li(1.0)	Be(1.6)				H(2.2)							B(2.0)	C(2.5)	N(3.0)	O(3.5)	F(4.0)
$R(v)$	0.78(+)	0.34(2)				1.27(—)							—	0.2(4)	0.1～0.2(5)	1.32(−2)	1.33(—)
R(CN=12)	1.549	1.123				—							0.98	0.914	0.88, 0.92	—	—
$R(1)$	1.225	0.889				0.529							0.8	0.771	0.70, 0.74	0.66, 0.74	0.64, 0.72
(η)	Na(0.9)	Mg(1.3)											Al(1.5)	Si(1.9)	P(2.1)	S(2.5)	Cl(3.0)
$R(v)$	0.98(+)	0.78(2)											0.57(3)	0.39(4)	0.3-0.4(5)	1.74(−2)	1.81(—)
R(CN=12)	1.896	1.598											1.429	1.316	1.28	1.27	—
$R(1)$	1.572	1.364											1.248	1.173	1.1	1.04	0.994
(η)	K(0.8)	Ca(1.0)	Sc(1.4)	Ti(1.5)	V(1.6)	Cr(1.7)	Mn(1.6)	Fe(1.8)	Co(1.9)	Ni(1.9)	Cu(1.9)	Zn(1.7)	Ga(1.6)	Ge(2.0)	As(2.0)	Se(2.4)	Br(2.8)
$R(v)$	1.33(+)	1.06(2)	0.83(3)	0.68(4)	0.4(5)	0.64(3), 0.3～0.4(6)	0.91(2), 0.7(3)	0.83(2)	0.82(2)	0.78(2)	0.53(1)	0.83(2)	0.62(3)	0.44(4)	—	1.91(-2)	1.96(—)
R(CN=12)	2.349	1.97	1.62	1.467	1.338	1.357, 1.267	1.306, 1.261	1.26	1.252	1.244	1.276	1.379	1.408	1.366	1.39	1.4	—
$R(1)$	2.025	1.736	1.439	1.324	1.224	1.172	1.168	1.165	1.157	1.149	1.173	1.249	1.245	1.223	1.21	1.17	1.142
(η)	Rb(0.8)	Sr(1.0)	Y(1.2)	Zr(1.3)	Nb(1.6)	Mo(2.2)	Tc(1.9)	Ru(2.2)	Rh(2.3)	Pd(2.2)	Ag(1.9)	Cd(1.7)	In(1.7)	Sn(2.0)	Sb(1.9)	Te(2.1)	I(2.5)
$R(v)$	1.49(+)	1.27(2)	1.06(3)	0.79(4)	0.4(5)	0.68(4)	—	—	0.68(3)	—	1.13(1)	1.03(2)	0.92(3)	0.74(4)	—	2.11(2)	2.20(—)
R(CN=12)	2.48	2.148	1.797	1.597	1.456	1.386	—	1.336	1.342	1.373	1.442	1.543	1.66	1.62, 1.542	1.59	1.6	—
$R(1)$	2.16	1.914	1.616	1.454	1.342	1.291	—	1.241	1.247	1.278	1.339	1.413	1.497	1.412, 1.399	1.41	1.37	1.334

续表

(η)	Cs(0.8)	Ba(0.9)	La(1.1)	Hf(1.3)	Ta(1.5)	W(2.2)	Re(1.9)	Os(2.2)	Ir(2.2)	Pt(2.3)	Au(2.5)	Hg(2.0)	Tl(1.8)	Pb(2.3)	Bi(1.9)	Po(2.0)	At(2.0)
$R(v)$	1.65(+)	1.43(2)	1.22(3)	—	—	0.68(4)	—	0.67(4)	0.66(4)	—	—	1.12(2)	1.05(3)	0.84(4)	—	—	—
R(CN=12)	2.67	2.215	1.871	1.585	1.457	1.394	1.373	1.35	1.355	1.385	1.439	1.57	1.712	1.746	1.7	1.76	—
$R(1)$	2.35	1.981	1.69	1.442	1.343	1.299	1.278	1.255	1.26	1.29	1.336	1.44	1.549	1.538	1.52	1.53	—
(η)	Fr(0.7)	Ra(0.9)	Ac	Th	Pa	U	Np	Pu	Am	Cm							
$R(v)$	—	—	—	—		1.05(4)											
R(CN=12)			—	1.795		1.516	—		—								
$R(1)$				1.652		1.421											
(η)				Ce	Pr	Nd	Pm	Sm	Eu	Gd	Tb	Dy	Ho	Er	Tm	Yb	Lu
$R(v)$				1.18(3)	1.16(3)	1.15(3)	—	1.13(3)	1.13(3)	1.13(3)	1.09(3)	1.07(3)	1.05(3)	1.04(3)	1.04(3)	1(3)	0.99(3)
R(CN=12)				1.818	1.824	1.818		1.85	2.084	1.795	1.773	1.77	1.761	1.748	1.743	1.933	1.738
$R(1)$				1.646	1.648	1.642		1.66	1.85	1.614	1.592	1.589	1.58	1.567	1.562	1.699	1.557

注：η为电负性，v为化合价。$R(v)$[1]为离子半径，R(CN=12)和$R(1)$[2]是各自配位情况下的原子(离子)半径，单位为Å。

[1] Goldschmidt V M. Crystal structure and chemical correlation. Berichte der Deutschen Chemischen Gesellschaft, 1927, 60: 1263-1296.

[2] Pauling L. Atomic radii and interatomic distances in metals. Journal of the American Chemical Society, 1947, 69(3): 542-553.

附表C 一些玻璃体系的组分-结构-性质预测与实验数据表

附表C1 Li_2O-SiO_2二元硅酸盐玻璃体系物理性质实验值与计算值

组分摩尔分数/%		一致熔融化合物摩尔分数/%		密度/(g/cm^3)		组分摩尔分数/%		一致熔融化合物摩尔分数/%		折射率(n_D)		组分摩尔分数/%		一致熔融化合物摩尔分数/%		热膨胀系数/$(10^{-7}/℃)$	
Li_2O	SiO_2	$Li_2O \cdot 2SiO_2$	SiO_2	实验值	计算值	Li_2O	SiO_2	$Li_2O \cdot 2SiO_2$	SiO_2	实验值	计算值	Li_2O	SiO_2	$Li_2O \cdot 2SiO_2$	SiO_2	实验值	计算值
10	90	30	70	2.235	2.2439	16	84	48	52	1.503	1.4974	10.3	89.7	30.9	69.1	39.6	39.68
12	88	36	64	2.245	2.2529	21	79	63	37	1.513	1.5091	14	86	42	58	50.4	52.67
14	86	42	58	2.254	2.2617	23.5	76.5	70.5	29.5	1.518	1.5150	16.6	83.4	49.8	50.2	60.7	60.40
16	84	48	52	2.263	2.2706	30	70	90	10	1.531	1.5302	25.5	74.5	76.5	23.5	88.1	86.83
18	82	54	46	2.273	2.2794	32	68	96	4	1.535	1.5349	33.3	66.7	99.9	0.1	110.1	110.00
20	80	60	40	2.283	2.2882	—	—	—	—	—	—	—	—	—	—	—	—
22	78	66	34	2.292	2.2970	—	—	—	—	—	—	—	—	—	—	—	—
24	76	72	28	2.301	2.3058	—	—	—	—	—	—	—	—	—	—	—	—
26	74	78	22	2.311	2.3147	—	—	—	—	—	—	—	—	—	—	—	—
28	72	84	16	2.320	2.3235	—	—	—	—	—	—	—	—	—	—	—	—
30	70	90	10	2.330	2.3323	—	—	—	—	—	—	—	—	—	—	—	—
32	68	96	4	2.340	2.3391	—	—	—	—	—	—	—	—	—	—	—	—
		$Li_2O \cdot SiO_2$	$Li_2O \cdot 2SiO_2$					$Li_2O \cdot SiO_2$	$Li_2O \cdot 2SiO_2$					$Li_2O \cdot SiO_2$	$Li_2O \cdot 2SiO_2$		
34	66	4	96	2.349	2.3463	35	65	10	90	1.540	1.5401	—	—	—	—	—	—
36	64	16	84	2.348	2.3443	40	60	40	60	1.548	1.5464	—	—	—	—	—	—
38	62	28	72	2.347	2.3422	42	58	52	48	1.550	1.5489	—	—	—	—	—	—
40	60	40	60	2.346	2.3402	43.5	56.5	61	39	1.553	1.5508	—	—	—	—	—	—
42	58	52	48	2.345	2.3382	45.5	54.5	73	27	1.555	1.5533	—	—	—	—	—	—
44	56	64	36	2.344	2.3361	47.5	52.5	85	15	1.558	1.5559	—	—	—	—	—	—
46	54	76	24	2.343	2.3341	—	—	—	—	—	—	—	—	—	—	—	—

续表

组分摩尔分数/%		一致熔融化合物摩尔分数/%		弹性模量/GPa		组分摩尔分数/%		一致熔融化合物摩尔分数/%		剪切模量/GPa	
Li_2O	SiO_2	$Li_2O\cdot 2SiO_2$	SiO_2	实验值	计算值	Li_2O	SiO_2	$Li_2O\cdot 2SiO_2$	SiO_2	实验值	计算值
10	90	30	70	74.26	73.036	10	90	30	70	30.48	30.7
15	85	45	55	76.42	74.764	14	86	42	58	30.38	30.58
20	80	60	40	76.99	76.492	15	85	45	55	32.15	30.55
25	75	75	25	78.44	78.220	16	84	48	52	31	30.52
30	70	90	10	78.81	79.948	20	80	60	40	28.4	30.4
—	—	—	—	—	—	22.5	77.5	67.5	32.5	30.88	30.325
—	—	—	—	—	—	25	75	75	25	32	30.25
—	—	—	—	—	—	26	74	78	22	32	30.22
—	—	—	—	—	—	27.5	72.5	82.5	17.5	30.64	30.175
—	—	—	—	—	—	30	70	90	10	32	30.1
—	—	—	—	—	—	32	68	96	4	30.69	30.04
—	—	—	—	—	—	33.3	66.7	99.9	0.1	31.11	30.001

附表 C2　Na_2O-SiO_2二元硅酸盐玻璃体系物理性质实验值与计算值

组分摩尔分数/%		一致熔融化合物摩尔分数/%		密度/(g/cm^3)		组分摩尔分数/%		一致熔融化合物摩尔分数/%		折射率(n_D)		组分摩尔分数/%		一致熔融化合物摩尔分数/%		热膨胀系数/(10^{-7}/℃)	
Na_2O	SiO_2	$Na_2O\cdot 2SiO_2$	SiO_2	实验值	计算值	Na_2O	SiO_2	$Na_2O\cdot 2SiO_2$	SiO_2	实验值	计算值	Na_2O	SiO_2	$Na_2O\cdot 2SiO_2$	SiO_2	实验值	计算值
4	96	12	88	2.23	2.234	14.5	85.5	43.5	56.5	1.485	1.481	8	92	24	76	49.5	46.4
6	94	18	82	2.25	2.251	17	83	51	49	1.488	1.484	12.5	87.5	37.5	62.5	65	66.3
8	92	24	76	2.27	2.269	20	80	60	40	1.490	1.489	15	85	45	55	75	77.3
10	90	30	70	2.289	2.286	22	78	66	34	1.493	1.491	17	83	51	49	83	86.12
12	88	36	64	2.308	2.303	28	72	84	16	1.500	1.499	18.5	81.5	55.5	44.5	92	92.79

续表

组分摩尔分数/%		一致熔融化合物摩尔分数/%		密度/(g/cm^3)		组分摩尔分数/%		一致熔融化合物摩尔分数/%		折射率(n_D)		组分摩尔分数/%		一致熔融化合物摩尔分数/%		热膨胀系数/(10^{-7}/℃)	
Na_2O	SiO_2	$Na_2O \cdot 2SiO_2$	SiO_2	实验值	计算值	Na_2O	SiO_2	$Na_2O \cdot 2SiO_2$	SiO_2	实验值	计算值	Na_2O	SiO_2	$Na_2O \cdot 2SiO_2$	SiO_2	实验值	计算值
14	86	42	58	2.328	2.320	33	67	99	1	1.507	1.507	20	80	60	40	100	99.39
16	84	48	52	2.347	2.337	—	—	—	—	—	—	23	77	69	31	115	112.66
18	82	54	46	2.365	2.354	—	—	—	—	—	—	26	74	78	22	129	125.90
20	80	60	40	2.383	2.372	—	—	—	—	—	—	29	71	87	13	140	139.15
22	78	66	34	2.400	2.389	—	—	—	—	—	—	32	68	96	4	150	152.39
24	76	72	28	2.398	2.406	—	—	—	—	—	—	—	—	—	—	—	—
26	74	78	22	2.435	2.423	—	—	—	—	—	—	—	—	—	—	—	—
28	72	84	16	2.451	2.440	—	—	—	—	—	—	—	—	—	—	—	—
30	70	90	10	2.466	2.457	—	—	—	—	—	—	—	—	—	—	—	—
32	68	96	4	2.481	2.475	—	—	—	—	—	—	—	—	—	—	—	—
		$Na_2O \cdot SiO_2$	$Na_2O \cdot 2SiO_2$					$Na_2O \cdot SiO_2$	$Na_2O \cdot 2SiO_2$					$Na_2O \cdot SiO_2$	$Na_2O \cdot 2SiO_2$		
34	66	4	96	2.496	2.489	40	60	40	60	1.520	1.511	—	—	—	—	—	—
36	64	16	84	2.509	2.498	45	55	70	30	1.523	1.514	—	—	—	—	—	—
38	62	28	72	2.521	2.507	49	51	94	6	1.525	1.516	—	—	—	—	—	—
40	60	40	60	2.532	2.516	—	—	—	—	—	—	—	—	—	—	—	—
42	58	52	48	2.539	2.524	—	—	—	—	—	—	—	—	—	—	—	—
44	56	64	36	2.55	2.533	—	—	—	—	—	—	—	—	—	—	—	—
46	54	76	24	2.555	2.542	—	—	—	—	—	—	—	—	—	—	—	—
48	52	88	12	2.558	2.551	—	—	—	—	—	—	—	—	—	—	—	—
50	50	100	0	2.560	2.560	—	—	—	—	—	—	—	—	—	—	—	—

续表

组分摩尔分数/%		一致熔融化合物摩尔分数/%		弹性模量/GPa		组分摩尔分数/%		一致熔融化合物摩尔分数/%		剪切模量/GPa	
Na_2O	SiO_2	$Na_2O \cdot 2SiO_2$	SiO_2	实验值	计算值	Na_2O	SiO_2	$Na_2O \cdot 2SiO_2$	SiO_2	实验值	计算值
10	90	30	70	65.29	66.796	8	92	24	76	29	29.056
15	85	45	55	62.9	65.404	10	90	30	70	27.68	28.57
20	80	60	40	61.08	64.012	12.6	87.4	37.8	62.2	26.63	27.94
25	75	75	25	59.77	62.62	13	87	39	61	25.87	27.84
30	70	90	10	59.33	61.228	15	85	45	55	26.4	27.36
—	—	—	—	—	—	16	84	48	52	24.68	27.11
—	—	—	—	—	—	17	83	51	49	24	26.87
—	—	—	—	—	—	18	82	54	46	25.07	26.63
—	—	—	—	—	—	20	80	60	40	25.2	26.14
—	—	—	—	—	—	22.8	77.2	68.4	31.6	24.09	25.46
—	—	—	—	—	—	25	75	75	25	24.1	24.93
—	—	—	—	—	—	26	74	78	22	24.4	24.68
—	—	—	—	—	—	27.5	72.5	82.5	17.5	22.2	24.32
—	—	—	—	—	—	30	70	90	10	23.7	23.71
—	—	—	—	—	—	33	67	99	1	24.2	22.98
—	—	—	—	—	—	33.3	66.7	99.9	0.1	22.92	22.91

附表 C3　K_2O-SiO_2二元硅酸盐玻璃体系物理性质实验值与计算值

组分摩尔分数/%		一致熔融化合物摩尔分数/%		密度/(g/cm³)		组分摩尔分数/%		一致熔融化合物摩尔分数/%		折射率(n_D)		组分摩尔分数/%		一致熔融化合物摩尔分数/%		热膨胀系数/(10^{-7}/℃)	
K_2O	SiO_2	$K_2O\cdot 2SiO_2$	SiO_2	实验值	计算值	K_2O	SiO_2	$K_2O\cdot 2SiO_2$	SiO_2	实验值	计算值	K_2O	SiO_2	$K_2O\cdot 2SiO_2$	SiO_2	实验值	计算值
2	98	6	94	2.225	2.216	10.5	89.5	31.5	68.5	1.4775	1.4767	5	95	15	85	32.9	36.9
4	96	12	88	2.246	2.232	12	88	36	64	1.4825	1.4791	10	90	30	70	63.2	62.8
6	94	18	82	2.266	2.248	14	86	42	58	1.485	1.4823	12	88	36	64	74.7	73.1
8	92	24	76	2.286	2.264	16	84	48	52	1.4875	1.4854	14.2	85.8	42.6	57.4	87.5	84.5
10	90	30	70	2.305	2.280	19	81	57	43	1.4925	1.4902	20	80	60	40	116.6	114.5
12	88	36	64	2.323	2.296	21	79	63	37	1.4975	1.4934	25.9	74.1	77.7	22.3	143.3	144.9
14	86	42	58	2.339	2.313	24	76	72	28	1.5012	1.4982	32.6	67.4	97.8	2.2	178.3	179.6
16	84	48	52	2.357	2.329	28	72	84	16	1.5075	1.5045	—	—	—	—	—	—
18	82	54	46	2.373	2.345	30	70	90	10	1.5125	1.5077	—	—	—	—	—	—
20	80	60	40	2.389	2.361	—	—	—	—	—	—	—	—	—	—	—	—
22	78	66	34	2.403	2.377	—	—	—	—	—	—	—	—	—	—	—	—
24	76	72	28	2.397	2.393	—	—	—	—	—	—	—	—	—	—	—	—
26	74	78	22	2.43	2.409	—	—	—	—	—	—	—	—	—	—	—	—
28	72	84	16	2.443	2.425	—	—	—	—	—	—	—	—	—	—	—	—
30	70	90	10	2.453	2.439	—	—	—	—	—	—	—	—	—	—	—	—
32	68	96	4	2.463	2.457	—	—	—	—	—	—	—	—	—	—	—	—

续表

组分摩尔分数/%		一致熔融化合物摩尔分数/%		弹性模量/GPa		组分摩尔分数/%		一致熔融化合物摩尔分数/%		剪切模量/GPa	
K_2O	SiO_2	$K_2O \cdot 2SiO_2$	SiO_2	实验值	计算值	K_2O	SiO_2	$K_2O \cdot 2SiO_2$	SiO_2	实验值	计算值
8.7	91.3	26.1	73.9	53.1	64.35	13	87	39	61	21.56	25.93
10	90	30	70	57.0	63.53	15	85	45	55	21.21	25.15
10.12	89.88	30.36	69.64	52.2	63.45	18	82	54	46	19.72	23.98
12	88	36	64	54.0	62.28	20	80	60	40	19.75	23.2
13	87	39	61	54.1	61.65	22.5	77.5	67.5	32.5	18.34	22.23
15	85	45	55	62.0	60.40	25	75	75	25	24.1	21.25
16	84	48	52	61.3	59.77	33	67	99	1	23.1	18.13
16.7	83.3	50.1	49.9	50.9	59.33	—	—	—	—	—	—
18	82	54	46	49.0	58.51	—	—	—	—	—	—
20	80	60	40	49.5	57.26	—	—	—	—	—	—
25	75	75	25	56.4	54.13	—	—	—	—	—	—
26.9	73.1	80.7	19.3	44.6	52.93	—	—	—	—	—	—
28.7	71.3	86.1	13.9	43.4	51.81	—	—	—	—	—	—
30	70	90	10	54.7	50.99	—	—	—	—	—	—
33	67	99	1	54.0	49.11	—	—	—	—	—	—

附表 C4　Rb_2O-SiO_2 二元硅酸盐玻璃体系物理性质实验值与计算值

组分摩尔分数/%		一致熔融化合物摩尔分数/%		密度/(g/cm^3)		组分摩尔分数/%		一致熔融化合物摩尔分数/%		折射率(n_D)	
Rb_2O	SiO_2	$Rb_2O \cdot 4SiO_2$	SiO_2	实验值	计算值	Rb_2O	SiO_2	$Rb_2O \cdot 4SiO_2$	SiO_2	实验值	计算值
2	98	10	90	2.284	2.266	8.4	91.6	42	58	1.480	1.478
4	96	20	80	2.348	2.332	11.8	88.2	59	41	1.487	1.486
6	94	30	70	2.393	2.399	13.5	86.5	67.5	32.5	1.490	1.490
8	92	40	60	2.475	2.465	15.3	84.7	76.5	23.5	1.495	1.494
10	90	50	50	2.539	2.531	20	80	100	0	1.504	1.504

续表

组分摩尔分数/%		一致熔融化合物摩尔分数/%		密度/(g/cm^3)		组分摩尔分数/%		一致熔融化合物摩尔分数/%		折射率(n_D)	
Rb_2O	SiO_2	$Rb_2O\cdot4SiO_2$	SiO_2	实验值	计算值	Rb_2O	SiO_2	$Rb_2O\cdot4SiO_2$	SiO_2	实验值	计算值
12	88	60	40	2.605	2.597	—	—	—	—	—	—
14	86	70	30	2.67	2.663	—	—	—	—	—	—
16	84	80	20	2.733	2.730	—	—	—	—	—	—
18	82	90	10	2.798	2.796	—	—	—	—	—	—
20	80	100	0	2.862	2.862	—	—	—	—	—	—
		$Rb_2O\cdot4SiO_2$	$Rb_2O\cdot2SiO_2$					$Rb_2O\cdot4SiO_2$	$Rb_2O\cdot2SiO_2$		
22	78	85	15	2.926	2.924	—	—	—	—	—	—
24	76	70	30	2.99	2.986	—	—	—	—	—	—
26	74	55	45	3.055	3.048	—	—	—	—	—	—
28	72	40	60	3.118	3.110	—	—	—	—	—	—
30	70	25	75	3.183	3.172	—	—	—	—	—	—
32	68	10	90	3.248	3.234	—	—	—	—	—	—
组分摩尔分数/%		一致熔融化合物摩尔分数/%		热膨胀系数/(10^{-7}/℃)		组分摩尔分数/%		一致熔融化合物摩尔分数/%		弹性模量/GPa	
Rb_2O	SiO_2	$Rb_2O\cdot4SiO_2$	SiO_2	实验值	计算值	Rb_2O	SiO_2	$Rb_2O\cdot4SiO_2$	SiO_2	实验值	计算值
8.4	91.6	42	58	54.9	56.88	24	76	70	30	16.89	16.91
11.8	88.2	59	41	75.8	75.39	25	75	62.5	37.5	17.20	16.59
13.5	86.5	67.5	32.5	82.4	84.67	30	70	25	75	14.66	14.98
15.3	84.7	76.5	23.5	95.5	94.48	—	—	—	—	—	—
20	80	100	0	120.1	120.10	—	—	—	—	—	—

附表 C5　Cs_2O-SiO_2 二元硅酸盐玻璃体系物理性质实验值与计算值

组分摩尔分数/%		一致熔融化合物摩尔分数/%		密度/(g/cm³)		组分摩尔分数/%		一致熔融化合物摩尔分数/%		折射率(n_D)		组分摩尔分数/%		一致熔融化合物摩尔分数/%		热膨胀系数/(10^{-7}/℃)	
Cs_2O	SiO_2	$Cs_2O\cdot4SiO_2$	SiO_2	实验值	计算值	Cs_2O	SiO_2	$Cs_2O\cdot4SiO_2$	SiO_2	实验值	计算值	Cs_2O	SiO_2	$Cs_2O\cdot4SiO_2$	SiO_2	实验值	计算值
2	98	10	90	2.350	2.304	8	92	40	60	1.490	1.486	4	96	20	80	26.6	27.7
4	96	20	80	2.470	2.408	9.1	90.9	45.5	54.5	1.494	1.490	5	95	25	75	33.7	33.4
6	94	30	70	2.585	2.512	10	90	50	50	1.498	1.493	5.8	94.2	29	71	37.9	37.9
8	92	40	60	2.690	2.616	10.5	89.5	52.5	47.5	1.499	1.495	8	92	40	60	52.3	50.4
10	90	50	50	2.790	2.720	11.1	88.9	55.5	44.5	1.499	1.497	12.2	87.8	61	39	74.4	74.2
12	88	60	40	2.890	2.824	11.8	88.2	59	41	1.501	1.499	20	80	100	0	118.4	118.4
14	86	70	30	2.985	2.928	12.5	87.5	62.5	37.5	1.504	1.501	—	—	—	—	—	—
16	84	80	20	3.075	3.032	13.3	86.7	66.5	33.5	1.505	1.504	—	—	—	—	—	—
18	82	90	10	3.155	3.136	14.3	85.7	71.5	28.5	1.507	1.507	—	—	—	—	—	—
20	80	100	0	3.240	3.240	15.4	84.6	77	23	1.511	1.511	—	—	—	—	—	—
—	—	—	—	—	—	16.7	83.3	83.5	16.5	1.515	1.515	—	—	—	—	—	—
—	—	—	—	—	—	18.2	81.8	91	9	1.521	1.520	—	—	—	—	—	—
—	—	—	—	—	—	20	80	100	0	1.522	1.526	—	—	—	—	—	—
		$Cs_2O\cdot4SiO_2$	$Cs_2O\cdot2SiO_2$					$Cs_2O\cdot4SiO_2$	$Cs_2O\cdot2SiO_2$					$Cs_2O\cdot4SiO_2$	$Cs_2O\cdot2SiO_2$		
22	78	85	15	3.315	3.314	—	—	—	—	—	—	—	—	—	—	—	—
24	76	70	30	3.395	3.389	—	—	—	—	—	—	—	—	—	—	—	—
26	74	55	45	3.475	3.463	—	—	—	—	—	—	—	—	—	—	—	—
28	72	40	60	3.555	3.537	—	—	—	—	—	—	—	—	—	—	—	—
30	70	25	75	3.634	3.611	—	—	—	—	—	—	—	—	—	—	—	—
32	68	10	90	3.710	3.686	—	—	—	—	—	—	—	—	—	—	—	—

续表

组分摩尔分数/%		一致熔融化合物摩尔分数/%		弹性模量/GPa		组分摩尔分数/%		一致熔融化合物摩尔分数/%		剪切模量/GPa	
Cs_2O	SiO_2	$Cs_2O\cdot 4SiO_2$	SiO_2	实验值	计算值	Cs_2O	SiO_2	$Cs_2O\cdot 4SiO_2$	SiO_2	实验值	计算值
16.67	83.33	83.3	16.7	39.99	42.96	16.67	83.33	83.3	16.7	16.00	17.55
20	80	100	0	37.67	37.60	20	80	100	0	14.86	14.86

附表　C6　CaO-SiO_2二元硅酸盐玻璃体系物理性质实验值与计算值

组分摩尔分数/%		一致熔融化合物摩尔分数/%		密度/(g/cm^3)		组分摩尔分数/%		一致熔融化合物摩尔分数/%		折射率(n_D)		组分摩尔分数/%		一致熔融化合物摩尔分数/%		热膨胀系数/(10^{-7}/℃)	
CaO	SiO_2	$CaO\cdot SiO_2$	SiO_2	实验值	计算值	CaO	SiO_2	$CaO\cdot SiO_2$	SiO_2	实验值	计算值	CaO	SiO_2	$CaO\cdot SiO_2$	SiO_2	实验值	计算值
40	60	80	20	2.765	2.7584	39	61	78	22	1.591	1.591	35	65	70	30	76.5	76.8
42	58	84	16	2.798	2.7863	45	55	90	10	1.610	1.611	37	63	74	26	82	80.6
44	56	88	12	2.828	2.8142	48	52	96	4	1.617	1.621	40	60	80	20	88	86.2
46	54	92	8	2.855	2.8422	—	—	—	—	—	—	45	55	90	10	96	95.6
48	52	96	4	2.880	2.8701	—	—	—	—	—	—	48	52	96	4	102	101.2
50	50	100	0	2.901	2.8980	—	—	—	—	—	—	—	—	—	—	—	—

附表 C7　$BaO-SiO_2$ 二元硅酸盐玻璃体系物理性质实验值与计算值

组分摩尔分数/%		一致熔融化合物摩尔分数/%		密度/(g/cm^3)		组分摩尔分数/%		一致熔融化合物摩尔分数/%		折射率(n_D)		组分摩尔分数/%		一致熔融化合物摩尔分数/%		热膨胀系数/(10^{-7}/℃)	
BaO	SiO_2	$BaO\cdot 2SiO_2$	SiO_2	实验值	计算值	BaO	SiO_2	$BaO\cdot 2SiO_2$	SiO_2	实验值	计算值	BaO	SiO_2	$BaO\cdot 2SiO_2$	SiO_2	实验值	计算值
28	72	84	16	3.455	3.488	15	85	45	55	1.535	1.527	10	90	30	70	40	38.8
30	70	90	10	3.557	3.581	22	78	66	34	1.561	1.558	15	85	45	55	56.5	52.7
32	68	96	4	3.66	3.673	25	75	75	25	1.573	1.572	20	80	60	40	70	66.5
—	—	—	—	—	—	30	70	90	10	1.591	1.594	21	79	63	37	72	69.3
—	—	—	—	—	—	33	67	99	1	1.611	1.608	22	78	66	34	76	72.1
—	—	—	—	—	—	—	—	—	—	—	—	25	75	75	25	85	80.4
—	—	—	—	—	—	—	—	—	—	—	—	30	70	90	10	98	94.3
—	—	—	—	—	—	—	—	—	—	—	—	33	67	99	1	103	102.6

附表 C8　$SrO-SiO_2$ 二元硅酸盐玻璃体系物理性质实验值与计算值

组分摩尔分数/%		一致熔融化合物摩尔分数/%		密度/(g/cm^3)		组分摩尔分数/%		一致熔融化合物摩尔分数/%		折射率(n_D)		组分摩尔分数/%		一致熔融化合物摩尔分数/%		热膨胀系数/(10^{-7}/℃)	
SrO	SiO_2	$SrO\cdot SiO_2$	SiO_2	实验值	计算值	SrO	SiO_2	$SrO\cdot SiO_2$	SiO_2	实验值	计算值	SrO	SiO_2	$SrO\cdot SiO_2$	SiO_2	实验值	计算值
20	80	40	60	2.80	2.85	33.3	66.7	66.5	33.5	1.584	1.575	23	77	46	54	62	60.7
25	75	50	50	2.96	3.01	36.7	63.3	73.4	26.6	1.592	1.587	25	75	50	50	67	65.0
30	70	60	40	3.14	3.19	40	60	80	20	1.601	1.598	27	73	54	46	72.5	69.4
35	65	70	30	3.31	3.34	46.5	53.5	93	7	1.624	1.621	30	70	60	40	76.5	75.8
40	60	80	20	3.51	3.50	49.9	50.1	99.8	0.2	1.632	1.633	35	65	70	30	86	86.6
—	—	—	—	—	—	—	—	—	—	—	—	40	60	80	20	98	97.4
—	—	—	—	—	—	—	—	—	—	—	—	45	55	90	10	108	108.2

附表 C9　PbO-SiO_2二元硅酸盐玻璃体系物理性质实验值与计算值

组分摩尔分数/%		一致熔融化合物摩尔分数/%		密度/(g/cm^3)		组分摩尔分数/%		一致熔融化合物摩尔分数/%		折射率(n_D)	
PbO	SiO_2	PbO · SiO_2	SiO_2	实验值	计算值	PbO	SiO_2	PbO · SiO_2	SiO_2	实验值	计算值
22	78	44	56	3.725	3.863	20.8	79.2	41.6	58.4	1.617	1.649
24	76	48	52	3.890	4.014	22.8	77.2	45.6	54.4	1.633	1.667
26	74	52	48	4.058	4.166	24.9	75.1	49.8	50.2	1.651	1.686
28	72	56	44	4.225	4.317	27.4	72.6	54.8	45.2	1.672	1.709
30	70	60	40	4.400	4.468	29.7	70.3	59.4	40.6	1.695	1.730
32	68	64	36	4.560	4.619	31.2	68.8	62.4	37.6	1.711	1.744
34	66	68	32	4.723	4.770	33	67	66	34	1.727	1.760
36	64	72	28	4.880	4.9212	34.7	65.3	69.4	30.6	1.744	1.776
38	62	76	24	5.045	5.073	36.6	63.4	73.2	26.8	1.763	1.793
40	60	80	20	5.200	5.224	38.6	61.4	77.2	22.8	1.786	1.811
42	58	84	16	5.360	5.375	40.8	59.2	81.6	18.4	1.809	1.831
44	56	88	12	5.513	5.526	41.7	58.3	83.4	16.6	1.819	1.839
46	54	92	8	5.670	5.678	42.5	57.5	85	15	1.827	1.847
48	52	96	4	5.825	5.829	43.6	56.4	87.2	12.8	1.839	1.857
50	50	100	0	5.980	5.980	44.1	55.9	88.2	11.8	1.846	1.861
—	—	—	—	—	—	45.6	54.4	91.2	8.8	1.859	1.875
—	—	—	—	—	—	47.8	52.2	95.6	4.4	1.887	1.895
—	—	—	—	—	—	49.5	50.5	99	1	1.906	1.910
—	—	—	—	—	—	49.7	50.3	99.4	0.6	1.913	1.912
		PbO · SiO_2	2PbO · SiO_2					PbO · SiO_2	2PbO · SiO_2		
52	48	88	12	6.130	6.114	50.5	49.5	97	3	1.919	1.920
54	46	76	24	6.275	6.249	52.5	47.5	85	15	1.939	1.942

续表

组分摩尔分数/%		一致熔融化合物摩尔分数/%		密度/(g/cm³)		组分摩尔分数/%		一致熔融化合物摩尔分数/%		折射率(n_D)	
PbO	SiO_2	$PbO\cdot SiO_2$	$2PbO\cdot SiO_2$	实验值	计算值	PbO	SiO_2	$PbO\cdot SiO_2$	$2PbO\cdot SiO_2$	实验值	计算值
56	44	64	36	6.425	6.383	53.5	46.5	79	21	1.955	1.953
58	42	52	48	6.565	6.518	54.5	45.5	73	27	1.964	1.964
60	40	40	60	6.700	6.652	56.4	43.6	61.6	38.4	1.989	1.984
62	38	28	72	6.838	6.786	59.4	40.6	43.6	56.4	2.026	2.017
64	36	16	84	6.968	6.921	59.9	40.1	40.6	59.4	2.025	2.023
66	34	4	96	7.095	7.055	61.4	38.6	31.6	68.4	2.046	2.039
—	—	—	—	—	—	63.4	36.6	19.6	80.4	2.075	2.061
—	—	—	—	—	—	66	34	4	96	2.103	2.089
—	—	—	—	—	—	66.6	33.4	0.4	99.6	2.096	2.095
组分摩尔分数/%		**一致熔融化合物摩尔分数/%**		**热膨胀系数/(10^{-7}/℃)**		**组分摩尔分数/%**		**一致熔融化合物摩尔分数/%**		**弹性模量/GPa**	
PbO	SiO_2	$PbO\cdot SiO_2$	SiO_2	实验值	计算值	PbO	SiO_2	$PbO\cdot SiO_2$	SiO_2	实验值	计算值
25.7	74.3	51.4	48.6	52.5	52.17	24.6	75.4	49.2	50.8	47.14	57.03
30	70	60	40	59.1	59.04	30	70	60	40	50.13	54.28
32.5	67.5	65	35	62.3	63.03	35.7	64.3	71.4	28.6	46.34	51.37
33.2	66.8	66.4	33.6	63.3	64.15	38.4	61.6	76.8	23.2	52.84	50.00
35	65	70	30	66.2	67.03	45	55	90	10	51.70	46.63
37.5	62.5	75	25	71.4	71.02	50	50	100	0	44.08	44.08
42.6	57.4	85.2	14.8	78.6	79.17	—	—	—	—	—	—
45.8	54.2	91.6	8.4	82.6	84.29	—	—	—	—	—	—
47.8	52.2	95.6	4.4	87.0	87.48	—	—	—	—	—	—
49.8	50.2	99.6	0.4	89.8	90.68	—	—	—	—	—	—

附表 C10 Na_2O-CaO-SiO_2玻璃体系物理性质的实验值与计算值

标注	一致熔融化合物
A	$CaO \cdot SiO_2$
B	$Na_2O \cdot 2CaO \cdot 3SiO_2$
C	$Na_2O \cdot 3CaO \cdot 6SiO_2$
D	$2Na_2O \cdot CaO \cdot 3SiO_2$
E	$Na_2O \cdot SiO_2$
F	$Na_2O \cdot 2SiO_2$
G	$3Na_2O \cdot 8SiO_2$
H	$Na_2O \cdot CaO \cdot 5SiO_2$
I	SiO_2

组分摩尔分数/%			一致熔融化合物摩尔分数/%			密度/(g/cm³)		组分摩尔分数/%			一致熔融化合物摩尔分数/%			折射率(n_D)		组分摩尔分数/%			一致熔融化合物摩尔分数/%			热膨胀系数/(10^{-7}/℃)	
SiO_2	CaO	Na_2O	A	B	C	实验值	计算值	SiO_2	CaO	Na_2O	A	B	C	实验值	计算值	SiO_2	CaO	Na_2O	A	B	C	实验值	计算值
57.78	32.73	9.49	11.94	10.26	77.80	2.733	2.749	50.10	33.33	16.56	0.21	98.73	1.05	1.584	1.584	—	—	—	—	—	—	—	—
54.13	36.41	9.46	26.72	31.98	41.30	2.773	2.787	50.19	35.85	13.95	15.51	82.53	1.95	1.590	1.590	—	—	—	—	—	—	—	—
53.73	40.47	5.80	50.28	12.42	37.30	2.808	2.818	50.56	39.39	10.04	37.49	56.85	5.65	1.599	1.599	—	—	—	—	—	—	—	—
53.55	42.15	4.3	60.00	4.50	35.50	2.816	2.830	51.86	43.25	4.88	63.25	18.09	18.65	1.610	1.609	—	—	—	—	—	—	—	—
52.03	43.79	4.18	66.80	12.90	20.30	2.838	2.847	52.03	43.79	4.18	66.80	12.90	20.30	1.611	1.610	—	—	—	—	—	—	—	—
51.86	43.25	4.88	63.25	18.09	18.65	2.832	2.843	53.55	42.15	4.30	60.00	4.50	35.50	1.607	1.604	—	—	—	—	—	—	—	—
50.57	39.74	9.68	39.61	54.63	5.75	2.807	2.821	53.73	40.47	5.80	50.28	12.33	37.35	1.603	1.600	—	—	—	—	—	—	—	—
50.19	35.85	13.95	15.51	82.53	1.95	2.777	2.794	54.13	36.41	9.46	26.72	31.98	41.30	1.590	1.589	—	—	—	—	—	—	—	—
50.1	33.33	16.56	0.21	98.73	1.05	2.764	2.775	57.78	32.73	9.49	11.97	10.17	77.85	1.580	1.576	—	—	—	—	—	—	—	—

续表

组分摩尔分数/%			一致熔融化合物摩尔分数/%			密度/(g/cm³)		组分摩尔分数/%			一致熔融化合物摩尔分数/%			折射率(n_D)		组分摩尔分数/%			一致熔融化合物摩尔分数/%			热膨胀系数/(10⁻⁷/℃)	
SiO_2	CaO	Na_2O	B	D	F	实验值	计算值	SiO_2	CaO	Na_2O	B	D	F	实验值	计算值	SiO_2	CaO	Na_2O	B	D	F	实验值	计算值
65.32	2.59	32.09	7.46	0.62	91.92	2.509	2.509	50.03	29.50	20.47	77.18	22.64	0.18	1.576	1.576	51.93	21.14	26.93	38.42	49.98	11.60	157.3	124.9
60	10	30	20.00	20.00	60.00	2.584	2.580	50.38	26.61	23.01	61.94	35.78	2.28	1.569	1.570	54.45	13.71	31.84	8.98	64.32	26.70	165.3	137.7
59.6	7.17	33.23	0.62	41.78	57.60	2.562	2.564	50.49	17.10	32.41	5.54	91.52	2.94	1.550	1.550	56.42	10.54	33.03	1.79	59.66	38.54	178.7	142.8
58.62	16.03	25.35	47.90	0.38	51.72	2.618	2.626	51.02	26.45	22.53	64.82	29.06	6.12	1.568	1.569	55.98	21.03	22.99	62.05	2.06	35.89	136.0	123.5
57.27	9.73	33	2.00	54.38	43.62	2.588	2.591	51.43	28.66	19.90	80.58	10.80	8.61	1.575	1.573	—	—	—	—	—	—	—	—
57.13	15.31	27.56	34.64	22.58	42.78	2.626	2.628	51.96	17.20	30.84	14.96	73.28	11.76	1.551	1.549	—	—	—	—	—	—	—	—
56.39	10.53	33.07	1.56	60.06	38.37	2.598	2.600	53.04	19.51	27.45	35.30	46.46	18.24	1.553	1.554	—	—	—	—	—	—	—	—
55.4	11.68	32.92	2.48	65.12	32.40	2.61	2.612	53.36	26.45	20.18	78.90	0.90	20.19	1.567	1.568	—	—	—	—	—	—	—	—
54.92	22.47	22.6	64.38	6.06	29.55	2.683	2.683	53.91	15.75	30.34	17.96	58.58	23.46	1.544	1.545	—	—	—	—	—	—	—	—
54.42	13.7	31.88	8.72	64.76	26.52	2.624	2.629	54.42	13.70	31.88	8.72	64.76	26.52	1.539	1.541	—	—	—	—	—	—	—	—
53.91	15.75	30.34	17.96	58.58	23.46	2.63	2.645	54.92	22.47	22.60	64.38	6.06	29.55	1.560	1.559	—	—	—	—	—	—	—	—
53.36	26.45	20.18	78.90	0.90	20.19	2.705	2.716	55.00	20.00	25.00	50.00	20.00	30.00	1.555	1.554	—	—	—	—	—	—	—	—
53.04	19.51	27.45	35.30	46.46	18.24	2.664	2.673	55.40	11.68	32.92	2.48	65.12	32.40	1.537	1.536	—	—	—	—	—	—	—	—
51.96	17.2	30.84	14.96	73.28	11.76	2.665	2.663	56.39	10.53	33.07	1.56	60.06	38.37	1.532	1.533	—	—	—	—	—	—	—	—
51.43	28.66	19.9	80.58	10.80	8.61	2.73	2.739	57.13	15.31	27.56	34.64	22.58	42.78	1.543	1.543	—	—	—	—	—	—	—	—
51.02	26.45	22.53	64.82	29.06	6.12	2.712	2.727	57.27	9.73	33.00	2.00	54.38	43.62	1.531	1.531	—	—	—	—	—	—	—	—
50.49	17.1	32.41	5.54	91.52	2.94	2.67	2.669	58.62	16.03	25.35	47.90	0.38	51.72	1.543	1.544	—	—	—	—	—	—	—	—
50.38	26.61	23.01	61.94	35.78	2.28	2.719	2.731	59.60	7.17	33.23	0.62	41.78	57.60	1.524	1.525	—	—	—	—	—	—	—	—
50.03	29.5	20.47	77.18	22.64	0.18	2.741	2.751	60.00	8.00	32.00	8.00	32.00	60.00	1.523	1.527	—	—	—	—	—	—	—	—
50.01	33.29	16.69	99.84	0.06	0.09	2.761	2.775	60.00	10.00	30.00	20.00	20.00	60.00	1.532	1.531	—	—	—	—	—	—	—	—
—	—	—	—	—	—	—	—	65.32	2.59	32.09	7.46	0.62	91.92	1.511	1.513	—	—	—	—	—	—	—	—
			B	C	F						B	C	F						B	C	F		
65.05	3.26	31.69	9.64	0.16	90.20	2.517	2.514	50.52	32.31	17.17	96.84	0.10	3.06	1.584	1.582	59.57	21.43	19.00	25.19	43.44	31.37	130.7	126.1

续表

组分摩尔分数/%			一致熔融化合物摩尔分数/%			密度/(g/cm³)		组分摩尔分数/%			一致熔融化合物摩尔分数/%			折射率(n_D)		组分摩尔分数/%			一致熔融化合物摩尔分数/%			热膨胀系数/(10^{-7}/℃)	
SiO_2	CaO	Na_2O	B	C	F	实验值	计算值	SiO_2	CaO	Na_2O	B	C	F	实验值	计算值	SiO_2	CaO	Na_2O	B	C	F	实验值	计算值
64.62	8.94	26.43	0.58	29.16	70.25	2.546	2.557	54.45	29.88	15.67	60.23	32.68	7.09	1.577	1.573	60.14	16.22	23.64	31.53	19.02	49.45	138.7	132.9
64.52	9.68	25.81	0.02	32.24	67.75	2.559	2.563	55.56	22.22	22.22	66.62	0.04	33.34	1.554	1.558	63.28	13.13	23.58	5.02	38.21	56.78	138.7	139.5
63.26	13.12	23.62	5.30	37.84	56.86	2.576	2.591	56.32	28.59	15.09	43.13	47.38	9.49	1.571	1.569	—	—	—	—	—	—	—	—
62.5	12.5	25	15.00	25.00	60.00	2.584	2.589	56.37	21.43	22.19	59.70	5.10	35.19	1.555	1.556	—	—	—	—	—	—	—	—
61.46	10.77	27.77	30.38	2.14	67.48	2.575	2.579	57.92	25.66	16.42	32.88	49.00	18.12	1.563	1.562	—	—	—	—	—	—	—	—
60.12	16.21	23.67	31.80	18.70	49.50	2.607	2.623	58.82	17.65	23.53	42.38	11.74	45.88	1.544	1.547	—	—	—	—	—	—	—	—
60	20	20	24.00	40.00	36.00	2.64	2.650	59.47	24.41	16.11	19.07	60.18	20.74	1.560	1.558	—	—	—	—	—	—	—	—
59.82	16.02	24.16	35.50	13.96	50.54	2.605	2.622	59.52	21.25	19.22	26.12	41.82	32.06	1.554	1.552	—	—	—	—	—	—	—	—
59.52	21.25	19.22	26.12	41.82	32.06	2.657	2.661	59.82	16.02	24.16	35.50	13.96	50.54	1.540	1.543	—	—	—	—	—	—	—	—
59.47	24.41	16.11	19.07	60.18	20.74	2.672	2.684	60.00	15.00	25.00	36.00	10.00	54.00	1.539	1.541	—	—	—	—	—	—	—	—
58.82	17.65	23.53	42.38	11.74	45.88	2.629	2.637	60.00	20.00	20.00	24.00	40.00	36.00	1.551	1.549	—	—	—	—	—	—	—	—
57.92	25.66	16.42	32.88	49.00	18.12	2.692	2.697	60.12	16.21	23.67	31.80	18.70	49.50	1.540	1.543	—	—	—	—	—	—	—	—
56.37	21.43	22.19	59.70	5.10	35.19	2.665	2.671	61.46	10.77	27.77	30.38	2.14	67.48	1.530	1.532	—	—	—	—	—	—	—	—
56.32	28.59	15.09	43.13	47.38	9.49	2.712	2.723	62.50	12.50	25.00	15.00	25.00	60.00	1.533	1.534	—	—	—	—	—	—	—	—
55.86	30.98	13.16	42.36	56.20	1.44	2.735	2.742	63.26	13.12	23.62	5.30	37.84	56.86	1.532	1.534	—	—	—	—	—	—	—	—
55.56	22.22	22.22	66.62	0.04	33.34	2.667	2.679	64.52	9.68	25.81	0.02	32.24	67.75	1.526	1.527	—	—	—	—	—	—	—	—
54.45	29.88	15.67	60.23	32.68	7.09	2.733	2.738	64.62	8.94	26.43	0.58	29.16	70.25	1.524	1.525	—	—	—	—	—	—	—	—
50.52	32.31	17.17	96.84	0.10	3.06	2.761	2.767	65.00	5.00	30.00	6.00	10.00	84.00	1.514	1.518	—	—	—	—	—	—	—	—
—	—	—	—	—	—	—	—	65.05	3.26	31.69	9.64	0.16	90.20	1.513	1.515	—	—	—	—	—	—	—	—
—	—	—	—	—	—	—	—	65.28	4.60	30.12	3.94	10.96	85.10	1.515	1.517	—	—	—	—	—	—	—	—
			D	E	F						D	E	F						D	E	F		
60.14	6.21	33.64	37.26	1.86	60.87	2.572	2.555	50.01	16.64	33.35	99.84	0.10	0.06	1.550	1.549	—	—	—	—	—	—	—	—
58.98	3.29	37.73	19.74	26.38	53.88	2.547	2.541	50.69	10.02	39.29	60.12	35.74	4.14	1.535	1.536	—	—	—	—	—	—	—	—

续表

组分摩尔分数/%			一致熔融化合物摩尔分数/%			密度/(g/cm³)		组分摩尔分数/%			一致熔融化合物摩尔分数/%			折射率(n_D)		组分摩尔分数/%			一致熔融化合物摩尔分数/%			热膨胀系数/(10^{-7}/℃)	
SiO_2	CaO	Na_2O	D	E	F	实验值	计算值	SiO_2	CaO	Na_2O	D	E	F	实验值	计算值	SiO_2	CaO	Na_2O	D	E	F	实验值	计算值
58.9	6.4	34.70	38.40	8.20	53.40	2.572	2.562	51.04	12.55	36.41	75.30	18.46	6.24	1.541	1.540	—	—	—	—	—	—	—	—
58.23	2.5	39.27	15.00	35.62	49.38	2.58	2.540	51.07	13.59	35.33	81.54	12.00	6.45	1.544	1.542	—	—	—	—	—	—	—	—
55.97	4.52	39.51	27.12	37.06	35.82	2.671	2.563	51.50	9.87	38.63	59.22	31.78	9.00	1.538	1.535	—	—	—	—	—	—	—	—
55.31	3.6	41.09	21.60	46.54	31.86	2.568	2.560	52.93	8.11	38.96	48.66	33.76	17.58	1.531	1.531	—	—	—	—	—	—	—	—
54.66	8.06	37.28	48.36	23.68	27.96	2.587	2.592	53.17	7.50	39.34	45.00	36.02	18.99	1.528	1.530	—	—	—	—	—	—	—	—
53.17	7.5	39.34	45.00	36.02	18.99	2.682	2.595	53.19	4.65	42.16	27.90	52.96	19.14	1.523	1.524	—	—	—	—	—	—	—	—
52.93	8.11	38.96	48.66	33.76	17.58	2.601	2.600	54.53	8.08	37.39	48.48	24.34	27.18	1.529	1.530	—	—	—	—	—	—	—	—
51.07	13.59	35.33	81.54	12.00	6.45	2.648	2.643	55.31	3.60	41.09	21.60	46.54	31.86	1.522	1.521	—	—	—	—	—	—	—	—
51.04	12.55	36.41	75.30	18.46	6.24	2.641	2.637	57.18	6.22	36.61	37.32	19.64	43.05	1.524	1.525	—	—	—	—	—	—	—	—
50.72	7.19	42.08	43.14	52.50	4.35	2.608	2.603	58.23	2.50	39.27	15.00	35.62	49.38	1.516	1.517	—	—	—	—	—	—	—	—
50.69	10.02	39.29	60.12	35.74	4.14	2.72	2.622	58.90	6.40	34.70	38.40	8.20	53.40	1.524	1.524	—	—	—	—	—	—	—	—
50.33	12.92	36.75	77.52	20.50	1.98	2.641	2.642	58.98	3.29	37.73	19.74	26.38	53.88	1.517	1.518	—	—	—	—	—	—	—	—
50.01	16.64	33.35	99.84	0.10	0.06	2.663	2.668	—	—	—	—	—	—	—	—	—	—	—	—	—	—	—	—
			C	F	H						C	F	H						C	F	H		
71.43	14.29	14.29	0.04	0.02	99.95	2.537	2.522	62.50	25.00	12.50	75.00	7.50	17.50	1.557	1.556	62.40	20.91	16.69	67.40	27.78	4.82	114.7	127.0
70	15	15	10.00	6.00	84.00	2.592	2.540	63.68	22.75	13.56	63.38	10.46	26.15	1.553	1.551	63.91	15.63	20.46	47.80	43.18	9.02	125.3	132.7
69.93	10.7	19.37	1.82	27.10	71.08	2.525	2.516	63.89	15.62	20.49	47.90	43.35	8.75	1.536	1.538	64.87	9.09	26.04	28.96	68.24	2.80	138.7	144.4
69.92	14.96	15.12	10.40	6.72	82.88	2.549	2.540	64.00	20.00	16.00	56.00	21.60	22.40	1.547	1.546	66.06	5.92	28.01	15.47	75.54	9.00	141.3	146.3
69.8	15.97	14.23	13.14	2.66	84.20	2.557	2.547	64.37	21.22	14.40	56.18	13.25	30.56	1.547	1.547	65.68	17.08	17.24	40.09	24.55	35.36	117.3	119.8
69.49	13.87	16.63	10.76	14.74	74.49	2.54	2.538	64.71	15.99	19.30	43.72	36.16	20.12	1.537	1.538	65.48	21.13	13.39	49.35	6.40	44.25	106.7	110.4
68.58	11.53	19.88	11.54	31.97	56.48	2.544	2.533	64.84	9.08	26.08	29.12	68.47	2.41	1.523	1.525	66.38	12.61	21.01	26.97	41.37	31.66	128.0	127.6
68.23	7.52	24.25	5.66	53.59	40.75	2.52	2.514	64.93	13.99	21.08	38.40	44.31	17.29	1.534	1.534	67.79	3.53	28.69	0.35	75.68	23.97	141.3	143.4
68.2	9.1	22.7	9.00	46.20	44.80	2.524	2.523	64.99	19.99	15.02	50.04	15.11	34.85	1.546	1.545	68.01	10.20	21.78	12.34	42.14	45.51	125.3	125.2

续表

组分摩尔分数/%			一致熔融化合物摩尔分数/%			密度/(g/cm³)		组分摩尔分数/%			一致熔融化合物摩尔分数/%			折射率(n_D)		组分摩尔分数/%			一致熔融化合物摩尔分数/%			热膨胀系数/(10^{-7}/℃)	
SiO_2	CaO	Na_2O	C	F	H	实验值	计算值	SiO_2	CaO	Na_2O	C	F	H	实验值	计算值	SiO_2	CaO	Na_2O	C	F	H	实验值	计算值
68.17	11.59	20.24	14.16	34.45	51.39	2.543	2.538	65.00	10.00	25.00	30.00	63.00	7.00	1.526	1.527	69.72	15.82	14.46	13.33	3.92	82.75	104.0	102.0
67.99	10.2	21.81	12.46	42.31	45.23	2.533	2.532	65.03	18.96	16.01	47.74	19.79	32.47	1.543	1.543	—	—	—	—	—	—	—	—
67.75	3.53	28.72	0.56	75.91	23.53	2.5	2.496	65.53	15.99	18.47	38.76	30.70	30.54	1.538	1.537	—	—	—	—	—	—	—	—
67.73	10.86	21.41	15.34	40.85	43.81	2.543	2.538	65.62	17.04	17.34	40.36	25.12	34.52	1.541	1.539	—	—	—	—	—	—	—	—
67.55	19.16	13.29	33.02	2.20	64.78	2.586	2.588	65.66	16.05	18.28	38.10	29.55	32.34	1.538	1.537	—	—	—	—	—	—	—	—
67.11	13.91	18.97	25.12	30.25	44.62	2.561	2.561	65.69	20.49	13.82	46.84	8.09	45.07	1.548	1.545	—	—	—	—	—	—	—	—
66.73	11.92	21.35	23.46	42.37	34.17	2.556	2.554	65.76	17.08	17.15	39.56	23.95	36.48	1.540	1.539	—	—	—	—	—	—	—	—
66.7	8.3	25	16.40	59.94	23.66	2.531	2.533	66.03	5.92	28.05	15.66	75.79	8.55	1.517	1.518	—	—	—	—	—	—	—	—
66.67	6.67	26.67	13.36	68.02	18.63	2.53	2.525	66.08	15.89	18.03	35.30	27.60	37.10	1.537	1.536	—	—	—	—	—	—	—	—
66.67	20	13.33	39.98	3.98	56.04	2.603	2.601	66.35	12.61	21.04	27.12	41.56	31.32	1.529	1.530	—	—	—	—	—	—	—	—
66.64	16.68	16.68	33.52	20.11	46.37	2.581	2.582	66.48	10.79	22.73	22.70	49.44	27.86	1.527	1.527	—	—	—	—	—	—	—	—
66.48	10.79	22.73	22.70	49.44	27.86	2.547	2.550	66.59	16.59	16.82	33.64	20.87	45.49	1.538	1.537	—	—	—	—	—	—	—	—
66.35	12.61	21.04	27.12	41.56	31.32	2.556	2.562	66.67	6.67	26.67	13.36	68.02	18.63	1.519	1.519	—	—	—	—	—	—	—	—
66.08	15.89	18.03	35.30	27.60	37.10	2.581	2.583	66.67	20.00	13.33	39.98	3.98	56.04	1.544	1.543	—	—	—	—	—	—	—	—
66.03	5.92	28.05	15.66	75.79	8.55	2.523	2.526	66.73	11.92	21.35	23.46	42.37	34.17	1.527	1.529	—	—	—	—	—	—	—	—
65.76	17.08	17.15	39.56	23.95	36.48	2.591	2.593	67.06	1.44	31.50	0.52	90.49	8.99	1.507	1.509	—	—	—	—	—	—	—	—
65.66	16.05	18.28	38.10	29.55	32.34	2.584	2.588	67.11	13.91	18.97	25.12	30.25	44.62	1.532	1.532	—	—	—	—	—	—	—	—
65.53	15.99	18.47	38.76	30.70	30.53	2.586	2.589	67.55	19.16	13.29	33.02	2.20	64.78	1.542	1.541	—	—	—	—	—	—	—	—
65.27	13.01	21.72	34.40	46.77	18.83	2.572	2.574	67.73	10.86	21.41	15.34	40.85	43.81	1.526	1.526	—	—	—	—	—	—	—	—
65.03	18.96	16.01	47.74	19.79	32.47	2.595	2.611	67.75	3.53	28.72	0.56	75.91	23.53	1.511	1.513	—	—	—	—	—	—	—	—
65	20	15	50.00	15.00	35.00	2.52	2.617	67.99	10.20	21.81	12.46	42.31	45.23	1.523	1.524	—	—	—	—	—	—	—	—
65	10	25	30.00	63.00	7.00	2.558	2.560	68.17	11.59	20.24	14.16	34.45	51.39	1.527	1.527	—	—	—	—	—	—	—	—
65	15	20	40.00	39.00	21.00	2.583	2.588	68.23	7.52	24.25	5.66	53.59	40.75	1.519	1.519	—	—	—	—	—	—	—	—

续表

组分摩尔分数/%			一致熔融化合物摩尔分数/%			密度/(g/cm³)		组分摩尔分数/%			一致熔融化合物摩尔分数/%			折射率(n_D)		组分摩尔分数/%			一致熔融化合物摩尔分数/%			热膨胀系数/(10^{-7}/℃)	
SiO_2	CaO	Na_2O	C	F	H	实验值	计算值	SiO_2	CaO	Na_2O	C	F	H	实验值	计算值	SiO_2	CaO	Na_2O	C	F	H	实验值	计算值
64.99	19.99	15.02	50.04	15.11	34.85	2.624	2.617	68.58	11.53	19.88	11.54	31.97	56.48	1.527	1.526	—	—	—	—	—	—	—	—
64.93	13.99	21.08	38.40	44.31	17.29	2.573	2.583	69.49	13.87	16.63	10.76	14.74	74.49	1.529	1.530	—	—	—	—	—	—	—	—
64.84	9.08	26.08	29.12	68.47	2.41	2.546	2.556	69.57	15.97	14.45	14.48	4.13	81.38	1.533	1.533	—	—	—	—	—	—	—	—
64.71	15.99	19.3	43.72	36.16	20.12	2.588	2.597	69.65	15.01	15.34	12.12	8.26	79.62	1.531	1.532	—	—	—	—	—	—	—	—
64.37	21.22	14.4	56.18	13.25	30.56	2.516	2.630	69.80	15.97	14.23	13.14	2.66	84.20	1.534	1.533	—	—	—	—	—	—	—	—
63.89	15.62	20.49	47.90	43.35	8.75	2.585	2.603	69.92	14.96	15.12	10.40	6.72	82.88	1.532	1.531	—	—	—	—	—	—	—	—
63.68	22.75	13.56	63.38	10.46	26.15	2.638	2.645	69.93	10.70	19.37	1.82	27.10	71.08	1.523	1.524	—	—	—	—	—	—	—	—
62.5	25	12.5	75.00	7.50	17.50	2.659	2.670	69.98	9.96	20.06	0.04	30.32	69.64	1.520	1.522	—	—	—	—	—	—	—	—
—	—	—	—	—	—	—	—	70.00	15.00	15.00	10.00	6.00	84.00	1.529	1.531	—	—	—	—	—	—	—	—
—	—	—	—	—	—	—	—	70.00	12.50	17.50	5.00	18.00	77.00	1.525	1.527	—	—	—	—	—	—	—	—
—	—	—	—	—	—	—	—	70.00	15.00	15.00	10.00	6.00	84.00	1.536	1.531	—	—	—	—	—	—	—	—
—	—	—	—	—	—	—	—	71.43	14.29	14.29	0.04	0.02	99.94	1.528	1.529	—	—	—	—	—	—	—	—
			A	C	I						A	C	I						A	C	I		
75.04	19.03	5.93	2.48	59.30	38.22	2.505	2.527	57.90	37.35	4.74	46.26	47.40	6.33	1.591	1.588	—	—	—	—	—	—	—	—
74.32	21.4	4.28	17.12	42.80	40.08	2.535	2.543	58.29	36.93	4.77	45.24	47.70	7.05	1.591	1.587	—	—	—	—	—	—	—	—
73.44	21.42	5.14	12.00	51.40	36.60	2.532	2.553	59.16	33.77	7.06	25.18	70.60	4.21	1.582	1.578	—	—	—	—	—	—	—	—
73.36	21.42	5.22	11.52	52.20	36.28	2.536	2.553	60.09	29.98	9.93	0.38	99.30	0.32	1.571	1.567	—	—	—	—	—	—	—	—
73.34	21.18	5.48	9.48	54.80	35.72	2.522	2.553	60.97	34.18	4.85	39.26	48.50	12.24	1.581	1.578	—	—	—	—	—	—	—	—
70.5	25	4.5	23.00	45.00	32.00	2.563	2.596	61.06	29.68	9.25	3.86	92.50	3.63	1.571	1.565	—	—	—	—	—	—	—	—
69.82	24.97	5.21	18.68	52.10	29.22	2.594	2.603	62.16	30.01	7.83	13.04	78.30	8.66	1.570	1.566	—	—	—	—	—	—	—	—
67.92	26.77	5.3	21.74	53.00	25.25	2.609	2.629	64.66	26.68	8.66	1.40	86.60	12.00	1.559	1.555	—	—	—	—	—	—	—	—
66.01	30.31	3.68	38.54	36.80	24.66	2.655	2.661	65.62	28.68	5.69	23.22	56.90	19.87	1.563	1.560	—	—	—	—	—	—	—	—
65.62	28.68	5.69	23.22	56.90	19.87	2.654	2.659	65.97	26.37	7.66	6.78	76.60	16.62	1.559	1.553	—	—	—	—	—	—	—	—

续表

组分摩尔分数/%			一致熔融化合物摩尔分数/%			密度/(g/cm³)		组分摩尔分数/%			一致熔融化合物摩尔分数/%			折射率(n_D)		组分摩尔分数/%			一致熔融化合物摩尔分数/%			热膨胀系数/(10^{-7}/℃)	
SiO_2	CaO	Na_2O	A	C	I	实验值	计算值	SiO_2	CaO	Na_2O	A	C	I	实验值	计算值	SiO_2	CaO	Na_2O	A	C	I	实验值	计算值
64.66	26.68	8.66	1.40	86.60	12.00	2.656	2.663	66.01	30.31	3.68	38.54	36.80	24.66	1.565	1.564	—	—	—	—	—	—	—	—
62.16	30.01	7.83	13.04	78.30	8.66	2.691	2.701	67.92	26.77	5.30	21.74	53.00	25.25	1.553	1.553	—	—	—	—	—	—	—	—
61.06	29.68	9.25	3.86	92.50	3.63	2.694	2.710	69.82	24.97	5.21	18.68	52.10	29.22	1.549	1.547	—	—	—	—	—	—	—	—
60.97	34.18	4.85	39.26	48.50	12.24	2.719	2.728	73.34	21.18	5.48	9.48	54.80	35.72	1.533	1.534	—	—	—	—	—	—	—	—
60.09	29.98	9.93	0.38	99.30	0.32	2.702	2.722	74.32	21.40	4.28	17.12	42.80	40.08	1.533	1.535	—	—	—	—	—	—	—	—
59.16	33.77	7.06	25.18	70.60	4.21	2.729	2.745	75.04	19.03	5.93	2.48	59.30	38.22	1.528	1.528	—	—	—	—	—	—	—	—
58.29	36.93	4.77	45.24	47.70	7.05	2.761	2.765	—	—	—	—	—	—	—	—	—	—	—	—	—	—	—	—
57.9	37.35	4.74	46.26	47.40	6.33	2.761	2.771	—	—	—	—	—	—	—	—	—	—	—	—	—	—	—	—
			F	G	H						F	G	H						F	G	H		
71.94	7.02	21.04	2.46	48.40	49.14	2.495	2.486	68.97	3.45	27.59	56.94	18.92	24.15	1.511	1.511	70.70	6.98	22.32	23.04	28.08	48.89	120.0	122.1
71.91	5.48	22.61	5.27	56.37	38.36	2.499	2.479	69.50	5.39	25.11	45.17	17.11	37.73	1.514	1.514	—	—	—	—	—	—	—	—
71.71	9.24	19.05	2.93	32.39	64.68	2.502	2.497	69.94	8.04	22.02	33.93	9.79	56.28	1.518	1.519	—	—	—	—	—	—	—	—
71.43	3.49	25.08	16.17	59.40	24.43	2.484	2.473	70.00	5.00	25.00	37.50	27.50	35.00	1.511	1.512	—	—	—	—	—	—	—	—
71.4	4.8	23.8	14.70	51.70	33.60	2.48	2.479	70.15	4.96	24.88	34.97	30.31	34.72	1.514	1.512	—	—	—	—	—	—	—	—
71.33	5.95	22.72	14.13	44.22	41.65	2.497	2.485	70.25	5.71	24.04	32.31	27.72	39.97	1.514	1.513	—	—	—	—	—	—	—	—
71.33	13.01	15.65	3.42	5.50	91.07	2.52	2.517	70.39	7.00	22.60	27.95	23.05	49.00	1.516	1.516	—	—	—	—	—	—	—	—
71.27	10.8	17.93	7.85	16.56	75.60	2.518	2.507	70.49	5.31	24.20	28.95	33.88	37.17	1.513	1.512	—	—	—	—	—	—	—	—
71.19	8.09	20.72	13.23	30.14	56.63	2.499	2.495	70.67	6.98	22.35	23.48	27.67	48.86	1.515	1.515	—	—	—	—	—	—	—	—
70.99	8.63	20.38	15.72	23.87	60.41	2.51	2.499	70.91	5.72	23.37	21.41	38.56	40.04	1.513	1.512	—	—	—	—	—	—	—	—
70.91	5.72	23.37	21.41	38.56	40.04	2.495	2.486	70.99	8.63	20.38	15.72	23.87	60.41	1.515	1.518	—	—	—	—	—	—	—	—
70.67	6.98	22.35	23.48	27.67	48.86	2.498	2.493	71.27	10.80	17.93	7.85	16.56	75.60	1.522	1.522	—	—	—	—	—	—	—	—
70.5	8	21.5	24.75	19.25	56.00	2.502	2.499	71.33	5.95	22.72	14.13	44.22	41.65	1.515	1.512	—	—	—	—	—	—	—	—
70.5	11	18.5	20.25	2.75	77.00	2.548	2.513	71.94	7.02	21.04	2.46	48.40	49.14	1.514	1.513	—	—	—	—	—	—	—	—

续表

组分摩尔分数/%			一致熔融化合物摩尔分数/%			密度/(g/cm³)		组分摩尔分数/%			一致熔融化合物摩尔分数/%			折射率(n_D)		组分摩尔分数/%			一致熔融化合物摩尔分数/%			热膨胀系数/(10^{-7}/℃)	
SiO_2	CaO	Na_2O	F	G	H	实验值	计算值	SiO_2	CaO	Na_2O	F	G	H	实验值	计算值	SiO_2	CaO	Na_2O	F	G	H	实验值	计算值
70.49	5.31	24.2	28.95	33.88	37.17	2.499	2.487	—	—	—	—	—	—	—	—	—	—	—	—	—	—	—	—
70.39	7	22.6	27.95	23.05	49.00	2.504	2.495	—	—	—	—	—	—	—	—	—	—	—	—	—	—	—	—
70.25	5.71	24.04	32.31	27.72	39.97	2.496	2.490	—	—	—	—	—	—	—	—	—	—	—	—	—	—	—	—
70.15	4.96	24.88	34.97	30.31	34.72	2.503	2.487	—	—	—	—	—	—	—	—	—	—	—	—	—	—	—	—
70	8	22	33.00	11.00	56.00	2.517	2.502	—	—	—	—	—	—	—	—	—	—	—	—	—	—	—	—
69.5	5.39	25.11	45.17	17.11	37.73	2.504	2.493	—	—	—	—	—	—	—	—	—	—	—	—	—	—	—	—
68.97	3.45	27.59	56.94	18.92	24.15	2.412	2.488	—	—	—	—	—	—	—	—	—	—	—	—	—	—	—	—
			G	H	I						G	H	I						G	H	I		
89.91	4.28	5.81	5.61	29.96	64.43	2.311	2.310	71.74	12.81	15.45	9.68	89.67	0.65	1.517	1.526	73.02	3.39	23.59	74.05	23.76	2.19	122.7	124.0
86.2	3.22	10.57	26.95	22.54	50.50	2.345	2.339	72.50	12.50	15.00	9.17	87.50	3.33	1.519	1.524	73.99	11.41	14.60	11.70	79.88	8.42	96.0	94.3
85.85	6.41	7.74	4.88	44.87	50.25	2.355	2.357	72.50	7.50	20.00	45.83	52.50	1.67	1.514	1.514	75.35	9.90	14.74	17.74	69.33	12.93	96.0	92.8
82	8	10	7.33	56.00	36.67	2.405	2.399	72.50	10.00	17.50	27.50	70.00	2.50	1.517	1.519	78.86	3.22	17.92	53.93	22.51	23.56	101.3	97.8
80.81	3.48	15.71	44.84	24.36	30.80	2.389	2.390	72.99	3.39	23.62	74.18	23.73	2.09	1.506	1.505	78.91	5.26	15.83	38.76	36.82	24.42	90.7	91.1
80.16	5.05	14.78	35.68	35.35	28.96	2.41	2.402	73.01	9.64	17.34	28.23	67.48	4.28	1.518	1.517	80.82	3.48	15.69	44.78	24.37	30.85	85.3	88.0
80	4	16	44.00	28.00	28.00	2.412	2.400	73.40	10.71	15.88	18.96	74.97	6.06	1.519	1.519	—	—	—	—	—	—	—	—
80	5	15	36.67	35.00	28.33	2.412	2.404	73.45	4.31	22.23	65.71	30.17	4.11	1.508	1.506	—	—	—	—	—	—	—	—
80	7.9	12.1	15.40	55.30	29.30	2.43	2.416	73.51	5.37	21.12	57.75	37.59	4.66	1.510	1.508	—	—	—	—	—	—	—	—
79.6	7.13	13.27	22.51	49.91	27.58	2.434	2.417	73.69	11.77	14.53	10.12	82.39	7.48	1.521	1.521	—	—	—	—	—	—	—	—
78.89	5.25	15.85	38.87	36.75	24.37	2.419	2.415	73.78	12.82	13.40	2.13	89.74	8.13	1.522	1.523	—	—	—	—	—	—	—	—
78.5	8	13.5	20.17	56.00	23.83	2.421	2.431	73.82	3.30	22.88	71.79	23.10	5.11	1.505	1.503	—	—	—	—	—	—	—	—
78.14	5.37	16.49	40.77	37.59	21.64	2.432	2.423	73.83	10.69	15.47	17.53	74.83	7.63	1.517	1.518	—	—	—	—	—	—	—	—
77.73	10.68	11.59	3.34	74.76	21.90	2.455	2.449	73.87	11.41	14.72	12.14	79.87	7.99	1.518	1.520	—	—	—	—	—	—	—	—
77.62	10.37	12.01	6.01	72.59	21.40	2.467	2.449	74.00	10.00	16.00	22.00	70.00	8.00	1.520	1.517	—	—	—	—	—	—	—	—

续表

组分摩尔分数/%			一致熔融化合物摩尔分数/%			密度/(g/cm³)		组分摩尔分数/%			一致熔融化合物摩尔分数/%			折射率(n_D)		组分摩尔分数/%			一致熔融化合物摩尔分数/%			热膨胀系数/(10^{-7}/℃)	
SiO_2	CaO	Na_2O	G	H	I	实验值	计算值	SiO_2	CaO	Na_2O	G	H	I	实验值	计算值	SiO_2	CaO	Na_2O	G	H	I	实验值	计算值
77	9.1	13.9	17.60	63.70	18.70	2.469	2.449	74.07	11.11	14.81	13.57	77.77	8.65	1.519	1.519	—	—	—	—	—	—	—	—
76.97	8.57	14.45	21.56	59.99	18.44	2.456	2.447	74.21	7.86	17.92	36.89	55.02	8.08	1.514	1.512	—	—	—	—	—	—	—	—
76.92	7.69	15.38	28.20	53.83	17.96	2.458	2.443	74.35	5.49	20.15	53.75	38.43	7.81	1.508	1.507	—	—	—	—	—	—	—	—
76.57	10.78	12.65	6.86	75.46	17.68	2.482	2.460	74.50	10.72	14.78	14.89	75.04	10.07	1.518	1.517	—	—	—	—	—	—	—	—
76.32	11.48	12.2	2.64	80.36	17.00	2.472	2.465	74.65	12.42	12.93	1.87	86.94	11.19	1.519	1.521	—	—	—	—	—	—	—	—
76.27	5.38	18.35	47.56	37.66	14.78	2.455	2.440	74.79	10.66	14.54	14.23	74.62	11.14	1.517	1.517	—	—	—	—	—	—	—	—
76	8	16	29.33	56.00	14.67	2.455	2.453	75.00	8.03	16.96	32.74	56.21	11.04	1.513	1.511	—	—	—	—	—	—	—	—
76	11	13	7.33	77.00	15.67	2.42	2.466	75.00	10.00	15.00	18.33	70.00	11.67	1.515	1.515	—	—	—	—	—	—	—	—
75.82	11.77	12.41	2.35	82.39	15.26	2.485	2.471	75.00	5.00	20.00	55.00	35.00	10.00	1.508	1.505	—	—	—	—	—	—	—	—
75.72	6.18	18.1	43.71	43.26	13.03	2.468	2.448	75.00	7.50	17.50	36.67	52.50	10.83	1.510	1.510	—	—	—	—	—	—	—	—
75.71	11.74	12.55	2.97	82.18	14.85	2.482	2.472	75.00	8.03	16.96	32.74	56.21	11.04	1.512	1.511	—	—	—	—	—	—	—	—
75.58	10.77	13.65	10.56	75.39	14.05	2.55	2.469	75.00	5.96	19.04	47.96	41.72	10.32	1.515	1.507	—	—	—	—	—	—	—	—
75.33	9.9	14.76	17.82	69.30	12.87	2.473	2.467	75.00	11.91	13.09	4.33	83.37	12.30	1.527	1.519	—	—	—	—	—	—	—	—
75	8.03	16.96	32.74	56.21	11.04	2.477	2.462	75.00	2.50	22.50	73.33	17.50	9.17	1.502	1.500	—	—	—	—	—	—	—	—
75	10	15	18.33	70.00	11.67	2.477	2.471	75.20	8.07	16.72	31.72	56.49	11.78	1.512	1.511	—	—	—	—	—	—	—	—
75	5.96	19.04	47.96	41.72	10.32	2.496	2.454	75.33	9.90	14.76	17.82	69.30	12.87	1.514	1.514	—	—	—	—	—	—	—	—
75	11.91	13.09	4.33	83.37	12.30	2.556	2.479	75.72	6.18	18.10	43.71	43.26	13.03	1.509	1.506	—	—	—	—	—	—	—	—
75	5	20	55.00	35.00	10.00	2.46	2.450	75.82	11.77	12.41	2.35	82.39	15.26	1.517	1.518	—	—	—	—	—	—	—	—
74.79	10.66	14.54	14.23	74.62	11.14	2.489	2.475	76.25	5.38	18.37	47.63	37.66	14.71	1.506	1.504	—	—	—	—	—	—	—	—
74.7	9.5	15.8	23.10	66.50	10.40	2.497	2.472	76.92	7.69	15.38	28.20	53.83	17.96	1.509	1.508	—	—	—	—	—	—	—	—
74.65	12.42	12.93	1.87	86.94	11.19	2.495	2.485	76.97	8.57	14.45	21.56	59.99	18.44	1.510	1.509	—	—	—	—	—	—	—	—
74.51	10.79	14.7	14.34	75.53	10.13	2.489	2.479	77.50	7.50	15.00	27.50	52.50	20.00	1.505	1.507	—	—	—	—	—	—	—	—
74.5	10.72	14.78	14.89	75.04	10.07	2.492	2.479	77.50	10.00	12.50	9.17	70.00	20.83	1.509	1.512	—	—	—	—	—	—	—	—

续表

组分摩尔分数/%			一致熔融化合物摩尔分数/%			密度/(g/cm³)		组分摩尔分数/%			一致熔融化合物摩尔分数/%			折射率(n_D)		组分摩尔分数/%			一致熔融化合物摩尔分数/%			热膨胀系数/(10^{-7}/℃)	
SiO_2	CaO	Na_2O	G	H	I	实验值	计算值	SiO_2	CaO	Na_2O	G	H	I	实验值	计算值	SiO_2	CaO	Na_2O	G	H	I	实验值	计算值
74.35	5.49	20.15	53.75	38.43	7.81	2.469	2.457	77.50	5.00	17.50	45.83	35.00	19.17	1.502	1.502	—	—	—	—	—	—	—	—
74.21	7.86	17.92	36.89	55.02	8.08	2.484	2.469	77.73	10.68	11.59	3.34	74.76	21.90	1.511	1.513	—	—	—	—	—	—	—	—
74.07	11.11	14.81	13.57	77.77	8.65	2.499	2.484	78.14	5.37	16.49	40.77	37.59	21.64	1.504	1.501	—	—	—	—	—	—	—	—
74.06	3.26	22.68	71.21	22.82	5.97	2.472	2.451	78.89	5.25	15.85	38.87	36.75	24.37	1.500	1.500	—	—	—	—	—	—	—	—
74	10	16	22.00	70.00	8.00	2.475	2.480	79.02	5.50	15.48	36.59	38.50	24.91	1.501	1.500	—	—	—	—	—	—	—	—
74	4	22	66.00	28.00	6.00	2.45	2.455	80.00	5.00	15.00	36.67	35.00	28.33	1.498	1.498	—	—	—	—	—	—	—	—
74	7	19	44.00	49.00	7.00	2.482	2.467	80.00	7.50	12.50	18.33	52.50	29.17	1.503	1.503	—	—	—	—	—	—	—	—
74	10.3	15.7	19.80	72.10	8.10	2.501	2.481	80.00	4.00	16.00	44.00	28.00	28.00	1.497	1.496	—	—	—	—	—	—	—	—
73.87	11.41	14.72	12.14	79.87	7.99	2.494	2.487	80.81	3.48	15.71	44.84	24.36	30.80	1.494	1.494	—	—	—	—	—	—	—	—
73.83	10.69	15.47	17.53	74.83	7.63	2.494	2.484	83.00	8.10	8.90	2.93	56.70	40.37	1.499	1.500	—	—	—	—	—	—	—	—
73.82	3.3	22.88	71.79	23.10	5.11	2.461	2.453	85.85	6.41	7.74	4.88	44.87	50.25	1.491	1.493	—	—	—	—	—	—	—	—
73.78	12.82	13.4	2.13	89.74	8.13	2.505	2.494	86.20	3.22	10.57	26.95	22.54	50.50	1.486	1.486	—	—	—	—	—	—	—	—
73.69	11.77	14.53	10.12	82.39	7.48	2.505	2.490	89.91	4.28	5.81	5.61	29.96	64.43	1.481	1.483	—	—	—	—	—	—	—	—
73.56	7.54	18.9	41.65	52.78	5.57	2.482	2.474	—	—	—	—	—	—	—	—	—	—	—	—	—	—	—	—
73.52	5.37	21.11	57.71	37.59	4.70	2.474	2.465	—	—	—	—	—	—	—	—	—	—	—	—	—	—	—	—
73.45	4.31	22.23	65.71	30.17	4.11	2.47	2.461	—	—	—	—	—	—	—	—	—	—	—	—	—	—	—	—
73.4	10.71	15.88	18.96	74.97	6.06	2.501	2.488	—	—	—	—	—	—	—	—	—	—	—	—	—	—	—	—
73.36	11.78	14.86	11.29	82.46	6.25	2.484	2.494	—	—	—	—	—	—	—	—	—	—	—	—	—	—	—	—
73.01	9.64	17.34	28.23	67.48	4.28	2.5	2.487	—	—	—	—	—	—	—	—	—	—	—	—	—	—	—	-
73	8	19	40.33	56.00	3.67	2.449	2.481	—	—	—	—	—	—	—	—	—	—	—	—	—	—	—	—
73	13	14	3.67	91.00	5.33	2.5	2.502	—	—	—	—	—	—	—	—	—	—	—	—	—	—	—	—
72.99	3.39	23.62	74.18	23.73	2.09	2.464	2.461	—	—	—	—	—	—	—	—	—	—	—	—	—	—	—	—
72.2	11.9	15.9	14.67	83.30	2.03	2.518	2.505	—	—	—	—	—	—	—	—	—	—	—	—	—	—	—	—

续表

组分摩尔分数/%			一致熔融化合物摩尔分数/%			密度/(g/cm³)		组分摩尔分数/%			一致熔融化合物摩尔分数/%			折射率(n_D)		组分摩尔分数/%			一致熔融化合物摩尔分数/%			热膨胀系数/(10^{-7}/℃)	
SiO_2	CaO	Na_2O	G	H	I	实验值	计算值	SiO_2	CaO	Na_2O	G	H	I	实验值	计算值	SiO_2	CaO	Na_2O	G	H	I	实验值	计算值
72.18	6.44	21.38	54.78	45.08	0.14	2.49	2.482	—	—	—	—	—	—	—	—	—	—	—	—	—	—	—	—
71.74	12.81	15.45	9.68	89.67	0.65	2.532	2.513	—	—	—	—	—	—	—	—	—	—	—	—	—	—	—	—
			C	H	I						C	H	I						C	H	I		
93.35	3.74	2.9	4.20	17.36	78.43	2.26	2.278	64.18	25.76	10.06	78.50	15.47	6.03	1.559	1.555	66.47	22.41	11.12	56.44	38.33	5.24	98.7	103.4
90.14	6.09	3.77	11.60	18.27	70.13	2.31	2.319	66.04	22.03	11.93	50.50	48.16	1.34	1.549	1.547	71.15	17.23	11.62	28.02	61.73	10.25	93.3	93.6
81.29	12.4	6.31	30.45	22.86	46.70	2.421	2.433	69.22	21.19	9.58	58.05	26.43	15.52	1.542	1.540	71.71	14.61	13.68	4.66	92.50	2.84	96.0	95.5
79.16	14.88	5.96	44.60	10.50	44.90	2.46	2.467	69.89	21.38	8.73	63.25	16.84	19.92	1.544	1.539	74.29	13.89	11.82	10.33	75.51	14.16	88.0	86.8
78.5	11.5	10	7.50	64.75	27.75	2.444	2.448	70.07	16.66	13.27	16.95	81.03	2.03	1.534	1.534	—	—	—	—	—	—	—	—
76.5	13.5	10	17.50	57.75	24.75	2.47	2.477	70.40	19.12	10.48	43.20	43.12	13.68	1.538	1.536	—	—	—	—	—	—	—	—
75.9	17.57	6.53	55.20	7.07	37.73	2.51	2.511	71.29	20.16	8.55	58.05	19.22	22.74	1.539	1.535	—	—	—	—	—	—	—	—
75.52	15.93	8.55	36.90	34.02	29.08	2.497	2.503	71.59	17.04	11.37	28.35	59.75	11.91	1.533	1.532	—	—	—	—	—	—	—	—
75	15	10	25.00	52.50	22.50	2.49	2.500	71.69	14.61	13.70	4.55	92.72	2.74	1.527	1.529	—	—	—	—	—	—	—	—
74.38	15.92	9.7	31.10	46.13	22.77	2.506	2.511	72.50	15.00	12.50	12.50	78.75	8.75	1.524	1.528	—	—	—	—	—	—	—	—
74.28	13.88	11.84	10.20	75.74	14.06	2.496	2.497	72.80	13.88	13.32	2.80	91.28	5.92	1.526	1.526	—	—	—	—	—	—	—	—
74.02	13.37	12.6	3.85	85.51	10.64	2.516	2.495	72.81	20.17	7.02	65.75	3.11	31.14	1.535	1.533	—	—	—	—	—	—	—	—
74	16	10	30.00	49.00	21.00	2.517	2.515	73.18	13.99	12.82	5.85	85.65	8.50	1.526	1.525	—	—	—	—	—	—	—	—
73.81	13.83	12.36	7.35	81.38	11.28	2.509	2.500	73.20	14.32	12.48	9.20	80.92	9.88	1.526	1.526	—	—	—	—	—	—	—	—
73.2	14.32	12.48	9.20	80.92	9.88	2.518	2.509	73.81	13.83	12.36	7.35	81.38	11.28	1.524	1.524	—	—	—	—	—	—	—	—
72.81	20.17	7.02	65.75	3.11	31.14	2.541	2.554	74.13	15.36	10.51	24.25	56.60	19.16	1.526	1.525	—	—	—	—	—	—	—	—
72.8	13.88	13.32	2.80	91.28	5.92	2.519	2.509	74.28	13.88	11.84	10.20	75.74	14.06	1.521	1.523	—	—	—	—	—	—	—	—
72.5	17.5	10	37.50	43.75	18.75	2.526	2.537	74.38	15.92	9.70	31.10	46.13	22.77	1.525	1.525	—	—	—	—	—	—	—	—
71.69	14.61	13.7	4.55	92.72	2.74	2.528	2.522	74.39	13.90	11.70	11.00	74.20	14.79	1.521	1.523	—	—	—	—	—	—	—	—
71.59	17.04	11.37	28.35	59.75	11.91	2.546	2.541	75.00	15.00	10.00	25.00	52.50	22.50	1.521	1.523	—	—	—	—	—	—	—	—

续表

组分摩尔分数/%			一致熔融化合物摩尔分数/%			密度/(g/cm³)		组分摩尔分数/%			一致熔融化合物摩尔分数/%			折射率(n_D)		组分摩尔分数/%			一致熔融化合物摩尔分数/%			热膨胀系数/(10^{-7}/℃)	
SiO_2	CaO	Na_2O	C	H	I	实验值	计算值	SiO_2	CaO	Na_2O	C	H	I	实验值	计算值	SiO_2	CaO	Na_2O	C	H	I	实验值	计算值
71.29	20.16	8.55	58.05	19.22	22.74	2.56	2.565	75.51	15.93	8.55	36.90	34.02	29.07	1.523	1.523	—	—	—	—	—	—	—	—
70.96	18.35	10.68	38.35	47.92	13.73	2.561	2.555	75.80	16.09	8.11	39.90	28.84	31.26	1.523	1.523	—	—	—	—	—	—	—	—
70.5	17.5	12	27.50	64.75	7.75	2.528	2.552	76.68	11.73	11.58	0.75	80.54	18.71	1.511	1.516	—	—	—	—	—	—	—	—
70.5	19.5	10	47.50	36.75	15.75	2.548	2.567	77.50	12.50	10.00	12.50	61.25	26.25	1.512	1.516	—	—	—	—	—	—	—	—
70.5	22	7.5	72.50	1.75	25.75	2.567	2.585	81.29	12.40	6.31	30.45	22.86	46.70	1.507	1.508	—	—	—	—	—	—	—	—
70.4	19.12	10.48	43.20	43.12	13.68	2.561	2.565	90.14	6.09	3.77	11.60	18.27	70.13	1.483	1.485	—	—	—	—	—	—	—	—
70.2	18.6	11.2	37.00	52.50	10.50	2.548	2.563	—	—	—	—	—	—	—	—	—	—	—	—	—	—	—	—
70.07	16.66	13.27	16.95	81.03	2.03	2.553	2.550	—	—	—	—	—	—	—	—	—	—	—	—	—	—	—	—
69.89	21.38	8.73	63.25	16.84	19.92	2.585	2.585	—	—	—	—	—	—	—	—	—	—	—	—	—	—	—	—
69.22	21.19	9.58	58.05	26.43	15.52	2.572	2.588	—	—	—	—	—	—	—	—	—	—	—	—	—	—	—	—
66.04	22.03	11.93	50.50	48.16	1.34	2.613	2.619	—	—	—	—	—	—	—	—	—	—	—	—	—	—	—	—
65	25	10	75.00	17.50	7.50	2.622	2.649	—	—	—	—	—	—	—	—	—	—	—	—	—	—	—	—
64.18	25.76	10.06	78.50	15.47	6.03	2.649	2.660	—	—	—	—	—	—	—	—	—	—	—	—	—	—	—	—
62.5	27.5	10	87.50	8.75	3.75	2.667	2.686	—	—	—	—	—	—	—	—	—	—	—	—	—	—	—	—

组分摩尔分数/%			一致熔融化合物摩尔分数/%			弹性模量/GPa		组分摩尔分数/%			一致熔融化合物摩尔分数/%			剪切模量/GPa	
SiO_2	CaO	Na_2O	F	G	H	实验值	计算值	SiO_2	CaO	Na_2O	F	G	H	实验值	计算值
71.40	4.80	23.80	14.70	51.70	33.60	65.2	61.8	71.40	4.80	23.80	14.70	51.70	33.60	26.4	25.0
71.00	11.50	17.50	11.25	8.25	80.50	70.2	69.0	71.00	11.50	17.50	11.25	8.25	80.50	29.2	28.9
70.50	8.00	21.50	24.75	19.25	56.00	66.4	65.7	70.50	8.00	21.50	24.75	19.25	56.00	27.2	27.0
70.28	5.38	24.34	32.31	30.03	37.66	68.0	63.2	—	—	—	—	—	—	—	—

续表

组分摩尔分数/%			一致熔融化合物摩尔分数/%			弹性模量/GPa		组分摩尔分数/%			一致熔融化合物摩尔分数/%			剪切模量/GPa	
SiO_2	CaO	Na_2O	G	H	I	实验值	计算值	SiO_2	CaO	Na_2O	G	H	I	实验值	计算值
82.00	8.00	10.00	7.33	56.00	36.67	70.5	69.7	82.00	8.00	10.00	7.33	56.00	36.67	29.6	30.1
80.00	5.00	15.00	36.67	35.00	28.33	67.0	65.2	80.00	7.90	12.10	15.40	55.30	29.30	29.1	29.3
80.00	7.90	12.10	15.40	55.30	29.30	68.1	68.5	80.00	5.00	15.00	36.67	35.00	28.33	27.9	27.5
78.50	8.00	13.50	20.17	56.00	23.83	69.1	67.9	78.50	8.00	13.50	20.17	56.00	23.83	28.9	28.9
77.00	9.10	13.90	17.60	63.70	18.70	68.6	68.4	77.00	9.10	13.90	17.60	63.70	18.70	29.0	29.1
76.92	7.69	15.38	28.20	53.83	17.96	72.0	66.7	76.00	8.00	16.00	29.33	56.00	14.67	28.3	28.1
76.00	8.00	16.00	29.33	56.00	14.67	68.0	66.6	75.00	10.00	15.00	18.33	70.00	11.67	29.2	29.0
75.00	5.00	20.00	55.00	35.00	10.00	65.0	62.7	74.00	4.00	22.00	66.00	28.00	6.00	26.2	24.9
75.00	10.00	15.00	18.33	70.00	11.67	72.0	68.4	74.00	7.00	19.00	44.00	49.00	7.00	27.5	26.8
74.80	11.50	13.70	8.07	80.50	11.43	64.0	70.0	74.00	10.00	16.00	22.00	70.00	8.00	29.0	28.7
74.70	9.50	15.80	23.10	66.50	10.40	75.3	67.7	74.00	10.30	15.70	19.80	72.10	8.10	29.2	28.9
74.00	10.00	16.00	22.00	70.00	8.00	70.9	67.9	73.00	8.00	19.00	40.33	56.00	3.67	27.6	27.1
74.00	4.00	22.00	66.00	28.00	6.00	64.5	61.1	—	—	—	—	—	—	—	—
74.00	7.00	19.00	44.00	49.00	7.00	67.5	64.5	—	—	—	—	—	—	—	—
74.00	10.00	16.00	22.00	70.00	8.00	71.2	67.9	—	—	—	—	—	—	—	—
74.00	10.30	15.70	19.80	72.10	8.10	67.5	68.3	—	—	—	—	—	—	—	—
73.83	10.69	15.47	17.53	74.83	7.63	68.6	68.6	—	—	—	—	—	—	—	—
73.23	9.79	16.97	26.33	68.53	5.13	67.4	67.3	—	—	—	—	—	—	—	—
73.00	8.00	19.00	40.33	56.00	3.67	67.1	65.1	—	—	—	—	—	—	—	—
73.00	13.00	14.00	3.67	91.00	5.33	70.0	70.8	—	—	—	—	—	—	—	—
			C	H	I						C	H	I		
78.50	11.50	10.00	7.50	64.75	27.75	72.2	71.5	78.50	11.50	10.00	7.50	64.75	27.75	30.1	30.9
76.50	13.50	10.00	17.50	57.75	24.75	73.9	72.2	76.50	13.50	10.00	17.50	57.75	24.75	30.6	31.1

续表

组分摩尔分数/%			一致熔融化合物摩尔分数/%			弹性模量/GPa		组分摩尔分数/%			一致熔融化合物摩尔分数/%			剪切模量/GPa	
SiO_2	CaO	Na_2O	C	H	I	实验值	计算值	SiO_2	CaO	Na_2O	C	H	I	实验值	计算值
75.00	15.00	10.00	25.00	52.50	22.50	74.3	72.8	74.00	16.00	10.00	30.00	49.00	21.00	30.8	31.5
74.70	15.80	9.50	31.50	44.45	24.05	75.3	73.2	72.50	17.50	10.00	37.50	43.75	18.75	31.0	31.7
74.00	16.00	10.00	30.00	49.00	21.00	75.4	73.2	70.50	19.50	10.00	47.50	36.75	15.75	31.2	32.0
72.50	17.50	10.00	37.50	43.75	18.75	75.1	73.8	70.50	17.50	12.00	27.50	64.75	7.75	28.7	31.4
70.50	18.50	11.00	37.50	50.75	11.75	75.2	73.9	70.50	22.00	7.50	72.50	1.75	25.75	31.8	32.8
70.50	19.50	10.00	47.50	36.75	15.75	76.2	74.5	70.20	18.60	11.20	37.00	52.50	10.50	31.1	31.7
70.50	22.00	7.50	72.50	1.75	25.75	77.8	76.1	—	—	—	—	—	—	—	—
70.50	17.50	12.00	27.50	64.75	7.75	70.3	73.3	—	—	—	—	—	—	—	—
70.20	18.60	11.20	37.00	52.50	10.50	75.8	73.9	—	—	—	—	—	—	—	—
70.00	18.00	12.00	30.00	63.00	7.00	77.7	73.5	—	—	—	—	—	—	—	—
65.00	25.00	10.00	75.00	17.50	7.50	79.7	76.6	—	—	—	—	—	—	—	—
62.50	27.50	10.00	87.50	8.75	3.75	80.6	77.6	—	—	—	—	—	—	—	—
			C	F	H						C	F	H		
71.43	14.29	14.29	0.04	0.02	99.95	71.5	71.5	70.50	12.00	17.50	1.00	17.10	81.90	28.7	29.2
71.00	14.50	14.50	3.00	1.80	95.20	73.7	71.5	—	—	—	—	—	—	—	—
70.50	12.00	17.50	1.00	17.10	81.90	70.3	69.7	—	—	—	—	—	—	—	—
68.20	9.10	22.70	9.00	46.20	44.80	68.8	67.0	—	—	—	—	—	—	—	—
66.68	11.03	22.29	21.98	46.97	31.05	74.0	67.8	—	—	—	—	—	—	—	—
66.67	20.00	13.33	39.98	3.98	56.04	77.5	73.9	—	—	—	—	—	—	—	—
65.27	13.01	21.72	34.40	46.77	18.83	72.3	68.7	—	—	—	—	—	—	—	—
65.00	20.00	15.00	50.00	15.00	35.00	71.9	73.3	—	—	—	—	—	—	—	—
62.50	25.00	12.50	75.00	7.50	17.50	78.4	75.9	—	—	—	—	—	—	—	—

附表 C11　Na_2O-K_2O-SiO_2玻璃体系物理性质的实验值与计算值

标注	一致熔融化合物
A	$Na_2O \cdot SiO_2$
B	$K_2O \cdot 2SiO_2$
C	$K_2O \cdot 4SiO_2$
D	$Na_2O \cdot 2SiO_2$
E	SiO_2

组分摩尔分数/%			一致熔融化合物摩尔分数/%			密度/(g/cm³)		组分摩尔分数/%			一致熔融化合物摩尔分数/%			折射率(n_D)		组分摩尔分数/%			一致熔融化合物摩尔分数/%			热膨胀系数/(10^{-7}/℃)	
SiO_2	Na_2O	K_2O	A	B	C	实验值	计算值	SiO_2	Na_2O	K_2O	A	B	C	实验值	计算值	SiO_2	Na_2O	K_2O	A	B	C	实验值	计算值
64.38	25.87	9.75	51.74	0.74	47.53	2.512	2.477	75.00	6.25	18.75	12.50	9.38	78.13	1.499	1.499	—	—	—	—	—	—	—	—
65.48	21.23	13.29	42.46	13.37	44.18	2.505	2.471	77.00	4.00	19.00	8.00	4.50	87.50	1.499	1.498	—	—	—	—	—	—	—	—
68.50	16.73	14.76	33.46	10.91	55.63	2.483	2.453	75.00	5.00	20.00	10.00	15.00	75.00	1.500	1.500	—	—	—	—	—	—	—	—
70.00	15.00	15.00	30.00	7.50	62.50	2.467	2.445	75.00	2.50	22.50	5.00	26.25	68.75	1.500	1.501	—	—	—	—	—	—	—	—
69.95	13.51	16.54	27.02	14.58	58.40	2.473	2.446	75.76	0.51	23.74	1.02	29.57	69.43	1.498	1.501	—	—	—	—	—	—	—	—
65.26	18.09	16.65	36.18	29.15	34.68	2.505	2.473	75.00	1.25	23.75	2.50	31.88	65.63	1.499	1.501	—	—	—	—	—	—	—	—
66.70	16.60	16.70	33.20	25.05	41.75	2.490	2.465	75.00	0.50	24.50	1.00	35.25	63.75	1.499	1.502	—	—	—	—	—	—	—	—
72.36	10.74	16.90	21.48	8.97	69.55	2.457	2.431	—	—	—	—	—	—	—	—	—	—	—	—	—	—	—	—
66.89	16.14	16.96	32.28	25.64	42.08	2.493	2.463	—	—	—	—	—	—	—	—	—	—	—	—	—	—	—	—
75.00	7.50	17.50	15.00	3.75	81.25	2.433	2.416	—	—	—	—	—	—	—	—	—	—	—	—	—	—	—	—
65.00	17.50	17.50	35.00	33.75	31.25	2.515	2.475	—	—	—	—	—	—	—	—	—	—	—	—	—	—	—	—
75.06	7.40	17.53	14.80	3.69	81.50	2.438	2.415	—	—	—	—	—	—	—	—	—	—	—	—	—	—	—	—
72.30	9.18	18.52	18.36	16.44	65.20	2.454	2.432	—	—	—	—	—	—	—	—	—	—	—	—	—	—	—	—
75.00	6.25	18.75	12.50	9.38	78.13	2.434	2.416	—	—	—	—	—	—	—	—	—	—	—	—	—	—	—	—
68.23	12.93	18.84	25.86	30.09	44.05	2.484	2.456	—	—	—	—	—	—	—	—	—	—	—	—	—	—	—	—

续表

组分摩尔分数/%			一致熔融化合物摩尔分数/%			密度/(g/cm³)		组分摩尔分数/%			一致熔融化合物摩尔分数/%			折射率(n_D)		组分摩尔分数/%			一致熔融化合物摩尔分数/%			热膨胀系数/(10^{-7}/℃)	
SiO_2	Na_2O	K_2O	A	B	C	实验值	计算值	SiO_2	Na_2O	K_2O	A	B	C	实验值	计算值	SiO_2	Na_2O	K_2O	A	B	C	实验值	计算值
77.00	4.00	19.00	8.00	4.50	87.50	2.418	2.404	—	—	—	—	—	—	—	—	—	—	—	—	—	—	—	—
75.00	6.00	19.00	12.00	10.50	77.50	2.444	2.416	—	—	—	—	—	—	—	—	—	—	—	—	—	—	—	—
76.26	4.73	19.01	9.46	6.77	83.78	2.426	2.409	—	—	—	—	—	—	—	—	—	—	—	—	—	—	—	—
79.28	1.03	19.69	2.06	0.77	97.18	2.400	2.391	—	—	—	—	—	—	—	—	—	—	—	—	—	—	—	—
75.00	5.00	20.00	10.00	15.00	75.00	2.433	2.416	—	—	—	—	—	—	—	—	—	—	—	—	—	—	—	—
68.43	11.14	20.43	22.28	36.65	41.08	2.483	2.455	—	—	—	—	—	—	—	—	—	—	—	—	—	—	—	—
77.37	1.67	20.96	3.34	12.21	84.45	2.414	2.403	—	—	—	—	—	—	—	—	—	—	—	—	—	—	—	—
70.37	8.29	21.34	16.58	34.92	48.50	2.469	2.444	—	—	—	—	—	—	—	—	—	—	—	—	—	—	—	—
74.70	3.59	21.70	7.18	23.54	69.28	2.435	2.418	—	—	—	—	—	—	—	—	—	—	—	—	—	—	—	—
75.00	2.50	22.50	5.00	26.25	68.75	2.420	2.417	—	—	—	—	—	—	—	—	—	—	—	—	—	—	—	—
75.76	0.51	23.74	1.02	29.57	69.43	2.408	2.413	—	—	—	—	—	—	—	—	—	—	—	—	—	—	—	—
75.00	1.25	23.75	2.50	31.88	65.63	2.419	2.417	—	—	—	—	—	—	—	—	—	—	—	—	—	—	—	—
75.00	1.00	24.00	2.00	33.00	65.00	2.410	2.417	—	—	—	—	—	—	—	—	—	—	—	—	—	—	—	—
70.14	5.57	24.29	11.14	48.89	39.98	2.465	2.446	—	—	—	—	—	—	—	—	—	—	—	—	—	—	—	—
75.00	0.50	24.50	1.00	35.25	63.75	2.417	2.417	—	—	—	—	—	—	—	—	—	—	—	—	—	—	—	—
73.13	2.31	24.56	4.62	41.13	54.25	2.442	2.428	—	—	—	—	—	—	—	—	—	—	—	—	—	—	—	—
66.70	8.00	25.30	16.00	63.75	20.25	2.480	2.466	—	—	—	—	—	—	—	—	—	—	—	—	—	—	—	—
65.00	9.00	26.00	18.00	72.00	10.00	2.510	2.476	—	—	—	—	—	—	—	—	—	—	—	—	—	—	—	—
			A	C	D						A	C	D						A	C	D		
64.24	35.75	0.01	14.60	0.05	85.35	2.498	2.497	72.80	14.50	12.70	14.00	63.50	22.50	1.500	1.501	—	—	—	—	—	—	—	—
56.72	43.26	0.02	59.76	0.10	40.14	2.546	2.530	75.00	12.00	13.00	2.00	65.00	33.00	1.501	1.499	—	—	—	—	—	—	—	—
63.88	35.31	0.81	19.96	4.05	75.99	2.508	2.497	75.00	10.00	15.00	10.00	75.00	15.00	1.500	1.499	—	—	—	—	—	—	—	—
65.94	33.06	1.00	8.36	5.00	86.64	2.497	2.487	76.00	8.00	16.00	8.00	80.00	12.00	1.500	1.498	—	—	—	—	—	—	—	—

续表

组分摩尔分数/%			一致熔融化合物摩尔分数/%			密度/(g/cm³)		组分摩尔分数/%			一致熔融化合物摩尔分数/%			折射率(n_D)		组分摩尔分数/%			一致熔融化合物摩尔分数/%			热膨胀系数/(10^{-7}/℃)	
SiO_2	Na_2O	K_2O	A	C	D	实验值	计算值	SiO_2	Na_2O	K_2O	A	C	D	实验值	计算值	SiO_2	Na_2O	K_2O	A	C	D	实验值	计算值
61.69	36.68	1.63	36.38	8.15	55.47	2.521	2.505	75.00	9.00	16.00	14.00	80.00	6.00	1.488	1.499	—	—	—	—	—	—	—	—
67.44	30.53	2.03	3.48	10.15	86.37	2.489	2.479	78.00	4.00	18.00	4.00	90.00	6.00	1.497	1.497	—	—	—	—	—	—	—	—
65.01	32.54	2.44	19.66	12.20	68.13	2.504	2.488	—	—	—	—	—	—	—	—	—	—	—	—	—	—	—	—
61.95	34.70	3.35	41.70	16.75	41.55	2.520	2.500	—	—	—	—	—	—	—	—	—	—	—	—	—	—	—	—
67.52	28.39	4.08	11.16	20.40	68.43	2.491	2.474	—	—	—	—	—	—	—	—	—	—	—	—	—	—	—	—
64.20	30.11	5.69	37.56	28.45	33.99	2.510	2.486	—	—	—	—	—	—	—	—	—	—	—	—	—	—	—	—
68.20	25.19	6.61	17.24	33.05	49.71	2.487	2.466	—	—	—	—	—	—	—	—	—	—	—	—	—	—	—	—
65.92	27.40	6.68	31.20	33.40	35.40	2.500	2.476	—	—	—	—	—	—	—	—	—	—	—	—	—	—	—	—
70.29	22.18	7.52	8.30	37.60	54.09	2.470	2.455	—	—	—	—	—	—	—	—	—	—	—	—	—	—	—	—
66.70	25.30	8.00	31.80	40.00	28.20	2.480	2.470	—	—	—	—	—	—	—	—	—	—	—	—	—	—	—	—
65.00	26.00	9.00	46.00	45.00	9.00	2.513	2.475	—	—	—	—	—	—	—	—	—	—	—	—	—	—	—	—
69.45	20.70	9.84	22.62	49.20	28.17	2.478	2.454	—	—	—	—	—	—	—	—	—	—	—	—	—	—	—	—
66.36	23.56	10.08	42.16	50.40	7.44	2.498	2.467	—	—	—	—	—	—	—	—	—	—	—	—	—	—	—	—
72.64	16.17	11.19	8.92	55.95	35.13	2.450	2.437	—	—	—	—	—	—	—	—	—	—	—	—	—	—	—	—
72.81	15.66	11.53	9.26	57.65	33.09	2.454	2.436	—	—	—	—	—	—	—	—	—	—	—	—	—	—	—	—
70.44	17.58	11.98	25.28	59.90	14.82	2.490	2.445	—	—	—	—	—	—	—	—	—	—	—	—	—	—	—	—
70.00	18.00	12.00	28.00	60.00	12.00	2.490	2.447	—	—	—	—	—	—	—	—	—	—	—	—	—	—	—	—
69.70	17.95	12.35	31.20	61.75	7.05	2.476	2.448	—	—	—	—	—	—	—	—	—	—	—	—	—	—	—	—
70.39	16.14	13.47	31.54	67.35	1.11	2.470	2.443	—	—	—	—	—	—	—	—	—	—	—	—	—	—	—	—
73.12	12.71	14.17	17.96	70.85	11.19	2.450	2.429	—	—	—	—	—	—	—	—	—	—	—	—	—	—	—	—
72.14	13.67	14.19	23.92	70.95	5.13	2.459	2.433	—	—	—	—	—	—	—	—	—	—	—	—	—	—	—	—
75.00	10.00	15.00	10.00	75.00	15.00	2.435	2.419	—	—	—	—	—	—	—	—	—	—	—	—	—	—	—	—
76.20	8.53	15.27	3.88	76.35	19.77	2.430	2.413	—	—	—	—	—	—	—	—	—	—	—	—	—	—	—	—

续表

组分摩尔分数/%			一致熔融化合物摩尔分数/%			密度/(g/cm^3)		组分摩尔分数/%			一致熔融化合物摩尔分数/%			折射率(n_D)		组分摩尔分数/%			一致熔融化合物摩尔分数/%			热膨胀系数/(10^{-7}/℃)	
SiO_2	Na_2O	K_2O	A	C	D	实验值	计算值	SiO_2	Na_2O	K_2O	A	C	D	实验值	计算值	SiO_2	Na_2O	K_2O	A	C	D	实验值	计算值
74.07	10.58	15.35	16.98	76.75	6.27	2.444	2.423	—	—	—	—	—	—	—	—	—	—	—	—	—	—	—	—
76.00	8.00	16.00	8.00	80.00	12.00	2.428	2.413	—	—	—	—	—	—	—	—	—	—	—	—	—	—	—	—
75.00	9.00	16.00	14.00	80.00	6.00	2.428	2.417	—	—	—	—	—	—	—	—	—	—	—	—	—	—	—	—
77.62	5.58	16.79	1.40	83.95	14.64	2.419	2.404	—	—	—	—	—	—	—	—	—	—	—	—	—	—	—	—
78.00	4.00	18.00	4.00	90.00	6.00	2.411	2.400	—	—	—	—	—	—	—	—	—	—	—	—	—	—	—	—
78.59	2.73	18.67	3.10	93.35	3.54	2.407	2.396	—	—	—	—	—	—	—	—	—	—	—	—	—	—	—	—
			C	D	E						C	D	E						C	D	E		
90.29	9.70	0.01	0.05	29.10	70.85	2.280	2.283	75.00	24.88	0.13	0.65	74.64	24.72	1.498	1.495	80.00	5.00	15.00	75.00	15.00	10.00	108.0	109.6
81.99	18.00	0.01	0.05	54.00	45.95	2.356	2.355	75.00	24.50	0.50	2.50	73.50	24.00	1.498	1.495	80.00	10.00	10.00	50.00	30.00	20.00	121.5	106.2
74.99	25.00	0.01	0.05	75.00	24.95	2.427	2.415	83.00	16.00	1.00	5.00	48.00	47.00	1.486	1.484	80.00	15.00	5.00	25.00	45.00	30.00	106.0	102.8
75.00	24.88	0.13	0.65	74.64	24.72	2.432	2.415	79.00	20.00	1.00	5.00	60.00	35.00	1.493	1.490	—	—	—	—	—	—	—	—
75.00	24.50	0.50	2.50	73.50	24.00	2.432	2.415	75.00	24.00	1.00	5.00	72.00	23.00	1.499	1.496	—	—	—	—	—	—	—	—
75.66	23.53	0.80	4.00	70.59	25.40	2.431	2.409	75.00	23.75	1.25	6.25	71.25	22.50	1.498	1.496	—	—	—	—	—	—	—	—
72.16	27.01	0.83	4.15	81.03	14.82	2.456	2.440	86.00	12.00	2.00	10.00	36.00	54.00	1.481	1.480	—	—	—	—	—	—	—	—
83.00	16.00	1.00	5.00	48.00	47.00	2.360	2.347	82.00	16.00	2.00	10.00	48.00	42.00	1.488	1.486	—	—	—	—	—	—	—	—
79.00	20.00	1.00	5.00	60.00	35.00	2.400	2.381	78.00	20.00	2.00	10.00	60.00	30.00	1.494	1.492	—	—	—	—	—	—	—	—
75.00	24.00	1.00	5.00	72.00	23.00	2.440	2.415	75.00	22.50	2.50	12.50	67.50	20.00	1.499	1.496	—	—	—	—	—	—	—	—
78.18	20.70	1.11	5.55	62.10	32.34	2.409	2.388	85.00	12.00	3.00	15.00	36.00	49.00	1.484	1.482	—	—	—	—	—	—	—	—
80.28	18.54	1.17	5.85	55.62	38.52	2.388	2.370	81.00	16.00	3.00	15.00	48.00	37.00	1.490	1.488	—	—	—	—	—	—	—	—
69.42	29.40	1.18	5.90	88.20	5.90	2.474	2.463	79.00	18.00	3.00	15.00	54.00	31.00	1.494	1.491	—	—	—	—	—	—	—	—
75.00	23.75	1.25	6.25	71.25	22.50	2.432	2.415	77.00	20.00	3.00	15.00	60.00	25.00	1.496	1.493	—	—	—	—	—	—	—	—
73.53	24.84	1.62	8.10	74.52	17.37	2.447	2.428	72.80	23.60	3.60	18.00	70.80	11.20	1.500	1.500	—	—	—	—	—	—	—	—
80.20	17.85	1.95	9.75	53.55	36.70	2.391	2.371	84.00	12.00	4.00	20.00	36.00	44.00	1.486	1.484	—	—	—	—	—	—	—	—

续表

组分摩尔分数/%			一致熔融化合物摩尔分数/%			密度/(g/cm^3)		组分摩尔分数/%			一致熔融化合物摩尔分数/%			折射率(n_D)		组分摩尔分数/%			一致熔融化合物摩尔分数/%			热膨胀系数/(10^{-7}/℃)	
SiO_2	Na_2O	K_2O	C	D	E	实验值	计算值	SiO_2	Na_2O	K_2O	C	D	E	实验值	计算值	SiO_2	Na_2O	K_2O	C	D	E	实验值	计算值
86.00	12.00	2.00	10.00	36.00	54.00	2.332	2.322	80.00	16.00	4.00	20.00	48.00	32.00	1.492	1.490	—	—	—	—	—	—	—	—
82.00	16.00	2.00	10.00	48.00	42.00	2.372	2.356	76.00	20.00	4.00	20.00	60.00	20.00	1.498	1.495	—	—	—	—	—	—	—	—
78.00	20.00	2.00	10.00	60.00	30.00	2.409	2.390	77.80	17.80	4.40	22.00	53.40	24.60	1.490	1.493	—	—	—	—	—	—	—	—
95.00	2.90	2.10	10.50	8.70	80.80	2.224	2.245	83.00	12.00	5.00	25.00	36.00	39.00	1.488	1.486	—	—	—	—	—	—	—	—
75.17	22.33	2.50	12.50	66.99	20.51	2.436	2.415	79.00	16.00	5.00	25.00	48.00	27.00	1.495	1.491	—	—	—	—	—	—	—	—
75.00	22.50	2.50	12.50	67.50	20.00	2.440	2.416	75.00	20.00	5.00	25.00	60.00	15.00	1.499	1.497	—	—	—	—	—	—	—	—
69.92	27.48	2.59	12.95	82.44	4.60	2.474	2.460	82.00	12.00	6.00	30.00	36.00	34.00	1.490	1.487	—	—	—	—	—	—	—	—
82.28	14.84	2.88	14.40	44.52	41.08	2.371	2.354	78.00	16.00	6.00	30.00	48.00	22.00	1.496	1.493	—	—	—	—	—	—	—	—
95.00	2.10	2.90	14.50	6.30	79.20	2.249	2.245	75.00	18.75	6.25	31.25	56.25	12.50	1.497	1.497	—	—	—	—	—	—	—	—
85.14	11.87	2.98	14.90	35.61	49.48	2.344	2.329	81.00	12.00	7.00	35.00	36.00	29.00	1.491	1.489	—	—	—	—	—	—	—	—
85.00	12.00	3.00	15.00	36.00	49.00	2.345	2.331	77.00	16.00	7.00	35.00	48.00	17.00	1.497	1.495	—	—	—	—	—	—	—	—
81.00	16.00	3.00	15.00	48.00	37.00	2.380	2.365	76.20	16.20	7.60	38.00	48.60	13.40	1.500	1.496	—	—	—	—	—	—	—	—
79.00	18.00	3.00	15.00	54.00	31.00	2.403	2.382	84.00	8.00	8.00	40.00	24.00	36.00	1.488	1.485	—	—	—	—	—	—	—	—
77.00	20.00	3.00	15.00	60.00	25.00	2.419	2.400	80.00	12.00	8.00	40.00	36.00	24.00	1.494	1.491	—	—	—	—	—	—	—	—
88.24	8.23	3.53	17.65	24.69	57.66	2.332	2.304	76.00	16.00	8.00	40.00	48.00	12.00	1.499	1.497	—	—	—	—	—	—	—	—
71.93	24.52	3.55	17.75	73.56	8.69	2.460	2.444	83.00	8.00	9.00	45.00	24.00	31.00	1.489	1.487	—	—	—	—	—	—	—	—
95.00	1.10	3.90	19.50	3.30	77.20	2.250	2.246	79.00	12.00	9.00	45.00	36.00	19.00	1.496	1.493	—	—	—	—	—	—	—	—
80.04	16.03	3.93	19.65	48.09	32.26	2.392	2.374	75.00	16.00	9.00	45.00	48.00	7.00	1.500	1.498	—	—	—	—	—	—	—	—
85.00	11.00	4.00	20.00	33.00	47.00	2.359	2.332	86.00	4.00	10.00	50.00	12.00	38.00	1.485	1.483	—	—	—	—	—	—	—	—
84.00	12.00	4.00	20.00	36.00	44.00	2.356	2.340	82.00	8.00	10.00	50.00	24.00	26.00	1.491	1.489	—	—	—	—	—	—	—	—
80.00	16.00	4.00	20.00	48.00	32.00	2.396	2.375	75.00	15.00	10.00	50.00	45.00	5.00	1.501	1.499	—	—	—	—	—	—	—	—
76.00	20.00	4.00	20.00	60.00	20.00	2.432	2.409	85.00	4.00	11.00	55.00	12.00	33.00	1.487	1.485	—	—	—	—	—	—	—	—
86.90	8.63	4.47	22.35	25.89	51.76	2.328	2.316	81.00	8.00	11.00	55.00	24.00	21.00	1.492	1.491	—	—	—	—	—	—	—	—

续表

组分摩尔分数/%			一致熔融化合物摩尔分数/%			密度/(g/cm³)		组分摩尔分数/%			一致熔融化合物摩尔分数/%			折射率(n_D)		组分摩尔分数/%			一致熔融化合物摩尔分数/%			热膨胀系数/(10^{-7}/℃)	
SiO_2	Na_2O	K_2O	C	D	E	实验值	计算值	SiO_2	Na_2O	K_2O	C	D	E	实验值	计算值	SiO_2	Na_2O	K_2O	C	D	E	实验值	计算值
78.68	16.78	4.54	22.70	50.34	26.96	2.406	2.386	84.00	4.00	12.00	60.00	12.00	28.00	1.488	1.487	—	—	—	—	—	—	—	—
79.00	16.00	5.00	25.00	48.00	27.00	2.407	2.384	80.00	8.00	12.00	60.00	24.00	16.00	1.494	1.492	—	—	—	—	—	—	—	—
75.00	20.00	5.00	25.00	60.00	15.00	2.436	2.418	76.00	12.00	12.00	60.00	36.00	4.00	1.499	1.498	—	—	—	—	—	—	—	—
73.70	21.00	5.30	26.50	63.00	10.50	2.446	2.430	76.20	11.40	12.40	62.00	34.20	3.80	1.500	1.498	—	—	—	—	—	—	—	—
89.00	5.50	5.50	27.50	16.50	56.00	2.299	2.299	83.00	4.00	13.00	65.00	12.00	23.00	1.490	1.488	—	—	—	—	—	—	—	—
88.24	5.88	5.88	29.40	17.64	52.96	2.320	2.305	79.00	8.00	13.00	65.00	24.00	11.00	1.496	1.494	—	—	—	—	—	—	—	—
82.00	12.00	6.00	30.00	36.00	34.00	2.375	2.359	82.00	4.00	14.00	70.00	12.00	18.00	1.491	1.490	—	—	—	—	—	—	—	—
78.00	16.00	6.00	30.00	48.00	22.00	2.416	2.393	81.00	4.00	15.00	75.00	12.00	13.00	1.493	1.492	—	—	—	—	—	—	—	—
75.00	19.00	6.00	30.00	57.00	13.00	2.448	2.419	77.00	8.00	15.00	75.00	24.00	1.00	1.498	1.498	—	—	—	—	—	—	—	—
73.67	20.21	6.11	30.55	60.63	8.81	2.446	2.430	80.00	4.00	16.00	80.00	12.00	8.00	1.495	1.494	—	—	—	—	—	—	—	—
83.67	10.19	6.13	30.65	30.57	38.77	2.363	2.345	79.00	4.00	17.00	85.00	12.00	3.00	1.496	1.495	—	—	—	—	—	—	—	—
75.00	18.75	6.25	31.25	56.25	12.50	2.434	2.419	—	—	—	—	—	—	—	—	—	—	—	—	—	—	—	—
76.93	16.78	6.29	31.45	50.34	18.21	2.422	2.403	—	—	—	—	—	—	—	—	—	—	—	—	—	—	—	—
78.53	14.94	6.52	32.60	44.82	22.57	2.411	2.389	—	—	—	—	—	—	—	—	—	—	—	—	—	—	—	—
88.04	5.31	6.65	33.25	15.93	50.82	2.320	2.308	—	—	—	—	—	—	—	—	—	—	—	—	—	—	—	—
79.86	13.35	6.79	33.95	40.05	26.00	2.394	2.378	—	—	—	—	—	—	—	—	—	—	—	—	—	—	—	—
81.00	12.00	7.00	35.00	36.00	29.00	2.386	2.368	—	—	—	—	—	—	—	—	—	—	—	—	—	—	—	—
77.00	16.00	7.00	35.00	48.00	17.00	2.419	2.403	—	—	—	—	—	—	—	—	—	—	—	—	—	—	—	—
85.00	7.50	7.50	37.50	22.50	40.00	2.362	2.334	—	—	—	—	—	—	—	—	—	—	—	—	—	—	—	—
82.71	9.41	7.88	39.40	28.23	32.37	2.376	2.354	—	—	—	—	—	—	—	—	—	—	—	—	—	—	—	—
76.56	15.54	7.90	39.50	46.62	13.88	2.427	2.407	—	—	—	—	—	—	—	—	—	—	—	—	—	—	—	—
84.00	8.00	8.00	40.00	24.00	36.00	2.363	2.343	—	—	—	—	—	—	—	—	—	—	—	—	—	—	—	—
80.00	12.00	8.00	40.00	36.00	24.00	2.399	2.378	—	—	—	—	—	—	—	—	—	—	—	—	—	—	—	—

续表

组分摩尔分数/%			一致熔融化合物摩尔分数/%			密度/(g/cm³)		组分摩尔分数/%			一致熔融化合物摩尔分数/%			折射率(n_D)		组分摩尔分数/%			一致熔融化合物摩尔分数/%			热膨胀系数/(10^{-7}/℃)	
SiO_2	Na_2O	K_2O	C	D	E	实验值	计算值	SiO_2	Na_2O	K_2O	C	D	E	实验值	计算值	SiO_2	Na_2O	K_2O	C	D	E	实验值	计算值
88.24	3.53	8.23	41.15	10.59	48.26	2.313	2.307	—	—	—	—	—	—	—	—	—	—	—	—	—	—	—	—
78.94	12.81	8.25	41.25	38.43	20.32	2.405	2.387	—	—	—	—	—	—	—	—	—	—	—	—	—	—	—	—
75.83	15.80	8.36	41.80	47.40	10.79	2.441	2.414	—	—	—	—	—	—	—	—	—	—	—	—	—	—	—	—
78.69	12.66	8.65	43.25	37.98	18.77	2.410	2.390	—	—	—	—	—	—	—	—	—	—	—	—	—	—	—	—
82.40	8.80	8.80	44.00	26.40	29.60	2.379	2.358	—	—	—	—	—	—	—	—	—	—	—	—	—	—	—	—
78.22	12.87	8.91	44.55	38.61	16.84	2.410	2.394	—	—	—	—	—	—	—	—	—	—	—	—	—	—	—	—
83.00	8.00	9.00	45.00	24.00	31.00	2.370	2.353	—	—	—	—	—	—	—	—	—	—	—	—	—	—	—	—
79.00	12.00	9.00	45.00	36.00	19.00	2.412	2.387	—	—	—	—	—	—	—	—	—	—	—	—	—	—	—	—
85.43	5.35	9.21	46.05	16.05	37.89	2.347	2.332	—	—	—	—	—	—	—	—	—	—	—	—	—	—	—	—
80.16	10.46	9.38	46.90	31.38	21.72	2.397	2.377	—	—	—	—	—	—	—	—	—	—	—	—	—	—	—	—
77.52	13.01	9.46	47.30	39.03	13.66	2.418	2.400	—	—	—	—	—	—	—	—	—	—	—	—	—	—	—	—
74.81	15.59	9.60	48.00	46.77	5.23	2.441	2.424	—	—	—	—	—	—	—	—	—	—	—	—	—	—	—	—
79.92	10.28	9.80	49.00	30.84	20.16	2.394	2.380	—	—	—	—	—	—	—	—	—	—	—	—	—	—	—	—
87.90	2.21	9.89	49.45	6.63	43.92	2.323	2.311	—	—	—	—	—	—	—	—	—	—	—	—	—	—	—	—
86.00	4.00	10.00	50.00	12.00	38.00	2.345	2.328	—	—	—	—	—	—	—	—	—	—	—	—	—	—	—	—
82.00	8.00	10.00	50.00	24.00	26.00	2.379	2.362	—	—	—	—	—	—	—	—	—	—	—	—	—	—	—	—
80.00	10.00	10.00	50.00	30.00	20.00	2.405	2.379	—	—	—	—	—	—	—	—	—	—	—	—	—	—	—	—
75.00	15.00	10.00	50.00	45.00	5.00	2.443	2.422	—	—	—	—	—	—	—	—	—	—	—	—	—	—	—	—
75.95	13.91	10.15	50.75	41.73	7.53	2.430	2.414	—	—	—	—	—	—	—	—	—	—	—	—	—	—	—	—
74.35	15.33	10.32	51.60	45.99	2.41	2.440	2.428	—	—	—	—	—	—	—	—	—	—	—	—	—	—	—	—
84.35	4.69	10.96	54.80	14.07	31.13	2.358	2.343	—	—	—	—	—	—	—	—	—	—	—	—	—	—	—	—
85.00	4.00	11.00	55.00	12.00	33.00	2.357	2.337	—	—	—	—	—	—	—	—	—	—	—	—	—	—	—	—
81.00	8.00	11.00	55.00	24.00	21.00	2.389	2.371	—	—	—	—	—	—	—	—	—	—	—	—	—	—	—	—

续表

组分摩尔分数/%			一致熔融化合物摩尔分数/%			密度/(g/cm³)		组分摩尔分数/%			一致熔融化合物摩尔分数/%			折射率(n_D)		组分摩尔分数/%			一致熔融化合物摩尔分数/%			热膨胀系数/(10^{-7}/℃)	
SiO_2	Na_2O	K_2O	C	D	E	实验值	计算值	SiO_2	Na_2O	K_2O	C	D	E	实验值	计算值	SiO_2	Na_2O	K_2O	C	D	E	实验值	计算值
75.40	13.36	11.24	56.20	40.08	3.72	2.435	2.420	—	—	—	—	—	—	—	—	—	—	—	—	—	—	—	—
80.59	8.02	11.39	56.95	24.06	18.99	2.394	2.375	—	—	—	—	—	—	—	—	—	—	—	—	—	—	—	—
77.74	10.82	11.43	57.15	32.46	10.38	2.418	2.399	—	—	—	—	—	—	—	—	—	—	—	—	—	—	—	—
83.00	5.00	12.00	60.00	15.00	25.00	2.365	2.355	—	—	—	—	—	—	—	—	—	—	—	—	—	—	—	—
80.00	8.00	12.00	60.00	24.00	16.00	2.398	2.381	—	—	—	—	—	—	—	—	—	—	—	—	—	—	—	—
79.25	7.83	12.92	64.60	23.49	11.91	2.405	2.388	—	—	—	—	—	—	—	—	—	—	—	—	—	—	—	—
83.00	4.00	13.00	65.00	12.00	23.00	2.371	2.356	—	—	—	—	—	—	—	—	—	—	—	—	—	—	—	—
79.00	8.00	13.00	65.00	24.00	11.00	2.412	2.390	—	—	—	—	—	—	—	—	—	—	—	—	—	—	—	—
76.39	10.49	13.12	65.60	31.47	2.93	2.430	2.413	—	—	—	—	—	—	—	—	—	—	—	—	—	—	—	—
81.43	5.34	13.23	66.15	16.02	17.83	2.385	2.370	—	—	—	—	—	—	—	—	—	—	—	—	—	—	—	—
82.00	4.00	14.00	70.00	12.00	18.00	2.381	2.365	—	—	—	—	—	—	—	—	—	—	—	—	—	—	—	—
81.83	3.54	14.63	73.15	10.62	16.23	2.380	2.367	—	—	—	—	—	—	—	—	—	—	—	—	—	—	—	—
80.66	4.67	14.67	73.35	14.01	12.64	2.394	2.377	—	—	—	—	—	—	—	—	—	—	—	—	—	—	—	—
77.91	7.40	14.69	73.45	22.20	4.35	2.419	2.401	—	—	—	—	—	—	—	—	—	—	—	—	—	—	—	—
81.00	4.00	15.00	75.00	12.00	13.00	2.389	2.375	—	—	—	—	—	—	—	—	—	—	—	—	—	—	—	—
77.00	8.00	15.00	75.00	24.00	1.00	2.424	2.409	—	—	—	—	—	—	—	—	—	—	—	—	—	—	—	—
82.96	1.09	15.95	79.75	3.27	16.98	2.370	2.358	—	—	—	—	—	—	—	—	—	—	—	—	—	—	—	—
80.00	4.00	16.00	80.00	12.00	8.00	2.400	2.384	—	—	—	—	—	—	—	—	—	—	—	—	—	—	—	—
80.05	3.91	16.04	80.20	11.73	8.07	2.394	2.384	—	—	—	—	—	—	—	—	—	—	—	—	—	—	—	—
78.27	5.67	16.06	80.30	17.01	2.69	2.415	2.399	—	—	—	—	—	—	—	—	—	—	—	—	—	—	—	—
79.00	4.00	17.00	85.00	12.00	3.00	2.406	2.393	—	—	—	—	—	—	—	—	—	—	—	—	—	—	—	—
80.66	2.33	17.01	85.05	6.99	7.96	2.390	2.379	—	—	—	—	—	—	—	—	—	—	—	—	—	—	—	—
79.49	2.55	17.95	89.75	7.65	2.59	2.394	2.389	—	—	—	—	—	—	—	—	—	—	—	—	—	—	—	—
79.86	1.39	18.75	93.75	4.17	2.08	2.394	2.387	—	—	—	—	—	—	—	—	—	—	—	—	—	—	—	—

续表

组分摩尔分数/%			一致熔融化合物摩尔分数/%			弹性模量/GPa		组分摩尔分数/%			一致熔融化合物摩尔分数/%			剪切模量/GPa	
SiO_2	Na_2O	K_2O	C	D	E	实验值	计算值	SiO_2	Na_2O	K_2O	C	D	E	实验值	计算值
73.33	23.01	3.67	18.35	69.03	12.63	62.5	59.2	81.67	14.67	3.67	18.35	44.01	37.65	25.6	25.3
74.35	15.33	10.32	51.60	45.99	2.41	51.7	54.2	75.00	15.00	10.00	50.00	45.00	5.00	23.9	21.5
75.95	13.91	10.15	50.75	41.73	7.53	56.1	54.8	80.00	16.00	4.00	20.00	48.00	32.00	25.9	24.8
78.22	12.87	8.91	44.55	38.61	16.84	57.3	56.4	75.00	20.00	5.00	25.00	60.00	15.00	26.8	23.2
78.69	12.66	8.65	43.25	37.98	18.77	57.3	56.7	75.00	22.50	2.50	12.50	67.50	20.00	25.2	24.1
80.00	15.00	5.00	25.00	45.00	30.00	59.2	60.0	73.33	23.01	3.67	18.35	69.03	12.63	25.2	23.3
80.00	10.00	10.00	50.00	30.00	20.00	54.2	56.0	75.00	24.50	0.50	2.50	73.50	24.00	26.5	24.8
80.00	5.00	15.00	75.00	15.00	10.00	56.6	52.0	75.00	24.88	0.13	0.65	74.64	24.72	24.7	24.9
80.00	16.00	4.00	20.00	48.00	32.00	63.3	60.8	—	—	—	—	—	—	—	—
81.67	14.67	3.67	18.35	44.01	37.65	62.9	61.5	—	—	—	—	—	—	—	—

附表 C12　CaO-MgO-SiO_2 玻璃体系物理性质的实验值与计算值

标注	一致熔融化合物
A	$CaO \cdot SiO_2$
B	$CaO \cdot MgO \cdot 2SiO_2$
C	$MgO \cdot SiO_2$
D	SiO_2

续表

组分摩尔分数/%			一致熔融化合物摩尔分数/%			密度/(g/cm³)		组分摩尔分数/%			一致熔融化合物摩尔分数/%			折射率(n_D)	
MgO	SiO_2	CaO	A		B	实验值	计算值	MgO	SiO_2	CaO	A		B	实验值	计算值
2.80	50.00	47.20	88.80		11.20	2.899	2.893	2.80	50.00	47.20	88.80		11.20	1.626	1.625
8.40	50.00	41.60	66.40		33.60	2.892	2.883	8.40	50.00	41.60	66.40		33.60	1.622	1.620
14.40	50.00	35.60	42.40		57.60	2.881	2.873	14.40	50.00	35.60	42.40		57.60	1.618	1.614
19.70	50.00	30.30	21.20		78.80	2.872	2.863	19.70	50.00	30.30	21.20		78.80	1.612	1.609
21.70	50.00	28.30	13.20		86.80	2.858	2.860	21.70	50.00	28.30	13.20		86.80	1.611	1.607
			B		C						B		C		
31.70	50.00	18.30	73.20		26.80	2.835	2.826	—	—	—	—		—	—	—
36.50	50.00	13.50	54.00		46.00	2.820	2.806	—	—	—	—		—	—	—
45.60	50.00	4.40	17.60		82.40	2.879	2.768	—	—	—	—		—	—	—
47.80	50.00	2.20	8.80		91.20	2.777	2.759	—	—	—	—		—	—	—
			A	B	D						A	B	D		
—	—	—	—	—	—	—	—	23.53	52.94	23.53	0.00	94.12	5.88	1.598	1.596
—	—	—	—	—	—	—	—	16.00	52.00	32.00	32.00	64.00	4.00	1.611	1.606
—	—	—	—	—	—	—	—	10.30	50.80	38.90	57.20	41.20	1.60	1.639	1.615

附表 C13　Na_2O-B_2O_3 二元硼酸盐玻璃体系物理性质实验值与计算值

组分摩尔分数/%		一致熔融化合物摩尔分数/%		密度/(g/cm³)		组分摩尔分数/%		一致熔融化合物摩尔分数/%		折射率(n_D)		组分摩尔分数/%		一致熔融化合物摩尔分数/%		热膨胀系数/(10^{-7}/℃)	
Na_2O	B_2O_3	$Na_2O \cdot 4B_2O_3$	B_2O_3	实验值	计算值	Na_2O	B_2O_3	$Na_2O \cdot 4B_2O_3$	B_2O_3	实验值	计算值	Na_2O	B_2O_3	$Na_2O \cdot 4B_2O_3$	B_2O_3	实验值	计算值
4.7	95.3	23.5	76.5	1.973	1.934	4.8	95.2	24	76	1.484	1.472	11.6	88.4	58	42	108.2	108.7
9.1	90.9	45.5	54.5	2.061	2.017	9.2	90.8	46	54	1.494	1.482	14.5	85.5	72.5	27.5	91.1	98.1
11.7	88.3	58.5	41.5	2.098	2.067	11.9	88.1	59.5	40.5	1.497	1.488	18.5	81.5	92.5	7.5	83.3	83.5
13.9	86.1	69.5	30.5	2.127	2.108	14.1	85.9	70.5	29.5	1.499	1.492	—	—	—	—	—	—
16.2	83.8	81	19	2.150	2.152	16.2	83.8	81.0	19.0	1.500	1.497	—	—	—	—	—	—

续表

组分摩尔分数/%		一致熔融化合物摩尔分数/%		密度/(g/cm^3)		组分摩尔分数/%		一致熔融化合物摩尔分数/%		折射率(n_D)		组分摩尔分数/%		一致熔融化合物摩尔分数/%		热膨胀系数/(10^{-7}/℃)	
Na_2O	B_2O_3	$Na_2O \cdot 4B_2O_3$	B_2O_3	实验值	计算值	Na_2O	B_2O_3	$Na_2O \cdot 4B_2O_3$	B_2O_3	实验值	计算值	Na_2O	B_2O_3	$Na_2O \cdot 4B_2O_3$	B_2O_3	实验值	计算值
16.6	83.4	83	17	2.154	2.159	16.8	83.2	84	16	1.501	1.498	—	—	—	—	—	—
17.6	82.4	88	11	2.176	2.180	17.8	82.2	89	10	1.502	1.500	—	—	—	—	—	—
18.7	81.3	93.5	6.5	2.198	2.200	18.7	81.3	93.5	6.5	1.502	1.502	—	—	—	—	—	—
19.6	80.4	98	2	2.216	2.218	—	—	—	—	—	—	—	—	—	—	—	—

组分摩尔分数/%		一致熔融化合物摩尔分数/%		弹性模量/GPa		组分摩尔分数/%		一致熔融化合物摩尔分数/%		剪切模量/GPa	
Na_2O	B_2O_3	$Na_2O \cdot 4B_2O_3$	B_2O_3	实验值	计算值	Na_2O	B_2O_3	$Na_2O \cdot 4B_2O_3$	B_2O_3	实验值	计算值
1	99	5	95	19	18.5	1	99	5	95	8	7.5
2	98	10	90	20	20.1	2	98	10	90	8.5	8.0
3	97	15	85	22	21.6	3	97	15	85	9.5	8.5
5	95	25	75	26	24.6	4	96	20	80	9.8	9.0
7	93	35	65	30	27.7	5	95	25	75	10	9.5
9	91	45	55	31	30.7	7	93	35	65	11	10.5
10	90	50	50	34.7	32.3	8	92	40	60	11.8	11.0
11	89	55	45	34	33.8	9	91	45	55	12.5	11.5
13	87	65	35	38	36.8	10	90	50	50	12.3	12.0
15	85	75	25	40.3	39.9	11	89	55	45	13	12.5
17	83	85	15	42	42.9	12	88	60	40	13.4	13.0
19	81	95	5	44	45.9	13	87	65	35	15	13.5
20	80	100	0	50.3	47.5	14	86	70	30	14	14.0
—	—	—	—	—	—	15	85	75	25	13.8	14.5
—	—	—	—	—	—	16	84	80	20	15	15.0
—	—	—	—	—	—	17	83	85	15	17	15.5
—	—	—	—	—	—	19	81	95	5	18	16.5
—	—	—	—	—	—	20	80	100	0	16.8	17.0

附表 C14 K_2O-B_2O_3二元硼酸盐玻璃体系物理性质实验值与计算值

组分摩尔分数/%		一致熔融化合物摩尔分数/%		密度/(g/cm^3)		组分摩尔分数/%		一致熔融化合物摩尔分数/%		折射率(n_D)		组分摩尔分数/%		一致熔融化合物摩尔分数/%		热膨胀系数/(10^{-7}/℃)	
K_2O	B_2O_3	$5K_2O \cdot 19B_2O_3$	B_2O_3	实验值	计算值	K_2O	B_2O_3	$5K_2O \cdot 19B_2O_3$	B_2O_3	实验值	计算值	Na_2O	B_2O_3	$Na_2O \cdot 4B_2O_3$	B_2O_3	实验值	计算值
2.1	97.9	10.1	89.9	1.90	1.87	2.1	97.9	10.1	89.9	1.472	1.465	2.2	97.8	10.6	89.4	152.2	144.3
4.1	95.9	19.6	80.4	1.95	1.90	4.1	95.9	19.6	80.4	1.479	1.467	12.1	87.9	58.1	41.9	115.5	114.4
6.2	93.8	29.7	70.3	1.99	1.94	6.2	93.8	29.7	70.3	1.484	1.470	17.3	82.7	83.0	17.0	107.5	98.7
8.1	91.9	38.9	61.1	2.02	1.96	8.1	91.9	38.9	61.1	1.487	1.472	—	—	—	—	—	—
10.2	89.8	48.8	51.2	2.05	2.00	10.2	89.8	48.8	51.2	1.488	1.474	—	—	—	—	—	—
12.0	88.0	57.5	42.5	2.07	2.02	12.0	88.0	57.5	42.5	1.489	1.477	—	—	—	—	—	—
14.1	85.9	67.7	32.3	2.09	2.05	14.1	85.9	67.7	32.3	1.489	1.479	—	—	—	—	—	—
16.0	84.0	77.0	23.0	2.11	2.08	16.0	84.0	77.0	23.0	1.488	1.482	—	—	—	—	—	—
18.1	81.9	86.8	13.2	2.13	2.11	18.1	81.9	86.8	13.2	1.487	1.484	—	—	—	—	—	—
20.0	80.0	95.9	4.1	2.14	2.14	20.0	80.0	95.9	4.1	1.488	1.486	—	—	—	—	—	—
		$5K_2O \cdot 19B_2O_3$	$K_2O \cdot 2B_2O_3$					$5K_2O \cdot 19B_2O_3$	$K_2O \cdot 2B_2O_3$					$5K_2O \cdot 19B_2O_3$	$K_2O \cdot 2B_2O_3$		
21.7	78.3	92.7	7.3	2.17	2.17	21.7	78.3	92.7	7.3	1.489	1.489	25.3	74.7	64.3	35.7	110.4	103.0
23.9	76.1	75.1	24.9	2.20	2.19	23.9	76.1	75.1	24.9	1.492	1.491	—	—	—	—	—	—
25.8	74.2	60.0	40.0	2.23	2.21	25.8	74.2	60.0	40.0	1.495	1.493	—	—	—	—	—	—
27.9	72.2	43.9	56.1	2.25	2.24	27.9	72.2	43.9	56.1	1.497	1.496	—	—	—	—	—	—
30.0	70.0	27.0	73.0	2.28	2.26	30.0	70.0	27.0	73.0	1.500	1.498	—	—	—	—	—	—
31.8	68.2	11.9	88.1	2.30	2.28	31.8	68.2	11.9	88.1	1.501	1.500	—	—	—	—	—	—

续表

组分摩尔分数/%		一致熔融化合物摩尔分数/%		弹性模量/GPa		组分摩尔分数/%		一致熔融化合物摩尔分数/%		剪切模量/GPa	
K_2O	B_2O_3	$5K_2O \cdot 19B_2O_3$	B_2O_3	实验值	计算值	K_2O	B_2O_3	$5K_2O \cdot 19B_2O_3$	B_2O_3	实验值	计算值
1.2	98.8	5.8	94.2	19.47	17.86	1.2	98.8	5.8	94.2	7.54	7.35
2.5	97.5	12.0	88.0	21.10	18.80	2.0	98.0	9.4	90.6	7.96	7.56
4	96.0	19.2	80.8	23.04	19.88	2.5	97.5	12.0	88.0	8.14	7.72
6	94.0	28.8	71.2	25.08	21.32	4.0	96.0	19.2	80.8	8.92	8.15
8.5	91.5	40.8	59.2	27.53	23.12	4.2	95.8	20.3	79.7	9.31	8.22
11	89.0	52.8	47.2	29.70	24.92	6.0	94.0	28.8	71.2	9.68	8.73
13	87.0	62.4	37.6	30.30	26.36	6.5	93.5	31.4	68.6	10.36	8.88
15.5	84.5	74.4	25.6	31.39	28.16	8.0	92.0	38.4	61.6	10.50	9.30
17	83.0	81.6	18.4	30.00	29.24	8.5	91.5	40.8	59.2	10.65	9.45
18	82.0	86.4	13.6	31.80	29.96	9.0	91.0	43.1	56.9	11.21	9.58
18.6	81.4	89.3	10.7	31.85	30.39	10.0	90.0	48.0	52.0	11.56	9.88
20.5	79.5	98.4	1.6	32.49	31.76	11.0	89.0	52.8	47.2	11.50	10.17
—	—	—	—	—	—	11.3	88.7	54.3	45.7	11.56	10.26
—	—	—	—	—	—	12.0	88.0	57.6	42.4	11.50	10.46
—	—	—	—	—	—	13.0	87.0	62.4	37.6	11.69	10.74
—	—	—	—	—	—	14.0	86.0	67.2	32.8	11.93	11.03
—	—	—	—	—	—	15.5	84.5	74.4	25.6	12.05	11.46
—	—	—	—	—	—	16.0	84.0	76.8	23.2	12.30	11.61
—	—	—	—	—	—	16.5	83.5	79.1	20.9	12.15	11.75
—	—	—	—	—	—	18.0	82.0	86.4	13.6	12.21	12.18
—	—	—	—	—	—	18.6	81.4	89.3	10.7	12.25	12.36

续表

组分摩尔分数/%		一致熔融化合物摩尔分数/%		弹性模量/GPa		组分摩尔分数/%		一致熔融化合物摩尔分数/%		剪切模量/GPa	
K_2O	B_2O_3	$5K_2O \cdot 19B_2O_3$	B_2O_3	实验值	计算值	K_2O	B_2O_3	$5K_2O \cdot 19B_2O_3$	B_2O_3	实验值	计算值
—	—	—	—	—	—	19.2	80.8	92.1	7.9	12.35	12.52
		$5K_2O \cdot 19B_2O_3$	$K_2O \cdot 2B_2O_3$					$5K_2O \cdot 19B_2O_3$	$K_2O \cdot 2B_2O_3$		
22.8	77.2	84.3	15.7	33.80	33.57	—	—	—	—	—	—
25.8	74.2	60.3	39.7	37.59	35.97	—	—	—	—	—	—
27.5	72.5	46.7	53.3	40.20	37.33	—	—	—	—	—	—
30.8	69.2	20.3	79.7	39.91	39.97	—	—	—	—	—	—
33.3	66.7	0.3	99.7	43.00	39.97	—	—	—	—	—	—

附表 C15　$BaO-B_2O_3$二元硼酸盐玻璃体系物理性质实验值与计算值

组分摩尔分数/%		一致熔融化合物摩尔分数/%		密度/(g/cm^3)		组分摩尔分数/%		一致熔融化合物摩尔分数/%		折射率(n_D)		组分摩尔分数/%		一致熔融化合物摩尔分数/%		热膨胀系数/(10^{-7}/℃)	
BaO	B_2O_3	$BaO \cdot 4B_2O_3$	B_2O_3	实验值	计算值	BaO	B_2O_3	$BaO \cdot 4B_2O_3$	B_2O_3	实验值	计算值	BaO	B_2O_3	$BaO \cdot 4B_2O_3$	B_2O_3	实验值	计算值
4.5	95.5	22.4	77.6	2.066	2.062	15	85	75	25	1.547	1.534	11.9	88.1	59.5	40.5	88.5	102.8
8.5	91.6	42.5	57.5	2.126	2.256	16	84	80	20	1.540	1.539	17.1	82.9	85.5	14.5	70.1	81.7
9.6	90.4	47.8	52.2	2.215	2.310	16.7	83.3	83.5	16.5	1.544	1.542	—	—	—	—	—	—
13.0	87.0	65	35	2.373	2.478	18	82	90	10	1.550	1.548	—	—	—	—	—	—
15.0	85.0	75	25	2.626	2.576	20	80	100	0	1.567	1.558	—	—	—	—	—	—
16.0	84.0	80	20	2.600	2.626	—	—	—	—	—	—	—	—	—	—	—	—
18.1	81.9	90.5	9.5	2.711	2.728	—	—	—	—	—	—	—	—	—	—	—	—

续表

组分摩尔分数/%		一致熔融化合物摩尔分数/%		密度/(g/cm³)		组分摩尔分数/%		一致熔融化合物摩尔分数/%		折射率(n_D)		组分摩尔分数/%		一致熔融化合物摩尔分数/%		热膨胀系数/(10^{-7}/℃)	
BaO	B_2O_3	$BaO\cdot4B_2O_3$	B_2O_3	实验值	计算值	BaO	B_2O_3	$BaO\cdot4B_2O_3$	B_2O_3	实验值	计算值	BaO	B_2O_3	$BaO\cdot4B_2O_3$	B_2O_3	实验值	计算值
20.0	80.0	100	0	2.810	2.820	—	—	—	—	—	—	—	—	—	—	—	—
		$BaO\cdot4B_2O_3$	$BaO\cdot2B_2O_3$					$BaO\cdot4B_2O_3$	$BaO\cdot2B_2O_3$					$BaO\cdot4B_2O_3$	$BaO\cdot2B_2O_3$		
22.0	78.0	84.8	15.2	2.955	2.930	21.1	78.9	91.75	8.25	1.563	1.563	22.3	77.7	82.75	17.25	67.0	71.7
23.5	76.5	73.7	26.3	2.992	3.010	22	78	85	15	1.569	1.567	28.2	71.8	38.5	61.5	70.3	76.2
25.0	75.0	62.5	37.5	3.067	3.090	23.5	76.5	73.75	26.25	1.575	1.574	—	—	—	—	—	—
26.0	74.0	55	45	3.117	3.144	25	75	62.5	37.5	1.590	1.581	—	—	—	—	—	—
27.3	72.7	45.3	54.7	3.186	3.214	26	74	55	45	1.587	1.586	—	—	—	—	—	—
28.5	71.5	36.3	63.7	3.251	3.279	28.5	71.5	36.25	63.75	1.598	1.598	—	—	—	—	—	—
30.0	70.0	25	75	3.400	3.360	30	70	25	75	1.610	1.605	—	—	—	—	—	—
31.1	68.9	16.7	83.3	3.398	3.420	32.5	67.5	6.25	93.75	1.617	1.616	—	—	—	—	—	—
32.5	67.5	6.3	93.7	3.480	3.495	—	—	—	—	—	—	—	—	—	—	—	—
		$BaO\cdot2B_2O_3$	$BaO\cdot B_2O_3$					$BaO\cdot2B_2O_3$	$BaO\cdot B_2O_3$					$BaO\cdot2B_2O_3$	$BaO\cdot B_2O_3$		
33.9	66.1	96.8	3.2	3.532	3.558	35	65	90	10	1.626	1.624	—	—	—	—	—	—
36.0	64.0	84	16	3.596	3.630	37	63	78	22	1.633	1.629	—	—	—	—	—	—
37.5	62.5	74.8	25.2	3.688	3.681	39	61	66	34	1.638	1.634	—	—	—	—	—	—
40.0	60.0	60	40	3.777	3.764	40	60	60	40	1.639	1.636	—	—	—	—	—	—
39.0	59.0	54	46	3.798	3.798	39	59	54	46	1.644	1.638	—	—	—	—	—	—
44.0	56.0	36	64	3.950	3.898	44	56	36	64	1.652	1.646	—	—	—	—	—	—
44.4	55.6	33.4	66.6	3.950	3.913	47	53	18	82	1.659	1.653	—	—	—	—	—	—
47.4	52.6	15.8	84.2	4.090	4.012	—	—	—	—	—	—	—	—	—	—	—	—

附表 C16　PbO-B_2O_3 二元硼酸盐玻璃体系物理性质实验值与计算值

组分摩尔分数/%		一致熔融化合物摩尔分数/%		密度/(g/cm^3)		组分摩尔分数/%		一致熔融化合物摩尔分数/%		折射率(n_D)		组分摩尔分数/%		一致熔融化合物摩尔分数/%		热膨胀系数/(10^{-7}/℃)	
PbO	B_2O_3	$PbO \cdot 2B_2O_3$	B_2O_3	实验值	计算值	PbO	B_2O_3	$PbO \cdot 2B_2O_3$	B_2O_3	实验值	计算值	PbO	B_2O_3	$PbO \cdot 2B_2O_3$	B_2O_3	实验值	计算值
19.5	80.5	58.5	41.5	3.345	3.381	19.5	80.5	58.5	41.5	1.632	1.631	26.5	73.5	79.5	20.5	68.4	85.0
20.0	80.0	60	40	3.347	3.420	20.0	80.0	60	40	1.635	1.635	29.4	70.6	88.2	11.8	61.8	77.8
21.6	78.4	64.7	35.3	3.467	3.544	21.6	78.4	64.8	35.2	1.643	1.649	31.5	68.5	94.5	5.5	72.7	72.6
—	—	—	—	—	—	23.0	77.0	69	31	1.653	1.661	—	—	—	—	—	—
—	—	—	—	—	—	23.8	76.2	71.4	28.6	1.668	1.668	—	—	—	—	—	—
—	—	—	—	—	—	27.6	72.5	82.8	17.2	1.698	1.700	—	—	—	—	—	—
—	—	—	—	—	—	30.5	69.6	91.5	8.5	1.725	1.725	—	—	—	—	—	—
		$PbO \cdot 2B_2O_3$	$2PbO \cdot B_2O_3$					$PbO \cdot 2B_2O_3$	$2PbO \cdot B_2O_3$					$PbO \cdot 2B_2O_3$	$2PbO \cdot B_2O_3$		
34.0	66.0	98.1	1.9	4.507	4.516	34.0	66.0	98.1	1.9	1.753	1.756	34.6	65.4	96.2	3.8	68.7	69.7
37.2	62.8	88.4	11.6	4.580	4.742	37.2	62.8	88.4	11.6	1.771	1.785	39.4	58.6	75.8	24.2	80.5	78.6
39.8	60.2	80.6	19.4	4.919	4.923	39.8	60.2	80.6	19.4	1.802	1.808	50.4	49.6	48.8	51.2	91.6	90.5
49.9	50.1	50.3	49.7	5.727	5.629	49.9	50.1	50.3	49.7	1.897	1.898	57.7	42.3	26.9	73.1	103.2	100.2
51.2	48.8	46.4	53.6	5.650	5.719	51.2	48.8	46.4	53.6	1.893	1.910	60.6	39.4	18.2	81.8	108.7	104.0
56.2	43.8	31.5	68.5	6.102	6.067	56.2	43.8	31.5	68.5	1.947	1.954	—	—	—	—	—	—
60.6	39.4	18.2	81.8	6.368	6.375	60.6	39.4	18.2	81.8	1.987	1.993	—	—	—	—	—	—
63.6	36.4	9.0	91.0	6.665	6.588	63.1	36.9	10.7	89.3	2.004	2.016	—	—	—	—	—	—
66.7	33.3	0.02	99.98	6.799	6.799	63.6	36.4	9.0	91.0	2.017	2.020	—	—	—	—	—	—
—	—	—	—	—	—	66.7	33.3	0.02	99.98	2.048	2.048	—	—	—	—	—	—
		$2PbO \cdot B_2O_3$	$4PbO \cdot B_2O_3$					$2PbO \cdot B_2O_3$	$4PbO \cdot B_2O_3$					$2PbO \cdot B_2O_3$	$4PbO \cdot B_2O_3$		
68.2	31.8	88.43	11.57	6.842	6.874	68.2	31.8	88.43	11.57	2.063	2.062	—	—	—	—	—	—
69.4	30.6	79.88	20.12	6.928	6.930	69.4	30.7	79.88	20.12	2.077	2.073	—	—	—	—	—	—
70.7	29.3	69.75	30.25	6.963	6.996	70.7	29.3	69.75	30.25	2.063	2.086	—	—	—	—	—	—

续表

组分摩尔分数/%		一致熔融化合物摩尔分数/%		密度/(g/cm³)		组分摩尔分数/%		一致熔融化合物摩尔分数/%		折射率(n_D)		组分摩尔分数/%		一致熔融化合物摩尔分数/%		热膨胀系数/(10⁻⁷/℃)	
PbO	B_2O_3	$2PbO \cdot B_2O_3$	$4PbO \cdot B_2O_3$	实验值	计算值	PbO	B_2O_3	$2PbO \cdot B_2O_3$	$4PbO \cdot B_2O_3$	实验值	计算值	PbO	B_2O_3	$2PbO \cdot B_2O_3$	$4PbO \cdot B_2O_3$	实验值	计算值
75.0	25.0	37.50	62.50	7.296	7.206	75.0	25.0	37.50	62.50	2.120	2.127	—	—	—	—	—	—
76.9	23.1	23.25	76.75	7.217	7.299	76.8	23.2	24.00	76.00	2.143	2.144	—	—	—	—	—	—
—	—	—	—	—	—	76.9	23.1	23.25	76.75	2.144	2.145	—	—	—	—	—	—
—	—	—	—	—	—	80.0	20.0	0	100	2.175	2.175	—	—	—	—	—	—

组分摩尔分数/%		一致熔融化合物摩尔分数/%		弹性模量/GPa		组分摩尔分数/%		一致熔融化合物摩尔分数/%		剪切模量/GPa	
PbO	B_2O_3	$PbO \cdot 2B_2O_3$	B_2O_3	实验值	计算值	PbO	B_2O_3	$PbO \cdot 2B_2O_3$	B_2O_3	实验值	计算值
0.3	99.7	0.9	99.1	17.50	17.43	1.9	98.1	5.7	94.3	7.40	7.97
1.6	98.4	4.8	95.2	18.70	19.23	6.3	93.7	18.9	81.1	9.05	10.21
3.4	96.7	10.2	89.8	20.20	21.60	12.8	87.2	38.4	61.6	12.23	13.53
4.5	95.6	13.5	86.5	21.00	23.11	15.2	84.8	45.6	54.4	14.27	14.75
6.0	94.0	18	82	22.30	25.26	16.2	83.8	48.6	51.4	15.94	15.26
6.3	93.7	18.9	81.1	22.55	25.66	17.7	82.3	53.1	46.9	17.77	16.03
8.1	91.9	24.3	75.7	24.02	28.13	18.5	81.5	55.5	44.5	19.47	16.44
12.8	87.2	38.4	61.6	31.10	34.59	25	75	75	25	22.02	19.75
14.4	85.6	43.2	56.8	34.50	36.76	30	70	90	10	23.25	22.30
15.2	84.8	45.6	54.4	36.44	37.89	—	—	—	—	—	—
16.2	83.8	48.6	51.4	40.70	39.26	—	—	—	—	—	—
17.2	82.8	51.6	48.4	44.50	40.65	—	—	—	—	—	—
20.0	80.0	60	40	53.00	44.48	—	—	—	—	—	—
25.0	75.0	75	25	56.51	51.35	—	—	—	—	—	—
30.0	70.0	90	10	59.33	58.22	—	—	—	—	—	—

续表

组分摩尔分数/%		一致熔融化合物摩尔分数/%		弹性模量/GPa		组分摩尔分数/%		一致熔融化合物摩尔分数/%		剪切模量/GPa	
PbO	B_2O_3	$PbO \cdot 2B_2O_3$	$2PbO \cdot B_2O_3$	实验值	计算值	PbO	B_2O_3	$PbO \cdot 2B_2O_3$	$2PbO \cdot B_2O_3$	实验值	计算值
35.0	65.0	95	5	62.31	61.79	35	65	95	5	24.43	23.65
40.0	60.0	80	20	64.10	58.74	40	60	80	20	25.13	22.60
42.0	58.0	74	26	63.48	57.52	42	58	74	26	24.89	22.18
44.0	56.0	68	32	64.68	56.30	44	56	68	32	25.33	21.76
45.0	55.0	65	35	61.39	55.70	45	55	65	35	24.06	21.55
46.0	54.0	62	38	62.37	55.09	46	54	62	38	24.39	21.34
48.0	52.0	56	44	61.33	53.87	48	52	56	44	24.03	20.92
50.0	50.0	50	50	60.32	52.65	50	50	50	50	23.6	20.50
55.0	45.0	35	65	54.16	49.61	55	45	35	65	21.11	19.45
60	40	20	80	49.55	46.56	60	40	20	80	19.28	18.40
65	35	5	95	44.17	43.52	65	35	5	95	17.18	17.35

附表 C17　Na_2O-B_2O_3-SiO_2 玻璃体系物理性质的实验值与计算值

标注	一致熔融化合物
A	SiO_2
B	$Na_2O \cdot B_2O_3 \cdot 6SiO_2$
C	$Na_2O \cdot 2SiO_2$
D	$Na_2O \cdot B_2O_3 \cdot 2SiO_2$
E	$Na_2O \cdot SiO_2$
F	$Na_2O \cdot 2B_2O_3$
G	$Na_2O \cdot 4B_2O_3$
H	B_2O_3

续表

组分摩尔分数/%			一致熔融化合物摩尔分数/%			密度/(g/cm^3)		组分摩尔分数/%			一致熔融化合物摩尔分数/%			折射率(n_D)		组分摩尔分数/%			一致熔融化合物摩尔分数/%			热膨胀系数/(10^{-7}/℃)	
SiO_2	Na_2O	B_2O_3	A	G	H	实验值	计算值	SiO_2	Na_2O	B_2O_3	A	G	H	实验值	计算值	SiO_2	Na_2O	B_2O_3	A	G	H	实验值	计算值
5.00	10.00	85.00	5.00	50.00	45.00	2.039	2.047	73.90	5.00	21.10	73.90	25.00	1.10	1.470	1.471	40.00	10.00	50.00	40.00	50.00	10.00	66.5	58.5
10.00	10.00	80.00	10.00	50.00	40.00	2.052	2.065	70.00	5.00	25.00	70.00	25.00	5.00	1.470	1.471	55.00	4.00	41.00	55.00	20.00	25.00	50.0	59.5
15.00	3.00	82.00	15.00	15.00	70.00	1.834	1.953	68.00	4.00	28.00	68.00	20.00	12.00	1.460	1.469	55.00	8.00	37.00	55.00	40.00	5.00	57.0	44.8
15.00	5.00	80.00	15.00	25.00	60.00	1.883	1.990	67.89	5.06	27.05	67.89	25.30	6.81	1.470	1.471	60.00	1.00	39.00	60.00	5.00	35.00	45.0	63.4
15.00	7.00	78.00	15.00	35.00	50.00	1.942	2.027	66.70	5.00	28.30	66.70	25.00	8.30	1.470	1.471	60.00	2.00	38.00	60.00	10.00	30.00	46.0	59.7
15.00	10.00	75.00	15.00	50.00	35.00	2.002	2.083	65.00	5.00	30.00	65.00	25.00	10.00	1.471	1.471	60.00	3.00	37.00	60.00	15.00	25.00	45.0	56.1
15.00	14.50	70.50	15.00	72.50	12.50	2.085	2.167	60.00	6.50	33.50	60.00	32.50	7.50	1.476	1.474	60.00	4.00	36.00	60.00	20.00	20.00	43.0	52.4
15.00	10.00	75.00	15.00	50.00	35.00	2.065	2.083	48.50	3.00	48.50	48.50	15.00	36.50	1.472	1.467	60.00	5.00	35.00	60.00	25.00	15.00	45.0	48.8
20.00	10.00	70.00	20.00	50.00	30.00	2.094	2.101	48.18	10.30	41.52	48.18	51.50	0.32	1.489	1.482	60.00	6.00	34.00	60.00	30.00	10.00	46.0	45.2
25.00	10.00	65.00	25.00	50.00	25.00	2.118	2.119	40.00	10.00	50.00	40.00	50.00	10.00	1.484	1.481	65.00	4.00	31.00	65.00	20.00	15.00	40.0	45.5
30.00	10.00	60.00	30.00	50.00	20.00	2.133	2.137	25.00	12.50	62.50	25.00	62.50	12.50	1.496	1.487	65.00	5.00	30.00	65.00	25.00	10.00	42.0	41.8
35.00	10.00	55.00	35.00	50.00	15.00	2.145	2.154	—	—	—	—	—	—	—	—	66.70	5.00	28.30	66.70	25.00	8.30	38.0	39.4
40.00	10.00	50.00	40.00	50.00	10.00	2.164	2.172	—	—	—	—	—	—	—	—	69.82	4.55	25.63	69.82	22.75	7.43	32.5	36.7
45.00	10.00	45.00	45.00	50.00	5.00	2.182	2.190	—	—	—	—	—	—	—	—	70.00	2.00	28.00	70.00	10.00	20.00	36.0	45.8
65.00	1.00	34.00	65.00	5.00	30.00	2.035	2.094	—	—	—	—	—	—	—	—	70.00	4.00	26.00	70.00	20.00	10.00	33.0	38.5
65.00	5.00	30.00	65.00	25.00	10.00	2.105	2.168	—	—	—	—	—	—	—	—	70.00	5.00	25.00	70.00	25.00	5.00	36.7	34.8
—	—	—	—	—	—	—	—	—	—	—	—	—	—	—	—	73.90	5.00	21.10	73.90	25.00	1.10	34.4	29.4
—	—	—	—	—	—	—	—	—	—	—	—	—	—	—	—	75.00	4.00	21.00	75.00	20.00	5.00	32.0	31.5
—	—	—	—	—	—	—	—	—	—	—	—	—	—	—	—	79.24	2.99	17.76	79.24	14.95	5.80	32.0	29.2
			A	B	G						A	B	G						A	B	G		
55.00	10.00	35.00	45.00	13.33	41.67	2.239	2.240	81.13	8.89	9.98	29.97	68.21	1.82	1.497	1.494	45.00	15.00	40.00	5.00	53.33	41.67	71.8	69.5
60.00	10.00	30.00	40.00	26.67	33.33	2.264	2.271	80.00	5.00	15.00	70.00	13.33	16.67	1.473	1.474	53.40	13.30	33.30	13.60	53.07	33.33	68.2	63.8
65.00	10.00	25.00	35.00	40.00	25.00	2.292	2.303	80.00	8.00	12.00	40.00	53.33	6.67	1.490	1.489	56.00	14.00	30.00	4.00	69.33	26.67	72.0	68.6
70.00	10.00	20.00	30.00	53.33	16.67	2.326	2.335	78.64	9.90	11.46	22.36	75.04	2.60	1.488	1.498	56.70	10.00	33.30	43.30	17.87	38.83	55.1	47.3

续表

组分摩尔分数/%			一致熔融化合物摩尔分数/%			密度/(g/cm³)		组分摩尔分数/%			一致熔融化合物摩尔分数/%			折射率(n_D)		组分摩尔分数/%			一致熔融化合物摩尔分数/%			热膨胀系数/(10^{-7}/℃)	
SiO_2	Na_2O	B_2O_3	A	B	G	实验值	计算值	SiO_2	Na_2O	B_2O_3	A	B	G	实验值	计算值	SiO_2	Na_2O	B_2O_3	A	B	G	实验值	计算值
75.00	10.00	15.00	25.00	66.67	8.33	2.357	2.367	77.50	7.50	15.00	47.50	40.00	12.50	1.485	1.485	58.00	9.70	32.30	45.00	17.33	37.67	60.7	46.2
—	—	—	—	—	—	—	—	77.50	10.00	12.50	22.50	73.33	4.17	1.499	1.498	59.50	10.50	30.00	35.50	32.00	32.50	56.8	51.1
—	—	—	—	—	—	—	—	75.00	10.00	15.00	25.00	66.67	8.33	1.502	1.496	60.00	10.00	30.00	40.00	26.67	33.33	57.0	48.7
—	—	—	—	—	—	—	—	75.00	8.30	16.70	42.00	44.00	14.00	1.488	1.487	60.00	12.00	28.00	20.00	53.33	26.67	64.0	59.4
—	—	—	—	—	—	—	—	73.00	12.00	15.00	7.00	88.00	5.00	1.508	1.505	61.60	10.90	27.50	29.40	42.93	27.67	58.0	54.2
—	—	—	—	—	—	—	—	72.36	8.01	19.63	47.54	33.09	19.37	1.484	1.484	62.50	10.00	27.50	37.50	33.33	29.17	61.4	49.7
—	—	—	—	—	—	—	—	70.00	10.00	20.00	30.00	53.33	16.67	1.494	1.493	62.50	12.50	25.00	12.50	66.67	20.83	66.8	63.2
—	—	—	—	—	—	—	—	70.00	12.30	17.70	7.00	84.00	9.00	1.509	1.505	63.70	11.30	25.00	23.30	53.87	22.83	59.3	57.2
—	—	—	—	—	—	—	—	68.00	12.00	20.00	12.00	74.67	13.33	1.505	1.502	65.00	8.00	27.00	55.00	13.33	31.67	49.0	39.9
—	—	—	—	—	—	—	—	68.00	8.00	24.00	52.00	21.33	26.67	1.480	1.482	65.00	10.00	25.00	35.00	40.00	25.00	51.5	50.7
—	—	—	—	—	—	—	—	67.70	12.90	19.40	3.30	85.87	10.83	1.511	1.507	65.00	11.50	23.50	20.00	60.00	20.00	61.6	58.8
—	—	—	—	—	—	—	—	66.70	10.00	23.30	33.30	44.53	22.17	1.492	1.491	66.70	10.00	23.30	33.30	44.53	22.17	53.8	51.4
—	—	—	—	—	—	—	—	66.70	13.30	20.00	0.30	88.53	11.17	1.512	1.508	66.70	11.10	22.20	22.30	59.20	18.50	57.0	57.3
—	—	—	—	—	—	—	—	65.00	10.00	25.00	35.00	40.00	25.00	1.490	1.490	66.70	11.70	21.60	16.30	67.20	16.50	61.4	60.6
—	—	—	—	—	—	—	—	62.50	10.00	27.50	37.50	33.33	29.17	1.489	1.489	66.70	13.30	20.00	0.30	88.53	11.17	69.4	69.2
—	—	—	—	—	—	—	—	62.50	12.50	25.00	12.50	66.67	20.83	1.504	1.501	67.63	8.57	23.80	46.67	27.95	25.38	49.0	44.1
—	—	—	—	—	—	—	—	60.07	12.83	27.09	11.61	64.61	23.77	1.505	1.501	67.70	12.90	19.40	3.30	85.87	10.83	70.4	67.5
—	—	—	—	—	—	—	—	60.00	10.00	30.00	40.00	26.67	33.33	1.488	1.487	68.00	12.00	20.00	12.00	74.67	13.33	60.1	62.7
—	—	—	—	—	—	—	—	59.89	10.18	29.93	38.31	28.77	32.92	1.490	1.488	70.00	8.00	22.00	50.00	26.67	23.33	47.0	42.0
—	—	—	—	—	—	—	—	56.70	10.00	33.30	43.30	17.87	38.83	1.485	1.485	70.00	10.00	20.00	30.00	53.33	16.67	56.0	52.8
—	—	—	—	—	—	—	—	56.22	12.00	31.77	23.76	43.28	32.95	1.499	1.495	70.00	12.30	17.70	7.00	84.00	9.00	65.4	65.2
—	—	—	—	—	—	—	—	56.00	14.00	30.00	4.00	69.33	26.67	1.504	1.505	70.60	9.50	19.90	34.40	48.27	17.33	60.5	50.3
—	—	—	—	—	—	—	—	53.40	13.30	33.30	13.60	53.07	33.33	1.501	1.500	71.60	12.60	15.80	2.40	92.27	5.33	66.3	67.4

续表

组分摩尔分数/%			一致熔融化合物摩尔分数/%			密度/(g/cm³)		组分摩尔分数/%			一致熔融化合物摩尔分数/%			折射率(n_D)		组分摩尔分数/%			一致熔融化合物摩尔分数/%			热膨胀系数/(10^{-7}/℃)	
SiO_2	Na_2O	B_2O_3	A	B	G	实验值	计算值	SiO_2	Na_2O	B_2O_3	A	B	G	实验值	计算值	SiO_2	Na_2O	B_2O_3	A	B	G	实验值	计算值
—	—	—	—	—	—	—	—	45.00	15.00	40.00	5.00	53.33	41.67	1.505	1.504	77.5	7.5	15	47.5	40	12.5	47.6	42.3
—	—	—	—	—	—	—	—	42.50	15.00	42.50	7.50	46.67	45.83	1.506	1.502	86.41	3.94	9.65	74.19	16.3	9.51	31	26.8
			A	B	C						A	B	C						A	B	C		
75.00	20.00	5.00	15.00	40.00	45.00	2.447	2.428	85.00	10.00	5.00	45.00	40.00	15.00	1.487	1.487	72.30	12.70	15.00	0.70	95.47	3.83	69.7	68.3
—	—	—	—	—	—	—	—	83.30	10.00	6.70	36.50	53.60	9.90	1.493	1.491	73.00	12.00	15.00	7.00	88.00	5.00	64.7	64.8
—	—	—	—	—	—	—	—	82.50	8.80	8.70	30.10	69.60	0.30	1.493	1.494	75.00	8.00	17.00	45.00	40.00	15.00	42.0	44.0
—	—	—	—	—	—	—	—	81.90	14.50	3.60	38.50	28.80	32.70	1.493	1.489	75.00	10.00	15.00	25.00	66.67	8.33	58.2	54.8
—	—	—	—	—	—	—	—	81.70	10.00	8.30	28.50	66.40	5.10	1.496	1.495	75.00	8.30	16.70	42.00	44.00	14.00	49.7	45.6
—	—	—	—	—	—	—	—	80.00	12.00	8.00	24.00	64.00	12.00	1.500	1.497	75.00	11.10	13.90	14.00	81.33	4.67	62.7	60.7
—	—	—	—	—	—	—	—	80.00	15.00	5.00	30.00	40.00	30.00	1.498	1.494	75.00	15.00	10.00	5.00	80.00	15.00	76.2	78.9
—	—	—	—	—	—	—	—	79.00	14.00	7.00	23.00	56.00	21.00	1.501	1.497	77.50	7.50	15.00	47.50	40.00	12.50	47.6	42.3
—	—	—	—	—	—	—	—	78.79	16.82	4.39	27.59	35.12	37.29	1.500	1.495	77.50	10.00	12.50	22.50	73.33	4.17	61.4	55.8
—	—	—	—	—	—	—	—	77.50	11.30	11.20	10.10	89.60	0.30	1.504	1.504	80.00	5.00	15.00	70.00	13.33	16.67	32.0	29.9
—	—	—	—	—	—	—	—	77.50	15.00	7.50	17.50	60.00	22.50	1.505	1.500	86.41	3.94	9.65	74.19	16.29	9.52	31.0	26.8
—	—	—	—	—	—	—	—	77.50	19.40	3.10	26.30	24.80	48.90	1.499	1.495	77.30	13.60	9.10	13.70	72.80	13.50	70.7	72.6
—	—	—	—	—	—	—	—	76.00	16.00	8.00	12.00	64.00	24.00	1.510	1.503	77.50	11.30	11.20	10.10	89.60	0.30	60.7	62.8
—	—	—	—	—	—	—	—	76.00	19.00	5.00	18.00	40.00	42.00	1.504	1.499	77.50	12.30	10.20	12.10	81.60	6.30	66.0	67.0
—	—	—	—	—	—	—	—	75.16	16.05	8.79	7.90	70.32	21.78	1.508	1.505	77.50	15.00	7.50	17.50	60.00	22.50	72.8	78.5
—	—	—	—	—	—	—	—	75.00	15.00	10.00	5.00	80.00	15.00	1.509	1.506	77.50	19.40	3.10	26.30	24.80	48.90	95.7	97.3
—	—	—	—	—	—	—	—	75.00	20.00	5.00	15.00	40.00	45.00	1.505	1.501	79.00	14.00	7.00	23.00	56.00	21.00	70.1	74.0
—	—	—	—	—	—	—	—	75.00	16.70	8.30	8.40	66.40	25.20	1.509	1.504	80.00	12.00	8.00	24.00	64.00	12.00	64.3	65.4
—	—	—	—	—	—	—	—	74.36	19.26	6.38	10.32	51.04	38.64	1.510	1.503	80.00	15.00	5.00	30.00	40.00	30.00	76.6	78.1
—	—	—	—	—	—	—	—	74.00	16.00	10.00	2.00	80.00	18.00	1.510	1.508	80.80	14.20	5.00	32.40	40.00	27.60	71.9	74.6

续表

组分摩尔分数/%			一致熔融化合物摩尔分数/%			密度/(g/cm³)		组分摩尔分数/%			一致熔融化合物摩尔分数/%			折射率(n_D)		组分摩尔分数/%			一致熔融化合物摩尔分数/%			热膨胀系数/(10^{-7}/℃)	
SiO_2	Na_2O	B_2O_3	A	B	C	实验值	计算值	SiO_2	Na_2O	B_2O_3	A	B	C	实验值	计算值	SiO_2	Na_2O	B_2O_3	A	B	C	实验值	计算值
—	—	—	—	—	—	—	—	71.11	23.63	5.25	2.85	42.00	55.14	1.505	1.506	81.70	10.00	8.30	28.50	66.40	5.10	57.5	56.6
—	—	—	—	—	—	—	—	—	—	—	—	—	—	—	—	81.90	14.50	3.60	38.50	28.80	32.70	74.4	75.7
—	—	—	—	—	—	—	—	—	—	—	—	—	—	—	—	82.50	8.80	8.70	30.10	69.60	0.30	49.4	51.4
—	—	—	—	—	—	—	—	—	—	—	—	—	—	—	—	83.30	10.00	6.70	36.50	53.60	9.90	55.8	56.3
—	—	—	—	—	—	—	—	—	—	—	—	—	—	—	—	85.00	10.00	5.00	45.00	40.00	15.00	57.5	56.1
			B	D	F						B	D	F						B	D	F		
15.00	30.00	55.00	10.00	15.00	75.00	2.441	2.407	70.30	14.37	15.33	86.96	10.16	2.88	1.512	1.511	—	—	—	—	—	—	—	—
50.00	20.00	30.00	60.00	10.00	30.00	2.478	2.436	67.91	14.50	17.59	90.18	0.55	9.27	1.513	1.510	—	—	—	—	—	—	—	—
55.00	20.00	25.00	50.00	35.00	15.00	2.512	2.471	67.70	15.40	16.90	79.80	15.70	4.50	1.505	1.513	—	—	—	—	—	—	—	—
—	—	—	—	—	—	—	—	66.70	15.00	18.30	86.60	3.50	9.90	1.517	1.510	—	—	—	—	—	—	—	—
—	—	—	—	—	—	—	—	66.30	15.00	18.70	87.40	1.50	11.10	1.517	1.510	—	—	—	—	—	—	—	—
—	—	—	—	—	—	—	—	65.19	16.95	17.86	66.22	31.05	2.73	1.517	1.515	—	—	—	—	—	—	—	—
—	—	—	—	—	—	—	—	64.00	16.00	20.00	80.00	8.00	12.00	1.520	1.512	—	—	—	—	—	—	—	—
—	—	—	—	—	—	—	—	62.00	18.00	20.00	60.00	34.00	6.00	1.523	1.516	—	—	—	—	—	—	—	—
—	—	—	—	—	—	—	—	60.00	17.80	22.20	66.40	20.40	13.20	1.523	1.514	—	—	—	—	—	—	—	—
—	—	—	—	—	—	—	—	59.71	19.72	20.57	43.94	53.51	2.55	1.519	1.520	—	—	—	—	—	—	—	—
—	—	—	—	—	—	—	—	57.31	20.20	22.48	42.94	50.21	6.84	1.526	1.519	—	—	—	—	—	—	—	—
—	—	—	—	—	—	—	—	57.20	19.00	23.80	57.60	28.00	14.40	1.525	1.516	—	—	—	—	—	—	—	—
—	—	—	—	—	—	—	—	56.00	20.00	24.00	48.00	40.00	12.00	1.519	1.518	—	—	—	—	—	—	—	—
—	—	—	—	—	—	—	—	55.00	18.30	26.70	70.40	4.40	25.20	1.524	1.512	—	—	—	—	—	—	—	—
—	—	—	—	—	—	—	—	55.00	20.00	25.00	50.00	35.00	15.00	1.526	1.517	—	—	—	—	—	—	—	—
—	—	—	—	—	—	—	—	54.27	22.47	23.26	21.82	75.81	2.37	1.521	1.524	—	—	—	—	—	—	—	—
—	—	—	—	—	—	—	—	52.50	22.50	25.00	25.00	67.50	7.50	1.528	1.523	—	—	—	—	—	—	—	—

续表

组分摩尔分数/%			一致熔融化合物摩尔分数/%			密度/(g/cm³)		组分摩尔分数/%			一致熔融化合物摩尔分数/%			折射率(n_D)		组分摩尔分数/%			一致熔融化合物摩尔分数/%			热膨胀系数/(10^{-7}/℃)	
SiO_2	Na_2O	B_2O_3	B	D	F	实验值	计算值	SiO_2	Na_2O	B_2O_3	B	D	F	实验值	计算值	SiO_2	Na_2O	B_2O_3	B	D	F	实验值	计算值
—	—	—	—	—	—	—	—	52.47	20.35	27.18	50.86	28.65	20.49	1.526	1.516	—	—	—	—	—	—	—	—
—	—	—	—	—	—	—	—	52.00	20.00	28.00	56.00	20.00	24.00	1.520	1.515	—	—	—	—	—	—	—	—
—	—	—	—	—	—	—	—	50.00	20.00	30.00	60.00	10.00	30.00	1.525	1.513	—	—	—	—	—	—	—	—
—	—	—	—	—	—	—	—	48.30	24.20	27.50	13.00	77.10	9.90	1.529	1.525	—	—	—	—	—	—	—	—
—	—	—	—	—	—	—	—	48.05	21.06	30.89	51.18	19.33	29.49	1.520	1.515	—	—	—	—	—	—	—	—
—	—	—	—	—	—	—	—	47.57	20.49	31.93	58.94	6.73	34.32	1.525	1.513	—	—	—	—	—	—	—	—
—	—	—	—	—	—	—	—	47.50	25.00	27.50	5.00	87.50	7.50	1.529	1.527	—	—	—	—	—	—	—	—
—	—	—	—	—	—	—	—	45.00	25.00	30.00	10.00	75.00	15.00	1.529	1.525	—	—	—	—	—	—	—	—
—	—	—	—	—	—	—	—	44.50	22.20	33.30	44.60	22.10	33.30	1.528	1.516	—	—	—	—	—	—	—	—
—	—	—	—	—	—	—	—	41.70	25.00	33.30	16.60	58.50	24.90	1.530	1.523	—	—	—	—	—	—	—	—
—	—	—	—	—	—	—	—	37.50	25.00	37.50	25.00	37.50	37.50	1.529	1.520	—	—	—	—	—	—	—	—
—	—	—	—	—	—	—	—	28.57	28.57	42.86	0.02	57.11	42.87	1.532	1.524	—	—	—	—	—	—	—	—
			C	D	E						C	D	E						C	D	E		
55.00	30.00	15.00	30.00	60.00	10.00	2.539	2.529	63.30	31.70	5.00	79.80	20.00	0.20	1.512	1.511	—	—	—	—	—	—	—	—
—	—	—	—	—	—	—	—	56.68	29.98	13.34	40.08	53.36	6.56	1.519	1.519	—	—	—	—	—	—	—	—
—	—	—	—	—	—	—	—	55.00	30.00	15.00	30.00	60.00	10.00	1.522	1.521	—	—	—	—	—	—	—	—
—	—	—	—	—	—	—	—	54.50	30.00	15.50	27.00	62.00	11.00	1.522	1.522	—	—	—	—	—	—	—	—
—	—	—	—	—	—	—	—	52.94	29.41	17.65	17.64	70.60	11.76	1.510	1.524	—	—	—	—	—	—	—	—
—	—	—	—	—	—	—	—	52.01	28.24	19.75	12.06	79.00	8.94	1.518	1.525	—	—	—	—	—	—	—	—
			B	F	G						B	F	G						B	F	G		
5.00	20.00	75.00	6.67	3.75	89.58	2.202	2.237	65.00	14.00	21.00	86.67	3.75	9.58	1.514	1.509	—	—	—	—	—	—	—	—
5.00	25.00	70.00	6.67	41.25	52.08	2.283	2.297	65.00	15.00	20.00	86.67	11.25	2.08	1.517	1.510	—	—	—	—	—	—	—	—
5.00	30.00	65.00	6.67	78.75	14.58	2.356	2.356	63.91	13.65	22.44	85.21	0.31	14.48	1.508	1.508	—	—	—	—	—	—	—	—

续表

组分摩尔分数/%			一致熔融化合物摩尔分数/%			密度/(g/cm³)		组分摩尔分数/%			一致熔融化合物摩尔分数/%			折射率(n_D)		组分摩尔分数/%			一致熔融化合物摩尔分数/%			热膨胀系数/(10^{-7}/℃)	
SiO_2	Na_2O	B_2O_3	B	F	G	实验值	计算值	SiO_2	Na_2O	B_2O_3	B	F	G	实验值	计算值	SiO_2	Na_2O	B_2O_3	B	F	G	实验值	计算值
10.00	20.00	70.00	13.33	7.50	79.17	2.216	2.259	61.50	15.40	23.10	82.00	11.63	6.38	1.518	1.509	—	—	—	—	—	—	—	—
10.00	25.00	65.00	13.33	45.00	41.67	2.319	2.318	60.76	16.15	23.09	81.01	16.70	2.29	1.518	1.510	—	—	—	—	—	—	—	—
10.00	30.00	60.00	13.33	82.50	4.17	2.393	2.377	60.00	15.00	25.00	80.00	7.50	12.50	1.516	1.509	—	—	—	—	—	—	—	—
15.00	20.00	65.00	20.00	11.25	68.75	2.252	2.280	60.00	16.00	24.00	80.00	15.00	5.00	1.520	1.510	—	—	—	—	—	—	—	—
15.00	25.00	60.00	20.00	48.75	31.25	2.351	2.339	57.50	15.00	27.50	76.67	5.63	17.71	1.514	1.508	—	—	—	—	—	—	—	—
20.00	20.00	60.00	26.67	15.00	58.33	2.282	2.302	57.00	15.00	28.00	76.00	5.25	18.75	1.514	1.508	—	—	—	—	—	—	—	—
20.00	25.00	55.00	26.67	52.50	20.83	2.378	2.361	55.00	15.00	30.00	73.33	3.75	22.92	1.513	1.508	—	—	—	—	—	—	—	—
25.00	20.00	55.00	33.33	18.75	47.92	2.330	2.323	52.77	15.35	31.88	70.36	4.70	24.94	1.513	1.508	—	—	—	—	—	—	—	—
25.00	25.00	50.00	33.33	56.25	10.42	2.416	2.382	52.50	17.50	30.00	70.00	20.63	9.38	1.521	1.510	—	—	—	—	—	—	—	—
30.00	20.00	50.00	40.00	22.50	37.50	2.331	2.344	52.00	16.00	32.00	69.33	9.00	21.67	1.520	1.508	—	—	—	—	—	—	—	—
35.00	20.00	45.00	46.67	26.25	27.08	2.389	2.366	50.00	16.70	33.30	66.67	12.75	20.58	1.517	1.509	—	—	—	—	—	—	—	—
40.00	20.00	40.00	53.33	30.00	16.67	2.419	2.387	44.92	19.97	35.10	59.89	33.48	6.62	1.504	1.511	—	—	—	—	—	—	—	—
45.00	20.00	35.00	60.00	33.75	6.25	2.445	2.409	40.00	20.00	40.00	53.33	30.00	16.67	1.521	1.510	—	—	—	—	—	—	—	—
65.00	15.00	20.00	86.67	11.25	2.08	2.345	2.435	10.00	26.00	64.00	13.33	52.50	34.17	1.511	1.511	—	—	—	—	—	—	—	—
			D	E	F						D	E	F						D	E	F		
25.00	30.00	45.00	46.67	3.33	50.00	2.473	2.460	48.55	25.36	26.08	96.61	0.49	2.89	1.523	1.528	—	—	—	—	—	—	—	—
30.00	30.00	40.00	53.33	6.67	40.00	2.492	2.478	47.50	27.50	25.00	86.67	8.33	5.00	1.528	1.527	—	—	—	—	—	—	—	—
35.00	30.00	35.00	60.00	10.00	30.00	2.513	2.495	46.70	40.00	13.30	35.60	57.80	6.60	1.516	1.521	—	—	—	—	—	—	—	—
40.00	30.00	30.00	66.67	13.33	20.00	2.529	2.513	45.00	27.50	27.50	83.33	6.67	10.00	1.529	1.527	—	—	—	—	—	—	—	—
45.00	30.00	25.00	73.33	16.67	10.00	2.553	2.530	45.00	30.00	25.00	73.33	16.67	10.00	1.528	1.526	—	—	—	—	—	—	—	—
—	—	—	—	—	—	—	—	43.75	31.25	25.00	66.67	20.83	12.50	1.500	1.525	—	—	—	—	—	—	—	—
—	—	—	—	—	—	—	—	43.04	28.14	28.82	78.16	7.92	13.92	1.528	1.526	—	—	—	—	—	—	—	—
—	—	—	—	—	—	—	—	42.50	27.50	30.00	80.00	5.00	15.00	1.529	1.527	—	—	—	—	—	—	—	—

续表

组分摩尔分数/%			一致熔融化合物摩尔分数/%			密度/(g/cm³)		组分摩尔分数/%			一致熔融化合物摩尔分数/%			折射率(n_D)		组分摩尔分数/%			一致熔融化合物摩尔分数/%			热膨胀系数/(10^{-7}/℃)	
SiO_2	Na_2O	B_2O_3	D	E	F	实验值	计算值	SiO_2	Na_2O	B_2O_3	D	E	F	实验值	计算值	SiO_2	Na_2O	B_2O_3	D	E	F	实验值	计算值
—	—	—	—	—	—	—	—	42.50	30.00	27.50	70.00	15.00	15.00	1.527	1.525	—	—	—	—	—	—	—	—
—	—	—	—	—	—	—	—	40.00	30.00	30.00	66.67	13.33	20.00	1.528	1.525	—	—	—	—	—	—	—	—
—	—	—	—	—	—	—	—	40.00	40.00	20.00	26.67	53.33	20.00	1.518	1.520	—	—	—	—	—	—	—	—
—	—	—	—	—	—	—	—	37.50	37.50	25.00	33.33	41.67	25.00	1.521	1.521	—	—	—	—	—	—	—	—
—	—	—	—	—	—	—	—	37.49	30.95	31.56	59.52	15.46	25.02	1.527	1.524	—	—	—	—	—	—	—	—
—	—	—	—	—	—	—	—	36.70	30.00	33.30	62.27	11.13	26.60	1.528	1.524	—	—	—	—	—	—	—	—
—	—	—	—	—	—	—	—	34.00	36.00	30.00	34.67	33.33	32.00	1.523	1.521	—	—	—	—	—	—	—	—
—	—	—	—	—	—	—	—	33.30	33.30	33.30	44.40	22.20	33.30	1.526	1.521	—	—	—	—	—	—	—	—
—	—	—	—	—	—	—	—	32.50	30.00	37.50	56.67	8.33	35.00	1.528	1.524	—	—	—	—	—	—	—	—
—	—	—	—	—	—	—	—	31.77	33.84	34.38	40.32	23.22	36.45	1.525	1.522	—	—	—	—	—	—	—	—
			B	C	D						B	C	D						B	C	D		
65.00	20.00	15.00	50.00	15.00	35.00	2.462	2.488	72.50	15.00	12.50	85.00	7.50	7.50	1.514	1.510	54.20	25.00	20.80	8.40	12.60	79.00	103.0	111.8
65.00	25.00	10.00	30.00	45.00	25.00	2.507	2.489	72.00	18.00	10.00	72.00	24.00	4.00	1.513	1.509	55.00	25.00	20.00	10.00	15.00	75.00	101.0	112.3
65.00	30.00	5.00	10.00	75.00	15.00	2.537	2.491	72.00	16.00	12.00	80.00	12.00	8.00	1.520	1.510	56.70	28.30	15.00	0.20	39.90	59.90	122.0	128.6
65.00	30.00	5.00	10.00	75.00	15.00	2.520	2.491	71.45	15.25	13.30	81.90	5.85	12.25	1.510	1.511	57.50	22.50	20.00	25.00	7.50	67.50	96.7	102.5
70.00	20.00	10.00	60.00	30.00	10.00	2.502	2.469	70.00	17.50	12.50	70.00	15.00	15.00	1.517	1.512	60.00	25.00	15.00	20.00	30.00	50.00	102.0	115.6
—	—	—	—	—	—	—	—	70.00	20.00	10.00	60.00	30.00	10.00	1.515	1.510	60.80	20.20	19.00	40.80	3.60	55.60	83.5	94.2
—	—	—	—	—	—	—	—	70.00	18.00	12.00	68.00	18.00	14.00	1.517	1.511	62.09	22.73	15.18	33.26	22.65	44.09	104.0	106.6
—	—	—	—	—	—	—	—	68.60	17.10	14.30	68.80	8.40	22.80	1.519	1.513	62.10	20.70	17.20	41.40	10.50	48.10	88.9	97.3
—	—	—	—	—	—	—	—	68.42	26.32	5.26	31.56	63.18	5.26	1.520	1.509	62.20	20.00	17.80	44.40	6.60	49.00	88.6	94.2
—	—	—	—	—	—	—	—	68.09	17.45	14.47	66.38	8.94	24.69	1.520	1.514	62.50	22.50	15.00	35.00	22.50	42.50	96.3	105.8
—	—	—	—	—	—	—	—	68.00	17.00	15.00	68.00	6.00	26.00	1.519	1.514	62.50	25.00	12.50	25.00	37.50	37.50	105.0	117.3
—	—	—	—	—	—	—	—	68.00	28.00	4.00	24.00	72.00	4.00	1.510	1.508	63.30	20.00	16.70	46.60	9.90	43.50	90.3	94.9

续表

组分摩尔分数/%			一致熔融化合物摩尔分数/%			密度/(g/cm³)		组分摩尔分数/%			一致熔融化合物摩尔分数/%			折射率(n_D)		组分摩尔分数/%			一致熔融化合物摩尔分数/%			热膨胀系数/(10^{-7}/℃)	
SiO_2	Na_2O	B_2O_3	B	C	D	实验值	计算值	SiO_2	Na_2O	B_2O_3	B	C	D	实验值	计算值	SiO_2	Na_2O	B_2O_3	B	C	D	实验值	计算值
—	—	—	—	—	—	—	—	68.00	24.00	8.00	40.00	48.00	12.00	1.510	1.510	63.40	31.60	5.00	0.40	79.80	19.80	133.0	148.2
—	—	—	—	—	—	—	—	68.00	20.00	12.00	56.00	24.00	20.00	1.520	1.513	63.50	21.50	15.00	41.00	19.50	39.50	91.2	101.9
—	—	—	—	—	—	—	—	67.50	22.50	10.00	45.00	37.50	17.50	1.517	1.512	64.30	21.40	14.30	43.00	21.30	35.70	91.3	102.0
—	—	—	—	—	—	—	—	66.70	20.00	13.30	53.40	20.10	26.50	1.520	1.514	65.00	19.10	15.90	53.60	9.60	36.80	82.4	91.9
—	—	—	—	—	—	—	—	66.70	22.20	11.10	44.60	33.30	22.10	1.518	1.513	65.00	20.00	15.00	50.00	15.00	35.00	84.1	96.0
—	—	—	—	—	—	—	—	66.70	16.70	16.60	66.60	0.30	33.10	1.520	1.516	65.00	21.70	13.30	43.20	25.20	31.60	87.8	103.8
—	—	—	—	—	—	—	—	66.70	25.00	8.30	33.40	50.10	16.50	1.515	1.511	65.00	23.30	11.70	36.80	34.80	28.40	95.4	111.2
—	—	—	—	—	—	—	—	66.70	28.30	5.00	20.20	69.90	9.90	1.510	1.510	65.00	25.00	10.00	30.00	45.00	25.00	108.0	119.0
—	—	—	—	—	—	—	—	65.00	20.00	15.00	50.00	15.00	35.00	1.522	1.516	65.00	30.00	5.00	10.00	75.00	15.00	129.0	141.9
—	—	—	—	—	—	—	—	65.00	21.70	13.30	43.20	25.20	31.60	1.521	1.515	66.70	18.20	15.10	60.60	9.30	30.10	82.7	88.9
—	—	—	—	—	—	—	—	65.00	23.30	11.70	36.80	34.80	28.40	1.519	1.514	66.70	20.00	13.30	53.40	20.10	26.50	90.5	97.2
—	—	—	—	—	—	—	—	65.00	25.00	10.00	30.00	45.00	25.00	1.517	1.513	66.70	22.20	11.10	44.60	33.30	22.10	95.1	107.3
—	—	—	—	—	—	—	—	65.00	30.00	5.00	10.00	75.00	15.00	1.512	1.511	66.70	25.00	8.30	33.40	50.10	16.50	105.0	120.1
—	—	—	—	—	—	—	—	64.63	24.12	11.25	32.78	38.61	28.61	1.574	1.514	66.70	28.30	5.00	20.20	69.90	9.90	125.0	135.2
—	—	—	—	—	—	—	—	64.00	20.00	16.00	48.00	12.00	40.00	1.515	1.517	67.50	22.50	10.00	45.00	37.50	17.50	103.0	109.2
—	—	—	—	—	—	—	—	63.30	20.00	16.70	46.60	9.90	43.50	1.523	1.518	68.00	17.00	15.00	68.00	6.00	26.00	83.8	84.3
—	—	—	—	—	—	—	—	62.50	22.50	15.00	35.00	22.50	42.50	1.522	1.517	68.60	17.10	14.30	68.80	8.40	22.80	82.1	85.1
—	—	—	—	—	—	—	—	62.50	25.00	12.50	25.00	37.50	37.50	1.520	1.516	70.00	20.00	10.00	60.00	30.00	10.00	95.0	99.4
—	—	—	—	—	—	—	—	62.20	20.00	17.80	44.40	6.60	49.00	1.524	1.519	70.00	16.40	13.60	74.40	8.40	17.20	79.0	82.9
—	—	—	—	—	—	—	—	61.90	20.24	17.86	42.84	7.14	50.02	1.519	1.519	70.00	17.50	12.50	70.00	15.00	15.00	82.1	87.9
—	—	—	—	—	—	—	—	61.11	27.78	11.11	11.10	50.01	38.89	1.521	1.516	70.00	18.00	12.00	68.00	18.00	14.00	85.6	90.2
—	—	—	—	—	—	—	—	60.80	20.20	19.00	40.80	3.60	55.60	1.525	1.520	70.00	20.00	10.00	60.00	30.00	10.00	90.1	99.4
—	—	—	—	—	—	—	—	60.00	22.90	17.10	28.40	17.40	54.20	1.524	1.519	70.30	23.00	6.70	48.60	48.90	2.50	102.0	113.3

续表

组分摩尔分数/%			一致熔融化合物摩尔分数/%			密度/(g/cm³)		组分摩尔分数/%			一致熔融化合物摩尔分数/%			折射率(n_D)		组分摩尔分数/%			一致熔融化合物摩尔分数/%			热膨胀系数/(10^{-7}/℃)	
SiO_2	Na_2O	B_2O_3	B	C	D	实验值	计算值	SiO_2	Na_2O	B_2O_3	B	C	D	实验值	计算值	SiO_2	Na_2O	B_2O_3	B	C	D	实验值	计算值
—	—	—	—	—	—	—	—	60.00	25.00	15.00	20.00	30.00	50.00	1.523	1.518	70.60	17.60	11.80	70.80	17.40	11.80	82.5	88.8
—	—	—	—	—	—	—	—	60.00	26.70	13.30	13.20	40.20	46.60	1.521	1.518	71.73	15.89	12.38	79.90	10.53	9.57	77.0	81.7
—	—	—	—	—	—	—	—	58.30	25.00	16.70	16.60	24.90	58.50	1.525	1.520	72.00	18.00	10.00	72.00	24.00	4.00	85.2	91.5
—	—	—	—	—	—	—	—	57.50	22.50	20.00	25.00	7.50	67.50	1.526	1.522	72.50	15.00	12.50	85.00	7.50	7.50	75.1	78.1
—	—	—	—	—	—	—	—	55.00	25.00	20.00	10.00	15.00	75.00	1.527	1.524	72.70	18.20	9.10	72.60	27.30	0.10	85.6	92.9
—	—	—	—	—	—	—	—	54.20	25.00	20.80	8.40	12.60	79.00	1.527	1.525	—	—	—	—	—	—	—	—

组分摩尔分数/%			一致熔融化合物摩尔分数/%			弹性模量/GPa		组分摩尔分数/%			一致熔融化合物摩尔分数/%			剪切模量/GPa	
SiO_2	Na_2O	B_2O_3	A	B	C	实验值	计算值	SiO_2	Na_2O	B_2O_3	A	B	C	实验值	计算值
82.84	9.03	8.13	32.26	65.04	2.70	74.0	71.9	—	—	—	—	—	—	—	—
80.00	16.00	4.00	32.00	32.00	36.00	66.3	67.5	—	—	—	—	—	—	—	—
80.00	15.00	5.00	30.00	40.00	30.00	65.3	68.4	—	—	—	—	—	—	—	—
79.81	13.00	7.19	25.05	57.52	17.43	76.0	70.2	—	—	—	—	—	—	—	—
76.00	16.00	8.00	12.00	64.00	24.00	72.6	69.9	—	—	—	—	—	—	—	—
75.00	20.00	5.00	15.00	40.00	45.00	76.2	67.0	—	—	—	—	—	—	—	—
75.00	15.00	10.00	5.00	80.00	15.00	70.9	71.3	—	—	—	—	—	—	—	—
			B	C	D						B	C	D		
72.00	16.00	12.00	80.00	12.00	8.00	77.0	72.1	—	—	—	—	—	—	—	—
70.00	16.00	14.00	76.00	6.00	18.00	80.7	73.2	—	—	—	—	—	—	—	—
70.00	20.00	10.00	60.00	30.00	10.00	78.0	69.8	—	—	—	—	—	—	—	—
69.60	21.70	8.70	52.40	39.00	8.60	71.0	68.6	—	—	—	—	—	—	—	—
65.00	30.00	5.00	10.00	75.00	15.00	73.5	64.0	—	—	—	—	—	—	—	—
65.00	20.00	15.00	50.00	15.00	35.00	82.8	72.4	—	—	—	—	—	—	—	—

续表

组分摩尔分数/%			一致熔融化合物摩尔分数/%			弹性模量/GPa		组分摩尔分数/%			一致熔融化合物摩尔分数/%			剪切模量/GPa	
SiO_2	Na_2O	B_2O_3	B	C	D	实验值	计算值	SiO_2	Na_2O	B_2O_3	B	C	D	实验值	计算值
65.00	25.00	10.00	30.00	45.00	25.00	67.0	68.2	—	—	—	—	—	—	—	—
65.00	30.00	5.00	10.00	75.00	15.00	63.4	64.0	—	—	—	—	—	—	—	—
60.20	28.70	11.10	5.60	52.80	41.60	65.2	67.6	—	—	—	—	—	—	—	—
60.00	25.00	15.00	20.00	30.00	50.00	68.4	70.8	—	—	—	—	—	—	—	—
60.00	24.00	16.00	24.00	24.00	52.00	84.0	71.6	—	—	—	—	—	—	—	—
57.00	24.00	19.00	18.00	15.00	67.00	84.0	73.2	—	—	—	—	—	—	—	—
55.00	25.00	20.00	10.00	15.00	75.00	70.9	73.4	—	—	—	—	—	—	—	—
			A	B	G						A	B	G		
—	—	—	—	—	—	—	—	57.97	13.04	28.99	11.63	61.79	26.58	26.7	25.4
—	—	—	—	—	—	—	—	58.82	11.76	29.41	23.56	47.01	29.42	25.2	25.5
—	—	—	—	—	—	—	—	60.61	9.09	30.30	48.49	16.16	35.35	21.5	25.6
—	—	—	—	—	—	—	—	42.55	14.89	42.55	8.53	45.36	46.10	23.7	23.2
—	—	—	—	—	—	—	—	43.48	13.04	43.48	26.12	23.15	50.73	22.9	23.2
—	—	—	—	—	—	—	—	52.20	11.60	36.20	31.80	27.20	41.00	23.0	24.4
—	—	—	—	—	—	—	—	72.90	5.80	21.30	69.10	5.07	25.83	25.0	27.2
—	—	—	—	—	—	—	—	66.67	11.11	22.22	22.23	59.25	18.52	28.2	26.6
—	—	—	—	—	—	—	—	72.73	9.09	18.18	36.37	48.48	15.15	28.6	27.4
—	—	—	—	—	—	—	—	76.92	7.69	15.38	46.16	41.01	12.82	26.5	28.0
—	—	—	—	—	—	—	—	80.00	6.67	13.33	53.30	35.60	11.10	28.9	28.4
—	—	—	—	—	—	—	—	27.58	16.15	56.28	10.94	22.19	66.88	21.3	21.0
—	—	—	—	—	—	—	—	80.60	9.10	10.30	28.40	69.60	2.00	30.3	28.6
			A	G	H						A	G	H		
—	—	—	—	—	—	—	—	62.50	6.25	31.25	62.50	31.25	6.25	19.2	25.0
—	—	—	—	—	—	—	—	64.52	3.23	32.26	64.52	16.15	19.34	17.3	23.7
—	—	—	—	—	—	—	—	45.45	9.09	45.45	45.45	45.45	9.09	17.9	22.3
—	—	—	—	—	—	—	—	48.31	3.38	48.31	48.31	16.90	34.79	13.6	19.6

续表

组分摩尔分数/%			一致熔融化合物摩尔分数/%			弹性模量/GPa		组分摩尔分数/%			一致熔融化合物摩尔分数/%			剪切模量/GPa	
SiO_2	Na_2O	B_2O_3	A	G	H	实验值	计算值	SiO_2	Na_2O	B_2O_3	A	G	H	实验值	计算值
—	—	—	—	—	—	—	—	42.69	10.43	46.88	42.69	52.15	5.16	16.8	22.4
—	—	—	—	—	—	—	—	50.07	4.57	45.35	50.07	22.85	27.07	13.3	20.8
—	—	—	—	—	—	—	—	51.48	3.43	45.08	51.48	17.15	31.36	13.7	20.4
—	—	—	—	—	—	—	—	45.80	6.20	48.00	45.80	31.00	23.20	14.7	20.6
—	—	—	—	—	—	—	—	48.31	3.38	48.31	48.31	16.90	34.79	13.6	19.6
—	—	—	—	—	—	—	—	62.11	6.83	31.06	62.11	34.15	3.74	19.2	25.2
—	—	—	—	—	—	—	—	64.52	3.23	32.26	64.52	16.15	19.34	17.3	23.7
—	—	—	—	—	—	—	—	47.49	9.95	42.55	47.49	49.75	2.75	18.6	23.3
—	—	—	—	—	—	—	—	49.02	6.45	44.53	49.02	32.25	18.73	15.6	21.6
—	—	—	—	—	—	—	—	49.87	9.11	41.02	49.87	45.55	4.58	18.1	23.4
—	—	—	—	—	—	—	—	51.48	3.43	45.08	51.48	17.15	31.36	14.3	20.4
—	—	—	—	—	—	—	—	50.07	4.57	45.35	50.07	22.85	27.07	13.6	20.8
—	—	—	—	—	—	—	—	42.69	10.43	46.88	42.69	52.15	5.16	17.1	22.4

附表 C18 $BaO-B_2O_3-SiO_2$ 玻璃体系物理性质的实验值与计算值

标注	一致熔融化合物
A	$3BaO \cdot 3B_2O_3 \cdot 2SiO_2$
B	$BaO \cdot 2SiO_2$
C	SiO_2
D	$2BaO \cdot 3SiO_2$
E	$BaO \cdot 2B_2O_3$
F	$BaO \cdot 4B_2O_3$
G	$BaO \cdot B_2O_3$
H	$BaO \cdot SiO_2$

续表

组分摩尔分数/%			一致熔融化合物摩尔分数/%			密度/(g/cm^3)		组分摩尔分数/%			一致熔融化合物摩尔分数/%			折射率(n_D)		组分摩尔分数/%			一致熔融化合物摩尔分数/%			热膨胀系数/(10^{-7}/℃)	
SiO_2	BaO	B_2O_3	A	B	C	实验值	计算值	SiO_2	BaO	B_2O_3	A	B	C	实验值	计算值	SiO_2	BaO	B_2O_3	A	B	C	实验值	计算值
47.90	28.20	23.90	63.73	12.90	23.37	3.586	3.462	61.20	32.30	6.50	17.33	77.40	5.27	1.620	1.608	—	—	—	—	—	—	—	—
49.60	30.10	20.30	54.13	29.40	16.47	3.671	3.555	57.40	32.30	10.30	27.47	66.00	6.53	1.624	1.611	—	—	—	—	—	—	—	—
61.20	32.30	6.50	17.33	77.40	5.27	3.728	3.677	59.40	28.10	12.50	33.33	46.80	19.87	1.610	1.593	—	—	—	—	—	—	—	—
45.30	32.10	22.60	60.27	28.50	11.23	3.758	3.644	51.50	32.40	16.10	42.93	48.90	8.17	1.628	1.614	—	—	—	—	—	—	—	—
37.60	32.30	30.10	80.27	6.60	13.13	3.740	3.642	49.60	30.10	20.30	54.13	29.40	16.47	1.624	1.607	—	—	—	—	—	—	—	—
51.50	32.40	16.10	42.93	48.90	8.17	3.747	3.667	47.60	32.00	20.40	54.40	34.80	10.80	1.630	1.615	—	—	—	—	—	—	—	—
41.90	32.60	25.50	68.00	21.30	10.70	3.748	3.662	45.30	32.10	22.60	60.27	28.50	11.23	1.632	1.617	—	—	—	—	—	—	—	—
33.20	34.20	32.60	86.93	4.80	8.27	3.775	3.725	47.90	28.20	23.90	63.73	12.90	23.37	1.618	1.600	—	—	—	—	—	—	—	—
35.70	36.30	28.00	74.67	24.90	0.43	3.879	3.829	43.50	32.10	24.40	65.07	23.10	11.83	1.632	1.618	—	—	—	—	—	—	—	—
28.10	36.40	35.50	94.67	2.70	2.63	3.851	3.822	41.90	32.60	25.50	68.00	21.30	10.70	1.633	1.621	—	—	—	—	—	—	—	—
—	—	—	—	—	—	—	—	44.10	28.30	27.60	73.60	2.10	24.30	1.620	1.603	—	—	—	—	—	—	—	—
—	—	—	—	—	—	—	—	39.80	32.20	28.00	74.67	12.60	12.73	1.633	1.621	—	—	—	—	—	—	—	—
—	—	—	—	—	—	—	—	35.70	36.30	28.00	74.67	24.90	0.43	1.644	1.639	—	—	—	—	—	—	—	—
—	—	—	—	—	—	—	—	37.60	32.30	30.10	80.27	6.60	13.13	1.634	1.622	—	—	—	—	—	—	—	—
—	—	—	—	—	—	—	—	31.70	36.40	31.90	85.07	13.50	1.43	1.644	1.642	—	—	—	—	—	—	—	—
—	—	—	—	—	—	—	—	35.70	32.20	32.10	85.60	0.30	14.10	1.633	1.623	—	—	—	—	—	—	—	—
—	—	—	—	—	—	—	—	32.50	35.00	32.50	86.67	7.50	5.83	1.644	1.636	—	—	—	—	—	—	—	—
—	—	—	—	—	—	—	—	33.20	34.20	32.60	86.93	4.80	8.27	1.638	1.632	—	—	—	—	—	—	—	—
—	—	—	—	—	—	—	—	28.10	36.40	35.50	94.67	2.70	2.63	1.644	1.644	—	—	—	—	—	—	—	—
			C	E	F						C	E	F						C	E	F		
8.00	20.60	71.40	8.00	16.50	75.50	2.908	2.889	24.20	24.40	51.40	24.20	69.30	6.50	1.598	1.577	18.11	27.20	54.69	18.11	81.17	0.72	70.7	67.4
12.00	24.50	63.50	12.00	51.75	36.25	3.170	3.118	20.10	24.40	55.50	20.10	63.15	16.75	1.595	1.577	17.73	24.89	57.38	17.73	63.27	19.00	71.1	65.9
15.70	20.70	63.60	15.70	28.80	55.50	2.970	2.930	11.80	28.60	59.60	11.80	82.20	6.00	1.610	1.597	12.17	27.43	60.40	12.17	73.98	13.85	69.4	70.2
24.20	24.40	51.40	24.20	69.30	6.50	3.268	3.169	15.90	24.30	59.80	15.90	56.10	28.00	1.593	1.577	11.51	21.43	67.06	11.51	27.99	60.50	61.6	66.0
20.10	24.40	55.50	20.10	63.15	16.75	3.241	3.150	8.00	28.80	63.20	8.00	78.00	14.00	1.608	1.599	6.13	27.66	66.21	6.13	66.65	27.23	69.7	73.1

续表

组分摩尔分数/%			一致熔融化合物摩尔分数/%			密度/(g/cm³)		组分摩尔分数/%			一致熔融化合物摩尔分数/%			折射率(n_D)		组分摩尔分数/%			一致熔融化合物摩尔分数/%			热膨胀系数/(10^{-7}/℃)	
SiO_2	BaO	B_2O_3	C	E	F	实验值	计算值	SiO_2	BaO	B_2O_3	C	E	F	实验值	计算值	SiO_2	BaO	B_2O_3	C	E	F	实验值	计算值
4.10	24.50	71.40	4.10	39.90	56.00	3.101	3.082	12.00	24.50	63.50	12.00	51.75	36.25	1.591	1.578	—	—	—	—	—	—	—	—
8.00	28.80	63.20	8.00	78.00	14.00	3.359	3.332	15.70	20.70	63.60	15.70	28.80	55.50	1.571	1.560	—	—	—	—	—	—	—	—
—	—	—	—	—	—	—	—	8.00	24.50	67.50	8.00	45.75	46.25	1.588	1.579	—	—	—	—	—	—	—	—
—	—	—	—	—	—	—	—	8.00	20.60	71.40	8.00	16.50	75.50	1.567	1.560	—	—	—	—	—	—	—	—
—	—	—	—	—	—	—	—	4.10	24.50	71.40	4.10	39.90	56.00	1.585	1.579	—	—	—	—	—	—	—	—
			A	C	E						A	C	E						A	C	E		
36.10	24.00	39.90	21.60	30.70	47.70	3.352	3.200	54.09	21.20	24.72	47.15	42.30	10.56	1.603	1.567	—	—	—	—	—	—	—	—
32.80	24.30	42.90	15.20	29.00	55.80	3.332	3.202	39.80	28.20	32.00	65.07	23.53	11.40	1.620	1.602	—	—	—	—	—	—	—	—
39.80	28.20	32.00	65.07	23.53	11.40	3.570	3.439	33.80	32.40	33.80	82.67	13.13	4.20	1.633	1.624	—	—	—	—	—	—	—	—
35.60	28.20	36.20	53.87	22.13	24.00	3.550	3.421	35.00	30.00	35.00	66.67	18.33	15.00	1.629	1.611	—	—	—	—	—	—	—	—
31.40	28.60	40.00	45.87	19.93	34.20	3.544	3.424	36.10	28.40	35.50	56.80	21.90	21.30	1.620	1.602	—	—	—	—	—	—	—	—
15.60	28.60	55.80	3.73	14.67	81.60	3.427	3.356	32.00	32.50	35.50	78.67	12.33	9.00	1.632	1.624	—	—	—	—	—	—	—	—
17.50	32.10	50.40	36.80	8.30	54.90	3.623	3.550	29.90	34.30	35.80	87.47	8.03	4.50	1.639	1.633	—	—	—	—	—	—	—	—
33.80	32.40	33.80	82.67	13.13	4.20	3.722	3.637	35.60	28.20	36.20	53.87	22.13	24.00	1.620	1.601	—	—	—	—	—	—	—	—
21.90	32.40	45.70	50.93	9.17	39.90	3.658	3.585	24.00	36.60	39.40	90.13	1.47	8.40	1.644	1.645	—	—	—	—	—	—	—	—
26.00	32.60	41.40	63.47	10.13	26.40	3.682	3.614	32.10	28.20	39.70	44.53	20.97	34.50	1.620	1.600	—	—	—	—	—	—	—	—
29.90	34.30	35.80	87.47	8.03	4.50	3.785	3.721	23.90	36.40	39.70	88.27	1.83	9.90	1.643	1.644	—	—	—	—	—	—	—	—
23.90	36.40	39.70	88.27	1.83	9.90	3.832	3.807	36.10	24.00	39.90	21.60	30.70	47.70	1.603	1.577	—	—	—	—	—	—	—	—
18.10	32.40	49.50	40.80	7.90	51.30	3.628	3.569	31.40	28.60	40.00	45.87	19.93	34.20	1.621	1.602	—	—	—	—	—	—	—	—
14.10	32.30	53.60	29.33	6.77	63.90	3.597	3.546	26.00	32.60	41.40	63.47	10.13	26.40	1.632	1.623	—	—	—	—	—	—	—	—
8.30	32.30	59.40	13.87	4.83	81.30	3.556	3.521	32.80	24.30	42.90	15.20	29.00	55.80	1.602	1.578	—	—	—	—	—	—	—	—
3.20	32.60	64.20	2.67	2.53	94.80	3.508	3.515	24.10	32.40	43.50	56.80	9.90	33.30	1.632	1.621	—	—	—	—	—	—	—	—
20.10	36.40	43.50	78.13	0.57	21.30	3.808	3.790	20.10	36.40	43.50	78.13	0.57	21.30	1.642	1.643	—	—	—	—	—	—	—	—
—	—	—	—	—	—	—	—	20.00	36.50	43.50	78.67	0.33	21.00	1.643	1.643	—	—	—	—	—	—	—	—

续表

组分摩尔分数/%			一致熔融化合物摩尔分数/%			密度/(g/cm^3)		组分摩尔分数/%			一致熔融化合物摩尔分数/%			折射率(n_D)		组分摩尔分数/%			一致熔融化合物摩尔分数/%			热膨胀系数/(10^{-7}/℃)	
SiO_2	BaO	B_2O_3	A	C	E	实验值	计算值	SiO_2	BaO	B_2O_3	A	C	E	实验值	计算值	SiO_2	BaO	B_2O_3	A	C	E	实验值	计算值
—	—	—	—	—	—	—	—	21.90	32.40	45.70	50.93	9.17	39.90	1.631	1.621	—	—	—	—	—	—	—	—
—	—	—	—	—	—	—	—	24.10	28.50	47.40	25.60	17.70	56.70	1.617	1.599	—	—	—	—	—	—	—	—
—	—	—	—	—	—	—	—	28.20	24.20	47.60	2.13	27.67	70.20	1.600	1.576	—	—	—	—	—	—	—	—
—	—	—	—	—	—	—	—	19.50	32.70	47.80	46.93	7.77	45.30	1.631	1.622	—	—	—	—	—	—	—	—
—	—	—	—	—	—	—	—	18.10	32.40	49.50	40.80	7.90	51.30	1.629	1.620	—	—	—	—	—	—	—	—
—	—	—	—	—	—	—	—	15.90	32.50	51.60	35.73	6.97	57.30	1.628	1.620	—	—	—	—	—	—	—	—
—	—	—	—	—	—	—	—	14.10	32.30	53.60	29.33	6.77	63.90	1.627	1.618	—	—	—	—	—	—	—	—
—	—	—	—	—	—	—	—	15.60	28.60	55.80	3.73	14.67	81.60	1.613	1.598	—	—	—	—	—	—	—	—
—	—	—	—	—	—	—	—	8.90	32.30	58.80	15.47	5.03	79.50	1.625	1.617	—	—	—	—	—	—	—	—
—	—	—	—	—	—	—	—	5.80	32.50	61.70	8.80	3.60	87.60	1.622	1.617	—	—	—	—	—	—	—	—
—	—	—	—	—	—	—	—	3.20	32.60	64.20	2.67	2.53	94.80	1.621	1.617	—	—	—	—	—	—	—	—
			A	E	G						A	E	G						A	E	G		
—	—	—	—	—	—	—	—	16.00	40.30	43.70	64.00	10.20	25.80	1.650	1.650	—	—	—	—	—	—	—	—
—	—	—	—	—	—	—	—	16.10	36.60	47.30	64.40	32.10	3.50	1.641	1.641	—	—	—	—	—	—	—	—
—	—	—	—	—	—	—	—	11.90	40.50	47.60	47.60	21.30	31.10	1.649	1.647	—	—	—	—	—	—	—	—
—	—	—	—	—	—	—	—	15.00	37.00	48.00	60.00	33.00	7.00	1.643	1.641	—	—	—	—	—	—	—	—
—	—	—	—	—	—	—	—	14.90	36.90	48.20	59.60	33.90	6.50	1.642	1.640	—	—	—	—	—	—	—	—
—	—	—	—	—	—	—	—	11.90	36.60	51.50	47.60	44.70	7.70	1.640	1.637	—	—	—	—	—	—	—	—
—	—	—	—	—	—	—	—	7.90	40.60	51.50	31.60	32.70	35.70	1.647	1.644	—	—	—	—	—	—	—	—
—	—	—	—	—	—	—	—	9.90	38.20	51.90	39.60	41.10	19.30	1.643	1.640	—	—	—	—	—	—	—	—
—	—	—	—	—	—	—	—	5.10	39.80	55.10	20.40	45.90	33.70	1.643	1.640	—	—	—	—	—	—	—	—
—	—	—	—	—	—	—	—	3.80	40.70	55.50	15.20	44.40	40.40	1.645	1.641	—	—	—	—	—	—	—	—
—	—	—	—	—	—	—	—	7.80	36.50	55.70	31.20	57.60	11.20	1.638	1.634	—	—	—	—	—	—	—	—
—	—	—	—	—	—	—	—	4.00	36.60	59.40	16.00	68.40	15.60	1.635	1.631	—	—	—	—	—	—	—	—

续表

组分摩尔分数/%			一致熔融化合物摩尔分数/%			密度/(g/cm^3)		组分摩尔分数/%			一致熔融化合物摩尔分数/%			折射率(n_D)		组分摩尔分数/%			一致熔融化合物摩尔分数/%			热膨胀系数/(10^{-7}/℃)	
SiO_2	BaO	B_2O_3	D	G	H	实验值	计算值	SiO_2	BaO	B_2O_3	D	G	H	实验值	计算值	SiO_2	BaO	B_2O_3	D	G	H	实验值	计算值
—	—	—	—	—	—	—	—	29.90	47.20	22.90	28.00	45.80	26.20	1.667	1.648	—	—	—	—	—	—	—	—
—	—	—	—	—	—	—	—	31.40	44.90	23.70	51.00	47.40	1.60	1.661	1.645	—	—	—	—	—	—	—	—
—	—	—	—	—	—	—	—	26.30	47.20	26.50	28.00	53.00	19.00	1.666	1.650	—	—	—	—	—	—	—	—
—	—	—	—	—	—	—	—	21.80	47.50	30.70	25.00	61.40	13.60	1.665	1.651	—	—	—	—	—	—	—	—
			A	D	G						A	D	G						A	D	G		
—	—	—	—	—	—	—	—	43.50	40.00	16.50	33.00	58.75	8.25	1.652	1.640	—	—	—	—	—	—	—	—
—	—	—	—	—	—	—	—	39.80	40.20	20.00	38.00	50.50	11.50	1.653	1.642	—	—	—	—	—	—	—	—
—	—	—	—	—	—	—	—	35.60	44.00	20.40	0.80	59.00	40.20	1.661	1.643	—	—	—	—	—	—	—	—
—	—	—	—	—	—	—	—	35.90	40.30	23.80	44.60	41.25	14.15	1.653	1.644	—	—	—	—	—	—	—	—
—	—	—	—	—	—	—	—	31.60	44.30	24.10	5.20	50.50	44.30	1.661	1.645	—	—	—	—	—	—	—	—
—	—	—	—	—	—	—	—	33.90	40.10	26.00	51.00	35.25	13.75	1.653	1.645	—	—	—	—	—	—	—	—
—	—	—	—	—	—	—	—	27.50	45.00	27.50	5.00	43.75	51.25	1.665	1.647	—	—	—	—	—	—	—	—
—	—	—	—	—	—	—	—	32.10	40.30	27.60	52.20	31.75	16.05	1.653	1.646	—	—	—	—	—	—	—	—
—	—	—	—	—	—	—	—	27.70	44.20	28.10	14.20	40.25	45.55	1.660	1.647	—	—	—	—	—	—	—	—
—	—	—	—	—	—	—	—	27.60	44.20	28.20	14.40	40.00	45.60	1.660	1.647	—	—	—	—	—	—	—	—
—	—	—	—	—	—	—	—	30.00	40.00	30.00	60.00	25.00	15.00	1.655	1.647	—	—	—	—	—	—	—	—
—	—	—	—	—	—	—	—	28.00	40.30	31.70	60.40	21.50	18.10	1.653	1.648	—	—	—	—	—	—	—	—
—	—	—	—	—	—	—	—	23.70	44.30	32.00	21.00	30.75	48.25	1.660	1.649	—	—	—	—	—	—	—	—
—	—	—	—	—	—	—	—	23.80	44.10	32.10	23.20	30.00	46.80	1.659	1.649	—	—	—	—	—	—	—	—
—	—	—	—	—	—	—	—	23.90	40.30	35.80	68.60	11.25	20.15	1.652	1.650	—	—	—	—	—	—	—	—
—	—	—	—	—	—	—	—	25.20	37.70	37.10	97.20	1.50	1.30	1.647	1.650	—	—	—	—	—	—	—	—
—	—	—	—	—	—	—	—	15.60	44.70	39.70	32.40	12.50	55.10	1.658	1.653	—	—	—	—	—	—	—	—
—	—	—	—	—	—	—	—	19.80	40.40	39.80	75.60	1.50	22.90	1.651	1.652	—	—	—	—	—	—	—	—

附表 C19　$MgO-Na_2O-B_2O_3$玻璃体系物理性质的实验值与计算值

标注	一致熔融化合物
A	B_2O_3
B	$Na_2O \cdot 4B_2O_3$
C	$MgO \cdot B_2O_3$
D	$Na_2O \cdot 2B_2O_3$
E	$Na_2O \cdot B_2O_3$

组分摩尔分数/%			一致熔融化合物摩尔分数/%			密度/(g/cm³)	
MgO	Na_2O	B_2O_3	A	B	C	实验值	计算值
5.00	5.00	90.00	65.00	25.00	10.00	1.982	2.003
5.91	5.82	88.27	59.08	29.10	11.82	2.067	2.030
5.00	10.00	85.00	40.00	50.00	10.00	2.074	2.096
10.00	5.00	85.00	55.00	25.00	20.00	2.089	2.070
5.61	10.97	83.42	33.93	54.85	11.22	2.143	2.122
9.68	7.86	82.46	41.34	39.30	19.36	2.127	2.119
5.00	15.00	80.00	15.00	75.00	10.00	2.166	2.189
10.00	10.00	80.00	30.00	50.00	20.00	2.152	2.163
11.21	9.59	79.20	29.63	47.95	22.42	2.224	2.171
5.69	16.12	78.19	8.02	80.60	11.38	2.232	2.220
10.00	15.00	75.00	5.00	75.00	20.00	2.235	2.256
15.00	10.00	75.00	20.00	50.00	30.00	2.213	2.229
20.00	10.00	70.00	10.00	50.00	40.00	2.281	2.296
			B	C	D		
5.00	20.00	75.00	75.00	10.00	15.00	2.245	2.269
5.62	20.68	73.70	66.80	11.24	21.96	2.287	2.284
11.09	16.64	72.27	69.75	22.18	8.07	2.304	2.294

续表

组分摩尔分数/%			一致熔融化合物摩尔分数/%			密度/(g/cm³)	
MgO	Na_2O	B_2O_3	B	C	D	实验值	计算值
5.00	25.00	70.00	37.50	10.00	52.50	2.290	2.328
10.00	20.00	70.00	50.00	20.00	30.00	2.293	2.322
			C	D	E		
5.00	33.30	61.70	10.00	70.20	19.80	2.365	2.389
10.00	30.00	60.00	20.00	60.00	20.00	2.396	2.402

附表 C20　Li_2O-GeO_2二元锗酸盐玻璃体系物理性质实验值与计算值

组分摩尔分数/%		一致熔融化合物摩尔分数/%		密度/(g/cm³)		组分摩尔分数/%		一致熔融化合物摩尔分数/%		折射率(n_D)		组分摩尔分数/%		一致熔融化合物摩尔分数/%		热膨胀系数/(10^{-7}/℃)	
Li_2O	GeO_2	$Li_2O\cdot4GeO_2$	GeO_2	实验值	计算值	Li_2O	GeO_2	$Li_2O\cdot4GeO_2$	GeO_2	实验值	计算值	Li_2O	GeO_2	$Li_2O\cdot4GeO_2$	GeO_2	实验值	计算值
1.0	99.0	5	95	3.700	3.689	1	99	5	95	1.619	1.614	1	99	5	95	74	69.91
2.0	98.0	10	90	3.730	3.710	2	98	10	90	1.623	1.619	2	98	10	90	69	70.52
5.0	95.0	25	75	3.820	3.775	5	95	25	75	1.642	1.636	5	95	25	75	66	72.35
6.0	94.0	30	70	3.880	3.797	6	94	30	70	1.652	1.642	8	92	40	60	68	74.18
6.3	93.7	31.5	68.5	3.871	3.804	6.4	93.6	32	68	1.651	1.644	10	90	50	50	72	75.4
6.4	93.6	32	68	3.870	3.806	7	93	35	65	1.66	1.648	12	88	60	40	71	76.62
7.0	93.0	35	65	3.908	3.819	8	92	40	60	1.661	1.653	15	85	75	25	78	78.45
8.0	92.0	40	60	3.940	3.840	10	90	50	50	1.669	1.665	18	82	90	10	80	80.28
10.0	90.0	50	50	4.012	3.884	12	88	60	40	1.686	1.676	20	80	100	0	81.5	81.50
11.0	89.0	55	45	4.021	3.905	12.5	87.5	62.5	37.5	1.699	1.679	—	—	—	—	—	—
12.0	88.0	60	40	4.030	3.927	13	87	65	35	1.692	1.681	—	—	—	—	—	—
13.0	87.0	65	35	4.040	3.948	15	85	75	25	1.704	1.693	—	—	—	—	—	—
15.0	85.0	75	25	4.088	3.992	18	82	90	10	1.713	1.710	—	—	—	—	—	—
18.3	81.7	91.5	8.5	4.098	4.063	20	80	100	0	1.724	1.721	—	—	—	—	—	—
20.0	80.0	100	0	4.120	4.100	—	—	—	—	—	—	—	—	—	—	—	—

附表 C21　Na_2O-GeO_2二元锗酸盐玻璃体系物理性质实验值与计算值

组分摩尔分数/%		一致熔融化合物摩尔分数/%		密度/(g/cm³)		组分摩尔分数/%		一致熔融化合物摩尔分数/%		折射率(n_D)	
Na_2O	GeO_2	$2Na_2O\cdot9GeO_2$	GeO_2	实验值	计算值	Na_2O	GeO_2	$2Na_2O\cdot9GeO_2$	GeO_2	实验值	计算值
3.3	96.7	18.15	81.85	3.799	3.738	3.3	96.7	18.15	81.85	1.633	1.629
8	92	44.00	56.00	3.970	3.868	8	92	44.00	56.00	1.663	1.647
11.3	88.7	62.15	37.85	4.032	3.960	11.3	88.7	62.15	37.85	1.674	1.660
15.7	84.3	86.35	13.65	4.057	4.081	15.7	84.3	86.35	13.65	1.679	1.677
		$2Na_2O\cdot9GeO_2$	$Na_2O\cdot2GeO_2$					$2Na_2O\cdot9GeO_2$	$Na_2O\cdot2GeO_2$		
22.9	77.1	68.86	31.14	3.914	3.973	22.9	77.1	68.86	31.14	1.668	1.669
27	73	41.8	58.2	3.815	3.818	27	73	41.8	58.2	1.651	1.654
29.3	70.7	26.62	73.38	3.684	3.731	29.3	70.7	26.62	73.38	1.643	1.645
31	69	15.4	84.6	3.662	3.668	31	69	15.4	84.6	1.635	1.639
组分摩尔分数/%		一致熔融化合物摩尔分数/%		热膨胀系数/(10⁻⁷/℃)		组分摩尔分数/%		一致熔融化合物摩尔分数/%		剪切模量/GPa	
Na_2O	GeO_2	$2Na_2O\cdot9GeO_2$	GeO_2	实验值	计算值	Na_2O	GeO_2	$2Na_2O\cdot9GeO_2$	GeO_2	实验值	计算值
1	99	5.5	94.5	76	71.3	2	98	11	89	20	19.5
2	98	11	89	74	73.4	5	95	27.5	72.5	20.6	21.2
5	95	27.5	72.5	78.2	79.5	6	94	33	67	23	21.7
8	92	44	56	81	85.7	12	88	66	34	28	25.1
10	90	55	45	90	89.8	14	86	77	23	28	26.2
12	88	66	34	97	93.9	15	85	82.5	17.5	29	26.7
15	85	82.5	17.5	101.4	100.0	16	84	88	12	27	27.3
—	—	—	—	—	—	18	82	99	1	27	28.4

附表 C22　K_2O-GeO_2二元锗酸盐玻璃体系物理性质实验值与计算值

组分摩尔分数/%		一致熔融化合物摩尔分数/%		密度/(g/cm^3)		组分摩尔分数/%		一致熔融化合物摩尔分数/%		折射率(n_D)		组分摩尔分数/%		一致熔融化合物摩尔分数/%		热膨胀系数/(10^{-7}/℃)	
K_2O	GeO_2	$K_2O\cdot 4GeO_2$	GeO_2	实验值	计算值	K_2O	GeO_2	$K_2O\cdot 4GeO_2$	GeO_2	实验值	计算值	K_2O	GeO_2	$K_2O\cdot 4GeO_2$	GeO_2	实验值	计算值
0	100	0	100	3.670	3.667	0	100	0	100	1.616	1.608	0	100	0	100	69.30	69.30
3	97	15	85	3.790	3.687	3	97	15	85	1.636	1.651	3	97	15	85	72.58	72.86
5	95	25	75	3.812	3.701	5	95	25	75	1.644	1.619	5	95	25	75	75.78	75.23
8	92	40	60	3.858	3.721	8	92	40	60	1.655	1.626	8	92	40	60	73.83	78.78
11	89	55	45	3.871	3.741	11	89	55	45	1.660	1.632	11	89	55	45	85.68	82.34
14	86	70	30	3.856	3.762	14	86	70	30	1.662	1.639	14	86	70	30	91.68	85.89
17	83	85	15	3.857	3.782	17	83	85	15	1.662	1.645	17	83	85	15	91.68	89.45
20	80	100	0	3.802	3.802	20	80	100	0	1.651	1.652	—	—	—	—	—	—

附表 C23　PbO-GeO_2二元锗酸盐玻璃体系物理性质实验值与计算值

组分摩尔分数/%		一致熔融化合物摩尔分数/%		密度/(g/cm^3)		组分摩尔分数/%		一致熔融化合物摩尔分数/%		折射率(n_D)		组分摩尔分数/%		一致熔融化合物摩尔分数/%		热膨胀系数/(10^{-7}/℃)	
PbO	GeO_2	$PbO\cdot GeO_2$	GeO_2	实验值	计算值	PbO	GeO_2	$PbO\cdot GeO_2$	GeO_2	实验值	计算值	PbO	GeO_2	$PbO\cdot GeO_2$	GeO_2	实验值	计算值
1	99	2	98	3.700	3.728	12.3	87.7	24.6	75.4	1.668	1.691	19.5	80.5	39	61	70.366	74.066
2	98	4	96	3.700	3.788	22.1	77.9	44.2	55.8	1.772	1.762	27.5	72.5	55	45	68.425	76.146
4.9	95.1	9.8	90.2	3.950	3.964	30.9	69.1	61.8	38.2	1.862	1.825	35.0	65.0	70	30	66.484	78.108
5	95	10	90	3.900	3.970	40.7	59.3	81.4	18.6	1.904	1.895	37.5	62.5	75	25	67.253	78.763
10	90	20	80	4.420	4.274	—	—	—	—	—	—	44.6	55.4	89.2	10.8	75.788	80.591
15	85	30	70	4.700	4.577	—	—	—	—	—	—	—	—	—	—	—	—
16.7	83.3	33.4	66.6	4.757	4.680	—	—	—	—	—	—	—	—	—	—	—	—
20	80	40	60	5.000	4.880	—	—	—	—	—	—	—	—	—	—	—	—
23.8	76.2	47.6	52.4	5.318	5.111	—	—	—	—	—	—	—	—	—	—	—	—
25	75	50	50	5.477	5.184	—	—	—	—	—	—	—	—	—	—	—	—
28.6	71.4	57.14	42.86	5.582	5.400	—	—	—	—	—	—	—	—	—	—	—	—

续表

组分摩尔分数/%		一致熔融化合物摩尔分数/%		密度/(g/cm³)		组分摩尔分数/%		一致熔融化合物摩尔分数/%		折射率(n_D)		组分摩尔分数/%		一致熔融化合物摩尔分数/%		热膨胀系数/(10^{-7}/℃)	
PbO	GeO_2	$PbO\cdot GeO_2$	GeO_2	实验值	计算值	PbO	GeO_2	$PbO\cdot GeO_2$	GeO_2	实验值	计算值	PbO	GeO_2	$PbO\cdot GeO_2$	GeO_2	实验值	计算值
30	70	60	40	5.750	5.487	—	—	—	—	—	—	—	—	—	—	—	—
31.9	68.1	63.8	36.2	5.779	5.602	—	—	—	—	—	—	—	—	—	—	—	—
33	67	66	34	5.890	5.669	—	—	—	—	—	—	—	—	—	—	—	—
35	65	70	30	6.000	5.790	—	—	—	—	—	—	—	—	—	—	—	—
37	63	74	26	6.005	5.911	—	—	—	—	—	—	—	—	—	—	—	—
40	60	80	20	6.200	6.093	—	—	—	—	—	—	—	—	—	—	—	—
41	59	82	18	6.210	6.154	—	—	—	—	—	—	—	—	—	—	—	—
45	55	90	10	6.400	6.397	—	—	—	—	—	—	—	—	—	—	—	—
50	50	100	0	6.805	6.700	—	—	—	—	—	—	—	—	—	—	—	—

附表 C24　$CaO-GeO_2$和$BaO-GeO_2$二元锗酸盐玻璃体系物理性质实验值与计算值

组分摩尔分数/%		一致熔融化合物摩尔分数/%		密度/(g/cm³)		组分摩尔分数/%		一致熔融化合物摩尔分数/%		密度/(g/cm³)	
CaO	GeO_2	$CaO\cdot 4GeO_2$	$CaO\cdot 2GeO_2$	实验值	计算值	BaO	GeO_2	$BaO\cdot 4GeO_2$	GeO_2	实验值	计算值
25	75	62.5	37.5	4.196	4.183	1	99	5	95	3.66	3.74
30	70	25	75	4.279	4.145	2	98	10	90	3.73	3.81
33	67	2.5	97.5	4.121	4.123	3	97	15	85	3.80	3.88
		$CaO\cdot 2GeO_2$	$CaO\cdot GeO_2$			4	96	20	80	3.90	3.95
41.6	58.4	50.4	49.6	3.880	3.991	5	95	25	75	3.93	4.02
43.6	56.4	38.4	61.6	3.990	3.960	5	95	30	70	4.02	4.09
44.8	55.2	31.2	68.8	4.000	3.939	6	94	35	65	4.07	4.16
48.8	51.2	7.2	92.8	3.890	3.879	7	93	40	60	4.15	4.23
—	—	—	—	—	—	8	92	45	55	4.20	4.30
—	—	—	—	—	—	9	91	50	50	4.30	4.37

附表 C25　V_2O_5-TeO_2二元碲酸盐玻璃体系物理性质实验值与计算值

组分摩尔分数/%		一致熔融化合物摩尔分数/%		密度/(g/cm^3)	
V_2O_5	TeO_2	$V_2O_5 \cdot 2TeO_2$	TeO_2	实验值	计算值
5.0	95.0	15	85	5.379	5.420
10.0	90.0	30	70	5.107	5.240
10.2	89.8	30.6	69.4	5.067	5.233
20.0	80.0	60	40	4.900	4.880
25.0	75.0	75	25	4.640	4.700
30.0	70.0	90	10	4.500	4.520
33.3	66.7	99.99	0.01	4.400	4.400
		$V_2O_5 \cdot 2TeO_2$	V_2O_5		
35.0	65.0	97.5	2.5	4.330	4.373
40.0	60.0	90	10	4.240	4.290
44.6	55.5	83.175	16.825	4.100	4.215
45.0	55.0	82.5	17.5	4.100	4.208
46.7	53.3	79.89	20.11	3.996	4.179
47.0	53.0	79.5	20.5	3.996	4.175
50.0	50.0	75	25	4.000	4.125
51.4	48.6	72.9	27.1	4.250	4.102
60.0	40.0	60	40	3.856	3.960
61.2	38.8	58.2	41.8	4.160	3.940

附表 C26　$MgO-TeO_2$ 二元碲酸盐玻璃体系物理性质实验值与计算值

组分摩尔分数/%		一致熔融化合物摩尔分数/%		密度/(g/cm³)		组分摩尔分数/%		一致熔融化合物摩尔分数/%		折射率(n_D)	
MgO	TeO_2	$MgO\cdot2TeO_2$	TeO_2	实验值	计算值	MgO	TeO_2	$MgO\cdot2TeO_2$	TeO_2	实验值	计算值
10	90	30	70	5.380	5.396	10	90	30	70	2.110	2.131
10.1	89.9	30.3	69.7	5.482	5.394	10.1	89.9	30.3	69.7	2.130	2.130
13.5	86.5	40.5	59.5	5.347	5.325	13.5	86.5	40.5	59.5	2.107	2.107
14.5	85.5	43.5	56.5	5.339	5.304	14.5	85.5	43.5	56.5	2.100	2.100
15	85	45	55	5.320	5.294	20	80	60	40	2.053	2.062
20	80	60	40	5.200	5.192	20.4	79.6	61.2	38.8	2.060	2.059
20.4	79.6	61.2	38.8	5.227	5.184	23.1	76.9	69.3	30.7	2.048	2.039
23.1	76.9	69.3	30.7	5.182	5.129	25.8	74.2	77.4	22.6	2.030	2.022
25.8	74.2	77.4	22.6	5.112	5.074	30.1	69.9	90.3	9.7	2.005	1.992
30.1	69.9	90.3	9.7	5.014	4.986	—	—	—	—	—	—

附表 C27　Na_2O-TeO_2 二元碲酸盐玻璃体系物理性质实验值与计算值

组分摩尔分数/%		一致熔融化合物摩尔分数/%		密度/(g/cm³)		组分摩尔分数/%		一致熔融化合物摩尔分数/%		折射率(n_D)		组分摩尔分数/%		一致熔融化合物摩尔分数/%		热膨胀系数/(10^{-7}/℃)	
Na_2O	TeO_2	$Na_2O\cdot4TeO_2$	TeO_2	实验值	计算值	Na_2O	TeO_2	$Na_2O\cdot4TeO_2$	TeO_2	实验值	计算值	Na_2O	TeO_2	$Na_2O\cdot4TeO_2$	TeO_2	实验值	计算值
5.0	95.0	25	75	5.406	5.407	5.0	95.0	25	75	2.130	2.139	5.3	94.7	26.3	73.7	190	190.0
9.0	91.0	45	55	5.260	5.253	9.1	90.9	45.5	54.5	2.070	2.092	9.9	90.1	49.5	50.5	205	207.6
10.0	90.0	50	50	5.242	5.214	10.0	90.0	50	50	2.097	2.082	14.9	85.1	74.5	25.5	225	226.8
12.5	87.5	62.5	37.5	5.091	5.118	12.5	87.5	62.5	37.5	2.068	2.052	20.0	80.0	100	0	245	245.9
13.0	87.0	65	35	5.050	5.098	13.0	87.0	65	35	2.030	2.046	—	—	—	—	—	—
14.0	86.0	70	30	5.120	5.060	15.0	85.0	75	25	2.042	2.022	—	—	—	—	—	—
15.0	85.0	75	25	5.063	5.021	17.0	83.0	85	15	2.000	1.999	—	—	—	—	—	—
17.0	83.0	85	15	4.850	4.944	18.0	82.0	90	10	2.025	1.987	—	—	—	—	—	—

续表

组分摩尔分数/%		一致熔融化合物摩尔分数/%		密度/(g/cm³)		组分摩尔分数/%		一致熔融化合物摩尔分数/%		折射率(n_D)		组分摩尔分数/%		一致熔融化合物摩尔分数/%		热膨胀系数/(10^{-7}/℃)	
Na_2O	TeO_2	$Na_2O\cdot4TeO_2$	TeO_2	实验值	计算值	Na_2O	TeO_2	$Na_2O\cdot4TeO_2$	TeO_2	实验值	计算值	Na_2O	TeO_2	$Na_2O\cdot4TeO_2$	TeO_2	实验值	计算值
18.0	82.0	90	10	4.967	4.905	19.0	81.0	95	5	2.014	1.975	—	—	—	—	—	—
19.0	81.0	95	5	4.927	4.867	20.0	80.0	100	0	1.930	1.963	—	—	—	—	—	—
20.0	80.0	100	0	4.849	4.829	—	—	—	—	—	—	—	—	—	—	—	—
		$Na_2O\cdot4TeO_2$	$Na_2O\cdot2TeO_2$					$Na_2O\cdot4TeO_2$	$Na_2O\cdot2TeO_2$					$Na_2O\cdot4TeO_2$	$Na_2O\cdot2TeO_2$		
21.0	79.0	92.5	7.5	4.740	4.796	21.0	79.0	92.5	7.5	1.987	1.955	—	—	—	—	—	—
22.0	78.0	85	15	4.774	4.764	23.0	77.0	77.5	22.5	1.960	1.938	—	—	—	—	—	—
23.0	77.0	77.5	22.5	4.766	4.732	25.0	75.0	62.5	37.5	1.920	1.921	—	—	—	—	—	—
25.0	75.0	62.5	37.5	4.711	4.668	28.0	72.0	40	60	1.862	1.895	—	—	—	—	—	—
28.0	72.0	40	60	4.589	4.571	30.0	70.0	25	75	1.870	1.878	—	—	—	—	—	—
29.0	71.0	32.5	67.5	4.450	4.539	—	—	—	—	—	—	—	—	—	—	—	—
30.0	70.0	25	75	4.503	4.507	—	—	—	—	—	—	—	—	—	—	—	—
31.0	69.0	17.5	82.5	4.500	4.475	—	—	—	—	—	—	—	—	—	—	—	—
33.0	67.0	2.5	97.5	4.390	4.391	—	—	—	—	—	—	—	—	—	—	—	—

组分摩尔分数/%		一致熔融化合物摩尔分数/%		弹性模量/GPa		组分摩尔分数/%		一致熔融化合物摩尔分数/%		剪切模量/GPa	
Na_2O	TeO_2	$Na_2O\cdot4TeO_2$	TeO_2	实验值	计算值	Na_2O	TeO_2	$Na_2O\cdot4TeO_2$	TeO_2	实验值	计算值
10	90	50	50	43.87	44.55	10	90	50	50	17.42	17.45
14	86	70	30	39.53	42.05	14	86	70	30	16.4	16.43
20	80	100	0	38.13	38.30	20	80	100	0	14.97	14.90
		$Na_2O\cdot4TeO_2$	$Na_2O\cdot2TeO_2$					$Na_2O\cdot4TeO_2$	$Na_2O\cdot2TeO_2$		
22	78	85	15	37.98	37.73	22	78	85	15	14.91	14.68
30	70	25	75	34.34	35.45	30	70	25	75	13.34	13.81
33	67	2.5	97.5	34.53	34.60	33	67	2.5	97.5	13.49	13.49

附表 C28　$PbO-TeO_2$二元碲酸盐玻璃体系物理性质实验值与计算值

组分摩尔分数/%		一致熔融化合物摩尔分数/%		密度/(g/cm^3)		组分摩尔分数/%		一致熔融化合物摩尔分数/%		折射率(n_D)		组分摩尔分数/%		一致熔融化合物摩尔分数/%		热膨胀系数/(10^{-7}/℃)	
PbO	TeO_2	$PbO\cdot 4TeO_2$	TeO_2	实验值	计算值	PbO	TeO_2	$PbO\cdot 4TeO_2$	TeO_2	实验值	计算值	PbO	TeO_2	$PbO\cdot 4TeO_2$	TeO_2	实验值	计算值
5.0	95.0	25	75	5.734	5.750	5.0	95.0	25	75	2.200	2.203	13.6	86.4	68	32	185	183.6
9.4	90.6	47	53	6.056	5.882	10.0	90.0	50	50	2.200	2.205	16.8	83.2	84	16	177	186.8
10.0	90.0	50	50	5.889	5.900	13.6	86.4	68	32	2.202	2.207	19.3	80.7	96.5	3.5	182	189.3
13.0	87.0	65	35	6.132	5.990	14.8	85.2	74	26	2.203	2.207	—	—	—	—	—	—
14.0	86.0	70	30	6.249	6.020	15.0	85.0	75	25	2.200	2.208	—	—	—	—	—	—
15.0	85.0	75	25	6.022	6.050	16.1	83.9	80.5	19.5	2.203	2.208	—	—	—	—	—	—
17.0	83.0	85	15	6.254	6.110	17.0	83.0	85	15	2.250	2.209	—	—	—	—	—	—
18.3	81.7	91.5	8.5	6.130	6.149	18.3	81.7	91.5	8.5	2.204	2.209	—	—	—	—	—	—
19.0	81.0	95	5	6.297	6.170	20.0	80.0	100	0	2.190	2.210	—	—	—	—	—	—
20.0	80.0	100	0	6.196	6.200	—	—	—	—	—	—	—	—	—	—	—	—

附表 C29　Rb_2O-TeO_2二元碲酸盐玻璃体系物理性质实验值与计算值

组分摩尔分数/%		一致熔融化合物摩尔分数/%		密度/(g/cm^3)		组分摩尔分数/%		一致熔融化合物摩尔分数/%		折射率(n_D)		组分摩尔分数/%		一致熔融化合物摩尔分数/%		热膨胀系数/(10^{-7}/℃)	
Rb_2O	TeO_2	$Rb_2O\cdot 4TeO_2$	TeO_2	实验值	计算值	Rb_2O	TeO_2	$Rb_2O\cdot 4TeO_2$	TeO_2	实验值	计算值	Rb_2O	TeO_2	$Rb_2O\cdot 4TeO_2$	TeO_2	实验值	计算值
5.6	94.4	28	72	5.320	5.381	5.6	94.4	28	72	2.114	2.116	5.3	94.7	26.5	73.5	195	197.9
9	91	45	55	5.260	5.248	10	90	50	50	2.008	2.051	11.7	88.3	58.5	41.5	230	232.2
10	90	50	50	5.202	5.209	13	87	65	35	1.980	2.006	18.3	81.7	91.5	8.5	260	267.2
11	89	55	45	5.188	5.169	16	84	80	20	1.966	1.961	—	—	—	—	—	—
13	87	65	35	5.102	5.091	—	—	—	—	—	—	—	—	—	—	—	—
15	85	75	25	5.050	5.013	—	—	—	—	—	—	—	—	—	—	—	—
16	84	80	20	4.974	4.974	—	—	—	—	—	—	—	—	—	—	—	—
17	83	85	15	5.006	4.934	—	—	—	—	—	—	—	—	—	—	—	—
19	81	95	5	4.860	4.856	—	—	—	—	—	—	—	—	—	—	—	—

续表

组分摩尔分数/%		一致熔融化合物摩尔分数/%		弹性模量/GPa		组分摩尔分数/%		一致熔融化合物摩尔分数/%		剪切模量/GPa	
Rb_2O	TeO_2	$Rb_2O\cdot4TeO_2$	TeO_2	实验值	计算值	Rb_2O	TeO_2	$Rb_2O\cdot4TeO_2$	TeO_2	实验值	计算值
9	91	45	55	38.30	40.50	9	91	45	55	15.08	15.85
11	89	55	45	36.57	38.21	11	89	55	45	14.36	14.92
13	87	65	35	34.29	35.92	13	87	65	35	13.40	14.00
15	85	75	25	32.54	33.63	15	85	75	25	12.67	13.08
17	83	85	15	31.68	31.34	17	83	85	15	12.32	12.15
19	81	95	5	29.77	29.05	19	81	95	5	11.54	11.23

附表 C30　As-Se 二元硫系玻璃体系物理性质实验值与计算值

组分摩尔分数/%		一致熔融化合物摩尔分数/%		密度/(g/cm^3)		组分摩尔分数/%		一致熔融化合物摩尔分数/%		折射率(n_D)	
As	Se	As_2Se_3	Se	实验值	计算值	As	Se	As_2Se_3	Se	实验值	计算值
0	100	0	100	4.83	4.83	6.3	93.7	15.75	84.25	2.49	2.50
10	90	25	75	4.60	4.71	7.5	92.5	18.75	81.25	2.51	2.51
20	80	50	50	4.51	4.59	11	89	27.5	72.5	2.53	2.53
30	70	75	25	4.47	4.47	15.8	84.2	39.5	60.5	2.57	2.58
32	68	80	20	4.38	4.45	21.5	78.5	53.75	46.25	2.60	2.62
35	65	87.5	12.5	4.37	4.39	29	71	72.5	27.5	2.69	2.69
40	60	100	0	4.35	4.35	30	70	75	25	2.70	2.69

续表

组分摩尔分数/%		一致熔融化合物摩尔分数/%		热膨胀系数/(10^{-7}/℃)		组分摩尔分数/%		一致熔融化合物摩尔分数/%		弹性模量/GPa	
As	Se	As_2Se_3	Se	实验值	计算值	As	Se	As_2Se_3	Se	实验值	计算值
10	90	25	75	444	472	5	95	12.5	87.5	10.30	10.59
20	80	50	50	340	385	10	90	25	75	11.00	11.56
25	75	62.5	37.5	328	339	20	80	50	50	13.00	13.51
30	70	75	25	273	297	30	70	75	25	14.98	15.45
35	65	87.5	12.5	237	253	40	60	100	0	17.20	17.39
40	60	100	0	222	210	—	—	—	—	—	—

附表 C31　Ge-Se 二元硫系玻璃体系物理性质实验值与计算值

组分摩尔分数/%		一致熔融化合物摩尔分数/%		密度/(g/cm^3)		组分摩尔分数/%		一致熔融化合物摩尔分数/%		热膨胀系数/(10^{-7}/℃)		组分摩尔分数/%		一致熔融化合物摩尔分数/%		弹性模量/GPa	
Ge	Se	$GeSe_2$	Se	实验值	计算值	Ge	Se	$GeSe_2$	Se	实验值	计算值	Ge	Se	$GeSe_2$	Se	实验值	计算值
0	100	0	100	4.280	4.280	5	95	15	85	455	499.6	5	95	15	85	11.05	11.37
10	90	30	70	4.330	4.276	6	94	18	82	435	487.5	10	90	30	70	12.00	13.11
20	80	60	30	4.358	4.271	10	90	30	70	371	439.1	15	85	45	55	13.80	14.86
25	75	75	25	4.355	4.269	15	85	45	55	323	378.7	20	80	60	40	14.70	16.60
33	67	99	1	4.268	4.265	20	80	60	40	264	318.2	22	78	66	34	16.17	17.30
—	—	—	—	—	—	22.5	77.5	67.5	32.5	260	288.0	25	75	75	25	17.17	18.35
—	—	—	—	—	—	25	75	75	25	226	257.8	30	70	90	10	21.00	20.10
—	—	—	—	—	—	30	70	90	10	185	197.3	—	—	—	—	—	—

附表 C32　GeS_2-Ga_2S_3 和 As_2Se_3-As_2S_3 二元硫系玻璃体系物理性质实验值与计算值

组分摩尔分数/%		密度/(g/cm³)		组分摩尔分数/%		折射率(n_D)		组分摩尔分数/%		密度/(g/cm³)		组分摩尔分数/%		折射率(n_D)	
GeS_2	Ga_2S_3	实验值	计算值	GeS_2	Ga_2S_3	实验值	计算值	As_2Se_3	As_2S_3	实验值	计算值	As_2Se_3	As_2S_3	实验值	计算值
90	10	2.78	2.777	90	10	2.15	2.067	80	20	3.495	3.476	80	20	2.479	2.482
80	20	2.85	2.874	80	20	2.21	2.124	75	25	3.521	3.548	75	25	2.485	2.499
70	30	2.92	2.971	70	30	2.25	2.181	60	40	3.742	3.762	60	40	2.533	2.549
—	—	—	—	—	—	—	—	50	50	3.895	3.905	50	50	2.550	2.583
—	—	—	—	—	—	—	—	40	60	4.061	4.048	40	60	2.605	2.616
—	—	—	—	—	—	—	—	25	75	4.255	4.263	25	75	2.642	2.666
—	—	—	—	—	—	—	—	20	80	4.330	4.334	20	80	2.667	2.683

附表 C33　Ge-As-S 三元硫系玻璃体系物理性质的实验值与计算值

组分摩尔分数/%			一致熔融化合物摩尔分数/%			密度/(g/cm³)		组分摩尔分数/%			一致熔融化合物摩尔分数/%			折射率(n_D)		组分摩尔分数/%			一致熔融化合物摩尔分数/%			热膨胀系数/(10^{-7}/℃)	
As	S	Ge	S	GeS_2	As_2S_3	实验值	计算值	As	S	Ge	S	GeS_2	As_2S_3	实验值	计算值	As	S	Ge	S	GeS_2	As_2S_3	实验值	计算值
40	60	0.00	0	0	100	3.187	3.187	40	60	0.00	0	0	100	2.58	2.580	8.33	70.84	20.83	16.69	62.49	20.83	199.6	220.7
20	63.3	16.70	0	50	50	3.027	2.974	20	63.3	16.70	0	50	50	2.48	2.390	8.70	69.56	21.74	13.03	65.22	21.75	185.3	195.6
13.32	64.46	22.22	0	67	33	2.973	2.902	13.32	64.46	22.22	0	67	33	2.393	2.326	9.09	68.18	22.73	9.09	68.19	22.73	176.2	168.5
6.68	65.54	27.78	0	83	17	2.885	2.831	6.68	65.54	27.78	0	83	17	2.318	2.263	9.52	66.67	23.81	4.77	71.43	23.80	162.4	138.9
0	66.67	33.33	0	100	0	2.760	2.760	0	66.67	33.33	0	100	0	2.2	2.200	10.00	65.00	25.00	0.00	75.00	25.00	153.5	106.3

续表

组分摩尔分数/%			一致熔融化合物摩尔分数/%			弹性模量/GPa		组分摩尔分数/%			一致熔融化合物摩尔分数/%			剪切模量/GPa	
As	S	Ge	S	GeS_2	As_2S_3	实验值	计算值	As	S	Ge	S	GeS_2	As_2S_3	实验值	计算值
15	70	15	17.5	45	37.5	13.9	15.9	15	70	15	17.5	45	37.5	5.4	6.7
24	63	13	1	39	60	18.2	18.4	24	63	13	1	39	60	7.3	7.6
16	64	20	0	60	40	19.3	19.0	16	64	20	0	60	40	7.8	8.1
8	66	26	2	78	20	20.9	19.2	8	66	26	2	78	20	8.9	8.3

附表 C34　Ge-Sn-Se 三元硫系玻璃体系物理性质的实验值与计算值

组分摩尔分数/%			一致熔融化合物摩尔分数/%			密度/(g/cm^3)	
Ge	Sn	Se	$GeSe_2$	$SnSe_2$	Se	实验值	计算值
17	0	83	50	0	50	4.37	4.27
20	0	80	60	0	40	4.37	4.27
16	4	80	48	12	40	4.52	4.45
8	12	80	24	36	40	4.54	4.80
25	0	75	75	0	25	4.35	4.27
17	8	75	50	25	25	4.34	4.63
30	0	70	91	0	9	4.34	4.26
24	6	70	74	17	9	4.44	4.52

附表 C35 Ge-As-Se 三元硫系玻璃体系物理性质的实验值与计算值

组分摩尔分数/%			一致熔融化合物摩尔分数/%			密度/(g/cm³)		组分摩尔分数/%			一致熔融化合物摩尔分数/%			折射率(n_D)		组分摩尔分数/%			一致熔融化合物摩尔分数/%			热膨胀系数/(10^{-7}/℃)	
Ge	As	Se	Se	As_2Se_3	AsSe	实验值	计算值	Ge	As	Se	Se	As_2Se_3	AsSe	实验值	计算值	Ge	As	Se	Se	As_2Se_3	AsSe	实验值	计算值
5	10	85	60.00	25.00	15.00	4.391	4.407	—	—	—	—	—	—	—	—	—	—	—	—	—	—	—	—
5	20	75	35.00	50.00	15.00	4.457	4.492	—	—	—	—	—	—	—	—	—	—	—	—	—	—	—	—
5	30	65	10.00	75.00	15.00	4.538	4.577	—	—	—	—	—	—	—	—	—	—	—	—	—	—	—	—
15	10	75	30.00	25.00	45.00	4.427	4.491	—	—	—	—	—	—	—	—	—	—	—	—	—	—	—	—
11	22	67	12.00	55.00	33.00	4.488	4.559	—	—	—	—	—	—	—	—	—	—	—	—	—	—	—	—
11.5	24	64.5	5.50	60.00	34.50	4.495	4.581	—	—	—	—	—	—	—	—	—	—	—	—	—	—	—	—
			As_2Se_3	AsSe	$GeSe_2$						As_2Se_3	AsSe	$GeSe_2$						As_2Se_3	AsSe	$GeSe_2$		
5	38	57	45.00	40.00	15.00	4.498	4.687	—	—	—	—	—	—	—	—	10.00	20.00	70.00	20.00	30.00	50.00	248.0	264.1
12.5	25	62.5	62.50	0.00	37.50	4.493	4.598	—	—	—	—	—	—	—	—	20.00	10.00	70.00	15.00	60.00	25.00	205.0	230.7
15	25	60	25.00	30.00	45.00	4.448	4.650	—	—	—	—	—	—	—	—	20.00	15.00	65.00	2.50	60.00	37.50	171.0	187.0
18	23	59	0.00	46.00	54.00	4.434	4.675	—	—	—	—	—	—	—	—	10.00	25.00	65.00	7.50	30.00	62.50	212.0	220.4
—	—	—	—	—	—	—	—	—	—	—	—	—	—	—	—	10.00	10.00	80.00	45.00	30.00	25.00	300.0	351.6
—	—	—	—	—	—	—	—	—	—	—	—	—	—	—	—	10.00	20.00	70.00	20.00	30.00	50.00	190.0	264.1
—	—	—	—	—	—	—	—	—	—	—	—	—	—	—	—	10.67	20.67	68.66	16.32	32.01	51.68	248.0	250.1
—	—	—	—	—	—	—	—	—	—	—	—	—	—	—	—	21.26	10.30	68.44	10.47	63.78	25.75	205.0	212.8
—	—	—	—	—	—	—	—	—	—	—	—	—	—	—	—	30.00	4.00	66.00	0.00	90.00	10.00	149.0	162.3
—	—	—	—	—	—	—	—	—	—	—	—	—	—	—	—	25.00	10.00	65.00	0.00	75.00	25.00	170.0	170.3
—	—	—	—	—	—	—	—	—	—	—	—	—	—	—	—	20.00	16.00	64.00	0.00	60.00	40.00	176.0	178.2
—	—	—	—	—	—	—	—	—	—	—	—	—	—	—	—	20.00	10.00	70.00	15.00	60.00	25.00	198.0	230.7

续表

组分摩尔分数/%			一致熔融化合物摩尔分数/%			密度/(g/cm³)		组分摩尔分数/%			一致熔融化合物摩尔分数/%			折射率(n_D)		组分摩尔分数/%			一致熔融化合物摩尔分数/%			热膨胀系数/(10^{-7}/℃)	
Ge	As	Se	As_2Se_3	AsSe	$GeSe_2$	实验值	计算值	Ge	As	Se	As_2Se_3	AsSe	$GeSe_2$	实验值	计算值	Ge	As	Se	As_2Se_3	AsSe	$GeSe_2$	实验值	计算值
—	—	—	—	—	—	—	—	—	—	—	—	—	—	—	—	12.50	25.00	62.50	0.00	37.50	62.50	192.0	190.1
—	—	—	—	—	—	—	—	—	—	—	—	—	—	—	—	11.10	22.20	66.70	11.20	33.30	55.50	236.0	231.6
—	—	—	—	—	—	—	—	—	—	—	—	—	—	—	—	16.65	16.65	66.70	8.43	49.95	41.63	318.0	213.0
			Se	$GeSe_2$	As_2Se_3						Se	$GeSe_2$	As_2Se_3						Se	$GeSe_2$	As_2Se_3		
—	—	—	—	—	—	—	—	10.67	20.67	68.66	16.32	32.01	51.68	2.459	2.593	—	—	—	—	—	—	—	—
—	—	—	—	—	—	—	—	21.26	10.30	68.44	10.47	63.78	25.75	2.558	2.483	—	—	—	—	—	—	—	—
			$GeSe_2$	As_2Se_3	AsSe						$GeSe_2$	As_2Se_3	AsSe						$GeSe_2$	As_2Se_3	AsSe		
—	—	—	—	—	—	—	—	10.61	30.85	58.54	31.83	32.35	35.82	2.620	2.651	—	—	—	—	—	—	—	—
			As_2Se_3	AsSe	GeSe						As_2Se_3	AsSe	GeSe						As_2Se_3	AsSe	GeSe		
—	—	—	—	—	—	—	—	30.00	20.00	50.00	0.00	40.00	60.00	2.491	2.641	—	—	—	—	—	—	—	—

索　引

彩 图

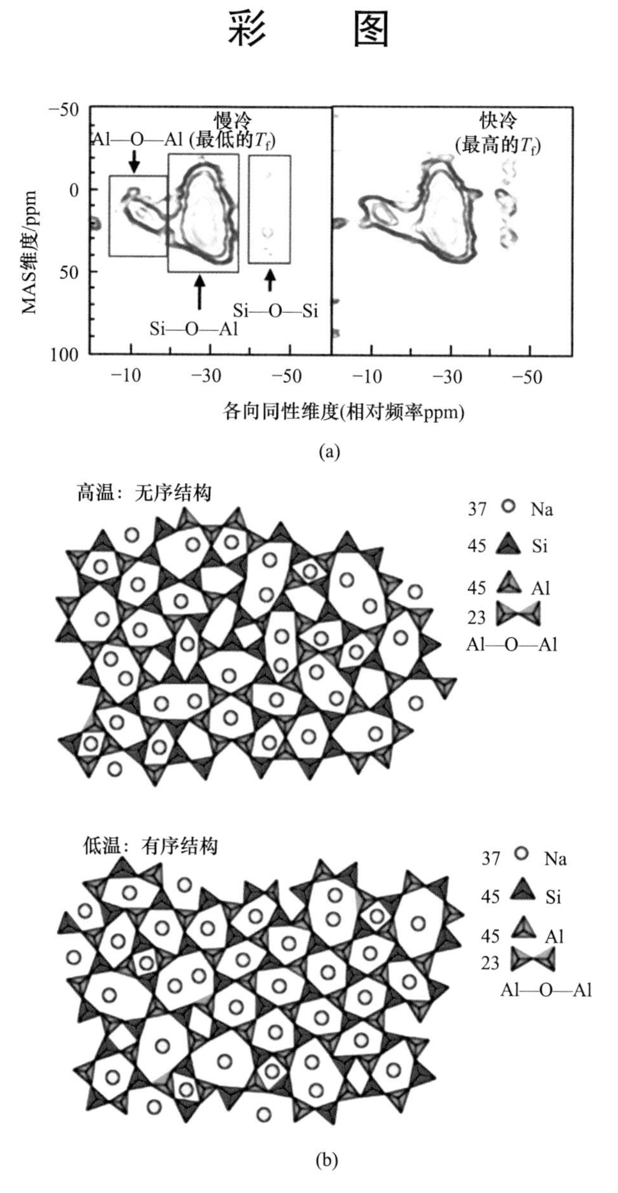

(a)

(b)

图 2-12 (a)在不同冷却速率和假想温度下制备的$NaAlSiO_4$玻璃的^{17}O核磁共振谱(ppm 表示 10^{-6})；(b)温度效应对$NaAlSiO_4$熔体网络无序度影响的二维示意图[64]

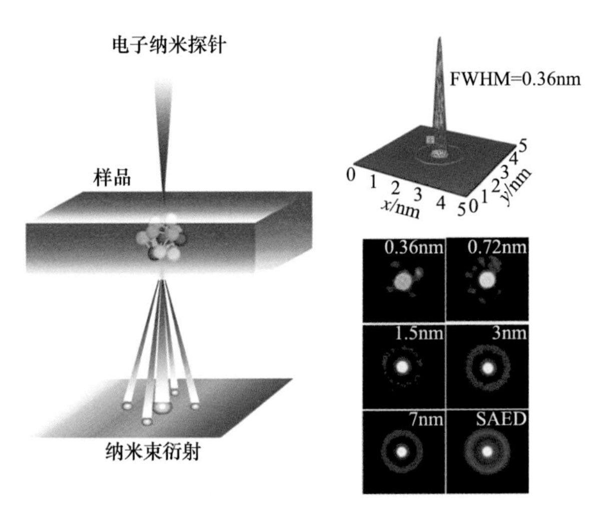

图 2-22　纳米束电子衍射实验原理和金属玻璃的选区电子衍射(SAED)图样[91]

右上角插图为计算得到光束尺寸 FWHM 约为 0.36nm 的电子纳米探针的三维形貌，
右下角的插图展示了电子衍射图样的纳米级尺寸依赖性的例子

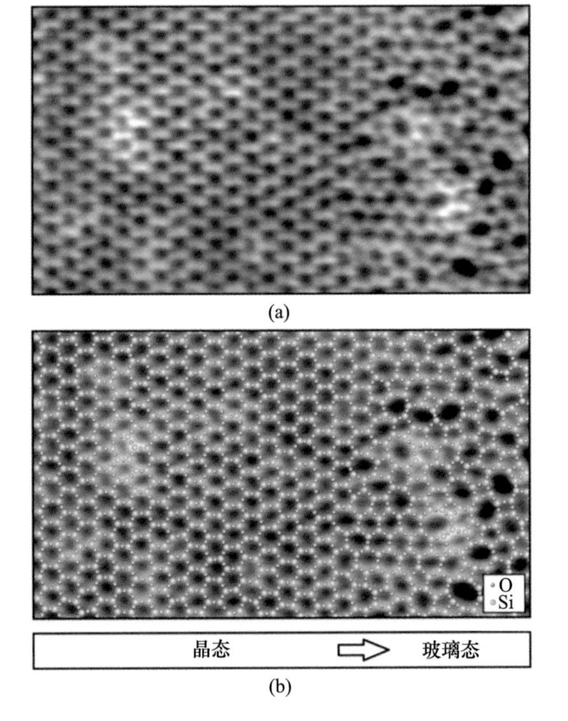

图 3-3　二氧化硅薄膜晶体-玻璃界面的原子结构[24]

(a) 二氧化硅薄膜晶体-玻璃界面的原子分辨率 STM 图像；(b) 硅薄膜中的晶体-玻璃界面 STM 图像与最上层的原子模型叠加(Si：大球，O：小球)；下面的条形图表示晶体和玻璃体区域，箭头显示界面分析的方向

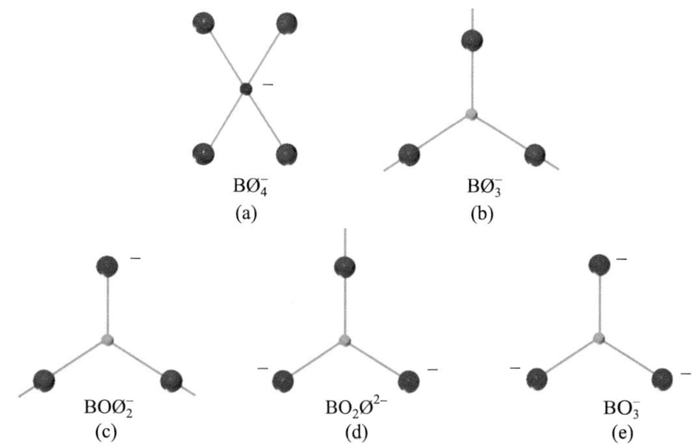

图 3-13　B_2O_3玻璃中的五种主要的基本结构单元 $B^{(n)}$(n=0～4)

蓝色：四面体硼；青色：三角体硼；红色：桥氧；粉色：非桥氧；Ø 代表相邻(超)结构单元之间共享的桥氧，O 代表超结构单元内部的桥氧以及作为(超)结构单元一部分的带负电荷的非桥氧，Ø 相当于一个氧原子的一半；(a)～(e)分别表示 $B^{(4)}$～$B^{(0)}$

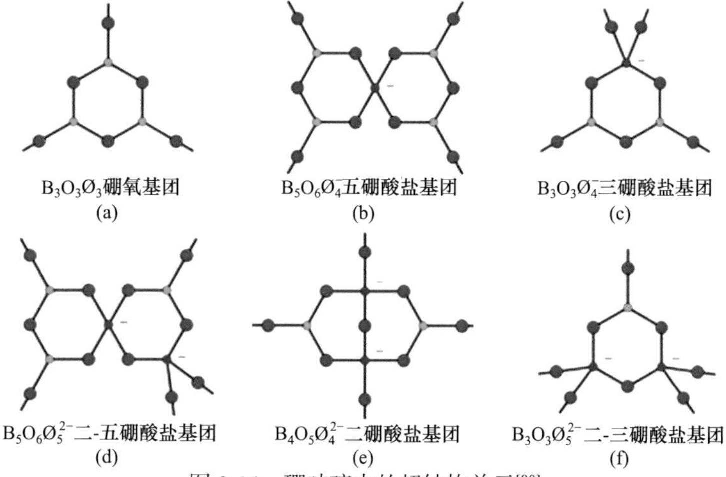

图 3-14　硼玻璃中的超结构单元[80]

红色：氧；青色：三角体硼；蓝色：四面体硼

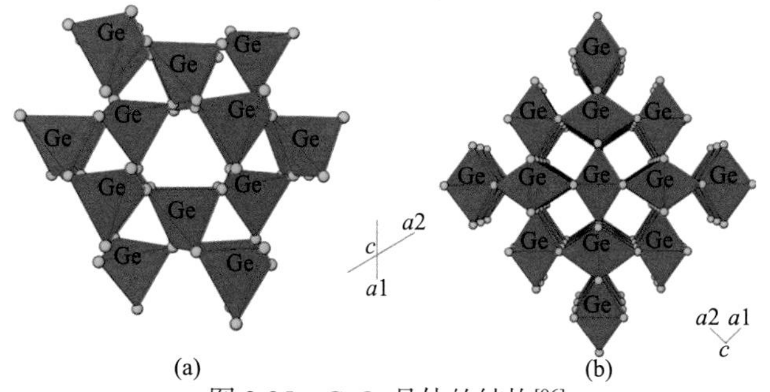

图 3-25　GeO_2晶体的结构[96]

(a)类α-石英结构；(b)类金红石结构

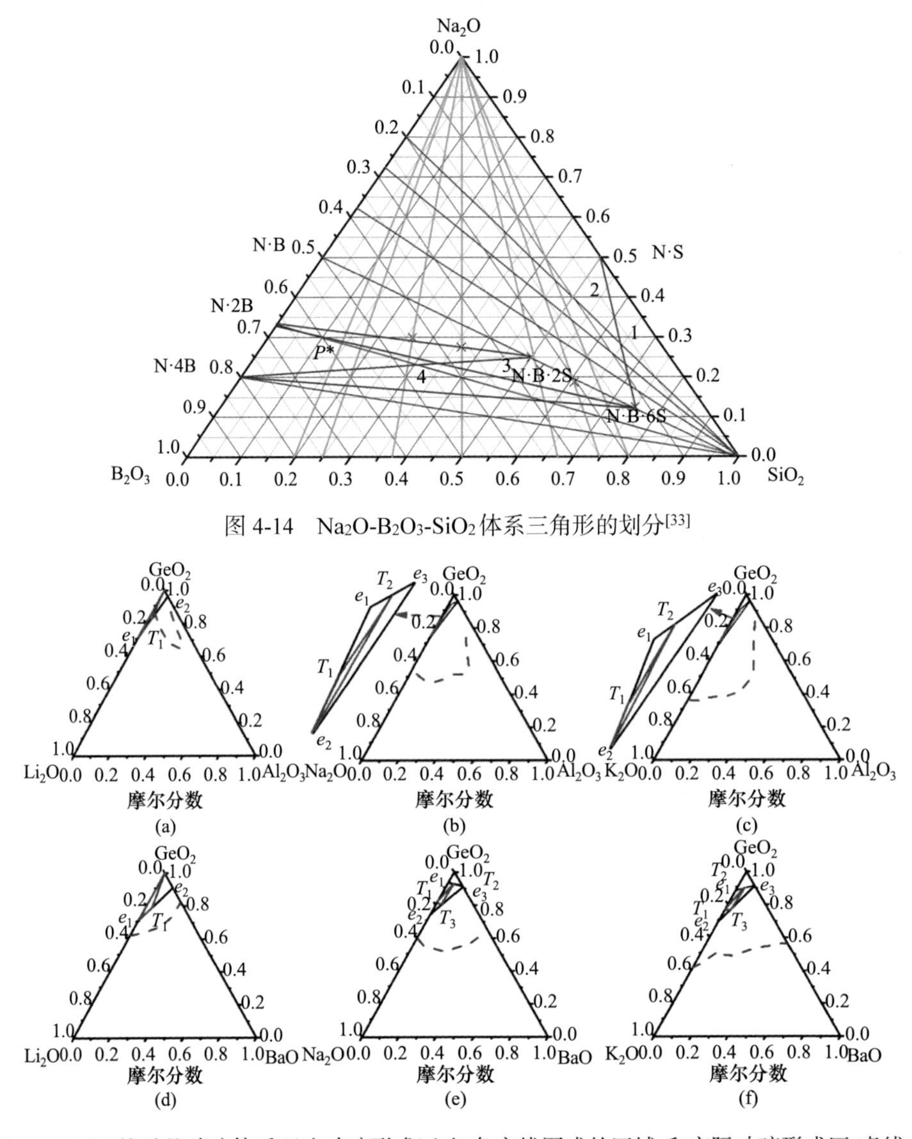

图 4-14　Na_2O-B_2O_3-SiO_2 体系三角形的划分[33]

图 8-7　三元锗酸盐玻璃体系理论玻璃形成区(红色实线围成的区域)和实际玻璃形成区(虚线)[15]